普通高等教育“十三五”规划教材
光电信息科学与工程类专业规划教材

光电测控系统设计与实践

周　雅　胡　摇　董立泉　刘　明　赵跃进　编著

電子工業出版社
Publishing House of Electronics Industry
北京·BEIJING

内 容 简 介

本书是北京理工大学测控技术与仪器专业设置的综合实践类必修课程“光电测控系统专项实验”的配套教材。该课程是北京理工大学重点建设的研究型课程之一，本书为其重要组成部分。

本书分为两大部分，第一部分分别从教师角度和学生角度，系统讨论综合实践类课程的目的和意义，以及研究型课程的设计思路和实施。第二部分是教材的主体，分为三篇。第一篇简述光电测控仪器设计的总体思路和方法，包括文献检索的方法和技巧，项目设计任务的启动思路和模块划分，以及科技文献写作的原则和方法等。第二篇以光电测控系统的各功能模块为纲，分析了光电测控系统中涉及的光机电系统选择和设计的主要思想和方法。第三篇为部分学生设计实例，精选了几个综合性较强的光电测控系统课题，全面展现了学生在整个课程训练过程中的各阶段的工作和进展，既可作为学生研究型课程项目设计的参考，也可以供从事实践教育的教师作为应用实例。

本书是一本综合性的教材，既可以作为工科专业（尤其是光电测控类专业）综合实践类课程的配套教材，也可以作为从事工程实践教育研究的师生和其他人员的参考书。

图书在版编目（CIP）数据

光电测控系统设计与实践 / 周雅等编著. —北京：电子工业出版社，2017.4
光电信息科学与工程类专业规划教材
ISBN 978-7-121-30961-8

Ⅰ. ①光…　Ⅱ. ①周…　Ⅲ. ①光电检测－系统设计－高等学校－教材　Ⅳ. ①TP274

中国版本图书馆 CIP 数据核字（2017）第 029683 号

责任编辑：韩同平　　特约编辑：李佩乾　李宪强　宋　薇
印　　刷：涿州市般润文化传播有限公司
装　　订：涿州市般润文化传播有限公司
出版发行：电子工业出版社
　　　　　北京市海淀区万寿路 173 信箱　邮编：100036
开　　本：787×1092　1/16　印张：20.25　字数：680.4 千字
版　　次：2017 年 4 月第 1 版
印　　次：2024 年 1 月第 4 次印刷
定　　价：55.00 元

凡所购买电子工业出版社图书有缺损问题，请向购买书店调换。若书店售缺，请与本社发行部联系，联系及邮购电话：（010）88254888，88258888。

质量投诉请发邮件至 zlts@phei.com.cn，盗版侵权举报请发邮件至 dbqq@phei.com.cn。

本书咨询联系方式：88254113。

前　言

高等教育教学过程是一个特殊的认识过程，在继承已有知识和学习间接经验的基础上，逐步在实践中巩固所学理论，进而努力使学习过程与实际科学研究工作一致起来。综合性的实践类课程是高等教育，尤其是工科高等教育课程设置中不可缺少的重要环节。在本科教学中设置综合性实践类必修课程，让每个学生都得到解决实际工程问题的锻炼机会，教会学生综合应用基础知识的方法，促进学生将掌握的知识转化为能力，对于提高工科类本科学生创新能力和实践技能意义重大。"光电测控系统专项实验"课程正是以加强学生创新精神和工程实践能力培养为主要目标的一门研究型课程，是北京理工大学测控技术与仪器专业的综合实践类学科基础教育必修课。课程的目的是结合本学科其他基础理论课程，培养学生初步形成仪器设计和系统构成的基本思想，加强培养学生的动手能力和在实际工作中独立发现问题、分析问题与解决问题的能力，以及表达能力和团队合作精神等其他科研能力，并将这种教学模式或教学思想推广到整个专业课程的建设中。

"光电测控系统专项实验"课程的实质是仪器类专业的综合性课程设计。课程的内容涵盖了设计性实验课程的内容，还包含了其他科研相关能力的训练。作为综合性、设计性的实验课程，为了保证课程教学的开展兼具开放性和规则性，课程教材的建设是必不可少的一个环节，也是课堂教学模式的一个有力补充。从目前调研结果来看，工科光电类实验课程的教材已有不少，大都是验证性、训练性实验；部分现有教材包含个别综合性和设计性实验，侧重点是教材理论技术的应用举例。对于以综合设计和能力训练为侧重点的实践类课程，基本都在探索阶段，针对性教材基本还是空白。

到本书出版时为止，"光电测控系统专项实验"课程已经进行了 8 年。课程的设计和实施已经从最初的尝试探索，发展到今天逐步成熟。在多年的教学中，不管是在测控技术与仪器专业的技能训练方面，还是在工科实践教育方面，编者都积累了一些经验。在对课程不断完善的同时，我们也希望把这些知识和经验总结提炼形成文字，不仅为课程教学的继续完善提供有力支持，也为工科类专业课程的立体化教学与实践研究贡献微薄的力量。

编著本书的目的旨在为工科光电类综合设计实验课程提供系统化的教学素材和参考书，帮助具备光、机、电、算、材、物等知识基础的青年学人，学会综合应用基础知识的方法，促进他们将掌握的知识转化为工程能力，提高工科类本科学生创新能力和实践技能。并借此抛砖引玉，吸引更多对工程教育和综合性实践类课程教学有兴趣和热情的教育工作者，共同思考此类课程的实施方法和发展方向，提升实践教学效果。

本书的特色主要体现在以下几个方面：

（1）教材内容以光电测控类系统设计能力培养和实践能力训练为本，不局限于具体的理论和技术细节，而更侧重授人以渔，从总体设计和应用角度，帮助读者掌握工程设计实践的思路和方法。与常见的以实验为纲的指导书不同，本书偏重工科实践类教育的设计和实施，既包括光电测控仪器系统的总体设计和模块分析，也包括通用的文献检索和科技文献写作知识等，还包括了编者在工程实践类教育设计方面的经验分享。

（2）教材组织采用从总到分，从知识到实践，从基础到应用的结构。从工科实践课程的设计和通用基础出发，在基本实践能力训练基础上，以光电测控系统的总体设计思路和方法步骤为入口，以光电测控系统功能模块为纲，就各模块分别展开讨论，包括设计选型思路和使用原则，最后以学生综合训练作品为例，给出了研究型课程项目设计的参考。

（3）教材面向工科实践课程教学双方广泛的读者群。本书定位不局限于课程配套教材，除了针对学生和技术人员的工程能力基础训练和光电测控系统的设计指导之外，还包括了工程实践类课程设计方面的讨论。本书除了可以作为学生综合实践类课程的教材，也可以作为光电测控技术类设计人员的参考手册，还可以作为工程教育类教师设计研究型课程的参考资料。

本书分为两大部分，第一部分从工科实践教育的发展和国内外工程教育认证相关规范和标准出发，分别从教师角度和学生角度，系统讨论综合实践类课程的目的和意义，以及研究型课程的设计思路和实施方法。第二部分是教材的主体，分为三篇。第一篇共两章，系统论述了光电测控仪器设计的总体思路和方法，并给出了系统设计中相关有用知识，包括文献检索的方法和技巧，项目设计任务的启动思路和模块划分，以及科技文献写作的原则和写作方法等。第二篇共四章，以光电测控系统的各功能模块为纲，分析光电测控系统中涉及的光机电系统选择和设计的主要思想和方法。第三篇为应用前两篇部分知识的几个综合实践设计实例，精选几个综合性较强的光电测控系统课题，全面展现了学生在整个课程训练过程中各阶段的工作和进展，既可以作为学生研究型课程项目设计的参考，也可以供从事实践教育的教师作为案例分析使用。

本书第一部分由周雅执笔，第二部分第一篇第 1 章由赵跃进执笔，第 2 章由周雅执笔，第二篇第 3 章、第 4 章由胡摇执笔，第 5 章由刘明、董立泉执笔，第 6 章由董立泉执笔，第三篇学生实例由胡摇、周雅整理点评。

由于编著者水平有限，书中难免有不妥之处，恳请读者在使用过程中批评指正。

作者联系方式：zhouya@bit.edu.cn

编 者

于北京理工大学

目　录

第一部分　大工程时代，你准备好了吗?

教 师 篇

学 生 篇

第二部分　光电测控系统设计

第一篇　光电测控系统设计总体

第二篇 光电测控系统基本模块

第三篇 实 例 篇

绪　论

——你离一个合格的工程师有多远？

教育教学是以学生为最终产品的，高等院校的产品是学生，工科院校高等教育教学的产品，是合格的工程技术人才。在高等学府中，将自然科学原理应用至工业、农业、服务业等各个生产部门所形成的诸多工程学科也称为工科或工学。工学，也可以称为工程学，是通过对应用数学、自然科学、经济学、社会学等基础学科知识的研究与实践，来达到改良各行业中现有建筑、机械、仪器、系统、材料和加工步骤的设计和应用方式的一门学科。实践与研究工程学的人就是工程师。那么工科大学教育的目标，简言之就是培养出合格的工程师。

什么是工程师（Engineer）？我们可以查找一下词典和百科全书，或者搜索一下网络资源。你可以得到很多种不同的解释：有人说，工程师，顾名思义，就是指具有从事工程系统操作、设计、管理，评估能力的人员；有人说，工程师是职业水平评定（职称评定）的一种，是对从事工程建设或管理人员技术水平的一种标定；还有人说，工程师的称谓，通常只用于在工程学其中一个范畴持有学术性学位或相等工作经验的人士。工程师（Engineer）一词习惯上在多种意义上使用，他们的功能包括设计（design）、规划（plan）、策划（mastermind）、指挥（direct）等。比较接近现代思想的是这样一条“工程师”定义：工程师是把数学与自然科学知识用于实际目的（如设计、建造结构并加以操作）的人（Someone who applies a knowledge of math and natural science to practical ends, such as the design, construction and operation of structures）。

相比于职称评定类的定义，编者更喜欢维基百科上的解释：

An engineer is a professional practitioner of engineering, concerned with applying scientific knowledge, mathematics, and ingenuity to develop solutions for technical problems. Engineers design materials, structures, and systems while considering the limitations imposed by practicality, regulation, safety, and cost. The work of engineers forms the link between scientific discoveries and their subsequent applications to human needs and quality of life. In short, engineers are versatile minds who create links between science, technology, and society.

工程师是工程技术领域的专业从业者，他们关心的是如何将科学知识、数学和新颖的设计应用到技术问题的解决方案开发中，他们在充分考虑实用性、法律法规、安全性和经济成本的前提下设计材料、结构、系统，他们的工作是在科学发展和后续应用之间建立桥梁和联系，以满足人类的生活需要和提高生活质量。简而言之，工程师是在科学、技术和社会之间创造出纽带的万能头脑。

那么什么是合格的工程师呢？就像不同领域的产品有不同的质量标准，工程师应该有些什么样的合格标准呢？对于合格工程师的认定，暂时没有也很难有一个绝对统一的标准。目前认可度较大的有美国ABET（Accreditation Board for Engineering and Technology，美国工程教育专业认证机构）的十一条评估标准和CDIO（构思Conceive、设计Design、实现Implement和运作Operate）工程教育模式的评估标准等。

ABET的评估标准要求工程领域类专业必须保证学生学完后，具有下列能力：（a）应用数学、自然科学和工程知识的能力；（b）设计和进行实验操作，并分析和处理数据的能力；（c）根据需求设计系统、单元或过程的能力；（d）在多学科团队开展工作的能力；（e）验证、指导和解决工程问题的能力；（f）对职业道德和责任感的理解能力；（g）有效的交流能力；（h）知识面宽广，能够认识到工程问题的解决在世界和社会范围内的影响；（i）认识到终身教育的必要性，并有能力通过不断学习而提高自己；（j）了解当今社会的诸多问题；（k）能够在工程实践中应用各种技术、技能和现代工程工具的能力。

MIT 提出的工程教育模式 CDIO 培养大纲则将工程类毕业生的能力分为工程基础知识（包括基础知识和专业知识）、个人能力（包括问题发现和解决、实验技巧、系统思维和专业能力）、人际团队能力（团队能力和交流能力）和工程系统综合能力四个层面，要求以综合的培养方式使学生在这四个层面达到预定目标。

这两种不同机构的标准虽然表达上有所区别，但可以看出其本质是相近的，其他国家的一些工程教育标准也类似（如澳大利亚的 IEAUST），这也是我们工科专业工程教育的目标。我国目前推行的“卓越工程师教育培养计划”、“全国工程教育专业认证”等也都是我国为促进工程教育发展，规范考核高校“产品”培养质量的重要举措。作为整个工科教育体系中的一门课程，虽然我们的努力目标都是使学生最终达到合格工科毕业生标准，但在一门课程里肯定是无法兼顾所有标准的。本书的目的，是紧密围绕上述工程师标准，合理设计改进课程的教学模式、教学内容；改善教学条件，完善教学平台；将综合创新的工程教育理念引入课程的教学设计，探索以研究为主体的创新性教学模式，讨论大学本科学生的综合性全方位的培养方式，促进学生将掌握的知识转化为能力，提高工科类本科学生创新能力和实践技能。同时，将工程教育理念中基于项目（Project-Based）和基于问题（Problem-Based）的教学思路引入到课程的建设实践中，探索适合国情校情，具有可操作性可推广性的新型工科人才教学培养模式。

第一部分　大工程时代，你准备好了吗？

——研究型课程的机遇与挑战

随着科学社会化、社会科学化以及科学技术一体化的程度逐渐加深，人类社会已经进入一个大科学时代；同样，随着经济全球化、科学技术综合化的发展以及工程规模的日益扩大，工程正在向着大工程的方向演化，大工程时代已经来临。美国“曼哈顿”工程的成功实施，成为大科学、大工程时代来临的重要标志。大工程是指工程项目规模大、涉及领域广、系统复杂程度高、参与主体多、知识和技术密集，对经济、社会和环境的影响大，需要大量工程人员参加和投入大量资金的大规模工程活动。

工程是反映多种社会需求、综合多种社会资源、依据多重客观规律、有多种社会角色参与的、具有集成性的建造活动。大工程的意蕴和特点主要体现在几方面：工程规模和投资强度大；涉及领域广，多学科交叉融合；系统复杂程度高，社会影响大；高度的集成性和协同性。科学重在分析，工程重在综合，任何一项工程都是多学科的综合体。工程科技内部各学科、各个技术领域之间以及与系统工程等横断学科之间的交叉、渗透与融合程度越来越高，形成了一个不可分割的有机整体和学科群体。现代工程活动无论在系统复杂程度上，还是在社会影响上，都达到了前所未有的高度。需要多学科的理论支撑和交叉融合，需要跨学科、多领域的科学技术的综合运用。

总之，在大工程时代，工程活动具有系统性、组织性和协同性的特点，工程项目已不能凭借个人的力量及手工作坊式的操作来完成，而需要各学科、各领域专家的共同努力和团队协作。大工程还体现为解决当今复杂工程问题的整体配合性，即需要多部门、多单位的整体参与和密切协同。

面对大工程时代的挑战和传统工程教育的弊端，如何促进高等工程教育的改革与发展，培养与大工程相适应的高素质工程人才，越来越受到世界各国工程界的高度重视。为应对日益加剧的国际竞争，扭转工程教育过分科学化、学术化而偏离以实践为基础的工程教育本质的现象，自 20 世纪 90 年代以来，美国工程教育界掀起了“回归工程”的浪潮，其核心内容就是要使建立在学科基础上的工程教育回归其本来的含义，更加重视工程实际以及工程教育本身的系统性和完整性。“大工程观”教育思想是在 20 世纪 90 年代美国工程教育界掀起的“回归工程”浪潮中提出的。1994 年，美国 MIT 工学院院长乔尔·莫西斯（Joel Moses）提出了工程教育的改革方向是要使建立在学科基础上的工程教育更加重视工程实际以及工程本身的系统性和完整性的思想。它主要是针对传统工程教育过分强调专业化、科学化，从而割裂了工程本身这种现象提出的。所谓“大工程观”就是建立在科学与技术之上的包括社会、经济、文化、道德、环境等多因素的完善的工程涵义，建立在大工程基础上的工程教育思想即为“大工程观”教育思想。他在该院 1994—1998 年长期规划《大工程观与工程集成教育》中指出：“大工程观的术语是对为工程实际服务的工程教育的一种回归，而与研究导向的工程科学观相对立。”并认为工程教育必须回归工程的本质，重视培养学生知识体系的系统性和实践性。

莫西斯首倡的“大工程观”，是以“整合、系统、应变、再循环的视角看待大规模复杂系统”的现代工程观，是在工程教育改革实践中形成并逐步完善的一套指导工程教育改革实践的教育教学体系。对于大工程观的本质内涵，可以将其概括为“四个强调”：①强调工程本真。莫西斯提出的大工程观，强调要远离“纯粹”的工程科学导向，扭转工程科学学术化的趋势，认为高等工程教育要回归到为工程实际服务本质的工程教育，而不是固守以研究为导向的科学教育。也就是在经历了“技术模式”与“科学模式”之后，走向将科学、技术、非技术融为一体的“工程模式”，突出工程的实践性、综合性与创造性。②强调综合交叉。大工程观的核心是工程系统学，认为要更加重视工程本身的系统性和整体性，这个系统既是工程技术本身所形成的系统，又是工程与其相关的非技术因素所形成的系统。工程教育需要从“重视工程科学理论的分科教育”向“更多地重视工程系统及背景的教育”转变，通过多学科和交叉学科教育，把被学科割裂开来的工程再还原为一个整体，使受过工程教育的学生具有集成的知识结构和整体性的思维方式；工程教育需要与科学、人文、社科教育相融合，为学生提供综合的知识背景，并增进学生对更大范围内经济、社会、环境和复杂工程系统的了解。③强调实践创新。大工程观更加强调工程的实践性，要求工程教育回归工程实践，以实际工程为背景，培养学生的工程实践能力和创新能力。④强调责任伦理。大工程观强调在当前和未来社会，任何工程的实施不仅要考虑工程建设的可能性和经济性，还要考虑环境、文化和伦理等因素。工程教育要强化工程伦理教育，使未来的工程人才具有正确的伦理观，良好的职业道德和社会责任感。通过将工程的人文性、生态性等内容纳入工程教育范畴，增强学生的工程伦理意识和环境保护意识，提高学生对复杂工程问题和利益冲突问题作出合理伦理判断的能力。

教 师 篇

从大工程观教育思想指导下的美国工程教育改革和未来工程师素质标准中，我们可以得到这样的启示：面对变化了的当今世界特别是大工程时代的挑战，工程教育必须面向未来，加强综合工程素质教育，培养知识、能力、人格全面发展的未来工程师。实践是工程的本质，创新是工程的灵魂。在培养学生良好的专业技术水平和人文素质的基础上，要更加强调工程的实践性和创新性，从过分重视工程科学理论和知识传授的“科学模式”回归到更加重视实践和工程系统的“工程模式”，培养学生的个性特长和多方面的能力，特别是系统思维能力、工程实践能力和创新创业能力。同时，要重视培养学生的伦理道德和社会责任感，特别是要把可持续发展观和生态文明思想贯穿到工程教育中，培养学生的全球意识、生态意识和综合考虑问题的意识，以期在工程实践中能将科学、技术、经济、社会、环境生态、文化以及伦理道德等多元价值观整合起来，追求人与人、人与工程、人与自然、人与社会的和谐发展。

“大工程观”是一种思想，其含义丰富，无法面面俱到，只能以一些教学环节和教学活动作为载体，将其中一些先进的工程理念贯彻进去，让学生融会贯通，使自身的综合工程素质得以全面提升。为此，在“大工程观”背景下，应当从学生的工程意识、质量意识、系统意识、成本意识和环保意识等方面，结合相关的专业人才培养体系构建“大工程观”教育思想指导下的专业课程体系。

高等教育正呈现出基础化和综合化的趋势，大学本科工程教育要树立“大工程观”的教育思想，高等工程教育应由专业教育转变为工程基础教育，应尽量拓宽学生的知识面，培养新型复合型人才。这种教育思想的转变，是时代发展的必然结果。

I 工科实践教育的发展和启发

高等教育教学过程是一个特殊的认识过程，在继承已有知识、学习间接经验的基础上，逐步在实践中巩固所学理论，进而努力使学习过程与实际科学研究工作一致起来。在理工科高等教育教学中，教学计划的安排一般是基础课程、专业基础课程、专业课程和毕业设计这四个阶段。这样四个阶段，循序渐进地帮助学生从中学阶段培养继续求学的能力逐渐过渡到培养某一专业领域内的独立工作能力。

然而近年来，由于各种主观客观因素的影响，工科高等教育人才培养模式与社会和企业需求之间出现了明显的不同步和不匹配。工科教育中以教师为主体和讲授为主导的课程设置，在一些专业教学中形成了学生重研究轻工程、重理论轻实践的培养误区。工科学生的综合创新能力与工程实践能力的平均水平有所下降。

这个问题的存在具有一定的普遍性，不只是国内的工科院校，国外的大学教育近年来也出现了类似的不均衡发展。为恢复高等工程教育的平衡发展，培养达标的优秀工程技术人才，各国的教育学者和教育研究人员都在为高等工程教育做出努力。国际工程师互认协议体系的形成，就是其中一项重要工作。

I.1 国际工程师互认相关协议简介

为适应经济全球化发展的需要，20 世纪 80 年代美国等一些国家发起并开始构筑工程教育与工程师国际互认体系，其内容涉及到工程教育及继续教育的标准、机构的认证，以及学历、工程师资格认证等诸多方面。该体系现有的六个协议，分为互为因果的两个层次，其中《华盛顿协议》、《悉尼协议》、《都柏林协议》针对各类工程技术教育的学历互认，《国际专业工程师协议》、《亚太工程师计划》、《国际工程技术员协议》针对各种工程技术人员的执业资格互认。

《华盛顿协议》（Washington Accord）于 1989 由来自美国、英国、加拿大、爱尔兰、澳大利亚、新西兰等 6 个国家的民间工程专业团体发起和签署。该协议主要针对国际上本科工程学历（一般为四年）资格互认，承认签约国所认证的工程专业（主要针对四年制本科高等工程教育）培养方案具有实质等效性，认为经任何缔约方认证的专业的毕业生均达到了从事工程师职业的学术要求和基本质量标准，并建议毕业于任一签约成员认证的课程的人员均应被其他签约国（地区）视为已获得从事初级工程工作的学术资格。协议规定任何签约成员须为本国（地区）政府授权的、独立的、非政府和专业性社团。

《华盛顿协议》每两年联合其他协议成员一起召开国际工程大会，会议期间除交流和讨论有关重要事项外，还讨论有关预备会员和正式会员的吸纳事宜。每次大会结束时，必须指派一名成员作为主席成员，由该成员任命的人员作为大会主席，任期至下次大会结束。大会同时指派一名成员承担秘书处的工作，任期至下次大会结束。秘书处应保留每次大会所作的讨论和决定的记录，帮助各签约成员进行交流，并纪录交流内容，应向签约成员或其他有关方面提供能有效执行本协议的措施和手段。主席和秘书处应来自不同的签约成员。

《华盛顿协议》规定，各申请组织首先被接纳为预备会员，最快须在成为预备会员两年后才能成为正式会员；正式会员对新会员加入拥有一票否决权；递交预备会员申请的时间须在每届国际工程大会前六个月；申请时，必须有《华盛顿协议》的一个或多个正式成员作为联系和辅导，并在申请中须有至少 2 个《华盛顿协议》正式会员为申请预备会员组织提名。

关于国际工程专业互认的华盛顿协议正在不断地发展壮大。截至 2015 年 11 月，《华盛顿协议》有正式签署成员 17 个，分别来自英国（Engineering Council UK，1989）、美国（Accreditation Board for Engineering and Technology，1989）、澳大利亚（Engineers Australia，1989）、加拿大（Engineers Canada，1989）、爱尔兰（Engineers Ireland，1989）、新西兰（Institution of Professional Engineers NZ，1989）、中国香港（The Hong Kong Institution of Engineers，1995）、南非（Engineering Council of South Africa，1999）、日本（Japan Accreditation Board for Engineering Education，2005）、新加坡（Institution of Engineers Singapore，2006）、中国台北（Institute of Engineering Education Taiwan，2007）、韩国（Accreditation Board for Engineering Education of Korea，2007）、马来西亚（Board of Engineers Malaysia，2009）、土耳其（Association for Evaluation and Accreditation of Engineering Programs MUDEK，2011）、俄罗斯（Association for Engineering Education of Russia，2012）、斯里兰卡（Institution of Engineers Sri Lanka，2014）和印度（National Board of Accreditation，2014）。预备成员 6 个，分别来自孟加拉（Board of Accreditation for Engineering and Technical Education）、中国（中国科学技术协会 China Association for Science and Technology）、哥斯达黎加（Association of Engineers and Architects of Costa Rica）、巴基斯坦（Pakistan Engineering Council）、秘鲁（ICACIT）和菲律宾（Philippine Technological Council）。

《悉尼协议》（Sydney Accord）于 2001 年首次缔约，是学历层次上的权威协议，主要针对国际上工程技术人员学历（一般为 3 年）资格互认。该协议由代表本国（地区）的民间工程专业团体发起和签署，目前成员有澳大利亚（Engineers Australia，2001）、加拿大（Canadian Council of Technicians and Technologists，2001）、爱尔兰（Engineers Ireland，2001）、新西兰（Institution of Professional Engineers NZ，2001）、南非（Engineering Council of South Africa，2001）、英国（Engineering Council UK，2001）、中国香港（The Hong Kong Institution of Engineers，2001）、美国（Accreditation Board for Engineering and Technology，2009）、韩国（Accreditation Board for Engineering Education of Korea，2013）及中国台北（Institute of Engineering Education Taiwan，2014）10 个国家和地区。

《都柏林协议》（Dublin Accord）于 2002 年签订，它是针对一般为两年，层次较低的工程技术员的学历认证，其目前正式会员有 8 个：加拿大（Canadian Council of Technicians and Technologists，2002）、爱尔兰（Engineers Ireland，2002）、南非（Engineering Council of South Africa，2002）、英国（Engineering Council UK，2002）、澳大利亚（Engineers Australia，2013）、新西兰（Institution of Professional Engineers NZ，2013）、韩国（Accreditation Board for Engineering Education of Korea，2013）和美国（Accreditation Board for Engineering and Technology，2013）。

《国际专业工程师协议》（International Professional Engineers Agreement，IPEA）的前身是《工程师流动论坛协议》（Engineers Mobility Forum agreement），发起于 1996 年。当时，《华盛顿协议》成员希望把学历层次的资格互认扩展至专业资格，遂开展《工程师流动论坛协议》讨论。2001 年协议正式签署，后更名为《国际专业工程师协议》。IPEA 是一个多国工程技术组织之间的协议，签署成员均为民间工程专业团体；成员建立并确认各成员国之间的“国际专业工程师”的标准；并授权各成员在协议成员经济区各自建立区内的“国际专业工程师”注册。现在协议的正式成员国有 15 个：澳大利亚（Engineers Australia，1997）、加拿大（Engineers Canada，1997）、爱尔兰（Engineers Ireland，1997）、英国（Engineering Council UK，1997）、新西兰（Institution of Professional Engineers NZ，1997）、美国（National Council of Examiners for Engineering and Surveying，1997）、中国香港（The Hong Kong Institution of Engineers，1997）、南非（Engineering Council of South Africa，1997）、日本（Institution of Professional Engineers Japan，1999）、马来西亚（Institution of Engineers Malaysia，1999）、韩国（Korean Professional Engineers Association，2000）、新加坡（Institution of Engineers Singapore，2007）、斯里兰卡（Institution of Engineers Sri Lanka，2007）、中

国台北（Chinese Institute of Engineers，2009）和印度（Institution of Engineers India，2009）。预备成员有 3 个：孟加拉（Bangladesh Professional Engineers, Registration Board），巴基斯坦（Pakistan Engineering Council）和俄罗斯（Association for Engineering Education of Russia）。

《亚太工程师计划》（Asia Pacific Economic Cooperation （APEC） Engineer）为政府行为。1996 年开始由亚太经合组织人力资源小组发起，亚太经合组织各经济区可在亚太工程师资格互认蓝图下推展互认工作。《亚太工程师计划》是亚太经合组织成员国之间的协议，目的是承认“实质等同”的工程专业能力。该计划现在核准成立“亚太工程师”名册的经济区包括：澳大利亚（Engineers Australia，2000）、加拿大（Engineers Canada，2000）、日本（Institution of Professional Engineers Japan，2000）、韩国（Korean Professional Engineers Association，2000）、马来西亚（Institution of Engineers Malaysia）、新西兰（Institution of Professional Engineers NZ，2000）、中国香港（The Hong Kong Institution of Engineers，2000）、印度尼西亚（Persatuan Insinyur Indonesia（Institution of Engineers），2001）、美国（National Council of Examiners for Engineering and Surveying，2001）、菲律宾（Philippine Technological Council，2003）、泰国（Council of Engineers Thailand，2003）、新加坡（Institution of Engineers Singapore，2005）、中国台北（Chinese Institute of Engineers，2005）和俄罗斯（Association for Engineering Education of Russia，2010）。

《国际工程技术员协议》（International Engineering Technologist Agreement，IETA）的前身是《工程技术员流动论坛协议》（Engineering Technologist Mobility Forum Memorandum of Understanding），2001 年由民间工程专业团体发起，于 2003 年首次签订。其目的是为了推动工程技术人员资格互认，此协议签署成员均为民间工程专业团体；成员建立确认工程技术人员流动论坛协议内“国际工程技术员”的标准。协议成员经济区有 6 个：加拿大（Canadian Council of Technicians and Technologists，2001）、爱尔兰（Engineers Ireland，2001）、新西兰（Institution of Professional Engineers NZ，2001）、南非（Engineering Council of South Africa，2001）、英国（Engineering Council UK，2001）和中国香港（The Hong Kong Institution of Engineers，2001）。澳大利亚（Engineers Australia）目前是预备成员。

除国际性互认协议外，目前世界上还有三个地区性的工程师资格互认体系。一个是欧洲国家工程协会联合会开创的、在欧洲联盟框架内的“欧洲工程师”注册制度。第二个是在北美自由贸易协定（North American Free Trade Agreement，NAFTA）框架内建立的专业工程师相互承认文件（Mutual Recognition Document，MRD）。第三个就是前面提到的亚太经合组织的亚太工程师计划。

I.2　几种国际国内的工程教育认证和规范的相关标准准则

《华盛顿协议》的核心内容是经过各成员组织认证的工程专业培养方案具有实质等效性（substantial equivalence）。等效性是指任何成员在认证工程专业培养方案时所采用的标准、政策、过程以及结果都得到其他所有成员的认可。这不仅需要每个成员认真履行自己的职责，严格认证本国或本地区的工程专业培养方案，而且要承认其他成员的认证结果。由于有严格的定期审查和相互监督机制，各成员组织都为保证本国或本地区的高等工程教育做出了不懈的努力，而且通过这项协议使这些努力的认可度更高、范围更广。

认证（Accreditation）是高等教育为了教育质量保证和教育质量改进而详细考察高等院校或专业的外部质量评估过程（Council for Higher Education Accreditation，美国高等教育认证机构 CHEA）。认证是认证机构颁发给高校或专业的一种标志，证明其现在和在可预见的将来能够达到办学宗旨和认证机构规定的办学标准（U.S. Department of Education，美国联邦教育部 USDE）。专业认证（specialized/professional programmatic accreditation，即专门职业性专业认证）：由专业性

（professional）认证机构针对高等教育机构开设的职业性专业教育（programmatic）实施的专门性（specialized）认证，由专门职业协会会同该专业领域的教育工作者一起进行，为相关人才进入专门职业界从业的预备教育提供质量保证。专业认证强调工程教育的基本质量要求。专业认证是一种合格评估，认证结论为合格或不合格，强调基本要求而非专业评比和排名，鼓励学校在满足基本要求基础上发展多样性。

工程教育专业认证，是指政府指定认可的认证机构或社会团体对高等学校工科专业的认证工作。随着经济全球化的发展，高等工程教育的国际化将越来越清晰。发达国家一般通过非政府组织对工程教育专业进行认证，各国的认证组织通过一些协议互相认可认证工作。签署时间最早、缔约方最多的是《华盛顿协议》，也是世界范围知名度最高的工程教育国际认证协议。在这个协议下，各国也针对协议制定了相应的工程教育认证标准或工程教育规范，一些相关的先进工程教育理念也相应产生。

I.2.1 美国工程教育专业认证 ABET

ABET 是 Accreditation Board for Engineering and Technology（美国工程与技术鉴定委员会）的简称，创建于 1932 年，是专门从事工程（Engineering）、技术（Technology）、电脑（Computing）、应用科学（Applied Science）四大领域的学术机构工程及技术教育认证的，具有公正性与权威性。ABET 的专业鉴定得到美国教育部、各州专业工程师注册机构，以及全美高等教育鉴定机构的民间领导组织——高等教育鉴定委员会（Council for Higher Education Accreditation, CHEA）的承认。所以，可以说 ABET 是得到美国官方和非官方机构承认，得到美国高教界和工程界广泛认可和支持的全国唯一的工程教育专业鉴定机构。它的专业鉴定具有不可忽视的权威性。ABET 又是华盛顿协议（Washington Accord）的 6 个发起工程组织之一，这意味着它的专业鉴定已获得广泛的国际承认。

ABET 的前身是 1932 年在纽约创办的工程师专业发展理事会（Engineering Council on Professional Development，ECPD），最初由美国土木工程师协会、美国机械工程师协会和美国电气工程师协会等 7 个协会组成，现已发展成为由 30 个专业和技术性协会组成的联盟。

ABET 作为一个非官方的中介性、非营利认证机构，其专业认证的权威性得到了美国教育部（USDE）和美国高等教育委员会（CHEA）的双重认可。ABET 目前主要在工程、技术、计算机科学以及应用科学 4 大学科领域开展专业认证。ABET 多年来一直为大学和学院中相关领域内的专业提供质量保证，它的主要工作是为各相应专业点进行专业鉴定，让考生和家长知道哪些专业点是符合合格标准的；帮助各工学院的院长、管理人员和教师正确评价本专业点的强项和弱点何在，以及如何改进；使雇主知晓哪些专业点的毕业生是为专业执业作好准备的；使纳税人清楚他们的钱用得适得其所；也使公众放心毕业生会为他们的公共卫生和安全着想。

ABET 工程教育专业认证的组织架构是一个会员制机构，会员大都来自工程实业界，分为正式会员单位和准会员单位，正式会员单位由美国主要的工程师学会组成并负责对工程有关学科专业进行认证；准会员单位由对相关专业认证及教育感兴趣并对 ABET 的工作有所支持的学会组成。ABET 决策权力集中在最高董事会，它由所有加盟学会代表和公众代表组成，全面负责 ABET 的正常运作，包括拟定和修改章程、政策、年度预算、认证标准和程序等。按职能分工不同，最高董事会下设工程认证委员会（Engineering Accreditation Commission，EAC）、技术认证委员会（Engineering Technology Accreditation Commission，ETAC）、计算机科学认证委员会（Computing Accreditation Commission，CAC）、应用科学认证委员会（Applied Science Accreditation Commission，ASAC）4 个认证委员会；认证理事会（AC）、工程咨询理事会（IAC）、国际事务理事会（INTAC）3 个理事会和选举委员会、财务委员会、审计委员会等多个特别委员会。其中，认证委员会负责根据各自制定的专业标准、政策和程序开展评估认证活动；理事会负责就 ABET 的相关政策提供建议；特别委员会负责董事会的日常运作及对外联系工作。

ABET 工程教育专业认证以 6 年为一个评估周期，其操作程序主要包括自我评估、现场考察、评估报告和认证结论 4 个步骤。自我评估阶段历时 5 个月，高校在规定日期前向 ABET 提出某个或某些专业点的认证申请，一旦申请被 ABET 接受，高校便按照相关格式准备各种数据、起草自我评估报告，进行专业自评。

现场考察阶段历时 8 个月，ABET 遴选出高校现场访问评估专家组进校访问和现场勘查，详细考察高校的组织架构、授予学位、仪器设备、毕业生就业情况等，旨在对高校无法在书面自评报告中表述的因素进行定性评估以及帮助高校评价其优势和弱点。撰写评估报告阶段历时 6 个月，评估专家组在实地考察的基础上起草评估报告，并送交被评高校进行核对，被评高校除改正错误之外，必要时可向 ABET 递交补充报告反馈意见，评估专家组再根据高校的反馈意见对评估报告（草稿）中的错误进行修改并形成最终报告。在形成认证结论阶段，ABET 认证委员会召开会议，根据评估专家组递交的最终评估报告和高校的反馈意见做出认证结论，并向申请认证的高校通告评估结果，整个认证过程宣告结束。

ABET 的一大贡献就是推出“工程准则 2000”（Engineering Criteria 2000, EC2000）。它的精华在于准则的焦点放在学生“学到了什么”，而不像以往强调的是学校 “教了什么”。它要求学校和专业按照事先制定的使命和目标，不间断地改进质量。它鼓励对学生成绩使用新的评价方法。现在 EC 2000 的精神已经体现在 ABET 各学科的鉴定准则之中。随后 ABET 又开展了长期的研究，以评定这种鉴定精神和实践的得失。并做进一步的改进。

制订“工程准则 2000”的目的在于保证工程教育的质量，并使之得到系统的改进，以满足受众在充满活力和竞争的环境中的需要。对于一个正在申请工程专业鉴定的学校，其责任是清楚地证实该专业满足下列准则。

适用于基本水平专业的通用准则（General Criteria for Basic Level Programs）：

准则 1：学生（Students）

在工程专业评估中，学生和毕业生的质量和成绩是重要的考虑因素。学校必须对学生进行评估、指导和监控，以检验学生在达到专业目标方面的成效。

学校必须制定并执行有关政策，以接受转学学生，并承认外校课程的学分。学校还必须采取措施，以保证所有学生都能达到专业的各项要求。

准则 2：专业的教育目标（Program Educational Objectives）

各校所用的术语不尽相同，准则 2 所说的专业教育目标，指的是学生从本专业毕业后的前几年内，在学识和技能等方面预期能达到的程度。

每一个申请初次鉴定或再次鉴定的工程专业都必须具有：

（a）有关教育目标的详细刊印材料。该目标应与学校的使命以及 ABET 的准则相一致。

（b）执行适当的程序，以保证在制定专业教育目标并对之做定期评估时，把专业教育受众的各种要求作为考虑问题的基础。

（c）适当的教学计划和教学方法，以保证学生达到教育目标。

（d）常设的评估体系，以证明实现专业教育目标的成就，以及运用评估结果改进专业教学的效果。

准则 3：专业的产出和评价（Program Outcomes and Assessment）

各校所用术语不尽相同，准则 3 所说的专业产出指的是学生从本专业毕业时预期应掌握什么知识或者会做什么。

工程专业必须证实他们的毕业生具有：（a）数学、自然科学和工程学知识的应用能力；（b）制定实验方案、进行实验、分析和解释数据的能力；（c）根据需要，设计一个系统、一个部件或一个过程的能力；（d）在多学科工作集体中发挥作用的能力；（e）对于工程问题进行识别、建立方程，以及求解的能力；（f）对职业和伦理责任的认知；（g）有效的人际交流能力；（h）宽厚的教育根基，足以认识工程对于世界和社会的影响；（i）对终身学习的正确认识和学习能力；（j）有关当代问题的知识；（k）在工程实践中运用各种技术、技能和现代工程工具的能力。

每个专业必须有自己的评价程序，包括用文件记录其结果，并且必须提出证据以证明评价结果确实用于专业的进一步发展与改进。评价过程必须证实专业的产出，包括上述列举的各点，是经过检测的。

准则 4：专业教育组成（Professional Component）

专业教育组成只提出适合工程需要的专门学科领域，而并不规定具体的课程设置。工学院必须保证其专业教学计划确实对各组成部分都给予了应有的重视和充分的时间，力求符合学校和专业的教育目标。教学计划必须使学生能为工程执业做好准备，其最后阶段的一个主要设计作业应以学生从早期的课程中所学到的知识和技能为基础，并要求学生结合使用工程标准、考虑各种实际制约因素，包括：经济、环境、可持续性、可批量制造性、道德、卫生和安全、社会、政治等方面的大部分因素。

专业教育组成必须包括：（a）大学数学和基础科学（有的应含实验）的组合，其内容应适合专业需要，为期一年。（b）工程科目，含工程科学和工程设计，其内容应适合学生的学习领域，为期一年半。工程科学应以数学和基础科学为根基，并将知识延伸到创造性应用。工程科目的学习在数学、基础科学与工程实践之间架设起桥梁。工程设计是设计一个系统、一个部件或一个过程以满足特定需求的过程。这也是一个做出决定的过程（往往是多次反复的），在这个过程中通过运用基础科学、数学以及工程科学将资源最适宜地加以转化，以满足特定的需求。（c）教学计划中的普通教育（general education）部分与技术教育部分是相辅相成的，它应与学校和专业的目标相一致。

准则 5：师资（Faculty）

师资是任何一个专业的核心。师资队伍应保持足够的数量；并有能力承担教学计划中规定的全部教学任务。要有足够的教师，能保持适当水平的师生接触，能面向学生进行指导和咨询，并能满足校内服务，进修，与工业界、执业专业工作者以及雇主联络等的需要。

专业的师资应具备适当的学术资格，具有并显示出足够的权威，以确保对专业的正确指导，建立和执行评估和评价过程，不断改进专业及其教育目标和产出。师资队伍的综合能力可根据下列诸因素做出判断：学历、背景的多样性、工程经验、教学经验、人际交流能力、办学积极性、学术水平、专业学会的参与、专业工程师开业许可证（Professional Licensure）等。

准则 6：设施（Facilities）

应具有适当的教室、实验室和相应的仪器设备，以实现专业目标，并形成一种有利于学习的氛围。应具有适当的设备条件，以利师生接触，并营造开展专业活动和进修提高的氛围。专业应提供机会，让学生学习应用现代化的工程工具。计算机和信息等基础设施应到位，以支持师生的学术活动，以及专业和学校教育目标的实现。

准则 7：学校对专业的支持和财政资源（Institutional Support and Financial Resources）

应具备适当的学校支持、财政资源和建设性的领导，以保证工程专业的教学质量和连续性。应有充分的资源，以吸引和保持优秀的教师队伍，并为教师提供持续的业务进修条件。应有足够的资源，以配备和保养适合于工程专业使用的仪器设备，并保持正常运行。此外，应有适当的辅助人员和学校服务，以满足专业的需要。

准则 8：专业准则（Program Criteria）

每个专业都必须满足相应的专业准则（如果有的话）。专业准则阐明基本水平准则应用于该专业时的特殊性。专业准则中提出的要求仅限于教学计划和教师的资格。如果一个专业，就其名称而言，与两种或多种专业准则有关，它必须同时满足各种专业准则，但对于重复的要求，则只要满足其中一种即可。

EAC 在 EC2000 中所提出的毕业生 11 方面的能力要求具有深刻的内涵，直接规定能力要求，而不提课程要求，是与 EC2000 强调“产出”质量的指导思想一脉相承的。它突出宏观要求，注重目标控制，给教育过程留下宽松的发展空间，而对教育质量保证过程提出了严格要求。它强调教育产出质量，强调教育向公众负责，要求建立校内评估体系，以及持续的改革和创造。EC2000 对工程毕业生的 11 条能力要求，可以看作是美国工程界和工程教育界对新世纪工程人才素质所设想的模式。EC2000 体现了重大的变革，它反映了鉴定指导思想的演变和准则重点的转移。

1.2.2 澳大利亚工程师协会 IEAUST 专业认证

在澳大利亚，对本科工程教育项目的认证工作是由澳大利亚工程师协会负责的。澳大利亚工程师协会（Institution of Engineers Australia，简称 IEAust）是一个全国性的工程师行业协会。协会始建于 1919 年。协会认证的工程师职业分类为三类：专业工程师（Professional Engineer，PE），工程技师（Engineering Technologists，ET）和助理工程师（Engineering Associates，EA）。而工程师又可以根据其具体从事的专业划分为众多学科，如航空和航天工程、农业工程、生物医学工程、建筑机械设备工程、化学工程、土木工程、电气工程、海岸与海洋工程、环境工程、工业工程、海洋工程、材料工程、机械与制造工程、矿物与冶金工程、采矿工程、资源工程和风险工程等。

澳洲工程师协会 IEAust 是澳大利亚最大和最多样化的工程协会，大约有 60 万会员。该机构致力于整体上代表、支持和发展工程专业，并鼓励工程师精益求精，使他们能够充分发挥其潜力以适应更广泛的社会需求。该机构促进并推动工程技术领域的科学和实践服务于社会，它鼓励澳大利亚的技术能力的可持续发展，以期最大程度对国家经济增长做出贡献。

IEAust 致力于提升行业及其从业者的声誉及地位。协会帮助那些选择了工程类职业的人了解在世界范围内工程的最新进展，助力知识共享和连网，保证专业地位，促进工程实践的共同利益。在澳大利亚该机构负责认证工程类课程、继续教育项目和专业发展计划执行。IEAust 涵盖了工程团队的所有成员以及工程的所有学科。它的影响力覆盖整个澳大利亚的所有地区，也在国际上得到了广泛的认可。认证确保学术机构持续符合国家和国际标准，通过认证的工程专业毕业生可以得到协会相关职业等级的会员身份，并在海外对等职业机构中享有互惠特权。其认证结论在国际上为众多国家所承认，如美国、英国、中国香港特区、新西兰、加拿大、南非和其他共同签署了国际协议的国家。其认证中的专业工程师 PE、工程技师 ET 和助理工程师 EA 分别对应华盛顿协议、悉尼协议和都柏林协议的相关水平。

澳大利亚工程师协会的宗旨和目的之一，是通过认证来确认那些被协会认可的人已经在理论和工程实践领域都具有了满足协会所要求的足够知识，来提高社会对工程师的就业信心。认证任务的主要目标，是评测那些培养机构或课程体系是否为他们的毕业生做好了充分准备和设计，使他们能够达到工程师协会的会员标准。认证标准提供了工程教育计划评估的基础，对于工程教育工作者来说，这些认证标准也有助于帮助他们设计课程，为他们在教学环境改进、教育设计、教学任务质量评价和持续改进的过程中提供可参考的多方面资源，包括技能和知识，技术能力的深度和广度，工程应用技巧，以及个人和专业能力。

澳大利亚工程师协会针对专业工程师层次（相当于工科本科教育）的教育完整地制定了一套包括认证政策、评价标准和指导文件在内的认证管理系统。此认证管理系统制定文件的目的是为工程教育者提供在规划、教育设计、方案审查和质量持续改进的过程中的资源。评审管理体系为相关认证工作提供了明确的标准，评估和报告框架。

IEAUST 的认证标准包括认证机构执行环境、学术体系、质量体系几个方面的准则：

认证标准 1　认证机构执行环境，见表 I.1。

表 I.1　IEAUST 的认证标准：执行环境

认证标准	评价指标
承担工程教育的组织结构和投入度	• 认证的实体在工程教育计划体系的领导和管理方面是否具有明确的任务指派和责任下放； • 是否有长期的机构级别的承诺和战略管理以保证工程学科的发展，并确保提供适当的资源； • 是否有正式的组织机构和体制来完成工程教育课程计划体系的审批。
学术成员和配套师资情况	• 具有足够的学术型员工数量，学术职称等级分布均衡； • 有适当的生师比； • 行之有效的工作量政策和实施方法； • 有效的学生学习支持机制； • 性别构成平衡； • 人员在资历、工程实践经验经历、学术研究水平和专业地位方面的分布有适当的深度和交叉广度； • 人员学术能力情况与所培养专业领域相匹配； • 对于员工在教学水平和专业能力方面的发展有适当的政策和相关记录； • 人员有性别意识，在跨文化问题、各种教学方法方面有认识； • 有计划地引入开放课程和行业专家讲座，以丰富教工能力，开拓学生视野； • 学生有足够的辅导和咨询服务； • 配套支持人员中技术人员和行政人员分布比例适当。
学术领导力和教育文化	• 具备有凝聚力的教学团队和对团队的领导力，能够在个人计划层次推动教育设计和过程完善； • 教学团队包含所有的教学成员； • 有活力的合作学习社团； • 以采用最佳实践方案为准则的不断改进的教学法框架； • 与企业和行业领域机构合作； • 教研相辅相通； • 成员一般具有工程人员的品质特点； • 有对性别、文化、社会差异包容的环境，鼓励个人发展和张扬个性； • 在合作学习的环境中将员工培养成为学习的促进者。
设施和资源	• 拥有适当的实验和项目式教学设施，在专业实践领域和专业应用领域对结构化学习和研究型学习同时提供支持； • 足够的信息科技设施和支持； • 有仿真、可视化、分析、设计、文件、规划、沟通和管理工具的使用权限，以及适合当前工业行业惯例的测试测量设备和信息资源； • 有适合于全方位教育产出开发并满足个人需要的学习支撑设施。
经费投入	• 有适应当前工作任务并满足将来发展的健全的业务规划； • 对工程教育学校及在学校内部有适当的经费资助方案； • 持续的可行性——能够支撑完成目前任务和实现预期发展的能力。
学生档案的管理策略	• 合理的学生人数和发展趋势； • 与认证标准相称的入学、留级和升学制度记录，得奖情况，及毕业率； • 对先修学分有严格的分析、评估和核查过程。

认证标准 2　学术体系，见表 I.2。

表 I.2　IEAUST 的认证标准：学术体系

认证标准	评价指标
教育目标的规范性	• 明确地定义了工程实践和专业的关注重点； • 对专业规划目标和培养学生的能力是否有明确全面的规范； • 是否有基于行业和社会的需求、专业实践发展趋势和基准指标分析的充分理论基础； • 所培养的毕业生能力是否涵盖技能和知识的均衡发展，个人能力和专业能力，工程应用能力，以及在指定专业领域的高水平技术和实践专业技能； • 具有与现行评价指标相称的监测机制； • 培养的毕业生能力能否反映出认证规定的基本能力标准； • 教育目标能否反应“澳大利亚工程师协会工程师基本特质”所规定的相关水平。
计划体系和授权名称	• 认证机构计划体系名称和授权名称适合于专业工程教育计划； • 专业目标和项目内容与所规定的实践领域匹配。
学术体系结构和实现框架	• 具备兼容特定目标实现的学术体系结构； • 有保证有效工程目标的双学位途径； • 有多种可选的能够提供等效工程教育学习成果的实现途径，包括选修课、主修和次要课程系列，合作模式，项目/论文可选，研讨会学习模式，远程教育模式和节点式渠道； • 因材施教，有能够适应不同背景不同个人学习能力学生的灵活体系结构； • 国际化的方法； • 有跨计划项目周期的学习经验评分制度，以开发学生独立学习能力。

续表

认 证 标 准	评 价 指 标
课程设置	要求课程体系能够在下列方面为学习者提供合适的学习范围、深度和均衡发展： 能力开发和知识发展方面 • 课程设置在以下方面具有适合于指定实践领域的支柱性的基础能力： ✓ 数学； ✓ 物理、生命、信息科学； ✓ 工程科学； • 从基础理论着手解决工程中的挑战性技术难题。 深入的技术能力方面 • 有参照国内国际标准设置的，范围和深度适当并包含实践的技术领域课程； • 有在该类技术领域中以解决问题为目标的知识和能力应用课程； • 课程中引入包括在该类技术领域内当前技术和专业方面的有实际意义的内容方法和问题； • 有通过下列这些问题引入的、在一个或多个专业方向上可以实现先进知识和能力开发的课程： ✓ 具体的知识和行业发展新兴内容； ✓ 待解决的重大技术复杂性问题和现状。 个人能力和专业能力开发方面 • 在课程设置中，针对此方面能力有紧密嵌入到整个课程体系中的方法设计，并在以下方面重点关注： ✓ 具有与工程团队和一般性社会团体沟通的能力； ✓ 有一定信息文化素养和管理信息和文件的能力； ✓ 有创新和改革意识； ✓ 对工程道德的承诺和个人责任感有正确的理解； ✓ 既有独立工作能力，又有在跨学科跨文化团队中作为团队成员及团队领导人的能力； ✓ 具备终生学习和专业发展的能力； ✓ 对待职业有适当的专业态度。 工程应用实践方面 • 在课程设置中，有针对指定实践技术领域的通用工程应用案例教学活动，在下列方面有适当的指导： ✓ 在复杂的，往往未明确定义的问题方面，有能够使用先进技术手段提出结构化解决方案的能力； ✓ 有使用系统方法解决复杂的问题，并设计和实现要求性能的能力； ✓ 有根据特定领域公认标准熟练设计元器件、系统和/或工艺流程的能力； ✓ 有在保证要求的时间、预算、参数指标和性能要求的前提下，完成和管理工程项目的能力； ✓ 具有在一定的社会、文化、道德、法律、政治、经济和环境责任相关框架的前提下，同时在遵守可 ✓ 持续发展和健康安全必要性的原则内，从事解决问题、工程设计和实现工作的能力； ✓ 有在一定商业环境、组织和企业的管理，以及业务经营基本原则下工作的技能。 实践和动手能力经验方面 • 在课程设置中，针对指定实践技术领域有嵌入到课程内的实践实验学习活动，并在下列方面有适当的指导： ✓ 有对科学方法、学术需求严谨性和坚实理论基础的正确评估； ✓ 承担对安全性和可持续性的义务； ✓ 有对工程系统、设备、元器件和材料选择和综合评价的能力； ✓ 有对适当的工程资源工具和技术进行选型和应用，对精度和局限性进行评估的能力； ✓ 有能力形成数理模型和概念模型并对其应用，有能力理解模型的适用性和缺点； ✓ 有设计和实施完成实践和测量实验的能力； ✓ 熟练掌握适当的实验程序，会使用实验装置、仪器仪表和测试设备； ✓ 正确认识不成功实验结果，能够分析误差来源，诊断失败原因，查找错误来源并重新设计； ✓ 有能力记录实验结果，分析输出结果可信度，严格思考实验，并推断出有鲁棒性的结论，形成结果报告。
与专业工程实践的结合度	• 在课程设置中有与工程实践结合的部分（非正式工作安排），此部分紧密嵌入到学术单元中，作为整体学习活动的一部分，以确定和易理解的形式帮助实现要求的毕业生能力； • 有与适当学习目标匹配的正式工作安排记录 • 对此方面的学习成果有相应的记录、跟踪和评价系统。

认证标准 3　质量体系，见表 I.3。

表 I.3　IEAUST 的认证标准：质量体系

认 证 标 准	评 价 指 标
与机构外组织的合作情况	• 有正式的咨询机构对教育成果目标、教学设计和指标评价的建立和审核进行持续和定期的建议，该咨询机构应包括工业、社团和专业团体的业界代表； • 机构外相关单位能够为学生适当接触专业工程实践提供便利； • 以合作项目和研究的方式在机构和产业界建立合作，为教职员工和学生的发展提供条件。
持续改进过程中的反馈和相关输入	• 有师生交流会、专职小组或其他的直接交流机制，以保证持续的检讨和改进； • 适当使用调查工具和其他方式获取系统性的反馈； • 有毕业生、校友、雇主、咨询机构和相关社会团体交流机制； • 在持续质量提高的文化氛围中，学生成为真正的参与者。

续表

认 证 标 准	评 价 指 标
教育目标规范的制定和审核过程	• 规范制定有整体性，采用结果驱动的方法； • 能够全方位涵盖毕业生能力； • 规范制定与毕业生基本能力标准保持一致，并遵从通用标准的框架； • 具体到每一个项目； • 具有包括对全体教工和外部机构持续输入的系统性评价流程； • 具有对基准条例和业界需求的持续审核。
教育设计和审核的方法	• 有涉及全体教学人员的持续改进程序； • 教育设计和审核方法受对培养计划目标和毕业生能力大环境的明确理解驱动； • 改进过程有明确文件记录； • 在学术单元—学习目标—学习活动—评估这样一个流程中形成闭环； • 紧密结合培养毕业生能力的总目标，系统性地将学习目标与具体学术单元对应； • 在项目过程中逐步强调自主学习，反思实践，关键审核，同行评价和自我评估。
评估方法和绩效考核	• 评估和考核是完整教育设计过程的组成部分； • 参照相关标准或行业基准，评估考核流程具有足够的广度和深度，包括对学生反馈的适当利用，学生针对目标学习结果的自我分析，和/或毕业生能力； • 跟踪和监控包括个人能力、专业能力，以及技术能力标准在内的全方位毕业生能力； • 跟踪调查在学术单元内的业绩措施，以及这些措施如何服务于整个毕业生能力项目矩阵，从整体上对项目进行支持； • 严格的自我调整流程； • 系统性的评价方法； • 适当的评级和奖励机制。
其他可选实施途径和呈现模式的管理	• 对其他等效的可选实施途径和呈现模式有足够的分析、监控和保障措施。
教育理念的传播	• 有充分的文件记录项目的目标产出，教育设计理念，在项目手册和记录中，和/或在单个学生单元指导书中相关的对应方法； • 有单个学术单元完成工作对整体毕业生能力规定贡献的清晰对应； • 任一学术单元中，在学习目标、学习活动和指标评价中有清晰连接； • 适度保持所有受益者的知情度。
相关基准	• 有针对教育目标相关标准与用人单位对毕业生期望及国际国内领域相关惯例的适当比较程序。
培养方案制定和修订的审批流程	• 在下列方面有正式程序： ✓ 新方案的审批——要求包括需求分析，理论基础建立，成果规范化，教学设计； ✓ 方案修订。
学生管理	• 学生管理中要求包括以下几方面的鲁棒性系统： ✓ 学生档案数据管理； ✓ 个体学生学习进度监控、不合格指标警告和开除； ✓ 学生咨询过程记录； ✓ 留级和升级监测； ✓ 学生录取标准的确定和维护。

I.2.3 CDIO 教育模式

从 2000 年起，麻省理工学院和瑞典皇家工学院等四所大学组成的跨国研究获得 Knut and Alice Wallenberg 基金会近 2000 万美元巨额资助，经过四年的探索研究，创立了 CDIO 工程教育理念，形成了相应的工程教育标准规范，并成立了以 CDIO 命名的国际合作组织。我国教育部高教司理工处也于 2008 年成立了《中国 CDIO 工程教育模式研究与实践》课题组，开展此方面的教学研究。目前很多大学都已开展这方面的研究和教学设计工作。

CDIO 代表构思（Conceive）、设计（Design）、实现（Implement）和运作（Operate），是一种较新的工程教育模式，其理念继承和发展了欧美 20 多年来工程教育改革的理念，系统地提出了以下具有可操作性的 12 条标准。

标准 1　以 CDIO 为基本环境

学校使命和专业目标在什么程度上反映了 CDIO 的理念，即把产品、过程或系统的构思、设计、实施和运行作为工程教育的环境？技术知识和能力的教学实践在多大程度上以产品、过程或系统的生产周期作为工程教育的框架或环境？

标准 2　学习目标

从具体学习成果看，基本个人能力、人际能力和对产品、过程和系统的构建能力在多大程度上满足专业目标并经过专业利益相关者的检验？专业利益相关者是怎样参与学生必须达到的各种能力和水平标准的制定的？

标准 3　一体化教学计划

个人能力、人际能力和对产品、过程及系统的构建能力是如何反映在培养计划中的？培养计划的设计在什么程度上做到了各学科之间相互支撑，并明确地将基本个人能力、人际能力和对产品、过程及系统构建能力的培养融于其中？

标准 4　工程导论

个人能力、人际能力和对产品、过程及系统的构建能力是如何反映在培养计划中的？工程导论在多大程度上激发了学生在相应核心工程领域的应用方面的兴趣和动力？

标准 5　设计-实现经验

培养计划是否包含至少两个设计–实现经历（其中一个为基本水平，一个为高级水平）？在课内外活动中学生有多少机会参与产品、过程及系统的构思、设计、实施与运行？

标准 6　工程实践场所

实践场所和其他学习环境怎样支持学生动手和直接经验的学习？学生有多大机会在现代工程软件和实验室内发展其从事产品、过程和系统建构的知识、能力和态度？实践场所是否以学生为中心、方便、易进入并易于交流？

标准 7　综合性学习经验

综合性的学习经验能否帮助学生取得学科知识以及基本个人能力、人际能力和产品、过程和系统构建能力？综合性学习经验如何将学科学习和工程职业训练融合在一起？

标准 8　主动学习

主动学习和经验学习方法怎样在 CDIO 环境下促进专业目标的达成？教和学的方法中在多大程度上基于学生自己的思考和解决问题的活动？

标准 9　教师能力的提升

用于提升教师基本个人能力和人际能力，以及产品、过程和系统构建能力的举措能得到怎样的支持和鼓励？

标准 10　教师教学能力的提高

有哪些措施用来提高教师在一体化学习经验、运用积极的经验学习方法，以及学生考核等方面的能力？

标准 11　学生考核

学生的基本个人能力和人际能力，产品、过程和系统构建能力，以及学科知识如何融入专业考核之中？这些考核如何度量和记录？学生在何种程度上达到专业目标？

标准 12　专业评估

有无针对 CDIO 的 12 条标准的系统化评估过程？评估结果在多大程度上反馈给学生、教师以及其他利益相关者，以促进持续改进？专业教育有哪些效果和影响？

除了系统地提出了上述具有可操作性的 12 条标准，CDIO 更重要的贡献，是它以产品研发到产品运行的生命周期为载体，设计了让学生以主动的、实践的、课程之间有机联系的方式学习工程的 CDIO 培养大纲。大纲将工程毕业生的能力分为工程基础知识、个人能力、人际团队能力和工程系统能力四个层面，要求以综合的培养方式使学生在这四个层面达到预定目标。

CDIO 的教学大纲，从第一级大纲的层面上来说，如图 I.1 所示。

The CDIO Syllabus at first level of Detail
(Applicable to any field of engineering)
CDIO第一级大纲细节（适用于任何工程领域）

Stresses fundamental thru design-build-operate experiences
强调通过设计-搭建-操作体验获得的基础

LEADERSHIP领导力

4. CONCEIVING, DESIGNING, IMPLEMENTING AND OPERATING SYSTEMS IN THE GLOBEL ENTERPRISE AND SOCIETAL CONTEXT
在企业与社会环境中构思、设计、实施和运作系统

1. TECHNICAL KNOWLEDGE AND REASONING (TRADITIONAL FUNDAMENTALS) 技术知识与推理能力 （传统意义上的基础）	2. PERSONAL AND PROFESSIONAL SKILLS AND ATTRIBUTES 个人职业技能和职业道德	3. INTERPERSONAL SKILLS: TEAMWORK AND COMMUNICATION 人际交往能力：团队合作与沟通

图 I.1　CDIO 课程大纲第一级

如图中所示，大纲分为四个方面，分别是基础知识、个人能力和专业素质、人际交流能力与团队合作能力和 CDIO 综合能力。大纲反映的是 CDIO 工程教育理念，或者也可以说是工程师培养理念的四个层次：学习如何学（Learn to know）；学习如何为人（Learn to be）；学习如何在团队中工作（Learn to work together）；学习掌握跨学科系统思考能力（Learn to possess multi-disciplinary system perspective）。CDIO 的课程大纲对这四个层次指标进行了进一步细化，建立了详细的多级指标，前三级如表 I.4 所示。

表 I.4　CDIO 课程大纲三级目标体系

一级指标	二级指标	三级指标	
1. 技术知识与推理能力	1.1 基础科学知识 1.2 核心工程基础知识 1.3 高级工程基础知识		
2. 个人和职业道德职业技能	2.1 工程推理与问题解决技能	2.1.1 问题鉴别与形成 2.1.2 建模 2.1.3 估测与定性分析	2.1.4 不确定性分析 2.1.5 问题解决与建议
	2.2 实验与知识发现技能	2.2.1 假设的形成 2.2.2 纸质和电子文档调查	2.2.3 实验调查 2.2.4 假设的验证与推翻
	2.3 系统思维	2.3.1 整体思维 2.3.2 系统的逐渐形成和交互作用	2.3.3 优先级排序与聚焦 2.3.4 解决方案的权衡、决断与平衡
	2.4 个体知识与态度	2.4.1 承担风险的积极性与意愿 2.4.2 坚持度与灵活度 2.4.3 创造性思维 2.4.4 批判思维	2.4.5 对个体知识、经验和态度的认知 2.4.6 好奇心与终身学习 2.4.7 时间与资源管理
	2.5 专业技能和态度	2.5.1 职业道德、诚信与责任感 2.5.2 专业行为	2.5.3 对职业的主动规划 2.5.4 紧跟世界工程前沿
3. 人际交往能力：团队合作与沟通	3.1 团队合作	3.1.1 创建高效率的团队 3.1.2 团队运作 3.1.3 团队成长与发展	3.1.4 领导力 3.1.5 技术合作
	3.2 沟通交流	3.2.1 交流战略 3.2.2 交流沟通结构 3.2.3 书面形式交流	3.2.4 电子/多媒体交流 3.2.5 图形化交流 3.2.6 口述与人际交流
	3.3 外语沟通	3.3.1 英语 3.3.2 区域性工业国语言	3.3.3 其他语言

续表

一级指标	二级指标	三级指标	
4. 在企业与社会环境中构思、设计、实施、运作（CDIO）系统	4.1 外部与社会环境	4.1.1 工程师的角色和职责 4.1.2 工程在社会中的影响 4.1.3 工程的社会规则	4.1.4 历史与文化环境 4.1.5 时代性问题与价值 4.1.6 全球化展望
	4.2 企业和商业环境	4.2.1 欣赏不同的企业文化 4.2.2 企业战略、目标和规划	4.2.3 技术化企业家 4.2.4 在组织中成功工作
	4.3 构思与工程化系统	4.3.1 设定系统目标和需求 4.3.2 定义功能、理念与框架	4.3.3 为系统建模，以保证目标的达成 4.3.4 开发项目管理
	4.4 设计	4.4.1 设计程序 4.4.2 设计程序的阶段与方法 4.4.3 在设计中使用知识	4.4.4 学科性设计 4.4.5 多学科设计 4.4.6 复合型目标设计
	4.5 实施	4.5.1 设计实施程序 4.5.2 硬件制造过程 4.5.3 软件实现过程	4.5.4 硬件与软件集成 4.5.5 测试、核实、验证与认证 4.5.6 实施管理
	4.6 运行	4.6.1 设计和优化运行 4.6.2 培训和运行 4.6.3 支持系统的生命周期	4.6.4 系统改进与进化 4.6.5 处置与生命终结问题 4.6.6 运行管理

瑞典国家高教署（Swedish National Agency for Higher Education）2005 年采用这 12 条标准对本国 100 个工程学位计划进行评估，结果表明，新标准比原标准适应面更宽，更利于提高质量，尤为重要的是新标准为工程教育的系统化发展提供了基础。迄今为止，已有数十所世界著名大学加入了 CDIO 组织，这些大学的机械系和航空航天系全面采用 CDIO 工程教育理念和教学大纲，取得了良好效果，按 CDIO 模式培养的学生深受社会与企业欢迎。

I.2.4 中国全国工程教育专业认证

为了促进工程教育质量的提高，推进工程教育教学改革，构建我国工程教育质量监控体系，进一步提升我国工程教育的国际竞争力，我国也根据全国工程师制度改革工作的整体安排，在全国工程师制度改革协调小组工程教育工作组的领导下，由教育部牵头，18 个行业部门联合成立了全国工程教育专业认证专家委员会，启动了我国工程教育专业认证试点工作。

我国的工程教育专业认证试点机构是 2007 年 3 月成立的“全国工程教育专业认证专家委员会”。该委员会由教育部等行政主管部门授权，成员由教育部、人事部、中国工程院、中国科协、相关行政主管部门和行业协会（学会）代表组成。认证的目标是促进我国工程教育的改革，加强工程实践教育，进一步提高工程教育的质量；建立与注册工程师制度相衔接的工程教育专业认证体系；吸引工业界的广泛参与，进一步密切工程教育与工业界的联系，提高工程教育人才培养对工业产业的适应性；促进我国工程教育参与国际交流，实现国际互认。

表 I.5 我国的全国工程教育专业认证标准
（2011 年 3 月试行版）

类型	指标	内涵
通用标准	专业目标	专业设置
		毕业生能力
	课程体系	课程设置
		实践环节
		毕业设计（论文）
	师资队伍	师资结构
		教师发展
	支持条件	教学经费
		教学设施
		信息资源
		校企结合
	学生发展	招生
		就业
		学生指导
	管理制度	教学制度
		过程控制与反馈
	质量评价	内部评价
		社会评价
		持续改进
专业补充标准	各专业的特殊要求	

为规范我国高等学校工程教育专业认证工作，构建我国高等工程教育质量监控体系，提高工程专业教学质量，全国工程教育专业认证专家委员会制定了专业认证的标准。2011 年 3 月制定的认证标准如表 I.5 所示，提供了工程教育本科培养层次的基本质量要求。

此后几年，全国工程教育专业认证专家委员会对认证标准的通用标准进行了多次修订，发布了工程教育认证标准修订版，从学生、培养目标、毕业要求、持续改进、课程体系、师资队伍和支撑条件 7 个方面对被认证机构进行评价。2015 年修订后的全国工程教育认证标准如表 I.6 所示。

表 I.6　我国的全国工程教育专业认证通用标准（2015 年 3 月修订版）

指　标	认证关注内容
学生	1. 具有吸引优秀生源的制度和措施。 2. 具有完善的学生学习指导、职业规划、就业指导、心理辅导等方面的措施并能够很好地执行落实。 3. 对学生在整个学习过程中的表现进行跟踪与评估，并通过形成性评价保证学生毕业时达到毕业要求。 4. 有明确的规定和相应认定过程，认可转专业、转学学生的原有学分。
培养目标	1. 有公开的、符合学校定位的、适应社会经济发展需要的培养目标。 2. 培养目标能反映学生毕业后 5 年左右在社会与专业领域预期能够取得的成就。 3. 定期评价培养目标的合理性并根据评价结果对培养目标进行修订，评价与修订过程有行业或企业专家参与。
毕业要求	专业必须有明确、公开的毕业要求，毕业要求应能支撑培养目标的达成。专业应通过评价证明毕业要求的达成。专业制定的毕业要求应完全覆盖以下内容： 1. 工程知识：能够将数学、自然科学、工程基础和专业知识用于解决复杂工程问题。 2. 问题分析：能够应用数学、自然科学和工程科学的基本原理，识别、表达、并通过文献研究分析复杂工程问题，以获得有效结论。 3. 设计/开发解决方案：能够设计针对复杂工程问题的解决方案，设计满足特定需求的系统、单元（部件）或工艺流程，并能够在设计环节中体现创新意识，考虑社会、健康、安全、法律、文化以及环境等因素。 4. 研究：能够基于科学原理并采用科学方法对复杂工程问题进行研究，包括设计实验、分析与解释数据、并通过信息综合得到合理有效的结论。 5. 使用现代工具：能够针对复杂工程问题，开发、选择与使用恰当的技术、资源、现代工程工具和信息技术工具，包括对复杂工程问题的预测与模拟，并能够理解其局限性。 6. 工程与社会：能够基于工程相关背景知识进行合理分析，评价专业工程实践和复杂工程问题解决方案对社会、健康、安全、法律以及文化的影响，并理解应承担的责任。 7. 环境和可持续发展：能够理解和评价针对复杂工程问题的专业工程实践对环境、社会可持续发展的影响。 8. 职业规范：具有人文社会科学素养、社会责任感，能够在工程实践中理解并遵守工程职业道德和规范，履行责任。 9. 个人和团队：能够在多学科背景下的团队中承担个体、团队成员以及负责人的角色。 10. 沟通：能够就复杂工程问题与业界同行及社会公众进行有效沟通和交流，包括撰写报告和设计文稿、陈述发言、清晰表达或回应指令。并具备一定的国际视野，能够在跨文化背景下进行沟通和交流。 11. 项目管理：理解并掌握工程管理原理与经济决策方法，并能在多学科环境中应用。 12. 终身学习：具有自主学习和终身学习的意识，有不断学习和适应发展的能力。
持续改进	1. 建立教学过程质量监控机制。各主要教学环节有明确的质量要求，通过教学环节、过程监控和质量评价促进毕业要求的达成；定期进行课程体系设置和教学质量的评价。 2. 建立毕业生跟踪反馈机制，以及有高等教育系统以外有关各方参与的社会评价机制，对培养目标是否达成进行定期评价。 3. 能证明评价的结果被用于专业的持续改进。
课程体系	课程设置能支持毕业要求的达成，课程体系设计有企业或行业专家参与。课程体系必须包括： 1. 与本专业毕业要求相适应的数学与自然科学类课程（至少占总学分的 15%）。 2. 符合本专业毕业要求的工程基础类课程、专业基础类课程与专业类课程（至少占总学分的 30%）。工程基础类课程和专业基础类课程能体现数学和自然科学在本专业应用能力的培养，专业类课程能体现系统设计和实现能力的培养。 3. 工程实践与毕业设计（论文）（至少占总学分的 20%）。设置完善的实践教学体系，并与企业合作，开展实习、实训，培养学生的实践能力和创新能力。毕业设计（论文）选题要结合本专业的工程实际问题，培养学生的工程意识、协作精神，以及综合应用所学知识解决实际问题的能力。对毕业设计（论文）的指导和考核有企业或行业专家参与。 4. 人文社会科学类通识教育课程（至少占总学分的 15%），使学生在从事工程设计时能够考虑经济、环境、法律、伦理等各种制约因素。
师资队伍	1. 教师数量能满足教学需要，结构合理，并有企业或行业专家作为兼职教师。 2. 教师具有足够的教学能力、专业水平、工程经验、沟通能力、职业发展能力，并且能够开展工程实践问题研究，参与学术交流。教师的工程背景应能满足专业教学的需要。 3. 教师有足够时间和精力投入到本科教学和学生指导中，并积极参与教学研究与改革。 4. 教师为学生提供指导、咨询、服务，并对学生职业生涯规划、职业从业教育有足够的指导。 5. 教师明确他们在教学质量提升过程中的责任，不断改进工作。
支持条件	1. 教室、实验室及设备在数量和功能上满足教学需要。有良好的管理、维护和更新机制，使得学生能够方便地使用。与企业合作共建实习和实训基地，在教学过程中为学生提供参与工程实践的平台。 2. 计算机、网络以及图书资料资源能够满足学生学习以及教师的日常教学和科研所需。资源管理规范、共享程度高。 3. 教学经费有保证，总量能满足教学需要。 4. 学校能够有效地支持教师队伍建设，吸引与稳定合格的教师，并支持教师本身的专业发展，包括对青年教师的指导和培养。 5. 学校能够提供达成毕业要求所必需的基础设施，包括为学生的实践活动、创新活动提供有效支持。 6. 学校的教学管理与服务规范，能有效地支持专业毕业要求的达成。

2013 年 6 月 19 日，在韩国首尔召开的国际工程联盟大会经过正式表决结果，同意接纳中国为《华盛顿协议》的预备成员。因此，进一步探讨工程专业认证的工作更加有实际意义。进行工程教育专业认证，能促进我国高校工科教育质量的提高。我国的认证组织成为《华盛顿协议》成员，意味着本国或本地区工程教育质量得到国际权威标准的肯定，从而提高本国或本地区高等工程教育的声誉；可以明确工程教育专业质量的国际标准和基本要求，促进高等院校和工科专业进一步办出特色和优势；可以改善教学条件、促进对教学经费的投入；可以促进教师队伍的建设和专业化发展；还可以发现大学相关专业院系教学管理的薄弱环节，促进建立科学规范的教学质量管理和监控体系，从而提高大学教学管理水平。

同时，进行工程教育专业认证，能加强高校工科教育与工业界的联系。在我国，政府对大学具有重要的领导与调控作用，但社会认证与评估组织的作用尚处于初期发展阶段。通过认证的制度和组织的运作，把工业界对工程师的要求及时地反馈到未来工程师的培养过程中来。许多国家的实例证明，加入《华盛顿协议》的过程，也是其各自工程教育不断改革和工程教育认证体系不断完善的过程。

I.2.5 教育部卓越工程师教育培养计划

卓越工程师教育培养计划（以下简称卓越计划）是教育部 2010 年 6 月制定实施的。其指导思想，是贯彻落实《国家中长期教育改革和发展规划纲要（2010—2020 年）》的精神，树立全面发展和多样化的人才观念，树立主动服务国家战略要求、主动服务行业企业需求的观念。改革和创新工程教育人才培养模式，创立高校与行业企业联合培养人才的新机制，着力提高学生服务国家和人民的社会责任感、勇于探索的创新精神和善于解决问题的实践能力。其主要目标是面向工业界、面向世界、面向未来，培养造就一大批创新能力强、适应经济社会发展需要的高质量各类型工程技术人才，为建设创新型国家、实现工业化和现代化奠定坚实的人力资源优势，增强我国的核心竞争力和综合国力。以实施卓越计划为突破口，促进工程教育改革和创新，全面提高我国工程教育人才培养质量，努力建设具有世界先进水平、中国特色的社会主义现代高等工程教育体系，促进我国从工程教育大国走向工程教育强国。

2010 年 6 月 23 日，教育部在天津召开卓越计划启动会，联合有关部门和行业协（学）会，共同实施卓越计划。并审核批准了清华大学、北京理工大学等 61 所高校为第一批卓越计划实施高校。计划对促进高等教育面向社会需求培养人才，全面提高工程教育人才培养质量具有十分重要的示范和引导作用。

卓越计划实施的层次包括工科的本科生、硕士研究生、博士研究生三个层次，培养现场工程师、设计开发工程师和研究型工程师等多种类型的工程师后备人才。教育部也制订了相应的卓越计划人才培养标准。培养标准分为通用标准和行业专业标准。其中，通用标准规定各类工程型人才培养都应达到的基本要求；行业专业标准依据通用标准的要求制订，规定行业领域内具体专业的工程型人才培养应达到的基本要求。培养标准要有利于促进学生的全面发展，促进创新精神和实践能力的培养，促进工程型人才人文素质的养成。

卓越计划通用标准规定了卓越计划各类工程型人才培养应达到的基本要求，是制订行业标准和学校标准的宏观指导性标准，分为本科、硕士和博士三个层次。这里只介绍本科工程型人才的通用标准。卓越计划本科工程型人才培养通用标准（2013 年 11 月印发）：

1．具有良好的工程职业道德、追求卓越的态度、爱国敬业和艰苦奋斗精神、较强的社会责任感和较好的人文素养；

2．具有从事工程工作所需的相关数学、自然科学知识以及一定的经济管理等人文社会科学知识；

3．具有良好的质量、安全、效益、环境、职业健康和服务意识；

4．掌握扎实的工程基础知识和本专业的基本理论知识，了解生产工艺、设备与制造系统，了解本专业的发展现状和趋势；

5．具有分析、提出方案并解决工程实际问题的能力，能够参与生产及运作系统的设计，并具有运行和维护能力；

6．具有较强的创新意识和进行产品开发和设计、技术改造与创新的初步能力；

7．具有信息获取和职业发展学习能力；

8．了解本专业领域技术标准，相关行业的政策、法律和法规；

9．具有较好的组织管理能力、较强的交流沟通、环境适应和团队合作的能力；

10．应对危机与突发事件的初步能力；

11．具有一定的国际视野和跨文化环境下的交流、竞争与合作的初步能力。

高等工程教育的根本任务在于培养优秀工程技术人才，培养优秀工程技术人才的关键在于工程实践教育。经济全球化推动了工程人才的跨国流动，必然要求各国工程教育专业认证趋于等效。作为一种教育质量保障、实现工程学会与工程师国际互认的重要机制和手段，工程教育专业认证制度的建立和实施已经对高等院校的工程教育产生了巨大的影响，正逐步引导高等学校调整工程教育计划的课程设置、教学方法和改革方向。对于工科本科教育的工程实践教育也是目前我国工程教育中的一个薄弱环节。对于高等学校的教学来说，在强化教学过程和管理的同时，对照认证标准，通过合理设置研究型课程来使学生达到知识与能力的协调发展，提高工程实践和创新能力成为高等院校工程教育专业适应社会需求，提高自身吸引力的必然发展趋势。

II 研究型教学和研究型课程设计

II.1 研究性学习和研究型教学的概念

高等教育教学过程是在继承已有知识、学习间接经验的基础上，逐步在实践中巩固所学理论，进而努力使学习过程与实际科学研究工作一致起来，循序渐进地帮助学生从中学阶段培养继续求学的能力逐渐过渡到培养某一专业领域内的独立工作能力。传统的工科教育中以教师为主体和讲授为主导的课程设置，在一些专业教学中形成了学生重研究轻工程、重理论轻实践的培养误区。工科学生的综合创新能力与工程实践能力的平均水平有所下降。

高等院校的产品是学生，工科院校高等教育教学的产品是合格的工程技术人才。为恢复高等工程教育的平衡发展，培养达标的优秀工程技术人才，各国的教育学者和教育研究人员都在为高等工程教育做出努力。国际工程师互认协议体系的形成和各国工程教育认证工作的开展，CDIO 等新型工程教育理念和模式的产生，以及目前我国推行的“卓越工程师教育培养计划”、“全国工程教育专业认证”等，都是为促进工程实践教育发展，规范考核工科高校“产品”培养质量的重要举措。

工程实践教育是一种教育理念，不单指实验、生产实习和毕业设计等工程实践教学环节，更重要的是要在人才培养全过程中贯彻实践教育的思想，将实践教育理念落实到学生培养的全过程中。结合《华盛顿协议》等国际工程师互认体系，配合全国工程教育专业认证工作和卓越工程师教育培养计划，注重实践教学与理论教学相结合的研究性教学开展，是目前大部分理工科院校和专业的趋势。

研究型教学概念的提出与研究性学习的概念密不可分。研究性学习，又称为专题研习、探究式学习或疑难为本学习，是一种以学生为主的学习模式，是在教师的辅助下，由学生策划、执行及自我评估的学习方法。学习的过程绝大多数情况下是在教师指导下的、学生作为主体的研究与学习的过程，伴随学生研究活动的是学生独立意识和主体性的不断增强，最终完成从“学习科学真理的认识过程”到“发现科学真理的认识过程”的转化，完成从“教”到“不需要教”的转化。我国教育部[2000]3 号文件中对研究性学习的定义：“研究性学习以学生的自主性、探索性学习为基础，从学生生活和社会中选择和确定研究专题，主要以个人或小组合作的方式进行。通过亲身实践获得直接的经验，养成科学精神和科学态度，掌握基本科学方法，提高综合运用所学知识解决实际问题的能力。在研究性学习中，教师是组织者、参与者和指导者。”可见，研究性学习更强调学习者的主观能动性，具有开放性、探究性、实践性和评价的多元性等特点。

研究型教学的理念与实践源于 19 世纪初德国柏林大学的洪堡改革，它把科研、教学和学习有机统一起来，逐渐发展成为现代大学教学的核心理念和基本品格。德国著名教育家威廉·冯·洪堡提出的理念是“自由的教学与研究相统一”，“由科学而达至修养”。其中，包含的“学术自由”、“教学自由”、“学习自由”发展为所谓高等教育三大自由。在洪堡看来，大学生已在进行研究，教师不过是引导、帮助学生进行研究。这就是所谓“研究与教学统一”原则的基本思想，其重心显然落在研究上，重视研究正是后来德国大学的首要标志。2005 年我国教育部在《关于进一步加强高等学校本科教学工作的若干意见》中，明确提出“积极推动研究性教学，提高大学生的创新能力。”

作为教学过程与学习过程的经典模式，研究型教学是基于强调学科原理形成过程和师生互动为主要特征的教学方式，是教师创设情景或设计问题，引导学生参与教学研究活动，主动内化知识、建构知识的过程；它包括教师的教和学生的学两个方面，其本质特征是“发现科学真理的认识过程”。研究型教学不是一种简单的教学方法，而是一种办学理念，一种教学模式和教学体系，是在整个教学环节设计中，以开放性、综合性和条理性的设计为特点，激发学生主动参与教学过程，启发学生积极思考，引导学生运用所学的知识去积极探索新知识，培养学生创造性地分析解决问题的能力。

研究型教学比较经典的具体方法主要有讨论式教学、案例教学、基于问题的学习以及本科生参与科研等。本科生参与科研这一方法目前在国内已得到普遍认同与推广，主要在毕业设计和毕业论文这一培养环节中实现。在课程中设计和实现的，主要是前三种方法：

（1）新生研讨课 （Freshman Seminar）。Seminar 产生于 19 世纪初的柏林大学，现已在哲学、社会科学、自然科学等各领域普遍运用。其研讨的前提是真理尚不存在，要通过讨论，师生自由发表意见，大胆探索，来发现、趋近和完善真理。它通常采取研讨班的形式，把教授的科研兴趣集结起来，并且使学生参与科研实践。其中以科研导向的研讨班逐渐成为发现、培育和训练科学才能的一种制度。但具较强研究性质的 Seminar 开始主要用于大学本科高年级和研究生教育阶段，1959 年哈佛大学进行了 Freshman Seminar 的实验，至 20 世纪 70 年代，它已成为美国大学一年级教育改革的主要形式之一。其基本思想和目的就在于通过一个专题的专心研究，为学生提供综合性、跨学科和有深度的学习体验，不仅使其对某一兴趣领域进行深入研究，而且通过这个研究过程培养学生的分析、批判和表达能力，发展其智力和创造性。

（2）案例教学法（Case-based Teaching）。案例教学法起源于 1910—1920 年间的哈佛商学院，国内在 20 世纪 90 年代以后才开始研究和应用。概括其基本内涵，案例教学法就是教师根据教学目的和课程内容，采用适切案例，组织学生研究、讨论，提出解决问题的方案，使学生掌握有关知识，培养学生的创造力及运用知识独立解决实际问题的能力。案例教学法的有效实施，关键要掌握好三个环节：案例选编，教师负责编选的真实案例要符合典型性、真实性和价值分析三个原则性要求；讨论组织，学生在自行阅读、研讨的基础上，通过教师的引导进行全班讨论；方案评议，教师对学生所拟方案、讨论情况进行评论，但一般不做结论。由于案例教学是针对实际案例问题而展开的学习与讨论，因而大大缩短了教学情境与实际生活情境的差距，学生通常能设身处地地从实际场景出发，设想可能遇到的困难，从而增强设计多种解决问题方案的能力。

（3）基于问题的学习 （Problem-based Learning，简称 PBL）。也称“探究式学习”或“问题驱动式学习”等。该方法于 20 世纪 60 年代在加拿大麦克马斯特大学（McMaster University）医学院进行实验，1990 年后开始广泛运用于教育、工程、建筑、经济、管理、工商、法律、数学、自然科学、农学、社会学等学科领域。1997 年，特拉华大学成立本科生教育转型研究所（Institute for Transforming Undergraduate Education），为教师提供培训、资源和支持，在全校推进基于问题的学习模式；并于次年又建立起全国性的 PBL 信息交流中心，推动全国高等学校基于问题学习模式的发展。作为研究型教学模式，PEL 强调教学过程中学习与问题情境的设立，要求学生的学习围绕复杂的真实任务或问题展开，通过让学生解决现实世界的问题，激发其高水平思维，来探究问题背后隐含的概念和原理，并鼓励学生的自主探究以及对学习内容和过程的反思，以培养学生自主学习的能力。

研究型教学中比较具有代表性的这三类方法，其实并非决然区分开的，很多研究型教学方法的设计都是这三种方法的综合体现，例如在工科大学中与科研相结合的基于项目的学习（Project-based Learning)，其实是综合了几种方法，并结合动手实验设计，充分体现了“做中学、学中做、学以致用”的研究型教学目的。

II.2 研究型课程的特征和设计依据

研究型课程，作为研究性学习的重要载体，在凸现学生的主体地位和主动精神，培养学生创新精神和实践能力方面，起到了重要的作用。

II.2.1 研究型课程教学方法的特征

前面介绍的三种研究型教学方法是研究性学习的几个典型，在研究型课程的设计中，这三种方法相辅相成各有侧重。研究型教学从创设问题情境出发，激发学生兴趣和探究激情，引导学生自主探究和体验知识发生过程，还原科学思维活动；通过师生互动双向交流的形式，鼓励质疑批判和发表独立见解，培养大学生的创新思维和创新能力，这是研究型教学设计的精髓。研究型教学方法也具有一些共同特征：

（1）教与学的过程均具研究性。运用这种方法，关键是创设一种基于现实问题解决的真实教学情境，努力营造研究氛围，激发和增强学生的学习兴趣与工作适应能力。由问题解决而引发讨论、学习和总结是研究性教学的通用教学手段。学生解决问题的过程，以及包括类似会议组织、报告撰写与答辩等过程，都以真实或模拟的工作情境进行，从而使其组织、交流和团队合作等能力得到有效训练。

（2）教学给予学生高度自主性。研究型教学的主要目的在于让学生学会学习，即以问题为先导，使学生掌握隐含在问题背后的知识，使学习更主动，并具有建构意义。教师的工作首先是设计“问题”，然后是激发学生思考、设计、总结和报告，教师的角色由知识的输出者和课堂操纵者，转变为学生自主学习的指导者和学习促进者，由独立的劳动者转变为合作者。学生由被动的学习者变成主动的学习者，在这种自主学习的过程中，学生也部分实现了研究者的身份，师生之间更多地体现合作与交流的关系。

（3）教学与教育的统一性。研究型教学衡量学生学习的质量标准是学生完成方案时知识的综合运用、思考问题的角度、方案的合理性、组织讨论的效率、报告写作与口头表达能力等。因而，每一个教师的课程设计中都包含有大量主题研讨和小组活动，通过这些活动，学生学会自我组织团体，学会相互交流看法，学会对不同观点的分析综合、求同存异、相互包容，也学会在团体中相互合作，基于学生个人的知识积累及经验所得到的答案是个性化和富有创造性的。这样，教育和教学一体，从而达到教书育人的本原目的。

（4）教学具有挑战性。教师在教学中会设置各种问题让学生去学习和解答，不管是现成问题还是新问题，学生都需认真对待，要想轻松通过课程学习是不可能的。这种挑战性使学生在学习上不能有松懈情绪，更不能抱一种无所谓的态度，而要全身心地投入，不断开发潜能，实现个体全面发展。

II.2.2 研究型课程的设计依据

工科院校高等教育教学的产品是合格的工程技术人才。注重实践教学与理论教学相结合的研究型教学体系设计和开展，是目前研究型大学工科教育的发展趋势。作为整个工科教育体系中的一门课程，研究型课程教学的目的旨在通过研究型教学活动，将学生培养成为具有一定的研究能力的学生，最终达到合格工科毕业生标准。

对于合格工程师的认定，目前还没有也很难有一个绝对统一的标准。我们可以先看看目前国际国内几个工程师认证标准体系和工程教育模式的评估标准。

1. 华盛顿协议对本科工程学历资格互认的毕业生要求

《华盛顿协议》将能力要求归纳为以下 7 个方面：（1）在系统、工艺和机器的设计、操作和改进过程中，能够应用数学、科学和工程技术知识；（2）发现并解决复杂工程问题；（3）了解并解决环境、经济和社会与工程相关的问题；（4）具有有效沟通能力；（5）能够接受终身学习并促进职业发展；（6）遵守工程职业道德；（7）能够在当今社会中发挥作用。

2. 美国工程教育专业认证机构 ABET 的十一条评估标准

EC2000 准则中，提到了申请认证专业的的产出和评价（Program Outcomes and Assessment)，这里所说的专业产出指的是学生从本专业毕业时预期应掌握什么知识或者会做什么。也就是这个工程专业的毕业生具有的能力：（1）数学、自然科学和工程学知识的应用能力；（2）制定实验方案、进行实验、分析和解释数据的能力；（3）根据需要，设计一个系统、一个部件或一个过程的能力；（4）在多学科工作集体中发挥作用的能力；（5）对于工程问题进行识别、建立方程，以及求解的能力；（6）对职业和伦理责任的认知；（7）有效的人际交流能力；（8）宽厚的教育根基，足以认识工程对于世界和社会的影响；（9）对终身学习的正确认识和学习能力；（10）有关当代问题的知识；（11）在工程实践中运用各种技术、技能和现代工程工具的能力。

3. 澳大利亚工程师协会 IEAUST 工程师认证标准

澳大利亚工程师协会的工作不只是对培养机构进行认证，评测培养机构或课程体系是否为他们的毕业生做好了充分准备和设计，使他们能够达到工程师协会的会员标准，同时也对非 IEAUST 认证机构毕业的个人申请人进行工程师资格认证。

IEAUST 针对专业工程师 PE、工程技师 ET 和助理工程师 EA 几个层次的工程师都有严格规范的认证政策和评价标准，这里我们还是以专业工程师 PE（相当于工科本科教育）为例。IEAUST 把构成专业工程师标准的能力和能力要素（COMPETENCIES and ELEMENTS OF COMPETENCY）划分成三类：知识能力基础，工程应用能力、专业素质和个人素质，每类能力又包含多个要素：

（1）知识能力基础包含的要素：①对适用于工程学科的基础自然科学、物理科学和工程基本原则具有综合性的以理论为基础的理解能力；②对支撑工程学科的数学基础、数值分析、统计学、计算机和信息科学有概念性的理解能力；③对工程学科内的专业知识结构有深入的理解；④对工程学科中的知识发展和相应研究方向有清晰辨识力；⑤有工程设计实践和影响工程学科的环境因素的相关知识；⑥对于所在具体专业学科的范围、原则、规范、责任、义务和可持续工程实践的界限有认识。

（2）工程应用能力包含的要素：①有应用已有的工程方法解决复杂工程问题的能力；②能够熟练应用工程技术、工具和资源；③有应用系统工程综合技术和设计方法的能力；④能够将系统化的方法应用到工程项目开展和管理中。

（3）专业素质和个人素质包含的要素：①有道德操守和专业职责感；②在专业和非专业领域能够进行有效的口头和书面交流；③有创意、革新意识和积极主动的行动力；④对信息有专业的使用和管理能力；⑤能够有序管理自身行为和职业行为；⑥具有成为高效的团队成员和团队领导的素质。

4. CDIO 工程教育模式的学生合格指标

MIT 提出的工程教育模式 CDIO 培养大纲则将工程类毕业生的能力分为工程基础知识（包括基础知识和专业知识）、个人能力（包括问题发现和解决、实验技巧、系统思维和专业能力）、人际团队能力（团队能力和交流能力）和工程系统综合能力四个层面，要求以综合的培养方式使学生在这四个层面达到预定目标。

具体到能力层面，CDIO 工程教育中常用于参照的是 Boeing 公司 1996 年提出的《Boeing List of "Desired Attributes of an Engineer"》，其中包括了 10 条工程师应该具有的素质：（1）对工程科学的基础有良好的理解力，包括：数学（包括统计学），物理和生命科学，信息技术（远不止指计算机学科领域的信息技术）；（2）对设计和生产流程有良好的理解力，也就是说要理解工程的意义；（3）要有多学科的系统角度看问题的能力；（4）对工程实践工作所在的大环境有基本的了解，包括：经济学方面（包括商业惯例），历史，环境影响，客户需求和社会需求；（5）有良好的交流沟通能力和技巧，包括：写作能力，口头表达能力，沟通中的图形化应用能力，倾听能力；（6）要有高的道德标准；（7）同时具有批判性和创新性的思考能力，既能独立思考又能综合考虑他人想法；（8）处事灵活，有能力和自信快速适应重大变化；（9）保持好奇心，有为生活而学习的愿望；（10）对团队合作的重要性有深刻认识。

5. 中国工程教育专业认证要求的 10 个方面毕业生能力

高等教育对能力培养的总体要求很明确，在工程教育的基本要求中有着非常明确的体现。工程教育专业认证的标准要求所认证的专业必须通过评价证明所培养的毕业生达到的十项要求：（1）具有人文社会科学素养、社会责任感和工程职业道德；（2）具有从事工程工作所需的相关数学、自然科学以及经济和管理知识；（3）掌握工程基础知识和本专业的基本理论知识，具有系统的工程实践学习经历；了解本专业的前沿发展现状和趋势；（4）具备设计和实施工程实验的能力，并能够对实验结果进行分析；（5）掌握基本的创新方法，具有追求创新的态度和意识；具有综合运用理论和技术手段设计系统和过程的能力，设计过程中能够综合考虑经济、环境、法律、安全、健康、伦理等制约因素；（6）掌握文献检索、资料查询及运用现代信息技术获取相关信息的基本方法；（7）了解与本专业相关的职业和行业的生产、设计、研究与开发、环境保护和可持续发展等方面的方针、政策和法津、法规，能正确认识工程对于客观世界和社会的影响；（8）具有一定的组织管理能力、表达能力和人际交往能力以及在团队中发挥作用的能力；（9）对终身学习有正确认识，具有不断学习和适应发展的能力；（10）具有国际视野和跨文化的交流、竞争与合作能力。

6. 卓越工程师教育培养计划本科工程型人才培养通用标准

卓越工程师教育培养计划规定了各类工程型人才培养应达到的基本要求，是制订行业标准和学校标准的宏观指导性标准。其本科工程型人才培养通用标准：（1）具有良好的工程职业道德、追求卓越的态度、爱国敬业和艰苦奋斗的精神、较强的社会责任感和较好的人文素养；（2）具有从事工程工作所需的相关数学、自然科学知识以及一定的经济管理等人文社会科学知识；（3）具有良好的质量、安全、效益、环境、职业健康和服务意识；（4）掌握扎实的工程基础知识和本专业的基本理论知识，了解生产工艺、设备与制造系统，了解本专业的发展现状和趋势；（5）具有分析、提出方案并解决工程实际问题的能力，能够参与生产及运作系统的设计，并具有运行和维护能力；（6）具有较强的创新意识和进行产品开发和设计、技术改造与创新的初步能力；（7）具有信息获取和职业发展学习能力；（8）了解本专业领域技术标准，相关行业的政策、法律和法规；（9）具有较好的组织管理能力、较强的交流沟通、环境适应和团队合作的能力；（10） 应对危机与突发事件的初步能力；（11）具有一定的国际视野和跨文化环境下的交流、竞争与合作的初步能力。

7. 我国台湾地区的 IEET AC2010 能力要求

我国台湾地区的中华工程教育学会（IEET）成立于 2003 年，为一个非官方、非盈利的社团法人，主要业务是规划和执行符合国际标准的工程教育认证等工作。IEET 推动的教育认证，主旨是以学生学习成果为导向（Outcomes-based）。AC2010 是其 2010 年公布的工程教育认证规范，其中对毕业生能力的要求可以归纳为以下 8 个方面：（1）运用数学、科学及工程知识的能力；（2）设计与执行实验，以及分析与解释数据的能力；（3）执行工程实务所需技术、技巧及使用工具之能力；（4）设计工程系统、元件或制程之能力；（5）计划管理、有效沟通与团队合作的能力；（6）发掘、分析及处理问题的能力；（7）认识时事议题，了解工程技术对环境、社会及全球的影响，并培养持续学习的习惯与能力；（8）理解专业伦理及社会责任。

这些不同认证机构或者不同教育模式制定的学生标准，虽然表达上有所区别，但可以看出其本质是相近的，这也是我们工科专业工程教育的目标。但在一门课程里肯定是无法兼顾所有标准的。作为整个工科工程教育体系培养计划的一个环节，研究型课程的设计思路，是对照这些毕业生标准，合理的安排课程的内容和环节，使得这些标准的多个能力指标，尤其是一些能力方面的指标，能够让经过课程学习的学生得到适当的锻炼和强化。

II.3 研究型课程的教学设计

教学设计是运用系统方法分析教学问题和确定教学目标，建立解决教学问题的策略方案、试行解决方案、评价试行结果和对方案进行修改的过程。研究型课程的教学设计，通常分为教学环境分析、教学组织阶段设计、自主学习阶段设计和教学设计评价四个过程。

研究型课程的设计依据，是对照工科工程教育体系培养计划的毕业生要求，用“能力”作为培养目标的描述元素，通过培养学生的专业能力，全面提升学生各方面的素质。本书对应的课程《光电测控系统专项实验》就是这样一门以工程教育专业的毕业生要求为目标设计的研究型课程。课程的设置初衷，是以加强学生创新精神和工程实践能力培养为主要目标，旨在通过分析仪器原理和实际系统设计，使学生初步形成仪器设计和系统构成的基本思想，加强培养学生的动手能力和在实际工作中独立发现问题、分析问题和解决问题的能力，达到提高学生解决实际工程问题，提高工程综合能力，特别是有关光电系统总体设计能力的目的。

下面以研究型课程《光电测控系统专项实验》为例，讨论一下编者在研究型课程设计方面的一些尝试和实践。

II.3.1 研究型课程“光电测控系统专项实验”的教学环境分析

与一般教学设计过程模式一致，研究型课程教学设计的第一个环节也是对教学设计进行前期分析，包括学习需要分析、学生特征分析、学习任务分析和教学资源分析四个方面。这是一个系统化的调研过程。教学设计的一切活动都是为了使学习者有效学习。教学目标是否合理，是否能够实现，是学习者在学习过程中以自己的特点进行的认识发展中体现出来的。研究型课程开放性和实践性的特征，决定了课程设计中的教学环境分析尤其重要。

“光电测控系统专项实验”课程面向的对象是测控技术与仪器专业三年级的本科学生。在这一学习阶段，学生已经学完了专业基础课，即将开始专业课程的学习，但仍缺乏对专业的正确认知，找不到专业基础课之间的联系，对后续专业课的学习也存在一定障碍。此时如果不参与一个将专业基础课程进行综合的环节，学生普遍会出现对专业综合性特点的认识不足，大四阶段的专业课学习和毕业设计都比较被动和盲目的现象。作为综合性的理工科院校理工科专业，对学生的培养应该是综合性全方位的。因此，从学科专业自身课程建设出发，在本科教学中增加综合性的实践类必修课程，让每个学生都得到锻炼机会，教会学生综合应用基础知识的方法，促进学生将掌握的知识转化为能力，对于提高工科类本科学生创新能力和实践技能很有意义。

作为本专业的一门学科基础教育必修课程，“光电测控系统专项实验”课程的培养目标，是希望所有本专业的本科学生通过这样一门课程，能够学会综合应用所具有的专业基础知识，具备初步的工程实践能力和创新能力，为成为一名合格工程师打好基础。对照培养标准和所希望达到的毕业生能力，设计这样一门课程的学习任务，是希望学生通过课程学习后在下述三个方面能够有所提高：

（1）自主学习能力和系统思维能力。自主学习能力和系统思维能力是终身教育（Lifelong Learning）意识和能力的基础，是工程教育评价标准的基础。以光机电算综合性为特点的测控技术与仪器类专业大三学生，在完成专业基础课的学习之后，光机电算各方面的基本技能都已经学习掌握了。然而由于目前大部分的专业基础课和专业课，仍然是采用课堂教学为主的授课方式，实践环节较少或者缺乏综合性，使得学生对专业综合性特点的认识不足，自主学习能力和系统思维的缺乏导致在专业课学习阶段比较被动和盲目。“光电测控系统专项实验”希望通过课程中的自主创新实践，使学生具备自主学习能力，学会获取和综合应用所具有的专业基础知识，养成系统思维的习惯。

（2）创新实践能力和综合素质。要提高理工科大学生的创新实践能力和综合素质，学生更需要的是一种能将之前所学的专业基础课结合起来的综合性实践环节。现在的理工科高校教学中，仅有毕业设计属于这样的一个环节，而这个环节一般都安排在了大学的最后阶段，而且由于不同毕业设计课题的差别，一部分工科类学生实际上没有一个针对本专业技能的综合性全面实践锻炼的机会。“光电测控系统专项实验”希望给所有测控技术与仪器专业的本科学生提供这样一个综合性实践平台。

（3）交流能力和团队合作能力。书面表达能力、口头表达能力以及团队合作能力一直是作为一个良好工程师所必需的重要素质，也一直是当今理工科学生的弱项。作为一门以培养学生综合创新能力和工程实践能力为目标的实践类课程，“光电测控系统专项实验”希望参考基于项目的教育思路，在锻炼学生动手能力学术能力的同时，也能够培养学生的表达能力，促进学生增强团队合作能力和集体精神。

II.3.2 研究型课程“光电测控系统专项实验”的教学组织

传统教学由于教学条件的限制，基本上只能按班级整体来组织和完成知识的传递。研究型教学重视学生的探索，学习活动具有开放性和知识综合性的特点，以选题分组的形式开展和组织教学活动。在“光电测控系统专项实验”课程中，课程的组织实施以项目或者课题的形式，结合科研生产实际提出课题任务，实验的方案设计和实现是开放式的，不经过预先设计。学生是课程的主体，以组为单位进行实验。从最初的方案设计、开题报告答辩、经费预算和实施、材料器件的选型和购买，到项目组内成员分工协作，完成硬件和软件的实际设计、制作和调试，到最终实际完成整体实物系统，并且组织项目汇报答辩，提交项目设计报告。学生在 3 个月的时间内走完一个具体而微的科研过程，同时提高口头和文字的表达能力。

研究型课程与传统课程的一大区别，就在于对教师的需求更加多元化，既体现在教师知识结构的多元化，又体现在教师角色的多元化。不同于以往讲授为主、教师为主的专业基础课授课方式，作为一门以培养学生综合创新能力和工程实践能力为目标的实践类课程，“光电测控系统专项实验”的教师团队由多名多层次的教师组成。教师在课程中的作用不仅仅是在讲台上的讲授。每一个实验课题组都有一名指导教师具体负责，教师的作用类似于毕业设计中的导师，提出设计任务，参与学生选题论证和讨论，引导辅助学生正确分析问题，帮助学生完成实验总体方案设计，解决各模块设计中碰到的具体细节问题。

按照教学计划和教学大纲，课程总计 12 周，课内总学时数为 48 学时，理论讲授 16 学时，实验实践 32 学时。课程的实验环节也不同于以往的教师准备好一切设备器材，设计好实验步骤和思路由学生照章执行。课程中教师只给出具体的设计任务，而实验的整个流程，包括总体方案选择、分模块方案设计计算、电子光学元器件选型购买、机械零件设计和联系加工等全部由学生自主完成。学生以组为单位，类似一个课题项目组，分工协作设计完成所有的实验，在提高动手能力的同时还培养了学生的团结协作能力。课程的教学组织、各个阶段中学习任务和教师的任务如表II.1所示。

表II.1 “光电测控系统专项实验”课程的教学组织

<table>
<tr><th>周　次</th><th>地　点</th><th>课 程 内 容</th><th>学习任务和目标</th></tr>
<tr><td>1～2</td><td>教室</td><td>• 文献检索相关知识
• 光电仪器设计的基本原则
• 光电系统设计
• 机械结构
• 电路设计
• 光电信息处理</td><td>课程中相关知识提纲的脉络梳理</td></tr>
<tr><td>3～4/5</td><td>教室/实验室</td><td>• 光电系统分析
• 成功设计的展示
• 引入项目管理相关基本知识
• 学生分组和选题</td><td>了解实际光电系统的设计和实现例子</td></tr>
<tr><td>4/5</td><td>课下</td><td>• （学生以组为单位）就所选课题分析需要解决的问题；文献检索和调研；提出解决方案；任务分解并将其模块化；组内成员分配任务
• （教师）接受学生咨询，在知识和工程项目设计方面给学生答疑解惑，适当引导帮助学生选择方案</td><td rowspan="3">这就是编者所说的一个具体而微的科研过程. 类似于 CDIO 工程教育模式中的以产品研发到产品运行的生命周期，让学生以主动的、实践的、课程之间有机联系的方式学习工程。帮助学生学会如何运用已有知识在工程实践中发现问题，分析问题和解决问题</td></tr>
<tr><td>5/6</td><td>教室</td><td>• （学生以组为单位）就所选题目提出开题报告或项目方案论证报告，在全班面前以答辩会的形式展示自己对项目任务的理解和方案设计，包括项目分工和预算
• （教师）　担任项目评审员工作，对学生项目组提出质询，给出项目开展建议并审批预算</td></tr>
<tr><td>～12</td><td>实验室</td><td>• （学生以组为单位）就所选题目和设计方案设计并实现相应的系统，包括材料器件的选型和购买，完成硬件和软件的实际设计、制作和调试，并最终实际完成整体实物系统
• （教师）　担任导师和实验室管理人员工作，为学生项目组提供帮助，提供必要的实验设备和仪器，并帮助学生克服实际实践中碰到的困难</td></tr>
<tr><td>13</td><td>实验室</td><td>• （学生以组为单位）撰写提交所选题目的项目设计结题报告，展示设计实现成果，并完成口头答辩
• （教师）　担任项目评审员工作，对学生项目组提出质询，并对项目结果进行评价</td><td>除了专业能力，还帮助学生提供个人能力和人际沟通能力</td></tr>
</table>

“光电测控系统专项实验”课程采用理论与实验教学相结合的方式，目的是通过分析仪器原理和实际系统设计，使学生初步形成仪器设计和系统构成的基本思想，培养学生的动手能力和在实际工作中独立发现问题、分析问题和解决问题的能力。课程教学内容包括理论讲授和专题实验两个部分。理论讲授部分主要系统讲授光电测控仪器各单元技术和器件，并通过分析一些成功仪器的原理构成，讨论仪器系统设计的基本思想和完成步骤。实验部分以专题实验的形式，学生进行分组，分工协作设计完成仪器系统整体设计实验，在提高动手能力的同时，培养了学生的团结协作能力。同时，不同于只有部分学生有机会参与的课外创新类选修课，“光电测控系统专项实验”课程是一门面向测控技术与仪器专业所有本科学生的专业基础必修课程。针对课程的培养目标和培养标准，在教学设计中，课程在课堂教学模式和教学内容方面充分考虑，具体实施特点如下：

（1）学生为主的课堂教学模式，促进学生自主学习能力和系统思维的养成。“光电测控系统专项实验”课程不同于以往讲授为主，教师为主的专业基础课授课方式，课程采用以学生为主体、理论与实验教学相结合的研究型教学方式，通过方向命题式工程训练模式，以学生为主，以实践为主，教师提出设计任务，引导辅助学生正确分析问题，自主学习自主设计并完成实验。多名多层次的教师组成教师团队，在教学实施的不同阶段担任不同的角色，在各个专业知识点或不同专业领域为学生提供教学资源或者获得相应教学资源的说明和建议。

（2）来源于科研实际的项目课题，提高学生创新实践能力和综合素质。“光电测控系统专项实验”课程的目的是培养学生的动手能力和在实际工作中独立发现问题、分析问题和解决问题的能力，因此课程内容的设计和选择应该既有实际意义，又能够较全面锻炼学生光机电算各方面能力。课程选择了多个来源于指导教师实际科研和工程项目的课题作为实验课题，结合学科专业人才培养需求和科研生产实际提出课题任务。

（3）课题答辩、结果演示加书面报告的综合考核方式，帮助提高学生的交流能力和团队合作能力。“光电测控系统专项实验”课程采用实验课题答辩、实验结果演示加书面报告的综合考核方式。参考毕业设计答辩的形式进行课程答辩。学生以组为单位进行答辩，并现场演示实验成果。教师根据报告情况对课题组成员提出问题，并根据报告情况填写期末答辩打分表。除答辩外，每组独立完成一个综合的报告，包括实验整体方案论证和选择，各模块设计计算选型和实际设计加工调试结果，以及总体实验成果分析。报告由各模块负责同学独立撰写并署名，组长负责报告的整合。学生成绩由各组指导教师给出的平时成绩和最终报告情况以及答辩成绩共同确定。每个学生的课程成绩，既反映出本人工作的同时也反映出所在课题组的实验综合完成情况，在锻炼学生动手能力学术能力的同时，也促进学生增强团队合作能力和集体精神。

II.3.3 研究型课程“光电测控系统专项实验”的学生自主学习阶段设计

研究型课程或研究性学习强调做中学学中做，即学生在真实的问题环境中进行主动的探究。如表 II.1 所示，“光电测控系统专项实验”课程把整个教学实施设计成了一个类似于 CDIO 工程教育模式中的以产品研发到产品运行的生命周期，一个具体而微的科研过程，让学生以主动的、实践的、课程之间有机联系的方式学习工程。学习活动设计是研究型课程设计最重要的部分，关键是如何组织设计教学环节，给学生提供一种真实的问题情境，启动学生的研究性学习过程，帮助学生在此过程中逐步获得和促进对工程环境的认知能力，并能够支持和促进学生作为认知主体，积极主动的有效学习。

“光电测控系统专项实验”课程的学习阶段设计，是考虑工程教育大纲中对毕业生工程基础知识、个人能力、人际团队能力和工程系统能力四个层面的能力指标，针对工程教育专业认证标准中的十项毕业生要求，以综合的培养方式使学生在这四个层面达到预定目标。

图 II.1 是一个实际工程实践周期（Cyde of Professional practice）的示意。它既是实际工程环境中项目的提出、研发和运行的周期，也是研究型课程教学学习阶段的设计依据。在实际的工程环境中，工程师首先需要意识到社会的需求，需要解决的问题并表述出来；然后在充分调研和文献检索，分析现有技术可行性和广泛倾向性的基础上，对要解决的工程问题深入分析，提出多种可选的解决思路并形成项目论证报告；将方案中的概念和思路转化为可行的项目实施方案并实现；对项目实现的成果进行评估，并进一步将成果发布分享，对整个工程行业领域的文献信息进行补充。对应到“光电测控系统专项实验”课程中的一个实验教学周期来说，就是项目的选题、开题、实验实践以及最后的答辩工作。

参照表 II.1 的教学组织设计情况来说，研究型课程“光电测控系统专项实验”的学生自主学习阶段设计分为下面几个阶段：

第一阶段是课程开始的 1～2 周，这一阶段的主要工作是帮助学生对已有的基础知识和专业基础知识进行一个简单的回顾和梳理，以 Seminar 的形式进行，同时引入文献检索、资料查询及运用现代信息技术获取相关信息的基本方法，可以看作是项目式教学中的基础准备工作。

第二个阶段是课程的 3～4/5 周，这一阶段的任务包括光电测控系统的成功设计分析和实物展示，也包括往届学生的课程成果，同时教师团队会列出一系列选题，模拟实际工程环境中的社会需求。最自然的学习都是从模仿开始的，这个阶段可以看作研究型课程的入门过程。在对实际光电系统的深入分析下，逐步掌握工程基础知识，并初步学习如何在工程项目设计中综合考虑多方面因素，对应图 II.1 中，即工程师专业知识和能力的准备。同时这一阶段还要完成学生的分组和选题工作，把学生放进这个模拟的工程环境中，开始科研或项目研发进程。

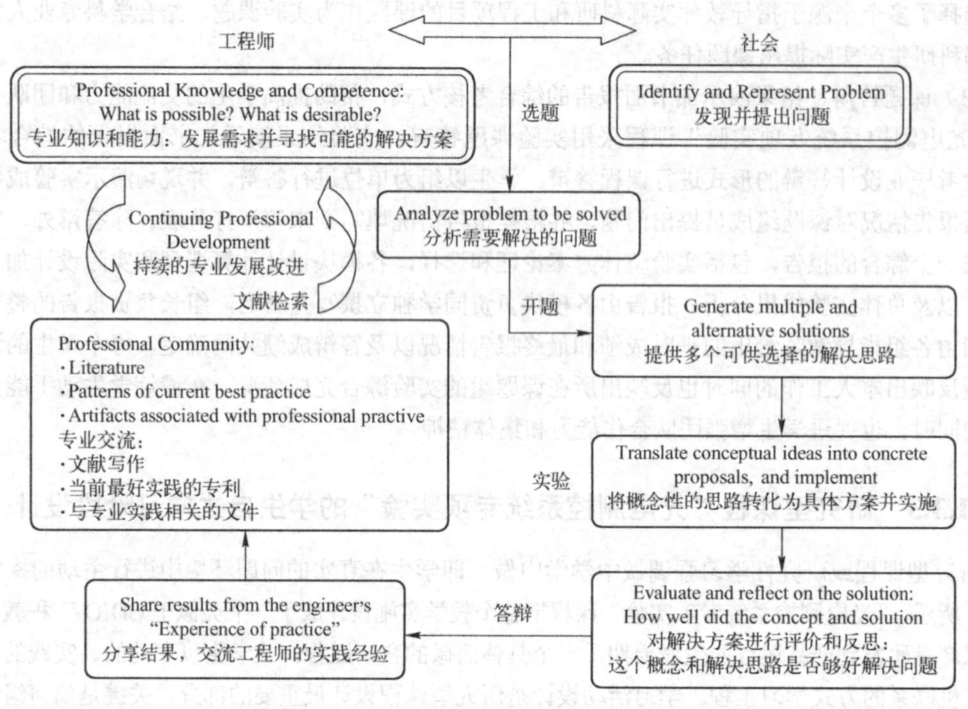

图 II.1 “光电测控系统专项实验”的项目式教学周期

第三阶段是开题阶段，或者可以说是项目论证阶段。这一阶段是学生以组为单位课下进行的，可以看作是学生自主性研究型学习的正式启动，学生需要以组为单位，对自己的选题进行文献检索和调研，形成初步的方案设计，完成参数计算和预算设计，并以开题报告和答辩的形式进行论证。

第四阶段是正式的实验阶段，这一阶段是项目的研发过程，也是研究型学习的主要学习阶段。在完成开始的项目论证和开题之后，学生在指导教师的帮助下，对项目设计方案进行修正和细化，然后将纸面上的设计转化实现为实际系统。这一阶段他们需要分工协作完成总体方案细化、分模块方案设计计算；电子光学元器件选型购买、机械零件设计和联系加工；光路设计和搭建，电路设计制板焊接，以及程序设计和实现；并最后实现系统联装联调。学生以组为单位，类似一个课题项目组，分工协作设计完成所有的实验，在提高动手能力的同时还培养了学生的团结协作能力。有时候在整个过程中，所有的过程包括总体方案设计需要反复进行修正几次才能完成，甚至最后会失败。在实际的项目研发过程中，失败也是无法避免的，编者也希望通过这个过程，帮助学生树立对成败的正确观念。

最后的答辩阶段实际上相当于项目研发过程的结题和评审过程，同时也是研究型课程的考核阶段。不管项目完成情况如何，学生都需要以组为单位提交项目结题报告并进行答辩，同时现场演示实验成果。每组独立完成一个综合的报告，包括实验整体方案论证和选择，各模块设计计算选型和实际设计加工调试结果，以及总体实验成果分析。这一环节的设计也与实际工程环境中的实际情况相仿。

通过这五个阶段的进程，学生实际上经历了一个跟实际工程环境下的产品研发过程类似的小型科研周期。在这个周期中各个环节，包括方案设计、开题报告答辩、经费预算和实施、材料器件的选型和购买，以及项目组内成员分工协作，硬件和软件的实际设计、制作和调试，到最终实际完成整体实物系统，并组织项目汇报答辩，提交项目设计报告，都是学生为主完成的。学生在较短时间内走完一个具体而微的科研过程，学习基本工程知识，掌握工程能力的同时，提高了口头和文字的表达能力，具备了一定的团队协作能力。对照工程教育专业认证中的毕业生要求，在以下诸方面都得到了锻炼：掌握工程基础知识和本专业的基本理论知识；设计和实施工程实验的能力，并能够对实验结果进行分析；具有综合运用理论和技术手段设计系统和过程的能力，设计过程中能够综合考虑经济、环境、法律、安全、健康、伦理等制约因素；掌握文献检索、资料查询及运用现代信息技术获取相关信息的基本方法；具有一定的组织管理能力、表达能力和人际交往能力以及在团队中发挥作用的能力。

II.3.4 研究型课程“光电测控系统专项实验”的教学设计评价

对于教学设计的成果评价，需要根据实施情况来评价，并将评价反馈到教学设计阶段，据此进行修改和改进，以提高教学设计的质量。“光电测控系统专项实验”是一门针对仪器科学与技术学科的专业特点设计的，以加强学生创新精神和工程实践能力培养为主要目标的实践课程。培养目标和培养标准是否达到，该如何评判，是教学中要考虑的关键问题。目前课程对培养标准的考核和评估主要考虑有2个方式：

1. 来自专业教师的评估

“光电测控系统专项实验”课程采用实验课题答辩、实验结果演示加书面报告的综合考核方式。其中的课题答辩和结果演示环节，是最能体现我们的“产品”——学生培养质量的环节。课程的培养标准是否能够达到，学生是否如我们预期具备了一定的自主学习能力、创新实践能力和表达能力，都可以在答辩中得到综合的体现。在每学年的答辩中，除了课程的指导教师，编者都会邀请学校、学院相关部门领导，学院本专业和其他专业教师，学院实验中心有经验的老教师作为答辩评委参加答辩。编者设计了详细的答辩考核表请各位参与的老师参加评价，评价的结果既作为学生答辩成绩计算依据，也作为课程改进的参考。

2. 来自学生自身的评估和反馈

“光电测控系统专项实验”是一门以学生为主体的设计实践类课程，强调学生的参与性和互动性，学生是课程的受众，也是主体，从课程中学生得到了多大的收获，由他们来评价最合理。在本课程中，学生的评估和反馈主要来自两个方面，一是学生在课程中对自己和对同学的评价；一是学生对课程本身的评价。

对于前一方面的实施方案，包括同组成员的互评和对其他组项目的打分。2009 年和 2010 年（06 级和 07 级）的教学中，编者只是要求学生给自己和项目同组队友打分；2011 年（08 级）编者参考 CDIO 的团队合作评价标准设计了光电测控专项实验团队互评表，要求学生对自己和项目同组队友打分具体到技术贡献和协作性两个大方面的 16 项指标；2012 年 09 级的课程中在 2011 年互评表的基础上增加了对组长的单独评分，以增加对组长组织协调能力的考察。在课程答辩中，所有参加课程的学生不仅要准备自己组的答辩，而且要参与其他组的答辩打分。

对于学生对课程本身的评价，从 2009 年“光电测控系统专项实验”课程开设开始，编者就设计了课程反馈表，请每位参加课程的学生填写。2012 年 09 级的教学中，因为学生人数增多，编者重新调整了教学日历和教学内容，增加了实验课题并实行开放选题方式。为进一步了解学生对课程看法和对实验专题的意见，重新设计了包括实验专题和理论课程部分内容的调查反馈表，并增加了课前调查表。

II.4 研究型课程的设计理念和项目式教学中的一些问题

广义上来说，研究型教学是一种理念策略和方法，狭义上说，研究型教学是在教学过程中创设一种类似科研的情境，引导学生通过自主学习、分析和处理信息来实际感受和体验知识的生产过程，进而获得发现问题、分析问题、解决问题的能力和创造能力。课程只是教学开展的一种具体形式，因此研究型课程的设计理念需要服从于研究型教学的总体价值定位。在理工科本科教学项目式创新性实践教学的多层次教学模式指导下，课程的设计理念主要有四个：

（1）以素质培养为目标的开放式项目教学设计：课程的实施以项目或者课题的形式，结合科研生产实际提出课题任务，实验的方案设计和实现是开放式的，不经过预先设计。学生是课程的主体，以组为单位组织进行实验。学生在短时间内走完一个具体而完整的科研过程，包括方案设计、经费预算和实施、材料器件的选型和购买、项目组内成员分工协作、软硬件实际设计、制作和调试，以及最后的项目汇报答辩和项目设计报告。

（2）提高学生参与性的互动式课程组织模式：作为一门设计实践类课程，教师团队创新性地借鉴研究生的培养模式，强调学生的参与性和互动性，采用以学生为主体、理论与实验教学相结合的研究型教学方式，通过方向命题式工程训练培养学生的系统设计及实际动手能力，使学生在基础理论、实践能力及创新能力方面均得到了明显提高。

（3）考虑团队贡献的综合答辩式考核方式：课程采用实验课题答辩、实验结果演示加书面报告的综合考核方式。参考毕业设计答辩的形式进行课程答辩。学生以组为单位进行答辩。每个学生的课程成绩，既反映出本人工作的同时也反映出所在课题组的实验综合完成情况，在锻炼学生动手能力学术能力的同时，也促进学生增强团队合作能力和集体精神。

（4）不断求新求变的课程设计模式：在教学的过程中，在坚持学生为主实践为主的课程教学的基础上，在课程中引入新兴前沿课题的同时，在教学中也引入了科研项目模块化管理的内容，帮助学生从自主文献检索和综述、总体方案设计、模块划分到形成技术路线，完成开题报告，初步学习掌握科研或工程项目中的相关管理以及规范工程文档方面的相关知识。

高等工程教育的根本任务在于培养优秀工程技术人才，培养优秀工程技术人才的关键在于工程实践教育。工科院校高等教育教学的产品是合格的工程技术人才。注重实践教学与理论教学相结合的研究型教学体系设计和开展，是目前研究型大学工科教育的发展趋势。研究型课程教学的目的旨在通过研究型教学活动，将学生培养成为具有一定的研究能力的学生，最终达到合格工科毕业生标准。以此培养目标为衡量标准，为保证所有的产品都合格，研究型大学工科教育中的研究型教学，就应该以所有学生都得到相应的训练为目标，在工科教育体系中设置适当的研究型必修课程成为趋势。

“光电测控系统专项实验”课程是一门面向测控技术与仪器专业所有本科学生的专业基础必修课程。不同于容量有限的实验选修课或者只有部分学生有机会参与的大学生创新计划实验，本专业所有的学生都必须完成这门课程的修习才能取得相应的学位。这样也带来了一些问题，比较突出的是部分学生对课程的抵触情绪和对团队合作环节的不认可。

学生中对课程的抵触和反对集中在三类情况：

（1）为什么我必须修研究型课程？别的专业没有这样的课程也一样可以毕业！

相对于传统课堂中讲授性的课程，研究性课程需要学生的投入度和工作量会比较多。学生本身并非不熟悉研究型课程，工科大学里很多大家趋之若鹜一座难求的实验选修课也是以研究型课程特征设计的。然而与需要在充分了解的基础上自己主动选择的选修课程不同，大多数学生把必修课程看作是安排好的常规程序，缺少主动投入和了解的热情。尤其对于很多比较内向的学生，研究型必修课程是他们第一次接触以项目为基础的学习方式，习惯了课堂讲授式教学的学生一时难于适应，因此产生了一些消极的抵触情绪。

（2）我觉得我天生没有工程能力，所以我做不好这样的项目，老师就不要要求太高了！

国际上一直有这样的成见：中国学生理论知识很强但缺乏主动性和创造能力。这种说法部分也是事实。这样的情况部分可能源自保守含蓄的东方文化传统，部分源自传统教学的定式。由于教学资源的不均匀不充分，传统的教学中公认的对好学生的判定都是依靠考试中的高分数。在前面十几年的受教育过程中，大部分学生一直在努力寻求各种课程考试中可以得到高分的标准答案，所以他们一直关心的是课程的所谓知识重点和正确答案，而很少考虑这个问题“我”怎么想“我”能怎么解决。研究型课程的特点决定了在这门课程里存在各种各样的解决方案，而没有唯一重点没有标准答案。对于课程知识一直是理解接受而没有过自己解决思路的学生可能会被吓到，而一时觉得不知所措。他们不知道自己行不行或者不知道自己能不能做好，消极抵触的反应可能成为他们对自己恐慌的一种保护。

（3）我为什么非要和其他人合作，为什么不能我们自己选择自己的队友？我觉得他们影响了我的成绩！

在“光电测控系统专项实验”课程的成绩评定中，特别强调了团队合作的作用，每个学生的最终成绩需要考虑整个团队项目的完成情况和团队中其他成员对他的评价打分。从学期末的问卷反馈情况来看，有一些学生对这样的评价方式和分组方式表示了不满。部分学生不适应团队合作的学习方式，尤其是自己的课程成绩还要与团队其他同学的工作相关联，这些都使他们产生了一些不情愿的消极情绪，这些情绪都是研究型必修课程开展的障碍。

研究型课程的研究性和学生高度自主性特征，对学生提出了新的要求。研究型教学重视学生的探索，学习活动具有开放性和知识综合性的特点，学生由被动的学习者变成主动的学习者，在这种自主学习的过程中，学生也部分实现了研究者的身份。学生在短暂的课程时间内走完一个完整的科研过程，对很多学生来说有一定的压力。虽然编者知道任何一门课程，让所有学生满意基本是不可能的，但编者也注意到学生的这种不情愿不配合的确也影响了课程中一些项目的进行。编者希望能够有更好的解决思路，让学生主动并且愉快地接受这门必修课程。如果有主动的配合和投入，他们在课程中的收获也会大得多。

II.4.1 研究型课程中实验专题项目内容的扩展

研究型教学的目的，是从创设问题情境出发，激发学生兴趣和探究激情，引导学生自主探究和体验知识发生过程，培养大学生的创新思维和创新能力，这是研究型教学设计的精髓。工科研究型课程的设计，依托项目或课题的选择非常重要。按照研究型教学的特征设计依托项目课题，项目选题应该同时具有挑战性和趣味性；既有科学问题，又有工程设计；既具有涵盖了光机电算基础知识的综合性，又有短期内可实现性；既具备项目整体的系统性完整性特征，又需要考虑实现成本的经济性，尤其在有限的教学经费预算下。

在课程开设的初期，编者根据实验室实际设备和条件选择了四个来源于实际科研的课题作为实验课题，分别是“面光源均匀性测试仪”、“光学系统透过率测试仪”、“主动式光电图像采集与处理系统设计”和“面形测量移相干涉仪”。每个课题都涵盖了光学系统、机械系统、电路设计和计算机软件设计几个方面的内容，突出反映了仪器学科综合性的特点，并且指导教师组都实际验证了其可行性。在 2009 年的首年教学反馈表中，虽然大部分学生认为这门课程对他们很有帮助，但这四个课题被部分同学认为“不太有趣”、“太工程”、“不够有挑战性”。

从 2012 年开始，编者把大学生创新计划部分项目引入了课程中，并且大胆引进了一些新兴领域的热点课题供学生选择，如“人体生物特征光电图像识别装置”、“光电方法实现道路特征导航”、“结构光三维空间面形重建”等光电仪器技术应用热点题目，并考虑逐步增加学生自拟课题，鼓励学生主动思考，积极发现问题，更充分地锻炼学生的分析能力和创新能力。

编者同时将一些全国性大学生竞赛的题目引入课程中，例如“全国大学生光电设计竞赛”中的“激光反射法音频声源定位与语音内容解析”、“基于光电导航的智能移动测量小车”和“复杂表面物体体积的非接触光学测量”等题目给学生提供了一个接触仪器学科科研前沿的窗口，既能够激发学生学习热情和兴趣，也培养了学生的专业热情，增加学生的专业认可度和自豪感。

这些新课题的引入，让学生对课题的兴趣大幅增加，这种兴趣热情克服了他们之前对研究型课程这种形式的抵触。因为这些新兴课题不再是课程指导教师验证过的课题，也没有往年学长的设计结果可作参考。少了依赖少了思维定式，学生对课程的投入度大大地增加了。同时因为课程的开展与竞赛的备赛是同时进行的，在必修课程的过程中能够完成这些容量有限、每年都只能有少部分学生参与的全国性竞赛题目，参与的同学感觉自己和那些挑选出来的学生处于同一水平，也让他们感到相当的自信。参加课程的同学积极思考创新方案努力备赛，在提高自身实践能力的同时也增强了工程自信心。

II.4.2 研究型课程中学生的自我认识和资质挖掘

在研究型课程开设过程中，编者注意到部分学生因初次涉及研究型课程存在不知所措、转而观望的现象，分析其原因编者认为可能是因为部分学生不知道自己的长处所在。传统教育看考试成绩，学生对自己专业强项的定义是这门课程分数高。研究型课程中涉及的问题解决，没有标准答案没有唯一正确方案，他们不知如何做才能算满足要求，所以常常会迟迟不敢开始着手，造成入题较慢。指导教师如果对他们指导过细过于具体，可能会把课程再一次变成我教你学的传授，破坏了他们获得自己思考解决能力的机会。其实他们不是不具备工程能力而是没有过这方面的尝试，在此方面没有受到过肯定。在课程中，编者采用了“资质挖掘”的思路，一步步帮助他们认识自己，找到自己的长处，迈出专业上自我认知的第一步。

“光电测控系统专项实验”课程的目的不是教学生如何做，而是希望给学生提供一个环境，让他们在实践中去学会如何有效正确的解决问题。在课程中，编者刻意创造一个没有标准答案并且充满多样性的环境。课程中学生分组后，整个课题的目标、研究设计大纲、预算和时间表全部由学生在讨论中形成，他们可以提出任何的解决思路和方案，只要在开题答辩中能够说服答辩老师。与实际科学研究过程类似，一次开题答辩不通过对课程成绩并无影响，可以多次开题直到方案设计可行合理。教师只给学生建议而不干预学生的方案设计，鼓励学生放开手脚发挥自己的能力和想象。另一方面，作为学生的榜样，课程中的教师也不是全能的，多名指导老师各自有不同的专长，课题中涉及的光机电算问题学生无法从一名老师那里获得全部的解决方案。这一设定旨在帮助学生树立正确的观念，不因自己不能面面俱到而裹足不前，转而将注意力集中在各自的任务和团队合作上。

在课程的开始和结束，编者会要求每个同学分别填写一个自我评价表格和相互评价表格，包括专业技能、人际交流和自我认知几方面。表格是匿名的，目前的表格主要是用于跟踪课程前后的差别。从统计结果可以看出课程前后学生对自身的认识会有一些缓慢但积极的变化；另外，填写表格这一形式和过程也引导学生思考自己可能的强项所在，帮助学生认识自身能力。

II.4.3 研究型课程中的团队合作

团队合作能力是当今社会和工程环境中最受重视的工程师特质之一，是工程研究人员最宝贵的素质，这也是编者在课程中强调团队合作并将其记入成绩评定的原因。在国际国内工程认证或工程师认证标准中，都把人际能力和团队合作能力作为一个重要指标。所谓团队合作能力，是指建立在团队的基础之上，发挥团队精神、互补互助以达到团队最大工作效率的能力。对于团队的成员来说，不仅要有个人能力，更需要有在不同的位置上各尽所能、与其他成员协调合作的能力。很难具体定义什么才是很好的团队合作能力，也很难通过讲授来让学生获得良好的团队能力。在实践中认识自身并学习适应团队，也许才是最好的团队合作训练方法。给学生提供这样一个平台，这也是研究型课程的一大重要意义。

研究型课程设计了一个类似于真实工程环境的情境，让学生在其中学会自我组织团体，学会相互交流看法，学会对不同观点的分析综合、求同存异、相互包容，也学会在团体中相互合作。在实验选修课和创新竞赛中，部分同学已经有过类似团队组织的经验。然而不同于实验选修课和创新竞赛，作为必修课的研究型课程更加接近真实的工程环境。本专业所有的学生，不管在什么样的基础水平，也不管是否主动参与项目，是否对项目感兴趣，都必须参与到项目设计和完成中。就像在实际的工程环境中，大部分的工程师都不能选择自己的同事，合作的队员各个层次水平都有，并且可能不一定性格兴趣相投。如何在这样的真实环境中发掘各自的优势，调动团队成员的所有资源和才智，为了共同的目标求同存异相互包容，相互支持合作奋斗，分工协作完成项目，这样的过程和经历对认识和培养团队合作能力很有意义。

（一）分组策略和团队精神

在基于项目的研究型课程中，团队是参与课程完成项目的主要单位。学生组成项目组，针对自身负责的项目完成方案设计，组内分工合作，完成项目并完成答辩和设计报告，并分配利益（成绩）。在开始几届学生的课程中，编者采用的是预分组的方法。在课程项目分组时，编者充分考虑所有学生的不同基础和特长，将不同基础学生混合编组，努力从整体上提高参与课程学生的实践水平和团队合作能力。同时编者也认为这是最接近于工程实际环境的情况，因为现实中很少有工作人员能够随意选择自己的同事。这样的分组方法在几届学生中反应不一，一部分同学反馈认为分组原则不够公平，导致团队协作效果不佳，影响了个人能力发挥。

从 2013 年起，编者在课程中引入了一个分组环节，在绪论之后的第一次课，每个学生进教室后会被要求抽一张扑克牌，拿到相同牌号的人被分为一组，在整个学期里一起工作。然后会给他们 5 分钟时间找到自己的队友，给自己的队取个名字并选出队长。最后每个组会需要准备一个 5 分钟左右的演讲，内容包括每个组员的一个最突出的特点、队名及起名原因、提出至少一个本组强于其他组的特长，还有对这门课程的设想。其实大部分同学并不“讨厌”他们的同班同学，包括之前预分组政策中团队合作不愉快的那些成员，他们主要是不喜欢那种被分配的感觉。分组的扑克是他们自己抽的，这样即使分到一个组的人员不是他们期望的，抵触情绪也会少一些。开始的分组取名和演讲准备像游戏一样轻松，也可以帮助组内不熟悉的成员破冰，一起取名建立了初步的团队精神，减少以后的沟通障碍和误解，同时对当众的口头表达也是一种帮助。

在后续的团队精神加强中，编者有意识的对各组出现的，有可能是沟通不足引起的问题特别严苛挑剔。比如在开题报告阶段，大部分组的第一次开题报告都没有通过，他们不得不再次分工合作重新完成。在这样来自教师的外界压力之下，他们团队内部的合作得到了加深。

（二）团队合作成绩

真实的工程环境中，团队合作不止包括合作解决问题完成项目也包括利益分配，在研究型课程中的利益分配就是课程的成绩。在 2013 以前的教学中，编者是根据学生各组最后的自评互评表和指导教师的课内记录来确定每个同学的成绩的。这种方式同学意见也比较大，主要是互相之间有人不好意思打低分，有人给自己打高分给别人打低分之类的情况。

从 2013 年开始，编者采取的方法是每个组自己管理平时分的方法。每次课每个组会给一定量的平时分，每次下课的时候，编者要求每组根据本次课每位组员的工作情况讨论出一个分数分配，决定了这次课程的平时分。一个学期下来，每个组员都有了一个总的平时分，按照平时分的比例和指导教师的记录，各组员会分配最后的平时分，从而得到最终的成绩。课程一开始的时候，不少同学担心这种方法会得罪同学或者造成组内不和。随着课程开展，大部分同学觉得这样的打分还是相对公平的，组内的信任建立起来，团队合作的开展也逐渐顺畅。

教育教学没有一定之规，以上是编者在研究型教学方面的一些经验分享，有所偏颇在所难免。也希望借此抛砖引玉，吸引更多对工程教育和综合性实践类课程教学有兴趣和热情的教育工作者，共同思考此类课程的实施方法和发展方向，能够在逐步完善研究型课程的同时，形成一种研究型教学的新模式，提升实践教学效果。

学 生 篇

大工程观是对 20 世纪 90 年代开始的美国工程教育改革思想的总结和凝练，它是未来工程教育发展的新方向，获得了世界各国的广泛认同，并切实指导和推动了美国的综合工程教育改革以及未来工程师培养标准的制定。在世纪之交，美国工程与技术认证委员会（ABET）从大工程观出发，对 21 世纪新的工程人才提出了 11 条评估标准，这 11 条可视为一名合格的现代工程师应具备的能力和素质标准。2004 年底，由美国工程院（NAE）与美国自然科学基金委员会（NSF）共同发起的“2020 工程师”计划发表了《2020 的工程师：新世纪工程的愿景》的报告。报告明确指出了美国 2020 年工程师的培养目标或素质标准：很强的分析能力；实践才能；创新意识和创新能力；较高的伦理道德标准与职业素养；动态、机敏，具有弹性、灵活地更新并应用知识的能力；良好的沟通能力；商务与管理技能；领导才能；终身学习能力。

III 成为一名合格工程师应具备哪些素质

在开始课程之前，先问自己几个问题：你为什么想要成为一名工程师？你觉得工程师最重要的素质有哪些？哪些素质你已经具备而哪些又是你希望能够通过学习实践掌握的？

工程师的用户是企业，让我们先来看看企业希望工程师具备些什么样的才能和特质。下面是波音公司 1996 年列出的工程师应该具有的素质。如果让你选择，你觉得哪些是很重要但是目前的课程中没有学习到的？思考一下，填写下面的表格，给自己一个目标。

<table>
<tr><td colspan="3">波音公司 1996 年的 Boeing List of “Desired Attributes of an Engineer”</td></tr>
<tr><td colspan="3">A. A good understanding of engineering science fundamentals
a) Mathematics （including statistics）
b) Physical and life sciences
c) Information technology （far more than “computer literacy”）
B. A good understanding of design and manufacturing processes （i.e. understands engineering）
C. A multi-disciplinary, systems perspective
D. A basic understanding of the context in which engineering is practiced
a) Economics （including business practice）
b) History
c) The environment
d) Customer and societal needs
E. Good communication skills
a) Written
b) Oral
c) Graphic
d) Listening
F. High ethical standards
G. An ability to think both critically and creatively - independently and cooperatively
H. Flexibility. The ability and self-confidence to adapt to rapid or major change
I. Curiosity and a desire to learn for life
J. A profound understanding of the importance of teamwork.</td></tr>
<tr><td colspan="3">你认为工科大学毕业生应该具备哪些素质？</td></tr>
<tr><td>你认为工科大学毕业生应该具备的素质（优先级排序）</td><td>你已经具备了的</td><td>还没有，但希望毕业时能够具备</td></tr>
<tr><td></td><td></td><td></td></tr>
<tr><td></td><td></td><td></td></tr>
<tr><td></td><td></td><td></td></tr>
<tr><td></td><td></td><td></td></tr>
<tr><td colspan="3">你希望从这门课的学习实践中得到什么样的收获？</td></tr>
<tr><td colspan="3"></td></tr>
</table>

2012 年编者在课程之前在部分大三的学生中做过一个问卷调查，请同学在上面的素质中选择自己认为是最重要的。收回的大约 50 份问卷中，上表中波音公司各项期望的工程师素质中，同学觉得重要的素质如图 III.1 所示。近 90%的同学认为工程能力和交流能力非常重要，近 80%的同学认为基础知识和团队合作能力都很重要，而对工程环境（包括人文、法律、经济、环境等）的理解以及职业道德标准被认为是比较不重要的。在对自身已具备素质和需要学习提高的素质中，过半的同学认为交流沟通能力和工程理解能力需要提高，近 50%的同学觉得自身的基础知识不足，仍然需要努力提高。

2013 年开始，随着全国工程教育认证的逐渐展开，各高等院校对工程教育工作重心逐渐倾斜，工程教育认证专业毕业生标准也逐渐与国际接轨。编者对调查问卷做了修改，将上述调查表的波音公司工程师素质改为华盛顿协议国家中认可度较高的 ABET 的 11 项能力，仍然在课程之前在部分大三的学生中做问卷调查。

下面是美国 ABET（Accreditation Board for Engineering and Technology）要求工程领域类专业学生具有的能力	
A. 应用数学、自然科学和工程知识的能力 B. 设计和进行实验操作，并分析和处理数据的能力 C. 根据需求设计系统、单元或过程的能力 D. 在多学科团队开展工作的能力 E. 验证、指导和解决工程问题的能力 F. 对职业道德和责任感的理解能力 G. 有效的交流能力	H. 知识面宽广，能够认识到工程问题的解决在世界和社会范围内的影响； I. 认识到终身教育的必要性，并有能力通过不断学习而提高自己 J. 了解当今社会的诸多问题 K. 能够在工程实践中应用各种技术、技能和现代工程工具的能力

2013 年和 2014 年的调查中，一共收回了 104 份问卷，同学对上述指标排序的统计数据分析结果如图 III.2 所示。大家认为最重要的能力是知识的应用能力，包括数学、自然科学和工程知识，另外工程实践技术技能和现代工具的应用紧随其后，有效的交流能力也被大多数人认为很重要。而对当今社会诸多问题的认识被认为是工程师能力中最不重要的。

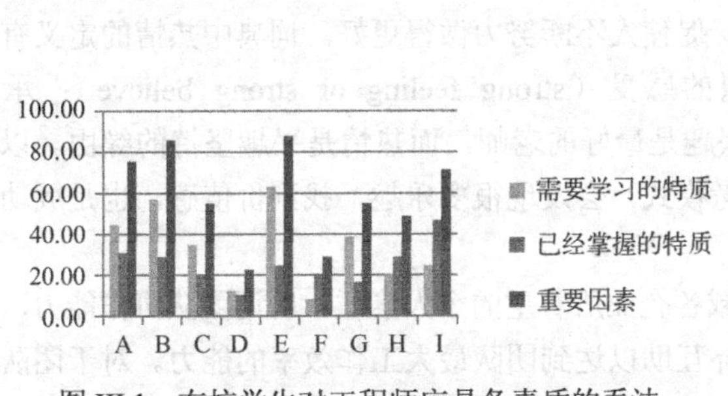

图 III.1　在校学生对工程师应具备素质的看法
（Boeing 工程师素质）

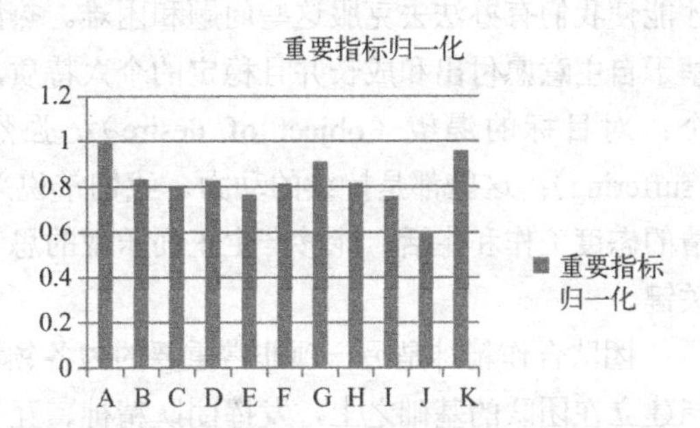

图 III.2　在校学生对工程师应具备素质的看法
（ABET 标准 11 项能力）

这其实又是一个没有标准答案的问卷，编者只是希望同学开始考虑，逐渐意识到社会需求以及自己的短板，这样才能够主动查遗补漏，为进入工程社会做好准备。

IV 如何准备研究型课程的学习

工程师应有的素质，每个行业、每个企业、每个个人都有自己的看法。不同行业、不同职位可能有不一样的侧重点。但其中至少有几项素质是跨行业跨职位大家都期望的：好奇心、热情和团队合作精神。

好奇心（Curiosity）是个体学习的内在最强烈动机之一，是个体寻求知识的动力，是创造性人才的重要特征。它是由新奇刺激所引起的一种向往、探索心理和行为动机。喜欢新生事物，对问题喜欢刨根问底，以钻研为乐趣。有了好奇心，就有了敏锐的眼睛，就能够从平淡中看出新异；有了好奇心，就有了聪慧的耳朵，就能够听出其奥妙之处；有了好奇心就会引发仔细的观察，深入的思考，大胆地提出各种稀奇古怪的问题，然后去向书本、向尝试、向实验、向师长去寻求答案，激发求知的良性循环。科学与技术的许许多多创造发明都是源于点点滴滴的好奇以及对答案的不懈探索。好奇心，首先指对不熟悉的事物提起兴趣的能力。好奇心，更重要的是从熟悉中发现惊奇的能力。在科学研究和技术开发的过程中，保持孩童般的好奇心是非常有意义的事情。课程开始之前，先问问自己，是不是曾好奇教科书上图表和数字后面有否一些暗藏的玄机，是否对课本的知识有过探究的冲动，是不是对本领域中的那些未知充满好奇。从任何课程或者知识点的学习开始，尽量多一些探究的眼神。天马行空的好奇心，是这门课程的第一步。

好奇心是开头，而热情（Passion/enthusiasm），就是支持一个人勇往直前的力量。任何课题、任何项目，不管是科学研究、技术开发还是日常生活中，必然会碰到各种各样的问题。热情的力量才能使我们有办法去克服这些问题和困难。热情不同于热心、热血和激情，是一种持续的理性的，基于自主意愿付出和成长并且稳定的个人特质，促使人不断努力做得更好。词典中热情的定义有几个：对目标的渴望（object of desire）；强烈的感受（strong feeling or strong believe）；承受（suffering）；这些都是持续的动力。我们常说兴趣是最好的老师，而热情是兴趣坚持的缘由。以热情的态度工作和生活，能够产生正面乐观的思考模式，会发现很多乐趣，找到价值感，也是成功的关键。

团队合作精神是另一项非常重要的为各领域各企业所看重的个人素质。所谓团队协作能力，是指建立在团队的基础之上，发挥团队精神、互补互助以达到团队最大工作效率的能力。对于团队的成员来说，不仅要有个人能力，更需要有在不同的位置上各尽所能、与其他成员协调合作的能力。团队精神是人的社会属性在当今的企业和其他各社会团体内的重要体现，事实上它所反映的就是一个人与别人合作的精神和能力。

一个优秀的员工总是具有强烈的团队合作意识——团队成员间相互依存、同舟共济，互敬互重、礼貌谦逊；彼此宽容、尊重个性的差异；彼此间是一种信任的关系、待人真诚、遵守承诺；相互帮助、互相关怀，大家彼此共同提高；利益和成就共享、责任共担。然而团队合作精神的内涵是什么，什么才是好的团队合作能力，不同人不同企业背景定义不完全一样。另外团队合作精神和协作能力，其实更多是练出来的而不是学出来的。让自己有团队协作的意识，是培养自己团队工作能力的第一步。

上课之前，各位同学可以先梳理一下自己对团队合作的认识和看法，填写下面的问卷：

（　　）你觉得团队合作能力重要吗？（是或否）你所理解的好的团队协作能力包括下列哪几项？请按照重要性排序：①能够接受他人意见，态度温和好沟通； ②积极参与项目和讨论，有建设性意见；③以集体利益和项目为重，据理力争，哪怕得罪部分成员； ④默默完成自己份内工作，不给别人找麻烦；⑤知识能力超群，一个人可以完成 3 个人的工作；⑥不但完成自己工作，也帮助别人完成部分任务，不求回报；⑦有忍辱负重的素质，哪怕自己利益损失些也没有关系；⑧不求有功，但求无过。

A. 非常重要的，是以上＿＿＿＿＿＿＿＿＿＿＿＿＿＿＿。

B. 很重要的，是以上＿＿＿＿＿＿＿＿＿＿＿＿＿＿＿＿。

C. 有最好，没有也不影响合作，是以上＿＿＿＿＿＿＿＿。

D. 无关紧要的，是以上＿＿＿＿＿＿＿＿＿＿＿＿＿＿＿。

E. 我有其他想法（把你认为重要的补充上）＿＿＿＿＿＿＿。

编者曾经对部分大三的本科学生做过调查，分别在课程开始前和经过一学期的团队合作项目课程之后请他们填写上面的问卷，图 IV.1 是课前和课后的答案统计。

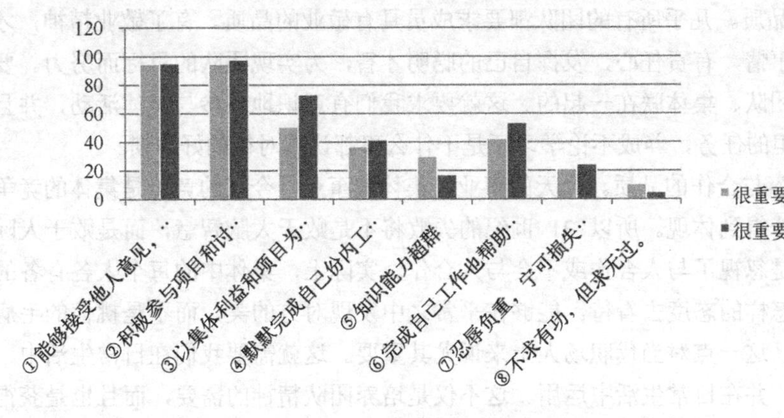

图 IV.1 团队协作能力内涵认识调查

编者发现，在经过有团队合作项目要求的课程前后，同一群同学对团队工作内涵的不同素质看法也不尽相同，图 IV.2 是 2014 年 50 名同学在课前课后对团队协作精神构成中同一素质前后看法的不同对比的几个例子。

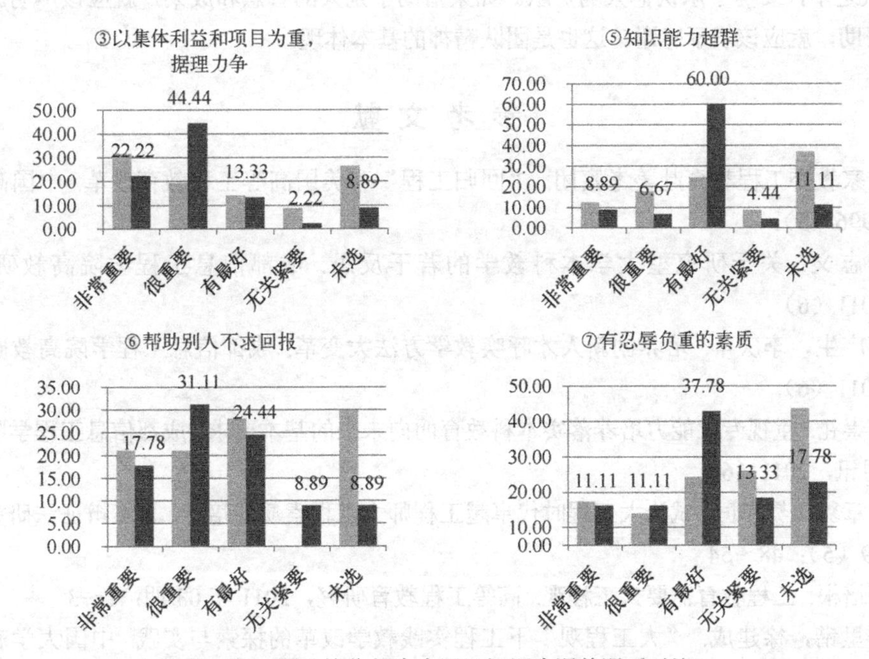

图 IV.2 团队协作能力内涵认识调查课前课后对比

虽然不同人对团队协作精神的看法各不相同，每个人不同时期、不同阶段对团队协作的认识也不尽相同。但团队合作确实是可以通过有意识的训练提高的。下面是几项提高团队合作能力的可选措施，建议同学在课程内外有意识关注：

第一、表达与沟通能力的培养。大多数时候团队合作的困难和问题，来源于沟通的不畅和误解。表达与沟通能力是非常重要的。抓住一切机会锻炼表达能力，积极表达自己对各种事物的看法和意见，并掌握与人交流和沟通的艺术。

第二、培养自己做事主动的品格。我们都有成功的渴望，但是成功不是等来的，而是靠努力做出来的。任何一个单位都不喜欢只知道听差的人，我们不应该被动地等待别人告诉你应该做什么，而应该主动去了解社会需要我们做什么，自己想要做什么，然后进行周密规划，并全力以赴地去完成。

第三、培养敬业的品质。几乎所有的团队都要求成员具有敬业的品质。有了敬业精神，才能把团队的事情当成自己的事情，有责任心，发挥自己的聪明才智，为实现团队的目标而努力。要记着个人的命运是与所在的团队、集体联在一起的。这就要求我们有意识地多参与集体活动，并且想方设法认真完成好个人承担的任务，养成不论学习还是干什么事都认真对待的好习惯。

第四、培养自己宽容与合作的品质。今天的事业是集体的事业，今天的竞争是集体的竞争，一个人的价值在集体中才能得到体现。所以 21 世纪的失败将不是败于大脑智慧，而是败于人际的交互上，成功的潜在危机是忽视了与人合作或不会与人合作。实际上，集体中的每个人各有各的长处和缺点，关键是我们以怎样的态度去看待。能够在平常之中发现对方的美，而不是挑他的毛病，培养自己求同存异的素质，这一点对当代职场人士来说尤其重要。这就需要我们在日常生活中，培养良好的与人相处的心态，并在日常生活中运用。这不仅是培养团队精神的需要，而且也是获得人生快乐的重要方面。

第五、要培养自己的全局观念。团队精神不反对个性张扬，但个性必须与团队的行动一致，要有整体意识、全局观念，考虑团队的需要。它要求团队成员互相帮助，互相照顾，互相配合，为集体的目标而共同努力。

在团队之中，要勇于承认他人的贡献。如果借助了别人的智慧和成果，就应该声明。如果得到了他人的帮助，就应该表示感谢。这也是团队精神的基本体现。

参考文献

[1] 国家教委工程教育赴美考察团．“回归工程”和美国高等工程教育改革．中国高等教育，1996（3）

[2] 李志义．关于研究型大学本科教学的若干反思．成都信息工程学院高教研究通讯，2011（6）

[3] 郭广生，李庆丰．培养创新人才呼唤教学方法大变革．成都信息工程学院高教研究通讯，2011（6）

[4] 蒋崇礼．重视专业能力培养落实本科教育面向未来的基本要求．成都信息工程学院高教研究通讯，2011（6）

[5] 王章豹，樊泽恒．试论大工程时代卓越工程师大工程素质的培养．自然辩证法研究，2013，29（5）：48～54

[6] 李培根．工程教育需要大工程观．高等工程教育研究，2011 年 03 期：1～3

[7] 居里锴，徐建成．“大工程观”下工程实践教学改革的探索与实践．中国大学教育，2013（10）：68～70

[8] 国际工程师互认相关协议．中国科学技术协会网站工程教育互认相关专题，http://www.cast.org.cn/n35081/n35668/n35773/n37096/index.html

[9] 澳大利亚工程师协会 IEAUST 专业认证相关文件，http://www.engineersaustralia.org.au/

[10] Edward F. Crawley. The CDIO Syllabus: A Statement of Goals for Undergraduate Engineering Education，MIT CDIO Report #1

[11] 王硕旺，洪成文. CDIO: 美国麻省理工学院工程教育的经典模式——基于对 CDI O 课程大纲的解读. 理工高等教育，2009，28（4）：116～119

[12] 卓越工程师教育培养计划通用标准. 中华人民共和国教育部中国工程院，教高函[2013] 15 号

[13] 袁同庆. 研究性学习的教学设计过程探讨. 中国农业教育，2006（6）

[14] 赵卫东，李铭. 研究型教学对大学生创新能力的影响. 计算机教育，2009（4）:3～5

[15] Susan Ambrose, L. Dee Fink and Daniel Wheeler. Becoming a professional engineering educator: A new role for a new era. Journal of Engineering Education, Special Issue: The Art & Science of Engineering Education, 2005, 94（1）: 185-194.

[16] 张秀洋．怎样提高自己的团队合作能力．360doc 个人图书馆，http://www.360doc.com/content/11/1123/19/8045392_166829905.shtml

[17] 国际工程联盟（international engineering alliance）网站：http://www.ieagreements.org/

第二部分　光电测控系统设计

第一篇　光电测控系统设计总体

第1章　光电测控系统设计的一般方法和步骤

光电测控系统有两个最显著的特点：一个是用光电技术对各种物理量进行测量，也可以称为光电传感器，另一个是用机电技术实现规定的运动或物理量的调整，也可以称为机电执行器。传感器和执行器是目前各种仪器设备中不可缺少的基本单元，更是决定现代智能仪器性能的关键部分。光电测控系统这两个特点决定该系统在各工业领域中有着广泛的应用，可以满足现代智能仪器发展的需要。因此，学习和研究光电测控系统的设计方法将有助于更好地完成实际的光电测控系统设计。

按照功能模块来划分，光电测控系统通常包括如图 1.1 所示的几大模块，构成一个闭环系统。由光源和光学系统构成的光信息产生模块产生携带了有用信息的光信号，由光信息获取和转换模块获取，并传递给光电信息处理模块进行处理和分析提取。系统中的执行模块衔接了光信息的输入和输出，既可对光信息产生模块进行驱动调制，也可根据光信息处理分析的结果进行既定的输出操作。

图 1.1　光电测控系统的功能模块划分

光电测控系统设计是一个系统工程问题。光电测控系统通常是一个光、机、电、计算机、材料科学等相结合的综合体，需要采用有条理的方法进行设计。在实际光电测控系统的设计中没有哪两个系统按照同一方法和步骤进行，然而成功的设计有其共同点，通常包含这几个阶段：需求的提出与认识性研究，方案论证，系统设计与研制生产，性能鉴定与评价，工程完善与总结。

1．需求的提出与认识性研究

（1）光电测控系统的研制目的——满足需求

机器与机构的区别在于机器能实现能量的转换或代替人的劳动去做有用功，而机构没有这种功能。光电测控系统是机器的一个分支，也就是运用所设计的系统实现特定的功能，以满足人们工作和生活的需要。因此，利用光电测控系统的特点满足一定的应用需求是进行光电测控系统设计的最基本的目的。

对人们生活需求的提出主要是根据社会的调查和对人们生活活动的观察而得出的，而工作和生产需求的提出是为了满足人们完成某项任务、提高生产效率和改善工作条件的要求。如便携式测距望远镜的需求的提出，是研究者为满足狩猎者在观察远处猎物的同时还希望得到狩猎者与猎物之间的距离，以便能确定射击弹道准确击中猎物。同时这一光电测控系统还可以加入电子罗盘用于装备部队的侦察人员，在不增加侦察人员携带装备数量和重量的情况下实现一种装备完成望远观察、测距和确定方位的多项功能。

（2）认识性研究

需求是光电测控系统研究的目的，但满足这些需求要建立在光电技术的基本原理可行性的基础上，而且满足人们需求的活动随着光电技术的发展和进步在持续不断的进行着，同时也对光电测控系统提出新的要求，这些要求就需要从事光电测控系统研究的技术人员不断创新，应用新的原理和技术研制出新的光电测控系统，来满足人们的生活和工作需求。因此，需求一定是和科学技术的发展紧密相关的，是符合基本原理和光电技术发展水平的，是在理论上和技术上切实可行的。

需求的提出实际上是一个认识性研究过程，这一过程是最富创造性的，一个新的需求或一个新思想往往起源于资料的占有和思考，经过合乎逻辑的理论分析和对现状的广泛调查，才能得出符合科学规律的结论。还是以上述的测距望远镜为例来说明，在激光和微电子器件出现之前，人们只能用光学望远镜对远处的目标进行观察，用体视测距的方法对目标进行测距，因体视测距有一定的长度的基线要求，不能实现便携。而随着激光技术和微电子技术的发展，将激光测距与光学望远系统结合成为可行，因此，便携式测距望远镜也就应运而生了。

在认识性研究中要求研究人员应对相关领域国内外发展现状进行广泛调查和分析，同时也要求研究人员要开阔眼界，跟踪新技术和分析技术的发展趋势，探索光电技术与其他技术的结合。

2．方案论证

在需求符合基本原理和能得到技术支持的情况下，就需要对所提出的光电测控系统进行方案论证。方案论证主要应确定该项目的技术政策，明确规定设计的指导思想和准则；收集能够更透彻阐明问题的更广泛的资料；确定使用的具体要求，制定出可以衡量全部要求的准则；搞清楚可能影响系统的诸因素：成本、重量、体积、可靠性、操作的复杂程度等；制定能够确定各因素相对重要性的准则。

在方案设计中比较主要的工作是对光电系统性能提出明确要求：规定系统的作用和要求，确定设计指标，给设计师提供系统的输入输出和各种限制的约束条件。这些工作主要体现在以下几方面：

（1）原理方案的比较和选择

应用光电技术实现对特定物理量的测量和控制，可以采用不同的原理和方法。而原理方案的比较和选择就是要根据所研制的系统的技术指标和经济指标对不同的方案进行比较，充分将科技发展的新成果应用于方案中，建立分析模型，对方案的可行性进行分析，估计各种初步方案的系统性能，最终得出系统总体性能的定量指标最优的技术方案。

在原理方案的选择时，除了所选择的方案在原理上可行和技术上可实现外，还应该对不同方案对光电测控系统的研制成本、系统的体积和重量、系统操作的方便性、系统运行的可靠性和可维修性等因素进行分析和比较，使所研制出的光电测控系统性能优越、成本合理、操作灵活和工作可靠。

（2）项目论证报告的撰写

方案论证的结果要形成一份项目论证报告，提交有关专家进行评审，评审通过后就可以转入光电测控系统的设计与研制生产。方案论证报告格式可根据项目管理部门的要求撰写，但一般应包含的主要内容有：

1）项目的立项依据，应论述项目的研究意义、国内外研究现状及发展动态分析。也可附主要参考文献目录。

2）项目的研制内容、研制目标，以及拟解决的关键技术。

3）拟采取的研制方案及可行性分析，应对技术路线、实验手段、关键技术的解决方案等进行说明。

4）研制计划及最终技术指标，应按一定的时间间隔将研究内容进行规划，并按计划列出各时间节点的阶段成果。

5）研制基础与工作条件。研制基础主要是与本项目相关的研制工作积累和已取得的研制成果。工作条件是包括已具备的实验和生产条件，尚缺少的实验和生产条件，以及拟采取的解决途径。

6）研制经费说明，主要包括设计费、材料和加工费、试验和测试费、劳务费、管理费等，须逐项说明与项目研制的直接相关性及必要性。

7）研制人员简介，主要说明研制人员的组成，研制项目组主要参与者的基本情况、工作情况、受奖励等情况。

3．系统设计研制生产

方案选择的作用是决定了光电测控系统的综合性能指标的优劣，而一个最优的方案的实现要依赖于整个系统的设计和研制全过程来落实。因此，系统设计研制生产是保证光电测控系统由设想到现实的重要环节，也是发挥设计人员创新能力和体现系统设计水平的具体体现。

系统的经济性考虑贯穿整个设计过程。采用新系统的主要或者唯一的原因是新系统比现有系统更经济。在整个设计过程中，需要对与现有系统或者有潜在竞争可能的系统做出详细的经济性比较，制定包括所有潜在技术和运行等因素比较的准则。

（1）系统设计

光电测控系统的设计是光学、机械、电子和计算机技术的综合设计，在系统设计时，需按照所确定的方案，运用光机电算技术将其转化为现实。一般的步骤是：

1）依据光电测控系统的功能和技术指标设计光学系统，确定光学系统的结构形式，进行光学系统外形尺寸计算和光学系统像差计算，给出光学系统的总体图和各光学元件的零件图。

2）根据确定的光学系统设计机械结构，对重要部分机械零件的强度和刚度进行设计计算，确定能满足光学系统要求的运动机构、支承机构和光电测控系统外形结构，给出机械系统的总体装配图、部件装配图和零件装配图。

3）针对系统中的运动控制、信息采集和处理要求，设计电子和计算机控制处理系统，选择运动的执行电器、信息采集光电器件、电子控制元件和计算机硬件，设计运动控制和信息采集的电路原理图和计算机处理软件流程图，给出控制电路总图和信息处理软件。

4）协调光学、机械、电子和计算机设计，这一内容贯穿在前三个步骤中，并且通常会在这些设计之间有所反复，最后得出能够很好体现方案中各项指标的综合设计。

（2）研制生产

研制生产是系统设计的具体落实，按照光学、机械、电子和计算机的设计图纸进行生产制作。由于光学、机械、电子和计算机的生产工艺和制作方法有很大区别，对每一部分的制作周期、装配、调试都有各自的特点，在研制生产中要根据不同的部分制定不同的研制生产方案。

1）光学系统是光电测控系统的关键，也是有别于其他测控系统的重要部分。一般的光学元件需经过下料、粗磨、精磨、抛光、滚边等工序的较长的生产周期才能完成，对于像差要求高、口径大、非球面的光学元件的生产周期更长，应尽早安排光学元件的加工。各光学零件加工完成并经过检验合格后，需和相应的机械结构配合，以检测整个光学系统的性能参数，不满足要求时，要进行调整和部分元件的修整，直至整个光学系统的性能指标满足设计要求。

2）机械部分是光电测控系统的骨架和实现规定运动的部分。一个机械零件也需要经过多道工序才能完成，尤其是外形复杂、配合精度高和要实现精密运动的机械零件的加工更是需要较长的周期。因此，与光学零件一样也要尽早安排加工。各机械零件加工完成并经过检验合格后，需进行装配和调整，以保证光电测控系统各测控元件的位置关系和运动关系。

3）电子测量与控制部分是实现仪器的信息输入和控制信息输出的部分。它可以将光学信息转化为电量信息，实现信息的输入。还可以输出控制信息，控制执行元件实现规定的机械运动。电子测量与控制系统要根据输入和输出的信息特征，制作硬件电路板并进行调试，一般需要两个周期才能研制出稳定的硬件电路系统，实现测控系统的信息输入和控制信息的输出。

4）计算机处理部分是测控系统的信息处理和测量信息显示的部分。它的研制分为软件部分和硬件部分，软件部分借助于选定编程语言编程实现，而硬件部分是制作硬件电路板，对于特殊的测控系统的计算机硬件电路可以与控制电路结合设计和制作，而对于一般的计算机处理硬件可购买通用的计算机和相应处理板卡即可满足要求。软件和硬件部分完成后，需进行联调，以实现测控系统的信息处理和测量信息显示。

5）光电测控系统的总调是将上述的光学、机械、电子和计算机部分组合连接起来实现光电测控系统的功能。系统总调是在光学、机械、电子和计算机各自的部分调试完成后，将这四部分组合成为一个整体，是检测整个系统能否实现光电测控系统的总体技术指标的一个重要环节。在联调中需对出现的问题分析其原因，对相应的部分进行改进和完善，最终使研制的光电测控系统的总体技术指标满足设计要求。

4. 系统性能鉴定与评价

系统性能鉴定与评价是对所研制出的光电测控系统的技术水平的认定，目的是获得系统在正常环境中应用时测试样机的性能，为产品的改进设计提供依据。光电测控系统通过总调测试其技术指标达到了设计要求，这只是在实验室环境下的测试结果，当光电测控系统应用于实际的环境时，外界各种环境因素会影响到系统的性能，如外界的温度变化、湿度变化、沙尘、烟雾、冲击、震动、雨淋和电磁干扰等都会影响到系统的技术指标，系统性能鉴定和评价是样机和正式产品质量保证的一个重要环节。

一般需对研制出的样机抽出一定比例进行环境适应性试验，环境适应性试验的项目可根据系统未来应用的情况来决定。通过环境适应性试验的系统可以满足实际的应用需求，而对于有些环境适应性项目没有通过的系统，要分析系统在设计和研制中的不足，进行改进和完善，直至系统的环境适应性试验都能达到实际应用的要求为止。

5. 工程完善与总结

工程完善与总结贯穿于从系统的最终装配完成到整个有用寿命结束为止，目的是为设计部门不断提供有关系统的性能、设计缺陷、可靠性、失效机理以及预先认识到的系统特殊功能的报告，为系统的发展和性能不断提升提供建议和依据。

光电测控系统装配完成后到实际的应用会遇到各种各样的问题，尤其在应用前要对系统出现的问题进行分析和总结，一是要找出问题的原因，二是要从设计和研制的角度解决问题，使研制的光电测控系统在实际的应用中尽可能少出问题和不出问题。

第 2 章　系统设计的一些知识

光电测控系统设计是一个系统工程的问题。正如合格的工程师要考虑的不仅仅是工程技术本身一样，这个系统不仅仅包含具体的理论和技术基础，还需要一些其他知识的支撑。本章讨论在图 1.1 所示的光电测控系统技术模块之外，对测控系统设计及其他科学研究、工程设计非常重要的一些知识，包括文献检索，初步的项目管理思路以及科技文献写作的相关知识。

2.1　文献检索的方法和技巧

2.1.1　文献检索有什么用

文献检索（Information Retrieval/Document Retrieval）是指根据学习和工作的需要获取文献的过程，是在科学研究，撰写论文时所必需的一种手段。一个新的领域或一个新思想往往起源于资料的占有和思考。文献检索的目的，就是针对需要解决的问题，迅速并尽可能全面地查找资料，了解研究现状，寻找现有技术研究的热点，并为研究寻找新的突破口。

文献检索的概念有狭义和广义之分：狭义的检索（Retrieval）是指依据一定的方法，从已经组织好的大量有关文献集合中，查找并获取特定的相关文献的过程。这里的文献集合，不是通常所指的文献本身，而是关于文献的信息或文献的线索。广义的检索包括信息的存储和检索两个过程（Storage and Retrieval）。信息存储是将大量无序的信息集中起来，根据信息源的外表特征和内容特征，经过整理、分类、浓缩、标引等处理，使其系统化、有序化，并按一定的技术要求建成一个具有检索功能的数据库或检索系统，供人们检索和利用。而检索是指运用编制好的检索工具或检索系统，查找出满足用户要求的特定信息。

文献检索是课题研究工作中一个重要的步骤，它贯穿研究的全过程。

在认识性研究阶段即选题论证阶段，文献检索可以帮助我们选准研究课题，对课题研究背景进行调查，了解所选课题的价值和意义，明确研究目标是否是本领域发展中亟待解决的，是否具有普遍推广的意义。

在明确问题阶段，明确了研究目标之后，借助文献检索从文献资料中汲取营养，以一定的资料为基础，以研究前人或别人的成果为起始，让自己“站在巨人的肩膀上”，选择好相应的研究方法和手段。

在系统设计和综合性研究阶段，运用文献检索获得资料，及时了解相关的学术期刊、专著中的最新研究成果，及时掌握有关学术会议的快报，密切关注本领域最新的专业、学术研究动态和国内外发展趋势，跟踪同类课题研究的进展情况，及时调整修正研究方案，可以加快课题研究的进程。

在系统性能鉴定、成果撰写、评价和推广阶段，通过文献检索引用资料有助于解释研究成果、撰写研究报告。

文献等级分为几类：

（1）零次文献：是指未经过任何加工的原始文献，如实验记录、手稿、原始录音、原始录像、谈话记录等。零次文献在原始文献的保存、原始数据的核对、原始构思的核定（权利人）等方面有着重要的作用。

（2）一次文献（primary document）：是指作者以本人的研究成果为基本素材而创作或撰写的文献，不管创作时是否参考或引用了他人的著作，也不管该文献以何种物质形式出现，均属一次文献。大部分期刊上发表的文章和在科技会议上发表的论文均属一次文献。

（3）二次文献（secondary document）：是指文献工作者对一次文献进行加工、提炼和压缩之后所得到的产物，是为了便于管理和利用一次文献而编辑、出版和累积起来的工具性文献。检索工具书和网上检索引擎是典型的二次文献。

（4）三次文献（tertiary document）：是指对有关的一次文献和二次文献进行广泛深入的分析研究综合概括而成的产物。如大百科全书、辞典、电子百科等。

2.1.2 文献检索怎么用

文献检索是一项实践性很强的活动，它要求我们善于思考，并通过经常性的实践，逐步掌握文献检索的规律，从而迅速、准确地获得所需文献。一般来说，文献检索可分为以下步骤：（1）明确查找目的与要求；（2）选择检索工具；（3）确定检索途径和方法；（4）根据文献线索，查阅原始文献。这里先简单介绍一下文献检索的一些基本知识，检索工具的详细叙述见下一节。

1．文献检索语言

文献检索语言是一种人工语言，用于各种检索工具的编制和使用、并为检索系统提供一种统一的、作为基准的、用于信息交流的符号化或语词化的专用语言。因其使用的场合不同，检索语言也有不同的叫法。例如在存储文献的过程中用来标引文献，叫标引语言；用来索引文献则叫索引语言；在检索文献过程中则为检索语言。检索语言按原理可分为 4 大类：

（1）分类语言：它是将表达文献信息内容和检索课题的大量概念，按其所属的学科性质进行分类和排列，成为基本反映通常科学知识分类体系的逻辑系统，并用号码（分类号）来表示概念及其在系统中的位置，甚至还表示概念与概念之间关系的检索语言。《中国图书馆图书分类法》是我国图书分类法的基础，中图法把一切知识门类按“五分法”分为马列、毛泽东思想；哲学；社会科学；自然科学；综合性图书这五大部类。在此基础上建成由 22 个大类组成的体系系列。

（2）主题语言：是指经过控制的，表达文献信息内容的语词。主题词需规范，主题词表是主题词语言的体现，词表中的词作为文献内容的标识和查找文献的依据。

（3）关键词语言：指从文献内容中抽出来的关键的词，这些词作为文献内容的标识和查找目录索引的依据，关键词不需要规范化，也不需要关键词表作为标引和查找图书资料的工具。

（4）自然语言：指文献中出现的任意词。

2．文献检索途径

（1）著者途径。许多检索系统备有著者索引、机构（机构著者或著者所在机构）索引，专利文献检索系统有专利权人索引，利用这些索引从著者、编者、译者、专利权人的姓名或机关团体名称字顺进行检索的途径统称为著者途径。

（2）题名途径。一些检索系统中提供按题名字顺检索的途径，如书名目录和刊名目录。

（3）分类途径。按学科分类体系来检索文献。这一途径是以知识体系为中心分类排检的，因此，比较能体现学科系统性，反映学科与事物的隶属、派生与平行的关系，便于我们从学科所属范围来查找文献资料，并且可以起到"触类旁通"的作用。从分类途经检索文献资料，主要是利用分类目录和分类索引。

（4）主题途径。通过反映文献资料内容的主题词来检索文献。由于主题法能集中反映一个主题的各方面文献资料，因而便于读者对某一问题、某一事物和对象做全面系统的专题性研究。我们通过主题目录或索引，即可查到同一主题的各方面文献资料。

（5）引文途径。文献所附参考文献或引用文献，是文献的外表特征之一。利用这种引文而编制的索引系统，称为引文索引系统，它提供从被引论文去检索引用论文的一种途径，称为引文途径。

（6）序号途径。有些文献有特定的序号，如专利号、报告号、合同号、标准号、国际标准书号和刊号等。文献序号对于识别一定的文献，具有明确、简短、唯一性特点。依此编成的各种序号索引可以提供按序号自身顺序检索文献信息的途径。

（7）代码途径。利用事物的某种代码编成的索引，如分子式索引、环系索引等，可以从特定代码顺序进行检索。

（8）专门项目途径。从文献信息所包含的或有关的名词术语、地名、人名、机构名、商品名、生物属名、年代等的特定顺序进行检索，可以解决某些特别的问题。

3．文献检索方法

（1）直接法

又称常用法，是指直接利用检索系统（工具）检索文献信息的方法。它又分为顺查法、倒查法和抽查法。

顺查法是指根据检索课题分析所得到的年代要求，按照时间的顺序，由远及近地利用检索系统进行文献信息检索的方法。这种方法能收集到某一课题的系统文献，它适用于较大课题的文献检索。例如，已知某课题的起始年代，需要了解其发展的全过程，就可以用顺查法从最初的年代开始查找。这种检索方法的优点是，由于逐年逐卷查找，漏检文献少，同时由于在检索过程中可以根据检索进展情况随时修订检索策略，误检文献少，检准率高。缺点是查找费时间，工作量大，检索效率不高。

倒查法是指根据检索课题分析所得到的年代要求，由近及远，从新到旧，逆着时间的顺序利用检索工具进行文献检索的方法。使用这种方法可以最快地获得最新资料。

抽查法是指针对项目的特点，抓住某学科发展迅速，文献发表较多的年代，选择有关该项目的文献信息最可能出现或最多出现的时间段，抽出几年或十几年，利用检索工具进行重点检索的方法。这种检索方法必须在熟悉某学科发展特点的情况下才能使用。

（2）追溯法

是指不利用一般的检索系统，而是利用文献后面所列的参考文献，逐一跟踪追查原文（被引用文献），然后再从这些原文后所列的参考文献目录逐一扩大文献信息范围，一环扣一环地追查下去的方法。它可以像滚雪球一样，依据文献间的引用关系，获得更好的检索结果。

（3）循环法

又称分段法或综合法。它是分期交替使用直接法和追溯法，以期取长补短，相互配合，获得更好的检索结果。通常先利用检索工具查出一批有用的文献，然后再利用这些文献所附参考文献追溯查找。一般情况下，5 年以内的重要文献都会被引用。根据这一规律，可跳过引用的 5 年，再用检索工具查出一批有用的文献，利用其所附参考文献追溯查找。如此循环检索，直到取得满意的检索结果为止。这种方法的检索效率高，检索速度快，能系统地查到所需文献。

2.1.3 常用的文献检索工具

文献检索工具主要分为两大类：印刷型检索工具和计算机检索工具。

1．印刷型检索工具

（1）目录、索引、文摘

目录，也称书目。它是著录一批相关图书或其他类型的出版物，并按一定次序编排而成的一种检索工具。索引，是记录一批或一种图书、报刊等所载的文章篇名、著者、主题、人名、地名、名词术语等，并标明出处，按一定排检方法组织起来的一种检索工具。

索引不同于目录，它是对出版物（书、报、刊等）内的文献单元、知识单元、内容事项等的揭示，并注明出处，方便进行细致深入的检索。

文摘，是以提供文献内容梗概为目的，不加评论和补充解释，简明、确切地记述文献重要内容的短文。汇集大量文献的文摘，并配上相应的文献题录，按一定的方法编排而成的检索工具，称为文摘型检索工具，简称为文摘。

（2）百科全书

参考工具书之王。它是概述人类一切门类或某一门类知识的完备工具书，是知识的总汇。它是对人类已有知识进行汇集、浓缩并使其条理化的产物。百科全书一般按条目（词条）字顺编排，另附有相应的索引，可供迅速查检。

（3）年鉴

按年度系统汇集一定范围内的重大事件、新进展、新知识和新资料，供读者查阅的工具书。它按年度连续出版，所收内容一般以当年为限。它可用来查阅特定领域在当年发生的事件、进展、成果、活动、会议、人物、机构、统计资料、重要文件或文献等方面的信息。

（4）手册名录

手册，是汇集经常需要查考的文献、资料、信息及有关专业知识的工具书。名录，是提供有关专名（人名、地名、机构名等）的简明信息的工具书。

（5）词典（字典）

词典是最常用的一类工具书。分为语言性词典（字典）和知识性词典。

（6）表谱、图录

表谱，采用图表、谱系形式编写的工具书，大多按时间顺序编排。主要用于查检时间、历史事件、人物信息等。

图录，包括地图和图录两类。

（7）类书，政书。

2. 计算机检索工具

（1）科学引文索引（Science Citation Index，SCI）

SCI 是美国《科学引文索引》的英文简称，其全称为：Science Citation Index，是由美国科学信息研究所（Institute for Scientific Information，简称 ISI）于 1960 年编辑出版的一部期刊文献检索工具，其出版形式包括印刷版期刊和光盘版及联机数据库。科学引文索引以布拉德福 （S. C. Bradford）文献离散律理论、以加菲尔德 （Eugene Garfield ）引文分析理论为主要基础，通过论文的被引用频次等的统计，对学术期刊和科研成果进行多方位的评价研究，是目前国际上被公认的最具权威的科技文献检索工具。

科学引文索引是当今世界上最著名的检索性刊物之一，也是文献计量学和科学计量学的重要工具。通过引文检索功能可查找相关研究课题早期、当时和最近的学术文献，同时获取论文摘要；可以看到所引用参考文献的记录、被引用情况及相关文献的记录。

（2）科学信息研究所数据库（Institute for Scientific Information，ISI）

1958 年，Dr. Eugene Garfield 创办了 Institute for Scientific Information（简称 ISI，科学信息研究所）。ISI 多元化的数据库收录一万六千多种国际期刊、书籍和会议录，横跨自然科学、社会科学和艺术及人文科学各领域，内容包括文献编目信息、参考文献（引文）、作者、摘要等一系列关键性的参考信息，同时提供了相应的全文服务，从而构成了信息领域内最全面综合的多学科文献资料数据库。这些数据库产品和服务包括现刊题录数据、引文索引、可定制的快讯服务、化学信息产品以及文献计量学方面的资料，版本包括书本型、CD-ROM 光盘、磁盘，也可以通过 Internet 互联网检索。ISI 综合了 SCI、INSPEC、WPI、BIOSIS PREVIEWS、MEDLINE 等众多文摘数据库，具有丰富的检索字段、引文和标引体系。

ISI 根据 www 所建立的超链接特性，建立了一个以知识为基础的学术信息资源整合平台 ISI web of Knowledge。它是一个采用“一站式”信息服务的设计思路构建而成的数字化研究环境。该平台以三大引文索引数据库作为其核心，利用信息资源之间的内在联系，把各种相关资源提供给研究人员。兼具知识的检索、提取、管理、分析与评价等多项功能。在 ISI web of Knowledge 平台上，还可以跨库检索 ISI proceedings、Derwent 、Innovations Index、BIOSIS Previews、CAB Abstracts、INSPEC 以及外部信息资源。ISI web of Knowledge 还建立了与其他出版公司的数据库、原始文献、图书馆 OPAC，以及日益增多的网页等信息资源之间的相互连接。实现了信息内容、分析工具和文献信息资源管理软件的无缝连接。

ISI 的优点包括：可进行会议论文检索、引文检索；检索字段、检索算符更全面和专业；提供检索式间的逻辑运算检索。其缺点是只能进行文摘检索。

（3）工程索引（Engineering Index，EI）

EI 创刊于 1884 年，由美国工程信息公司（Engineering information Inc.）编辑出版，是历史上最悠久的一部大型著名工程技术类综合性检索工具。收录文献几乎涉及工程技术各个领域。收录期刊、会议论文、技术报告等的文摘，是工程技术领域权威检索工具，其中大约 22%为会议文献，90%的文献语种是英文；覆盖全世界工程领域内 5000 余种期刊、1500 余种会议录以及科技报告等，超过 900 万条数据。

目前主要有三个版本：Ei Compendex 光盘数据库；Ei Compendex Web 数据库；Engineering Village 2。EI 在全球的学术界、工程界、信息界中享有盛誉，是科技界共同认可的重要检索工具。Ei 公司在 1992 年开始收录中国期刊。1998 年 Ei 在清华大学图书馆建立了 Ei 中国镜像站。

（4）科学技术会议录索引（Index to Scientific & Technical Proceedings，ISTP）

ISTP 创刊于 1978 年，由美国科学情报研究所编辑出版，以收录国际上著名的科技会议文献为主。该索引收录生命科学、物理与化学科学、农业、生物和环境科学、工程技术和应用科学等学科的会议文献，包括一般性会议、座谈会、研究会、讨论会、发表会等。其中工程技术与应用科学类文献约占 35%，其他涉及学科基本与 SCI 相同。

（5）中国知网

中国知网是国家知识基础设施（National Knowledge Infrastructure，NKI）的概念，由世界银行于 1998 年提出。CNKI 工程是以实现全社会知识资源传播共享与增值利用为目标的信息化建设项目，由清华大学、清华同方发起，始建于 1999 年 6 月。

（6）Google 学术搜索（Google Scholar）

Google Scholar 是一个可以免费搜索学术文章的网络搜索引擎，由计算机专家 Anurag Acharya 开发。2004 年 11 月，Google 第一次发布了 Google 学术搜索的试用版。该项索引包括了世界上绝大部分出版的学术期刊。随着互联网技术和用户的飞速发展，Google Scholar 已成为一个很重要的检索工具。

（7）维基百科（Wikipedia）

Wiki 一词来源于夏威夷语的“wee kee wee kee”，原本是“快点快点”的意思。在这里“WikiWiki”指一种超文本系统。这种超文本系统支持面向社群的协作式写作，同时也包括一组支持这种写作的辅助工具。wikipedia 就是 wiki+cyclopedia 合并而来的。而中文里，“维”指网络，“基”指基础，合起来就是网络的基础。“维基”既是音译，也是意译。

维基百科是一个基于维基技术的全球性多语言百科全书协作计划，同时也是一部用不同语言写成的网络百科全书，其目标及宗旨是为全人类提供自由的百科全书——用他们所选择的语言书写而成，是一个动态的、可自由访问和编辑的全球知识体。并且在许多国家相当普及。自 2001 年 1 月 15 日正式成立，由维基媒体基金会负责维持，其大部分页面都可以由任何人使用浏览器进行阅览和修改。截至 2014 年 7 月 2 日，维基百科条目数第一的英文维基百科已有 454 万个条目。全球所有 282 种语言的独立运作版本共突破 2100 万个条目，总登记用户也超越 3200 万人，而总编辑次数更是超越 12 亿次。

（8）万方数据库

万方数据库是由万方数据公司开发的，涵盖期刊、会议纪要、论文、学术成果、学术会议论文的大型网络数据库；也是和中国知网齐名的中国专业的学术数据库。万方数据库包含万方期刊、万方会议论文和中国企业、公司及产品数据库。万方期刊集纳了理、工、农、医、人文五大类 70 多个类目共 7600 种科技类期刊全文。万方会议论文指《中国学术会议论文全文数据库》，是国内唯一的学术会议文献全文数据库，主要收录 1998 年以来国家级学会、协会、研究会组织召开的全国性学术会议论文，数据范围覆盖自然科学、工程技术、农林、医学等领域，是了解国内学术动态必不可少的帮手。《中国企业、公司及产品数据库》的信息全年 100%更新，提供多种形式的载体和版本。

万方科技信息数据库包含内容很广泛，主要有：1）成果专利：内容为国内的科技成果、专利技术以及国家级科技计划项目。2）中外标准：内容为国家技术监督局、建设部情报所提供的中国国家标准、建设标准、建材标准、行业标准、国际标准、国际电工标准、欧洲标准以及美、英、德、法国家标准和日本工业标准等。3）科技文献：包括会议文献、专业文献、综合文献和英文文献，涵盖面广，具有较高的权威性。4）机构：包括我国著名科研机构、高等院校、信息机构的信息。5）台湾系列：内容为台湾地区的科技、经济、法规等相关信息。6）万方学位论文：万方学位论文库（中国学位论文全文数据库），是万方数据股份有限公司受中国科技信息研究所委托加工的“中国学位论文文摘数据库”，该数据库收录我国各学科领域的学位论文。7）万方商务信息数据库：《中国企业、公司及产品数据库》始建于 1988 年，由万方数据联合国内近百家信息机构共同开发。国际著名的美国 DIALOG 联机系统更将 CECDB 定为中国首选的经济信息数据库，而收进其系统向全球数百万用户提供联机检索服务。

（9）百度文库

百度文库是百度发布的供网友在线分享文档的平台。百度文库的文档由百度用户上传，需要经过百度的审核才能发布，百度自身不编辑或修改用户上传的文档内容。网友可以在线阅读和下载这些文档。百度文库的文档包括教学资料、考试题库、专业资料、公文写作、法律文件等多个领域的资料。

平台于 2009 年 11 月 12 日推出，2010 年 7 月 8 日，百度文库手机版上线。2010 年 11 月 10 日，百度文库文档数量突破 1000 万。2011 年 12 月文库优化改版，内容专注于教育、PPT、专业文献、应用文书四大领域。2013 年 11 月正式推出文库个人认证项目。截至 2014 年 4 月文库文档数量已突破一亿。百度文库推出的主要应用目的是网友分享和信息交换，其内容的准确性一直有较大争议，在检索初期可以帮助使用者对研究领域内容有大致理解，不适宜作为科技文献的引用依据。

2.1.4 常用的文献检索语法

一个新的领域或一个新思想往往起源于资料的占有和思考。文献检索的目的，就是针对需要解决的问题，迅速并尽可能全面的查找资料，了解研究现状，寻找现有技术研究的热点，并为研究寻找新的突破口。掌握基本的检索语法和检索技能，学会有效利用检索工具定位目标文献，对科学研究很有帮助。下面以几个常用检索工具为例，介绍一些常用的检索语法。

1．Google/Google Scholar 的检索语法与示例

表 2.1 中所列的语法，AND 和 OR 以及“ ”词组大家都比较熟悉，用的比较多。这里提一下“+”、“–”号的使用。

表 2.1 Google/Google Scholar 常用检索语法

算　符	含　义		用 法 示 例
空格/AND	逻辑“与”		Avatar AND IMAX
OR	逻辑“或”		IMAX OR 3D
–	前面有空格	逻辑“非”	gas –air
	前面无空格	连词符	gas-air
“ ”	表示将该检索词视为一个词组，中间不允许插入别的词		“smart antenna”
+	搜索被忽略的词		星球大战前传 +1
..	数值范围		Temperature 70..90
*	代表两词之间相隔一个或多个词		flower * pots
filetype:	限定搜索的文献类型		filetype:pdf
intitle:/allintitile:	对网页的标题进行搜索		intitle:OFDM
intext:	正文搜索		intext:convert
inurl:/allinurl:	对 URL 链接进行搜索		inurl:doi
related:	搜索内容方面相似的网页		related:www.3gpp.org
define:	检索该词在百科或词典网站上给出的定义		define:OFDM
~	同义符，搜索所有包括搜索词和与其语义相关词的网页		~notebook → 同义词：laptop(s),computer(s),notepad ~notebook → 简单变形：notebooks, note book, note-Book ~notebook → 热门品牌：Toshiba,iMac,VAIO
site:	域搜索，可以限定在特定网站中检索		Augmented reality site:ieeexplore.ieee.org Augmented reality site:.cn Augmented reality （site:.org OR site:.edu OR site:.gov）
…			

在 Google 检索规则中，有些常用词例如“的”、“the”和“of”等词是不被当作检索词的，数字也是，在检索过程中会被自动忽略掉。因为这些词遍布于每一个网页之上，因此加上它们作为检索词，不但不能缩小检索范围，反而使得搜索引擎花费更多的时间。因此就称此为排除常用词规则。运算符“+”表示包含该运算符后面的词。在一个检索词之前，直接放一个“+”号（不含空格），即直接告诉 Google，该检索词必须出现在返回网页中，作为检索结果出现。因此，这个检索词也可以被用来要求 Google 强制检索出被排除的常用词。另外，在搜索一些多义词的时候，“+”也可以起到缩小检索范围，优化搜索的作用。例如我们想要搜索笔记本电脑“notebook ”，直接输入 notebook 会搜到很多包括电影名和笔记本的信息，当使用 notebook （+laptop OR +tablet）时，搜索到的信息会更接近我们想要的。

而运算符“-”表示不包含该运算符后面的词。在检索过程中，将“-”放在检索词之前（不含空格），即告诉 Google 检出不含该检索词的网页，包含特定检索词的记录从检索结果中排除。这个运算符通常使用在你所检索的内容中，含有某个检索词的干扰项特别多的情况之下，可以起到精炼检索过程的作用。例如搜索“国安”，得到的结果会有很多国安足球队的相关信息。如果我们想要搜索的是中信国安而非国安足球队，搜索“国安 -足球”，就可以看到，国安足球队的相应信息很大程度上已经被从检索结果中剔除了。

另外，“～”同义符的使用也很有意义。一般在检索英语时会使用到，中文暂时不支持该运算符。将该同义词运算符放在某检索词的前面（不含空格），是指让 Google 检索该词以及该词的同义词。该运算符通常适用于具有较为广泛含义的词或者具有多种不同含义的事物，比如说缩略语、俚语、概念或者形容词等，可以起到改善检索结果的作用。如表 2.1，notebook 前加了同义符“～”实际搜索内容包括了其同义词、简单变形及热门品牌等。

随着互联网技术迅速发展，各搜索引擎的搜索算法也在不断的自我完善，朝着越来越智能化越来越易于使用发展。检索算法和运算符的使用也随之有一些改变，有些算符在发展中已经逐渐不再使用了。掌握基本的检索算符并不是就掌握了文献检索，使用的关键还是要自己在检索过程中不断学习提高检索能力和效率。

2. ISI 检索语法及示例

表 2.2 ISI 常用检索语法

逻辑算符	AND，NOT，OR，SAME（优先级 SAME＞NOT＞AND＞OR，“A SAME B”表示 A 和 B 出现在同一句子里）
通配符	星号（*）表示任何字符组，包括空字符，如 s*food 包括 seafood、soyfood 等；问号（?）表示任意一个字符，如 wom?n 包括 woman、women 等；美元符号（$）表示零或一个字符，如 colo$r 表示 color、colour 等
连字号（-）	输入带连字号的词语可以检索用连字号连接的单词和短语。例如，speech-impairment 可查找包含 speech-impairment 和 speech impairment 的记录
双引号	短语检索，可精确查找短语，如“energy conservation”

除了基本的检索语法之外，ISI 有一些很方便使用的检索语法。例如可以用通配符进行作者检索，如 Albert Einstein：A* Einstein OR Einstein A*；例如支持文献的多种排序方法，用排序功能筛选文献，如出版日期、入库时间、被引频次、第一作者排序、会议标题、来源出版物等都可以作为排序指标进行排序。同时 ISI 检索中还可以同时查找引征文献，检索出来的结果每篇文献信息下都有引用的参考文献数量和选项，可以通过“查看 Related Records”查看与本文共引参考文献的其他记录，并可展开引征关系图，通过引征文献深入检索，优化检索结果。

2.1.5 文献检索技巧

文献检索作为一种工具，对我们迅速熟悉新的领域，针对需要解决的问题迅速并尽可能全面地查找资料，了解研究现状技术热点很有帮助。然而工具的使用还需要掌握一些检索技巧，有助于迅速定位到目标文献。

1. 到哪里去找？技巧一：数据库选择

前面介绍了一些在文献检索中常用的数据库，每一个数据库中都有很多的文献并且随着时间还在继续增长。互联网时代的海量信息给我们信息检索提供了很方便的途径和资源，但是信息太多也容易让人不知所措。那么多的数据库那么多的资源，我需要的东西在哪里找最高效呢？通常来说，多个数据库结合使用才能得到较好的检索结果，但每个数据库的侧重点和优势都略有不同。

以中文检索中常用的两个数据库为例讨论一下它们的不同。

表 2.3　万方数据与中国知网的比较

	万方数据	中国知网 CNKI
	万方数据 WANFANG DATA	CNKI 中国知网 www.cnki.net 中国知识基础设施工程
数据库	包括中、西文会议论文全文、数字化期刊、外文文献、标准全文、科技信息等 6 个数据库	包括中国期刊全文数据库、中国优秀博硕士学位论文全文数据库、中国重要会议论文全文数据库、中国重要报纸全文数据库 4 大数据库
使用注意	➢ 善用模糊检索 ➢ 善用“新论文优先”、“相关度优先”、“经典论文优先”等进行排序	➢ 针对作者进行检索时，多用“作者单位”进行限定 ➢ 已知题目进行检索时，注意要一字不差
比较	1）万方支持同义词扩展及模糊检索，CNKI 则不能； 2）万方检索速度快于 CNKI； 3）万方有的文件无全文下载，CNKI 均有全文文件； 4）收录文献两者互有交叉； 5）万方里的文献很多是扫描版而 CNKI 基本都是标准电子版。	

同样的，英文数据库检索中比较常用的 ISI 检索和网络检索中常用的 Google 学术文献，也有一些区别。

表 2.4　ISI 与 Google 的比较

项　目	ISI（含 SCI）	SCI	Google
期刊	全，摘要	较全，高档次期刊，摘要	较全，覆盖重要数据库，相当部分全文检索
会议	全	较全，如 IEEE 很多会议未收录	相对少
专利	WPI 专利文摘库	无	常用专利库，US/WO/WP/GB/AU 检索全文
图书	图书的完整目录、题录信息	无	图书全文
网页	无（Scientific Webplus）	无	可以
检索字段	丰富	丰富	单一
检索字符	丰富	丰富	少
化学结构检索	无（SCI、WPI 子库可检索）	可以	无
作者追踪	优	优	较弱
结果显示	出版日期；被引频次；相关性等可选	同 ISI	单一，相关性
二次检索	关键词、各种类别检索	同 ISI	关键词
检索式运算	支持	同 ISI	不支持

了解各个数据库的优势与侧重，对于我们在研究中加快检索效率，定位文献有很大帮助。

2．怎么找？技巧二：检索策略

了解了数据库的异同，还需要有一定的检索策略来使用它们。当我们在初步研究中确定了一个研究目标，明确了我们需要解决的问题或者方向，如何确定关键词开始查找文献是很多人初次接触项目研究时碰到的第一个拦路虎。在项目开始初期，研究方向的逐渐明晰和确定是需要一个逐步渐进的过程的，这个时候的研究目标往往是一个比较大而模糊的方向，在这个大方向上如何着手开始文献检索，是文献检索的关键，也就是检索策略的确定。当然就这个问题来说，是没有标准答案的。每个人、每个时期、每个方向、每个具体的研究问题，都会有不同的最优路径。并且这些路径的发现也是一个自我学习和优化的过程，需要每位参与研究工作的人在实践中自己总结提炼。这里只是对初学者提供一种参考思路。

图 2.1 所示为一种比较简单易行的检索策略。

检索的第一阶段是“广积粮”阶段。在我们有了一个初步的相对比较模糊的研究目标时，先从中文综述性文献开始，从中文文献的阅读中逐步提炼该技术领域的关键词。在有一定量具体明确的关键词之后，再借助 Google 等检索对涉及的英文关键词进行扩展，进一步获得研究兴趣领域的相关代表性文献，明确研究方向和目标。

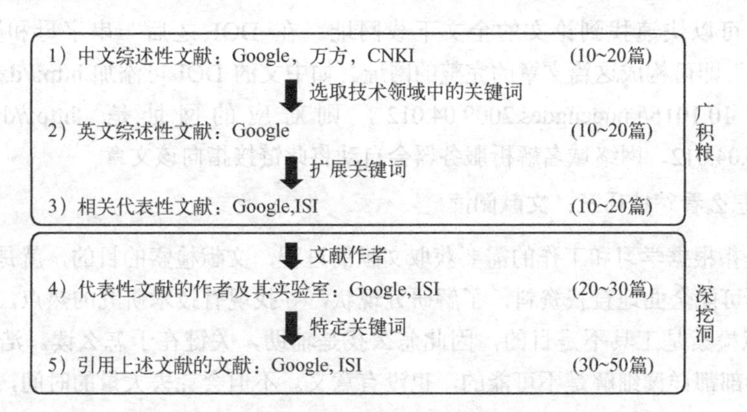

图 2.1　检索策略流程参考

明确目标之后就进入了检索的第二个阶段"深挖洞"阶段。以此目标为导引，在阅读了一定相关代表性文献的基础上，找出与自己研究方向目标最相关最有参考价值的一些文献作者，进一步查找该作者及其所在团队的相关文献，并顺藤摸瓜查找共引文献或引征文献，深入阅读。

在整个检索流程中，各个数据库和检索工具完成的是不一样的作用，简单归纳如表 2.5 所示。

表 2.5　各检索工具/数据库的主要作用

数据库/工具	主 要 作 用	功　能
万方	中文题目、关键词任意排列组合	初步检索
CNKI	中文关键词或作者	
Google	中英文关键词、作者任意排列组合	完全检索
ISI	对特定作者进行完全检索，引征文献完全检索，并缩小检索范围	
Google Scholar	寻找某一外文文献的下载地址	下载地址
DOI	精确定位某文献的出处及下载地址	

这里补充介绍一下 DOI。严格说，DOI 并不是一个检索工具。DOI 是数字对象识别号（Digital Object Identifier）的简称，是一套识别数字资源的机制，涵盖的对象有视频、报告或书籍等等。它既有一套为资源命名的机制，也有一套将识别号解析为具体地址的协议。DOI 由 International DOI Foundation （http://www.doi.org）管理。每一篇网上刊登的文章，都具有 DOI。DOI 具有永久性和唯一性。发展 DOI 的动机在于补充 URI（Uniform Resource Identifier，统一资源标识符）之不足，因为一方面 URI 指向的 URL（Uniform Resource Locator，统一资源定位符）经常变动，另一方面，URI 表达的其实是资源所在地（即网址），而非数字资源本身的信息。DOI 能克服这两个问题。

DOI 的编码方案（即美国标准 ANSI/NISO Z39.84-2000）规定，一个 DOI 由两部分组成：前缀和后缀，中间用"/"分割。对前缀与后缀的字符长度没有任何限制，因此理论上，DOI 编码体系的容量是无限的。

DOI 前缀由两部分组成，一个是目录代码，所有 DOI 的目录都是"10. "，即所有 DOI 代码都以"10. "开头。另一个是登记机构代码，任何想登记 DOI 的组织或单位都可以向 IDF 申请登记机构代码。登记机构代码的分配也是非常灵活的，如一个出版商可以为其所有的信息资源只申请一个前缀，也可以为其数字图书、音像制品各申请一个前缀。

DOI 后缀是一个在特定前缀下唯一的后缀，由登记机构分配并确保其唯一性。后缀可以是任何字母数字码，其编码方案完全由登记机构自己来规定。后缀可以是一个机器码，或者是一个已有的规范码，如 ISBN 号或 ISSN 号。

使用 DOI 可以快速找到论文的全文下载网址。在 DOI 之后一串字母和数字之前添加上"http://dx.doi.org"即可构成这篇文章的完整的网址。如中文的 DOI 可添加 http://dx.chinadoi.cn/。例如：DOI 为 10.1016/j.nucengdes.2009.04.012，则对应的网址是 http://dx.doi.org/10.1016/j.nucengdes.2009.04.012，网络域名解析服务器会自动将此链接指向该文章

3．找到了怎么看？技巧三：文献阅读

文献检索是指根据学习和工作的需要获取文献的过程，文献检索的目的，就是针对需要解决的问题，迅速并尽可能全面地查找资料，了解研究现状，寻找现有技术研究的热点，并为研究寻找新的突破口。文献检索是工具不是目的，因此怎么找是辅助，关键在于怎么读。浩如烟海的参考文献，查找到的全部都详读细解是不可能的，也没有意义。不但会耗去大量的时间，同时也会影响对该领域总体大局观的形成。

另外在文献检索过程中，从开始研究方向的大致规划，检索词的初步确定、具体化和扩展深入，到该领域文献的深入分析整理，都是基于对所查找领域资料的掌握和分析上的。读和找的过程相辅相成，都是文献检索的关键。同样这个问题也没有标准答案。每个人、每个时期、每个方向都会有不同的最优方法，是一个自我学习和优化的过程，需要每位参与研究工作的人在实践中自己总结提炼。这里仍然是针对初学者给出一些参考建议。

同样参考图 2.1 中检索策略流程，我们仍然把文献检索分为两个阶段："广积粮"和"深挖洞"。文献检索的初期阶段"广积粮"阶段，其实是问题目标逐渐清晰明确的一个阶段。在广积粮过程中，检索出的结果（包括综述性文献、代表性文献）全部下载，最好通读全文，至少阅读 Introduction 或引言部分。这样可以比较快地熟悉该领域，在了解技术背景的同时提炼关键词，了解技术发展的趋势和亟待解决的问题。

在深入检索阶段即"深挖洞"过程中，我们已经对背景技术有了一定了解，对这个阶段检索出来的文献，需阅读的就不仅仅是引言部分了，但也不是必须每一篇都仔细研读。对接下来检索出的文献，阅读顺序为：题目→图片/公式→摘要→起始和结尾段落，了解该文献做出的贡献后，再决定是否通读全文。

阅读全文时，也要有侧重，通过图片或对特定关键词在文中的位置进行搜索（Ctrl+F），以定位感兴趣区域。另外，在阅读中，随时注意文献之间的引用关系，及时梳理技术发展脉络； 注意对看过的文献做出简明标记，或利用 endnote 进行管理。这些都是必要而且有效的文献阅读技巧。

4．初学者问题综合：按图索骥

上述文献检索的方法和技巧，实际掌握起来都需要一定的积累，并且必然因人而异。这里对初学者常常提出的一些问题给出一个简单的经验建议，供大家参考。

● 问题 1：如何迅速掌握某项研究领域的发展情况？

建议：阅读中文硕/博士论文，是了解技术背景的捷径，仅通过目录，通常可快速对该领域有直观了解，然后再读第 1 章。

● 问题 2：如何迅速掌握某项技术的最新成果？

建议：遇到高质量论文的作者，去他的主页寻找相关 Demo 或程序源代码。

● 问题 3：如何迅速掌握代表性文献？

建议：Google / ISI 中被引用次数较多的。

● 问题 4：仅知道论文题目，如何下载全文？

建议 Google / Google Scholar→ISI→doi→Google（作者）。

● 问题5：仅知道论文作者，如何下载全文？

建议：ISI→doi→Google。

2.1.6 文献检索示例

前面的章节讨论了文献检索中从哪里找，如何找以及找到了怎么看的问题。下面我们以一位同学的实际检索记录为例，简单看看这些技巧在实际检索中如何应用。

检索题目：红外成像器件的非均匀性校正或渐晕校正

文献要求：≥20篇，至少10篇英文（指全文是英文，而非摘要）

完成要求：汇集并仔细阅读所有文献标题和摘要，标明每篇论文出处；按照自己判断的相关度排序，标注判断依据，最后做简单总结，形成检索报告。

1. 课题分析

红外成像技术已经成为当今世界发达国家大力发展的军民两用新兴高科技之一；尽管红外成像技术的研究近年来取得了很大进步，但是红外成像还存在一些共性问题限制着成像质量的提高：一是红外成像受到红外焦平面阵列探测器非均匀性及无效像元的影响，实际温度分辨率不高；第二，红外成像受到材料和制作工艺的限制，阵列规模不大，像元尺寸不够小，红外焦平面阵列空间采样频率不能达到红外成像系统奈奎斯特（Nyquist）频率，形成混淆效应，导致红外成像空间分辨率低；第三，红外成像普遍存在图像对比度低、灰度范围窄的现象。红外成像的这些不足有待于从基本理论及成像原理上进行分析突破，建立更加精确的理论模型，对产生这些现象的机理进行准确的描述，进而提出更好的解决方法。

2. 背景资料

在理想情况下，红外焦平面阵列受均匀辐射时，输出幅度应完全一样。而实际上，由于探测器的加工工艺、材料、温度和偏置情况的不均匀性，造成了输出幅度并不相同，即红外焦平面阵列在外界同一均匀辐射场输入时各个光敏元之间响应输出的不一致性，这就是所谓的红外焦平面阵列的非均匀（Non-uniformity，NU）。从噪声的角度看，红外焦平面阵列噪声等于瞬态噪声和空间噪声的总和瞬态噪声，是光子噪声、暗电流噪声及读出电路噪声共同作用的结果。而空间噪声是由红外焦平面阵列的非均匀性造成的，也称为固有空间噪声。瞬态噪声可以通过求多次测量值的平均值来消除，而固有空间噪声必须通过校正才可以减少。一般非均匀性校正的方法有：（1）定标校正法（a. 两点温度校正法；b. 多点温度压缩校正法）；（2）自适应校正法（a. 时域高通滤波校正法；b. 神经网络校正法）。

要校正渐晕对图像产生的影响，去除不应有的亮暗现象，就必须根据渐晕的大小对图像的每个像素进行灰度补偿。比如在光纤共焦扫描显微成像系统中，由于仅仅是远离显微系统出瞳的行扫描振镜转动才会引起渐晕，而位于显微系统出瞳位置的列扫描振镜转动不会引起渐晕，那么图像的每一列像素的灰度补偿系数应该是相等的，这样我们只要计算出图像每一列像素的灰度补偿系数，就可以通过硬件或软件进行补偿。

3. 检索途径

关键词：红外成像器件 非均匀性校正 渐晕校正

Google 搜索引擎：

搜索词汇有：红外成像器件 非均匀性校正 渐晕校正

CNKI 数据库检索：

① 数据库：中国期刊全文数据库

② 搜索关键词：红外成像器件 非均匀性校正 渐晕校正

③ 文献分类：光学 仪器

万方数据库检索：

① 搜索关键词：红外成像器件 非均匀性校正 渐晕校正

② 文献分类：光学 仪器

4. 检索结果

【文献 1】 红外焦平面阵列非均匀性校正研究

【作者】 陈治宣，周晓东，娄树理，郭明

【作者单位】 海军航空工程学院研究生管理大队，海军航空工程学院控制工程系，山东 烟台，264001

【刊名】 海军航空工程学院学报，Journal Of Naval Aeronautical Engineering Institute，2006 年 04 期

【关键词】 红外成像系统；红外焦平面阵列；非均匀性校正

【摘要】 红外焦平面阵列的非均匀性严重影响了红外成像质量，因此必须对其进行非均匀性校正。在深入地分析了非均匀性的来源及其表现形式的基础上，对目前存在的几种非均匀性校正方法进行了详细的探讨和对比，并给出了研究建议。

【文献 2】 星上 CCD 成像非均匀性的实时校正

【作者】 王文华，何斌，韩双丽，李国宁，吕增明，任建岳

【作者单位】 中国科学院长春光学精密机械与物理研究所，吉林长春，130033；中国科学院研究生院，北京，100039

【刊名】 光学精密工程，Optics and Precision Engineering，2010 年 06 期

【关键词】 时间延时积分 CCD；成像非均匀性；FPGA；两点校正法；辐射定标

【摘要】 研究了时间延时积分（TDICCD）成像产生非均匀性的原因，基于两点校正算法探讨了星上图像非均匀性实时校正的可行性方案。鉴于工程一体化设计的要求，在常用的 CCD 时序处理器 FPGA 上实现了硬件实时校正。通过对相机均匀辐射定标，利用 FPGA 读取前 32 行 TDICCD 图像数据进行非均匀性等效灰度值（NUEDN）计算，根据工程经验，设定当 NUEDN>2 时对数字图像进行非均匀性实时校正。硬件实时校正结果表明，均匀辐照下 NUEDN 可降至 0.29。实验室动态目标滚筒成像试验表明，实时校正后 TDICCD 推扫成像均匀光滑，满足工程需要。

【DOI】 CNKI：10.3788/OPE.20101806.142

【文献 3】 Non-Uniformity Correction and Calibration of a Portable Infrared Scene Projector

【作者】 Thomas H. Kelly Jr.，PEI Electronics，Inc.

【刊名】 AUTOTESTCON Proceedings，2002. IEEE

【关键词】 infrared ;non-uniformity correction;

【摘要】 A key attribute of any tester for FLIR systems is a calibrated uniform source. A uniform source ensures that any anomalies in performance are artifacts of the FLIR being tested and not the tester. Achieving a uniform source from a resistor array based portable infrared scene projector requires implementation of non-uniformity correction algorithms instead of controlling the bonding integrity of a source to a cooler，and the coating properties of the source typical of a conventional blackbody. The necessity to perform the non-uniformity correction on the scene projector is because the source is a two-dimensional array comprised of discrete resistive emitters. Ideally，each emitter of the array would have the same resistance and thus produce the same output for a given drive current. However，there are small variations from emitter to emitter over the thousands of emitters that comprise an array. Once a uniform output is achieved then the output must be calibrated for the system to be used as test equipment. Since the radiance emitted from the monolithic array is created by flowing current through micro resistors，a radiometric approach is used to calibrate the differential output of the scene projector over its dynamic range. The focus of this paper is to describe the approach and results of implementing non-uniformity correction and calibration on a portable infrared scene projector

【DOI】 IEEE：10.1109/AUTEXT.2002.1047880

其余文献略。

2.2 如何开始一个设计任务/项目

万事开头难，很多初次接触项目设计任务的人都有过这样的体验：在看到别人已完成的学术论文或者技术报告或者项目论证报告的时候，感觉所有的模块划分所有的流程设计都顺理成章清晰明了，技术路线设计都很合理似乎天生就应该是这样的；而当自己拿到一个设计任务时，却一头雾水不知所措，感觉脑子里一团乱麻，完全不知道如何下手如何开始。如何建立系统思维，从实际问题需求分析，建立项目整体思路，开始项目设计工作，这大概是对初次涉及科研工作时候遇到的最难的问题。

图 2.2 是实际工程环境中项目的提出、研发和运行的周期。在实际的工程环境中，工程师首先需要意识到社会的需求，需要解决的问题并表述出来；然后在充分调研和文献检索，分析现有技术可行性和广泛倾向性的基础上，对要解决的工程问题深入分析，提出多种可选的解决思路并形成项目论证报告；然后将方案中的概念和思路转化为可行的项目实施方案并实现；最后对项目实现的成

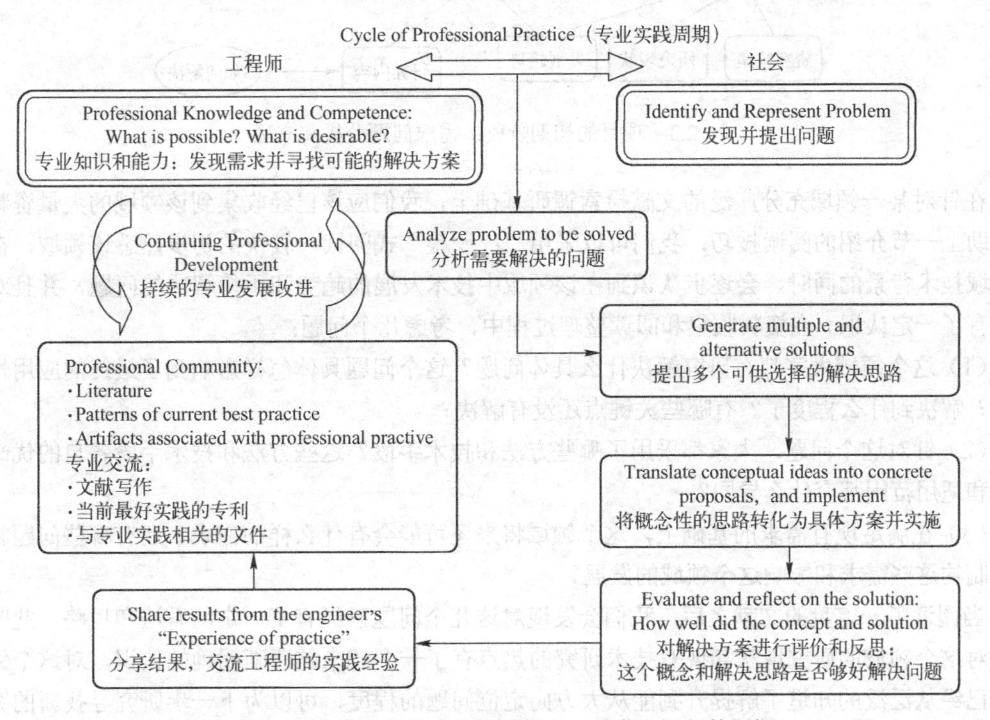

图 2.2　实际工程环境中项目的提出、研发和运行的周期

果进行评估，并进一步将成果发布分享，对整个工程行业领域的文献信息进行补充。我们前面提到过，光电测控系统设计是一个系统工程的问题。光电测控系统通常是一个光、机、电、计算机、材料科学等相结合的综合体，需要采用有条理的方法来设计系统。这个条理如何形成，每个人会有自己的独到见解和特别方法，依葫芦画瓢不一定是最好的方法，起码不是最有创造性最有竞争力的方法。但成功设计还是都有一定的共同点，有一定的顺序流程可参考。作为初次接触项目设计的初学者，我们不妨先按照这样的流程走一遍，在初步具备了工程能力的基础上，再逐步形成自身的系统思维习惯。

通常来说，一个实际工程项目的整个生命周期，包含几个阶段：认识性研究阶段；明确问题阶段；确定性能要求；系统分析与综合；系统设计；系统性能鉴定；工程完善化阶段。其中前两个阶段是开始项目的重要阶段。

2.2.1 立项阶段：需求和问题分析

这几个阶段中，认识性研究阶段就是需求分析的工作阶段，也即图 2.2 中的“Analyze problem to be solved”。如何根据广泛充分的调研工作分析定位需求，如何把社会或工程领域的应用需求翻译成一个具体的工程问题，如何根据本领域研究发展现状提出解决问题的思路并形成一个切实可行的流程，这些都是需求分析阶段的重要工作。

一个新的领域或一个新思想往往起源于资料的占有和思考，经过合乎逻辑的理论分析和对现状的广泛调查，就会得出正确的结论。这一阶段，需要我们借助上一节的文献检索，充分查阅某一领域的背景材料，包括对整个领域的广泛调查报告、国内外发展现状，以及在这个领域中的技术跟踪、发展趋势的预测及社会的需求，并提出问题和解决思路。这个阶段的主要工作流程，可以用图 2.3 表示。

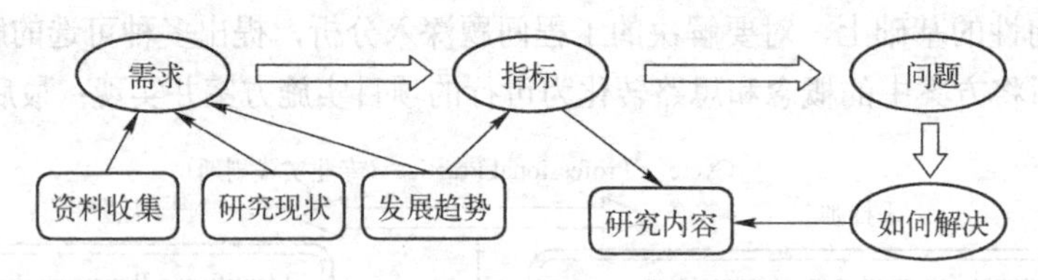

图 2.3　项目的初期阶段：需求问题分析和立项

在针对某一领域充分广泛的文献检索调研基础上，我们应该已经收集到该领域的大量资料。同样借助上一节介绍的阅读技巧，我们可以采用“广积粮”式阅读，较快的初步熟悉该领域，在了解该领域技术背景的同时，会逐步认识到在该领域中技术发展的趋势和亟待解决的问题，并且对研究现状有了一定认识。在资料收集和阅读整理过程中，考虑几个问题：

（1）这个领域大家都在研究解决什么具体问题？这个问题具体怎样影响到了最终的应用性能和指标？解决到什么程度了？有哪些关键点还没有解决？

（2）针对这个问题，大家都采用了哪些方法和技术手段？这些方法和技术手段各自的优缺点、指标和适用范围都有什么异同？

（3）在满足现有需求的基础上，这个领域将来还可能会有什么样的需求？还有哪些问题将来可能会制约这些需求和影响这个领域的发展？

当阅读了一定量的文献之后，我们会发现对这几个问题已经有了一定的看法和思路。此时我们已经对这个领域的研究现状和现有技术研究的热点有了一个越来越清晰明确的认识，对这个领域的认识已经从泛泛的知道了解提升到能从大方向定位问题的程度，可以为下一步研究寻找新的突破口了。此时我们已经完成了项目工作开始的第一步：定位需求并发现问题。

需求找到了，需要解决的问题也逐步清楚了，下面就需要确定研究的具体目标。在前面的需求分析过程中，虽然我们已经逐渐明确了目前需求或发展制约的关键点，但这个点通常还不是一个具体技术问题，而是一个子方向。构成这个子方向的技术支撑点通常有多个，在前面研究现状的调研中可以看到，为解决这个问题，不同的研究者在采用不同的方法和技术手段，这些其实都是针对某一个技术支撑点做出的探索和尝试。在这个“广积粮”的过程中，我们可能会对某些技术方向有了一些自己的看法和思路，在大量资料融会贯通的过程中，也许一个新的想法已经诞生了。这是一个最有创造性的阶段，但创造性不等于空想，关键是需要把自己的想法付诸实施，在实践中去验证。对这些新思路和新想法先做一个初步的分析，根据自己的知识背景、技术条件和时间条件，找到最可行的一个，明确项目要解决的技术支撑点以及要改进的具体指标，这其实就是我们通常所说的研究目标。

有了研究目标，下面需要根据研究目标确定我们的研究内容。这时候需要辅助以深入检索即“深挖洞”过程。我们针对要解决的具体问题和技术支撑点，明确了研究要解决的具体技术指标，进一步的文献检索就是以此目标为导引，找出针对这一个技术支撑点的最相关最有参考价值的文献，深入阅读。同样，针对这个技术支撑点，我们会发现这一个技术支撑点会有不同的技术环节和解决方案，仔细分析对比这些解决方案和技术路线，逐步找出制约该项技术支撑点指标的技术环节，定位我们最终实现研究目标可能碰到的障碍和问题所在。针对这些具体的技术障碍和问题，提出多个可选的技术方案，图 2.2 中 Generate multiple and alternative solutions，逐个讨论它们的可行性，并确定其中某一个，这样我们的研究内容就初具雏形了。

需求和问题分析这个阶段，其实就是我们提出一个研究项目的立项阶段，也可以叫做开题阶段。这个阶段的工作，旨在充分认识该项目的意义及可能承担的技术风险。通常需要提出某一项目研究的背景；国内外发展历史，现状及发展趋势，社会需求；理论上的可行性论证；原理方案的比较和选择。这也是一个最有创造性的阶段，需要我们具有坚实的理论基础，具有强烈的创新意识，具有对新技术的敏感精神和理解能力。

2.2.2 明确问题阶段：技术路线的分析与确定

完成了项目设计工作的需求和问题分析，对某个需求的研究现状和发展趋势已经形成了一个系统清晰的脉络，研究目标逐渐清晰具体，也初步形成了理论可行的原理方案。然而对于项目设计工作来说，这仅仅是开始。这时候形成的原理方案其实只是一个大纲，或者说，我们其实只是把一个模糊的大方向变成了一个具体的问题，以及解决这个问题的初步思路。至于如何分解这些问题，并确定每个问题的技术解决路线，然后设计详细合理的工作方案并设计计划进度，才是项目工作的正式启动。这也就是我们明确问题阶段的主要任务。这个阶段的主要工作流程可以分为两部分：系统总体技术方案的具体化和分模块技术路线确定，可以用图 2.4 表示。

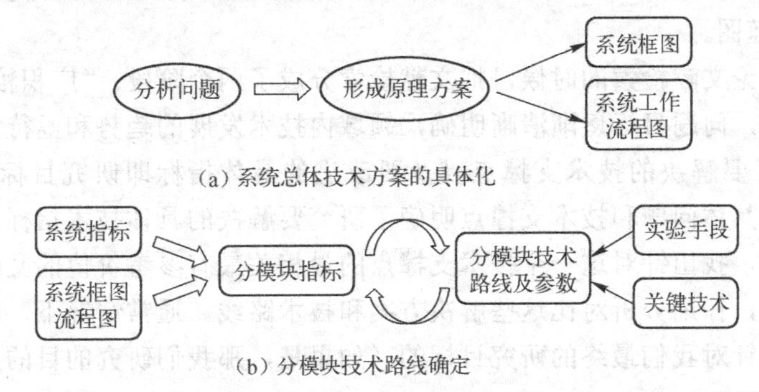

图 2.4 项目的明确阶段：技术路线分析与确定

在这个阶段，我们需要收集更广泛更细致的资料；确定我们所研究的对象使用的具体要求；搞清楚可能影响系统的诸因素及各因素相对重要性的准则；做出能够满足前面性能要求的系统模型和方案。在上一阶段中我们已经提出了若干个可供选择的初步方案，这一阶段需要进一步分析问题和方案，挑选出最有希望实现系统指标的手段；建立分析模型，估计各种初步方案的系统性能，最终得出系统总体性能的定量指标，实现图 2.2 中 Translate conceptual ideas into concrete proposals 这一步骤。

完成了系统总体方案，系统的总体框图和工作流程图就已经可以得到了，这样就形成了系统的功能模块初步划分。根据流程图和框图之间各功能模块之间的输入输出关系，并结合系统的总体模型和性能定量指标，可以对各模块的分模块指标进行初步设计，并确定输入输出参数和验证指标，相当于把原来的整体项目工作划分成了各自独立的一系列小项目。

之后的工作是另一个循环周期。把系统总体方案中的每一个模块当作一个独立的项目工作来设计，不同之处只在于这个时候的项目需求已经有了具体的指标。针对这个具体的问题和明确的指标，我们同样要认识现在和将来的需求及实施方法；要通过文献检索综合这一领域的背景材料，包括对整个领域的广泛调查报告、国内外发展现状，以及在这个领域中的技术跟踪、发展趋势的预测；要针对本模块的输入输出和模块指标，提出多个可选的技术方案，逐个讨论它们的可行性，并对原理方案进行比较和选择确定其中某一个。

分模块技术方案和路线的设计方法虽然与项目总体设计思路一致，但要注意有两个关键的区别。

一是分模块指标是不独立的。项目总体的设计目标是满足系统的最终总体性能指标需求，分模块的参数指标是根据系统总体模型和工作流程初步划分的。很多时候局部的最优并不能带来整体效能的良好，反而会给系统的其他模块设计带来压力。因此在方案选择和设计过程中，随时需要与其他模块进行反复协调，修改指标参数，以确保系统总体性能指标能够实现。

二是分模块的技术方案是项目工作实施的蓝本。图 2.2 中 Translate conceptual ideas into concrete proposals 后面还有一个 implement。设计好的分模块技术方案是后面工作的计划，不管是进度安排还是输入输出测试都应该给予充分的考虑。因此在设计分模块技术方案的时候，除了文献调研国内外发展现状之外，需要格外关注关键技术的细节。同时，方案和路线设计都必需同时考虑对指标参数的实验验证，需要根据实际情况设计相应的实验手段来保证分模块设计工作能够顺利实施。

2.2.3 项目进行的关键问题：模块划分和管理

任何一个研究，基本都可以归纳为三步：发现问题，分析问题，解决问题。其中，发现问题和分析问题是基础也是关键。我们一直强调，研究工作的基础是资料的占有和思考，然后经过合乎逻辑的理论分析和对现状的广泛调查，就会得出正确的结论。从前面两节中，我们讨论了如何针对某个领域或者某个需求定位问题，在文献检索的基础上逐步深入分析问题，确定研究目标研究内容，进一步形成原理方案和系统总体工作流程，并根据总体目标划分模块，形成分模块技术方案，为项目设计工作规划好蓝图。

我们前面在讨论文献检索的时候，把文献检索分成了两个阶段：“广积粮”和“深挖洞”。在“广积粮”阶段，问题目标逐渐清晰明确，领域内技术发展的趋势和亟待解决的问题逐步明晰，进而明确项目要解决的技术支撑点以及要改进的具体指标即研究目标。“深挖洞”过程中，针对要解决的具体问题和技术支撑点明确了研究要解决的具体技术指标，进一步的文献检索以此目标为导引，找出针对这一个技术支撑点的最相关最有参考价值的文献，了解这一技术支撑点的研究现状，仔细分析对比这些解决方案和技术路线。通常情况下，这些技术路线和解决方案并不是直接针对我们最终的研究目标的（如果是，那我们研究的目的又是什么？重复一次其他人的工作吗?）。

这时候，大部分初次接触项目设计的人都会有这样一个疑问：从实际需求中分析提炼出研究目标，还算容易理解；根据文献检索查找到现有的原理技术和方案，也不难。但是这两步如何结合起来，系统原理方案和系统总体工作流程如何形成？也就是说如何把由现有原理和技术方案变成我们解决具体问题的工具，如何运用我们文献检索得到的知识解决问题，达到我们确立的研究目标？这大概是最困扰初学者的问题了。现有的这些技术路线和方案与最终的研究目标之间有道沟，我们需要找到一个桥梁，把它们联系起来。这个问题的答案其实就是项目工作的系统工作流程设计和模块划分。

成功设计的整个过程中，最重要的两个特征是设计过程中的整体性和条理性。在图 2.4 系统总体技术方案具体化和分模块技术路线确定中，最体现这两个特征的部分，就是系统框图和工作流程图的形成、模块的划分和分模块指标确定分配。那么，系统框图和流程图如何形成？项目模块如何划分？分模块指标如何确定？图 2.5 中，假设我们以问号左边的现有原理技术方案为起点，右边的最终研究目标为终点，从起点到终点一定存在很多种不同的路径。虽然不同的项目不同的参与者不同的工作条件下会有不同的答案，并且这些答案可能不存在最优解，但我们还是可以尝试以一种有条理有整体性的项目管理方法来设计并管理这个路径。

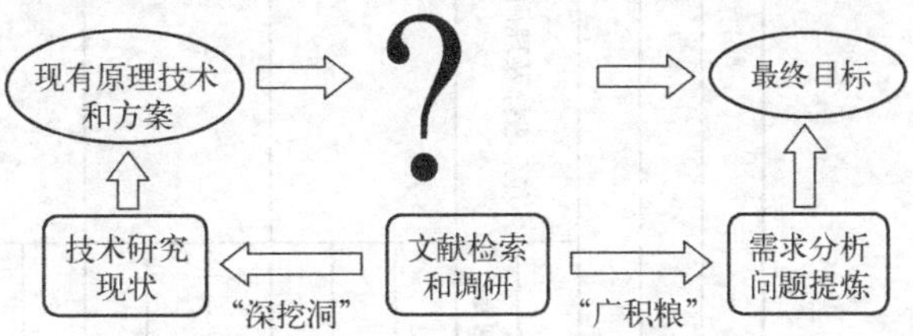

图 2.5　问题：技术方案与研究目标间的鸿沟

1．项目进度管理表格的引入

项目管理其实是一门涉及内容很广泛理论内容很丰富的学科，掌握项目管理需要很多专门的知识和努力的投入。这里我们并不打算给大家展开一门项目管理的课程。我们只是以工程项目设计中的技术功能模块划分和进度管理这个角度，尝试一种简单直观的方法，帮助大家逐步建立起工程技术项目设计中的条理性和整体性思路。这里我们设计了两个表，分别是项目模块管理表（表 2.6）和分模块进度管理表（表 2.7）。以这两个表为导引，在尝试完成表格的基础上，逐步理清项目工作的系统工作流程和系统功能模块构成，学会在研究方向目标和现有技术基础之间逐步完成工作路径设计，学会系统功能模块的划分和分模块指标确定。

表 2.6 和表 2.7 的使用基于这样一种前提：几个人组成一个项目合作小组，研究方向为某一个工科领域（例如光电测控系统）的一个需求，需要在有限时间内完成设计任务。小组成员共同协作，在广泛文献检索的基础上针对某一研究方向的一个具体问题，分析了领域内技术发展的趋势。亟待解决的问题逐步明晰，并已经明确项目的研究目标。下面的工作是分解研究目标的各个问题，确定每个问题的技术解决路线，然后设计详细合理的工作方案并设计计划进度，完成模块划分，并进行分模块技术路线设计。

系统的总体方案设计及进度管理（表 2.6）由项目组成员共同完成。这部分工作需要进一步分析问题和方案，挑选出最有希望实现系统指标的手段。完成系统总体方案设计，系统的总体框图和工作流程图。形成系统的功能模块初步划分，根据流程图和框图中各功能模块之间的输入输出关系，并结合系统的总体模型和性能定量指标，对各模块的分模块指标进行初步设计，确定输入输出参数和验证指标。确定每个模块的负责人，并对各模块设计工作时间进度进行计划。

分模块方案设计和进度管理（表 2.7）由每位成员各自负责。把系统总体方案中的每一个模块当作一个独立的项目工作来设计，针对这个具体的问题和明确的指标，通过文献检索综合这一领域的背景材料，包括对整个领域的广泛调查报告、国内外发展现状，以及在这个领域中的技术跟踪、发展趋势的预测。针对本模块的输入输出和模块指标，提出多个可选的技术方案，逐个讨论它们的可行性，并根据系统总体时间进度要求和性能指标要求对原理方案进行分析和设计。

表 2.6　项目模块管理表

研究方向：										
实验题目：										
研究目标简述：										
模块负责人	重要程度（1~10）	计划完成时间（年-月-日）	目标需求分析	针对需求的可能解决方法或技术手段	解决方案分析		方案选择及理由	研究中碰到的问题	解决方法和手段	结果
					优点	缺点或问题				
原理框图										
文献调研和综述										
开题（项目论证）报告										
项目总结报告										

表格填写说明：

1 参与项目同学开始写开题报告前请仔细阅读表格，完成需求分析，填写包括需求、解决方案和重要程度表格，并查找文献（文献填入参考文献表格）

2 完成至少 20 篇文献的查找阅读工作，填写解决方案和方案分析，完成文献综述

3 在文献综述的基础上结合自己课题完成方案选择或器件选型工作，填写表格，并完成开题报告

4 整个研究过程中，继续补充填写参考文献表格，按期完成问题分析和解决方案解决情况报告，直至完成最终报告

表 2.7　分模块管理表

所属项目组：									
模块内容：									
目标简述：									
重要程度（1~10）	计划完成时间（年-月-日）	目标需求分析	针对需求的可能解决方法或技术手段	解决方案分析		方案选择及理由	研究中碰到的问题	解决方法和手段	结果
				优点	缺点或问题				
原理框图									
文献调研和综述									
开题报告									
完成模块及相应技术报告									

表格填写说明：

1 本模块负责同学开始写开题报告前请仔细阅读表格，完成需求分析，填写包括需求、解决方案和重要程度表格，并查找文献（文献填入参考文献表格）

2 完成至少 5 篇文献的查找阅读工作，填写解决方案和方案分析，完成文献综述

3 在文献综述的基础上结合自己任务完成方案选择或器件选型工作，填写表格，并完成开题报告

4 整个研究过程中，继续补充填写参考文献表格，按期完成问题分析和解决方案解决情况报告，直至完成技术报告

表格的使用时间是从拿到设计任务开始，贯穿整个项目设计和实现阶段，包括最终的结果分析。各个时间点的阶段性要求和考核指标也在表中列出，其中包括了科技文档的形成部分（科技文档的写作部分将在2.3节讨论）。对于初次接触项目设计工作不知如何下手的同学，表格的作用实际上就是一个辅助的模块划分和技术环节划分工作。我们希望大家能够通过对表格的逐项分析和综合，逐步形成系统设计的条理性思路，为最终形成工科科技项目设计的系统思维打下基础。

2．项目进度管理表格的填写与模块划分

下面我们来讨论一下这个表格如何填写和使用，如何以表格为助力形成系统的功能框图和工作流程图，以及如何实现系统模块划分和性能指标确定。科技项目设计工作不管从需求的先验知识还是面向的应用环境来说都千差万别，以任一个项目为例都容易以偏概全，读者也容易因为专业知识的欠缺而影响理解。古人云“治大国如烹小鲜”，我们先以两个简单食物制作的例子来说明表格的使用。

模块划分和管理项目任务一：炒土豆丝（串行工作系统例）

正如我们前面所说的，光电测控系统设计是一个系统工程的问题，没有哪两个系统按照同一方法设计。即使是简单的炒土豆丝，也会有不同的制作思路。但是成功的设计也有它的共同点，风味不同的土豆丝制作也可以有类似的模块划分和设计。假设现在你和几位同学组成的团队一起接到了一个要完成一份炒土豆丝的任务。经过“广积粮”式的文献检索阶段，你们已经对任务目标和具体要求有了清晰的认识。那么在现有基础上，要怎么达成最终目标呢？也就是说，如何将图2.6的问号，转换成可操作的项目计划和系统工作流程，划分模块并确定各自的输入输出及性能指标？如何确定各模块的技术细节并分工协作完成最终目标？

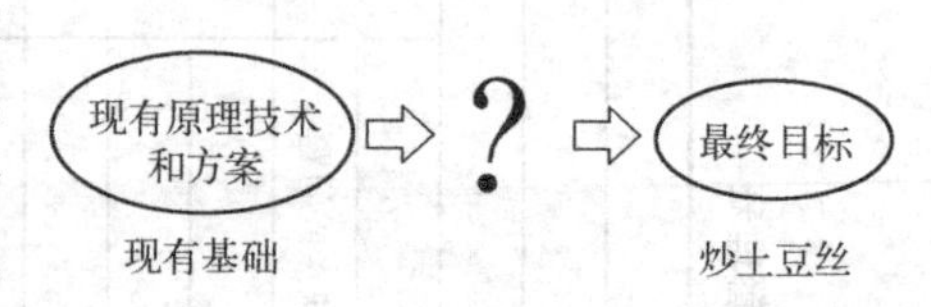

图2.6 串行工作式任务示例

让我们先来完成系统总体的项目模块管理表格。

第一步，我们先对系统功能模块进行初步的划分。根据现有基础（我们有人有技术）和最终目标（炒土豆丝），思考一下，从现有基础出发，到最终目标需要几个步骤。要完成炒土豆丝首先我们得有土豆，所以得先买土豆。买来的土豆需要经过清洗、削皮、切丝，形成土豆丝，然后才能上锅炒。当我们把这些步骤顺序填到表中的时候，如图2.7所示，按照表2.6下方的进度节点，系统工作流程图已经完成了，系统功能模块图也已经划分好了，可以交托给具体的模块负责人了。因为系统是串行的工作方式，因此根据总时间进度要求和各个模块的基本时间要求，时间进度计划也完成了。

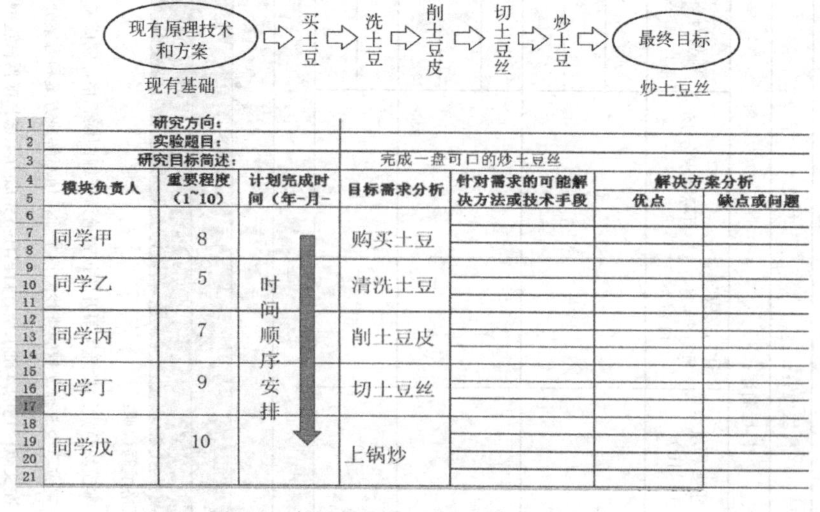

研究方向：						
实验题目：						
研究目标简述：			完成一盘可口的炒土豆丝			
模块负责人	重要程度（1~10）	计划完成时间（年-月-	目标需求分析	针对需求的可能解决方法或技术手段	解决方案分析	
					优点	缺点或问题
同学甲	8		购买土豆			
同学乙	5	时	清洗土豆			
同学丙	7	间顺	削土豆皮			
同学丁	9	序安排	切土豆丝			
同学戊	10		上锅炒			

图2.7 串行工作系统功能模块初步划分

完成了系统的总体框图和工作流程图以及功能模块的初步划分，我们需要进入“深挖洞”式文献检索阶段，收集更广泛更细致的资料，找出针对每个模块技术支撑点的最相关最有参考价值的文献，深入阅读，提出不同的技术环节和解决方案，仔细分析对比这些解决方案和技术路线。图 2.8 以其中“购买土豆”模块为例，我们可以有三个各有优缺点的方案可供选择。把这些方案的优缺点列出来，仔细对比并逐个讨论它们的可行性。把各个功能模块各自的对比方案和相应的优缺点分析填到表中，按照表 2.6 下方的进度节点，项目研究的文献调研和综述阶段已经完成了。

1	研究方向：						
2	实验题目：						
3	研究目标简述：			完成一盘可口的炒土豆丝			
4	模块负责人	重要程度	计划完成时	目标需求分析	针对需求的可能解	解决方案分析	
5		（1~10）	间（年-月-		决方法或技术手段	优点	缺点或问题
6					菜市场	新鲜、可以挑	价格波动大
7	同学甲	8		购买土豆	超市	规范、可靠	可能不新鲜
8					农田	新鲜便宜	运输成本高
9							
10	同学乙	5	时	清洗土豆			
11			间				
12			顺				
13	同学丙	7	序	削土豆皮			
14			安				
15			排				
16	同学丁	9		切土豆丝			
17							
18							
19	同学戊	10		上锅炒			
20							
21							

图 2.8　系统功能模块的解决方案和技术路线

在充分分析讨论模块解决方案技术路线的基础上，根据团队目前的知识基础、实际工作条件和经费预算、时间预算等因素，选定几个可选方案中可行性最优的方案，这样就完成了开题工作，形成了能够满足项目设计性能要求的系统模型和方案。例如图 2.9 中选择了菜市场购买的方案。这里还是要注意局部最优与总体最优的关系。很多时候各模块方案的选择必须要与总体方案一起考虑，需要根据实际的技术发展找出制约最终指标的技术环节，搞清楚可能影响系统的诸因素及各因素相对重要性的准则，合理选择技术方案。

计划完成时间（年-月-	目标需求分析	针对需求的可能解决方法或技术手段	解决方案分析		方案选择及理由
			优点	缺点或问题	
时间顺序安排	购买土豆	菜市场	新鲜、可以挑	价格波动大	菜市场：新鲜、方便，价格符合预算
		超市	规范、可靠	可能不新鲜	
		农田	新鲜便宜	运输成本高	
	清洗土豆				
	削土豆皮				
	切土豆丝				
	上锅炒				

原理框图

文献调研和综述

开题（项目论证）报告

图 2.9　系统功能模块的解决方案确定

模块划分和管理项目任务二：丰收大拌菜（并行工作系统例）

上面一个例子是串行工作的一类设计，实际的系统设计中，很多时候不止有串行部分，还有并行工作模块存在。假设现在你和几位同学组成的团队一起接到了一个要完成一份丰收大拌菜的任务。经过“广积粮”式的文献检索阶段，你们已经对任务目标和具体要求有了清晰的认识。对于这样一个任务，在现有基础上，要怎么达成最终目标呢？如何在现有基础与最终目标之间合理设计路径，并转换成可操作的项目计划和系统工作流程，划分模块并确定各自的输入输出及性能指标？

同样的方法，我们先对系统功能模块进行初步的划分。思考一下，根据现有基础（我们有人有技术）和最终目标（丰收大拌菜），从现有基础出发，到最终目标需要几个步骤。图 2.10 是我们设计完成的功能模块划分。同样的，到此我们已经形成了系统功能模块图，也可以根据此模块图确定模块负责人和规划基本时间进度了。每个模块的技术方案选择工作与串行工作方法类似，不再赘述。

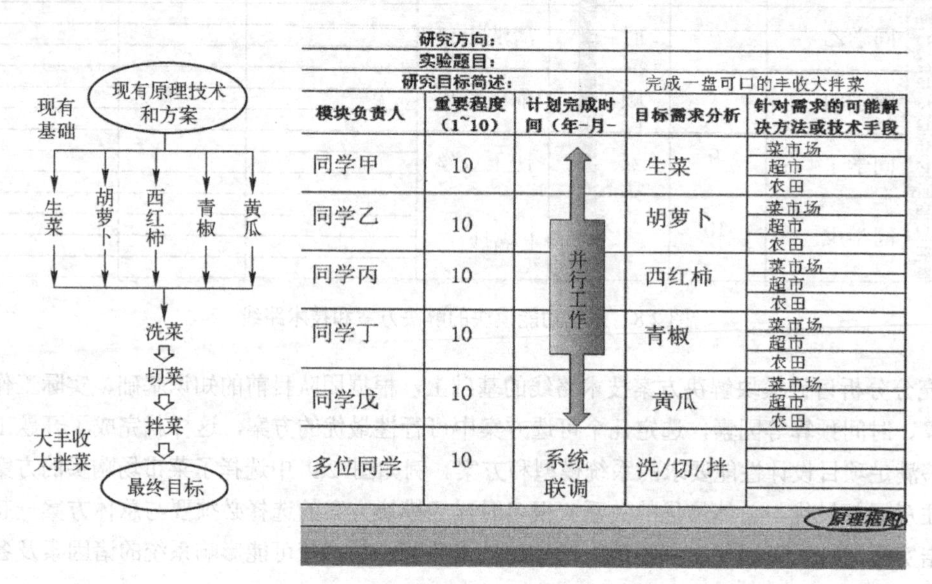

图 2.10　并行模块系统功能模块初步划分

3．分模块进度管理表格的填写与分模块设计

完成了系统总体方案设计和系统的功能模块初步划分后，根据流程图和框图中各功能模块之间的输入输出关系，结合系统的总体模型和性能定量指标，就可以对各模块的分模块指标进行初步设计，并确定输入输出参数和验证指标，相当于把原来的一个整块项目工作划分成了各自独立的一系列小项目，每一个模块当作一个独立的项目工作来设计。

下面就进入了分模块技术方案设计。首先要做的，是结合系统的总体模型和性能定量指标，对各模块的分模块指标进行初步设计。

大家会注意到表 2.6 中还有一项重要程度的排分。这里的排分其实就是我们设计中分模块工作对总体系统综合性能影响的程度，既是我们选择各模块技术路线时考虑的重要因素，也是我们分模块指标分配的依据。我们在讨论项目问题明确阶段的时候说过，分模块指标是不独立的。项目总体的设计目标是满足系统的最终总体性能指标需求，很多时候局部的最优并不能带来整体效能的良好，反而会给系统的其他模块设计带来压力。因此在方案选择和设计过程中，通常根据其重要程度来分配各个指标，重要程度越高的模块，在指标分配中权重就越大。功能相似的系统，在不同的应用环境和应用目标情况下，同一模块的重要程度和指标权重也是不一样的，这也是我们设计的独特性体现之一。

在模块指标分配中有几个原则：1）系统的最终指标由各模块指标综合而成，需要根据最终目标反向推导出分模块指标；2）对最终指标影响最大的模块最重要；3）各模块指标相互制约平衡，以重要程度高的模块为高优先级，保证该模块指标。

如图 2.11 所示，在炒土豆丝这个串行工作系统的例子中，购买土豆、清洗、削皮、切丝、烹饪这五个步骤的重要程度得分分别是 8, 5, 7, 9, 10。在系统总体综合指标确定之后，我们反向分配各模块指标，优先级最高的是烹饪，因此在模块指标和成本分配的时候，最先考虑的是保证这一环节。

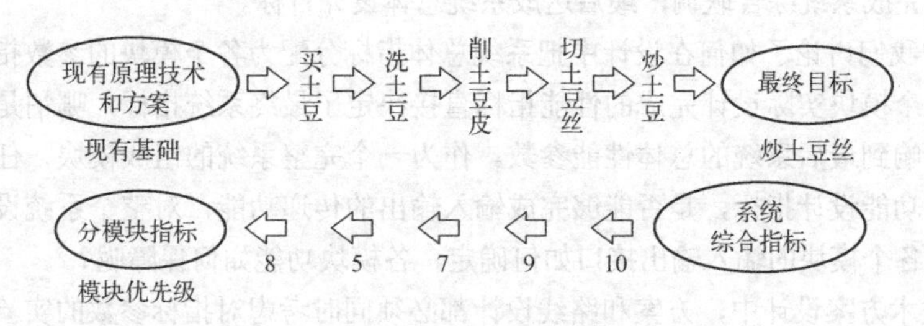

图 2.11　分模块指标确定

完成了模块指标分配设计之后，系统设计工作进入另一个循环周期。团队中的每一位成员分配到了系统总体方案中的一个有了具体指标的模块。针对这个具体的问题和明确的指标，我们同样要认识现在和将来的需求及实施方法；要通过文献检索综合这一领域的背景材料，包括对整个领域的广泛调查报告、国内外发展现状，以及在这个领域中的技术跟踪、发展趋势的预测；要针对本模块的输入输出和模块指标，提出多个可选的技术方案，逐个讨论它们的可行性，并对原理方案进行比较和选择确定其中一个。这时候同样可以使用分模块进度管理表格来帮助我们形成解决方案和技术路线。

这里以炒土豆丝项目组切土豆这一模块为例，填写分模块进度管理表。如图 2.12 所示是其中刀具一项技术手段分析的例子，其他部分填写方法类似，不再重复。

1	**所属项目组：**	土豆丝组					
2	**模块内容：**	切土豆丝					
3	**目标简述：**	以上一模块（削土豆皮）完成的材料为原材料进行再加工，以满足下一模块要求					
4	**重要程度**	**计划完成时间（年-月-**	**目标需求分析**	**针对需求的可能解决方法或技术手段**	**解决方案分析**		**方案选择及理由**
5					**优点**	**缺点或问题**	
6				刨丝模具	一次成型，快	专用，不经济	普通菜刀，多用途较经济
7			刀具	刮丝刀	便携，小巧	加工质量不稳定	
8				普通菜刀	通用刀具	需使用技术	
9							
10			操作平台				
11							
12							
13			切削方法				
14							
15							
16							
17							
18							
19							
20							
21							
22							
23							
24							
25				***原理框图***			
26						***文献调研和综述***	

图 2.12　分模块方案设计

4．系统模块之间的模块接口和实验手段设计

分模块技术方案和路线的设计方法虽然与项目总体设计思路一致，但也有所区别。除了指标的不独立之外，模块与模块之间必须有明确的接口设计和严格的时间进度协调设计。

前面的例子中，不管是炒土豆丝为例的串行工作项目设计，还是丰收大拌菜为例的并行工作项目设计，我们都提到了项目设计工作中的分工协作。系统工作流程图完成，系统功能模块图也划分完毕，并确定好了各个模块的指标参数，可以交托给具体的模块负责人，各个模块分头进行设计实现工作，再一起完成系统综合联调，最后达成系统总体设计目标。

前面分析中我们讨论了如何在设计中把系统总体指标分配为各个模块的参数指标，而在最后完成的系统中，各个模块实际设计完成的性能指标直接决定了最终系统指标，哪怕是重要程度排名最低的模块也会影响到最后系统的总体性能参数。作为一个完整系统的组成模块，任何一个模块的设计是否能够达到功能设计指标，是否能够完成输入输出的传递功能，对整个系统设计的成败都是至关重要的。那么各个模块的输入输出接口如何确定，各模块功能如何保障呢？

分模块的技术方案设计中，方案和路线设计都必须同时考虑对指标参数的实验验证，需要根据实际情况设计相应的实验手段来保证分模块设计工作能够顺利实施。不管是并行工作方式还是串行工作方式，在模块设计中，都需要充分考虑各自独立的模块性能测试方法和实验。

并行工作方式相对比较容易理解，因为各模块工作起点和终点都是一致的，包括时间进度安排，和各模块输入输出与联调模块的接口。确定总体方案和各模块参数指标之后，首先根据总指标分配各模块目标，确定输入输出接口。然后各个模块以同样的输入起点分头进行，各自完成自己负责模块，保证达到接口指标要求。同时，各模块独立设计仿真实验验证自身指标，以保证最终系统总体目标的达成。

串行工作方式的设计实现中，如果按照时间进度安排流程来看，各个模块是顺序进行的。那么在工作中难道也是一个模块完成再开始另一个模块的设计吗？这样的安排显然是不经济不高效的。因此对于串行工作方式的设计，确定总体方案和各模块参数指标之后，根据总指标分配各模块目标，确定输入输出接口的工作很重要。模块接口设计与分模块指标分配同步进行，通常前一模块的输出即为后一模块的输入。在开题阶段的系统总体方案设计和分模块技术方案确定中，需要先明确各模块的输入输出具体指标，有的时候甚至需要预估几种输入输出情况。根据接口和指标确定仿真实验设计。然后按照输入输出接口，各自完成自己负责的模块，并设计仿真实验验证自身模块指标保证达到接口指标要求，以便在前一模块完成后能够迅速完成模块对接，最终高效达标完成总体系统。

以图 2.13 所示炒土豆串行工作为例，在开题阶段确定了系统工作流程图之后，第一个模块买土豆模块的输入即可以确定为系统工作设计的起始：现有工作基础和经费预算情况；而其输出就是购买回来的土豆。前一模块的输出即为后一模块的输入，第二个模块洗土豆的输入即为购买回来的土豆……之后顺序设计出每一个模块的输入输出接口，最后一个模块的输出即为整个系统设计的最终目标。

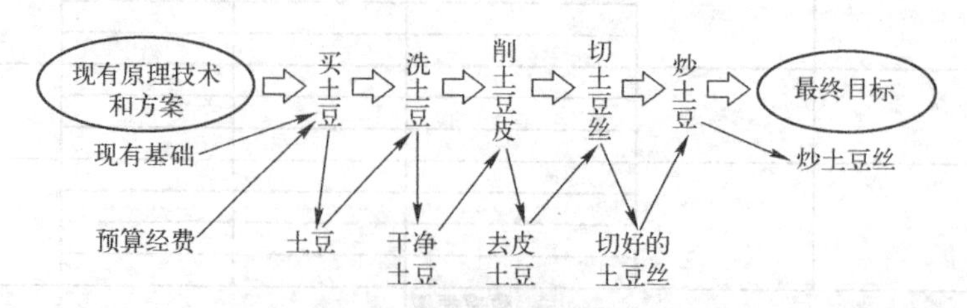

图 2.13　串行流程工作模式的接口设计

确定好输入输出接口和性能指标之后，各模块的工作相对可以独立了。虽然是串行工作模式，但有了合理输入输出接口的设计，各模块可以先行根据可能的输入状态设计自己的技术细节并先进行仿真实验验证。

例如切土豆丝模块，虽然这个模块处于整个流程的较后阶段，但设计好接口和指标之后，我们可以知道这个模块的工作输入是上一模块输出的去皮土豆，而输出是下一模块要求输入的一定规格的土豆丝。明确了输入输出指标后，在系统分模块工作开始，即使第一个模块的工作还在调研阶段还没有启动，我们也已经可以开始本模块的工作了。不管第一模块买回什么样的土豆，第二模块用什么样的方式清洗土豆，第三模块去皮厚薄如何，切丝模块的输入都是去皮土豆，只是大小土豆种类可能有区别。那么这一模块的工作可以先根据土豆的紧实质地情况设计选用不同硬度的刀具，同时考虑土豆大小确定刀具需要的刃口长度以及需要注意的不同切削方法。完成了技术细节和路线的设计，可以先寻找类似的物体进行试切，尝试发现完成过程中可能存在的细节问题并设法解决。在对最终加工目标处理之前，我们已经可以对整个模块的工作流程和技术细节都进行了合理的实验验证，以保证在前一模块完成工作之后，本模块能最快最有效的完成任务。

2.2.4　系统设计、模块划分和进度管理表格使用举例

前面两个例子，不管是并行工作模式还是串行工作模式，都是比较典型的。实际工作中，我们会发现很多情况下是并行串行模式共存的，具体的分析和设计还需要根据实际情况灵活分配。下面以一个学生的科技作品为例，来看看在实际系统工作中从系统设计到模块划分的情况和进度管理表格的使用。

“基于 BF533 的虚拟音乐演奏系统设计”是 “ADI2008 年度中国大学创新设计竞赛”二等奖作品，设计不能说完善，离实际应用也有较大距离，但作为初学者开始涉及设计任务，如何设计总体方案，如何运用系统性整体性的思路分解项目模块，具有一定代表性。

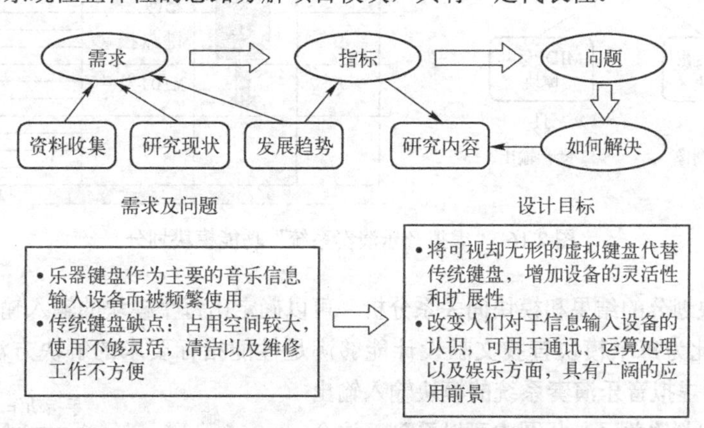

图 2.14 “虚拟音乐演奏系统”需求分析和设计目标

如图 2.14 所示，根据需求问题分析和对研究发展现状和趋势的分析，项目组成员确定了项目的主要研究目的是针对传统的键盘占用空间较大，使用不够灵活，清洁以及维修工作不方便等劣势，设计一种基于 ADSP-BF533 的多功能虚拟音乐键盘，将可视却无形的虚拟键盘代替传统键盘，增加设备的灵活性和扩展性。

确定了研究目标，我们再来分析一下系统总体功能框图应该如何形成。根据确定的研究目标，这个项目的任务，是要完成一个虚拟键盘设备，这个设备的服务对象是乐器的演奏者。作为这样一个设备的使用者，演奏者在完成演奏的时候，首先应该看到要操作的键盘，然后用手指弹奏，手指的动作传递到设备中为设备所识别，发出对应的琴音，这样虚拟键盘设备就完成了基

本目标功能。由此分析，这个设备的系统总体输入输出就确定了：输出部分包括可视键盘图像输出和琴音输出，输入部分主要是演奏者弹奏手指动作的获取。这样系统总体功能图就形成了，如图 2.15 所示。

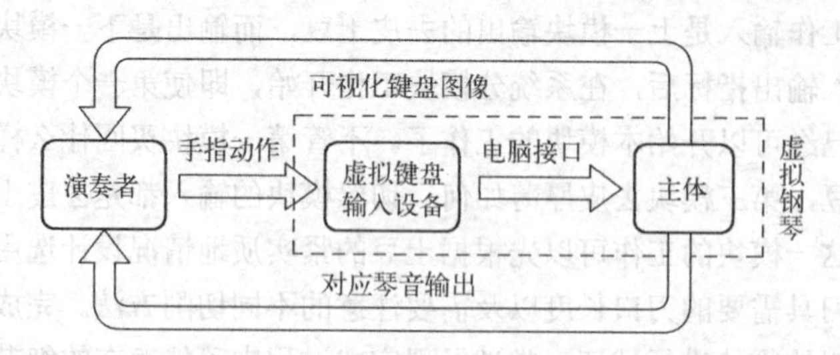

图 2.15 “虚拟音乐演奏系统”总体功能框图

系统的总体功能任务和项目的研究目标明确之后，下面的工作就是划分功能模块并形成原理框图了。同样填写管理表格，整理系统方案，形成技术路线，并确定各模块重要程度和计划进度，如图 2.16 所示。

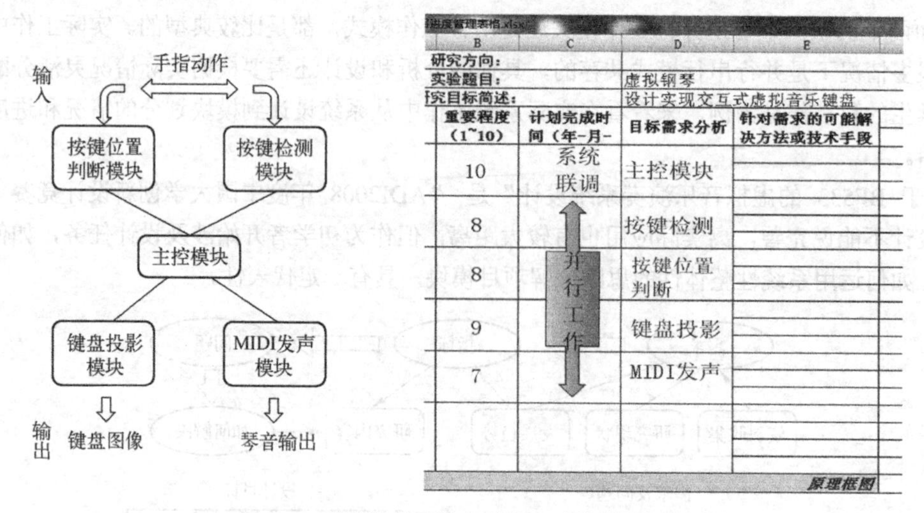

图 2.16 “虚拟音乐演奏系统”功能模块划分

根据功能模块划分的结果和模块间关系分析，可以确定出每个模块的输入输出接口和相应的性能指标要求，据此为每个模块查找文献设计能够满足性能指标要求的解决方法或技术手段。如图 2.17 所示，为虚拟音乐演奏系统的模块输入输出接口设计和模块间制约关系。从图中可以看到，这个项目的各模块之间既非串行工作也不是完全独立的并行工作模式。主控模块输出投影内容给键盘投影模块，产生投影图像；按键位置判断和按键检测模块同时接收手指动作，并输出相应判断给主控模块进行相应操作；主控模块根据手指位置输出确定发声模块的发声内容，同时根据按键检测模块的输出决定是否启动发声。而同时，按键位置判断模块输出的手指位置其实是相对于投影出的键盘图像的位置，需要同时以键盘图像为输入判断手指相对位置。

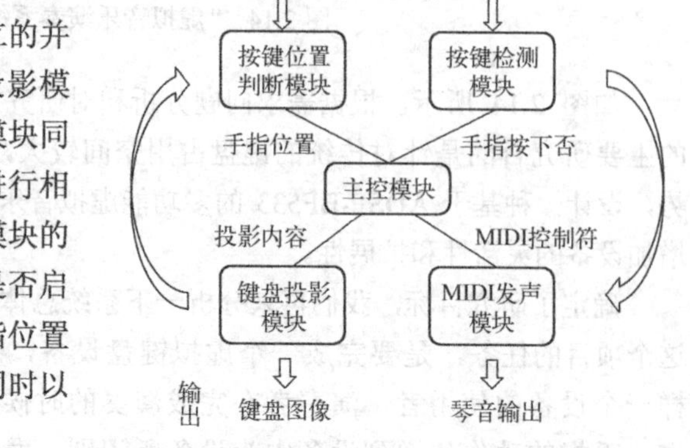

图 2.17 “虚拟音乐演奏系统”功能模块接口设计

整理清楚各模块输入输出和性能指标之后，同样借助模块进度管理表格列出可能的解决方案和技术手段，综合比较各方案的优缺点，设计系统总体方案和分模块技术路线。图 2.18 为各模块总体方案设计，图 2.19 为其中按键检测模块的一个例子。

项目进度管理表格.xlsx

重要程度（1~10）	计划完成时间（年-月-	目标需求分析	针对需求的可能解决方法或技术手段	解决方案分析：优点	缺点或问题	方案选择及理由
研究方向：						
实验题目：		虚拟钢琴				
研究目标简述：		设计实现交互式虚拟音乐键盘				
10	系统联调	主控模块	电脑	方便易开发	硬件接口复杂	电脑+嵌入式平台，接口丰富开发周期短
			嵌入式平台	系统最简化	开发周期长	
			电脑+嵌入式平台	接口丰富易开发	组件多较复杂	
8	并行工作	按键检测	多点触控屏	方便稳定易用	价格高体积大	红外开关，触发区域可控，易用
			按键开关	可靠有手感	接口、触发区域	
			红外开关	隐形、易用	按键触发盲区	
8		按键位置判断	多点触控屏	方便稳定易用	价格高体积大	图像方式，充分利用现有硬件
			图像方式	硬件结构简单	软件开发工作多	
9		键盘投影	多点触控屏	方便稳定易用	价格高体积大	光空投影，易用，质量基本符合要求
			激光显示	亮度高色彩好	价格高技术复杂	
			光空投影技术	简单易开发	投影质量不佳	
7		MIDI发声	Win发声控制App	简单易开发	可选乐器不多	Midi发声app，基本符合开发要求
				原理框图		
					文献调研和综述	
						开题（项目论证）报告

图 2.18 “虚拟音乐演奏系统”总体方案设计

	重要程度	计划完成时间（年-月-	目标需求分析	针对需求的可能解决方法或技术手段	解决方案分析：优点	缺点或问题	方案选择及理由
1	所属项目组：		虚拟钢琴				
2	模块内容：		按键检测模块				
3	目标简述：		设计红外开关型的按键检测装置，实现对是否有按键的判断				
6			红外发射	多点发射	控制简单	多点安装复杂	线激光发射，系统简单，可利用CMOS成像器件辅助调试
7				线状激光发射	结构简单	线方向调试麻烦	
10			红外接收				
13			信号处理				
25					原理框图		
26						文献调研和综述	

图 2.19 “虚拟音乐演奏系统”按键检测模块技术路线

图 2.20 为作品最后完成的各模块情况。作为一个学生课外创新实验的例子，“虚拟音乐演奏系统”项目设计虽然距离实际系统还有很大的距离，但其条理性的设计方法和设计思路对于初学者建立整体性的系统思维有一定的帮助。

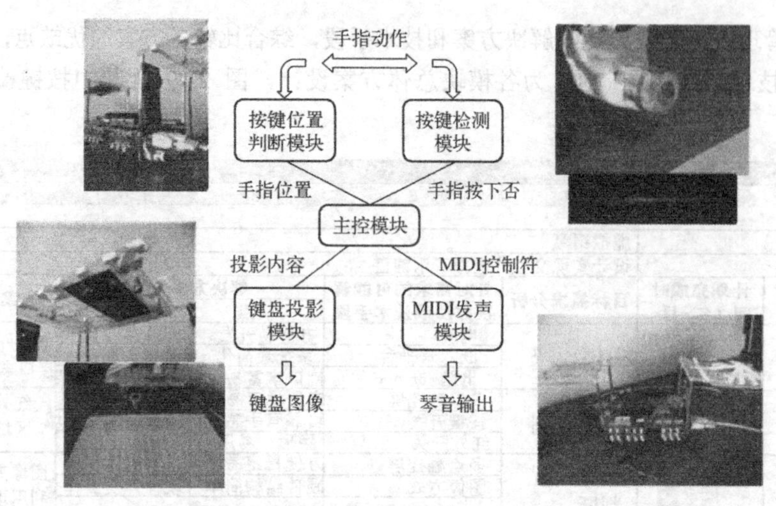

图 2.20 “虚拟音乐演奏系统”作品模块完成图

2.3 设计技术工作总结和报告的撰写

第一部分我们讨论了大工程时代，结论是面对变化了的当今世界特别是大工程时代的挑战，工程教育必须面向未来，加强综合工程素质教育，培养知识、能力、人格全面发展的未来工程师。而从国际国内各种工程教育认证规范的相关标准中我们也可以看到，不管哪一种标准的毕业生要求中，都提到毕业生应该具有有效的交流沟通能力。

从 2.2 节开头的实际工程环境中项目的提出、研发和运行的周期图（图 2.2）中我们可以注意到，工程师和专业领域现有文献之间是一个双向箭头。在项目运行流程中，工程师或者我们项目的参与者，也是项目系统中的一个模块。与我们前面讨论项目分模块工作设计的情况一样，每一个模块的任务都是输入获取素材，中央控制模块处理信息，然后输出处理后的信息。我们来看看这个模块在整个系统环境中是如何工作的。

在实际的工程环境中，工程师首先需要意识到社会的需求，需要解决的问题（输入），并表述出来（输出 1）；在充分调研和文献检索（输入），分析现有技术可行性和广泛倾向性的基础上，对要解决的工程问题深入分析（处理），提出多种可选的解决思路并形成项目论证报告（输出 2）；将方案中的概念和思路转化为可行的项目实施方案并实现（处理）；然后对项目实现的成果进行评估，并进一步将成果发布分享（输出 3），对整个工程行业领域的文献信息进行补充。

这个模块有输入通道，包括从实际社会发展情况中汲取信息，意识到应用需求的存在，包括从现有的专业领域中进行文献检索，收集可选解决思路；而其输出功能则表现为在文献调研的基础上分析提出要解决的问题（输出 1），针对问题提出解决思路（输出 2），以及在项目完成之后对结果进行整理发布（输出 3）。这个模块的输入和输出，其实就是项目参与者与周围环境或者社会大环境的交互，可以理解为我们的交流能力。我们在之前多年的学习工作中，已经具有了一定的输入和处理能力，前面讨论的文献检索和如何开始项目设计方案技术路线等，也可以看作是输入和处理能力的一个强调。这一节，我们要把重点放在输出上。

我们常说科学研究都有三个步骤：发现问题、分析问题、解决问题。在我们说到的项目运行周期中也有三个输出：提出问题；提出解决思路；项目结果发布。对照起来不难发现，其实这三个输出，正是我们科学研究三个步骤的阶段总结。在实际工程技术项目研究中，这三个阶段总结分别是需求分析报告；项目论证报告；项目总结报告。在同学将要接触到的本科毕业设计阶段和研究生工作阶段，这三个阶段总结分别是文献综述报告；学位论文开题报告；学位论文。在不同的工作环境中，这三个输出虽然都有其对应的专用文档名称和要求，但其本质是近似的。学会如何完成这些报告的撰写，是培养工程素质和科研能力的重要组成部分。

科技写作是人类从事科学技术信息书面存储的社会实践活动的全过程，是与工程和科学领域有关的所有人必须具备的基本技能，这里所有人包括比技术人员和科学工作者更广泛的人群。大多数科技活动要涉及到技术文件的写作。科技写作不是创意写作那样为了乐趣和休闲而进行的写作，科技写作需要精确、客观、直接、清晰的定义。科技写作区别于其他写作在于其精确性。如何实现这种精确性正是科技写作的艺术和技巧，这里包含定义和描述、数据和分析、照片、插图、图表。科技写作的首要和终极目标是清晰而精确地向读者传递复杂的信息以达到既定目标。

科技写作中，对象和目标往往是事先确定的，原因是科技写作大体上是在撰写报告，是针对特定对象、为了特定目标而写。一般情况下，报告的目的是与感兴趣的、受过教育的读者分享客观信息。报告是要以精确的方式分享有关这些信息的技术题材。因此科技写作应该有如下特点：（1）科技写作就是处理科技信息；（2）科技写作十分依赖于形象化元素；（3）科技写作利用数据来精确描述数量和方向；（4）科技写作是精确的、精心准备的；（5）科技写作在语法上和风格上是正确的。

孔子曰："君子食无求饱，居无求安，敏于事而慎于言，就有道而正焉，可谓好学也已。"中国传统的教育观中，"讷于言而敏于行"是君子该持有的态度。勤恳踏实认真做事不夸夸其谈的确是值得赞赏钦佩的。然而在多年的教学中我们发现，这里的慎于言或讷于言，被片面解读成了不善表达才是值得称道的，至今仍有不少同学认为，只要踏实做事完成任务，科技写作没兴趣或者不那么在行也没有什么关系。

著名物理学家和化学家法拉第曾经指出："科学研究有三个阶段，首先是开拓，其次是完成，第三是发表。"我国著名化学家卢嘉锡也曾说："一个只会创造不会表达的人，不算一个真正的科技工作者。"实际上，科技论文写作与科学研究过程一样，有隶属于方法论的特点。科技论文的记述过程实际是科技工作者一个整理思路的过程，会指导作者把科学研究全过程观察、思考、设计、论证得更周密、完整、合理。科技写作是科学技术研究的一种手段，是科学研究工作的重要组成部分。因为思考是一个复杂的过程，写作是借助于文字符号把思考的过程一一记录下来，让它们在纸面上视觉化，便于反复琢磨与推敲，使飘浮、抽象甚至可能混乱的思维变得清晰、具体化和条理化，使思维更缜密。科技写作和科学研究工作是相辅相成互相促进的。

同时，科学技术研究是一种承上启下的连续性工作，一项研究的结束可能是另一项研究的起点。在同一时期，某一科学技术领域中，往往是一群人在进行不同方向或者相同方向相同课题的研究，科技写作也是彼此联系、交流和借鉴的手段。科技写作几乎是一切科技交流的基础，而许多重大的发明发现都是从继承和交流开始的。

曾经在网络论坛中看到过这样一段被大家纷纷转载的话："写论文就是写小说。武侠风格尤佳。首先营造一个紧张的氛围，烘托出一个必须解决的严重问题。接着绿叶登场，挨个败下阵来。然后主人公出现，在精巧的情节布局之下，他的特长刚好得到最大限度的发挥，于是主人公拯救了学术界，并在剧终谦虚地表示，由于时间有限自己的独门武功还有6层没有修炼完。"

这虽然可以作为一句玩笑话，但它也在一定程度上说明了科技写作有章可循这样的一个事实。通常来说，可以用四个词来概括：What；Why；How；Prove it。科技写作本质上是要说清楚几个事情：这个论文或者报告要讨论的是一个什么样的问题（What/严重问题）；为什么我们有必要讨论这个问题，或者为什么我们要研究这个问题迫切寻找解决思路（Why/紧张氛围）；针对这个问题我们是怎么做的（How/特长发挥）；这个解决方案理论分析和实验证明是可行的有效的（Prove it），以及建议将来还有可进一步发展或深入研究的方向（6层没有修炼完的武功）。

掌握一个技能最有效的方法是去实践。在科技论文写作撰写部分，我们也设计了这几个输出环节：文献综述报告，开题报告，结题报告。

2.3.1 文献综述报告的提纲和撰写

所谓的文献综述即是文献综合评述的简称，即在对某一方面的专题、资料全面搜集、阅读大量与你所研究的课题有关的研究文献的基础上，经过归纳整理、分析鉴别，对你所研究的问题（比如说学科或者是专题）在一定时期内已经取得的研究成果、存在的问题以及新的发展趋势等进行系统、全面的叙述和评论。

文献综述是针对某一研究领域分析和描述前人已经做了哪些工作，进展到何种程度，要求对国内外相关研究的动态、前沿性问题做出较详细的综述，反映当前某一领域中某分支学科或重要专题的历史现状、最新进展、学术见解和建议，它往往能反映出有关问题的新动态、新趋势、新水平、新原理和新技术等。其特点有几个：一是综合性，综述要"纵横交错"，既要以某一专题的发展为纵线，反映当前课题的进展，又要从国内到国外，进行横的比较。只有如此，文章才会占有大量素材，经过综合分析、归纳整理、消化鉴别，使材料更精练、更明确、更有层次和更有逻辑，进而把握本专题发展规律和预测发展趋势。二是评述性，指比较专门地、全面地、深入地、系统地论述某一方面的问题，对所综述的内容进行综合、分析、评价，反映作者的观点和见解，并与综述的内容构成整体。一般来说，综述应有作者的观点，否则就不成为综述，而是手册或讲座了。三是先进性，综述不是写学科发展的历史，而是要搜集最新资料，获取最新内容，将最新的信息和科研动向及时分析整理。要注意综述不应是材料的罗列，而是对亲自阅读和收集的材料，加以归纳、总结，做出评论和估价。并由提供的文献资料引出重要结论。综述的内容和形式灵活多样。

文献综述在科技论文和毕业论文、硕士、博士论文的写作中也占据着重要地位，它是论文中的一个重要章节。文献综述的好坏直接关系到论文的成功与否。前面我们说科技写作有章可循，通常来说，可以用四个词来概括：What；Why；How；Prove it。文献综述实际上主要的作用是前两个：说明问题（What）并用足够的素材证明为什么这个问题有意义（Why）。

1．文献综述撰写提纲

文献综述的格式与一般研究性论文的格式有所不同。这是因为研究性的论文注重研究的方法和结果，而文献综述要求向读者介绍与主题有关的详细资料、动态、进展、展望以及对以上方面的评述。因此文献综述的格式相对多样，但总的来说，一般都包含以下四部分：前言、主题、总结和参考文献。撰写文献综述时可按这四部分拟写提纲，再根据提纲来写。

（1）前言部分

主要是说明写作的目的，介绍有关的概念和定义以及综述的范围，扼要说明有关主题的现状或争论焦点，使读者对全文要叙述的问题有一个初步的轮廓。一般来说，用 200～300 字的篇幅，提出问题，包括写作目的、意义和作用，综述问题的历史、资料来源、现状和发展动态，有关概念和定义，选择这一专题的目的和动机、应用价值和实践意义，如果属于争论性课题，要指明争论的焦点所在。

（2）主体部分

是综述的主体，其写法多样，没有固定的格式。可按年代顺序综述，也可按不同的问题进行综述，还可按不同的观点进行比较综述。不管用哪一种格式综述，都要将所搜集到的文献资料归纳、整理及分析比较，阐明有关主题的历史背景、现状和发展方向，以及对这些问题的评述，主题部分应特别注意代表性强、具有科学性和创造性的文献引用和评述。

主体部分主要包括论据和论证。通过提出问题、分析问题和解决问题，比较各种观点的异同点及其理论根据，从而反映作者的见解。为把问题说得明白透彻，可分为若干个小标题分述。这部分应包括历史发展、现状分析和趋向预测几个方面的内容。

a) 历史发展：要按时间顺序，简要说明这一课题的提出及各历史阶段的发展状况，体现各阶段的研究水平。

b) 现状分析：介绍国内外对本课题的研究现状及各派观点，包括作者本人的观点。将归纳、整理的科学事实和资料进行排列和必要的分析。对有创造性和发展前途的理论或假说要详细介绍，并引出论据；对有争论的问题要介绍各家观点或学说，进行比较，指出问题的焦点和可能的发展趋势，并提出自己的看法。对陈旧的、过时的或已被否定的观点可从简。对一般读者熟知的问题只要提及即可。

c) 趋向预测：在纵横对比中肯定所综述课题的研究水平、存在问题和不同观点，提出展望性意见。这部分内容要写得客观、准确，不但要指明方向，而且要提示捷径，为有志于攀登新高峰者指明方向，搭梯铺路。

主体部分的写法有下列几种：

a) 纵式写法："纵"是"历史发展纵观"。它主要围绕某一专题，按时间先后顺序或专题本身发展层次，对其历史演变、目前状况、趋向预测做纵向描述，从而勾划出某一专题的来龙去脉和发展轨迹。纵式写法要把握脉络分明，即对某一专题在各个阶段的发展动态做扼要描述，已经解决了哪些问题，取得了什么成果，还存在哪些问题，今后发展趋向如何，对这些内容要把发展层次交代清楚，文字描述要紧密衔接。撰写综述不要孤立地按时间顺序罗列事实，把它写成了"大事记"或"编年体"。纵式写法还要突出一个"创"字。有些专题时间跨度大，科研成果多，在描述时就要抓住具有创造性、突破性的成果做详细介绍，而对一般性、重复性的资料就从简从略。这样既突出了重点，又做到了详略得当。纵式写法适合于动态性综述。这种综述描述专题的发展动向明显，层次清楚。

b) 横式写法："横"是"国际国内横览"。它就是对某一专题在国际和国内的各个方面，如各派观点、各家之言、各种方法、各自成就等加以描述和比较。通过横向对比，既可以分辨出各种观点、见解、方法、成果的优劣利弊，又可以看出国际水平、国内水平和本单位水平，从而找到差距。横式写法适用于成就性综述。这种综述专门介绍某个方面或某个项目的新成就，如新理论、新观点、新发明、新方法、新技术、新进展等。因为是"新"，所以时间跨度短，但却可引起国际、国内同行关注，纷纷从事这方面研究，发表了许多论文，如能及时加以整理，写成综述向同行报道，就能起到借鉴、启示和指导的作用。

c) 纵横结合式写法：在同一篇综述中，即同时采用纵式与横式写法。例如，写历史背景采用纵式写法，写目前状况采用横式写法。通过"纵"、"横"描述，才能广泛地综合文献资料，全面系统地认识某一专题及其发展方向，做出比较可靠的趋向预测，为新的研究工作选择突破口或提供参考依据。

无论是纵式、横式或是纵横结合式写法，都要求做到：一要全面系统地搜集资料，客观公正地如实反映；二要分析透彻，综合恰当；三要层次分明，条理清楚；四要语言简练，详略得当。

(3) 总结部分

与研究性论文的小结有些类似，将全文主题进行扼要总结，主要是对主题部分所阐述的主要内容进行概括，重点评议，提出结论，对所综述的主题有研究的作者，最好能提出自己的见解。

(4) 参考文献

参考文献虽然放在文末，但却是文献综述的重要组成部分。写综述应有足够的参考文献，这是撰写综述的基础。它除了表示尊重被引证者的劳动及表明文章引用资料的根据外，更重要的是使读者在深入探讨某些问题时，提供查找有关文献的线索。参考文献的编排应条目清楚，查找方便，内容准确无误。参考文献的使用方法，著录项目及格式与研究论文相同。

2. 文献综述撰写注意事项

文献综述能够反映当前某一领域或某一专题的演变规律、最新进展、学术见解和发展趋势，它的主题新颖、资料全面、内容丰富、信息浓缩。因此，不论是撰写还是阅读文献综述，都可以了解有关领域的新动态、新技术、新成果，不断更新知识，提高业务水平。通过搜集文献资料过程，可进一步熟悉科学文献的查找方法和资料的积累方法；在查找的过程中同时也进一步扩大了自己的知识面。

同时，查找文献资料、写文献综述是进行科研的第一步。综述通过对新成果、新方法、新技术、新观点的综合分析和评述，能够帮助科技人员发现和选取新的科研课题，避免重复，因此写文献综述也是为今后科研活动打基础的过程。通过综述的写作过程，能提高归纳、分析、综合能力，有利于独立工作能力和科研能力的提高。

撰写文献综述报告的几个注意事项

（1）搜集文献应尽量全。文献资料是综述的基础，查阅文献是撰写综述的关键一步，掌握全面、大量的文献资料是写好综述的前提。搜集文献应注意时间性，必须是近一二年的新内容，四五年前的资料一般不应过多列入。综述内容切忌面面俱到，成为浏览式的综述。综述的内容越集中、越明确、越具体越好。

（2）注意引用文献的代表性、可读性和科学性。在搜集到的文献中可能出现观点雷同，有的文献在可读性及科学性方面存在着差异，因此在引用文献时应注意选用代表性、可读性和科学性较好的文献。初学者容易犯大量罗列堆砌文章的错误，误以为文献综述的目的是显示对其他相关研究的了解程度，结果导致很多初学者在写文献综述时不是以研究的问题为中心来展示，而是写成了读书心得清单。

（3）引用文献要忠实文献内容。由于文献综述有作者自己的评论分析，因此在撰写时应分清作者的观点和文献的内容，不能篡改文献的内容。参考文献必须是直接阅读过的原文，不能根据某些文章摘要而引用，更不能间接引用（指阅读一篇文章中所引用的文献，并未查到原文就照搬照抄），以免对文献理解不透或曲解，造成观点、方法上的失误。

（4）参考文献不能省略。有的科研论文可以将参考文献省略，但文献综述绝对不能省略，而且应是文中引用过的，能反映主题全貌的并且是作者直接阅读过的文献资料。

文献综述不是读书报告，不要把你查到的所有文献通通列出来，文献综述的目的是要引用（Use）文献而不是展示（Show）文献。文献检索过程中，一定会查阅远超过所需要的文献量，但文献综述不是展现博学的场所。文献综述应该引用和自己研究课题方向直接相关的文献，它的目的是说明自己的研究课题在相关学术领域里的位置，并据以导出自己研究的问题所在。文献综述不应只是条列式的叙述别人说过什么做过什么，必须要有自己的观点，要对文献进行整合和评价。

文献综述既可以作为毕业设计学位论文中的重要章节出现，也可以独立成篇，但都不应该局限于该领域的某个研究方向，面面俱到却又空空如也没有主题。一篇好的文献综述，应有较完整的文献资料，有评论分析，并能准确地反映主题内容。在实际工程环境项目运行周期中，文献综述是工程师对本领域内社会需求和需解决问题的分析表达。在我们这样一门以项目课题为基础，以完成具体而微的项目运行周期为目的的研究型课程中，文献综述的写作目标有三个：一是通过对领域内所存在的问题的讨论分析来说明研究的重要性，并通过对现有研究的情况来分析来说明此研究的迫切性；二是通过对现有研究资料的综合、分析及评价来形成自己的研究目标和方向；三是说明自己所做研究在整个领域学术地图中的地位，理清楚自己研究和现有研究之间的关联、扩展和区别。文献综述要能说服读者，就逻辑上讲，下一步应该就引出你自己的研究，或者能够说明你的研究如何与先前研究衔接。

2.3.2 开题报告的提纲和撰写

科技写作的四个主要构成，文献综述完成了前两个：说明问题（What）并用足够的素材证明为什么这个问题有意义（Why）。开题报告其实是在文献综述基础上，对分析说明的问题提出解决思路（How）的科技写作。开题报告通常也需要包含文献综述的内容。

1. 开题报告的撰写提纲

开题报告类似于一个项目申请书，撰写的目的是提供对问题有说服力的解决方案。所有的技术文件都是为了客观清晰地交流想法，而在撰写项目申请书时不只是准确的交流，还要设法把想法“推销”出去。项目申请书的读者通常是能够决定项目是否可以开始的关键，你需要推销你的想法，让他们提供特定的商品或者服务。开题报告的目的也是这样，你必须说服审批的人，让审批的人认可你（或你的团队）的研究工作思路，同意你继续进行课题研究。

和项目申请书一样，开题报告至少要说明三件事情：

（1）描述、确定、说明一个需要解决的问题（What&Why）。即使你面向的读者已经知道有问题要解决，你也需要以你对这个问题范围、规模、难度方面的理解来描述这个问题，要表明你对这个问题理解的深度和广度，要为引出你（或你的团队）的解决方案做好足够的铺垫。

（2）提出一个可行的解决方案（How）。开题报告必须表明，所提出的方法可以成功而有效地解决这个问题。

（3）显示你能有效地实现你提出的解决方案。如果你不能实施或完成这个解决方案，有解决思路也没有用。开题报告或者项目申请书是为了让该文的读者认可你有沿着这个研究思路继续工作下去的能力和必要，因此你必须显示你（或你的团队）拥有所要求的技能和资源去实施报告中所建议的工作。

表 2.8 项目申请书内容提纲

组成部分	主要提纲	内容要点
引言	① 目的	叙述撰写本报告的理由
	② 背景	叙述要解决的问题
	③ 范围	概述本报告包含和不包含的问题
讨论	① 方法	叙述对问题的解决方案
	② 结果	说明提出的方案如何能解决问题
	③ 工作陈述	作为解决方案的一部分要做的工作
资源	① 人员	列出参与工作的人员和他们的资历
	② 设施/装备	列出为进行工作所需要的物力资源
成本	① 经费	列出实施所提解决方案的财务成本
	② 时间	列出实施所提解决方案需要的时间
结论	① 归纳	强调采用本提案的利益和风险
	② 联系方式	提供联系方式以便给出进一步的信息

通常来说，开题报告和项目申请书有一定的规范要求，Leo Finkelstein, Jr 所著的《科技写作教程》中将其内容的提纲和主要撰写思路归纳如表 2.8 所示。

开题报告也需要包含上述内容。由于开题报告是用文字体现的论文总构想，因而篇幅不必过大，但要把计划研究的课题、如何研究、理论适用等主要问题写清楚。

开题报告的内容一般包括：选题依据或立论依据（选题的目的与意义、国内外研究现状）、研究方案（包括研究目标、研究内容、研究方法、研究过程、拟解决的关键问题及创新点）、研究工作进度安排、研究基础（仪器设备、协作单位及分工、人员配置）等。

开题报告一般为表格式，它把要报告的每一项内容转换成相应的栏目，这样做，既避免遗漏；又便于评审者一目了然，把握要点。开题报告表格通常包括几个方面内容：简表部分；选题依据；研究目标和内容；研究方案；研究工作进度安排；预期研究成果；创新点；研究基础。

简表部分是课程中选题或项目的简要基本信息，包括课题的中英文名称，课题意义和主要研究内容的摘要及关键词，参与课题项目的人员组成和在项目中的具体分工。

课题的题目要求准确、规范。要将研究的问题准确地概括出来，反映出研究的深度和广度，反映出研究的性质，反映出实验研究的基本要求——处理因素、受试对象及实验效应等。用词造句要科学、规范。同时还要简洁，要用尽可能少的文字表达，一般不得超过 25 个汉字。

选题依据也就是常说的立项依据，简述该选题的研究意义、国内外研究概况和发展趋势动态分析，需结合科学研究发展趋势来论述科学意义；或结合国民经济和社会发展中迫切需要解决的关键科技问题来论述其应用前景。

一个新的领域或一个新思想往往起源于资料的占有和思考，经过合乎逻辑的理论分析和对现状的广泛调查，就会得出正确的结论。选题依据部分需要包括对整个领域的广泛调查报告、国内外发展现状，以及在这个领域中的技术跟踪、发展趋势的预测及社会的需求，是通过对领域内所存在问题和研究现状的讨论分析来说明研究的重要性和迫切性，就逻辑上讲，下一步应该就引出你自己的研究。

研究目标和内容是开题报告重点要阐述的内容。在前面选题依据充分论述的基础上，读者已经在前面文献综述分析的过程中，逐步被引导到在该领域中技术发展的趋势和亟待解决的问题，研究的目标就是你的课题和研究要满足的需求，要解决的问题。针对需求，研究的具体目标是明确项目要解决的技术支撑点以及要改进的具体指标。

有了研究目标，针对要解决的具体问题和技术支撑点明确了研究要解决的具体技术指标。针对这个技术支撑点，我们会发现这一个技术支撑点会有不同的技术环节和解决方案，仔细分析对比这些解决方案和技术路线，逐步找出制约该项技术支撑点指标的技术环节，定位最终实现研究目标可能碰到的障碍和问题所在，就是项目或者课题的研究内容了。

研究方案部分也是开题报告要着力阐述清楚的。这部分包括了拟采用的研究方法、技术路线、实验方案及可行性分析。在确定了研究内容后，完成了项目设计工作的需求和问题分析，对某个需求的研究现状和发展趋势已经形成了一个系统清晰的脉络，研究目标逐渐清晰具体，也初步形成了理论可行的原理方案。这一部分，就是把这个方案叙述清楚，并将研究目标和内容具体化为了一个具体的问题，分解这些问题，并确定每个问题的技术解决路线，然后设计详细合理的工作方案并设计计划进度。

这部分是针对研究内容中提出的具体的技术障碍和问题，提出了若干个可供选择的初步方案，进一步分析问题和方案，挑选出最有希望实现系统指标的手段；建立分析模型，估计各种初步方案的系统性能，最终得出系统总体性能的定量指标。搞清楚可能影响系统的诸因素及各因素相对重要性的准则；做出能够满足前面性能要求的系统模型和方案，形成了系统的功能模块初步划分。并根据流程图和框图之间各功能模块之间的输入输出关系，结合系统的总体模型和性能定量指标，对各模块的分模块指标进行初步设计，确定输入输出参数和验证指标。同时，根据实际情况设计相应的实验手段来保证分模块设计工作能够顺利实施。

这一部分的写作，重点是准确叙述所提问题的解决方案，要提供足够的细节以清晰地说明已经认真研究了这个问题，理解这个问题，并已经有了有效的解决方法。图表的合理正确使用在这部分写作中很重要。

研究工作进度安排是项目研究中时间管理的具体体现，要确定对时间的估计符合项目要解决问题的要求和限制条件。进度安排应该包括研究环节中的各个部分工作计划，包括撰写结题报告的时间。理论研究类课题应包括文献调研，理论推导，数值计算，理论分析，撰写报告等；实验研究和工程技术研究类课题应包括文献调研，理论分析，实验设计，仪器设备的研制和调试，实验操作，实验数据的分析处理，撰写报告等。

预期研究成果主要是把研究目标具体化为可考核的指标，以及课题研究最后要取得的成绩，或者说是希望通过项目课题研究能得到的结果。围绕课题研究目标，估计可能会取得什么样的成果，要交代清楚。这部分内容往往与研究目标一一对应，可以包括实物、论文报告、方法范例等。

创新点部分主要要说明所选课题与同类其他研究的不同之处。在本课程中主要是作为一个练习，鼓励参与课题的同学突破陈规，积极寻找不同的解决思路，归纳新颖的解决方法。

研究基础包括与本项目有关的研究工作积累和已取得的研究工作成绩；已具备的实验条件，尚缺少的实验条件和解决的途径（包括利用实验室的计划与落实情况）；研究经费预算计划和落实情况。这部分还包括项目组成员情况，需要说清楚哪些人将参加此项工作，为什么他们是合格的，以及他们之间任务如何分工，在项目中分别承担哪些工作。

2．开题报告撰写注意事项

开题报告其实是一种应用文体，虽然有一定的格式规范，但也可以有不同的写作风格，只要能够说清楚问题，达到说服读者的目的即可。开题报告的写作中，主要要注意以下几点：

① 研究的目标。只有目标明确、重点突出，才能保证具体的研究方向，才能排除研究过程中各种因素的干扰。

② 研究的内容。要根据研究目标来确定具体的研究内容，要求全面、详实、周密，研究内容笼统、模糊，甚至把研究目的、意义当作内容，往往使研究进程陷于被动。

③ 研究的方法。选题确立后，最重要的莫过于方法。假如对牛弹琴，不看对象地应用方法，错误便在所难免。相反，即便是已研究过的课题，只要采取一个新的视角，采用一种新的方法，也常能得出创新的结论。

④ 创新点。要突出重点，突出所选课题与同类其他研究的不同之处。

表 2.9 可以帮助大家在完成开题报告之后对照检查一下开题报告的写作情况。在从事科研写作的过程中，科技工作者是在把自己头脑中的思路方法尽可能清晰准确有逻辑地表达给别人。然而很

表 2.9　开题报告内容检查表

表格部分	检查内容	自评	他评
简表	【1】题目是否准确概括了研究的问题，是否反映出研究的性质？		
	【2】题目是否简洁，不超过 25 个汉字？		
	【3】英文题目是否表达准确？		
	【4】课题意义和主要研究内容的摘要是否完整而准确地表明了研究意义和性质，并阐述了研究的问题？		
	【5】用词造句是否科学、规范？		
	【6】关键词是否合理准确？（中英文对照）		
选题依据	【7】是否以足够的详尽程度叙述了问题，确保读者了解选题的研究意义？		
	【8】是否通过对领域内所存在问题和研究现状的讨论分析说明了研究的重要性和迫切性？		
研究内容	【9】课题要解决的问题是否清晰具体？		
	【10】课题要解决的问题是否与选题依据密切相关不脱节？		
	【11】综合课题要解决的问题得到的研究目标是否合理具体？		
	【12】主要研究内容是否针对要解决的问题有目的的制定？		
	【13】是否明确了项目要解决的关键技术以及要达到的具体指标？		
研究方案	【14】是否给出了研究方案的足够细节使所提解决方案具有可信度？		
	【15】是否说清楚了研究方案的优缺点和适用性？		
	【16】系统功能框图和工作流程图是否正确清晰？包括模块划分是否合理？各功能模块之间的输入输出关系是否正确？		
	【17】技术路线实施中涉及的具体任务是否叙述清楚了？		
	【18】系统性能指标和参数设计是否合理？		
	【19】实验设计是否能够保证指标验证？		
研究工作进度安排	【20】对时间进度的估计是否与研究方案技术路线中提到的具体任务相一致？		
	【21】时间安排是否有可能未考虑到的问题存在？		
预期研究成果	【22】预期研究成果是否具体明确可考核？		
创新点	【23】是否突出说明了本课题研究方向与现有研究的不同？或者针对同一研究方向的解决思路与与其他人有不同？		
研究基础	【24】是否清楚阐明了研究方案实施所需要的人力、设施、装备等资源？		
	【25】上述资源是否已具备？如果未具备是否说明了可能的解决途径？		
	【26】是否详细分解了项目所需的技术基础和知识积累？		
	【27】是否提供了课题项目实施的预算，包括财务成本和时间成本预算？成本估计是否与问题提出的限制相一致？		
	【28】报告中描述的参与人员的技术背景是否清晰完备？参与人员是否合格？人员分工是否合理？		

多时候，沉浸在自己思路中的写作者会不由自主地带着自己的先验知识来写作或者检查报告，因此会有一些自己认为表达清楚了，而实际上其他人无法准确理解的情况出现。表 2.9 中也设计了他评项，建议在完成自己的报告后，请相同或者相近研究领域或者背景的人帮助检查一下。

2.3.3 结题报告的提纲和撰写

结题报告，是指一项课题或研究作为结束的专门报告。毕业设计完成后的学位论文也可以认为是结题报告的一类。通常，结题报告与开题报告相对应。开题报告中说明了问题（What），用足够的素材证明为什么这个问题有意义（Why），并在此基础上对分析说明的问题提出解决思路（How），结题报告需要在总结前面三点的基础上，充分论述总结课题中针对开题报告提出问题的解决方案的实施情况和结果分析（Prove it）。

开题报告类似于一个项目申请书，撰写的目的是要设法把自己的想法“推销”给项目申请书的读者。你必须说服审批的人，让审批的人认可你（或你的团队）的研究工作思路，同意你继续进行课题研究。而结题报告则是对这些审批课题的人提交一份成绩答卷，逐一说明你当初“推销”给他们的设想是否真的可行，是否达到了最初承诺的效果和目的，你有义务对他们给你的支持做一个交代。

结题报告的写法没有固定的格式，但有大致的框架结构。结题报告的撰写具有明确的特点与规范性要求。从应用写作的角度考察，课题结题报告可以分为前言、正文、结论 3 个模块。一份规范的应用性研究课题结题报告，其基本结构大致包括以下 10 个部分（表 2.10）：

表 2.10 结题报告撰写提纲

<table>
<tr><th>写作模块</th><th>结题报告基本结构</th><th>撰写提纲</th><th>注意事项</th></tr>
<tr><td rowspan="2">前言</td><td>1. 课题提出的背景；</td><td rowspan="2">这两个部分也可以合并为“课题提出的背景”一项。这两个部分着重回答“为什么要选择这项课题进行研究？”</td><td rowspan="7">这部分不应照抄开题报告，因为经过一段时间课题的研究过程，对课题的理解和认识会有所不同。另外随时间推移，课题的研究现状也会发生一些变化，在撰写结题报告这部分的时候，需要再次补充文献，确定自己研究的地位。</td></tr>
<tr><td>2. 课题研究的意义（包括理论意义和现实意义）；</td></tr>
<tr><td rowspan="6">正文</td><td>3. 课题研究的理论依据；</td><td rowspan="5">这几部分及前两部分在填报课题立项申报表、在制定课题研究方案、在开题报告中，都有要求，内容基本相同。与开题报告内容一致。</td></tr>
<tr><td>4. 课题研究的目标；</td></tr>
<tr><td>5. 课题研究的主要内容；</td></tr>
<tr><td>6. 课题研究的方法；</td></tr>
<tr><td>7. 课题研究的步骤；</td></tr>
<tr><td>8. 课题研究的主要过程；</td><td>这个部分回答“这项课题是怎样进行研究的？”</td><td>这部分需要通过对课题研究过程进行回顾、梳理、归纳、提炼。</td></tr>
<tr><td rowspan="2">结论</td><td>9. 课题研究成果；</td><td>这个部分是回答“课题研究取得哪些研究成果？”</td><td></td></tr>
<tr><td>10. 课题研究存在的主要问题及今后的设想。</td><td>在现有研究基础上今后的设想，主要陈述准备如何开展后续研究，或者如何开展推广性研究等。</td><td>所找的主要问题要准确、中肯。</td></tr>
</table>

结题报告通常也多为表格式，把要报告的每一项内容转换成相应的栏目，通常为了说清楚研究方法和成果，在提纲性的报告书表格之外，还包括一个相对独立的项目研究报告。

结题报告表格是对项目课题的简要总结，包括几个方面内容：课题中英文名称；项目组成员；项目背景；项目创新点；项目研究情况；收获和体会。这几部分都是与开题报告对应并扩展的。

课题的中英文名称和**项目组成员**与开题报告中的内容一致，可不做改变。

项目背景部分包括了项目的选题背景、研究目的和意义。这部分可以认为是结题报告的概括性前言，简练概括表 2.10 中结题报告第 1、2 部分，即回答“为什么要选择这个课题进行研究”。对应着开题报告的选题依据部分和研究目标和内容部分。

项目创新点部分与开题报告中的相应部分对应，但这时候要注意写法上的区别。在开题报告阶段，只是提出了一种可能的设想或者一种创新的可能，是在本领域文献调研和研究现状分析的基础上得出来的，是据文献看别人没有尝试过但可行的方法，或者有可能突破当时某个指标现状的思路。而在结题报告中的创新点，应该是已经在研究中实现或者实验证明了的。这部分虽然表格内容是与开题报告对应的，但内容可以与开题报告中的不一致。有的时候，证明了某种方案或者思路的不可行也是一种研究进展。

项目研究情况主要简要阐述项目研究的整体情况，包括进展程度，是否完成预期目标，项目成员的分工、协作情况等。这部分其实是对开题报告中提出的方案和目标的回答。开题报告中提出针对某个问题打算用什么方法解决，有可能达到什么样的结果和指标，取得什么样的研究成果。在结题报告中需要针对这个目标，对研究过程进行梳理和归纳，回答针对开题报告中的设计是怎么做的，技术路线如何实现，目前进展到了什么程度，结论如何，是否完成了预期的设计目标，如何证明或者分析未达标的原因；开题报告中的项目模块划分和人员分工具体有无调整，协作情况是否如预期。

收获与体会主要叙述通过参与项目研究，有哪些收获和体会，可分别就整个团队和个人进行表述。这个部分在通常的项目结题报告中是没有的，是针对以学习训练为目的经历了整个课题研究环节的学生的。我们这门课程的学习，是让同学经历一个跟实际工程环境下的产品研发过程类似的小型科研周期，在较短的时间内走完一个具体而微的科研过程。而作为这个过程收尾部分的结题报告，我们也希望同学能够整理归纳一下自己的收获，看看自己得到了什么，或者有些什么是希望获得但是还没有实现的。

项目研究报告是针对整个项目或课题进展的详细报告。主要内容提纲包括：一、课题背景与现状；二、研究的目的和意义；三、方案设计和实施计划；四、研究的主要内容、进展和取得的主要成果（为报告主要内容，请注意条理，逐点详细说明）；五、创新点和结论；六、成果的应用前景；七、存在的问题与建议。

结题报告的写法没有固定的格式。在这样的报告提纲下，只要条理清楚清晰准确的表达出了上述提纲中的内容，就都是合理的。同样，我们也用一个自查互查表（表 2.11）来对照检查一下。

表 2.11　结题报告内容检查表

报告提纲	检查内容	自评	他评
课题背景与现状	【1】是否清楚表达了报告的目的？是否以足够的详尽程度叙述了问题，确保读者了解问题的研究意义？		
研究目的和意义	【2】是否足够阐述了问题的背景，通过对领域内所存在问题和研究现状的讨论分析说明了研究的重要性和迫切性？		
	【3】课题要解决的问题是否清晰？研究目标是否具体？		
方案设计和实施计划	【4】是否对读者理解本报告所需要的理论知识进行了讨论？		
	【5】是否概述了之前的相关研究工作和问题的解决方案？		
	【6】是否给出了研究方案的足够细节？方案实现的技术路线是否具体？		
	【7】技术路线实施中涉及的具体任务是否叙述清楚了？		
	【8】是否明确了开题报告中所确定的问题以及问题解决方法改善的指标？		
研究的主要内容、进展和取得的主要成果	【9】是否明确了包含在这份报告中的各项任务？各项任务的设计指标是否清楚？		
	【10】是否对课题研究过程和各项任务实现步骤进行了梳理和归纳？		
	【11】对研究中主要的理论进展和分析是否清晰有条理？		
	【12】研究中的实验设计是否合理明晰？对指标的评价方法是否有分析和合理解释？实验条件实验环境的描述和实验数据的采集方法是否清楚可复现？		
	【13】实验结果的来源、图表编制依据、测试工具、对象和方法、评价标准和有效性的保证是否在报告中足够体现？		
	【14】实验结果是否清晰形象给出？实验结果分析解释是否详细有理有据？		
	【15】实验结论是否合理是否有充分依据？		
	【16】研究成果与研究目标是否一一对应？取得的主要成果是否明确可考核？成果表达是否规范？		

续表

报告提纲	检查内容	自评	他评
创新点和结论	【17】是否从研究内容和进展中得到了恰当的研究结论？是否突出说明了本课题研究方向与现有研究的不同？或者针对同一研究方向的解决思路与与其他人有不同？		
	【18】研究过程中形成的新理论、新观点、新见解、新认识和新方法等是否表述清楚？		
成果的应用前景	【19】本课题研究成果的应用领域和范围是否清晰？应用前景与本研究结论的关系是否描述清楚？（这部分主要考察对所研究领域理解的深度和广度）		
存在的问题与建议	【20】是否基于结论给出了正确的建议？对有待进一步研究的问题分析是否合理？		

在结题报告撰写中还需要注意这样一个问题：结题报告是独立成文的，在开题报告中分析过的课题研究背景和意义，主要问题的研究现状和解决思路，不能因为结题报告的阅读者与开题报告是同一群体而略去不写。在结题报告中为避免喧宾夺主，可以对开题报告中深入充分分析的问题进行凝炼，但同样需要有理有据分析明晰。

2.3.4 课题研究中的团队写作

在实际工程环境和科研工作中，不可避免的会接触到团队写作。例如你和其他同事共同申请一个科研项目，在项目工作的初期，你们需要向项目审批者提交申请书；在项目工作中你们需要提交进度报告；在完成项目任务之后，你们需要提交项目结题报告。在这个项目进行中，你们分工合作实现项目问题分析、模块划分和各技术模块设计实施。项目的报告也需要你们小组共同撰写提交。这就是团队写作。在本课程中，团队是参与课程完成项目的主要单位。各位同学组成项目组，针对自身负责的项目完成方案设计，组内分工合作，完成项目并完成答辩和设计报告。这也是团队写作。

团队写作有时候又称为小组集体写作，它是这样一个过程：两个或多个作者共同工作，写出一份或若干文件以满足一定的要求。团队写作是一件好坏参半的事情。好的方面体现在你有几个背景、技巧、能力不同的伙伴可选择；坏的方面也体现在你有几个背景、技巧、能力不同的伙伴可选择。是好是坏在很大程度上取决于你是否能成为团队的一员，还是仅是小组的一员。小组的意思只是一群人的存在，而团队则是为实现一个目标而组织在一起的一群人。如果处理得好，每个人的经验、技巧、信念集合在一起可以是一种强大的力量；否则在一起工作的结果可能会是伤害感情、浪费资源。“把一群写作者多方面的特长和才能转变为成功的团队写作不容易，它要求每个人的最大努力，各自技巧的恰当组合，充分的常识和通情达理，有效的管理和领导”。但是我们可以从现在就尝试去努力。

团队写作过程包括若干步骤，这些步骤随不同的任务而有很大差异。团队写作通常有一个通用模式，可作为一般的指导原则，它包括三个阶段：确定要求，准备工作，产生文件。具体任务和说明如表 2.12 所示。

表 2.12 团队写作过程模式表

团队写作阶段	具体任务	说明
确定要求	① 确定为了解决给定的问题需要做些什么。	和科学研究一样，在有了团队写作的需要后，在开始解决问题之前首先需要确定并理解需要解决什么问题。
	② 明确所要求的文件类型。	根据对问题的理解，确定要写什么类型的文件，是项目申请书？还是建议报告？或者技术研究报告？
	③ 规定文件的题材和组织结构。	选定了文件类型后，就需要决定写作应该强调什么样的主题思想（题材），以及文件的章节如何安排（组织结构）。
准备工作	① 委派负责人并赋予足够的职权和责任。	这里也是一个分工合作的问题。首先需要确定团队写作的领导人，并赋予为完成任务所要求的职责。然后确定所需要的资源，包括人力资源（完成工作所需要的技能）和物质资源（研究、写作、形成报告所需要的设施、数据和装备），并将团队和个人分配到不同的责任领域。
	② 确定需要哪些具体资源：技能、数据、材料等。	
	③ 要求团队或个人提供这些资源。	

续表

团队写作阶段	具体任务	说明
撰写文档	① 规定具体写作责任，制定进度计划。	明确每个人应该做什么。每个成员都应该知道自己的责任，都应该准确地知道要做什么和什么时候完成。同时每个人还应该了解自己在总任务中的地位。团队中的每个人每件事都是相互关联相互协调的。
	② 将为各自领域提交草稿的任务分配给团队成员。	
	③ 根据需要对草稿进行编辑和修改，实现文档的总体效果。	团队中每个成员都必须努力协同工作完成任务。团队负责人的作用是决定如何以最好的方式来组织和完成报告中要求的各个组成部分；并负责对小组提供的材料进行编辑和修改，确保组合在一起的材料与最初分配的任务完全吻合，并包含了所要求的题材；另外还要保证文档的连贯性，格式和结构也要前后一致。
	④ 对文档的所有环节进行审阅并按照要求提交。	对文档所有方面的终审，对文档进行彻底检查，避免明显不合逻辑或者不连贯的表述。并将形成的文档提交。

团队写作是一项要求很高的工作，多名具有专门技能和知识的成员组织在一起，共同完成一份文件。写作团队的集体努力具有提供巨大协同优势的潜力，也存在分裂的可能。写作团队必须有定义清晰的问题和清楚的管理思路才能运作起来。

2.3.5 科技写作的一些其他提醒

科技写作几乎伴随着所有科学研究或者项目研发阶段，和其他技能一样，科技写作技巧和能力也可以通过有目的的训练得到提高。在科技写作中初学者还是有一些问题需要注意的，这里简单给大家提个醒。

1. 摘要的撰写

在科技写作中必然要撰写摘要，不管是科技学术论文还是各类技术报告，都需要在完成论文报告主体写作之后，撰写一份总结，这就是摘要（Abstract 或 Summary）。论文摘要又称概要、内容提要，目的是便于人们进行文献检索和初步分类。摘要是以提供文献内容梗概为目的，不加评论和补充解释，简明、确切地记述文献重要内容的短文。凡自然科学的立项研究成果、实验研究报告、调查结果报告等原创性论著的摘要应具备四要素：研究目的、材料与方法、结果、结论。其他论文的摘要也应确切反映论文的主要观点，概括其结果和结论。具体地讲就是研究工作的主要对象和范围，采用的手段和方法，得出的结果和重要的结论，有时也包括具有情报价值的其他重要的信息。摘要应具有独立性和自明性，并且拥有与文献同等量的主要信息，即不阅读全文，就能获得必要的信息。内容必须完整、具体、使人一目了然。通常会碰到的摘要有三类：描述型摘要，信息型摘要，梗概摘要。

描述型摘要（descriptive abstracts 或 limited abstracts），也称为指示性摘要、说明性摘要或论点摘要，一般只用二三句话概括论文的主题，而不涉及论据和结论，多用于综述、会议报告等。该类摘要对论文或报告的结构而非实质内容做总结，本质上是以一段文字的形式给出一份目录，可用于帮助潜在的读者来决定是否需要阅读全文。描述型摘要引证题目，简要的叙述目的、问题、讨论及论文或报告所涉及的主要话题，典型的描述型摘要包含 50 个英文单词或 80 个汉字。

信息型摘要（informative abstracts）又称为完整摘要（complete abstracts），需要对报告或论文中的实质内容进行总结，提供浓缩的报告内容要点。信息型摘要不仅介绍报告的主要话题，还要用少量文字告诉读者，本文中关于主要话题都讲了些什么。它是对论文的内容不加注释和评论的简短陈述，要求扼要地说明研究工作的目的、研究方法和最终结论等，重点是结论，可以是一篇具有独立性和完整性的短文。信息型摘要的特点是全面、简要地概括论文的目的、方法、主要数据和结论。通常，这种摘要可以部分地取代阅读全文。学术期刊中论文的摘要通常是信息型摘要，篇幅上中文摘要一般不宜超过 300 字，外文摘要不宜超过 250 个实词。

梗概摘要（executive summary）也称为执行摘要或详细摘要，通常是为长篇技术报告或学位论文所写的，是一种篇幅较大可独立存在的摘要，同时具备信息型和描述型的特点。梗概在不少场合中可以替代报告本身，因此梗概摘要必须包含下面四个方面内容：①目的（Objective）：简明指出此项工作的目的，研究的范围。②方法（Methods）：简要说明研究课题的基本做法，包括对象、材料和方法。③结果（Results）：简要列出主要结果（需注明单位）、数据、统计学意义等，并说明其价值和局限性。④结论（Conclusion）：简要说明从该项研究结果取得的正确观点、理论意义或实用价值、推广前景。

描述型和信息型摘要的字数一般不得超过全文字数的 5%，即使梗概型摘要也只占所总结文件篇幅的 10%。摘要的撰写要求结构严谨，语言简洁，语义确切。先写什么后写什么要按照逻辑顺序安排，句子之间要上下连贯，互相呼应。慎用长句，句型力求简单。每句话要表意明白，无空泛、笼统、含混之词。撰写摘要需要注意几个问题：

（1）摘要中应排除本学科领域已成为常识的内容；切忌把应在引言中出现的内容写入摘要；一般也不要对论文内容做诠释和评论（尤其是自我评价）。

（2）不得简单重复题名中已有的信息。

（3）结构严谨，表达简明，语义确切。

（4）用第三人称。建议采用“对……进行了研究”、“报告了……现状”、“进行了……调查”等记述方法标明一次文献的性质和文献主题，不必使用“本文”、“作者”等作为主语。

（5）要使用规范化的名词术语，不用非公知公用的符号和术语。新术语或尚无合适汉文术语的，可用原文或译出后加括号注明原文。

（6）除了实在无法变通以外，一般不用数学公式和化学结构式，不出现插图、表格。

（7）不用引文，除非该文献证实或否定了他人已出版的著作。

（8）缩略语、略称、代号，除了相邻专业的读者也能清楚理解的以外，在首次出现时必须加以说明。

2．形象化元素的使用

回想一下，当你在街上接到一张广告传单的时候，当你打算安排假期出游去旅行社查看宣传手册的时候，你最先注意到的是什么？最先读到的一句话是什么？最可能的答案：最先注意到的是图片；最先读的一句话是图片的说明文字，因为那些图和文字提供了大量的信息。在论文中，这样的形象化元素也非常有用。

形象化元素是利用视觉快速而高效地传达大量数据的表达思想的形式。当你阅读广告或者宣传单的时候，你会发现图片比文字有更大的信息带宽，可以快速地获得比阅读文字更多的信息。同时，图片也更直观真实地展示了你需要查找或者检索的结果。我们说过科技写作是以精确的方式处理复杂的题材，需要精确、客观、直接、清晰的定义。科技写作者最重要的工具之一就是形象化元素。科技写作中的形象化元素包括方程、公式、插图、示意图、线条图、图示、曲线图、原理图、照片、表格等。无论你是要显示一个机构的剖视图还是要根据试验绘制一条曲线，你都会发现形象化元素是科技报告写作中极为重要的部分。

形象化元素有用，但不能滥用。使用形象化元素的一般准则如下：

（1）只有当你具有足够理由时才插入形象化元素。如果你不知道为何要使用形象化元素，可能就是不需要。

（2）在一个形象化元素出现之前先要在正文讨论中提到它。如果形象化元素先于正文出现，读者会疑惑它为什么出现在这里。

（3）一定要给每个形象化元素编号和命名。

（4）要确保每个形象化元素都能澄清或者加强正文的讨论。形象化元素必须和正文结合在一起，而不是把它们放在同一个地方而已。因此形象化元素的标示文字和图表注释应该与正文中引用该元素处的内容匹配。

（5）使用的形象化元素含有引用信息或者借用思路，都要标明。因为形象化元素常与正文分离，不能仅仅依赖正文说明或括号标注，在形象化元素中也需要说明来源，通常加一行放在序号和名称之下。

形象化元素通常包括几大类：方程、公式、示意图、曲线图、原理图、表格、图像。具体设计工具和绘制方法这里就不展开讨论了。记住形象化元素的设计有三个准则：

（1）可复制。设计形象化元素时需要考虑报告的输出过程。在屏幕上看起来很好很清晰的颜色在印刷过程中可能会表现出相同或近似的灰度。通常比较安全的做法是，单色油墨印刷或输出的材料中，尽量使用底纹来填充图形而避免使用颜色。

（2）简单。形象化元素的作用是补充或澄清你所表达的信息。极为复杂的概念、精确建模等信息不适合使用形象化元素来描述。另外，有一些复杂概念需要分解为多个较小的部件以进行有效的表述。

（3）精确。要确保你所使用的形象化元素能精确描绘所要表达的信息。不能通过改变尺度，或不恰当地显示相对大小关系来夸大数据。可以强调图表中的某一部分，或者增强一个具体特性的详情，但必须是事实而非谎言。

这里也有一个形象化元素使用的自查互查表（表 2.13），供大家在使用时候做参考。

表 2.13　形象化元素使用检查表

序号	检 查 内 容	自评	他评
【1】	对于要表达的信息是否选择了最合适的形象化元素？		
【2】	是否精确的显示了信息？		
【3】	每个形象化元素是否都有题目和序号？		
【4】	必要时是否标明了来源并与形象化元素放在一起？		
【5】	是否将形象化元素和引用它的正文结合成为一个整体了？		
【6】	是否在形象化元素出现之前就提到了它？		
【7】	在形象化元素中使用的标注是否和正文中的术语一致？		
【8】	如果对图像进行了修改，是否在图题或标注中做出了说明？		
【9】	在设计每一个形象化元素时是否考虑到了最后的出版过程？		

3．参考文献

正确列举参考文献是科技写作的重要环节，引用参考文献是科技写作中必须认真对待的问题。通常意义下，引用参考文献是将先前已有记录的内容、论文中涉及的参考资料来源在论文中标明并罗列出来。参考文献是向读者个人、组织或者出版机构表明，所述内容并非原创，或者不是该领域普遍知晓的想法或信息，同时也表明对原作者的感谢。提供参考文献的目的是提供足够的信息，使读者能够方便并且独立地查找、参阅那些文献。

在科技论文写作中需要标注引用参考文献的情况主要有三种：

（1）为符合法律要求的情形。法律要求当使用受版权保护的文献内容时，必须引用参考文献。例如一些书籍、程序、数据库、视频等，都是受版权保护其原创作品复制权的。虽然在合理使用原则（fair use doctrine）规定范围内，即使在没有取得原作者或版权持有者的许可，也可以将受版权保护的材料用于非商业、教学或研究活动，但合理使用原则同时要求要完整标注引用参考文献，否则不合法。

（2）为符合学术规范的情形。学术规范要求对不是原创的论点或者观点进行引用标注，除非这些论点是你所从事领域的常识。不管是直接还是间接地使用了这些论点，或者关于这些论点的释义或讨论，都必须标注引用参考文献。

（3）为树立可信性的情形。对一些不是基于常识的推断或者结论，必须要能够证明它们的正确性，这时候引用权威参考文献可以帮助树立文章的可信性。科技写作中，要避免一些无法论证的观点。如果文章的论断与权威机构的观点，或者过去已有的成果相一致，也要引用相关的参考文献以证明其正确性。

参考文献的标注格式在不同的论文报告撰写时会有不同的具体要求，我国的国家标准 GB7713-87《科学技术报告、学位论文和学术论文的编写格式》（GB77B-87）中，参考文献的著录格式按照国家有关标准 GB/T 7714—2005《文后参考文献著录规则》进行著录。本课程中我们统一按照《北京理工大学博士、硕士学位论文撰写规范》要求。

（1）*参考文献的标注格式*

参考文献的标注格式为[序号]，放在引文或转述观点的最后一个句号之前，所引文献序号用 Times New Roman 体、以上角标形式置于方括号中，如："……成果[1]"。文献标注方法有以下几种：

1）将文献编号置于方括号内，放置于所要标注的部分的右上角。例如：相位相关法是一种基于傅式功率谱的频域相关技术[3]。

2）引用同一著者的多篇文献时，只需将各篇文献的编号在方括号内全部列出，各编号之间用逗号"，"隔开，如遇连续编号，可以标注起讫号。例如：唐敖庆先生[22, 36, 65]指出……；莫拉德[21-26]指出……。

3）如果参考文献用作论文的直接说明语时，可将文献编号置于方括号中与正文并列。例如：由文献[6]知……

4）同一处引用多篇文献时，将各篇文献的序号在方括号中全部列出，各序号间用"，"；如遇连续序号，可标起讫号"-"。例如：对甲醛反应动力学的研究[3, 6, 15-22]

5）多处引用同一篇文献时，在正文中标注首次引用的文献序号，并在序号的方括号外著录引文、页码。例如：……研究[3]4，……成果[3]26。

（2）*参考文献的著录标准及格式*

参考文献著录应项目齐全、内容完整、顺序正确、标点无误。具体要求如下：

1）著录格式：参考文献的序号左顶格，并用数字加方括号表示，如［1］，［2］，……，每一参考文献条目的最后有结束符"．"。在参考文献中的标点符号都采用"半角标点符号＋空格"形式。

2）排列顺序：根据正文中首次引用出现的先后次序递增，或者按第一作者姓的英文字母或拼音字母的英文字母顺序递增，与正文中的指示序号一致。

3）作者姓名：只有 3 位及以内作者的，其姓名全部列上，中外作者一律姓前名后，外国人的名可用第一个字母的大写代替，如：William E（名）Johns（姓）在参考文献中应写为 Johns W E；有 3 位以上作者的，只列前 3 位，其后加"，等"或"，et al"。

4）参考文献类型及标识：根据 GB/T3469《文献类型与文献载体代码》规定，对各类参考文献应在题目后用方括号加单字母方式加以标识。各种参考文献类型及标识见表 2.14。

表 2.14　文献类型和标识码

文献类型	标志代码
普通图书	M
会议录	C
汇编	G
报纸	N
期刊	J
学位论文	D
报告	R
标准	S
专利	P
数据库	DB
计算机程序	CP
电子公告	EB

5）以纸张为载体的传统文献在引作为参考文献时不必著明其载体类型，而非纸张型载体的电子文献当被引用为参考文献时，需在参考文献类型标识中同时表明其载体类型，见表 2.15。

非纸张型载体的参考文献类型标识格式为：[电子文献类型标识/载体类型标识]，如：

[DB/OL] 联机网上数据库（Database online）
[DB/MT] 磁带数据库（Database on magnetic tape）
[M/CD] 光盘图书（Monograph on CD-ROM）
[CP/DK] 磁盘软件（Computer Program on disk）
[J/OL] 网上期刊磁盘软件（serial online）
[EB/OL] 网上电子公告（Electronic Bulletin Board online）

表 2.15 电子文献载体类型和标识代码

载体类型	标志代码
磁带	MT
磁盘	DK
光盘	CD
联机网络	OL

6）著录格式其他说明：文献原本就缺少某一项时，可将该项连同与其对应的标点符号一起略去；页码不可省略，起止页码间用“-”相连，不同的引用范围间用“，”相隔。期刊经常有不同的学科版，如自然科学版，社会科学版，标注时，请在刊名后加冒号，例如：北京理工大学学报：自然科学版。

7）各类引用参考文献条目的编排格式及举例见表 2.16。

表 2.16 参考文献的编排格式

序号	文献类型	格式及示例
1	学术期刊（共著录 8 项）	① ② ③ ④ ⑤ ⑥ ⑦ ⑧ [序号] 作者. 文献题目[J], 刊名, 出版年份, 卷号（期号）: 起止- 页码. [1]毛峡，丁玉宽. 图像的情感特征分析及其和谐感评价[J], 电子学报, 2001, 29（12A）:1923-1927. [2]Ozgokmen T M , Johns W E , Peters H, et al. Turbulent mixing in the red sea outflow plume from a high-resoluting nonhydrostatic model[J]. Journal of Physical Oceangraphy, 2003, V33（8）:1846-1869.
2	学术著作（至少著录7项）	① ② ③ ④ ⑤ ⑥ ⑦ ⑧ ⑨ [序号] 作者. 书名[M]. 版次（首次免注）. 翻译者. 出版地: 出版社, 出版年: 起止页码. [3]余敏. 出版集团研究[M]. 北京: 中国书籍出版社, 2001: 179-193.
3	有 ISBN 号的论文集（共著录 9 项）	① ② ③ ④ ⑤ ⑥ ⑦ ⑧ ⑨ [序号] 作者. 题目. 主编. 论文集名[C]. 出版地: 出版社, 出版年: 起止-页码. [4]毛峡. 绘画的音乐表现. 中国人工智能学会 2001 年全国学术年会论文集[C]. 北京: 北京邮电大学出版社, 2001: 739-740. [5] Mao Xia. Analysis of Affective Characteristics and Evaluation of Harmonious Feeling of Image Based on 1/f Fluctuation Theory. International Conference on Industrial & Engineering Applications of Artificial Intelligence & Expert Systems（IEA/AIE）[C]. Australia Springer Publishing House, 2002: 17-19.
4	学位论文（共著录 6 项）	① ② ③ ④ ⑤ ⑥ [序号] 作者. 题目[D]. 保存地: 保存单位, 年份. [6]张和生. 地质力学系统理论[D]. 太原: 太原理工大学, 1998.
5	专利文献（共著录 6 项）	① ② ③ ④ ⑤ ⑥ [序号] 专利所有者. 专利题目[P]: 专利国别, 专利号, 发布日期. [7] 姜锡洲. 一种温热外敷药制备方案[P]: 中国, 881056078, 1983-08-12.
6	技术标准（共著录 6 项）	① ② ③ ④ ⑤ ⑥ [序号] 标准代号, 标准名称[S]. 出版地: 出版者, 出版年. [9] GB/T 16159-1996, 汉语拼音正词法基本规则[S]. 北京: 中国标准出版社, 1996.
7	报纸文章（共著录 6 项）	① ② ③ ④ ⑤ [序号] 作者. 题目[N]. 报纸名, 出版日期（版次）. [10]毛峡. 情感工学破解‘舒服’之迷[N]. 光明日报, 2000-4-17（B1）.
8	报告（共著录 6 项）	① ② ③ ④ ⑤ ⑥ [序号] 作者. 文献题目[R]. 报告地: 报告会主办单位, 年份. [7] 冯西桥. 核反应堆压力容器的 LBB 分析[R]. 北京: 清华大学核能技术设计研究院, 1997.
9	电子文献（共著录 6 项）	① ② ③ ④ ⑤ ⑥ [序号] 作者. 电子文献题目[文献类型/载体类型]. 发表或更新日期）[引用日期]. 文献网址或出处. [21] 王明亮. 中国学术期刊标准化数据库系统工程的[EB/OL]..（1998-08-16）[1998-10-04]http://www.cajcd.cn/pub/wml.txt/980810-2.html.

4. 阅读对象的预设

学生在写课题报告和学位论文的时候，往往会首先把报告和论文的读者定位为老师，并且预设老师比学生更熟悉文献更理解该领域的发展，甚至对研究主题也更清楚。这种思路会首先对自己的写作热情造成一个打击，因为你预设阅读对象已经对你要写的东西了如指掌，你会觉得已经没什么可写的了。因此在写作中或者增加一些不相干的抽象艰深理论以显示自己思考的能力层次，或者对自己的研究和亮点轻描淡写一语带过，或者两者都有。这样写出来的论文或报告，会像是一片沙砾的海滩，你的工作和思想如同贝壳，零碎而且不起眼的分布在沙滩中，必须刻意努力的寻找，否则就会被忽略或者埋没。

其次，这种预设读者是老师的思路，可能会带来一种对读者先验知识的错误假设，对一些读者理解本报告所需要的理论知识直接忽略了。在上一节中我们提到过，不管开题结题或者文献综述报告，都是独立成篇的。在撰写一个完整的报告或论文时，背景分析和相关理论回顾讨论是必要的。

针对这种情况，我们建议学生在写作报告或者论文的时候，尝试练习角色互换，把读者当成你的学生。你要假设读者是没有做这个研究的人，或者没有用你觉得最相关的理论分析现象的人，不管他是不是这个领域的顶尖学者，在他阅读你所发表的研究时，他就是你的学生，你有责任也有义务更应该热情地给他表述清楚你的思路和想法，让他明白你的工作。要知道，别人起码没有跟你做过一模一样的经验性研究（不然你的工作有什么意义），即使有人做过类似或者相同方向的研究，至少你在别人的基础上增加了新的资料，即使针对同样的资料，你也有跟别人不一样的看法。你为这个领域增加了新的思路和看法，这就值得你认真把这些思路传达给别人。

另一方面，也不要过低估计读者的知识水平，事无巨细一律详细讨论描述，过多的铺垫和背景知识只会冲淡主题，降低读者的阅读兴趣。建议在论文或者报告写作时，多读同领域质量好一些的相关文献，从别人的写法中逐渐总结提炼出自己的写法风格。

参考文献

[1] 蒋永新，叶元芳，蒋时雨编著，现代科技信息检索与利用. 上海：上海大学出版社，1999

[2] Leo Finkelstein.Jr.著. 王朔中译. 科技写作教程（第 3 版），北京：清华大学出版社，2011

[3] 毕恒达. 教授为什么没告诉我. 北京：法律出版社，2007

[4] 郑诚功. 如何撰写科技论文，北京：中国矿业大学出版社，2011

[5] 孙平，伊雪峰. 科技写作与文献检索. 北京：清华大学出版社，2013

[6] 张俊东，杨亲正. SCI 论文写作和发表: You Can Do It. 北京：化学工业出版社，2013

[7] 百度文库，http://wenku.baidu.com/

第二篇　光电测控系统基本模块

光电测控系统的基本功能模块如第一篇中图 1.1 所示，它通常可以分解为由光信息产生模块、光信息获取和转换模块、光电信息处理模块和系统执行模块几大功能模块构成的闭环系统。本篇将分别讨论这几个模块的组件及设计。

第 3 章　光信息的产生模块

3.1　光电测控系统中的光源及辐射源

3.1.1　光源的几个基本概念

光源是光信息产生模块的核心，是指产生红外、紫外和可见光波段光辐射的物体。

我们现在应用的光源，总的来说，可以分为自然光源和人造光源，自然光源主要是指天然存在的如太阳辐射、地面热辐射等。因为自然光源的稳定性不易控制，因此较少用于测试测量中。

人造光源按其发光机理可分为：热辐射源，受激辐射源，电致辐射源，光致辐射源，化学和生物发光，场致发光，以及阴极射线发光等。

作为光电测控系统中一种必不可少的器件，光源的应用主要集中在仪器的传感系统和读数系统两部分，为了在设计和应用光电测控系统时能选择合适的光源，有必要对有关光源的一些基本物理量和定律做一个简单的回顾。

1．光源的几个基本参数

我们知道可见光主要由辐射量和光学量这两种量值系统来度量，以下将对光电测控系统中常常涉及到的几个辐射量和光度学量做一些介绍。

（1）光源相关基本概念

1）黑体：是人们假设的一个理想的模型，不反射光、在相同的温度下都发出同样形式的热辐射电磁波谱，能吸收任何波长的辐射。通常称为“绝对黑体”或“黑体”，是一种理想化的模型，自然界中不存在。

2）光谱功率分布：简单说就是指光源中不同颜色光线辐射出的功率大小。光源的光谱功率分布通常分为四种情况，如图 3.1 所示，其中，图(a)为线状光谱，如低压汞灯的光谱，图(b)为带状光谱，如高压汞灯和高压钠灯的光谱，图(c)为连续光谱，所有热辐射光源的光谱都是这种类型的，如白炽灯、卤素灯光谱，图(d)为复合光谱，由线状、带状光谱与连续谱组合而成，如荧光灯光谱。

3）色温：若某光源所发射出光的颜色与标准黑体在某一温度下辐射的颜色相同，则标准黑体的温度就称为该光源的色温。色温表现了光源辐射光谱特征。

4）发光效率：在一定波长范围内，光源发出的光通量ϕ与所消耗的电功率p之比，称为该光

源在这一波长段的发光效率η，即光源每消耗一瓦功率所发射出的特定波长的流明数。表示为

$$\eta=\frac{\phi}{p}=\frac{\int_{\lambda_1}^{\lambda_2}\phi\mathrm{d}\lambda}{p} \tag{3.1}$$

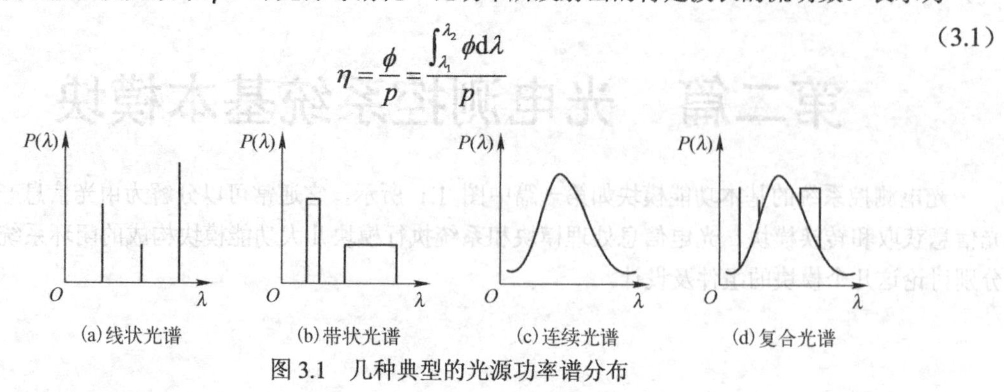

图 3.1　几种典型的光源功率谱分布

应尽量选用η值高的光源。

（2）照明的基本概念

1）辐射通量：单位时间内某辐射体发射出的总能量称为辐射通量，单位为瓦特（W）。

2）光通量：某辐射体辐射通量在可见光波段的部分称为光通量，这是一个表示可见光对人眼视觉刺激程度的量，单位为流明（lm）。光通量ϕ与辐射通量ϕ_e之间的关系为：

$$\phi=\int_0^{\infty}CV_{(\lambda)}\phi_{e\lambda}\mathrm{d}\lambda \tag{3.2}$$

其中C为常数，在所有量都取国际单位的情况下，C=683(cd·sr)/W，$V_{(\lambda)}$为视见函数。

3）发光强度：发光强度是表征光源在特定方向上的发光强弱的量。假如点光源在某一立体角$\mathrm{d}\Omega$内发出的光通量为$\mathrm{d}\phi$，则光源在这一方向上的发光强度为$I=\mathrm{d}\phi/\mathrm{d}\Omega$，即点光源在单位立体角内发出的光通量，单位为坎德拉（cd）。

4）光出射度：单位面积上光源发出的光通量称为光出射度，假定微小面元$\mathrm{d}A$发出的光通量为$\mathrm{d}\phi$，则光出射度可表示为$M=\dfrac{\mathrm{d}\phi}{\mathrm{d}A}$，单位为流明/平方米（$\mathrm{lm/m^2}$）。

5）光亮度：发光面上单位投影面积在单位立体角内所发出的光通量，表示了发光面不同位置不同方向的发光特性。假定微小面元$\mathrm{d}A$在AO方向的发光强度为I，则光亮度用公式表示为

$$L=\frac{I}{\mathrm{d}S\cdot\cos\alpha} \tag{3.3}$$

α为$\mathrm{d}A$法线与AO之间的夹角，L单位为坎德拉每平方米（$\mathrm{cd/m^2}$）。

2. 有关光源的几个基本定律

（1）基尔霍夫定律（Kirchhoff laws）

我们知道，任意温度高于绝对温度的物体总是一刻不停地在发射与自身温度T相对应的电磁辐射，同时也吸收外界的电磁辐射。在对黑体和黑体模型进行了大量研究的基础上，基尔霍夫提出，在一定温度下，对任何物体而言，其辐射发射量$M(\lambda,T)$都与本身性质无关，而是一个与物体的吸收率$\alpha(\lambda,T)$成正比的普适函数，这就是基尔霍夫定律，用数学表达式可以表示为：

$$\frac{M_1(\lambda,T)}{\alpha(\lambda,T)}=\frac{M_2(\lambda,T)}{\alpha(\lambda,T)}=\cdots=f(\lambda,T) \tag{3.4}$$

其中$f(\lambda,T)$是一个只与波长和温度有关的函数，并且恒等于同温度下黑体的辐射本领。式（3.4）说明在热平衡状态下，对任意波长而言，物体A的辐射功率与吸收功率相等，并可推出

$$\frac{M_A(\lambda,T)}{\alpha_A(\lambda,T)}=H(\lambda,T) \tag{3.5}$$

其中$H(\lambda,T)$表示物体 A 所接受的表面照度，此式是普适的。由以上式子可得出

$H(\lambda,T)=f(\lambda,T)$，它表明任意物体的单色辐出度与单色吸收率的比例系数与个别物体无关，而是等于真空中的光谱辐照度。

（2）斯忒藩–玻耳兹曼定律（Stefan–Boltzmann law）

斯忒藩–玻耳兹曼定律是一个研究黑体辐射的实验定律，描述了黑体辐射的全波长辐射量 $M(T)$ 与温度之间的关系。

由基尔霍夫定律可以看出，$M(\lambda,T)$ 是温度的函数，在全波长范围内对 λ 积分，必然得到关于温度的函数，并且 1879 年，斯忒藩（J.Stefan，1835～1893 年）从实验观察到黑体的辐出度与绝对温度 T 的四次方成正比，用公式可描述为：

$$M(T)=\int_0^\infty M(\lambda,T)\mathrm{d}\lambda=\sigma T^4 \tag{3.6}$$

其中 $M(T)$ 是全波长范围内黑体的辐射出射度，σ 是斯忒藩–玻耳兹曼常数，$\sigma=5.67032\times10^{-8}\mathrm{W}/(\mathrm{m}^{-2}\cdot\mathrm{K}^{-4})$，$T$ 是黑体的热力学温度。从式中和图 3.2 可以看出，黑体的全波长辐出度（即为一定温度 T 时的曲线下方面积）随温度的升高而显著增加，由此可以看出，很小的温度变化就可引起全波辐射出射度的很大变化，此定律称为斯忒藩–玻耳兹曼定律，可用此定律来求温度 T。由物体辐射出射度的变化还可求出其温度的变化。

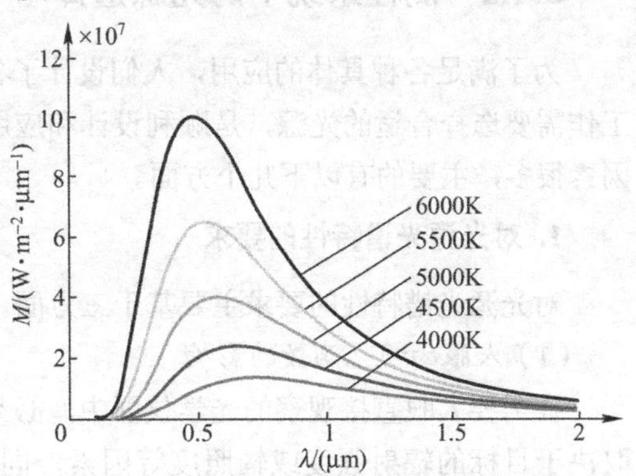

图 3.2 不同温度下黑体辐射的功率谱

（3）维恩位移定律（Wien displacement law）

从上面的曲线中可以看出，随温度的升高，单色辐射出射度的峰值波长向短波方向移动，这就是维恩位移定律的内容，该定律也是一个实验定律，用公式表示为：

$$\lambda_{\mathrm{m}}T=b \tag{3.7}$$

b 称作位移常数，λ_{m} 是黑体辐射辐出量的峰值波长，T 是热力学温度。维恩位移定律的意义还在于，如果知道了黑体的热力学温度，就可求出黑体最大出射辐射度对应的峰值波长，反之，如果测得了黑体的峰值辐射波长，则可以推出黑体的表面热力学温度。

（4）普朗克定律（Planck law）

黑体辐射规律是原子能级上的规律，传统的经典物理学无法对其做出准确的解释。1900 年，普朗克提出一个基于量子物理的假说，即黑体辐射式带电的质点（如分子，原子等）发生振动的结果，这些质点的振动激发出电磁波，并和周围的电磁场交换能量，但其交换和辐射的能量都是量子化的，只能是一个基本量的整数倍，并且是不连续的，其能量为

$$\varepsilon=h\nu \tag{3.8}$$

h 是普朗克常数，ν 是辐射频率。根据这个量子假说，普朗克提出了著名的黑体辐射光谱分布方程式，也就是普朗克公式：

$$M_{\mathrm{B}}(\lambda,T)=\frac{2\pi hc^2}{\lambda^5(\mathrm{e}^{hc/\lambda kT}-1)} \tag{3.9}$$

令 $c_1=2\pi hc^2$，$c_2=hc/k$，公式可写为

$$M_{\mathrm{B}}(\lambda,T)=\frac{c_1}{\lambda^5(\mathrm{e}^{c_2/\lambda T}-1)} \tag{3.10}$$

其中，λ 是的辐射波长；T 是热力学温度；$h=(6.6256\pm0.0005)\times10^{-34}\,\mathrm{W\cdot m^2}$，是普朗克常数；$c=2.99793\times10^{8}\,\mathrm{m/s}$，是光在真空中传播速度；$c_1=(3.741832\pm0.000020)\times10^{-12}\,\mathrm{W\cdot cm^2}$，称作第一辐射常数；$c_2=(1.438786\pm0.000045)\times10^{4}\,\mathrm{\mu m\cdot K}$，称作第二辐射常数。根据普朗克公式可得出不同温度条件下黑体的单色辐射出射度的变化曲线，如图 3.2 所示，由图可见：

1）在某一温度下，黑体的光谱辐射出射度随波长连续变化，具有单一峰值，且对应不同温度的曲线不相交，由此可见黑体的单色辐射出射度和辐射出射度由温度唯一确定。

2）随温度的升高，单色辐射出射度和辐射出射度增大。

3）峰值波长随温度升高向短波方向移动（维恩位移定律），每一条曲线下的面积对应某一温度下黑体的辐射出射度（斯忒藩–玻耳兹曼定律）。

3.1.2 测控系统中的光源选择

为了满足各种具体的应用，人们设计了各种类型的光源，在具体的光电检测系统中，按实际的工作需要选择合适的光源，是顺利设计和应用光电测控系统的关键因素之一。选择光源时要考虑的因素很多，主要的有以下几个方面。

1. 对光源光谱特性的要求

对光源光谱特性的要求主要基于三方面。

（1）人眼的视见函数的影响

在需要人眼直接观察的光学仪器中，必须考虑观察目标的光亮度问题，人眼视觉的强弱，不仅取决于目标的辐射强度或辐照度等因素，同时还和照明光源的波长有关，人眼只对波长在 400～760nm 范围的电磁辐射敏感，同时即使在可见光范围内，人眼对不同波长的光敏感度也不同。

（2）满足测试系统的要求

不同的测试系统或检测任务，要求的光谱范围也不同，如可见光、红外光、白光或单色光，有时要求连续的光谱或特定的光谱段等。如在一些干涉测量仪器中，必须要求光源是相干光源。总之，选择光源时必须满足系统对光源光谱特性的要求。

（3）满足探测器的要求

光源必须和系统中信号探测器的光谱特性相匹配，为增大光电检测系统的信噪比，定义光源和探测器光谱匹配系数 α 的概念，借此描述光谱特性间的重合度。$\alpha=\dfrac{\int_0^\infty W_\lambda\cdot S_\lambda \mathrm{d}\lambda}{\int_0^\infty W_\lambda \mathrm{d}\lambda}$，$S_\lambda$ 为光电探测器在 λ 波长处的相对灵敏度，W_λ 为光源在 λ 波长处的相对光辐射通量。可见，α 表示光源与探测器产生的光电信号与光源总通量的比值。设计或使用仪器时应尽可能使 α 的值大些。

2. 对光源光度特性的要求

这里所说光源光度特性主要指以下特性。

（1）光源的发光强度

光源的发光强度必须合适，强度太小，无法满足探测器性能或人眼的视见要求，可能会导致无法正常工作，强度太大，可能导致仪器的非线性误差甚至损坏仪器，因此，必须对系统要求进行估计，选择合适发光强度的光源。

（2）强度空间分布

一般光源空间各向发光强度是不同的，在应用中要注意用光强度高的方向作为照明方向，在要求均匀照明的系统中，要注意选用各部位发光均匀的光源。

（3）灯丝形状及灯泡形状、体积

光源大致有点、线、面三种形状，应根据不同的系统要求选用合适的光源，如投影类仪器的光源常用点光源，以满足平行光的要求，提高测量精度，对计量光栅则可采用点光源或线光源。除此之外，在对仪器的外形和尺寸有要求的场合，灯泡的形状及体积则可能是一个很重要的因素，需要认真加以考虑。

（4）光源稳定性的要求

光电测试仪器的种类繁多，检测对象也各不相同，比如有的以脉冲为检测对象，有的以光强为检测对象，还有以相位、频率等作为检测对象的。不同的系统对光源的稳定性有不同的要求，如有些系统对脉冲进行计数作为测量的依据，这种系统中，光源的稳定性可以稍差一些，只要光源的波动不对脉冲的个数产生影响即可，而以光强、光亮度、光通量等作为测量依据的光电系统中，对光源的稳定性要求就比较高。而且不同精度的检测系统对光源的精度要求也不尽相同，应当综合考虑精度、成本等因素，不要盲目追求高的稳定性。

稳定光源发光的方法比较多，可以采用稳压电源供电或稳流电源供电，一般认为后者的稳定性好于前者。还可以用光源采样反馈系统来控制光源的输出，可根据实际情况进行选择。

除以上因素之外，光电测控系统中的光源还有一些其他的要求，如偏振、方向性、发光面积大小、灯泡玻壳的形状和均匀性、发光效率、寿命、电源系统及价格等。这些方面均应视不同的系统要求予以满足。

3.1.3　测控系统中的几种常用光源及其特性

在实际工作中，可用的光源种类极其繁多，而光电测控系统中人们最常用的光源大体可分为四类：热辐射光源，主要包括白炽灯、卤钨灯；气体发光光源：如氙灯、钠灯、氖灯、汞灯、氢灯等；固体光源：应用最广的是各种二极管；激光光源，种类繁多，但常用的主要有 He-Ne 激光器，激光二极管等。了解这些常用光源的特性，对光电测控系统的设计和正确使用是非常重要的，本节我们将对这些常用光源做一些简单介绍。

1. 自然光源

（1）各种自然辐射源的种类及辐射特性

自然辐射源是指太阳、地球、行星、恒星、云和大气。

① 太阳

大气层外的太阳辐射的光谱分布大致与 5900K 绝对黑体的光谱分布相似，图 3.3 给出了太阳辐射光谱。图 3.4 给出了平均地日距离上，太阳辐射的光谱分布曲线，阴影部分表示在海平面上由于大气所产生的吸收。

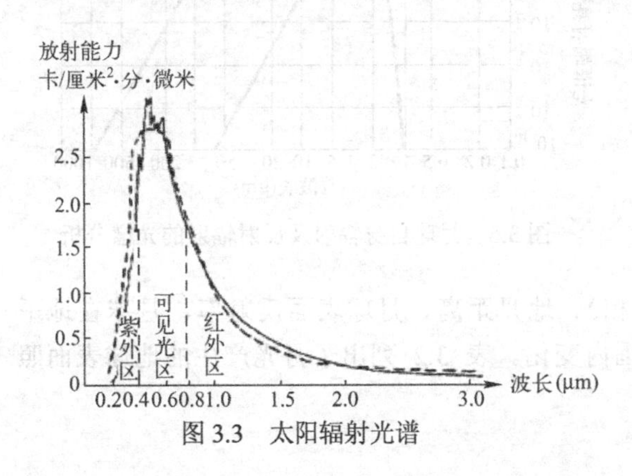

图 3.3　太阳辐射光谱

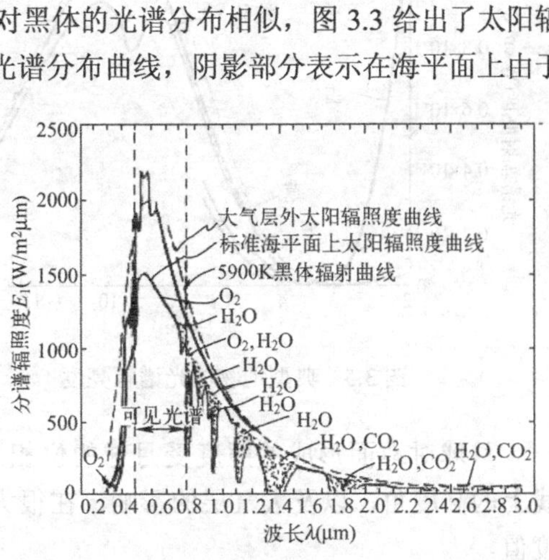

图 3.4　在平均地日距离上太阳的光谱分布

太阳辐射通过大气时，受到大气吸收和散射，照射至地球表面的辐射大多集中在 0.3-3.0μm 的波段，其中大部分集中于 0.38-0.76μm 的可见光波段。照射至地球表面的太阳辐射功率、光谱分布与太阳高度、大气状态的关系很大。随着季节昼夜时间、辐射地域的地理坐标、天空云量及大气状态的不同，太阳对地球表面形成的照度变化范围很宽。表 3.1 给出上述诸多因素对地面照度的影响。在天空晴朗且太阳位于天顶时，地面照度高达 1.24×10^5lx。

表 3.1　太阳对地球表面的照度

太阳中心的实际高度角/(°)	地球表面的照度/ (10^3lx)			阴影处和太阳下之比	阴天和太阳下之比
	无云太阳下	无云阴影处	密云阴天		
5	4	3	2	0.75	0.50
10	9	4	3	0.44	0.33
15	15	6	4	0.40	0.27
20	23	7	6	0.30	0.26
30	39	9	9	0.22	0.23
40	58	12	12	0.21	0.21
50	76	14	15	0.18	0.20
55	85	15	16	0.18	0.19
60	102	–	–	–	–
70	113	–	–	–	–
80	120	–	–	–	–
90	124	–	–	–	–

② 地球

白天地球表面的辐射主要由反射和散射的太阳光以及自身热辐射组成。因此，光谱辐射有两个峰值，一是位于 0.5μm 处由太阳辐射产生，一是位于 10μm 处由自身热辐射产生。夜间太阳的反射辐射观察不到，地球辐射光谱分布是其本身热辐射的光谱分布。图 3.5 给出了地面某些物体的光谱幅射亮度，并与 35℃黑体做比较。

地球辐射主要处于波长 8～14μm 大气窗口，该波段大气吸收很小，成为热成像系统的主要工作波段。地球表面的热辐射取决于它的温度和辐射发射率。地球表面的温度根据不同自然条件而变化，大致范围是-40℃～40℃。

地球水面辐射取决于温度和表面状态。无波浪时的水面，反射良好，辐射很小；只有当出现波浪时，海面才成为良好的辐射体。

③ 月球

月球辐射主要包括两部分：一是反射的太阳辐射；一是月球自身的辐射。图 3.6 所示为月球自身辐射及反射辐射的光谱分析，月球的辐射近似于 400K 的绝对黑体，峰值波长为 7.24μm。

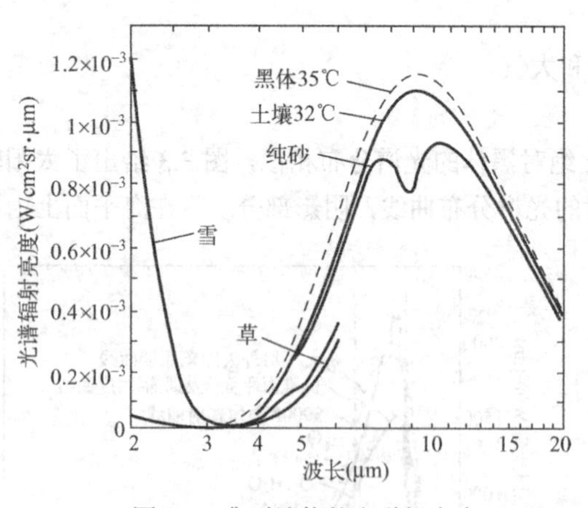

图 3.5　典型地物的光谱辐亮度

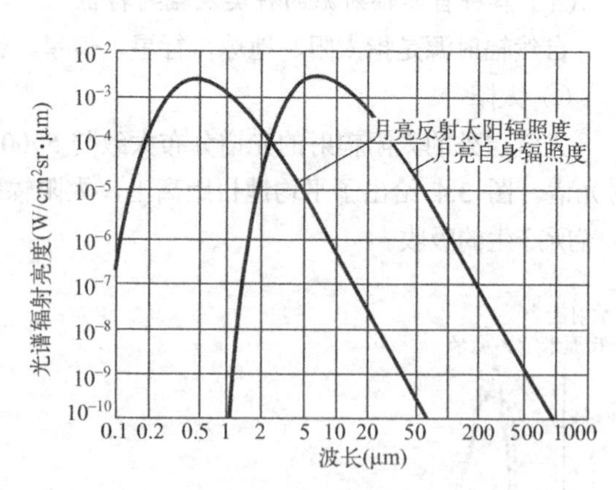

图 3.6　月球自身辐射及反射辐射的光谱分析

月球对地面形成的照度受月球的位相（月相）、地月距离、月球表面反射率、月球在地平线上的高度角，以及大气层的影响，在很大范围内变化。表 3.2 列出了月光产生的地球表面照度值。

表 3.2　月光所形成的表面照度

月球中心的实际高度角（°）	不同距角 Φ_e 下地平面照度 E(lx)			
	Φ_e=180°（满月）	Φ_e=120°	Φ_e=90°（上弦或下弦）	Φ_e=60°
−0.8°（月出或月落）	9.74×10^{-4}	2.73×10^{-4}	1.17×10^{-4}	3.12×10^{-5}
0°	1.57×10^{-3}	4.40×10^{-4}	1.88×10^{-4}	5.02×10^{-5}
10°	2.34×10^{-2}	6.55×10^{-3}	2.81×10^{-3}	7.49×10^{-4}
20°	5.87×10^{-2}	1.64×10^{-2}	7.04×10^{-3}	1.88×10^{-3}
30°	0.101	2.83×10^{-2}	1.21×10^{-2}	3.23×10^{-3}
40°	0.143	4.00×10^{-2}	1.72×10^{-2}	4.58×10^{-3}
50°	0.183	5.12×10^{-2}	2.20×10^{-2}	5.86×10^{-3}
60°	0.219	6.13×10^{-2}	2.63×10^{-2}	……
70°	0.243	6.80×10^{-2}	2.92×10^{-2}	……
80°	0.258	7.22×10^{-2}	3.10×10^{-2}	……
90°	0.267	7.48×10^{-2}	……	……

④ 星球

星球的辐射随时间和在天空的位置等因素变化，但在任何时刻它对地球表面的辐射量都是很小的。在晴朗的夜晚，星对地面的照度约为 2.2×10^{-4}lx，相当于无月夜空实际光量的 1/4 左右。

星的明亮用星等表示，以在地球大气层外所接收的星光辐射产生的照度来衡量，规定星等相差五等的照度比刚好为 100 倍，所以，相邻的两星等的照度比为 $\sqrt[5]{100}=2.512$ 倍。星等的数值越大，照度越弱。作为确定各星等照度的基准，规定零等星的照度为 2.65×10^{-4}lx，比零等星亮的星，星等是负的，且星等不一定是整数。

若有一颗 m 等星和一颗 n 等，且 $n>m$，则两颗星的照度比：

$$E_m/E_n=(2.512)^{n-m} \tag{3.11}$$

或

$$\lg E_m-\lg E_n=0.4(n-m) \tag{3.12}$$

根据零等星照度值，可求出其他星等的照度值。

⑤ 大气辉光

大气辉光产生在 70km 以上的大气层中，是夜天辐射的重要组成部分。不能达到地球表面的太阳紫外辐射在高层大气中激发原子并与分子发生低几率碰撞，是大气辉光产生的主要原因。

大气辉光由原子钠、原子氧、分子氧、氢氧根离子以及其他连续发射构成（大气辉光的光谱分布见图 3.7）。0.75～2.5μm 的红外辐射主要是氢氧根的辐射。大气辉光的强度变化受纬度、地磁场情况和太阳骚动的影响。

由于 1～3μm 短波红外波段具有较高的大气辉光，加之处于大气窗口以及 1.54μm 激光器的使用，使 1～3μm 成为新的夜视成像波段。

⑥ 夜天空辐射

夜天空辐射由上述各种自然辐射源共同形成。夜天空辐射除可见光辐射外，还包含丰富的近红外辐射，正是微光夜视系统所利用的波段。夜天空辐射的光谱分布在有月和无月时差别很大。有月夜空辐射的光谱分布与太阳辐射的光谱相似，无月夜空辐射的各种来源所占百分比是：星光及其散射光 30%；银河光 5%；黄道光 15%；大气辉光 40%；后三项的散射光 10%。

夜天空辐射的光谱分布如图 3.8 所示。无月星空的近红外辐射急剧增加，比可见光辐射强得多，这就要求像增强器和微光摄像管的光谱响应向近红外延伸，以便充分利用 1.3μm 以下波长的近红外辐射。在夜光辐照下，不同天气条件下地面景物照度列于表 3.3。

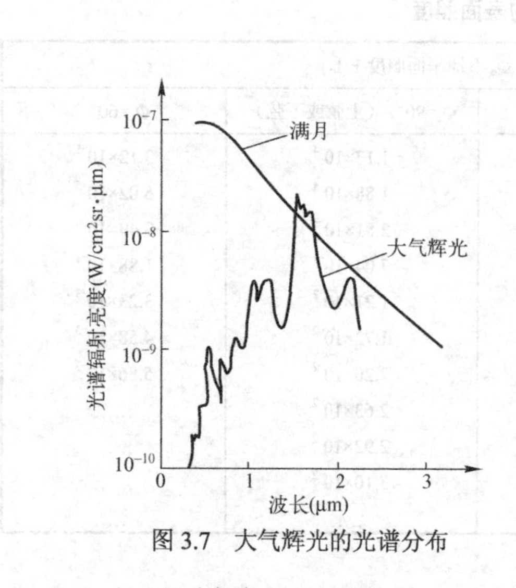

图 3.7　大气辉光的光谱分布

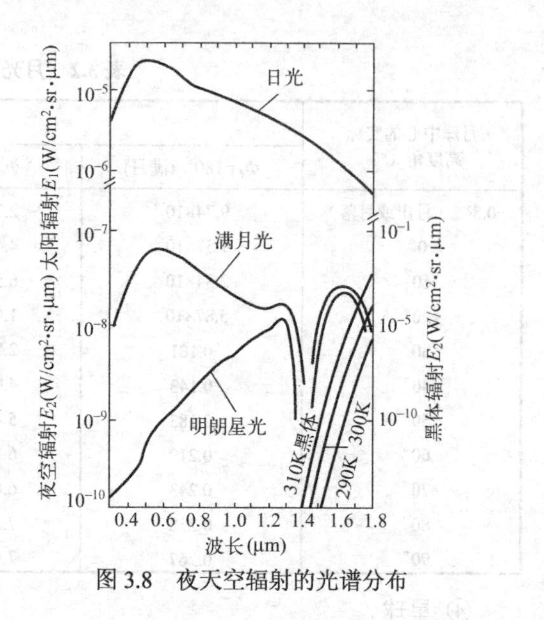

图 3.8　夜天空辐射的光谱分布

（2）地面长波辐射

地面向上长波辐射可以表示为

$$U = \varepsilon \delta T_0^4 \qquad (3.13)$$

式中，ε 为地表比辐射率，δ 为斯蒂芬–波耳兹曼常数，T_0 为地表温度。由式（3.13）可知，地面长波辐射与地表温度的变化相一致，在地表性质大致相似的情况下，T_0 的大小决定了 U 值的强弱，图 3.9 所示为新疆塔中地面及大气长波辐射平均日变化。

表 3.3　不同自然条件下表面景物照度

天气条件	景物照度（lx）	天气条件	景物照度（lx）
无月浓云	2×10^{-4}	满月晴朗	2×10^{-1}
无月中等云	5×10^{-4}	微　明	1
无月晴朗（星光）	1×10^{-3}	黎　明	10
1/4 月晴朗	1×10^{-2}	黄　昏	1×10^{2}
半月晴朗	1×10^{-1}	阴　天	1×10^{3}
满月浓云	$2\sim8\times10^{-2}$	晴　天	1×10^{4}
满月薄云	$7\sim15\times10^{-2}$		

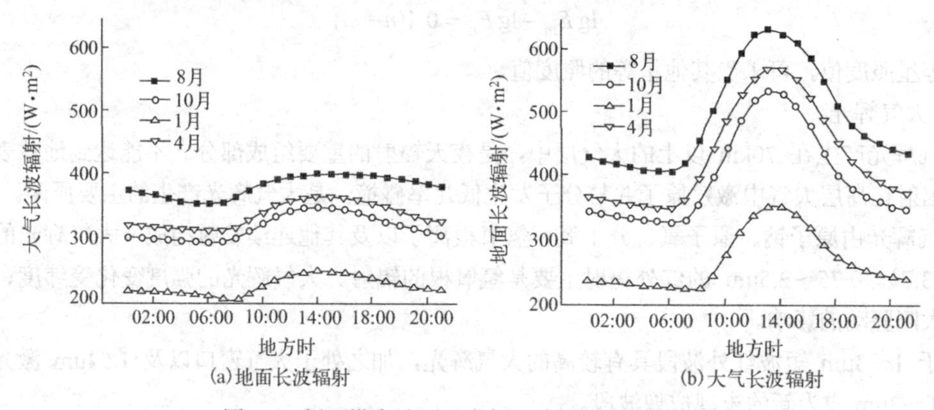

图 3.9　新疆塔中地面及大气长波辐射平均日变化

2. 热辐射光源

热辐射光源是基于物体的受热辐射原理而制作的光源，测试仪器中的热辐射光源一般都是用电源激励发光的，因此可以归入电致发光中。常用的热辐射光源主要是白炽灯，卤钨灯和硅碳棒，下面对这几种光源做一些比较详细的介绍。

（1）白炽灯

白炽灯是根据电流热效应原理工作的，靠钨丝被加热至白炽状态而发光，普通白炽灯由螺旋灯丝（钨丝）、支架、引线、泡壳和灯头等几部分组成。钨丝两端由导线引出，焊在灯头上，接通电路，钨丝被灼热到 2500K 左右就发白光。其光谱连续且范围宽，图 3.10 所示为白炽灯的相对光谱功率分布，在正常工作状态下紫外辐射和可见光辐射的比率较小。白炽灯的发光可靠，原理简单，寿命较长，成本低，品种规格繁多，亮度调节方便，使用稳压电源时，具有较高的稳定性。常用的白炽灯分为真空灯和充气灯两类，真空灯是将玻壳内气体抽出而制成，因为高温状态下钨原子会蒸发，因此发光温度较低，约在 2400K-2600K 之间，效率不高，约为 10～15 lm/W。经过研究得知，大约在 6500K 时，可见光在总辐射能中所占的比例最大，约为 43％。理论上发光效率可达 85 lm/W。所以提高钨丝白炽灯的温度不仅可以提高它的发光效率，而且还可以改善发光颜色。但随温度升高，钨的蒸发率急剧增大，在 2800K 时，钨的蒸发率比 2000K 时加快 100 万倍，为了减少钨丝的蒸发，经常在灯泡内填充一些惰性气体，如充氮或氩、氪、氙气等，这便是充气灯。充气后，由于惰性气体分子与蒸发出来的钨原子碰撞，使一部分钨原子回到灯丝上，有效地减少了钨丝的蒸发，因而延长了白炽灯的寿命，同时相对真空灯允许有更大的电流，更高的温度和相对较高的效率，其工作温度约为 2700K～3000K，发光效率也提高到了 17～20 lm/W。

白炽灯的功率范围很广，电压从几伏到数百伏，功率从零点零几瓦到数百瓦不等，外形各异，有球形、蘑菇形、烛形、指形、鸭梨形等各种分类，球形外形如图 3.11 所示，另外白炽灯的灯丝形状易于加工控制，可以满足具有不同的灯丝形状要求的应用场合，选择余地比较大。但总的来讲，白炽灯的效率不高，功率也受限制，主要用于小功率照明场合。在低于其额定电压情况下使用可以延长其寿命。如额定电压为 6V 的灯泡在 3.5V 的工作电压下，寿命可延长约 20 倍。白炽灯的另一特性是灯丝的电阻特性，一般情况下，灯丝的工作电阻是其冷电阻的 12～16 倍，所以，灯泡启动瞬间有较大电流，在一些特殊应用场合应考虑这个瞬时电流。表 3.4 给出了白炽灯的一些相关属性。

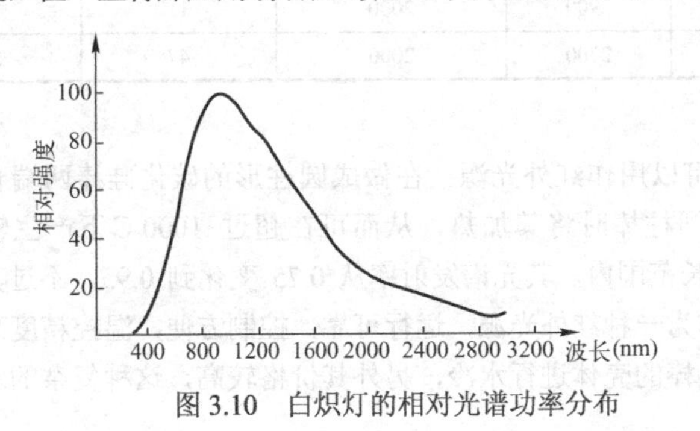

图 3.10　白炽灯的相对光谱功率分布

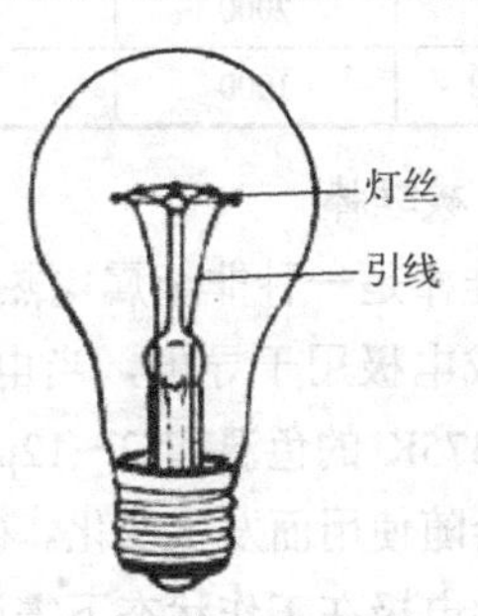

图 3.11　白炽灯外形图

表 3.4　白炽灯相关属性

电压（V）	功率（W）	光通量（lm）	光效比（L/W）	寿命（h）	直径（mm）	长度（mm）	色温（K）
2.4	1.008	13.83	13.72	10	3.0	10	3000
3.6	1.224	22.63	18.49	20	3.0	10	3000
1.5	0.025	0.099	3.96	500	2.0	6.0	3000
21	0.42	0.414	0.98	25000	2.5	5.0	3000
110/220	60	630	10.5	1000	35	97	
220	100	10.25	10.25	1500	60	104	2800
110/220	200	3200	16	1000	75	104	

（2）卤钨灯

为了进一步延长灯泡的寿命，提高其发光效率，人们将卤族元素充入玻壳中，制成卤素灯，如图 3.12 所示为单端卤钨灯。灯泡中充入卤族元素后，灯丝发热挥发时，卤族元素与钨原子在玻壳附近形成易挥发的卤族化合物，这种化合物又在灯丝附近分解，钨原子又重新分解出来沉积到灯丝上，如此循环，从而延长了灯丝的寿命，也防止了玻壳发黑，使灯泡在整个生命周期的光通量维持在 90%以上，但卤钨灯存在一个反转温度，高于这个温度时，玻壳内钨元素会出现过剩导致灯泡发黑，影响效率。

为了使管壁处生成的卤化钨处于气态，卤钨灯的管壁温度需要比普通白炽灯高出很多，因此其功率也要高出白炽灯很多，和白炽灯相比，卤钨灯是一种较大功率的照明器件，因此卤钨灯多用于大功率照明的场合。

图 3.12　单端卤钨灯

目前实践中已大量应用的卤钨灯包括碘钨灯和溴钨灯两大品种，卤钨灯的产品规格繁多，电压从几伏到上百伏，功率从几瓦到数千瓦不等。按结构又可分为单端和双端，按发光面形状有点、线、面型。卤钨灯的工作温度可达 3300K，效率能提升到 30lm/W。卤钨灯具有白炽灯的一切优点，但体积更小，效率更高，寿命更长（由美国斯格纳托勒公司推出的金属卤素灯可达 3～4 万小时），稳定性更好，主要用于光学仪器，光刻等投影装置。表 3.5 列出了卤钨灯的相关属性。

表 3.5　卤钨灯相关属性

电压（V）	功率（W）	光通量（lm）	色温（K）	平均寿命（h）	直径（mm）	全长（mm）
110/220	100	1500/1650	2700	2000	–	78
220	200	3520	2900	2000	11	117
220	500	9900	2900	2000	11	117
220	1000	24200	2900	2000	11	189
220	1500	36300	2900	2000	11	254
220	2000	48400	2900	2000	11	334
110/220	1000	20000	2700	2000	47	260

（3）碳硅棒

碳硅棒是一种非金属电热元件，可以用作红外光源。在做成圆柱形的碳化硅棒两端套上金属帽，构成电极用于导电，当电流通过圆柱棒时将其加热，从而可在超过 1000℃下产生辐射，在 1250～1375K 的色温和 2～12μm 的波长范围内，其光谱发射率从 0.75 变化到 0.95，不过其光谱发射率也会随使用而发生变化。碳硅棒作为一种红外光源，运行可靠，控制方便，温控精度高。不过其两端的电极在工作状态下需通过加热棒的壳体进行水冷，另外其价格较高，这种复杂的水冷形式和较高的价格是其主要缺点。

3. 气体放电光源

气体光源是用气体放电原理制成的，将两个电极密封在玻壳中，再充入一些特殊气体（氖，氢，氙，汞等），通过电极放电将气体电离，电离出离子和电子，离子和电子在电场力作用下各自向两个电极运动，与更多的原子碰撞，产生出更多的电子和离子，这个过程中，一些原子会被激发到激发态，激发态是一个不稳定的状态，在从激发态回到低能级时，原子便辐射出电磁波，这个过程反复进行，就是气体光源的发光原理。由于辐射机理的不同，气体光源有一些不同于热辐射的独特特性。

- 发光效率高，如高压汞灯的发光效率最高可达 60 lm/W 以上，而高压钠灯更可以达到 90 lm/W，远远高出普通白炽灯的发光效率。
- 寿命长，如一般钠灯或汞灯的寿命在 2500 小时以上。
- 覆盖光谱范围大，如汞灯可以发出 254nm 远紫外线，普通高压汞灯的光谱成分中包括长波紫外线、中波紫外线、可见光谱及近红外光辐射，其（汞灯的）发射谱线的几个峰值约在 400～550nm 之间。氙灯则接近日色。

● 结构紧凑，耐震耐冲击。

鉴于以上特点，气体放电灯被广泛应用于光电测控系统和工程照明中，下面我们将对几种常用的气体放电光源做简要介绍。

（1）氙灯

利用高压和超高压惰性气体放电可制成一类效率很高的光源，其中以氙灯最为常用，氙灯可分为短弧氙灯、长弧氙灯和脉冲氙灯三种，其相关属性如表 3.6 所示。

表 3.6　氙灯相关属性

型号	灯管型式	光窗材料	光谱分布（nm）	最低触发直流电压（V）	灯管电压直流（V）	灯管电流直流（mA）	光中心高度（mm）	灯丝参数				
								预热状态			工作状态	
								电压（V）	电流（A）	时间（S）	电压（V）	电流（A）
DD2.5	普通	石英	160～400	350	80	300	50	2.5	4	10-60	0-1	0-1.8
DD2.5A	凸窗	石英	160～400	350	80	300	50	2.5	4	10-60	0-1	0-1.8
DD2.5B	带座	石英	160～400	350	80	300	50	2.5	4	10-60	0-1	0-1.8
DD10	普通	石英	160～400	350	80	300	50	10	0.8	10-60	0-3.5	0-0.3
DD10A	凸窗	石英	160～400	350	80	300	50	10	0.8	10-60	0-3.5	0-0.3
DD10B	带座	石英	160～400	350	80	300	50	10	0.8	10-60	0-3.5	0-0.3

① 长弧氙灯

电极间距在 1.5~130cm 的氙灯称为长弧氙灯，一般是细管型，工作气压一般为一个大气压，光效在 24～37 lm/W 之间，水冷式长弧氙灯的发光效率更可高达 60 lm/W，其结构如图 3.13 所示。长弧氙灯的显色性较好，显色指数可达 95，色温为 5500K～6000K，寿命达 3000 小时以上，功率可达 10^2～2×10^6W，一般工作以前需要预热，预热时间约为几分钟。

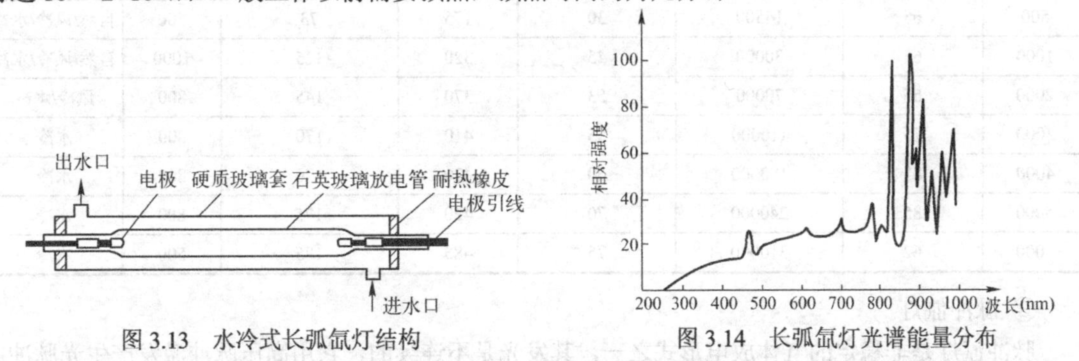

图 3.13　水冷式长弧氙灯结构　　图 3.14　长弧氙灯光谱能量分布

长弧氙灯辐射的光谱能量分布和日光接近，如图 3.14 所示，由于这个特点，它可用作电影摄影、彩色照相制版、复印及植物栽培等的光源，高功率的氙灯还可作为连续激光的泵浦。表 3.7 列出了长弧氙灯的相关属性。

表 3.7　长弧氙灯相关属性

功率（W）	电源电压（V）	工作电流（A）	外径（mm）	全长（mm）	光通量（lm）	色温（K）	平均寿命（h）
400	45	9	12	220			1000
1500	60	20	20	350			1000
3000	220	14±2	15±1	680±20	66000-51000	5000±500	500
3000	220	27±3	19±1	1070±10	132000-102000	5000±500	500
6000	220	27±3	9±0.4	425±8	210000-180000	5000±500	500
10000	220	46±4	25±1	1420±50	200000-250000	5500	1000
20000	220	92±8	32±2	1700±50	432000-540000	5500	1000

② 短弧氙灯

电极间距在毫米级的氙灯称为短弧氙灯，外表一般呈现球形，如图 3.15 所示，工作气压约为 1～2MPa，一般采取直流供电方式，其电弧亮度更高。短弧氙灯中，氙蒸汽的浓度更高，电离度更大，由于谱线的压力加宽和多普勒加宽作用，光谱更趋于连续。图 3.16 是短弧氙灯的光谱能量分布，与太阳的光谱很接近。短弧氙灯近似为高亮度点光源，其阴极点的最大亮度可达几十万坎德拉每平方厘米，阳极要低一个数量级，很不均匀。短弧氙灯的光色好，显色指数可达 95 以上，启动时间短，色温为 6000K 左右。其功率从数十瓦到上万瓦不等，短弧氙灯常用于电影放映，模拟日光灯，探照灯，模拟太阳光等。小功率短弧氙灯则用于各种光学仪器。表 3.8 列出了短弧氙灯的相关属性。

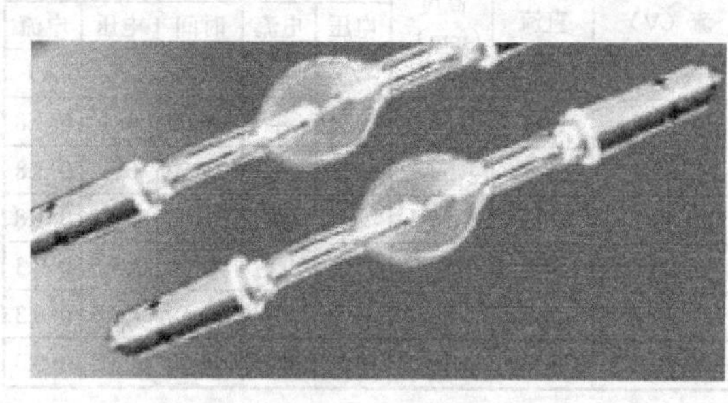

图 3.15　球形超高压电弧氙灯

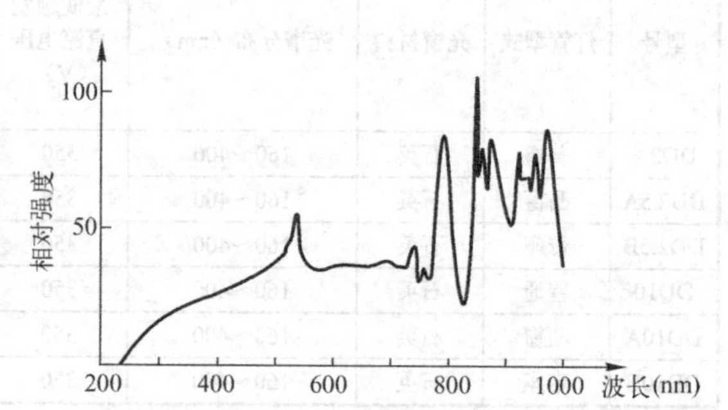

图 3.16　短弧氙灯光谱能量分布

表 3.8　短弧氙灯相关属性

功率（W）	电源电压（V）	初始光通量（lm）	最大直径（mm）	全长（mm）	光中心高度（mm）	寿命（h）	冷却
150	大于 50	3000	19	150	62	500	自然
500	65	14500	30	175	73	500	自然/风冷/水冷
1000	65	30000	45	320	125	1000	自然/风冷/水冷
2000	65	70000	53	370	145	800	风冷/水冷
3000	75	110000	55	410	170	800	水冷
4000	85	180000	60	420	170	800	水冷
5000	85	240000	70	420	175	800	水冷
7000	62	310000	75	485	185	500	水冷

③ 脉冲氙灯

脉冲氙灯是非稳定的气体放电形式之一，其发光是不连续的，它用高压脉冲激发产生光脉冲，类似于火花放电，可使人们在瞬时（10^{-9}～10^{-12}s）获得除激光外最大的光通量（10^{9}lm）和亮度，脉冲氙灯的发光效率约 40 lm/W，色温很高，约为 7000～9000K，脉冲氙灯的光谱特性也接近日光，电压增加使峰值波长向短波移动。

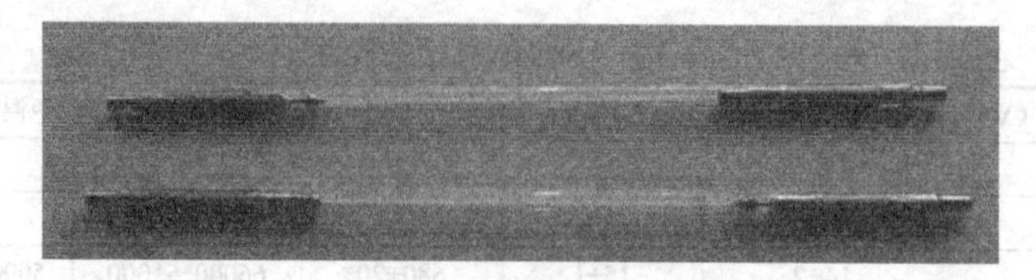

图 3.17　脉冲氙灯

脉冲氙灯操作简便，耗电少，工作稳定，谱线宽，光强大，常用作激光器的泵浦光源。其产品外形如图 3.17 所示，管长一般在十几到二十几厘米，管外径约为几个毫米。脉冲氙灯在工作时，在瞬时强电流作用下，可受到强大冲击，加上放电引起的热量，极易造成管壁的损坏，因此脉冲氙灯一般工作在极限条件之下，以延长寿命。如果使用方法得当，闪光次数可达 100 万次以上。表 3.9 列出了闪光能量与预期的工作寿命的关系。还有一种脉冲氙灯，称为频闪管，它不像光泵氙灯那样每秒只闪几次，或一两分钟内一次。频闪管的能量小，闪得快，每秒钟闪 1000 次左右，一般用在科研上、工业上测高速旋转的转速。

表 3.9　脉冲氙灯闪光能量和寿命的关系

闪光能量（相对极限负载的百分数）	寿命（闪光次数）
100	1-10
70	10-100
50	100-1000
40	1000-10000
30	10000-100000

（2）汞灯

汞灯是利用水银蒸气放电发光的一类气体放电光源，根据蒸气气压的大小可分为低压汞灯、高压汞灯、超高压汞灯三类。

① 低压汞灯

低压汞灯的管内压强很小，工作电压也不高，一般在数十伏到 220 伏，功率在数十瓦，一般小于 100 瓦，工作温度不高（40～50℃），发光效率为 40～50 lm/W，寿命一般在 2500 小时以上，外形如图 3.18 所示。在 0.8Pa 时，辐射波长集中在 253.7nm 处。低压汞灯种类很多，根据阴极材料的不同，可分为冷阴极汞蒸汽辉光灯和热阴极水银荧光灯，各种冷阴极汞灯光谱能量输出都基本相同。如图 3.19 所示，辐射能大部分集中在 253.7nm。它是汞的最灵敏的共振幅射线。因此，它常用作紫外单色光源或用于灭菌、荧光分析上，电极电压降一般为 100～150V。热阴极汞灯是弧光放电型低压汞灯。在灯壁上涂以荧光薄层，通过涂以不同的荧光物质，将紫外波段吸收（253.7nm 及 185nm）后，转换成所需波段，常见的这种类型的灯有日常照明的荧光灯，各种颜色的园艺灯等。

低压汞灯应在额定电压下点燃使用，点燃时应配上符合要求的限流器。使用时须保持适当的通风或散热，否则会影响灯泡的正常使用。此外，工作人员应戴防护眼镜，以免烧伤眼睛。

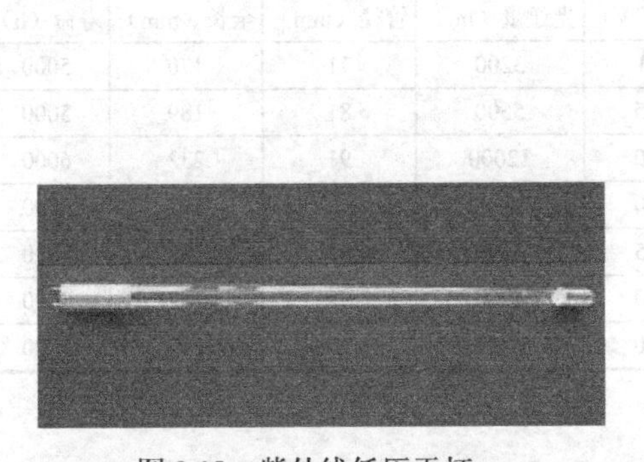

图 3.18　紫外线低压汞灯

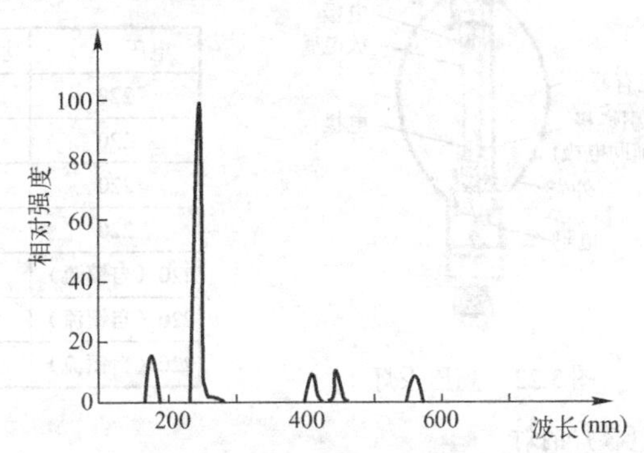

图 3.19　低压汞灯的光谱

② 高压汞灯

高压汞灯管内压强一般为 1～5 个大气压，高压汞蒸汽放电的光效可达 40～50 lm/W，最高可达 64 lm/W，寿命一般在 2500 小时以上，可达 5000 小时，功率从几十瓦直至上万瓦，应用很广。如图 3.20 所示，其光谱成分中包括长波紫外线、中波紫外线、可见光谱及近红外光谱，与低压汞灯相比高压汞灯的光谱更为丰富，在高压汞灯的辐射中，可见光约占总辐射的 37%。而低压汞灯在最佳条件下可见光才占总辐射的 2%左右。但高压汞灯的紫外辐射明显减弱，这主要是因为在高气压阶段，原子的相互作用加强。另外高压汞灯发光体积更小，亮度高，光效也更高。其发出的可见光偏蓝绿，缺少红色成分，所以显色性较差，在要求较高的场合不适宜应用，但可通过添加不同的荧光粉来改善灯的光色。

高压汞灯可分为外镇式高压汞灯和自镇流高压汞灯，自镇流高压汞灯不需要外接镇流器，而外镇式高压汞灯必须与相应的镇流器和电容（触发器）配合使用，一般其发光效率和寿命都要高于自镇流高压汞灯。

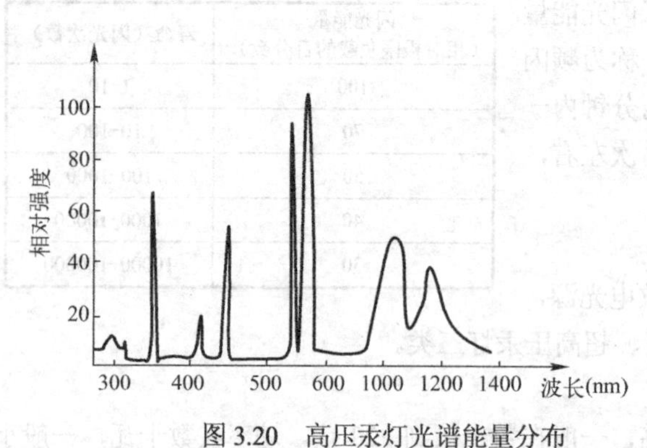

图 3.20　高压汞灯光谱能量分布

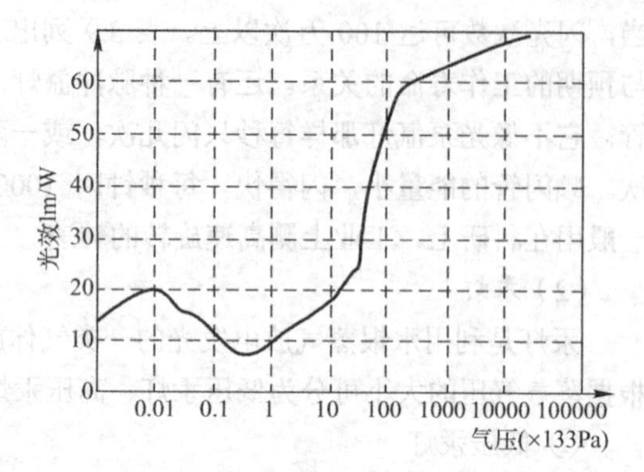

图 3.21　汞蒸汽压与发光效率关系曲线

高压汞灯的发光效率与管内蒸汽压力的关系如图 3.21 所示，在气压较低时，光效和气压没有明显的比率关系，但在 1.5 个大气压以后，光效随气压的上升而单调上升，在 100～1000 个大气压段，更呈现出急剧上升的特点。

高压汞灯的启动时间较长，一般为 4～10 分钟，另外，高压汞灯熄灭以后，不能立即启动。因为灯熄灭后，内部还保持着较高的汞蒸气压，要等灯管冷却，汞蒸气凝结后才能再次点燃。冷却过程需要 5～10 分钟。图 3.22 所示为高压汞灯结构示意图，除此之外，高压汞灯还有球形、管形、椭圆形、U 形、反射型等。表 3.10 列出了高压汞灯的相关属性。

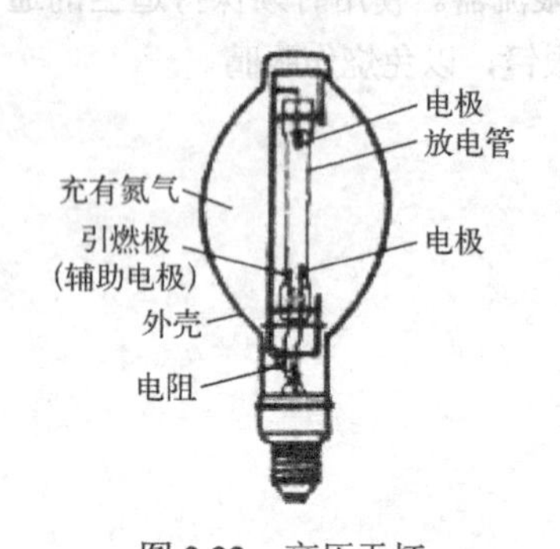

图 3.22　高压汞灯

表 3.10　高压汞灯相关属性

电压（V）	功率（W）	光通量（lm）	管径（mm）	全长（mm）	寿命（h）
220	80	3200	71	170	5000
220	125	5500	81	189	5000
220	250	12000	91	232	6000
220	400	21000	122	297	6000
220（自镇流）	125	1600	81	189	3000
220（自镇流）	250	4900	91	232	3000
220（自镇流）	450	11000	122	297	3000

（3）钠灯

人类早在 1965 年就发明了钠灯，钠灯是一种很重要的人造光源，它是一种气体放电灯。如果按灯泡中钠蒸气压强的高低来分则可分为高压钠灯与低压钠灯两种；按结构又可分为内触发、外触发、单端、双端、标准型、双内管型等；按性能特性分为快启动型、高显色型等。它们是一种高效节能新型光源，具有光效高、透雾性强、寿命长等特点。目前低压钠灯除用于偏振仪、旋光仪等光学仪器外，也用于照明；高压钠灯则多用于道路、广场、隧道、港口、码头、车站等室外的照明。

① 低压钠灯

低压钠灯是利用低压钠蒸气放电发光的单色光源。当通电后，在电弧管两端电极之间产生电弧，对钠加热使之变为钠蒸气，但这种灯的钠蒸气非常稀薄，工作时其发光管内的蒸气压强不超过 5Pa，甚至小到 1Pa，显然这是因稀薄气体受激发而产生的原子光谱（即线光谱），因此低压钠光灯的光谱在可见光区域内有两条极强的谱线，波长分别为 589nm 和 589.6nm，正是因为这样，低压钠灯与低压汞灯的主要不同之处，就在于其辐射谱线位于人眼的时间函数的最大值附近。所以不需要像低压水银荧光灯那样需要用荧光粉把 253.7nm 的紫外辐射转变为可见光，从而避免了由于荧光粉造成的能量损失。

低压钠灯的功率从数十瓦到几百瓦不等，启动电压较高，对功率在 45W 以上的规格中，其启动电压一般大于 220V。低压钠灯工作时应将放电管保持水平，这样钠的分布均匀，发光效率也较高。垂直点燃时，灯的下部温度较低，由于重力作用，钠会沉降在底部，造成上半部缺钠而发光效率下降，对于有储钠泡的钠灯，可以在偏离水平位置 20° 以内的位置点燃。

低压钠灯的发光效率是气体放电灯中最高的，理论上可达到 300～340 lm/W，但由于很难在实际应用中达到假设的理论条件，因此实际制成的钠灯的发光效率仅可达到 180～220 lm/W。低压钠灯的寿命较长，可达 5000 小时以上，仅次于高压钠灯，但由于低压钠灯发出的是单色黄光，因此其显色性较差，可用作理想的仪器单色光源，但其波长较长，易衍射，透雾性较好，所以也比较多地用于对光源颜色要求不高的照明场所。

② 高压钠灯

高压钠灯是利用高压钠蒸气放电发光的电光源，如图 3.23 所示，它的结构是由电弧管、灯芯、玻壳、灯头、吸气剂、汞、氙气及主要成分钠组成的。灯芯是采用金属支架将电弧管、吸气剂环等固定在芯柱上。电弧管是由半透明多晶氧化铝和陶瓷管做成的。玻壳是由耐高温、防钠腐蚀的硬料玻璃或陶瓷制造的。灯头的材料一般由黄铜制成，它可与灯座保持较小的接触电阻,并能减轻金属表面氧化层。吸气剂用来吸收灯泡中的一些易氧化灯管元件的杂质或气体。另外，在电弧管中加入适量的汞，其作用主要是提高灯管工作电压，降低工作电流，减小镇流器体积，改善电网的功率因数，增高电弧温度，提高辐射功率。

当钠灯通电启动后，在电弧管两端电极之间便产生电弧，由于电弧的高温作用使管内的钠、汞一起受热蒸发成为汞蒸汽和钠蒸汽，阴极发射的电子向阳极运动过程中，撞击放电物质的原子，使其获得能量产生电离或激发跃迁，然后再由激发态回复到稳定态，或由电离态变为激发态，再回到基态而无限地循环，那么多余的能量则以光辐射的形式释放出来，这便产生出了各种频率的光。从上边的描述中可以看出，低压钠灯的特点是发光的单色性较好，而在高压钠灯工作过程中，由于玻泡中放电物质蒸气压很高，也就是游离的钠原子密度高，电子与钠原子之间碰撞次数频繁，从而使辐射的谱线加宽，也就会出现其他可见光谱的辐射。显然高压钠这种光谱是一种连续光谱，其分布如图 3.24 所示，这和高压汞灯的谱线加宽是类似的。

图 3.23　北美标准高压钠灯

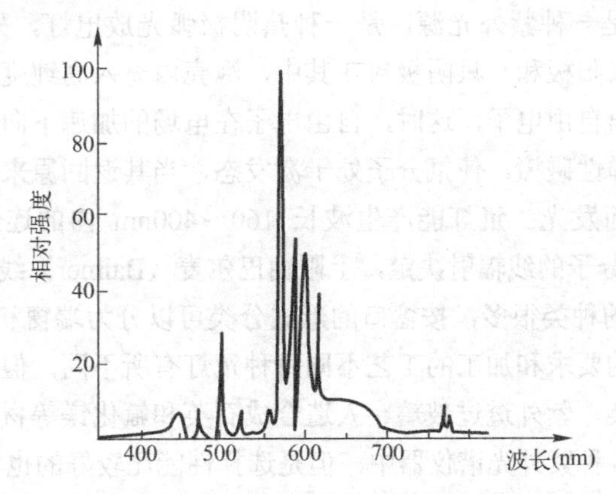

图 3.24　标准型高压钠灯的光谱

高压钠灯的功率从几十瓦到上千瓦不等，选择余地比较大。经济性比较好,有人评论说在人的肉眼能够分辨颜色的基础上，高压纳灯是普通照明光源中最经济的选择。另外高压钠灯的光效比较高，是高压气体放电灯中最高的，仅次于低压钠灯，可达 120 lm/W。其实在实际应用中，由于灯泡玻壳的不够清洁造成的光效下降往往是光通量损失的主要原因，不光是钠灯，在所有照明灯具中都存在这个问题，应多加注意。

高压钠灯的寿命比较长，最高可达到 1 万小时以上。但其实际使用寿命远远低于理论寿命，影响其寿命的因素很多，这就要求我们使用时要注意一些事项，尽可能延长其寿命。首先，灯泡必须与电源电压相配的镇流器配套使用。电压长时间波动一般不允许超过 ± 3%，短时间波动的允许范围为 ± 10%。如果电压波动经常超过 ± 10%，会降低灯泡的寿命。如果电压波动长时间超过 ± 10%，灯会周期性地在一个高点燃电压下自熄。另外必须尽量选择质量良好的触发器，有些劣质触发器产品在 100～120 伏的灯电压下就给出触发脉冲，严重干扰灯的正常工作。另外有时触发脉冲过强，而触发回路绝缘性能稍差，造成触发能量损耗，由此导致启动性能合格但启动电压偏高的灯不能点燃。这些都会影响灯泡的使用寿命。表 3.11 给出了高压钠灯的相关属性。

表 3.11　高压钠灯相关属性

功率（W）	光通（lm）	电源电压（V）	工作电流（A）	平均寿命（h）	直径（mm）	全长（mm）	色温（K）
35	2200	120	0.83	16000	55	138	2000
70	6000	120	1.6	24000	55	138	2000
100	9000	120	2.1	24000	55	140	2000
250	28000	220	3.0	24000	91	227	2000
400	48000	220	4.6	24000	122	285	2000
1000	130000	480	4.7	24000	80	380	2000

（4）氢灯

氢灯是一种冷阴极辉光放电管，一般是将一对镍制电极封于硬质玻壳中，将管内充入高纯度氢气，当加高压启动后，便可发出氢的特征谱线，当氢气压力为 10^2Pa 时，用稳压电源供电，放电十分稳定，因而光强恒定。氢气放电灯在波长 160nm～375nm 范围内发出连续光谱，但在 165nm 以下为线光谱。在波长大于 400nm 时，氢放电会产生叠加于连续光谱之上的发射线，其主要谱线为：410.18nm, 434.05nm, 486.13nm, 656.28nm，被广泛应用于棱镜折射仪、干涉仪等光学仪器中，作为单色光源使用。

（5）氘灯

氘灯是一种紫外光源，是一种热阴极弧光放电灯，外壳一般用透紫外性能良好的优质石英做成，将一只阳极和一只阴极封在其中，泡壳内充入高纯度的氘气。当氘灯工作时，即灯丝通电加热后，发射出自由电子，这时，自由电子在电场的加速下向阳极运动。在这过程中，自由电子与氘分子发生非弹性碰撞，使氘分子处于激发态，当其返回原来的状态或较低的能态时，就以辐射的形式放出能量而发光。氘灯能产生波长 160～400nm 内的连续辐射，如图 3.25 所示，其下限由拉曼（Raman）分子的线辐射决定，上限由巴尔麦（Balmer）线谱限制。

氘灯的种类很多，按窗口的形式分类可以分为端窗和侧窗两种，图 3.26 为一种典型结构。虽然因使用的要求和加工的工艺不同每种氘灯有所不同，但其基本的结构和性质是相同的。氘灯窗口由熔融石英、紫外透过玻璃、人造合成石英和氟化镁等材料作成。侧窗类型的氘灯种类非常繁多，主要用于各种紫外光谱仪器中，但是选择性能比较好的也可以作为标准灯使用。特别是在 200nm 以上的波长范围经常使用侧窗氘灯做标准灯。端窗类型的氘灯主要被人们用作紫外特别是真空紫外的标准灯，根据不同的需要灯的外壳可以采用不同的材料，窗口也可以采用不同的材料和形状。如 Cathodeon 公司生产的V系列氘灯灯窗口用石英或氟化镁两种材料制成，它们都有较高的透射比。石英窗口适用的波长范围是 165nm～400nm，氟化镁窗口的波长范围是 115nm～400nm。不同型号的氘灯结构不完全相同，但基本结构是一致的。

氘灯同氢灯相比具有强度高，稳定性好，寿命长，复现性好，体积小，使用方便等特点，氘灯的寿命一般可达 1000 小时，甚至有些产品可达 2000 小时。

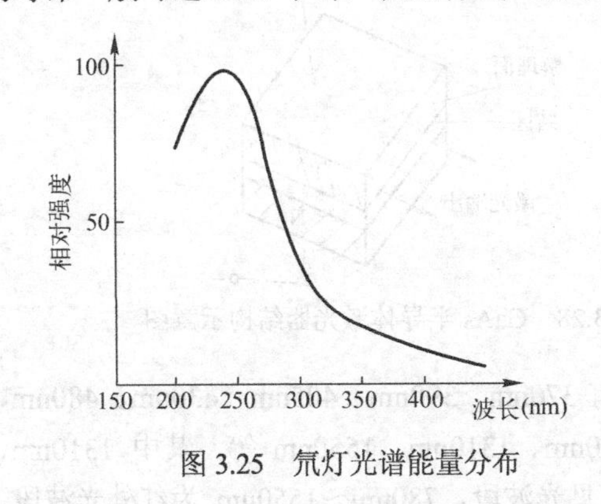

图 3.25 氘灯光谱能量分布

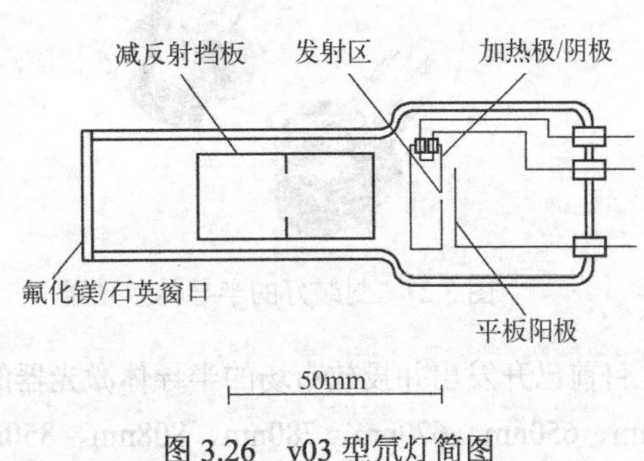

图 3.26 v03 型氘灯简图

氘灯使用中应遵守一定的程序或者说方法，以便充分发挥灯的性能和延长灯的寿命。使用时应当注意以下几点：①氘灯是一种气体放电管。它的阳极在未击穿之前呈高阻特性，一旦击穿立即进入低阻状态。灯丝只是在阳极未击穿之前，发射电子帮助阳极击穿。当阳极一旦击穿灯丝电流应减半或关闭，以延长氘灯寿命。因此氘灯电源应是一种恒流状态下工作的特殊的稳流电源。要求稳定程度应该比较好。②使用前应用酒精棉擦净管壳，尤其是光窗部位，防止手汗、灰尘、油污等沾污管壳。灯点燃后，管壳温度高，沾污不易去除，影响透光率。③使用时应当注意安全，氘气的弧光是强紫外光，应避免直视。④氘灯的预热时间比较长，一般在十到几十分钟，为了让其工作在稳定状态下，使用的时候应多加注意。

4. 受激辐射光源——激光器

激光是一种相干光源，自从发明以来，取得了惊人进展。激光的单色性好，相干能力强，由于激光具有很多优良的特性，使其在工业、农业、科研、医疗、军事、教育、通信及计算机等领域取得了广泛的应用。在光电测试中激光常用作相干光源，在测试中合理使用激光器往往可形成新的方法，从而提高测试测量的精度。激光器的特性如下。

- 方向性：激光有很好的方向性，或者说是高准直的，激光器的方向性用发散角来表示，氦氖激光器的发散角可达 3×10^{-4}rad，接近衍射极限。
- 单色性：激光是准单色的，具有很窄的带宽，换句话说是时间相干的。稳频后 He-Ne 激光器的相干长度可达几百公里。
- 高亮度：激光在很窄的带宽内辐射出很高的光通量，激光把全部能量集中在一个很窄的受衍射限制的光束内输出，用透镜聚焦后，光束的光通密度可达 10^{17}W/cm^2，约是太阳表面光通密度的 10^{13} 倍。

激光器按工作物质的不同可分为气体激光器、固体激光器、半导体激光器和染料激光器；按工作方式分可分为连续、准连续、脉冲、调 Q 和锁模激光器；按输出光的波段可分为红外、可见、紫外和 X 射线激光器。现在已研制成功的激光器达数百种，波长范围覆盖了近紫外到远红外的各个波段，功率从毫瓦级一直到几万瓦。而光电测控系统中较常用的有气体激光器中的 He-Ne 激光器、半导体激光器及固体激光器中的掺钕钇铝石榴石激光器，下面将重点对这几种激光器做一些介绍。

（1）半导体激光器

如图 3.27 所示，半导体激光器是用半导体材料作为工作物质的一类激光器，较典型的结构如图 3.28 所示，由于物质结构上的差异，产生激光的具体过程比较特殊。常用材料有砷化镓（GaAs）、硫化镉（CdS）、磷化铟（InP）、硫化锌（ZnS）等。激励方式有电注入、电子束激励和光泵浦三种形式。

图 3.27　封装好的半导体激光器

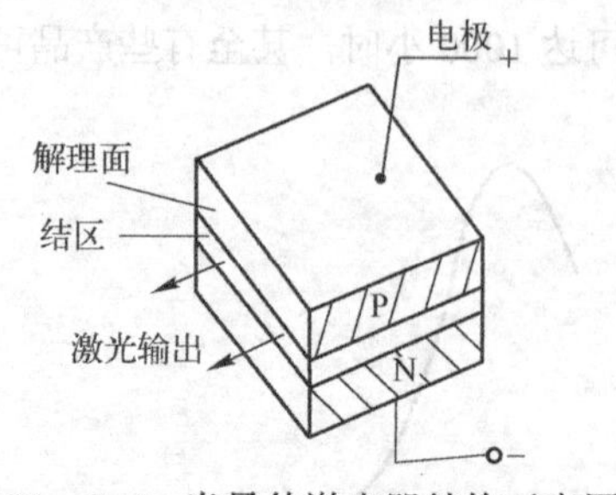

图 3.28　GaAs 半导体激光器结构示意图

目前已开发出并投放市场的半导体激光器的波段有 370nm、390nm、405nm、430nm、480nm、635nm、650nm、670nm、780nm、808nm、850nm、980nm、1310nm、1550nm 等，其中 1310nm、1550nm 主要用于光纤通信领域。405nm～670nm 为可见光波段，780nm～1550nm 为红外光波段，390nm～370nm 为紫外光波段。

半导体 LD 的分类方法很多，有按结构分的，也有按性能参数或波导机制分的，按波导机制分为增益引导型和折射率引导型，按性能参数可分为低阈值 LD、高特征温度 LD、超高速 LD、动态单模 LD、大功率 LD 等，按结构可分为同质结、单异质结、双异质结等几种。同质结激光器和单异质结激光器室温时多为脉冲器件，而双异质结激光器室温时可实现连续工作。但最常见的还是按工艺分，可分为法布里-珀罗（F-P）型 LD、分布反馈（DFB）和分布布拉格反射器（DBR）LD、量子阱（QW）LD 和垂直腔面发射（VCSEL）LD。

半导体激光器的特性及注意事项如下。

1）阈值电流

当注入 p-n 结的电流较低时，只有自发辐射产生，随电流值的增大增益也增大，达到阈值电流时，p-n 结产生激光。影响阈值的几个因素：

① 晶体的掺杂浓度越大，阈值越小。

② 谐振腔的损耗小，如增大反射率，阈值就低。

③ 与半导体材料结型有关，异质结阈值电流比同质结低得多。目前，室温下同质结的阈值电流大于 30000A/cm^2；单异质结约为 8000A/cm^2；双异质结约为 1600A/cm^2。现在已用双异质结制成在室温下能连续输出几十毫瓦的半导体激光器，已有报道说 QW LD 的阈值可降到 0.268mA，阈值更低的是垂直腔面发射激光器，据称其阈值可以从 1mA 降低到接近 1μA。

④ 温度越高，阈值越高。100K 以上，阈值随 T 的三次方增加。因此，半导体激光器最好在低温和室温下工作。

2）方向性

由于半导体激光器的谐振腔短小，激光方向性较差，在结的垂直平面内，发散角最大，可达 20°～30°；在结的水平面内约为 10°，因此用 LD 做平行光照明时应用柱面镜将光束整形，再用准直镜准直。

3）效率

效率包括量子效率和功率效率。量子效率定义为

$$\text{量子效率}\ \eta=\text{每秒发射的光子数} / \text{每秒到达结区的电子空穴对数}$$

77K 时，GaAs 激光器量子效率达 70%～80%；300K 时，降到 30%左右。

功率效率定义为

$$\text{功率效率}\ \eta_1=\text{辐射的光功率} / \text{加在激光器上的电功率}$$

由于各种损耗，目前的双异质结器件，室温时的 η_1 最高 10%，只有在低温下才能达到 30%～40%。

4）光谱特性

市面上有售的半导体激光器的辐射波长覆盖了从紫外到红外的各个波段，产品种类比较丰富，选择余地很大。由于半导体材料的特殊电子结构，受激复合辐射发生在能带（导带与价带）之间，所以激光线宽较宽，GaAs 激光器，室温下谱线宽度约为几纳米，可见其单色性较差。因此用 LD 作相干光源且作用距离较大时，必须对其进行稳频。

目前，半导体激光器正向发射波长更短（400nm 以下），发射功率更大（300mW 以上），超小型、长寿命的方向发展，以满足各种应用的需要。由于半导体激光器具有体积小、重量轻、可靠性高、驱动电源简单、功率转换效率高（最大可达 50%）、价格低廉、使用安全，可以通过改变温度、掺杂量、磁场、压力等实现调谐和调制，以及使用寿命长、成本低、易于大量生产等特点，发展很快，其品种目前已超过 300 种，应用范围也日益广泛，如光存储、激光打印、激光照排、激光测距、条码扫描、工业探测、测试测量仪器、激光显示、医疗仪器、军事、安防、野外探测、建筑类扫平及标线类仪器、实验室及教学演示、舞台灯光及激光表演、激光水平尺及各种标线定位等。

（2）He-Ne 激光器

气体激光器是目前应用最广泛的一类激光器，它的单色性比其他类激光器优良，而且能长时间的稳定的工作，常应用于精密计量，定位，准直，全息照相，近距离通讯，水下探测等。气体激光器运转时，工作物质的状态分为：原子气体，分子气体、离子气体和准分子气体。据此来分气体激光器可分别称为原子气体激光器（如 He-Ne 等）、分子气体激光器（如 CO_2 等）、离子气体激光器（如 Ar+等）和准分子气体激光器（XeF、XeCl、KrF、ArF 等）。原子气体激光器激光的产生和形成过程中，激光工作物质以原子形式参与辐射跃迁过程。He-Ne 激光器是最早出现也是最为常见技术最为成熟的原子气体激光器，其工作寿命可达 5000 小时以上，工作物质为氦，氖两种气体按一定比例的混合物，根据工作条件的不同，可连续输出几个波长的连续光，但功率较小。He-Ne 激光器光束质量较好，工作稳定，寿命长，主要是用在流量流速测量及精密计量方面。

He-Ne 激光器的特性如下。

① 输出波长。He-Ne 激光器可输出三个不同波长的光，分布在 632.8nm, 1.15μm, 3.39μm 上，其中以 632.8nm 的波长应用最为广泛。

② 输出功率。常用的 He-Ne 激光器输出功率较小，在 0.5～100mW 之间。一般随放电管长度增长而增大，如常用的 250 型长度为 25cm，输出功率为 2～3mW，当长度增加到 1m 时，输出功率可增加到 30～40mW，使用时注意选择功率大小合适的激光器。

③ 发散角。He-Ne 激光器的输出发散角为 mrad 量级，最小可达 3×10^{-4}rad，接近衍射极限（2×10^{-4}rad）。其远场发散角满足

$$2\theta = \frac{\lambda}{\pi w_0} \tag{3.14}$$

其中 w_0 为腰斑直径。

④ 漂移。激光器工作时，由于温度和震动的影响，会使激光器的腔长或反射镜的倾角发生变化，造成激光束产生角度和平行漂移，角漂在 1′ 左右，平行漂移约为 10μm，使用时注意视具体情况采取适当的稳定措施。

⑤ 激光模式。大多实际应用时，尤其是光电测量时一般选用工作在 TEM_{00} 状态的激光器，因为单一纵模的激光器稳定性较好，通过设置谐振腔腔长或在反射镜上镀选频模的方式获得单纵模输出。

⑥ 功率和频率的稳定。He-Ne 激光器的输出功率波动较大，在非相干探测中常常用光束的平均功率来作为测量的依据，而在相干检测中，功率的波动会影响干涉条纹的幅值检测，波长的变动也会对测量产生不利的影响，因此在精密测量中，要视情况采取功率或频率稳定措施。

（3）掺钕钇铝石榴石激光器

固体激光器是最早实现激光输出的激光器，自问世以来发展十分迅速。固体激光器工作物质是以高质量的光学晶体或光学玻璃为基质，其内掺入具有发射激光能力的金属离子。目前已发现能用来产生激光的晶体有几百种，玻璃材料几十种，最常用的有红宝石、钕玻璃、钇铝石榴石、铝酸钇、钒酸钇等。激光谱线也达数千条之多。固体激光器一般采用光泵激励方式，输出的功率较大，结构牢固，体积较小，随着激光技术的发展，固体激光器的光谱范围有了很大扩展，光束质量也有很大提高。固体激光器可应用于机械加工、测距、通信、快速全息照相等。钇铝石榴石激光器（常简写为 YAG 激光器）是目前发展最为成熟、应用最广泛的一种激光器，下面将对这种激光器做详细介绍。

YAG 激光器是一种以 YAG（钇铝石榴石）为基质的固体激光器，依掺杂方式的不同可分为 Nd:YAG（掺钕钇铝石榴石激光器），掺 Ho、Tm、Er 的 YAG 激光器等，但是由于 Nd^{3+}：YAG 晶体具有：①热导率高，有利于连续运转；②熔点较高，为 1970℃，能承受较高的辐射功率；③荧光线宽较小，约为 $6.5cm^{-1}$，所以阈值低；④荧光量子效率高，一般大于 0.995 等一些优点，所以是目前发展最为成熟、运用最广泛的一类 YAG 激光器。

Nd:YAG 激光器理论上的振荡波长有 1064nm 和 1319nm 两种，但是由于 Nd^{3+}粒子跃迁产生 1319nm 光波的几率要远低于产生 1064nm 光波的几率，所以如果不采用一定手段对 1604nm 的波长进行抑制的话，Nd:YAG 激光器将只产生 1064nm 的激光。Nd:YAG 激光器可与非线性光学晶体组合使用，从而产生非线性效应，可得到 532nm 的二次谐波，355nm 的三次谐波和 266nm 的四次谐波。

Nd:YAG 激光器最大的优点就是受激辐射跃迁机率大，阈值小，以低输入就可获得激射，而且 YAG 晶体热导率高，易于散热，这就使得这种激光器适于连续和高重复率工作，YAG 晶体是目前在室温下连续工作的唯一实用的工作物质。目前，这种激光器的最大输出功率已超过 1 千瓦，在高重复频率下（如 5000Hz）其峰值输出也达千瓦以上。其在连续激发 Q 开关工作时，频率可达数十千赫，采用倾腔可获得数兆赫，采用锁模技术更可获得数千兆赫的激光脉冲。

掺钕钇铝石榴石激光器通常工作于多模振荡。多模振荡的结果使激光的单色性、相干性和方向性变差。在一些激光应用中，当要求单模输出时，则需要采用选模措施。

Nd:YAG 激光器是一种光泵浦激光器，其性能参数如表 3.12 所示。泵浦光源要满足两个条件，①光效高；②光谱特性与激光工作物质的吸收光谱相匹配。目前采用的泵埔光源有两类：弧光气体放电灯，一般用氪灯；半导体激光器泵浦。传统的固体激光器通常采用高功率气体放电灯泵浦，其泵浦效率约为 3%到 6%。泵浦灯大部分光谱能量转化为热能，导致器件温度升高，这对于连续或高重复率工作的 Nd:YAG 激光器来说是一个严重的问题，将直接导致光束质量变差，还会引起晶体光学性质的变化，甚至使激光器产生猝灭，所以还需要外加冷却和滤光系统。

表 3.12　某型号气体灯泵浦 Nd:YAG 激光器的性能参数

激光类型	连续波灯泵浦 Nd:YAG 激光器	
激光波长	1064 nm	
激光模式	多模（可输出 TEM_{00} 模）	
标称激光功率	50W	100W
功率稳定性	±3%	
冷却方式	闭环水冷	
电源要求	380VAC，5KVA	380VAC，7KVA
激光头尺寸	800×180×180 mm	

随着半导体激光器的发展，人们开始采用与晶体吸收光谱一致的半导体 LD 作为泵埔光源，半导体泵浦激光器性能参数如表 3.13 所示，具有以下优点：

1）转换效率高。由于半导体激光的发射波长可以进行调节而与固体激光工作物质的吸收峰相吻合，加之泵浦光模式可以很好地与激光振荡模式相匹配，从而光光转换效率很高，已达 50%以上，比灯泵固体激光器高出一个数量级，因而半导体泵浦激光器可省去笨重的水冷系统，体积小、重量轻，结构紧凑。

2）性能可靠、寿命长。半导体激光的寿命大大长于闪光灯，达 15000 小时；泵浦光的能量稳定性好，比闪光灯泵浦优一个数量级；性能可靠，为全固化器件，可消除震动的影响，是至今为止唯一无需维护的激光器，尤其适用于大规模生产线。

3）输出光束质量好。由于半导体泵浦激光的高转换效率，减少了激光工作物质的热透镜效应，大大改善了激光器的输出光束质量，激光光束质量已接近极限 $M^2=1$。

表 3.13　半导体泵浦激光器性能参数

输出功率（W）	0.5	5.0	0.25	4.0	1.0	25	50（mW）
发光面尺寸（μm）	50	470	100	470	200	380	3×1
峰值波长（nm）	808	808	635	905	670	905	830
工作电流（A）	0.8	6.5	0.55	5.5	1.5	30	80(mA)
工作电压（V）	2.0	2.0	2.3	2.0	2.3	2.5	2.5
频谱宽度（nm）	2.0	2.0	1.0	2.5	1.0	4	1.0
阈值电流（A）	0.2	1.5	0.3	2.5	0.55	1.5	15(mA)
最小封装（mm）	7.8×6.3×2.2	7.8×6.3×2.2	7.8×6.3×2.2	7.8×6.3×2.2	7.8×6.3×2.2	5.6×3.6	5.6×3.6

由于其特有的物理、光学、机械方面的优异性能，Nd:YAG 激光器大量用于军事、科研、医疗及工业激光器中，如各种规格的测距仪，光电对抗设备，高性能激光仪器，激光治疗仪、美容仪、激光打标机、打孔机等激光加工机械中，在需要高功率、高能量、Q 开关和锁模超短脉冲激光等场合，Nd:YAG 激光器更是首选。

5. 半导体发光二极管

发光二极管是一种将电能转换为光能的半导体发光器件，属于固体光源，又叫光发射二极管，属注入式场致发光方式。发光二极管从光谱特性上来分可分为普通发光二极管和白光二极管，普通二极管发出介于激光和复色光源之间的有色光线。白光二极管，顾名思义，就是发射白光的 LED，由于白光二极管的种种优势，一般认为其是最有发展前途的光源之一。下面我们将对这两种二极管光源分别加以介绍。

（1）普通发光二极管

1）工作原理

发光二极管是半导体二极管的一种，可以把电能转化成光能，简写为 LED。发光二极管是由Ⅲ-Ⅳ簇化合物，如 GaP（磷化镓）、GaAsP（磷砷化镓）等半导体制成的，其核心部分是 P 型半导体和 N 型半导体组成的晶片，在 P 型半导体和 N 型半导体中间有一个过渡层，称为 PN 结，除有一般 PN 结的特性以外，在一定条件下还具有发光特性。半导体二极管一般用重掺杂的材料制成，不通电时在 PN 结势垒的阻挡下，N 区的电子和 P 区的空穴不能发生复合。在 PN 结加正向电压时，电荷层变窄，载流子的扩散运动大于漂移运动，N 区的电子越过 PN 结与空穴发生复合，高能电子在复合过程中将多余的能量以光子形式释放出来，从而把电能转化为了光能。辐射的波长决定于半导体材料禁带的宽度 E_g，即有

$$\lambda=\frac{1.24\text{eV}}{E_g}\mu\text{m}$$

所以不同材料制成的二极管具有不同的波长。另外材料的成分和掺杂不同也可引起波长的不同。

2）分类及常用品种

由于发光二极管与普通二极管一样是由一个 PN 结组成的，所以也具有单向导电性。当给发光

二极管加上正向电压后，从P区注入到N区的空穴和由N区注入到P区的电子，在PN结附近数个μm内分别与N区的电子和P区的空穴复合，产生自发辐射的荧光。不同的半导体材料中电子和空穴所处的能量状态不同。当电子和空穴复合时释放出的能量多少不同，释放出的能量越多，则发出的光的波长越短。普通发光二极管的种类很多，其波长覆盖了从紫外到红外的不同颜色。按发光材料分为磷化镓（GaP）发光二极管、磷砷化镓（GaAsP）发光二极管、砷铝镓（GaAIAs）发光二极管等，按颜色分为红光、绿光、黄光及红外等不同种类的二极管。按功率可分为小功率（HG400系列）、中功率（HG50系列）、大功率（HG52系列）发光二极管。

3）主要参数和特性

① 伏安特性

LED的伏安特性与普通二极管相同，正向电压较小时不发光，这个电压区间称为死区，对于GaAsLED的阈值电压约为1V，对于GaAsP约为1.5V，GaP（红）约为1.8V，GaP（绿）约为2V。在大于阈值电压区间器件大量发光，工作区间电压一般为1.5～3V。二极管加反向电压时不发光，当反向电压达到一定程度，电流突然增加，称反向击穿，反向击穿电压一般为5～20V。发光二极管的正向伏安特性曲线很陡，使用时必须串联限流电阻以控制通过管子的电流。限流电阻R满足

$$R=(E-U_F)/I_F$$

式中E为电源电压，U_F为LED的正向压降，I_F为LED的一般工作电流。

② 光谱特性

发光二极管发出的光不是纯单色光，其谱线是具有一定宽度的，如GaP（红）LED的峰值波长约为700nm，谱线宽度约为100nm，而GaAs二极管的谱线宽度约为25nm。

③ 亮度特性

大部分发光二极管的光出射度基本上正比于电流的密度，但随电流增大，发光二极管亮度会趋于饱和，如GaP（红）LED就很容易达到饱和。除此之外，发光二极管的工作性能对温度也很敏感，当温度升高时，由于热损耗，电流减小，亮度也不再随温度的升高而增大。

④ 量子效率

二极管发光是由正向偏置的PN结中载流子的复合引起的，载流子复合放出的能量并不一定以光子的形式放出，一部分会转换成晶格震动或其他形式的能量。内量子效率是一个表征发出光子数与复合的电子空穴对数的比值大小的量。用符号η_{qi}表示，$\eta_{qi}=N_r/G$，N_r为产生的光子数，G为注入的电子空穴对数。这里产生的光子数N_r并不一定全部发射出来，因此又定义了外量子效率η_{qe}，$\eta_{qe}=N_T/G$，N_T为发射出的光子数。有些发光材料的内量子效率很高，但是外量子效率很低，在实际应用时要注意。

⑤ 配光曲线

即器件的光强分布曲线，这与LED的结构、封装方式及发光二极管前端装的透镜有关，有些LED发散角很小，半值角在5～10°左右，甚至更小，具有很高的指向性；有些则不然，散射型二极管的半值角可以达到145°，使用时注意选择。

另外，发光二极管还有很多其他器件不具备的优势，如节能、不引起环境污染、寿命长（可达10万小时）、结构牢固、发光体接近点光源、发光响应时间短（纳秒级）、发光效率高等。

发光二极管封装形式多样，有直插型、贴片型等。直插型也是形状各异，有圆头、子弹头、平头、椭圆等，直径有1.8mm, 2.0mm, 4.4mm, 5mm, 8mm, 10mm, 20mm等，可根据需要选择。图3.29所示为贴片式LED。

LED除了用作光源之外，还可用作指示灯、数码显示、汽车尾灯、仪表显示、交通信号灯等。其性能参数如表3.14所示。

表 3.14　LED 性能参数

图 3.29　贴片式 LED

材料	发光颜色	中心波长（nm）	正向电压额定/最大（V）	额定电流（mA）	发光强度（mcd）	半值角（°）
GaN/SiC	绿	515-525	3.2/4.0	20	9000～16000	23
GaP	红	700	2.2/2.8	20	201（典型值）	45
AlGaInP	红	625-635	2.0/2.4	20	2000～4000	8
GaN	蓝	460-470	3.2/4.0	20	200～600	120
InGaN	蓝	460-470	3.6/4.2	20	1000～3000	12.5
InGaN	蓝绿色	500-510	3.6/4.2	20	6000～15000	12.5
AlGaInp	橘红	620-635	1.95/2.05	20	1500～3000	3.5

（2）白光二极管

1）白光二极管的实现方法

白光二极管主要用于照明，实现白光二极管的方案较多，但目前进展较快的有以下三种。

① 红、绿、蓝三原色 LED 芯片或三原色 LED 管混合实现白光。前者为三芯片型，后者为三个发光管组装型。三芯片型发光材料主要有 GaAsP、AlGaAs、GaP:Zn_2O 等，发红光；AlGaInP/GaAs、AlGaInP/GaP 等，发红光和橙光；GaP:N 发绿光；InGaN 发蓝光。红、绿、蓝 LED 封装在一个包内，光效可达 20 lm/W，发光效率较高，显色性好。三原色 LED 混合，通过红、绿、蓝三原色光调整可控制色彩。但三芯片型三原色混合成本较高，并有红、绿、蓝 LED 芯片光衰不同而易产生变色现象等缺陷。

② 用蓝色 LED 芯片发出的蓝光激发黄绿荧光粉发光，使蓝光与黄、绿光混合发出白光。如蓝光 InGaN 单芯片激发 YAG 荧光粉，发出白光，光效可达 15 lm/W。这种方法发光，发光效率高，制备简单，温度稳定性高，显色性也好。但色彩随角度而变，光一致性差。显然，根据色度学原理，用蓝光激发红光、绿光荧光粉也可发出白光。

③ 紫外光或紫光 LED 激发三原色荧光粉，发出白光。显然也可选用两基色、四基色、五基色荧光粉，同样实现白光 LED。这种方法的白光决定于荧光粉，易实现较高的显色性，白光制备方法也简便易行。但是有发光效率低，温度稳定性差，紫光容易遗漏等缺陷。

2）白光二极管的现状

从理论和技术发展分析，白光 LED 的发光效率最高可达 200 lm/W，但目前为止还远远达不到这个水平，据称欧司朗（OSRAM）光电半导体公司已经推出了光通量可达 64 lm 的白光二极管，如图 3.30 所示，其光效可达 40 lm/W，国内外业界普遍认为一般照明用白光 LED 在 2010 年之前的产品发光效率应该可达到 100 lm/W，组件单位光束为 25 lm 以上，寿命可望超过十万小时。白光 LED 典型光谱图如 3.31 所示。

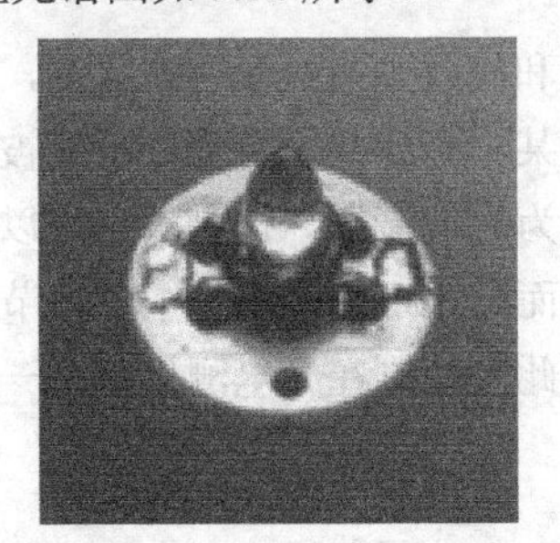

图 3.30　大功率贴片式白光二极管

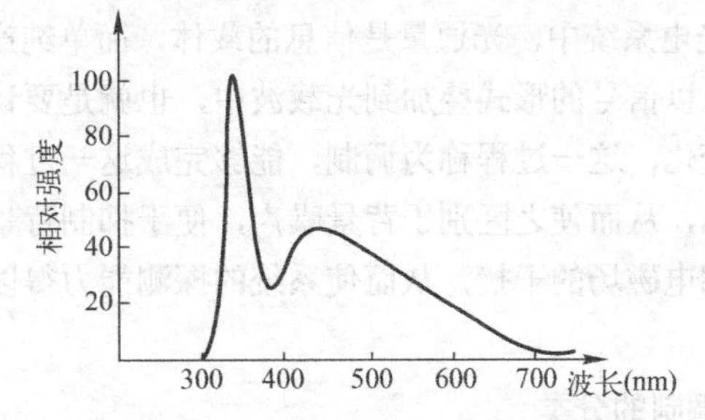

图 3.31　某型号白光二极管光谱图

目前单芯片 LED 是一种较为成熟的产品，但其功率仍然受到限制，一般用数片单芯片产品做成一个模块来提高发光模块的总功率，但其成本较高，限制了其商品化，目前国内有售的产品功率一般在 5W 以下。双芯片 LED 成本比较便宜，但由于是两种颜色 LED 形成的白光，显色性较差，只能在显色性要求不高的场合使用。飞利浦公司已制成显色指数 Ra 大于 80 的三芯片 LED，色温可达 3500K。有报道称四芯片 LED 也已研制出来，但成本比较高，商业化尚需时日。

一般认为，光通维持率达到光通初始强度的 50%时定为寿命。目前市面上有售的白光二极管的寿命最高在 50000 小时以上。影响白光二极管寿命的有三大因素：芯片、封装工艺和荧光体。其中芯片质量是第一位的，不同厂家提供的芯片质量不同，寿命也有所差别。第二位的是封装工艺。荧光体对寿命影响位居第三位，目前所用的稀土石榴石黄色荧光体是一种优良含氧盐化合物，化学健稳定，耐电子束和 UV 光子轰击。白光二极管的光谱在紫外和红外部分较弱，近似没有辐射，有利于保护眼睛。

白光 LED 固态光源，具有寿命长、省电、体积小、耐震性好、高效、响应时间快、驱动电压低等优点，其性能参数如表 3.15 所示。白光二极管的显色性较高，据称已经试验成功的产品的显色性最高可达 90 以上。另外其色温分布范围比较广，涵盖了 4000K, 5000K, 6000～8000K, 8000～13000K 等四个色温段，白光二极管的应用使得设备变得更薄、更轻、更小而省下了更多资源，此外还有构思、设计的多样化，简单的回路设计和可自由地组合光等因素也是其独到的优势，目前白光 LED 的应用主要包括便携电话、手机上的应用，数码产品（数码相机、数码摄像机等）上的应用，还有商品照明、室内照明和车内照明等。随着芯片技术的发展，价格的下降，白光 LED 是当前有可能替代荧光灯、白炽灯的环保、节能的照明光源。但因其为半导体产品，是集固体物理、光电子、固体发光、有机化工、无机化工、光机电和热传导等多学科为一体的高科技产品，所以成本相对较高，发展难度比较大。并且其在光通光效、色质成本等方面要做的工作还很多。

表 3.15 白光 LED 性能参数

材料	色温（K）	额定电流（mA）	工作电压（V）	光强（mcd）	半值角
GaN/SiC	4000	20	3.2～4.0	300～500	120°
GaN/SiC	4000	20	3.2～4.0	400～1000	90°
GaN/SiC	4000	20	3.2～4.0	8000～18000	8°
AlGaInP	4000	20	3.2～3.4	600～1000	120°
大功率白光 LED					
结构	外观	工作电压（V）	色温（K）	光通量（lm）	半值角
单片	水色透明	3.6～4.2	6000	27.5	90°
三片串联	水色透明	9.6～12	6000	45	30° /60° /120°

3.1.4 光信号的调制

在光电系统中，光通量是信息的载体，而单纯产生、传播和接收光束是没有意义的，必须要将外界信息以信号的形式叠加到光载波中，也就是要让光载波的某一个或几个特征参量随被测信息的变化而变化，这一过程称为调制，能够完成这一过程的器件称为光调制器。调制不仅可以使光信号携带信息，从而使之区别于背景噪声，便于抑制背景光噪声，而且还可抑制系统中各环节的固有噪声和外部电磁场的干扰，从而使系统的探测能力得以提高。因此光调制在光电测量中是一门极重要的技术。

1. 调制的分类

从调制方式上分，对脉冲载波的调制分为模拟调制和数字调制两种。对连续载波的调制称为模拟调制，许多的光学参量都可以作为模拟调制的对象，如幅度、相位、频率、偏振方向等，相对应的调制技术分为调幅（Amplitude Modulation，AM），调相（Phase Modulation，PM）、调频（Frequency Modulation，FM）及偏振调制（Polarization Modulation，PoM）。下面对最常用的三种调制技术做一些介绍。

（1）对振幅的调制

1）调幅的概念

振幅调制属于模拟调制，载波一般是谐波的形式，用下列函数表示：

$$A(t) = A_0 + A_{\rm m}\sin\omega t \tag{3.15}$$

其中 A_0 是直流分量，不含有信息，$A_{\rm m}$ 是交变分量的振幅，ω 是其频率。被调制之后，载波表达式变成以下形式

$$A(t) = A_0 + A_{\rm m}[V(t)]\sin\omega t \tag{3.16}$$

被调函数的振幅变成了一个随调制信号变化的变量，称为调幅。

2）调幅常用的方法

常用的幅度调制方法包括电源调制盘调制，电光调制，直接调制和声光调制。

① 调制盘调制

调制盘调制是常用的光强调制器件，种类比较繁多，常见的是直接在金属圆盘上切割出各种形状的通光孔而得到，或将透光的基板上涂一层不透光的涂层，再用光刻的方法把涂层做成透光和不透光的格栅。

调制盘的基本作用有：提供目标的空间方位，进行空间滤波以抑制背景干扰，抑制杂散光的干扰提高系统性能等。

常用的调制盘带有黑白相间的扇形格子，白色为透光部分。使用时将调制盘放在光学系统的焦平面上，光电探测器之前。用电机带动调制盘旋转，通过调制盘的光脉冲便发生周期性的变化，如果光源聚焦在调制盘上是一个极小的点，则调制光近似为矩形脉冲，如果打在调制盘上的光斑面积较大，则透过光近似为正弦波形。

调制盘种类繁多，图案、目的各异，按运动方式的不同可分为旋转式、震动式、圆周平移式等。按调制方式的不同又可分为调幅式、调相式、调宽式和脉冲编码式等。由于篇幅有限，此处不能一一介绍。

② 电光强度调制

在外加电场的作用下，某些本来就是各向同性的介质会产生双折射现象，而本来有双折射现象的晶体，它的双折射现象也会发生变化，这就是电光效应。

迄今为止，电光效应有两种：折射率与外电场强度的一次方成正比的电光效应，称为线性电光效应（Pockels effect，普克尔斯效应）；另一种是是折射率的变化与外加电场强度的平方成正比，称为克尔效应（Kerr effect）。利用一次电光效应可方便地对光线进行相位和光强的调制。一般应用中晶体上所加电场的方向有两种，一是电场沿晶体光轴（z 轴）方向，即电场的方向与光束传播方向平行，产生纵向电光效应。二是电场沿任意主轴方向，并与光线传播方向垂直，可产生横向电光效应，一次电光效应中常用的晶体有 ADP（磷酸二氢氨）、KDP（磷酸二氢钾）、KD*P（磷酸二氘钾）等，下面对这两种效应加以介绍。

a. 横向电光效应

横向电光调制所用晶体为长方体，沿 z 轴（主轴）方向加电场，通光方向垂直于 z 轴，起偏器的偏振方向与 z，x 轴成 45° 夹角，沿 x 轴进入晶体。进入晶体后被分为沿 x，z 轴方向的线偏振光分量，其折射率分别设为 n_z，n_x，其中 n_z=n_e，$n_2 = n_o + \frac{1}{2}n_o{}^3\gamma E$，$n_e$ 是 KDP 负单轴晶体的 e 光折

射率，$E=U/d$，U 为外加电压，d 为晶体厚度。若光束通过的晶体长度为 L，则从晶体出射后两束偏振光的光程差为

$$\Delta=(n_x-n_z)L=(n_o-n_e)L+\frac{1}{2}n_0^3\gamma\frac{L}{d}U \tag{3.17}$$

相位差为

$$\delta=\frac{2\pi}{\lambda}(n_x-n_z)L=\frac{2\pi}{\lambda}(n_o-n_e)L+\frac{\pi}{\lambda}n_0^3\gamma\frac{L}{d}U \tag{3.18}$$

式中第一项为晶体的自然双折射引起的相位差，与外加电场无关，第二项是晶体的电光效应引起的相位差。

自然双折射引起的相位差易受温度的影响，即使没有外加电场，这一项也是存在的，对调制结果影响较大，并且当温度变化时，引起 n_o 和 n_e 的变化，两光波的相位差会产生飘移。这是横向调制的一大缺点。如图 3.32 所示，用两块性能和尺寸完全相同的晶体，将其光轴互成 90° 串联拼接，即可消除自然双折射。

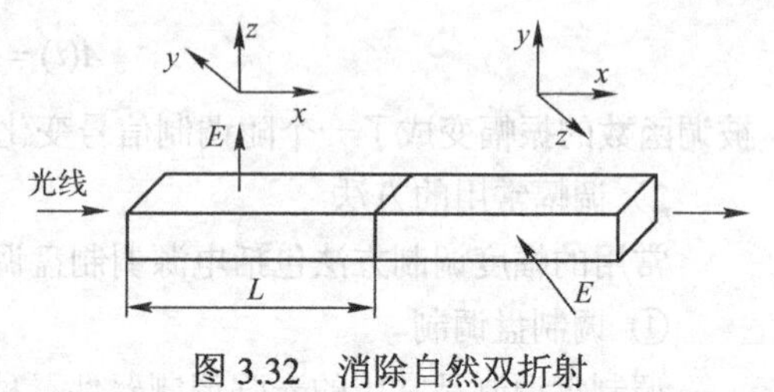

图 3.32　消除自然双折射

光束经过如图所示的两块晶体后相位差为

$$\delta=\frac{2\pi}{\lambda}n_0^3\gamma\frac{L}{d}U \tag{3.19}$$

当 $\delta=\pi$ 时，所加电压称为半波电压 $U_{\lambda/2}$，由式（3.19）可知 $U_{\lambda/2}=\dfrac{\lambda d}{2n_0^3\gamma L}$，可见可通过调节晶体的长度和厚度来改变半波电压。

横向调制的优点是电光效应的强度与晶体的长度和厚度有关，适当加以改变可降低晶体上所需电压，一般情况下，纵向调制的半波电压可达数千伏，而横向电光效应中半波电压只有数百伏。另外晶体长度不会影响晶体内的电场强度，因此可加大晶体长度来获得较大的相位差。但是，横向电光效应必须用两块晶体，且要求的加工精度极高，结构复杂，所以较少将 KDP 晶体用于横向电光调制。

b. 纵向电光效应

纵向电光调制的结构图如图 3.33 所示，电光晶体 KDP（磷酸二氢钾）为长方体，x 轴 y 轴方向与底面边长平行，起偏器 P_1 的偏振方向和电光晶体的 x 轴平行，当加上平行 z 轴的电场以后，KDP 由负单轴晶体变成了双轴晶体，x 轴、y 轴分别旋转 45°，变成了图中所示方向（与对角线平行），入射光通过起偏器后变成线偏振光，与光轴平行入射进入电光晶体，并在晶体中分解为振幅相等、偏振方向不同（分别沿 x，y 轴方向）的两束线偏振光。

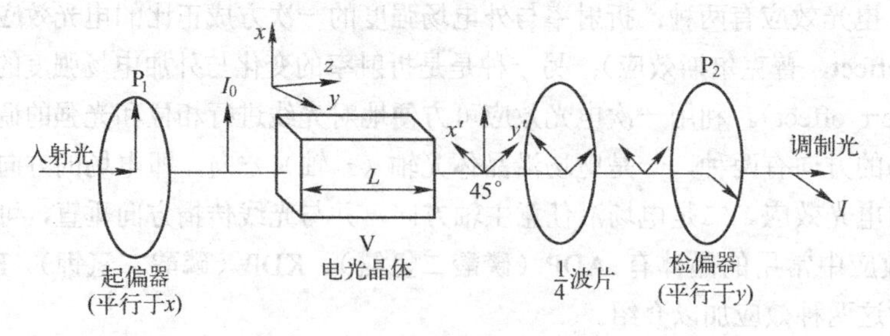

图 3.33　纵向电光调制结构图

与 x 轴对应的折射率 $n_1=n_0-\frac{1}{2}n_0^3\gamma E$

y 轴方向的折射率 $n_2=n_0+\frac{1}{2}n_0^3\gamma E$

其中，n_0 为负单轴晶体的 o 光折射率，γ 为电光系数。通过长 L 的晶体之后两束偏振光的光程差为 $\Delta=(n_2-n_1)L=n_0^3\gamma EL=n_0\gamma U$（$U=EL$），相位差为 $\delta=\frac{2\pi}{\lambda}\Delta=\frac{2\pi}{\lambda}n_0^3\gamma U$，由于光传播方向与电场方向一致，故称为纵向电光效应。当 $\delta=\pi$ 时，两束偏振光合成为线偏振光，方向与起偏器偏振方向垂直。此时光程差为 $\Delta=\lambda/2$，所需电压称为半波电压，记为 $U_{\lambda/2}$，$U_{\lambda/2}=\frac{\lambda}{2n_0^3\gamma}$。相位延迟可以用外加电压与半波电压表示为 $\phi=\pi U/U_{\lambda/2}$。

设入射光经起偏片后，强度为 E_i^2，于是有 $E_{x(0)}=E_{y(0)}=\frac{\sqrt{2}}{2}E_i$，经过长 L 的晶体后，产生 δ 的相位差，再经过 $\lambda/4$ 波片，又引入 $\pi/2$ 的相位延迟，于是打到检偏器上的光强分量为 $E_{x(L)}=\frac{\sqrt{2}}{2}E_i e^{j(\varphi_1+\varphi_2)}$，$E_{y(L)}=\frac{\sqrt{2}}{2}E_i e^{j(\varphi_1+\varphi_2)}e^{-j(\phi+\frac{\pi}{2})}$，于是检偏器出射光强为 $E_{x(L)}$ 和 $E_{y(L)}$ 两分量沿检偏器偏振方向的和，设为 E_0，则

$$E_0=\frac{\sqrt{2}}{2}E_{y(L)}-\frac{\sqrt{2}}{2}E_{x(L)}=\frac{1}{2}E_i e^{j(\varphi_1+\varphi_2)}e^{-j\phi} \tag{3.20}$$

出射光强为
$$I_o=E_i^2\sin^2\frac{\phi+\pi/2}{2}=\frac{1}{2}E_i^2\left[1-\cos\left(\phi+\frac{\pi}{2}\right)\right] \tag{3.21}$$

出射光强与入射光强的比值为

$$\frac{I_o}{I_i}=\frac{1}{2}\left[1-\cos(\phi+\pi/2)\right]=\frac{1}{2}(1+\sin\phi)=\frac{1}{2}\left[1+\sin\left(\frac{\pi U}{U_{\lambda/2}}\right)\right] \tag{3.22}$$

由于 $U\ll U_{\lambda/2}$，式（3.22）近似为

$$\frac{I_o}{I_i}\approx\frac{1}{2}\left(1+\frac{\pi U}{U_{\lambda/2}}\right) \tag{3.23}$$

假设外加电压为 $U=U_m\sin\omega t$，即可得到随时间正弦变化的调制光

$$I_o=0.5I_o+\frac{\pi U_m\sin(\omega t)}{U_{\lambda/2}} \tag{3.24}$$

一般情况下，调制器的光强透过率 I_o/I_i 与外加电压的关系曲线是非线性的。若任由调制器工作在非线性区，则调制光强将发生畸变，而 $\lambda/4$ 波片的作用正是在 E_x 和 E_y 两个分量之间引入偏压，从而将调制器的工作点移到 $I_o/I_i=1/2$ 这一中间点上，可以看出，在这一中间点附近，输出光强随外加电压的变化近似线性，于是，很小的调制信号便可引起没有畸变的调制光强输出，当 $U\ll U_{\lambda/2}$ 得不到满足时，用傅里叶分析方法可得出输出调制光中将包含高频谐波分量，光强的调制将发生变形。

在纵向调制中，因外加电压在 z 轴方向，电极结构会引起晶体的不均匀性，从而引入干扰，而且其半波电压相对于横向调制来说较大，功率损耗也较大，这是其缺点。但总的来说，纵向电光调制结构简单，工作稳定，不存在自然双折射的影响，是一种常用的电光振幅调制方法。

③ 直接调制

直接调制方式多用于半导体激光器或半导体二极管的调制，因为直接调制发生在光源内部，又称为内调制。根据调制信号的不同，直接调制可分为数字调制和模拟调制，所谓模拟调制即将外界信息转变为电流信号叠加到光源的偏置电流上从而对光源的强度进行调制。在直接调制中，光源输出功率与输入的电流信号成比例，假设以 p_0 代表光源的平均功率，则有：

$$p=p_0(1+m\cos\omega t) \tag{3.25}$$

式中 p 是光源的输出功率，m 是调制深度，在半导体激光器和激光二极管中有不同的表现形式，在

半导体激光二极管中可表示为 $m=\dfrac{I_t}{I_m-I_{th}}$，其中 I_t 为调制电流幅度，I_m 为偏置电流，I_{th} 为阈值电流。在发光二极管中 $m=I_t/I_m$。由此可见，当 m 大时，调制信号幅度大，但由于电流超过一定值，发光体会出现饱和，其线性度会变差，反之，线性度好，但是调制信号幅度小，因此应选择适合大小的 m 值。m 用功率可统一表示为 $m=\dfrac{\Delta p}{p_0}\times 100\%$，$\Delta p$ 表示由调制引起的光输出功率的变化幅度，在探测端用平方率光检波器件可接收到

$$I=I_0(1+m\cos\omega t) \tag{3.26}$$

其中 I_0 表示接收的平均光电流，表现为直流成分，I 是交变光电流。

数字调制则更加简单，即用采样所得脉冲序列经量化编码后得到的二进制码“0”和“1”对光源进行调制，其特性曲线如图 3.34 所示。因为其状态只有有光和无光两种状态，在接收端只需对这两种状态进行判断就行了，所以数字调制的抗干扰能力强，而且数字调制信号易于与数字设备相对接，对系统的线性要求相对较低，有着很好的发展前景。

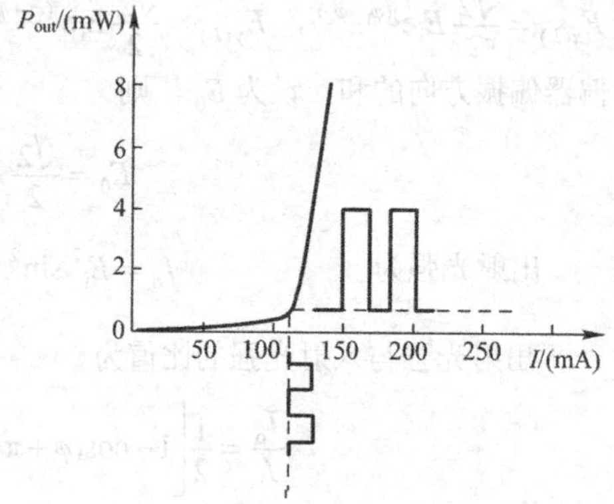

图 3.34 数字调制特性

直接调制的原理简单，设备简便，成本很低，又有较高的调制频率和带宽，并能保证良好的线性工作区，因此得到了广泛的应用。

a. 半导体激光器的直接调制

在半导体激光器中由于阈值电流的存在，当注入 p-n 结的电流较低时，只有自发辐射产生，其发光较弱，谱线很宽，方向性较差，随电流值的增大激光器的增益也增大，达到阈值电流时（即增益大于损耗时），p-n 结才能产生激光。图 3.35 是半导体激光器的输出特性，很明显要想获得线性调制，条件应该是：激光器应工作在输出功率与电流呈现良好线性关系的区域。因此，为了获得线性调制，应当将调制信号加在一个适当的偏置电流 I_{th} 上，通常选择 I_{th} 略大于阈值电流，这样 LD 即可获得较高的调制速率（此时 LD 发光延迟极小），同时也会抑制弛豫振荡，但 I_{th} 不能太大，否则会使激光器的消光比变坏，因此在选择偏置电流时要综合考虑，选择适当的值。图 3.36 是调制电路的原理图，为了避免直流偏置电源对调制信号产生影响，在调制信号频率较低时用图中所示低通滤波器将两者隔离，频率较高时（一般认为>500MHz 时），需用高通滤波器隔离。

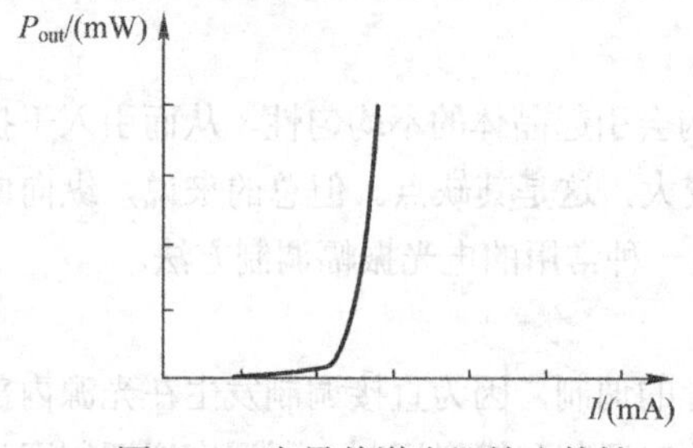

图 3.35 半导体激光器输出特性

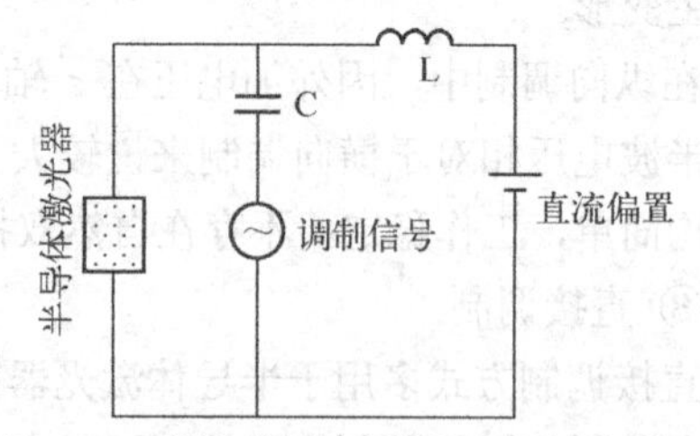

图 3.36 半导体激光器调制电路原理图

在半导体激光器直接调制中，LD 有源层的载流子密度和温度都随调制电流的交变而改变。这两个量的改变都会引起折射率的变化，因此出射激光中心频率也随之发生变化，从而会产生频率啁啾。直接调制还会使激光器输出的主模强度降低，次模强度相对升高，从而会使激光器的谱线加宽。

实验表明，激光器的阈值随调制频率的提高而增加，并且呈现正比关系，随着调制频率的升高，激光器的功率输出也会变小。这些问题使用时都应加以注意。

b. 半导体发光二极管的调制

半导体发光二极管阈值电流极小，在调制中可不加考虑，因此其 P–I 特性曲线明显好于激光二极管的特性曲线。激光二极管的调制速率一般低于 100MHz。

（2）对偏振方向的调制

人们发现某些晶体（光轴垂直于表面切取），当入射平行线偏振光在晶体内沿光轴方向传播时，光线的偏振方向随传播距离而逐渐转动，这种现象称为旋光现象。具有这种性质的物质称为旋光物质。它们以双折射晶体（如石英，酒石酸等）、各向同性晶体（砂糖晶体、氯化钠晶体等）和液体（沙康溶液、松节油等）各种形态存在着。

线偏振光通过具有旋光特性的物质时，光矢量旋转的角度 θ 与在晶体中传播的距离 l 成正比且有如下关系：$\theta = kl$，其中，k 称为旋光系数，表示在该物质中 1mm 的距离上光矢量的旋转角度。

一些原来没有旋光性的物质，如水、玻璃等，在强磁场的作用下，可产生旋光，即线偏振光通过加有外磁场的物质时，光矢量可发生旋转，这是由法拉第在 1864 年发现的，因此又称为法拉第旋光效应（Faraday rotation effect）。让光线平行于磁场方向通过磁场中的磁光介质，光线的偏振方向旋转的角度与磁光介质的性质、光程和磁场强度等因素有关，具体可表示为

$$\theta = VlB\cos\alpha \tag{3.27}$$

θ 为入射光矢量旋转的角度，l 为光程，B 为磁感强度，α 为传播方向与磁场的夹角，V 为物质特性常数，称为费德勒常数，与波长有关，是一个表示介质磁光特性强弱的参量。多数物质的 V 值比较小，如冕玻璃的仅约为 0.015～0.025。近年出现了一些新型材料，具有极强磁致旋光能力，这些材料属于铁磁性材料，线偏振光通过磁场中的这类材料会发生旋转现象，当磁化强度未达到饱和时，θ 与磁化强度 M 之间有如下关系：

$$\theta = F\frac{M}{M_0}l \tag{3.28}$$

其中，M_0 是饱和磁化强度，F 称为法拉第旋光系数，表示磁化强度饱和时通过单位距离光矢量的旋转量。这些材料中的强磁性金属合金及金属化合物（如 F_e，C_o 等）有极高的 F 值，但同时也有很大的吸收系数，强磁性化合物一般存在吸收系数极小的波长区域，使得它有很高的旋光性能指数，如强磁性化合物 YIG 在 $\lambda = 1.2\mu m$ 时其性能指数达 1000（deg/dB），是磁光器件的理想材料。

磁光调制器是根据法拉第效应制成的，具有所需功率低，可工作在红外波段等优点（1～5μm）。将磁光介质与光线传播方向平行放置，外部用激磁线圈缠绕，左右各放置一个偏振片，偏振片的光轴相互垂直。没有磁场时，自然光通过起偏器变为偏振光，通过磁光介质后偏振面不发生旋转而与检偏器光轴垂直，因而，检偏器没有光线输出。将线圈通电，在磁光介质中便建立起一个与光线方向平行的磁场，磁场将介质棒磁化，且磁化方向与光线方向垂直，这时，通过起偏器的光线，受磁光介质的作用而发生旋转，光矢量方向不再与检偏器光轴垂直，因而检偏器有光线输出。应用时只要用调制信号控制磁场的变化，就可使光的偏振面发生相应的变化，再通过检偏器，光线的偏振面的变化便可转换成与高频线圈电流成比例的光强变化，即实现了磁光调制。

这种调制器的缺点是，磁感线圈的感抗较大，所以频带较窄，且调制性能受温度的影响。而且，大部分常用材料在可见光波段吸收损耗较大，所以不能应用在 1μm 以下的波段中。所以，在可见光波段需寻求新的磁光材料。

（3）对频率和相位的调制

1）声光效应

外力的作用也可引起介质光学性能的变化，这种现象称为弹光效应。声波是一种弹性波，在介

质中传播时会使介质产生相应的弹性形变，引起介质的密度呈现出疏密相间的交替分布，从而使折射率发生周期性变化。由于声波引起介质光学性能发生变化的现象称为声光效应，折射率周期性变化的介质实际上相当于一个光学上的相位光栅，称为“声光栅”。声光栅的栅距等于声波的波长Λ，当光波通过这种光栅时，就会产生衍射现象，衍射光的传播方向、频率、光强都会随超声场的变化而发生变化。利用这个原理可实现光束的移频。

声光器件包含电声换能器（由压电晶体如石英，铌酸锂等制成）和声光介质（常用的有钼酸铅晶体，氧化碲晶体等）两部分组成，换能器的作用是充当超声波发生器，利用压电晶体将电压信号转换为超声波，并向声光介质中发射。

按照超声波频率的高低，光波相对声场的入射角度及二者相互作用的长度，声光效应分为两种，拉曼–奈斯（Raman–Nath）型衍射和布拉格（Bragg）型衍射。当超声波频率较低，相互作用长度不太大且光束传播方向垂直于声波传播方向时，产生的衍射称为拉曼–奈斯（Raman–Nath）衍射。声光栅的衍射条纹与普通光栅的相同，零级条纹光强最大，级数越高，强度越小，假定ω_{m}是第m级条纹的光频率，则有

$$\omega_{\mathrm{m}}=\omega+m\Omega \tag{3.29}$$

其中Ω是超声波的频率。实现拉曼–奈斯（Raman–Nath）型衍射的条件是$L<<\dfrac{\Lambda^2}{2\pi\lambda}$。其中$\lambda$是光波波长，$L$是晶体厚度（声光作用长度）。当超声波的频率较高，声光相互作用距离较长并且光束沿一定角度入射时，衍射光很弱，并且此时衍射光是不对称的，只有正一级或负一级，当入射角满足$\theta_{\mathrm{i}}=\dfrac{\lambda}{2\Lambda}$时，衍射光最强，这种衍射称为布拉格衍射。在布拉格衍射中可将折射率周期变化的介质等效为一系列间隔为声波波长并以声速运动的反射镜，声场的影响可从运动的平面镜使反射光产生频移来推断，其结果为当声波迎向光波传播时衍射光频率为$\omega+\Omega$，背向光波传播时衍射光频率为$\omega-\Omega$。

2）电光相位调制

电光相位调制的原理图如图 3.37 所示，图中所示系统运用的是纵向电光效应，起偏器的偏振方向平行于晶体的感应主轴x（或y轴），此时入射到晶体中的光线不再分成两个方向的偏振光，而是沿 x 轴一个方向偏振，因此外加电场仅仅改变光束的相位，该光波对应的折射率为$n_{\mathrm{x}}=n_0-\dfrac{1}{2}n_0{}^3\gamma E$，设晶体入射处的光场为$E_{\mathrm{i}}=A\cos\omega t$，则光束通过晶体后光场为

$$E_{\mathrm{o}}=A\cos\left[\omega t-\frac{\omega L}{c}(n_0-\frac{1}{2}n_0{}^3\gamma U)\right]$$

式中$\dfrac{\omega L}{c}n_0$是常数项，与调制无关，略去，设外加调制电压为$U=U_{\mathrm{m}}\sin\omega_{\mathrm{m}}t$，则有

$$E_{\mathrm{o}}=A\cos(\omega t+\frac{\omega L}{2c}n_0{}^3\gamma U_{\mathrm{m}}\sin\omega_{\mathrm{m}}t) \tag{3.30}$$

定义$b=\dfrac{\omega n_0{}^3\gamma U_{\mathrm{m}}L}{2c}$，为相位调制系数，则有

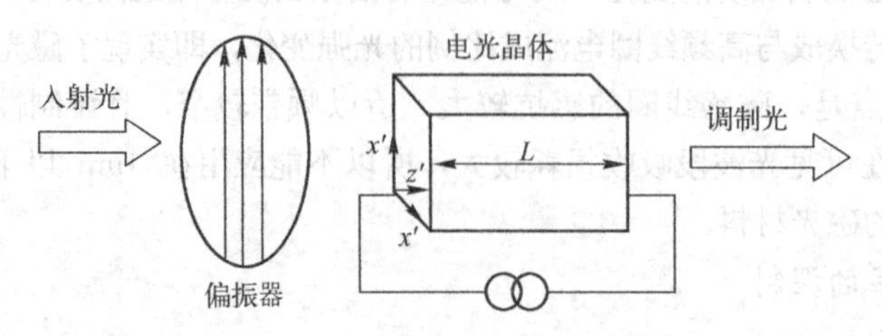

图 3.37　电光相位调制的原理图

$$E_o = A\cos(\omega t + b\sin\omega_m t) \tag{3.31}$$

可见，输出光波的相位受到了调制。

3.2 光电测控系统中的光学系统和常用光学元件

在光电测控系统中，从光源发出的光一般经光学系统调制后照射目标，经目标吸收、反射或散射携带目标的信息，再经光学系统调制后进入探测系统。因此，光学系统及构成系统的光学元件是光信息产生及获取模块的重要组成部分。本节首先介绍最重要的光学系统——成像系统的选择原则，包括其基本特性、像质评价方法，并以成像系统为例介绍光学系统的光学传递函数；本节还将介绍照明系统、成像系统以及干涉系统等典型光学系统的构成、原理和应用。

3.2.1 测控系统中的成像光学系统选择

1. 成像光学系统的基本特性

光学系统的基本特性有：系统的放大率或焦距；线视场或视场角；数值孔径或相对孔径。

光学系统的焦距是指物镜后主点至焦点的距离。图 3.38 为最典型的单透镜成像光路图。

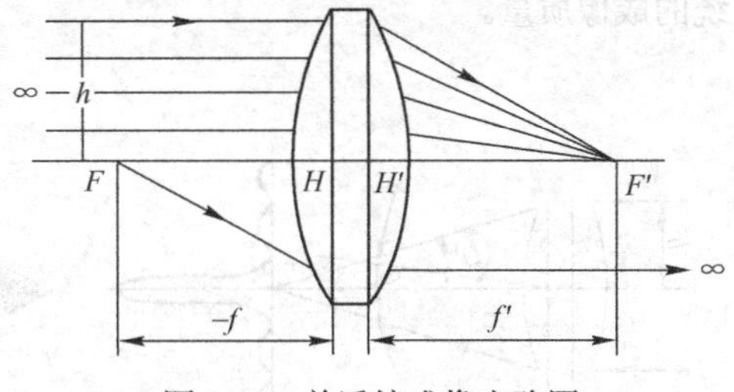

图 3.38 单透镜成像光路图

（1）放大率

光学系统的三种放大率为：垂轴放大率，轴向放大率，角放大率。

垂轴放大率代表共轭面像高和物高之比。

$$\beta = y'/y = -f/x = -x'/f' \tag{3.32}$$

当物平面沿着光轴移动微小的距离 dx 时，像平面相应的移动距离 dx'，两者之比称为光学系统的轴向放大率。

$$\alpha = \mathrm{d}x'/\mathrm{d}x \tag{3.33}$$

角放大率是共轭面上的轴上点 A 发出的光线通过光学系统后，与光轴的夹角的正切和对应的入射光线与光轴所成的夹角的正切之比。

$$\gamma = \tan U'/\tan U \tag{3.34}$$

三种放大率之间的关系满足

$$\beta = \alpha \cdot \gamma \tag{3.35}$$

（2）视场

视场是指在一定的距离内观察到的范围的大小。视场越大，观测的范围就越宽广越舒适，物方视场角为物方线视场上下边缘主光线之间的夹角。像方线视场上下边缘的夹角为像方视场角。

（3）相对孔径

通光孔径与焦距之比 D/f'，如图 3.39(a)所示。

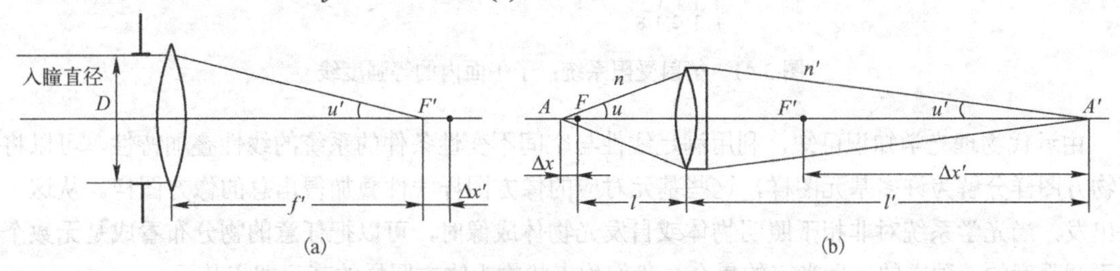

图 3.39 相对孔径和数值孔径示意图

（4）数值孔径

物方孔径角的正弦与物空间的折射率的乘积，NA = $n\sin u$，如图 3.39(b)所示。

2. 光学系统像质评价

任何一个实际的光学系统都不可能理想成像，即不可能绝对清晰和没有变形，所谓像差就是光学系统所成的实际像与理想像之间的差异。由于一个光学系统不可能理想成像，因此就存在一个光学系统成像质量优劣的评价问题。

成像质量评价的方法分为两大类，第一类用于在光学系统实际制造完成后对其进行实际测量；第二类用于在光学系统还没有制造出来，即在设计阶段通过计算就能评定系统的质量。

（1）检测阶段的像质评价方法

对于检测阶段的像质评价方法主要有两种：分辨力检验和星点检验。

1）星点检验法

星点检验是光学系统实际制造完成后对其进行实际测量的方法。图 3.40 和图 3.41 为衍射受限系统特性，利用一个物点通过光学系统成像后，根据弥散斑的大小和能量分布的情况，可以评判系统的成像质量。

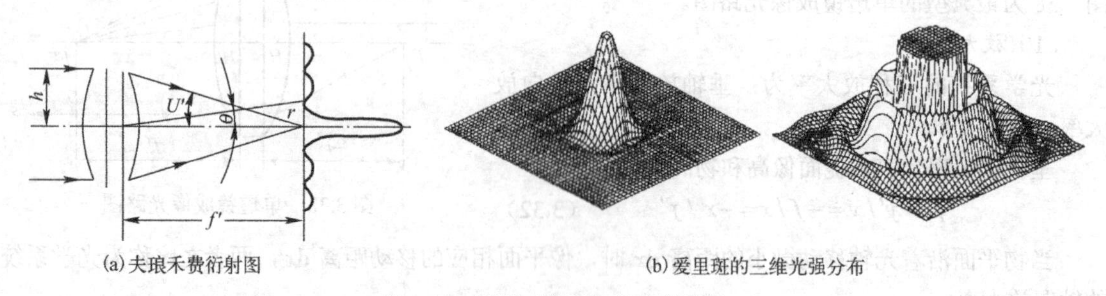

(a) 夫琅禾费衍射图　　(b) 爱里斑的三维光强分布

图 3.40　衍射受限系统的光学特性

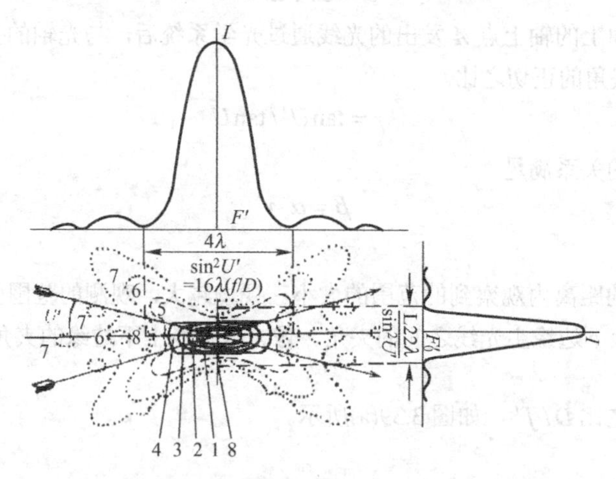

图 3.41　衍射受限系统：子午面内的等强度线

由近代物理光学知识可知，利用满足线性与空间不变性条件的系统的线性叠加特性，可以将任何物方图样分解为许多基元图样，这些基元对应的像方图样线性叠加得出总的像方图样。从这一理论出发，当光学系统对非相干照明物体或自发光物体成像时，可以把任意的物分布看成是无数个具有不同强度的、独立的、发光点的集合，我们称点状物为物方图样的基元即点基元。

实际上每一个发光点物基元通过光学系统后，由于衍射和像差以及其他工艺疵病的影响，绝对的点对点成像是不存在的，因此卷积的结果是对原物强度分布起了平滑作用，从而造成点物基元经系统成像后的失真，因此采用点物基元描述成像的过程，其实质是一个卷积成像过程，通过考察光学系统对一个点物基元的成像质量就可以了解和评定光学系统对任意物分布的成像质量，这就是星点检验的基本思想。

2）分辨率检验

分辨率检验也是光学系统实际制造完成后对其进行实际测量的方法。其获得的有关被测系统像质的信息虽然不及星点检验多，发现像差和误差的灵敏度也不及星点检验高。但分辨力能以确定的数值作为评价被测系统像质的综合性指标。并且不需要多少经验就能获得正确的分辨力值。对于有较大像差的光学系统，分辨力会随像差变化有较明显的变化，因而能用分辨力值区分大像差系统间的像质差异，这是星点检验法所不如的。

由于光的衍射，一个发光点通过光学系统成像后得到了一个衍射光斑，两个独立的发光点通过光学系统成像得到两个衍射光斑，考察不同间距的两发光点在像面上两衍射像可被分辨与否，就能定量地反应光学系统的成像质量。

分辨率是指光学系统成像时所能分辨的最小间隔 δ。空间频率为分辨率 δ 的倒数，单位为线对/毫米（lp/mm）。分辨率检验时所采用的图案如图 3.42 所示。

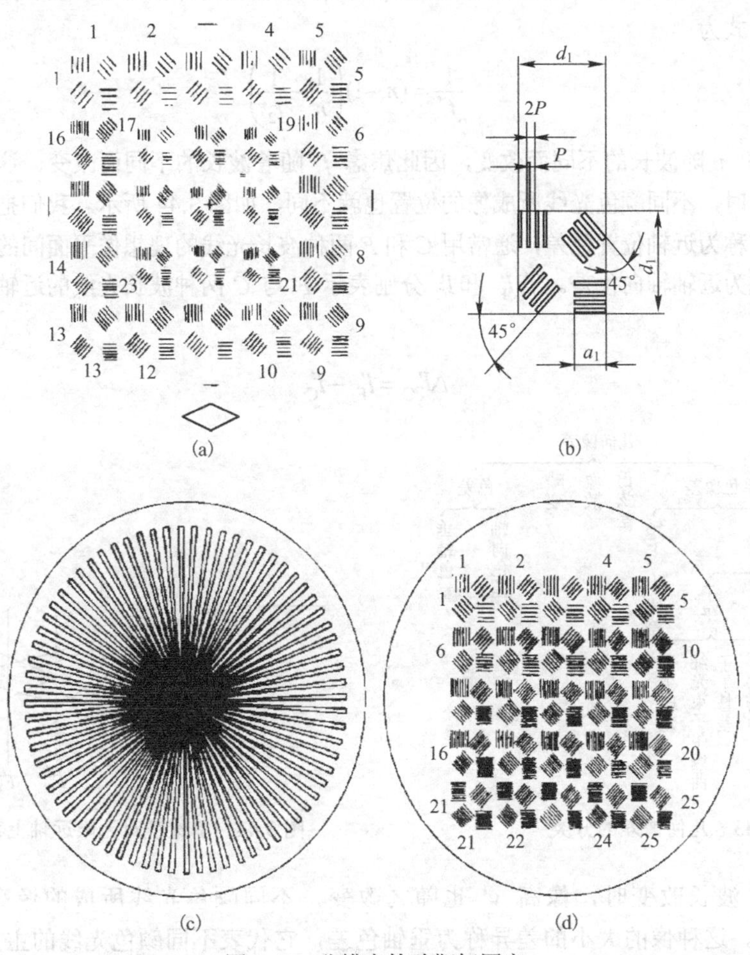

图 3.42　分辨率检验靶标图案

实际工作中，由于光学系统的种类不同，用途不同，分辨力的具体表示形式也不同。表 3.16 列出了不同类型的光学系统按不同判据计算出的理论分辨力。表中，D 为入瞳直径（mm）；NA 为数值孔径；f 为焦距（mm）应用于白光照明时，取光波长 $\lambda=0.55\times10^{-3}$mm。

表 3.16　三类光学系统的理论分辨力

	瑞利判据	道斯判据	斯派罗判据
望远/rad	$1.22\lambda/D$	$1.02\lambda/D$	$0.947\lambda/D$
照相/mm^{-1}	$1/(1.22\lambda f)$	$1/(1.02\lambda f)$	$1/(0.947\lambda f)$
显微/mm	$0.61\lambda/\mathrm{NA}$	$0.51\lambda/\mathrm{NA}$	$0.47\lambda/\mathrm{NA}$

以上讨论的各类光学系统的分辨力公式都只适用于视场中心的情况。对望远镜和显微镜系统而言，由于视场很小，因此只需考虑视场中心的分辨力，对于照相机系统而言，还应考虑中心以外视场的分辨力。

（2）设计阶段的像质评价指标

在设计阶段评价成像质量的方法。它们可以分为两大类，一类是几何光学的方法，包括几何像差、垂轴像差、波像差、点列图、几何光学传递函数等。另一类是物理光学的方法，包括点扩散函数、物理光学传递函数等。以下将分别对其进行表述。

1）几何像差

几何像差的分类如图 3.43 所示。

① 光学系统的色差

光波实际上是波长为 400～760nm 的电磁波。光学系统中的介质对不同波长光的折射率不同。薄透镜的焦距公式为

$$\frac{1}{f'}=(n-1)\left(\frac{1}{r_1}-\frac{1}{r_2}\right) \tag{3.36}$$

因为折射率 n 随波长的不同而改变，因此焦虑 f' 随着波长的不同而改变，这样，当对无限远的轴上物体成像时，不同颜色光线所成像的位置也就不同，如图 3.44 所示。我们把不同颜色光线理想像点位置之差称为近轴位置色差，通常用 C 和 F 两种波长光线的理想像平面间的距离来表示近轴位置色差，也成为近轴轴向色差。若 l'_F 和 l'_C 分别表示 F 与 C 两种波长光线的近轴像距，则近轴轴向色差 $\Delta l'_{FC}$ 为

$$\Delta l'_{FC}=l'_F-l'_C \tag{3.37}$$

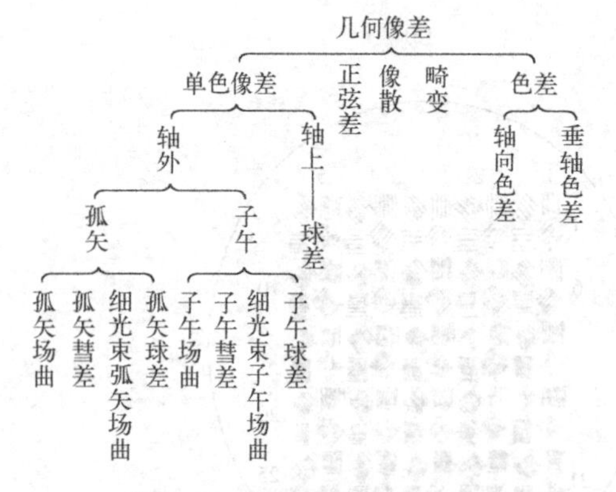

图 3.43　几何像差的分类

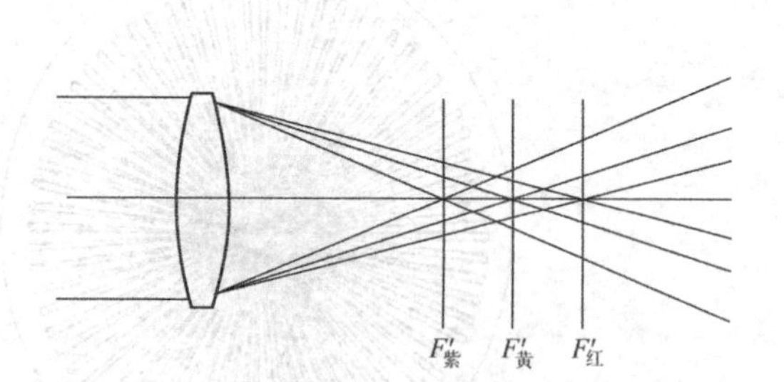

图 3.44　单透镜对无限远轴上物点白光成像

当焦距 f' 波长改变时，像高 y' 也随之改变，不同颜色光线所成的像高也不一样，如图 3.45(a)所示。这种像的大小的差异称为垂轴色差，它代表不同颜色光线的主光线和同一基准像面交点高度（即实际像高）之差。通常这个基准像面选定为中心波长的理想像平面。如图 3.45(b)所示，若 y'_{ZF} 和 y'_{ZC} 分别表示 F 和 C 两种波长光线的主光线在 D 光理想像平面上的交点

高度，则垂轴色差 $\Delta y'_{FC}$ 为

$$\Delta y'_{FC} = y'_{ZF} - y'_{ZC} \tag{3.38}$$

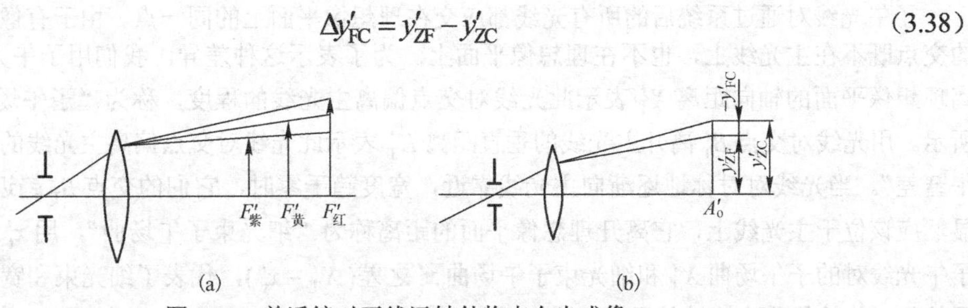

图 3.45　单透镜对无线远轴外物点白光成像

② 轴上像点的单色像差——球差

如图 3.46 所示，轴上有限远同一物点发出的不同孔径的光线通过光学系统以后不再交于一点，成像不理想。为了表示这些对称光线在光轴方向的离散程度，我们用不同孔径光线的聚焦点对理想像点 A'_0 的距离 $A'_0A'_{1.0}$，$A'_0A'_{0.85}$，…表示，称为球差，用符号 $\delta L'$ 表示，$\delta L'$ 的计算公式是

$$\delta L' = L' - l' \tag{3.39}$$

式中，L' 代表一宽孔径高度光线的聚交点的像距；l' 为近轴像点的像距。球差值越大，成像质量越差。

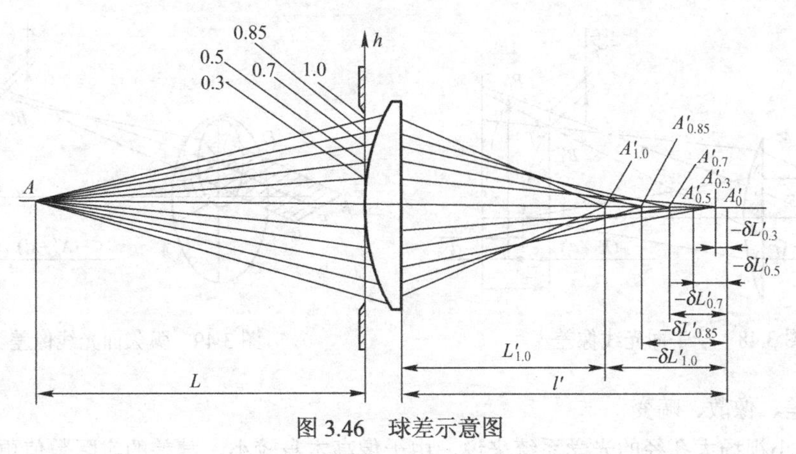

图 3.46　球差示意图

③ 轴外像点的单色像差

轴外物点发出的通过系统的所有光线在像空间的聚交情况比轴上点复杂。为了能够简化问题，同时又能定量地描述这些光线的弥散程度，从整个入射光束中取两个相互垂直的平面光束，用这两个平面光束的结构来近似地代表整个光束的结构。将主光线与光轴决定的平面称为子午面，如图 3.47 中的平面 BM^+M^-；将过主光线与子午面垂直的平面称为弧矢面，如图 3.47 中的平面 BD^+D^- 平面。用来描述这两个平面光束结构的几何参数分别称为子午像差和弧矢像差。

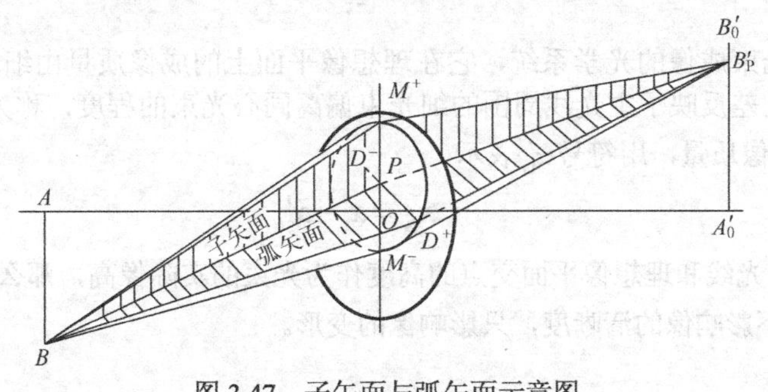

图 3.47　子午面与弧矢面示意图

a. 子午像差

子午光线对通过系统后的所有光线都应交在理想像平面上的同一点。由于有像差存在，光线对的交点既不在主光线上，也不在理想像平面上。为了表示这种差异，我们用子午光线对的交点 B_T' 离理想像平面的轴向距离 X_T' 表示此光线对交点偏离主光线的程度，称为“子午场曲”。如图 3.48 所示。用光线对交点 B_T' 离开主光线的垂直距离 K_T' 表示此光线对交点偏离主光线的程度，称为“子午彗差”。当光线对对称地逐渐向主光线靠近，宽度趋于零时，它们的交点 B_T' 趋近于一点 B_t'，B_t' 显然应该位于主光线上，它离开理想像平面的距离称为“细光束子午场曲”，用 x_t' 表示。不同宽度子午光线对的子午场曲 X_T' 和细光束子午场曲 x_t' 之差($X_T'-x_t'$)，代表了细光束和宽光束交点前后位置的差。此差值称为“轴外子午球差”，用 $\delta L_T'$ 表示。

$$\delta L_T' = X_T' - x_t' \tag{3.40}$$

b. 弧矢像差

如图 3.49 所示，阴影部分所在平面即为弧矢面。把弧矢光线对的交点 B_S' 到理想像平面的距离用 X_S' 表示，称为“弧矢场曲”；B_S' 到主光线的距离用 K_S' 表示，称为“弧矢彗差”。主光线附近的弧矢细光束的交点 B_S' 到理想像平面的距离用 X_S' 表示，称为“细光束弧矢场曲”； $X_S'-x_s'$ 称为“轴外弧矢球差”，用 $\delta L_s'$ 表示。

$$\delta L_s' = X_S' - x_s' \tag{3.41}$$

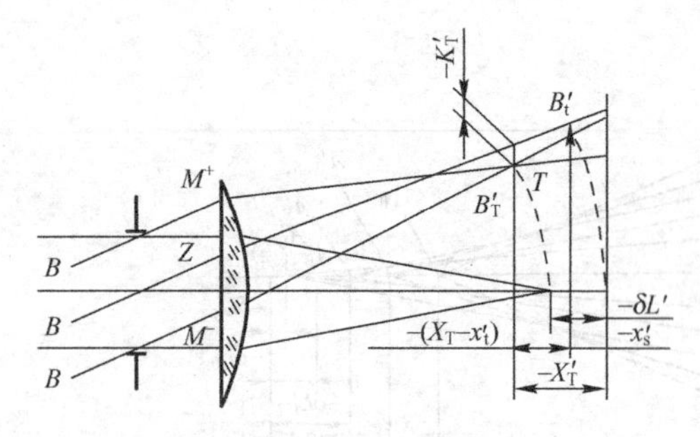

图 3.48　子午面光线像差

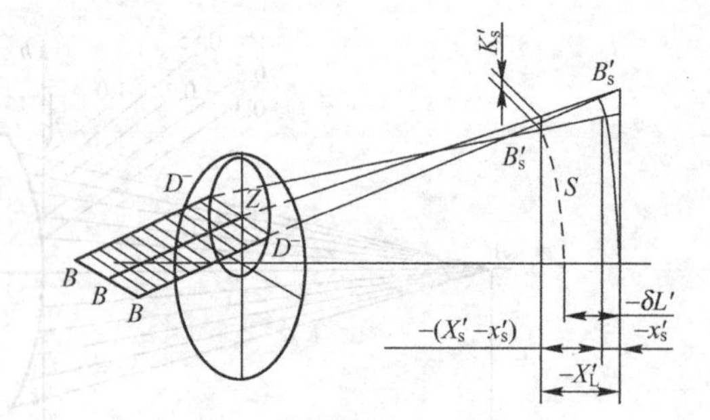

图 3.49　弧矢面光线像差

④ 正弦差、像散、畸变

对于某些小视场大孔径的光学系统来说，由于像高本身较小，彗差的实际数值更小，因此用彗差的绝对数值不足以说明系统的彗差特性。一般改用彗差与像高的比值来代替系统的彗差，用符号 SC' 表示

$$SC' = \lim_{Y \to 0} \frac{K_S'}{y'} \tag{3.42}$$

SC' 的计算公式为

$$SC' = \frac{\sin U_2 u'}{\sin U' u_2} \cdot \frac{l' - l_z'}{L' - l_z'} - 1 \tag{3.43}$$

对于用小孔径光束成像的光学系统，它在理想像平面上的成像质量由细光束子午和弧矢场曲 x_t'，x_s' 决定。二者之差反映了主光线周围的细光束偏离同心光束的程度，称为“像散”，代表了主光线周围细光束的成像质量，用符号 x_{ts}' 表示

$$x_{ts}' = x_t' - x_s' \tag{3.44}$$

把成像光束的主光线和理想像平面交点的高度作为光束的实际像高，那么它和理想像高的差值称为“畸变”。畸变不影响像的清晰度，只影响像的变形。

2）垂轴像差

利用不同孔径子午、弧矢光线在理想像平面上的交点和主光线在理想像平面上的交点之间的距离来表示的像差，称为垂轴几何像差。

为了表示子午光束的成像质量，在整个子午光束截面内取若干对光线，一般取 $\pm 1.0h$，$\pm 0.85h$，$\pm 0.7071h$，$\pm 0.5h$，$\pm 0.3h$，$0h$ 这 11 条不同孔径的光线，计算出它们和理想像平面交点的坐标，由于子午光线永远位于子午面内，因此在理想像平面上交点高度之差就是这些交点之间的距离。求出前 10 条光线和主光线（0 孔径光线）高度之差即为子午光束的垂轴像差，如图 3.50 所示。

$$\delta y' = y' - y'_z \tag{3.45}$$

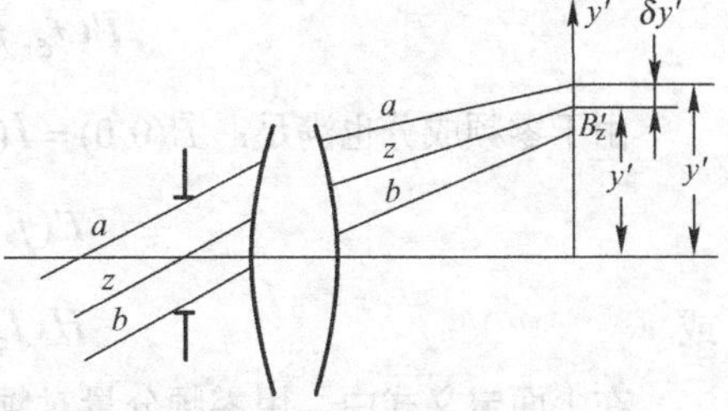

图 3.50　子午垂轴像差

为了用垂轴像差表示色差，可以将不同颜色光线的垂轴像差用同一基准像面和同一基准主光线作为基准点计算各色光线的垂轴像差。一般情况下，我们采用平均中心波长光线的理想像平面和主光线作为基准计算各色光线的垂轴色差。为了了解整个像面的成像质量，同样需要计算轴上点和若干不同像高轴外点的垂轴像差。对轴上点来说，子午和弧矢垂轴像差是完全一样的，因此弧矢垂轴像差没有必要计算 0 视场的垂轴像差。

3）几何像差及垂轴像差的比较

几何像差的特点是用一些独立的几何参数来表示像点的成像质量，即用单项独立几何像差来表示出射光线的空间复杂结构。这种方式便于了解光束的结构，分析它们和光学系统参数之间的关系，以便进一步校正像差。但是几何像差的数据繁多，很难从整体上获得系统综合成像质量的概念。

垂轴像差直接用不同孔径子午、弧矢光线在理想像平面上的交点和主光线在理想像平面上的交点之间的距离来表示，描述了像面上子午光束和弧矢光束的弥散情况，反映了像点的大小，可以更加直观、全面地显示了系统的成像质量。

前面所讨论的几种常用的像质评价方法中，分辨率和点列图法由于主要考虑成像质量的影响，因此仅适用于大像差系统，不适用于像差校正到衍射极限的小像差系统；光学传递函数法虽然同时适用于大像差系统和小像差系统，但它仅仅考虑光学系统对物体不同频率成分的传递能力，也不能全面评价一个成像系统的所有性能。因此，对任何光学系统进行像质评价，往往需要综合使用多种评价方法。

3. 光学系统的光学传递函数

（1）定义、物理意义

对于满足线性空间不变性的衍射受限非相干成像系统，定义归一化的强度点扩散函数的傅里叶变换为光学传递函数（简称 OTF）。表示为

$$H(f_\xi, f_\eta) = \frac{\iint_{-\infty}^{+\infty} h_i(x', y') \exp[-j2\pi(f_\xi x' + f_\eta y')] dx'dy'}{\iint_{-\infty}^{+\infty} h_i(x', y') dx'dy'} = \frac{\tilde{H}_i(f_\xi, f_\eta)}{\tilde{H}_i(0,0)} \tag{3.46}$$

并且分别用 $I(f_\xi, f_\eta)$ 和 $I'(f_\xi, f_\eta)$ 表示物强度 I 和像强度 I' 的归一化的频谱：

$$I(f_\xi, f_\eta) = \frac{\iint_{-\infty}^{+\infty} I(x, y) \exp[-j2\pi(f_\xi x + f_\eta y)] dxdy}{\iint_{-\infty}^{+\infty} I(x, y) dxdy} = \frac{\tilde{I}(f_\xi, f_\eta)}{\tilde{I}(0,0)} \tag{3.47}$$

$$I'(f_\xi, f_\eta) = \frac{\iint_{-\infty}^{+\infty} I'(x', y') \exp[-j2\pi(f_\xi x' + f_\eta y')] dx'dy'}{\iint_{-\infty}^{+\infty} I'(x', y') dx'dy'} = \frac{\tilde{I}'(f_\xi, f_\eta)}{\tilde{I}'(0,0)} \tag{3.48}$$

根据式（3.46），并应用卷积定理可立即得出系统在频域的输入、输出关系式

$$\tilde{I}'(f_\xi, f_\eta) = \tilde{I}(f_\xi, f_\eta) \cdot \tilde{H}_i(f_\xi, f_\eta) \tag{3.49}$$

由于零频成分也满足：$\tilde{I}'(0,0) = \tilde{I}(0,0) \cdot \tilde{H}_i(0,0)$，所以归一化的频域关系式成为

$$I'(f_\xi, f_\eta) = I(f_\xi, f_\eta) \cdot H(f_\xi, f_\eta) \tag{3.50}$$

或

$$H(f_\xi, f_\eta) = I'(f_\xi, f_\eta) / I(f_\xi, f_\eta) \tag{3.51}$$

在上面定义式中，用零频分量对频谱归一化，除了简化数学运算之外，更根本的原因是非负的强度分布总是带有一个非零的直流分量，它影响强度分布的“反衬度”，并最终影响像质。

所以要用这个直流分量对频谱归一化处理。归一化处理保证了

$$H(0,0) = 1 \tag{3.52}$$

这说明光学传递函数的模值在（0,1）的范围变化，且任何频率的取值总小于零频的值。

光学传递函数另一个显著性质是它具有厄米性质（Hermitian nature）。这是因为强度点扩散函数 $h_i(x,y)$ 是非负的实函数，因此它的傅里叶变换具有厄米性质。也就是说光学传递函数满足

$$H(f_\xi, f_\eta) = H^*(-f_\xi, -f_\eta) \tag{3.53}$$

或

$$|H(f_\xi, f_\eta)| = |H(-f_\xi, -f_\eta)| \tag{3.54}$$

$$\arg H(f_\xi, f_\eta) = -\arg H(-f_\xi, -f_\eta) \tag{3.55}$$

即光学传递函数的模是偶函数，辐角是奇函数。

光学传递函数的物理意义可以通过式（3.54）、式（3.55）来说明。将式中各频谱函数分别用模和辐角来表示，则式（3.54）、式（3.55）变成

$$|H(f_\xi, f_\eta)| = |I'(f_\xi, f_\eta)| / |I(f_\xi, f_\eta)| \tag{3.56}$$

$$\vartheta(f_\xi, f_\eta) = \Phi'(f_\xi, f_\eta) - \Phi(f_\xi, f_\eta) \tag{3.57}$$

光学传递函数的模 $|H(f_\xi, f_\eta)|$ 称为“调制传递函数”，简写为 MTF。其辐角 $\vartheta(f_\xi, f_\eta)$ 称为“位相传递函数”，简写为 PTF。式（3.56）说明，MTF 反映了系统对频率为 (f_ξ, f_η) 的基元成分的模值的衰减程度。式（3.57）说明，PTF 反映了系统对这一基元成分的相移。

如果以一个空间频率为 $(f_{\xi0}, f_{\eta0})$ 的非负的余弦强度分布作为系统的输入函数，来考察系统的频率响应特性，则上述物理意义将更加明确。为此，设输入函数（即物分布）为

$$I(x,y) = a + b\cos[2\pi(f_{\xi0}x + f_{\eta0}y) + \phi] \tag{3.58}$$

输入函数的调制度（即反衬度）为 $V = b/a\,(0 \leqslant V \leqslant 1)$，则输入函数的频谱为

$$\tilde{I}(f_\xi, f_\eta) = a\delta(f_\xi, f_\eta) + \frac{b}{2}[\delta(f_\xi - f_{\xi0}, f_\eta - f_{\eta0})\exp(j\phi) + \delta(f_\xi + f_{\xi0}, f_\eta + f_{\eta0})\exp(-j\phi)] \tag{3.59}$$

根据式（3.59），输出函数的频谱为

$$\begin{aligned}\tilde{I}'(f_\xi,f_\eta)&=\tilde{I}(f_\xi,f_\eta)\cdot\tilde{H}_{\rm i}(f_\xi,f_\eta)\\&=a\tilde{H}_{\rm i}(f_\xi,f_\eta)\delta(f_\xi,f_\eta)+\frac{b}{2}\tilde{H}_{\rm i}(f_\xi,f_\eta)[\delta(f_\xi-f_{\xi0},f_\eta-f_{\eta0})\exp(\mathrm{j}\phi)+\\&\quad\delta(f_\xi+f_{\xi0},f_\eta+f_{\eta0})\exp(-\mathrm{j}\phi)]\end{aligned}\tag{3.60}$$

于是，系统输出函数可表示为

$$\begin{aligned}I'(x',y')=F^{-1}[\tilde{I}'(f_\xi,f_\eta)]&=a\tilde{H}_{\rm i}(0,0)+\\&\frac{b}{2}H_{\rm i}'(f_{\xi0},f_{\eta0})\exp[\mathrm{j}2\pi(f_{\xi0}x'+f_{\eta0}y')]\exp(\mathrm{j}\phi)+\\&\frac{b}{2}\tilde{H}_{\rm i}(-f_{\xi0},-f_{\eta0})\exp[-\mathrm{j}2\pi(f_{\xi0}x'+f_{\eta0}y')\exp(-\mathrm{j}\phi)\end{aligned}\tag{3.61}$$

考虑到 $\tilde{H}_i(f_\xi,f_\eta)$ 为厄米特函数（Hermitian function），并令

$$\tilde{H}_{\rm i}(f_\xi,f_\eta)=\left|\tilde{H}_{\rm i}(f_\xi,f_\eta)\right|\exp[\mathrm{j}\phi_{\rm h}(f_\xi,f_\eta)]$$

于是

$$I'(x',y')=a\tilde{H}_{\rm i}(0,0)+b\left|\tilde{H}_{\rm i}(f_{\xi0},f_{\eta0})\right|\cos[2\pi(f_{\xi0}x'+f_{\eta0}y')+\phi+\phi_{\rm h}(f_\xi,f_\eta)]\tag{3.62}$$

式（3.62）表明，当输入物体为空间频率 $(f_{\xi0},f_{\eta0})$ 的余弦强度分布时，像分布也是相同空间频率的余弦强度图形，只是振幅和位相受到了系统传递函数的调制。像的调制度和初位相分别为

$$V'=\frac{b\left|\tilde{H}_{\rm i}(f_{\xi0},f_{\eta0})\right|}{a\tilde{H}_{\rm i}(0,0)}=V\left|H(f_{\xi0},f_{\eta0})\right|\tag{3.63}$$

$$\phi'=\phi+\phi_{\rm h}(f_{\xi0},f_{\eta0})\tag{3.64}$$

因此，对于余弦分布的物而言，光学传递函数的模（即 MTF）总是等于像的调制度与物的调制度之比，而光学传递函数的辐角（即 PTF）则表示像与物之间的相移

$$\left|H(f_\xi,f_\eta)\right|=V'/V\tag{3.65}$$

$$\phi_{\rm h}(f_\xi,f_\eta)=\phi'(f_\xi,f_\eta)-\phi(f_\xi,f_\eta)\tag{3.66}$$

（2）测量方法

目前，光学传递函数测量技术和测量装置已发展到相当完善的程度。已有很多种建立在不同原理基础上的测量方法。这些方法主要分为扫描法和干涉法两大类。扫描法的处理对象是线扩散函数或点扩散函数，而干涉法是将待测系统出瞳处的瞳函数作为处理对象，再由此求得光学传递函数。至今用得最广的还是扫描法。

1）干涉法

利用光学传递函数与光瞳函数间的转换关系，用干涉仪测出镜头的波像差，即可确定光瞳函数，从而间接求得光学传递函数。光瞳函数主要包含了出瞳处波面的相位信息。如使该波面与一参考波面相干涉，或使该波面自身产生剪切干涉，利用干涉图即可求出与相位信息对应的瞳函数。用剪切干涉仪可直接用光学方法模拟自相关运算。也可用干涉图进行光电取样，把光瞳函数输入计算机进行自相关运算，得到光学传递函数。还可用计算机求光瞳函数的傅里叶变换，求得点扩散函数，再经一次傅里叶变换运算即得光学传递函数。该方法称为两次傅里叶变换法。

此外，也可用全息干涉法，即在全息图上记录待测系统光瞳函数的频谱，再经透镜进行傅里叶变换，在其谱面上得到两维的光学传递函数。干涉法灵敏度高，适于小像差系统的检测。但该法一般只能用单色光，不能测白光传递函数，并且干涉条纹不易反映出杂光的影响。

2）扫描法

扫描法是比较合乎实际使用条件的检测方法。它可用白光照，直接测得白光传递函数。这类方法是通过对已知空间分布的物像的分析、测试求得光学传递函数的。扫描法可分为以下几种：

- 光学傅里叶分析法：只要对待测光学系统的线扩散函数进行傅里叶变换，即可测得某一方

向上的光学传递函数。例如，以狭缝或星孔作目标物，用余弦光栅扫描目标物的像，同时测出透过的光通量变换，就可模拟线扩散函数的傅里叶变换运算。由输出量的振幅衰减和相位移动，即可求得调制传递函数 MTF 和相位传递函数 PTF。

- 光电傅里叶分析法：由于余弦光栅制作较难，后来人们提出用矩形光栅代替余弦光栅作扫描屏。通过电学滤波的方法，把信号中的高次谐波滤掉，同样可测得光学传递函数。这种用非余弦光栅作扫描屏的方法，称为光电傅里叶分析法。
- 电学傅里叶分析法：为避免制作光栅扫描屏的困难，提出用狭缝直接对星点像或狭缝像重复进行扫描的方法，得到与线扩散函数形状相似的电信号，并直接进行频谱分析（电学傅里叶变换），求得光学传递函数。
- 数字傅里叶分析法：利用狭缝或刀口，直接对狭缝象或星点像进行线扩散函数抽样，将数据经 A/D 变换输入计算机，由计算机进行包括傅里叶变换在内的数学运算，得到光学传递函数。

3）其他方法

调制度法，根据以余弦光栅成像为基础的光学传递函数定义，可使待测光学系统直接对不同空间频率且已知调制度的余弦光栅成像，通过测光栅像的调制度来求得光学传递函数。

此外，还有互相关法，激光散斑测量法等。

3.2.2 几种常用光学系统的特点和主要应用范围

1. 照明系统

（1）照明系统的定义

是指由光源与集光镜、聚光镜及辅助透镜组成的一种照明装置。

（2）照明系统的要求

对照明系统有以下具体要求：

1）被照明面要有足够的光照度，而且要足够均匀；

2）要保证被照明物点的数值孔径，而且照明系统的渐晕系数与成像系统的渐晕系数应一致；

3）尽可能减少杂光，限制视场以外的光线进入，防止多次反射，以免降低像面对比和照明均匀性；

4）对于高精度的仪器，光源和物平面以及决定精度的主要零部件不要靠得很近，以免造成温度误差。

（3）照明系统类型

根据照明方式不同照明系统可以分为两种：光源直接照明和聚光照明。直接照明是指不通过光学系统，直接用光源照明物体，系统简单，但一般难以实现均匀照明。聚光照明一般由光源、聚光照明系统、成像物镜三个部分构成，光源发出的光线经聚光镜对投影物进行平面照明，投影物镜把物平面成像在屏幕上。

聚光照明又分为柯勒照明和临界照明。

1）临界照明（Critical illumination）

照明系统把发光体成像在投影物平面附近，即临界照明。这种系统的结构原理如图 3.51 所示。在这类系统中，要求照明系统的像方孔径角 U' 大于投影物镜的孔径角。为了充分利用光源的光能，同样要求增大系统的物方孔径角 U。当 U 和 U' 确定以后，照明系统的倍率 R 也就决定了。根据投影物平面的大小，利用放大率公式 $\beta = \dfrac{\sin u}{\sin u'} = \dfrac{y'}{y}$ 就可以求出要求的发光体尺寸，作为最后选定光源的功率和型号的根据。由于发光体直接成像在物平面附近，为了达到比较均匀的照明，要求发光体本身比较均匀，同时使投影物平面和光源像之间有足够的离焦量。这类系统的投影物镜的孔径角应该取得大一些，如果物镜的孔径角过小，则物镜的焦深很大，容易反映出发光体本身的不均匀性。

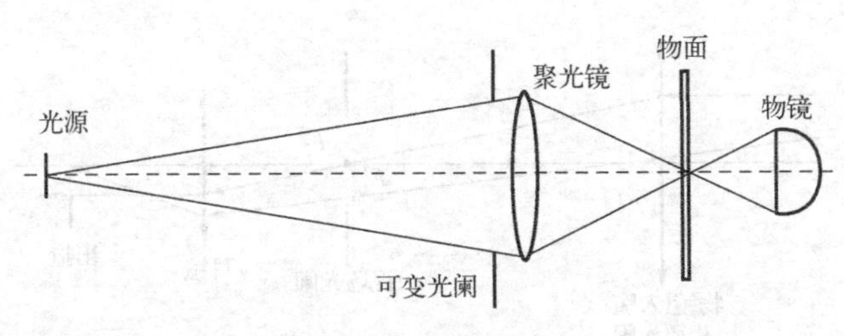

图 3.51　临界照明系统

2）柯勒（Kohler）照明

柯勒（August Kohler）是十九世纪末蔡司公司的工程师，为了纪念他在光学领域的突出贡献，后人把他发明的二次成像系统叫做柯勒照明。柯勒照明消除了临界照明中物平面光照度不均匀的缺点。如图 3.52 所示，柯勒镜（前置聚光镜）把光源放大成像在聚光镜的前焦平面上，照明系统的孔径光阑就位于该焦平面，聚光镜又把孔径光阑成像在无限远，即与物镜的入射光瞳重合。照明系统的视场光阑紧贴在柯勒镜后，被聚光镜成像在物平面上。照明系统的孔径光阑（光阑孔径可变）确定了照明系统的孔径角，也决定了分辨率和对比度，而柯勒镜后的视场光阑决定了被照明的物平面的大小。

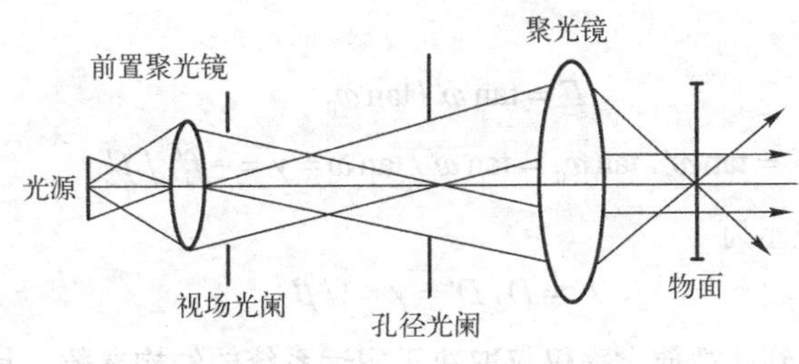

图 3.52　柯勒照明系统

（4）照明系统的应用

在投影显示的照明中，研究的是如何获得一个矩形的光能量均匀分布的光斑，在汽车工业中车灯则研究如何得到一个配光分布的照明光斑，在民用照明中如何得到柔和、大面积的照明等，随着新型光源的不断开发和社会进步的需要，照明系统也在不断的更新。照明系统应用于不同的场合，但是需要解决共同的问题，光能收集率和光能的二次分布，这两大问题推动了照明系统优化设计方案的研究。

2. 成像系统

典型的光学成像系统有望远系统，显微系统，照相系统。

（1）望远系统

望远系统是用于观察远距离目标的一种光学系统，相应的目视仪器称为望远镜。由于通过望远光学系统所成的像对眼睛的张角大于物体本身对眼睛的直观张角，因此给人一种“物体被拉近了”的感觉。利用望远镜可以更清楚地看到物体的细节，扩大了人眼观察远距离的能力。

望远系统一般是由物镜和目镜组成的，有时为了获得正像，需要在物镜和目镜之间加一棱镜式或透镜式转向系统。其特点是物镜的像方焦点与目镜的物方焦点重合，光学间隔 $\Delta=0$，因此平行光入射望远镜系统后，仍以平行光出射。图 3.53 表示了一种常见的望远系统的光路图。这种望远镜系统没有专门设置的孔径光阑，物镜框就是孔径光阑，也是入射光瞳。视场光阑设在物镜的像平面处，即物镜和目镜的公共焦点处。入射窗和出射窗分别位于系统的物方和像方的无限远处，各与物平面和像平面重合。

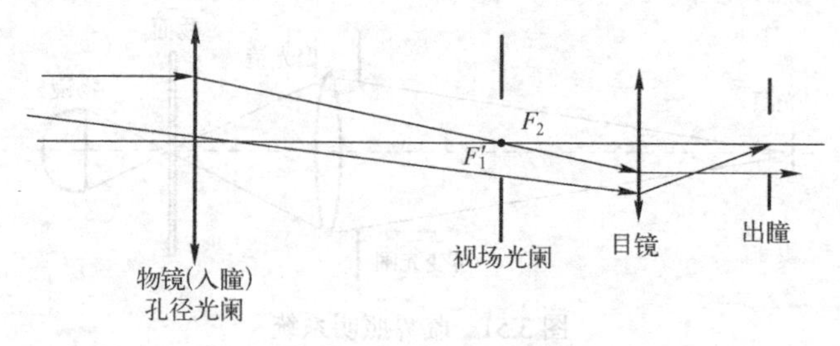

图 3.53　望远系统结构

望远系统的放大率主要有以下几种：

垂轴放大率
$$\beta=-f_2'\big/f_1' \tag{3.67}$$

角放大率
$$\gamma=1\big/\beta=-f_1'\big/f_2' \tag{3.68}$$

轴向放大率
$$\alpha=\beta^2=\left(f_2'\big/f_1'\right)^2 \tag{3.69}$$

其中，f_1'，f_2' 分别是物镜和目镜的焦距。

对于目视光学系统来说，更有意义的特性是它的视放大率，即人眼通过望远系统观察物体时，物体的像对眼睛的张角 ω' 的正切值与眼睛直接观察物体时物体对眼睛的张角 ω 的正切值之比，用 Γ 表示

$$\Gamma=\tan\omega'/\tan\omega_0 \tag{3.70}$$

$$\Gamma=\tan\omega'/\tan\omega_0=\tan\omega'/\tan\omega=\gamma=-f_1'\big/f_2' \tag{3.71}$$

因此视放大率也可表示为

$$\Gamma=D/D'=\gamma=1/\beta \tag{3.72}$$

从式（3.72）可以看到：视放大率仅仅取决于望远系统的结构参数，其值等于物镜和目镜的焦距之比。欲增大视放大率，必须使$|f_1'|>|f_2'|$。

（2）显微系统

显微光学系统是用来帮助人眼观察近距离物体微小细节的一种光学系统，其结构如图 3.54 所示。由其构成的目视光学仪器成为显微镜，它是由物镜和目镜组合而成的。显微镜和放大镜的作用相同，都是把近处的微小物体通过光学系统后成一放大的像，以供人眼观察。区别是通过显微镜所成的像是实像，且显微镜比放大镜具有更高的放大率。

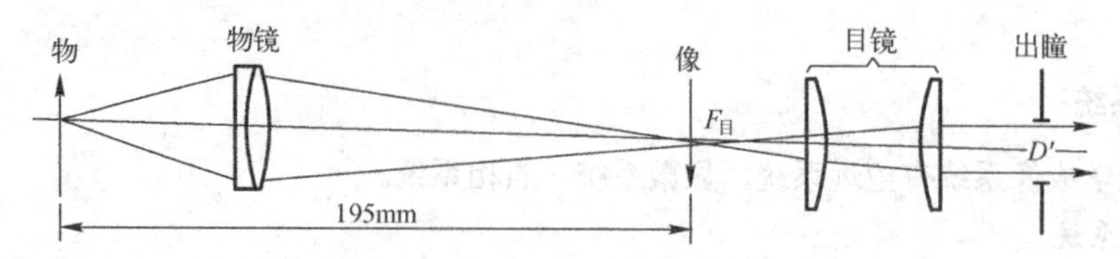

图 3.54　显微系统结构

显微镜的基本成像原理是把观察的物体放大为一个实像，位于目镜的焦面上，然后通过目镜成像在无限远供人眼观察。

显微镜上通常都配有若干个不同倍率的物镜和目镜供互换使用。为了保证物镜的互换性，要求不同倍率的显微物镜的共轭距离——由物平面至像平面的距离相等。各国生产的通用显微物镜的共轭距离大约为 190mm。我国规定为 195mm。

由于经过物镜和目镜的两次放大，因此显微镜总的放大倍率 Γ 应该是物镜放大倍率 β 和目镜放大倍率 Γ_1 的乘积。设物镜的焦距为 f_1'，则物镜的放大率为：

$$\beta = -x' / f_1' = -\Delta / f_1' \tag{3.73}$$

物镜的像再被目镜放大，其放大率为：

$$\Gamma_1 = 250 / f_2' \tag{3.74}$$

式中，f_2' 为目镜的焦距。因此，显微镜的总放大率为：

$$\Gamma = \beta\Gamma_1 = -\frac{250\Delta}{f_1' \ f_2'} \tag{3.75}$$

由式（3.75）可见，显微镜的放大率和光学筒长成正比，与物镜和目镜的焦距成反比。并且，由于式中有负号，因此当显微镜具有正物镜和正目镜时，整个显微镜给出倒像。由于整个显微镜的总焦距可表示为：$f = -f_1'f_2' / \Delta$，故系统的放大率可表示为：$\Gamma = 250 / f'$。

（3）照相系统

照相机和投影仪广泛应用于社会生活的各个领域，已成为科研、国防、生产、教育以及文化生活各领域中的重要手段。例如军事上的高、低空侦察摄影，航空测量摄影，科学研究中的记录摄影和高速摄影，生物学中的显微摄影，印刷业中的照相制版，文艺方面的电影电视摄影等仪器，都属照相机一类。

照相物镜的作用是把外界景物成像在感光底片上，使底片曝光产生景物像。照相物镜的光学特性，一般用焦距 f'、相对孔径 D / f'、视场角 2ω 表示。

1）焦距 f'

根据光学系统垂轴放大率公式

$$\beta = y' / y = l' / l \tag{3.76}$$

对于一般照相物镜来说，物距 l 通常在 1m 以上，l>10 f'，因此像平面十分靠近照相物镜的像方焦平面，即 $l' = f'$，所以 $\beta = f'/l$。由此可见，物镜焦距的大小，决定了底片上的像和实际被摄物体之间的比例尺，在物镜 l 一定的情况下，欲得到大比例尺的照片，则必须增大物镜焦距。

2）相对孔径 D / f'

照相物镜像平面的光照度和相对孔径的平方成正比，所以照相物镜的相对孔径主要影响像平面光照度。为了满足对较暗景物的摄影，或者对高速运动物体的摄影，都需要大相对孔径的物镜，以提高像平面上的光照度。

3）视场角 2ω

照相物镜的视场角决定了被摄景物的范围。不同照相机画面的尺寸是一定的，照相机的视场角和画面尺寸之间的关系，可由无限远物体理想像高公式表示

$$y' = -f' \tan\omega \tag{3.77}$$

由式（3.77）可知，当相机幅面一定时，f' 越小，则 ω 越大，因此短焦距镜头，也就是大视场镜头。

4）分辨率

照相物镜分辨率表示照相物镜分辨被摄物体细节的能力，是衡量照相物镜成像质量的重要指标之一，通常用像平面上每毫米能分辨开黑白线条的对数来表示，照相物镜的理想分辨率满足

$$N_{物} = 1500 / F \ \mathrm{lp/mm} \tag{3.78}$$

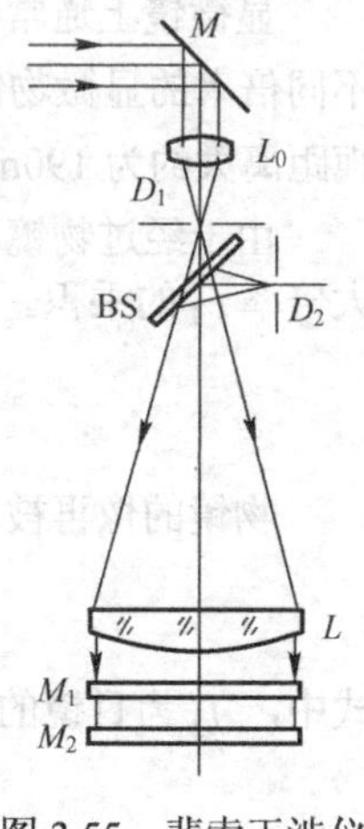

图 3.55　斐索干涉仪

3. 干涉系统

（1）斐索干涉仪（Fizeau interferometer）

斐索干涉仪光路结构如图 3.55 所示。

特点：属于等厚干涉；干涉光束，一个来自标准反射面 M_1，一个来自被测面 M_2。测量臂与参考臂基本共路，对环境干扰不敏感。

应用：光学材料非均匀性测量；平面度或平行度测量；凸球面测量；凹球面测量。

（2）泰曼-格林干涉仪（Twyman-Green interferometer）

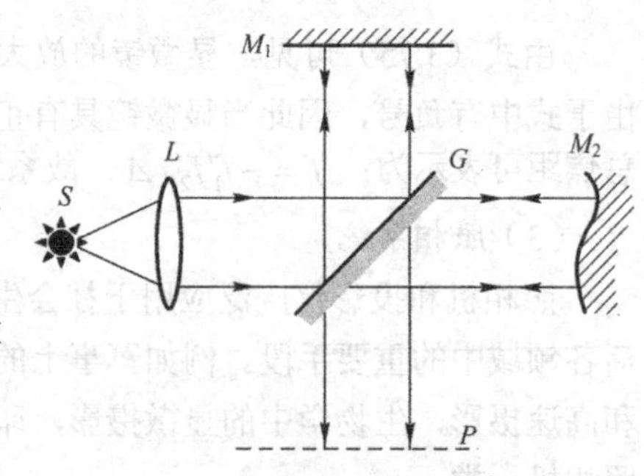

图 3.56　泰曼-格林干涉仪

泰曼-格林干涉仪光路结构如图 3.56 所示。

特点：属于等厚干涉；干涉光束来自标准面 M_1 和被测面 M_2。不过与斐索干涉仪相比，泰曼不共路的，所以易干涉仪两臂是受环境干扰。

应用：检测光滑表面的平整度、透镜或球面镜表面的球面度、平行平板状透明介质的光学均匀性。

（3）马赫-曾德干涉仪（Mach-Zehnder interferometer）

马赫-曾德干涉仪光路结构如图 3.57 所示。

特点：光波在两条光路中传播时，所有的路径都只经过一次，而不像迈克耳孙或泰曼干涉仪中那样，往返经过同一路径两次。使得在折射率分布比较复杂时，也即通过待测物后的波面形状比较复杂时，分析干涉图的工作变得简单一些。

应用：是一种大型光学仪器，它广泛应用于研究空气动力学中气体的折射率变化、可控热核反应中等离子体区的密度分布，并且在测量光学零件、制备光信息处理中的空间滤波器等许多方面，有着极其重要的应用。特别是，它已在光纤传感技术中被广泛应用。

（4）迈克耳孙干涉仪（Michelson interferometer）

迈克耳孙干涉仪光路结构如图 3.58 所示。

特点：M_1 和 M_2 垂直时是等倾干涉，否则为等厚干涉。

应用：迈克耳孙干涉仪可以精密地测量微小长度及微小的变化，利用它的原理还能够制成各种专用干涉仪器。它被广泛地应用于生产和科研各领域。

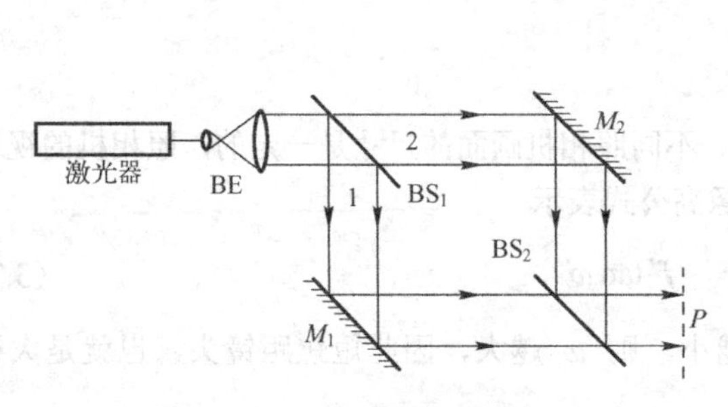

图 3.57　马赫-曾德干涉仪

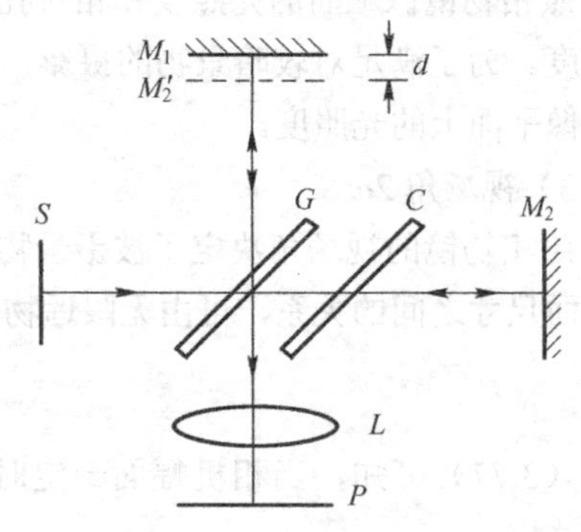

图 3.58　迈克耳孙干涉仪

（5）法布里–珀罗干涉仪（Fabry–Pérot interferometer）

法布里–珀罗干涉仪光路结构如图 3.59 所示。

特点：光谱分辨率极高的光谱仪。

应用：研究光谱的超精细结构；激光器的谐振腔。

（6）塞纳克干涉仪（Sagnac interferometer）

塞纳克干涉仪光路结构如图 3.60 所示。

特点：整体无运动部件，并且仅可以感知转动而对匀速平动没有任何反应，故可以用作角度或角速度传感器，是现代导航用激光陀螺的基础。

应用：激光陀螺。

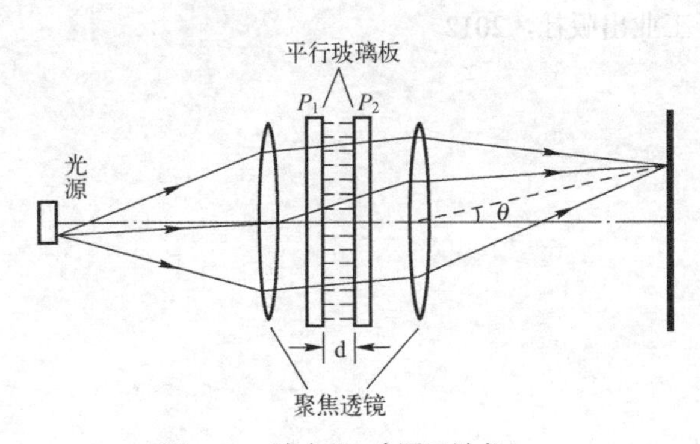

图 3.59　法布里–珀罗干涉仪

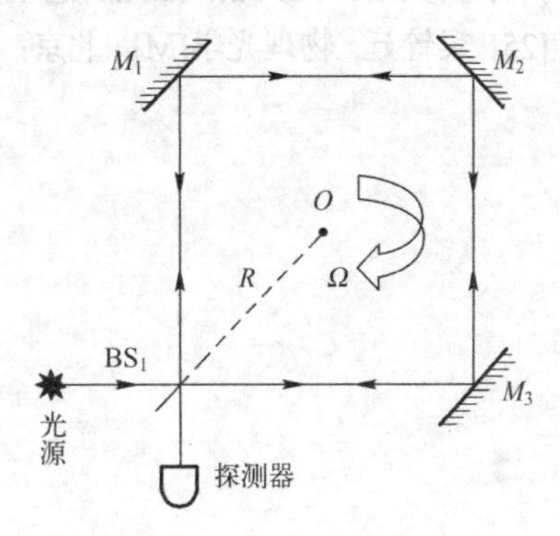

图 3.60　塞纳克干涉仪

参考文献

[1] 金伟其，胡威捷. 辐射度、光度与色度及其测量[M]. 北京：北京理工大学出版社，2011

[2] Curtis D. Mobley. 自然水体辐射特性与数值模拟[M]. 武汉：武汉大学出版社，2009

[3] 何清等. 塔克拉玛干沙漠腹地的长波辐射变化特征[J]. 高原气象，2009.6 Vol. 28 No. 3

[4] 金莉莉，曹兴，黄洁. 沙漠和绿洲典型天气辐射特征[J]. 干旱气象，2011 年 9 月 Vol.29 No .3

[5] 黄一帆，李林. 应用光学[M]. 北京：北京理工大学出版社，2009

[6] 黄一帆，李林. 光学设计教程[M]. 北京：北京理工大学，2009

[7] 谢敬辉，廖宁放，曹良才. 傅里叶光学与现代光学基础[M]. 北京：北京理工大学出版社，2007

[8] 杨志文等. 光学测量[M]. 北京：北京理工大学出版社，1995

[9] 刘钧，高明. 光学设计[M]. 西安：西安电子科技大学出版社，2012

[10] 沈默. LED 投影显示照明系统研究[J]. 浙江大学，2006

[11] 郑博文. 全场光学相干层析术的关键技术研究[J]. 南京理工大学，2005

[12] 郁道银，谈恒英. 工程光学[M]. 北京：机械工业出版社，1999

[13] 张欣婷. 高精度光电自准直仪的研究[J]. 长春理工大学，2009

[14] 王子余. 几何光学与光学设计[M]. 杭州：浙江大学出版社，1989

[15] 徐凤茹. 自准直像视觉跟踪测量关键技术研究[D]. 天津大学，2011

[16] 沙定国. 光学测试技术[M]. 北京：北京理工大学出版社，2010

[17] 黄银国. 激光自准直微小角度测量基础技术研究[D]. 天津大学，2009

[18] 文生平. 大坝安全监测大气激光准直仪精密测量系统的研制[J]. 仪表技术与传感器, 2001, 1（6）：13~15
[19] 梁治旺. 激光准直仪在轨道检修中的应用[J]. 山西建筑，2001，27（6）：145~146
[20] 吕乃光，邓文怡. 大型机械零部件孔同轴度测量技术研究[J]. 光电子激光，2001, 12（7）：594~596
[21] 王贯山. 激光准直技术在电梯导轨安装及检测中的应用 [J]. 中国电梯, 1999, 10（3）：46~48
[22] 裴中方. 激光干涉准直技术的研究 [D]. 天津大学，2004
[23] 刘红星. 干涉准直系统的设计研究[D]. 天津大学，2007
[24] 贺安之，阎大鹏. 激光瞬态干涉度量学[M]. 北京：机械工业出版社，1993
[25] 梁铨廷. 物理光学[M]. 北京：电子工业出版社，2012

第4章　光信息的获取和转换模块

4.1　光电探测器

4.1.1　光辐射探测器的性能参数和噪声

光电探测器和其他器件一样，有一套根据实际需要而制定的特性参数。它是在不断总结各种光电探测器的共同性能基础上而给以科学定义的，所以这一套性能参数科学地反映了各种探测器的共同性能。依据这套参数，人们就可以评价探测器性能的优劣，比较不同探测器之间的差异，从而达到根据需要合理选择和正确使用光电探测器的目的。显然，了解各种性能参数的物理意义是十分重要的。

1. 积分灵敏度 R

灵敏度也常称作响应度，它是光电探测器光电转换特性、光电转换的光谱特性，以及频率特性的量度。光电流 i（或光电压 u）和入射光功率 P 之间的关系 $i=f(P)$，称为探测器的光电特性。灵敏度 R 定义为这个曲线的斜率，即

$$R_{\mathrm{i}}=\frac{\mathrm{d}i}{\mathrm{d}P}=\frac{i}{P}\ \text{(A/W)}\ \text{(线性区内)} \tag{4.1}$$

或

$$R_{\mathrm{u}}=\frac{\mathrm{d}u}{\mathrm{d}P}=\frac{u}{P}\ \text{(A/W)}\ \text{(线性区内)} \tag{4.2}$$

R_{i} 和 R_{u} 分别称为电流和电压灵敏度，i 和 u 均为电表测量的电流、电压有效值。式中的光功率 P 是指分布在某一光谱范围内的总功率，因此，这里的 R_{i} 和 R_{u} 又分别称为积分电流灵敏度和积分电压灵敏度。

2. 光谱灵敏度 R_λ

如果我们把光功率 P 换成波长可变的光功率谱密度 P_λ，由于光电探测器的光谱选择性，在其他条件不变的情况下，光电流将是光波长的函数，记为 i_λ 或 u_λ，于是光谱灵敏度 R_λ 定义为

$$R_\lambda=\frac{i_\lambda}{\mathrm{d}P_\lambda} \tag{4.3}$$

如果 R_λ 是常数，则相应的探测器称为无选择性探测器（如光热探测器）。光子探测器则是选择性探测器。式（4.3）的定义在测量上是困难的，通常给出的是相对光谱灵敏度 S_λ，定义为

$$S_\lambda=R_\lambda/R_{\lambda\mathrm{m}} \tag{4.4}$$

式中，$R_{\lambda\mathrm{m}}$ 是指 R_λ 的最大值，相应的波长称为峰值波长；S_λ 是无量纲的百分数，S_λ 随 λ 变化的曲线称为探测器的光谱灵敏度曲线。

R 和 R_λ 以及 S_λ 的关系说明如下。为此，引入相对光谱功率密度函数 $f_{\lambda'}$，它的定义为

$$f_{\lambda'}=P_{\lambda'}/P_{\lambda'\mathrm{m}} \tag{4.5}$$

把式（4.4）和式（4.5）代入式（4.3），只要注意到 $\mathrm{d}P_{\lambda'}=P_{\lambda'}\mathrm{d}\lambda'$ 和 $\mathrm{d}i=i_\lambda\mathrm{d}\lambda$，就有

$$\mathrm{d}i=S_\lambda R_{\lambda\mathrm{m}}P_{\lambda'\mathrm{m}}f_{\lambda'}\mathrm{d}\lambda'\mathrm{d}\lambda \tag{4.6}$$

积分式（4.6），有

$$i=\int_0^\infty \mathrm{d}i=\left[\int_0^\infty S_\lambda R_{\lambda\mathrm{m}} P_{\lambda'\mathrm{m}} f_{\lambda'}\mathrm{d}\lambda'\right]\mathrm{d}\lambda = R_{\lambda\mathrm{m}}\mathrm{d}\lambda P_{\lambda'\mathrm{m}}\left[\int_0^\infty f_{\lambda'}\mathrm{d}\lambda'\right]\cdot\frac{\int_0^\infty f_{\lambda'}\mathrm{d}\lambda'}{\int_0^\infty f_{\lambda'}\mathrm{d}\lambda'} \tag{4.7}$$

式中
$$\int_0^\infty f_{\lambda'}\mathrm{d}\lambda' = \frac{1}{P_{\lambda'\mathrm{m}}}\int_0^\infty P_{\lambda'}\mathrm{d}\lambda' = \frac{P}{P_{\lambda'\mathrm{m}}} \tag{4.8}$$

并注意到
$$R_{\mathrm{im}} = R_{\lambda\mathrm{m}}\mathrm{d}\lambda \tag{4.9}$$

由此便得
$$R = i/P = R_{\lambda\mathrm{m}}\mathrm{d}\lambda K = R_{\mathrm{im}}K \tag{4.10}$$

式中
$$K=\frac{\int_0^\infty S_\lambda f_{\lambda'}\mathrm{d}\lambda'}{\int_0^\infty f_{\lambda'}\mathrm{d}\lambda'} \tag{4.11}$$

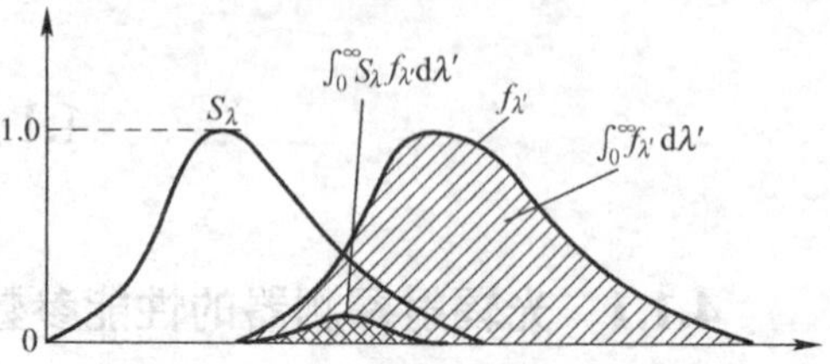

图 4.1　光谱匹配系数 K 的说明

称为光谱利用率系数，它表示入射光功率能被响应的百分比。把式（4.11）用图 4.1 表示，就能明显看出光电探测器和入射光功率的光谱匹配是多么重要。

3. 频率灵敏度（R_f）

如果入射光是强度调制的，在其他条件不变的情况下，光电流 i_f 将随调制频率 f 的升高而下降，这时的灵敏度称为频率灵敏度 R_f，定义为

$$R_\mathrm{f} = i_\mathrm{f}/P \tag{4.12}$$

式中 i_f 是光电流时变函数的傅里叶变换，通常

$$i_\mathrm{f} = \frac{i_0(f=0)}{\sqrt{1+(2\pi f\tau_\mathrm{c})^2}} \tag{4.13}$$

式中，τ_c 称为探测器的响应时间或时间常数，由材料、结构和外电路决定。把式（4.13）代入式（4.12），得

$$R_\mathrm{f} = \frac{R_0}{\sqrt{1+(2\pi f\tau_\mathrm{c})^2}} \tag{4.14}$$

这就是探测器的频率特性，R_f 随 f 升高而下降的速度与 τ 值大小关系很大。一般规定，R_f 下降到 $R_0/\sqrt{2}=0.707R_0$ 时的频率为探测器的截止响应频率。从式（4.14）可见

$$f_\mathrm{c} = \frac{1}{2\pi\tau_\mathrm{c}} \tag{4.15}$$

当 $f<f_\mathrm{c}$ 时，认为光电流能线性再现光功率 P 的变化。

如果是脉冲形式的入射光，则常用响应时间来描述。探测器对突然光照的输出电流要经过一定时间才能上升到与这一辐射功率相应的稳定值 i；当辐射突然消失时，输出电流也需要经过一定时间才能下降到零。一般而言，上升和下降时间相等。

综上所述，光电流是探测器两端电压 u、入射光功率 P、光波长 λ 和光强调制频率 f 的函数，即

$$i = F(u,P,\lambda,f) \tag{4.16}$$

以 u，P，λ 为参变量，$i=F(f)$ 的关系称为光电频率特性，响应的曲线称为频率特性曲线。同样，$i=F(P)$ 及其曲线称为光电特性曲线。$i=F(\lambda)$ 及其曲线称为光谱特性曲线。而 $i=F(u)$ 及其曲线称为伏安特性曲线。当这些曲线给出时，灵敏度 R 的值就可以从曲线中求出，而且还可以利用这些曲线，尤其是伏安特性曲线来设计探测器的实用电路。注意到这一点，在实际应用中往往是

十分重要的。

4. 量子效率 η

如果说灵敏度 R 是从宏观角度描述了光电探测器的光电、光谱以及频率特性，那么量子效率 η 则是对同一个问题的微观-宏观描述。把量子效率和灵敏度联系起来。为此，有

$$\eta = \frac{h\nu}{e} R_{\mathrm{i}} \tag{4.17}$$

注意到式（4.9），又有光谱量子效率

$$\eta_{\lambda} = \frac{hc}{e\lambda} R_{\mathrm{i}\lambda} \tag{4.18}$$

式中 c 是材料中的光速。可见，量子效率正比于灵敏度而反比于波长。

5. 通量阈 P_{th} 和噪声等效功率 NEP

从灵敏度 R 的定义式（4.1）或式（4.2）可见，如果 $P=0$，似乎应有 $i=0$；但实际情况是，当 $P=0$ 时，光电探测器的输出电流并不为零。这个电流称为暗电流或噪声电流，记为 $i_{\mathrm{n}} = \sqrt{\overline{(i_{\mathrm{n}}^2)}}$，它是瞬时噪声电流的有效值。显然，这时灵敏度 R 已失去意义，我们必须定义一个新参量来描述光电探测器的这种特性。考虑到这个因素之后，一个光电探测器完成光电转换过程的模型如图 4.2 所示。

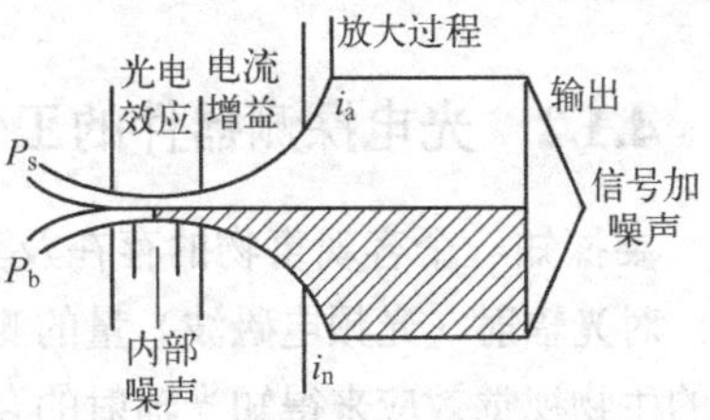

图 4.2　包含噪声在内的光电探测过程

图中的光功率 P_{s} 和 P_{b} 分别为信号和背景光功率。可见，即使 P_{s} 和 P_{b} 都为零，也会有噪声输出。噪声的存在，限制了探测微弱信号的能力。通常认为，如果信号光功率产生的信号光电流 i_{s} 等于噪声电流 i_{n}，那么就认为刚刚能探测到光信号存在。依照这一判据，利用式（4.1），定义探测器的通量阈为

$$P_{\mathrm{th}} = \frac{i_{\mathrm{n}}}{R_{\mathrm{i}}} \mathrm{W} \tag{4.19}$$

通量阈是探测器所能探测的最小光信号功率。

同一个问题还有另一种更通用的表述方法，这就是噪声等效功率 NEP。它定义为单位信噪比时的信号光功率。信噪比定义为

$$\left.\begin{aligned} \mathrm{SNR} &= i_{\mathrm{s}} / i_{\mathrm{n}}(\text{电流信噪比}) \\ \mathrm{SNR} &= u_{\mathrm{s}} / u_{\mathrm{n}}(\text{电流信噪比}) \end{aligned}\right\} \tag{4.20}$$

于是有

$$\mathrm{NEP} = P_{\mathrm{th}} = \frac{i_{\mathrm{n}}}{R_{\mathrm{i}}} \cdot \frac{i_{\mathrm{s}}}{i_{\mathrm{s}}} = \frac{i_{\mathrm{s}}}{R_{\mathrm{i}}} \cdot \frac{i_{\mathrm{n}}}{i_{\mathrm{s}}} = \frac{P_{\mathrm{s}}}{\mathrm{SNR}_{\mathrm{i}}} = P_{\mathrm{s}} \Big|_{\mathrm{SNR}_{\mathrm{i}}=1} \tag{4.21}$$

显然，NEP 越小，表明探测微弱信号的能力越强。所以 NEP 是描述光电探测器探测能力的参数。

6. 归一化探测度 D^*

NEP 越小，探测器探测能力越高，不符合人们“越大越好”的习惯，于是取 NEP 的倒数并定义为探测度 D，即

$$D = \frac{1}{\mathrm{NEP}} \mathrm{W}^{-1} \tag{4.22}$$

这样，D 值大的探测器就表明其探测能力高。

实际使用中，经常需要在同类型的不同探测器之间进行比较，发现"D 值大的探测器其探测能力一定好"的结论并不充分。究其原因，主要是探测器光敏面积 A 和测量带宽 Δf 对 D 值影响甚大之故。探测器的噪声功率 $N \propto \Delta f$，所以，$i_{\mathrm{n}} \propto (\Delta f)^{1/2}$，于是由 D 的定义知 $D \propto (\Delta f)^{-1/2}$。另一方面，探测器的噪声功率 $N \propto A$（注：通常认为探测器噪声功率 N 是由光敏面 $A = nA_{\mathrm{n}}$ 中每一单元面积 A_{n} 独立产生的噪声功率 N_{n} 之和，$N = nN_{\mathrm{n}} = \dfrac{A}{A_{\mathrm{n}}} N_{\mathrm{n}}$，而 $\dfrac{N_{\mathrm{n}}}{A_{\mathrm{n}}}$ 对同一类型探测器来说是个常数，于是 $N \propto A$），所以 $i_{\mathrm{n}} \propto (\Delta f)^{1/2}$，又有 $D \propto (\Delta f)^{-1/2}$。把两种因素一并考虑，$D \propto (A\Delta f)^{-1/2}$。为了消除这一影响，定义

$$D^* = D\sqrt{A\Delta f}\,\mathrm{cm \cdot Hz^{1/2} / W} \tag{4.23}$$

并称为归一化探测度。这样就可以说：D^*大的探测器其探测能力一定好。考虑到光谱的响应特性，一般给出 D^*值时注明响应波长 λ、光辐射调制频率 f 及测量带宽 Δf，即 $D^*(\lambda, f, \Delta f)$。

7. 其他参数

光电探测器还有其他一些特性参数，在使用时必须注意到，例如光敏面积、探测器电阻、电容等。另外，光电探测器还存在极限工作条件，正常使用时都不允许超过这些条件，否则会影响探测器的正常工作，甚至损坏探测器。通常规定了工作电压、电流、温度以及光照功率允许范围，使用时要特别加以注意。

4.1.2 光电探测器件的工作原理和特性

要探知一个客观事物的存在及其特性，一般都是通过测量对探测者所引起的某种效应来完成的。对光辐射（光频电磁波）量的测量也是这样的。例如，生物的眼睛，就是通过光辐射对眼睛产生的生物视觉效应来得知光辐射的存在及其特性的；照相胶片则是通过光辐射对胶片产生的化学效应来记录光辐射的。从这个意义上说，眼睛和胶片都叫做光探测器。

在光电子技术领域，光电探测器有它特有的含义。凡是能把光辐射量转换成另一种便于测量的物理量的器件，就叫做光电探测器。从近代测量技术看，电量不仅最方便，而且最精确。所以，大多数光探测器都是把光辐射量转换成电量来实现对光辐射的探测的。即便直接转换量不是电量，通常也总是把非电量（如温度、体积等）再转换为电量来实施测量。从这个意义上说，凡是把光辐射量转换为电量（电流或电压）的光探测器，都称为光电探测器。很自然，了解光辐射对光电探测器产生的物理效应是了解光探测器工作的基础。光电探测器的物理效应通常分为两大类：光子效应和光热效应。在每一大类中又可分为若干细目，如表 4.1 所列。

表 4.1 光电探测器的物理效应

(a) 光子效应分类

	效　应	相应的探测器
外光电效应	（1）光阴极发射光电子 正电子亲和势光阴极 负电子亲和势光阴极	光电管
	（2）光电子倍增 打拿极倍增 通道电子倍增	光电倍增管 像增强管
内光电效应	（1）光电导（本征和非本征）	光导管或光敏电阻
	（2）光生伏特	
	PN 结和 PIN 结（零偏）	光电池
	PN 结和 PIN 结（反偏）	光电二极管
	雪崩	雪崩光电二极管
	肖特基势垒	肖特基势垒光电二极管
	异质结	
	（3）光电磁	光电池探测器
	光子牵引	光子牵引探测器

(b) 光热效应分类

效　应	相应的探测器
（1）测辐射热计	
负电阻温度系数	热敏电阻测辐射热计
正电阻温度系数	金属测辐射热计
超导	超导远红外探测器
（2）温差电	热电偶、热电堆
（3）热释电	热释电探测器
（4）其他	高莱盒、液晶等

1. 光电导器件

光电导探测器是利用半导体光电导效应制成的探测器，光电导效应是指光照变化引起半导体材料电导变化的现象。

（1）光敏电阻

光敏电阻是一种典型的光电导器件，当光照射到半导体材料时，材料吸收光子的能量，使非传导态电子变为传导态电子，引起载流子浓度增大，因而导致材料电导率增大。光敏电阻工作原理如图 4.3 所示。

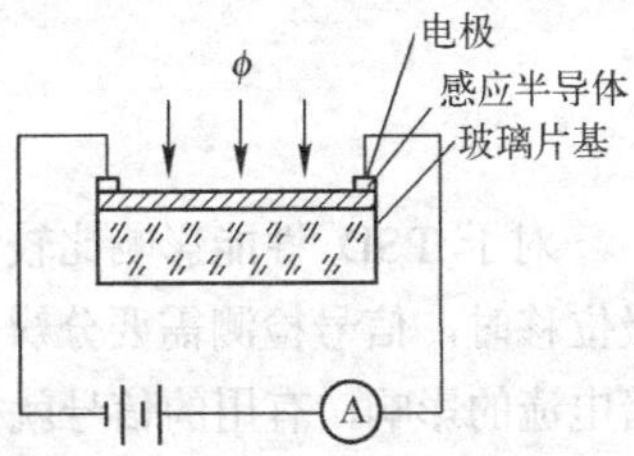

图 4.3　光敏电阻工作原理图

光敏电阻主要特性参数包括：

① 亮电阻：是指在 400～600 lx 光照 2 小时后，在 10 lx 照度下，用 A 光源（恒定电压，色温为 2853K）测出的电阻值，单位为Ω。

② 暗电阻：是指关闭 10 lx 光照后，该电阻第 10s 时的电阻值，单位为Ω。

③ γ 值：是指 10 lx 光照度和 100 lx 光照度下电阻值的倍率。

④ 最大功率损耗：是指环境温度为 25℃时的最大功率，单位为 W。

⑤ 最大外加电压：是指在黑暗中可连续施加给元件的最大电压，单位为 V。

光敏电阻作为一种较早出现的光电导探测器，拥有光谱响应范围宽、工作电流大（可达几 mA）、所测光强范围宽、灵敏度高、偏置电压低、无极性之分、使用方便等优点，目前仍应用广泛，但同时，它在经受强光照射时线性较差、弛豫过程长、频率响应低，不适于用来测量变化迅速的信号。

（2）位敏探测器 PSD

位敏探测器（PSD）是一种对入射到光敏面上的光点位置敏感的光电器件，其输出信号与光点在光敏面上的位置有关。它利用了半导体的横向光电效应，是为了适应精确实时测量的要求而发展起来的一种新型半导体光敏感器件。

PSD 器件与固体图像传感器不同，属于非离散型器件，其输出电流随光点位置的不同而连续变化，具有体积小、灵敏度高、噪声低、分辨率高、频率响应宽、响应速度快等特点，目前在光学定位、跟踪、位移、角度测量和虚拟现实设备中获得了广泛的应用。PSD 分为一维和二维两种类型。实用的 PSD 一般采用 PIN 结构，PIN 结构有助于减小电容效应，提高量子效率，改善波长特性。

一维 PSD 的断面结构如图 4.4 所示。

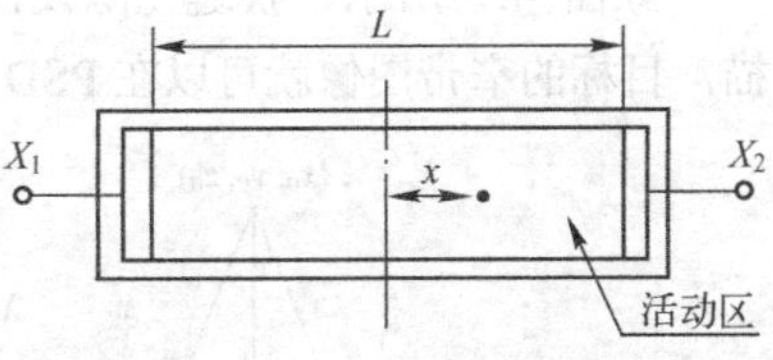

图 4.4　一维 PSD 断面结构

当光斑入射到 PSD 的表面上时，在光斑位置产生与光能量成正比的光生电荷。如果在 PSD 的公共端加上正电压，其两端输出电极便会产生光电流 I_1 和 I_2。由于光敏表面电阻与距离成正比，输入与输出端电势差相同时，输出电流 I_1 和 I_2 与光斑中心位置到输出电极间的距离成反比。如果以 PSD 的中心位置为零点，并假设 x 为光斑中心位置对零点的偏移，L 为 PSD 两电极之间的距离，则偏移量

$$x = \frac{I_1 - I_2}{I_1 + I_2} \times \frac{L}{2} \tag{4.24}$$

利用式（4.24）即可由 PSD 的输出电流 I_1 和 I_2 确定光斑能量中心相对于部件中心的位置，即计算出入射光斑的位置，因此一维 PSD 一般用于位移和距离的测量。

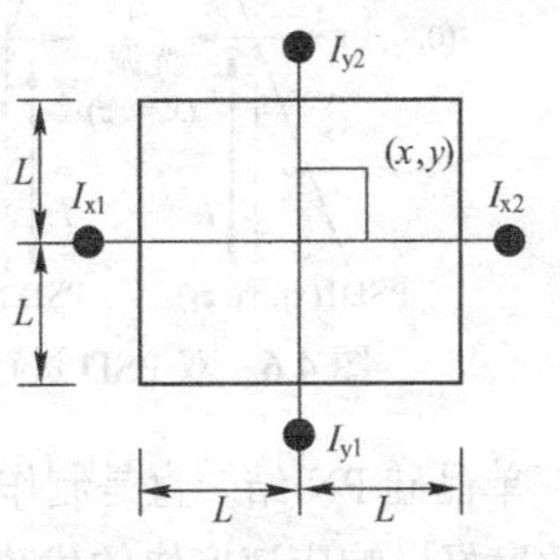

图 4.5　二维 PSD 结构

二维 PSD 输出信号和光点位置之间关系如图 4.5 所示。

同理可以得到二维 PSD 电流输出值 $I_{x1}, I_{x2}, I_{y1}, I_{y2}$ 与检测位置之间的关系为

$$x = \frac{(I_{x2} - I_{x1})}{(I_{x2} + I_{x1})} \times L \tag{4.25}$$

$$y = \frac{(I_{y2} - I_{y1})}{(I_{y2} + I_{y1})} \times L \tag{4.26}$$

对于 PSD 性能影响比较大的一个噪声来源就是背景光和暗电流。一般来说，当需要测量微米级位移时，信号检测需要分辨出毫伏级或毫伏级以下的变化，而这个时候，如果没有消除背景光和暗电流的影响，有用的信号就很容易被噪声所淹没。

消除背景光和暗电流通常有三种方法。第一种是加干涉滤波片，只使被测量的光通过，而滤去大部分的背景光，这种方法比较简单易行，但它不能消除暗电流。第二种是采用交流调制频率来分离背景光和暗电流，这种方法的出发点是考虑在仪器使用中干扰杂散光多为自然光或人工照明，这类干扰源的特点是其亮度变化是缓慢的，在 PSD 上造成的响应为直流和低频信号，如果对目标物发光进行高频调制，使 PSD 响应为高频脉冲信号，则可在电路中采用高通滤波的方法将信号与干扰分离，为保证位置解算的完成和在 PSD 上产生较高的目标物光强，应采用矩形波调制，同步位置解算。这种方法可以很有效地消除背景光和暗电流。第三种方法是加反偏电流，就是先检测出信号光源熄灭时的背景光强的大小，然后在电路中加入反向电流调零来抵消背景光和暗电流的影响，再点亮目标光源来进行测量。

三角测量法是一种传统的位置测量的方法，随着新型光电扫描技术与阵列式光电器件的发展，让这种传统方法得到了许多发展与改进。利用双 PSD 进行三维坐标测量就是一例。

如图 4.6 所示，光源发出小光束，光束照射在物体上形成一个小光点，光点经物体表面散射；两个透镜组接收目标散射光线，成像后聚焦到相应的 PSD；探测器 PSD 将光信号转换成模拟电信号输出，并利用模拟放大器将信号放大，然后通过 A/D 采集卡进行计算机采集，经过数据处理即可得到小光点的空间位置。光源发出的光束照射在被测物体不同位置，产生的漫反射光线强弱就不同，利用 PSD 探测器感应出相应的信号，通过对信号的加、减、乘、除，就得到一个与光强无关的位置信号。

PSD 阵列是将许多一维 PSD 平行放置并集成的一种新型探测器。日本滨松公司的 S5681 是由 128 个一维 PSD 组成的 PSD 阵列，可以用来测量三维立体目标。

如图 4.7 所示，狭缝光源发出许多窄带光束，通过一个旋转的反光镜对目标从左至右进行扫描，目标的窄带图像就可以在 PSD 阵列的表面得到，而且位置的 128 个采样数据同时得到。

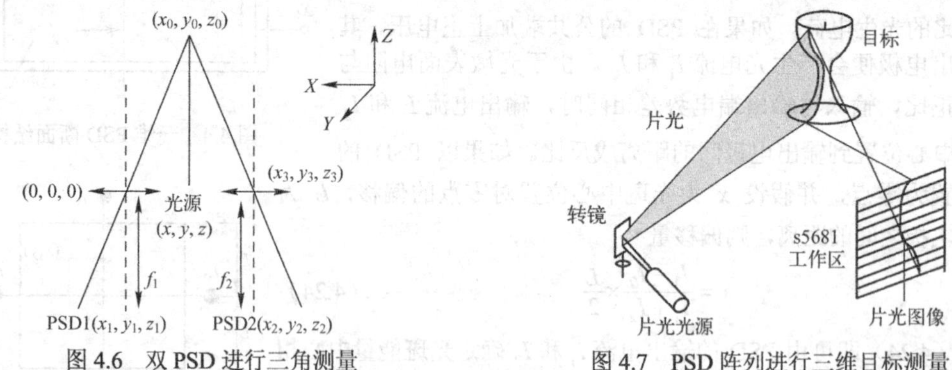

图 4.6　双 PSD 进行三角测量　　图 4.7　PSD 阵列进行三维目标测量

单晶硅 PN 结一直是制作 PSD 的主要材料，在需要小光敏面积的应用中，一直保持着线性度、灵敏度好，响应速度快的优势。随着技术的进步，近年来又出现了一些利用新材料或新方法制作的新型 PSD，主要包括：

（1）氢化非晶硅 PSD。氢化非晶硅解决了单晶硅不适合制作大面积器件的缺点，可在不同材料上生长，均匀性好，对红外透明，原材料价格低廉。

（2）有机双异质结 PSD。这种 PSD 利用了某些有机材料在可见光波段的吸收长度很小的特点，被制得光敏面较大又非常薄，因此可以制作在重量轻、表面粗糙或者可弯曲的塑料基底上。

（3）大面积挠性 PSD。这种 PSD 的出现拓展了 PSD 的应用范围，其低成本、透明和可弯曲的优点适用于一些需要曲面探测器的特殊场合。

（4）CMOS 型 PSD。CMOS 技术是当今电子集成芯片的主流制造技术。将其移植到集成光学和光电子器件领域，可充分利用现有的平台，节约投资，实现光学器件的规模化、自动化生产，并且最终实现光学与电子器件的混合集成，真正实现片上系统（System on Chip, SOC）。

2. 光电发射器件

光电子发射探测器基于外光电效应的工作原理。外光电效应是指当光照射某种物质时，若入射光子能量足够大，和物质中的电子相互作用，致使电子逸出物质表面的现象。光射入物体后，物体中的电子吸收光子能量，从基态跃迁到能量高于真空能级的激发态；受激电子从受激地点出发，在向表面运动过程中免不了要同其他电子或晶格发生碰撞，而失去一部分能量；到达表面的电子，如果仍有足够的能量足以克服表面势垒对电子的束缚时，即可从表面逸出。光电子发射探测器主要包括光电管和光电倍增管。

（1）光电管

光电管主要由光窗、阳极和光电阴极构成，如图 4.8 所示。其中，球形玻璃壳的内半球面上涂一层光电材料作为阴极，球心放置小球形或小环形金属作为阳极。若球形玻璃壳内被抽成真空则为真空光电管，球内充低压惰性气体就成为充气光电管。当入射光线照射到光电阴极上时，阴极就发射光电子，光电子在电场的作用下被加速，并被阳极收集。对于充气光电管来说，光电子在飞向阳极的过程中还会与气体分子碰撞而使气体电离，因此可增加光电管的灵敏度。光电管的工作电路如图 4.9 所示。

光电管的光谱特性主要取决于阴极材料，常用的阴极材料有银氧铯光电阴极、锑铯光电阴极、铋银氧铯光电阴极及多碱光电阴极等，前两种阴极使用比较广泛，随着技术的进步，许多新型材料被用来制作光电阴极，以期改善光电管的光谱特性，提高响应速度。光电管是一种诞生较早，技术成熟的光电探测器件，它使用简单方便，尤其对紫外线照射反应灵敏，这也是光电管虽历经百年仍见于当今人们日常生活的重要原因。

（2）光电倍增管

光电倍增管是利用光的外光电效应的一种光电器件。其工作原理是：首先光电阴极吸收光子并产生外光电效应，发射光电子，光电子在外电场的作用下被加速后打到打拿极并产生二次电子发射，二次电子又在电场的作用下被加速打到下一级打拿极产生更多的电子，随着打拿极的增加，电子的数目也得到倍增，最后由光电阳极接收并产生电流或者电压输出信号。由此可见，光电倍增管的灵敏度比光电管高出许多，所以光电倍增管主要用于微弱信号的探测，它的结构如图 4.10 所示。

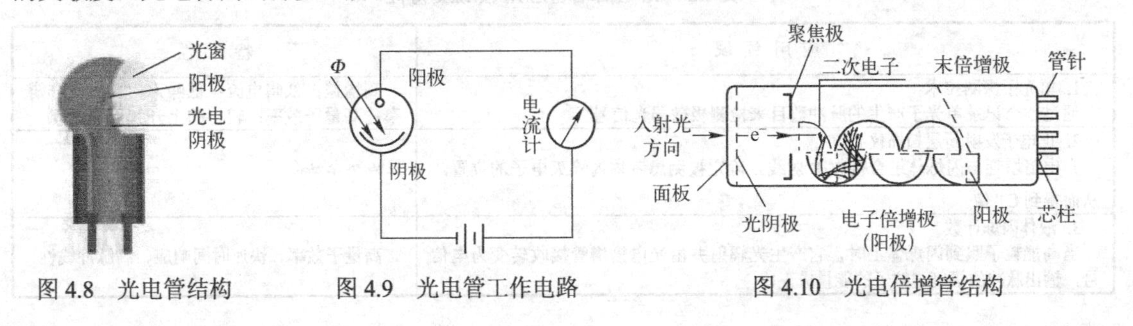

图 4.8　光电管结构　　图 4.9　光电管工作电路　　图 4.10　光电倍增管结构

光电倍增管的主要性能参数包括：

① 光谱响应度。光谱响应度 R_λ 指光电倍增管对单色入射辐射的响应能力，定义为在波长为 λ 的单位入射辐射功率的照射下，光电倍增管输出的信号电压或信号电流，单位为 V/W 或 A/W。一般情况下，光谱响应特性的长波段取决于光阴极材料，短波段则取决于入射窗材料。光电倍增管的阴极一般都采用具有低逸出功能的碱金属材料所形成的光电发射面。

② 灵敏度。光电倍增管的灵敏度分为阴极灵敏度与阳极灵敏度。阴极灵敏度 S_k 定义为阴极电流与标准光源入射于光电阴极的光通量之比，单位为 $\mu A/lm$。阳极灵敏度 S_a 定义为光电倍增管输出的光电流与标准光源入射于阴极光通量的比值，单位为 A/lm。

③ 放大倍数。光电倍增管的放大倍数 G 定义为在一定的电压下，阳极电流和阴极电流之比。

④ 暗电流。暗电流 I_D 是指在施加规定的电压后，在无光照情况下光电倍增管输出的阳极电流，单位为 A。它是决定光电倍增管对微弱光信号的检出能力的重要因素之一。

⑤ 噪声。光电倍增管的噪声主要有光电器件本身的散粒噪声和热噪声、负载电阻的热噪声、光电阴极和倍增极发射时的闪烁噪声等。

⑥ 伏安特性。光电倍增管的伏安特性分为阴极伏安特性与阳极伏安特性。阴极伏安特性指当入射照度 E 一定时，阴极发射电流 I_k 与阴极和第一倍增极之间的电压 V_k 的关系。阳极伏安特性指当入射照度 E 一定时，阳极电流 I_a 与最后一级倍增极之间的电压 V_a 的关系。

⑦ 线性。光电倍增管的线性是指输出量与输入量之间的关系。光电倍增管具有很宽的动态范围，在很大范围内，都随入射光强的变化而变化，具有良好的线性，但如果入射光强过大，输出信号电流就会偏离理想的线性。

⑧ 温度特性。降低光电倍增管的使用环境温度可以减少热电子发射，从而降低暗电流。另外，光电倍增管的灵敏度也会受到温度的影响。在紫外和可见光区，光电倍增管的温度系数为负值，到了长波截止波长附近则为正值。由于在长波截止波长附近的温度系数很大，所以在一些应用中应当严格控制光电倍增管的环境温度。

⑨ 时间响应。光电倍增管的时间响应主要是由从光阴极发射光电子、经过倍增极放大至到达阳极的渡越时间，以及由每个光电子之间的渡越时间差决定的。光电倍增管的时间响应通常用阳极输出脉冲的上升时间、下降时间、电子渡越时间及渡越时间的离散性来表示。

⑩ 磁场特性。几乎所有的光电倍增管都会受到周围环境磁场的影响。在磁场的作用下电子运动偏离正常轨迹，引起光电倍增管灵敏度下降，噪声增加。

相比于光电管，光电倍增管具有极高的放大倍数，对入射光非常灵敏，所以它在微弱光信号的检测中发挥着重要作用，与其他部件相组合，可以制成多种多样的分析仪器和探测仪器，用途十分广泛。光电倍增管的主要应用领域及特性如表 4.2 所示。

表 4.2　光电倍增管应用领域及特性

应 用 领 域	特　性
1. 单光子探测技术 通过逐个记录单光子产生的脉冲数目来检测极微弱光信号	高增益；低暗电流；低噪声；高时间分辨率；高量子效率；较小的上升和下降时间
2. 正电子发射断层扫描仪 PET 光电倍增管与闪烁体组合接收 γ 射线，确定被测患者体内淬灭电子的位置，从而得到 CT 像	高量子效率
3. 液体闪烁计数 当高能粒子照到闪烁体上时，它产生光辐射并由光电倍增管接收转变为电信号，输出脉冲的幅度与粒子的能量成正比	高量子效率、快速时间响应、高脉冲线性

续表

应用领域	特性
4. 紫外/可见/近红外光度计 为确定样品物质的量，可采用连续光谱对物质进行扫描，并利用光电倍增管检测光通过被测物前后的强度，即可得到被测物质的光吸收程度，从而计算出物质的量	宽光谱响应；高稳定性；低暗电流；高量子效率；低滞后效应；较好偏光特性
5. 发光分光光度计 样品接受外部照射后会发光，用单色器将这种光特征光谱线显示出来，并用光电倍增管探测是否存在及其强度，可定性或定量检测样品中的各元素	高灵敏度；高稳定性；低暗电流

3. 光伏效应器件

光伏探测器是利用半导体光生伏特效应而制成的探测器，光生伏特效应是指光照使不均匀半导体或均匀半导体中光电子和空穴在空间分开而产生电位差的现象。

（1）光电池

光电池是一种可以直接将光能转换成电能的半导体器件，其结构的核心部位是一块很大的 PN 结，面积比二极管的大许多，所以收到光照时电动势和电流也大得多。为了减少光线在光电池表面的反射，在它的表面通常镀有一层二氧化硅抗反射膜，可以降低反射系数，提高光电转换效率。光电池按照用途可以分为太阳能光电池和测量光电池两大类。太阳能光电池主要用作电源，由于它结构简单、体积小、重量轻、可靠性高、寿命长，因此用途十分广泛。测量光电池主要用作光电探测，对它的要求是线性范围宽、灵敏度高、光谱响应合适、稳定性好、寿命长，同时，由于光电池的光谱灵敏度与人眼的灵敏度较为接近，所以很多分析仪器和测量仪器常用到它。根据 PN 结制作材料的不同，光电池可以分为硅光电池、硒光电池、锗光电池、砷化镓光电池等。按硅光电池衬底材料的不同可分为 2DR 型和 2CR 型。硅光电池的受光面的输出电极多做成梳齿状或“E”字形电极，其目的是减小硅光电池的内电阻。

（2）光电二极管

光电二极管多采用硅或锗制成，与普通二极管相似，都有一个 PN 结，外加反向偏压即可工作。光电二极管除了包括最普通的 PN 型外，还包括 PIN 型与雪崩型等种类。常用光电二极管如图 4.11 所示。

硅光电二极管的两种典型结构如图 4.12 所示，其中图（a）是采用 N 型单晶硅和扩散工艺，称 P^+N 结,它的型号是 2CU 型，而图（b）是采用 P 型单晶和磷扩散工艺，称 N^+P 结，它的型号为 2DU 型。光敏芯区外侧的 N^+环区称为保护环，其目的是切断感应表面层漏电流，使暗电流明显减小。硅光电二极管的电路中的符号及偏置电路也在图 4.12 中一并画出，一律采用反向电压偏置。有环极的光电二极管有三根引出线，通常把 N 侧电极称为前极，P 侧电板称为后极。环极接偏置电源的正极。如果不用环极，则把它断开，空着即可。

图 4.11　常见光电二极管

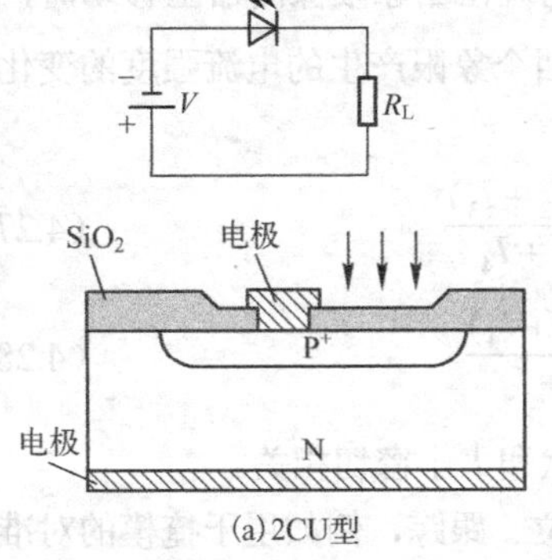

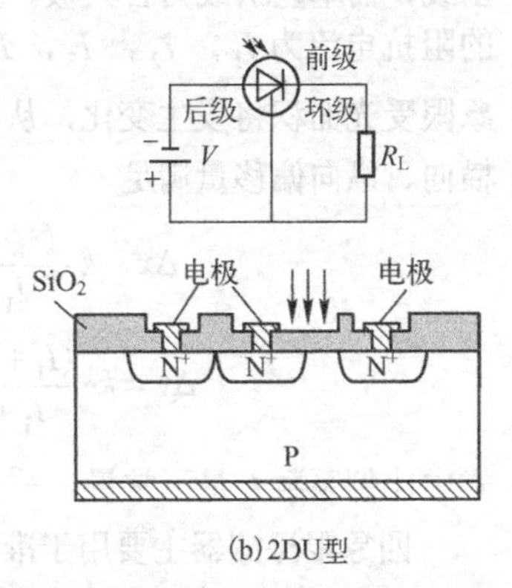

图 4.12　硅光电二极管两种典型结构

PIN 光电二极管是一种常用的光电二极管。开始加工的硅片是一块接近本征的单晶，称为 I 层，它有很高的电阻率和很长的载流子寿命，但完全没有杂质的本征层是很难实现的，通常 I 层是高阻的 P 层（称为π层），或高阻的 N 层（称为ν层），故实际 PIN 二极管为 PπN 或 PνN 的结构。P 区和 N 区分别利用扩散或离子注入加工到硅片表面，形成阳极和阴极。

PIN 管在低频状态下的 I-V 特性类似于 PN 结的 I-V 特性。当 PIN 管两端加上正向的偏压后，PI 结和 NI 结的势垒降低，P 区空穴和 N 区电子不断注入到 I 区，不断复合，注入的电子和空穴使 I 区电导增加，呈现出低阻抗。当 PIN 管两端加上反向偏压后，耗尽层宽度变大，I 区耗尽层随电压增加得更快，这时的 PIN 管相当于一个平行板电容器。

雪崩光电二极管是一种利用雪崩增益获得较高探测效率的光电二极管，在科学研究和工业中都有着广泛的应用。雪崩光电二极管不同于光电倍增管，它是一种建立在内光电效应基础上的光电器件。它具有内部增益和放大的作用，一个光子可以产生 10～100 对光生电子空穴对，从而能够在器件内部产生很大的增益。雪崩光电二极管工作在反向偏压下，反向偏压越高，耗尽层中的电场强度也就越大。当耗尽层中的电场强度达到一定程度时，耗尽层中的光生电子空穴对就会被电场加速，而获得巨大的动能，它们与晶格发生碰撞，就会产生新的二次电离的光生电子空穴对，新的电子空穴对又会在电场的作用下获得足够的动能，再一次与晶格碰撞并产生更多的光生电子空穴对，如此下去，形成了所谓的“雪崩”倍增，使信号电流放大。

近年来，一种特殊的雪崩光电二极管，即单光子雪崩二极管（SPAD）得到了发展，它比原有的雪崩光电二极管在红外通信波段有更高的雪崩增益和更高的光子探测效率。例如美国 EG&G 公司的 C30902S 型 Si-SPAD，在 0.83um 波长单光子探测效率可达到 50%以上。与传统的光子探测器件光电倍增管相比，SPAD 具有使用方便和光电探测效率高的特点，在诸如光子纠缠态的研究、单原子及量子点发光及荧光特性研究中得到广泛的应用，在量子保密通信的研究中，SPAD 一直是首选的单光子检测器件。

不论哪种光电二极管，它的基础都是照度测量，因为光电二极管拥有良好的线性度、较短的响应时间、较小的输出分散性和价格低廉等许多优良特性，使得它被广泛应用在指示、测量、光源等场合。

（3）四象限探测器

四象限探测器实质是一个面积很大的结型光电器件，它利用光刻技术，将一个圆形或方形的光敏面窗口分割成四个区域，每一个区域相当于一个光电二极管。在理想情况下，每一个区域拥有完全相同的性能参数，但实际上它们的转换效率往往不一致，使用时必须精心挑选。四象限探测器的基本结构如图 4.13 所示，象限之间的间隔被称为死区，工艺上要求做得很窄。光照面上各有一根引出线，而基区引线为公共极。光斑被四个象限分成 A、B、C、D 四个部分，对应的四个象限极产生的阻抗电流为 I_1，I_2，I_3，I_4。当光斑在四象限探测器上移动时，各象限受光面积将发生变化，从而引起四个象限产生的电流强度的变化。横向、纵向偏移量满足

$$\Delta x = k \cdot \frac{(I_1 + I_4) - (I_2 + I_3)}{I_1 + I_2 + I_3 + I_4} \tag{4.27}$$

$$\Delta y = k \cdot \frac{(I_1 + I_2) - (I_3 + I_4)}{I_1 + I_2 + I_3 + I_4} \tag{4.28}$$

式中比例系数 k 是一常量，与光斑形状和大小密切相关。

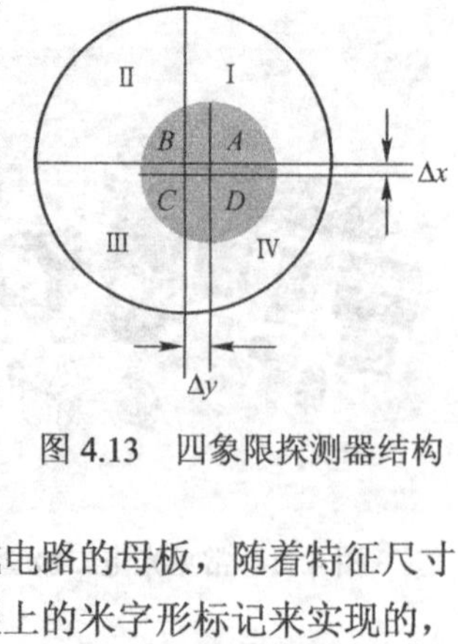

图 4.13　四象限探测器结构

四象限探测器主要用于准直、定位、跟踪，例如用于掩模的对准。掩模是光刻工艺和设备必不可少的工具，由石英玻璃制作，是制作集成电路的母板，随着特征尺寸的不断减小，掩模的对准要求也越来越高。掩模版的对准，是通过其版上的米字形标记来实现的，

该米字形标记是透光的，其余部分镀铬，通过其在四象限探测器上所成的像引起的四路输出电流信号的不同来判断其是否偏离。

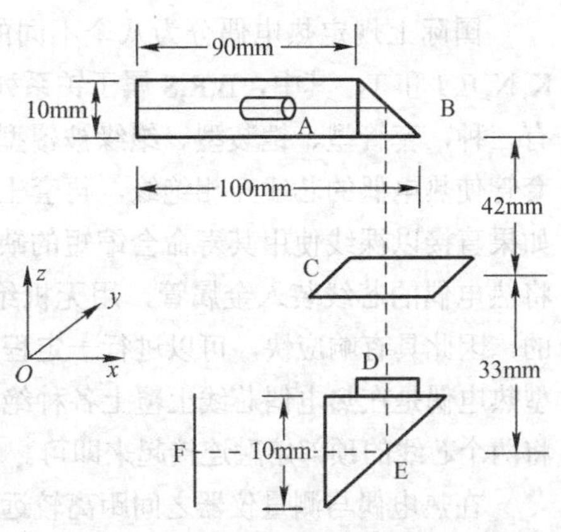

图 4.14　掩模预对准系统

使用四象限探测器来完成掩模的预对准可以使系统更经济、紧凑。掩模预对准系统结构如图 4.14 所示。

其中，A 为 LD 光源，B 为直角棱镜，C 为掩模版，D 为窄带滤波片，用来滤去背景杂散光，提高系统信噪比，E 为直角棱镜，F 为四象限探测器。当掩模 C 沿着 x 方向或者 y 方向运动到直角棱镜 B 的下方时，其上的米字形标记被经过准直扩束处理后的 LD 光源 A 照明，由于只有米字形标记是透光的，其他部分不透光，所以标记的形状被投影到四象限探测器 F 上。直角棱镜 E 起倒像作用，主要是为了节省空间距离。当投影到四象限探测器上的标记中心与四象限探测器中心重合时，表示标记已经对准，闭环反馈系统通过反复调节掩模 C 直到对准为止。

4. 热探测器

（1）热电阻探测器

热电阻探测器是利用导体或半导体的电阻值随温度变化的性质来测量温度的，在工业生产中广泛用来测量-100~500℃的温度，其主要特点是测温准确度高，便于自动测量，特别适宜用来测量低温。

铂电阻是最常用的热电阻探测器，在当前工艺条件下，铂的纯度可以高达 99.999%以上，而金属纯度越高，电阻-温度特性越好，电阻的温度系数越大，因此，铂电阻在所有温度传感器中是最稳定的一种。

传统的热电阻测量电路有以下几种：

① 二线制。电桥的输出电压反映了温度的变化，但是，由于热电阻自身阻值较小，当引线较长时，引线电阻引起的误差就不能忽略。

② 三线制。三线制热电阻测量电路虽然能够解决引线电阻引起的误差，但测量范围窄。

③ 四线制。四线制连接方式如图 4.15 所示。这时，可以无须考虑热电阻的非线性造成的测量误差，因此，在高精度的测量仪器中几乎全部都采用这种方式。

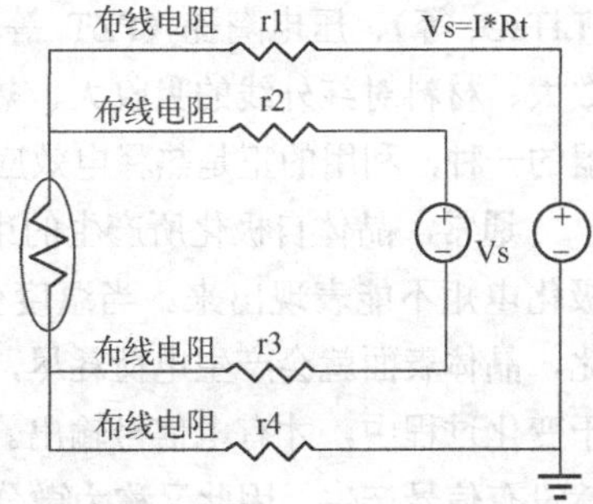

图 4.15　不受布线电阻影响的四线制

（2）热电偶探测器

热电偶探测器是利用热电偶的测温原理制成的探测器。热电偶是将两种不同的金属焊接并将接触点放在不同温度下的回路，其结构如图 4.16 所示。当两个连接点 1 和 2 的温度不同时，由于温差热电动势效应，回路中就会产生零点几到几十毫伏的热电动势。接点 1 在测量时被置于测量场所，称为工作端。接点 2 则要求恒定在某一温度下，称为自由端。

实验证明，当电极材料选定后，热电偶的热电势仅与两个接点的温度有关，即

$$E_{AB}(t_1,t_2)=e_{AB}(t_1)-e_{AB}(t_2) \tag{4.29}$$

式中 $e_{AB}(t_1)$、$e_{AB}(t_2)$ 分别为接点的分热电动势。对于已选定材料的热电偶，当其自由端温度恒定时，$e_{AB}(t_2)$ 为常数，这样回路总的热电动势仅为工作温度 t_1 的单值函数。所以，通过测量热电动势的方法就可以测量工作点的实际温度。

国际上规定热电偶分为八个不同的分度，分别为 B,R,S, K,N,E,J 和 T，其中，B,R,S 属于铂系列热电偶。热电偶的结构有三种，套管型、铠装型、绝缘被覆型。套管型热电偶用绝缘套管使热电偶的芯线互相绝缘，再套上保护管，以避免热电偶如果直接以裸线使用其寿命会缩短的缺点。铠装型热电偶就是将热电偶的芯线装入金属管，用无机绝缘材料使它们实现电绝缘，由于热电偶是平铺在金属管里的，因此具有响应快，可以进行一定程度弯曲，耐热性、耐压性、抗冲击性良好的特点。绝缘被覆型热电偶是在热电偶芯线上覆上各种绝缘被覆层，因此热电偶可以被切割成任意长度，使用时只要将两个芯线的顶部熔融连接起来即可。

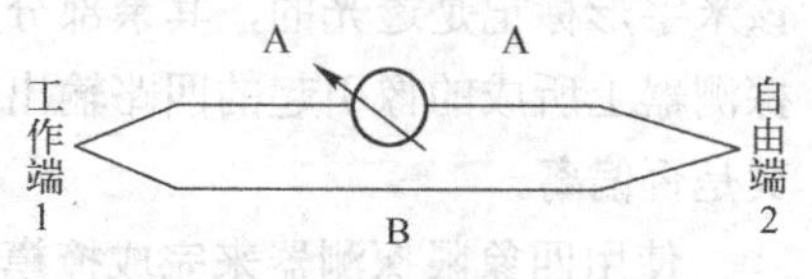

图 4.16　热电偶的工作原理

在热电偶与测量仪器之间距离较远的情况下，如果热电偶按照整个长度进行连接，成本将会很高，因此，通常使用补偿线来传递电信号。补偿线可以分为使用与热电偶同种材料的延长型、使用与热电偶的热电动势特性类似的补偿型。使用补偿线时，必须注意，热电偶的长度取决于补偿接点的温度，而且，两补偿接点间温度差应当为零。

热电偶探测器的最大优点是测量量程大，不同材料做成的热电偶计，可测量-200~1800℃的温度，常用于炼钢炉或液态空气温度测定，还可用于炉温的自动控制和远距离测定等。此外，它制造成本低，不需要任何外部电源，而且能忍受恶劣的环境。但是，热电偶的非线性要求外接冷端补偿电路（CLC），而且它对温度变化反应迟钝，外界温度上升或下降 1℃可能仅仅造成热电动势变化几毫伏，因此需要精密仪器来消除漂移，提炼出有用信号。

随着技术的进步，近来出现了很多利用新型材料制成的热电偶探测器。例如钨铼热电偶，最突出的优势就在于它能胜任高达 2000℃的高温测温，而且特别适用于还原气氛（例如氢气等）中使用，还有可长时间在 1260℃条件下使用的复合管型铠装热电偶，以及具有良好复现性的金/铂热电偶。

（3）热释电探测器

当一些晶体受热时，在晶体两端将会产生数量相等而符号相反的电荷，这种由于热变化产生的电极化现象，被称为热释电效应。能产生热释电效应的晶体称为热释电元件，其常用材料有单晶（$LiTaO_3$ 等）、压电陶瓷（PZT 等）及高分子薄膜（PVFZ 等），对热释电材料的要求是：热释电系数大、材料对红外线的吸收大、热容量大、介电常数小并且介质损耗小等。热释电探测器是热探测器的一种，利用的正是热释电效应。

通常，晶体自极化所产生的束缚电荷被来自空气中附着在晶体表面的自由电子所中和，其自发极化电矩不能表现出来。当温度变化时，晶体结构中的正负电荷重心相对移位，自发极化发生变化，晶体表面就会产生电荷耗尽，电荷耗尽的状况正比于极化程度。由此可见，只有探测器温度处于变化过程中，才有电信号输出。所以，利用热释电效应制作的热释电探测器在温度不发生变化时就没有信号产生，因此又称为微分型探测器。热释电效应的原理如图 4.17 所示。

热释电探测器由热释电元件组成，元件两个表面做成电极，当传感器检测范围内温度有ΔT的变化时，热释电效应会在两个电极上产生电荷ΔQ，即在两电极之间产生一微弱电压ΔV。由于它的输出阻抗极高，所以传感器中有一个场效应管进行阻抗变换。热释电效应所产生的电荷ΔQ会跟空气中的离子结合而消失，当环境温度稳定不变时，$\Delta T=0$，传感器无输出。当目标进入检测区时，因目标温度与环境温度有差别，产生ΔT，则有信号输出。热释电传感器的结构如图 4.18 所示，主要由外壳、滤光片、热释电元件和场效应管组成。

图 4.18 中所示的探测器包含两个互相串联或并联的热释电元件，而且两者电极化方向正好相反，环境背景辐射对两个热释电元件几乎具有相同的作用，使其产生热释电效应互相抵消，于是探测器无信号输出。

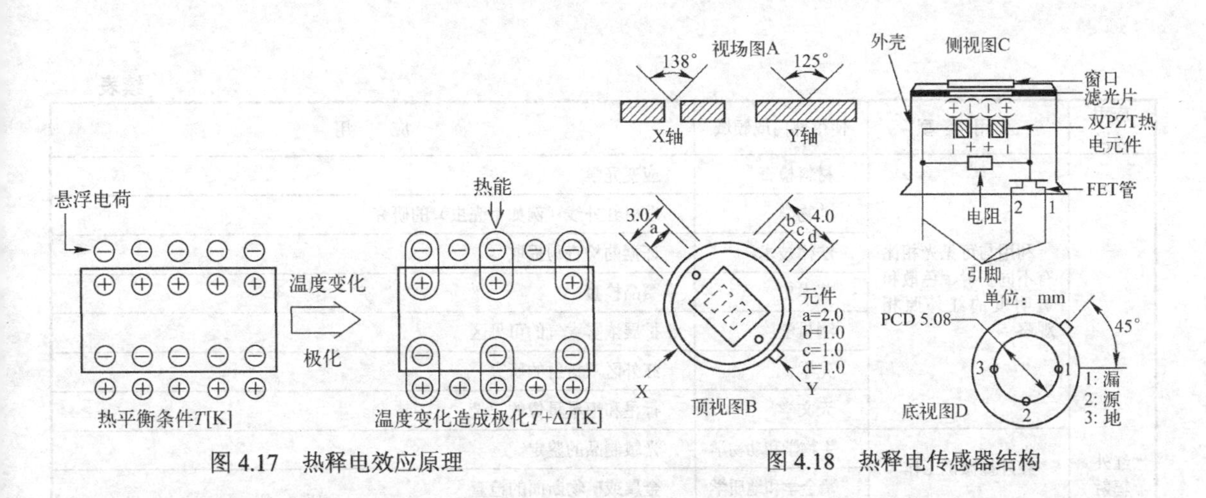

图 4.17　热释电效应原理　　　　图 4.18　热释电传感器结构

热释电红外探测器是最常用的一种热释电探测器，在它辐射照面通常覆盖有一层特殊的菲涅耳滤光片，它与热释电元件配合，可以提高探测器的灵敏度，扩大探测范围。透镜的工作原理是，当移动物体或人体发射的红外线进入透镜的探测范围时，就会产生一个交替的"盲区"和"高敏感区"，使探测器晶片的两个反向串联的热释电元件轮流感受到运动物体，所以人体的红外辐射以光脉冲的形式不断改变热释电元件的温度，使它输出一串脉冲信号。若人体静止不动地站在热释电元件前，则它没有输出，可提高热释电红外传感器的抗干扰性能。

热释电探测器具有无需制冷、可在室温下工作、光谱响应宽等优点。

4.2　光电成像器件

4.2.1　光电成像器件的应用领域

随着科学技术的迅速发展，光电成像器件也日趋成熟，以其为核心的光电成像技术受到普遍重视，且不断地开拓新的应用领域，因此，涉及光电成像技术应用的领域均可用到光电成像器件，表 4.3 为光电成像技术应用领域。

表 4.3　光电成像技术应用

应用波段	应用类型	使用部门或领域	应用
可见光谱区的应用	观察黑暗过程	警务	隐蔽监视某地点监视记录暗藏的犯罪活动
		心理学和医学	行为状态研究记录
		军事	水下监视、隐蔽的远程监视记录，夜间射击控制
		科学研究工作	记录空气动力学、核物理等方面的高速微光现象，记录空间探测的确定方位，水下自然现象的记录
	材料折射、色散和透明性的拍照	材料检查	应变光学
		天文学	天象的记录
	显微镜工作	冶金学和地质学	厚且不透明断面内的现象的快速记录和一般记录
		动物学	在极微光下发生的现象记录
红外辐射的应用	在红外光照明条件下，观察黑暗过程	照相工业	在照相乳胶不起作用的光谱区进行目视工作，对乳胶和相纸进行试验，黑暗中修理发生故障的仪器
		动物学	研究动物，特别是夜间活动的动物的行为
		公安	管理某一地区，夜间巡视，工事的防御
		心理学和医学	研究某种行为

续表

应用波段	应用类型	使用部门或领域	应用
红外辐射的应用	利用与可见光相比有不同折射、色散和透明度的红外照相观察	材料检查	应变光学
		动物学	发射红外线（例如甲壳虫）的研究
		法律技术	证据的检查与提取
		艺术史	赝品检查
		测量学	扩展浓雾大气的可见区
		光学	红外区双折射的研究
		天文学	行星和恒星星像的记录
	红外显微镜工作	生物学和动物学	光敏制品的鉴定
		冶金学和地质学	金属或矿物断面的检查
	使温度高于绝对零度产生的热辐射成为可见的工作	材料检查	机器上存在热应力部分的温度分布
		消防	研究起火原因，寻找火的中心区域
		钢铁工业	炼钢、轧钢过程的监控，高炉料面温度的测定、热风炉破损的检测，动力设备热泄漏及保温结构状况的检测等
		石化工业	输油管道状态检查，焦炭塔物理界面、HF 储罐物料界面的检测，动力设备热泄漏及保温结构状况的检测等
		电力工业	输电线、电力设备热状态检查，故障诊断
		医学	癌症及与温度变化有关的病变早期诊断
		军事	洲际导弹的探测、识别、跟踪，拦截武器的制导，大气层内外核爆炸的探测，战术侦察、观瞄、火控、跟踪制导和报警等
紫外辐射的应用	利用衍射、物质辐射和透过辐射等性质的紫外照相	材料检查	利用液体磷光的表面伤痕记录、瞬时薄膜现象的记录
		动物学和生物学	记录在辐射影响下动物活动和植物生长的变化情况，快速变化的生理过程的非干涉研究等
		法律技术	证据的检查与提取
		军事	利用紫外辐射的预、告警等
		光学	用菲涅耳波带片成像
		天文学	用装在人造卫星上的望远镜进行天体的紫外照相
		物理学	等离子现象和高能现象的记录
	紫外显微镜工作	动物学	标本横断面和有关现象的研究
		冶金、地质学	金属盒矿物断面检查
X 射线应用	X 射线照相	材料检查	检查静止和运动物体两者的内部情况，以及超高速运动物体的状态检查
		动物学和生物学	利用低辐射强度的放射性跟踪，记录动、植物内部的活动情况
		天文学	利用人造卫星研究 X 射线辐射
		医学	病灶与创伤的检查和记录
		机场、海关的安检	违禁品检查
		物理学	快速结晶体取向的劳厄图形直接观察，瞬时事件的记录，用电视技术进行 X 射线图形的远程显示；根据谱线宽度的变化测量结晶的程度，高能现象的记录等

由上表中所列举的光电成像技术应用情况可以看出，光电成像技术就是利用光电变换和信号处理技术获取目标图像。它在工农业生产、科学研究和国防建设中占有重要地位。综上所述，光电成像技术所研究的内容可以概括为以下四方面：

（1）在空间上扩大人类视觉机能的图像传输技术；

（2）在时间上扩大人类视觉能力的图像记录、存储技术；

（3）扩大人类视觉光谱响应范围的图像变换技术；

（4）扩大人类视觉灵敏机能的图像增强技术。

4.2.2 像管和摄像管的工作原理和特性简介

1. 像管的工作原理及应用

直视型电真空成像器件统称为像管，它是用于直视成像系统的光电成像器件。像管包括变像管和像增强器两大类。变像管的主要功能是完成图像的电磁波谱转换；像增强器的主要功能是完成图像的亮度增强。

（1）工作原理

像管实现图像的电磁波谱转换和亮度增强是通过三个环节来完成的。首先，将接收的微弱的或不可见的输入辐射图像转换成电子图像；其次，使电子图像获得能量或数量增强，并聚焦成像；最后，将增强的电子图像转换成可见的光电图像。上述三个环节分别由光阴极、电子光学系统和荧光屏完成。这三部分共同封装在一个高真空的管壳内。像管成像原理如图 4.19 所示，下面简要地说明其工作过程。

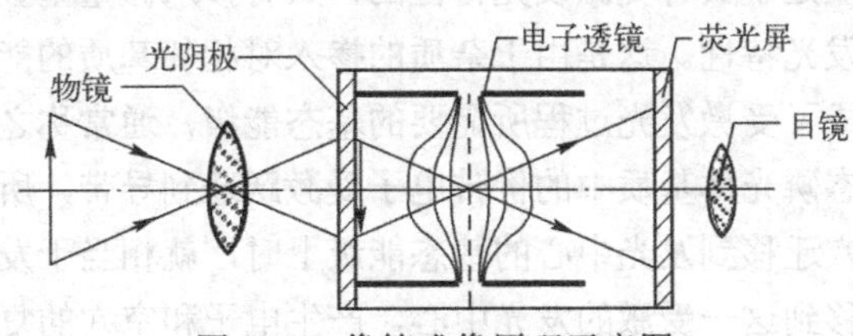

图 4.19　像管成像原理示意图

1）辐射图像的光电转换

像管是利用外光电效应将输入的辐射图像转换为电子图像的，因此像管的输入端面是采用光电发射材料制成的光敏面。该光敏面接收辐射量子产生电子发射，所发射的电子流密度分布正比于入射的辐射通量分布，由此完成辐射图像转换为电子图像的过程。由于电子发射需要在发射表面有法向电场，所以光敏面应接负电位。这一光敏面通常称为光阴极。像管中常用的光阴极有：对红外光敏感的银氧铯红外光阴极；对可见光敏感的单碱和多碱光阴极；对紫外光敏感的紫外光阴极。

光阴极有透射型和反射型两种。像管中常用的光阴极是透射型的，即入射辐射从像管的入射端面射进来，所以这类光阴极是半透明的。光阴极的制作过程，都必须在高真空中进行。

光阴极进行图像转换的简要物理过程是：具有能量 $h\nu$ 的辐射量子入射到半透明的光电发射体内，与体内电子产生非弹性碰撞而交换能量。当辐射量子的能量大于电子产生跃迁的能量时，电子被激发到受激态。这些受激电子向真空界面迁移，由于半导体中自由电子数量很少，所以产生自由电子散射的几率很小，只有在迁移中与晶格产生相互作用，由于声子散射而引起少量的能量损失；如果电子在到达真空界面时仍有克服电子亲和势的能量，就可以发射到真空中，成为光电发射的电子。对具有负电子亲和势的光阴极，则不需要克服电子亲和势的能量。

根据光电发射的斯托列托夫定律可知，饱和光电发射的电子流密度与入射辐射通量密度成正比。因此由入射辐射分布所构成的图像可以通过光阴极变换成由电子流分布所构成的图像，这一图像称为电子图像。

2）电子图像的能量增强

像管中的电子图像通过特定的静电场或电磁复合场获得能量增强。由光阴极的光电发射产生的电子图像，在刚离开光阴极面时是低速运动的电子流，其初速由爱因斯坦定律所决定。这一低能量的电子图像在静电场或电磁复合场的洛伦兹力作用下得到加速并聚焦到荧光屏上。在到达像面时是高速运动的电子流，能量很大。由此完成了电子图像的能量增强。像管中特定设置的静电场或电磁复合场称之为电子光学系统。由了它具有聚焦电子图像的作用，故又被称之为电子透镜。

像管中常用的电子光学系统有：纵向均匀电场的投影成像系统；轴对称的静电聚焦成像系统，准球对称的静电聚焦成像系统；旋转对称的电磁场复合聚焦成像系统。

3）电子图像的发光显示

像管输出的是可见光学图像。为把电子图像转换成可见的光学图像，通常采用荧光屏。能将电子动能转换成光能的荧光屏是由发光材料的微晶颗粒沉积而成的薄层。由于荧光的电阻率通常为 10^{10}～$10^{14}\Omega\cdot cm$，介于绝缘体与半导体之间，因此当它受到高速电子轰击时，会积累负电荷，使加在荧光屏上的电压难以提高，为此应在荧光屏上蒸镀一层铝膜，引走积累的负电荷，而且可防止光反馈到光阴极。

像管中常用的荧光屏材料有多种。基本材料是金属的硫化物、氧化物或硅酸盐等晶体。上述材料经掺杂后具有受激发光特性，统称为晶态磷光体。

荧光屏是利用掺杂的晶态磷光体受激发光的物理过程，将电子图像转换为可见的光学图像，纯净而无缺陷的基质晶体一般是不具有受激发光特性的，只有掺入微量重金属离子作杂质时（如铜、银等）才具有较强的受激发光特性。这是由于杂质的掺入对相邻基质的能态产生微扰而出现了局部能级。由这些局部能级构成了受激发光过程所需要的基态能级，通常称之为发光中心。当像管中高速电子轰击荧光屏时，晶态磷光体基质中的价带电子受激跃迁到导带，所产生的电子和空穴分别在导带和价带中扩散。当空穴迁移到发光中心的基态能级上时，就相当于发光中心被激发了。而在导带中的受激电子有可能迁移到这一受激的发光中心，产生电子和空穴的复合而放出光子。所发射的光波波长由发光中心基态与导带的能量差所决定。由于发光中心基态能级的分散，使辐射的波长具有一定的分布，通常掺杂的晶态磷光体的发光光谱呈钟形分布。

像管中常用的荧光屏，不仅应该具有高的转换效率，而且它的发射光谱要和眼睛或与之耦合的光阴极的光谱响应相一致。

实验证明，荧光屏由高速电子激发发光的亮度除与发光材料的性质有关外，主要取决于入射电子流的密度和加速电压值。当像管中电子图像的加速电压一定时，则荧光屏的发光亮度就正比子入射电子流的密度。出此可知，像管的荧光屏可以将电子图像转换成可见的光学图像。

（2）应用

像管为直视型光电成像器件，主要应用在夜视仪中，而变像管与像增强器是夜视仪中的重要器件，变像管用于主动式红外夜视中，像增强器用于被动式夜视观察。

1）主动式红外夜视技术

主动式红外夜视仪由红外探照灯、光学系统(物镜组、目镜及眼睛)、红外变像管和高压电源构成，系统工作原理如图 4.20 所示。从图中可看出，其工作过程是，红外探照灯发出的红外辐射照射前方目标，经反射由光学系统的物镜组接收，并在红外变像管光阴极面上形成目标的红外图像，变像管对红外图像进行光谱转换、电子成像和亮度增强，最终在荧光屏上显示出目标的可见图像，此时眼睛即可通过目镜看到放大了的图像。主动式红外系统的工作波段在 0.76～1.2μm 的近红外区域，其核心部件为红外变像管，它起着光电图像转换及增强作用，红外变像管由三部份组成，包括银氧铯光阴极、电子光学系统及荧光屏。主动式红外夜视仪的最大优点在于：能充分利用红外灯源发出的狭窄光束照明目标，目标与背景反差大，可在全“黑”条件下工作。缘于这一优点，主动式夜视技术在二次大战后期至中东战争期间被普遍采用，用于装备步枪、机枪、火炮、车辆等军事设备，用作短距离侦查、瞄准和搜索。然而，由于主动式系统需要配备红外光源，因而除显得笨重外，在敌方也有红外装置情况下就极易暴露自己。由于这一致命弱点，20 世纪 70 年代后它已逐步由被动式系统所取代。

2）被动夜视技术

微光夜视系统它包括直视微光夜视仪及微光电视两类。微光夜视仪是采用光增强技术的光电成像装置，其工作原理如图 4.21 所示。它由微光光学系统、像增强器与高压电源等部分组成。其工作过程是，由目标反射的夜天空自然微光进入光学系统物镜并成像在其焦平面处的像增强器光阴极面上，像增强器对目标像进行光电转换、电子成像及亮度增强，并在荧光屏上显示目标的增强图像，眼睛通过目镜即可看到该放大的图像。微光夜视仪核心部件为像增强器。20 世纪 60 年代以来，随着像增强器由级联式像增强器、微通道板式像增强器到 GaAs 半导体光阴极式像增强器的改进，微光夜视仪也相继出现了三代。与主动式夜视仪相比，微光夜视仪最大优点在于不需配带光源，而是利用目标反射的自然微光作被动式工作，故自身隐蔽性好，同时重量轻，适合部队机动性需要。可用于装备轻重武器、装甲车辆或制成夜视眼睛。它在海湾战争中，为多国部队的胜利起了突出作用，显示出良好的发展前景。

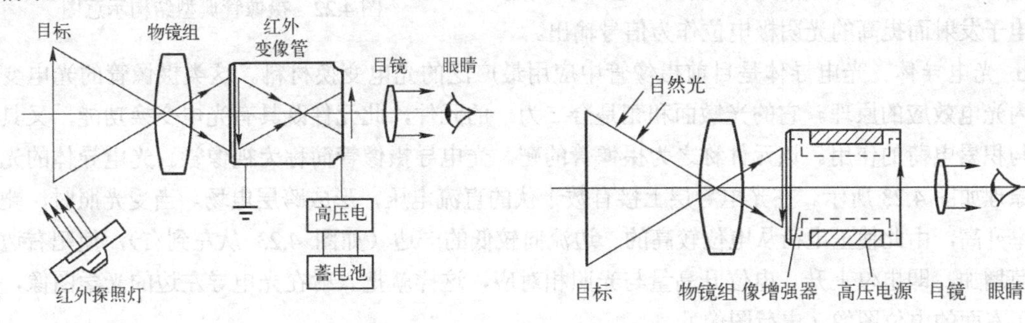

图 4.20　主动式红外夜视仪工作原理　　　　图 4.21　微光夜视仪工作原理

微光电视则是像增强技术与电视摄像技术相结合的产物，其工作原理是，微光摄像机将目标及背景在夜天光照射下的反射光亮度分布，通过电视扫描变为按时序分布的视频信号，并经控制器处理，监视器显示而再现目标图像。其特点是图像显示面积大，便于远距离传输，可供多人、多地点观察和监视。

2. 摄像管的工作原理及应用

电视摄像是将两维空间分布的光学图像转换为一维时间变化的视频电信号的过程。完成这一过程的器件称为摄像管。摄像过程可分为以下三个步骤：

（1）摄像管光敏元件接受输入图像的辐照度进行光电转换，将两维空间分布的光强转变为两维空间分布的电荷量；

（2）摄像管电荷存储元件在一帧周期内连续积累光敏元件产生的电荷量，并保持电荷量的空间分布，这一存储电荷的元件称之为靶。

（3）摄像管的电子枪产生空间两维扫描的电子束，在一帧的周期内完成全靶面的扫描。逐点扫描的电子束到达靶面的电荷量与靶面储存的电荷量相关，因此扫描电子束的电流受靶面电荷量所调制，从而在输出电路上即可得到视频信号。

上述的物理过程是电视摄像的基本原理，在 50 多年的电视技术发展过程中，遇到的主要问题是图像的传送、灵敏度的提高以及像质的改善等。而这些问题都和电视系统的核心部件——摄像管密切相关。因而产生了多种类型的摄像管。不同类型的摄像管是采用不同的工作方式完成上述过程的，但是摄像的基本原理是一致的。

（1）结构

为了完成摄像任务，摄像管必须具有图像的写入、存储过程即输入的光学图像照射在靶面上产生电荷（电位）图像；图像的阅读、抹除过程即扫描电子束从靶面上取出视频信号。为了实现上述过程，一般摄像管应具有的结构如图 4.22 所示。它主要由两大部分组成，即光电变换与存储部分和信号阅读部分。

1）光电变换与存贮部分

① 光电变换部分

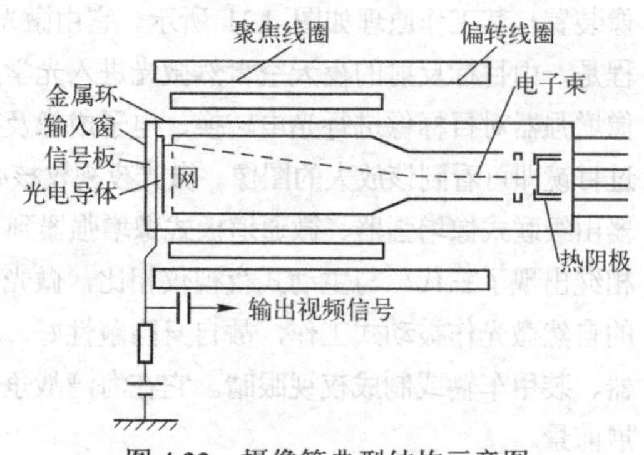

图 4.22　摄像管典型结构示意图

将光学图像变成电荷图像的任务是由光电变换部分来完成的。该部分由光敏元件构成。常用的材料有光电发射体和光电导体。

a. 电发射体。用于像管中的各种光阴极，都可以作为摄像管中的光电发射体。光阴极在光照下产生与光通量成正比的光电子流，这既可以利用光电子流进行放大处理，以作为信号输出，也可以利用因光电子发射而提高的光阴极电位作为信号输出。

b. 光电导体。光电导体是目前摄像管中应用最广泛的光电变换材料。这类摄像管的光电变换基于内光电效应的原理。它的光敏面和靶是合二为一的元件，此元件既具有光电变换功能，又具有存储与积累电荷的作用。该元件称之为摄像管的靶。光电导摄像管简称为视像管。光电导体的光电变换原理如图 4.23 所示。在光电导层上接有数十伏的直流电压，形成跨层电场。当受光照时，靶的电导率升高，由此使正电荷从电位较高的一边流向较低的一边（如图 4.23 从左到右），使靶右边的正电荷增加，即电位上升。电位升高量与光照相对应，这样就把入射在光电导左边的光学图像，转换成了右面的电位图像（电荷图像）。

② 电荷存储与积累部分

由于光电变换所得的瞬时信号很弱，所以现在摄像管均采用积累元件。它对图像上的任一像元，在整个帧周期内不断地积累电荷信号。因为要积累和存储信号，所以在帧周期内要求信号不能漏走。因此要求存储元件应具有足够的绝缘能力。常用的存储元件有：

a. 二次电子发射积累。在光阴极仅作为光电变换元件的摄像管中，为了实现信号的积累还必须具有电荷积累和存储元件，二次电子发射靶就是其中之一。二次电子发射积累电荷的原理如图 4.24 所示。工作时，均匀的光阴极发射出与光通量成比例的光电子，它们在加速场的作用下，高速轰击二次电子发射靶。由于靶是绝缘体，所以发射的部分将维持正电位，并随着光的继续照射而积累下去，直到阅读时才被取出。

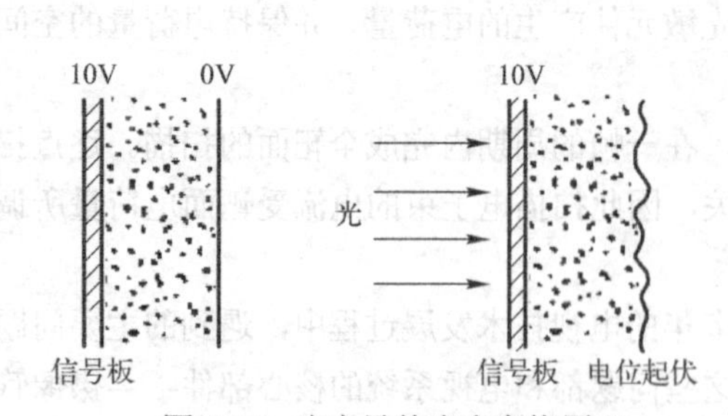

图 4.23　光电导体光电变换原理

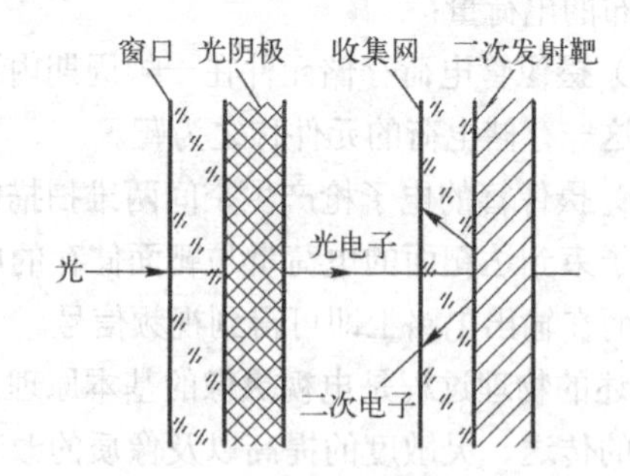

图 4.24　二次电子发射积累原理

b. 二次电子导电积累。上述的二次电子发射积累，是指二次电子跑出靶层以外，飞向收集极。这样二次电子应该具有较大的能量，或处于较强的电场下才能到达收集极。而二次电子导电型与此不同，其原理如图 4.25 所示。光电子在加速电场的作用下穿过透明的支撑膜和导电膜，轰击二次电子导电层，产生二次电子。二次电子导电层是疏松的纤维状结构。由它所产生的二次电子并不跑出靶外，而仍在层内运动。由于信号板上总加有固定正电压，所以二次电子不断地流入信号板，从而使靶的自由面（右）带上正电荷，电位升高。电位升高量与景物入射照度相一致，在电子束扫描之前，靶电荷将一直积累下去。由于二次电子导电材料具有很高的二次电子发射能力，加上疏松结构使电子运动损失能量少，所以这种积累方式效率很高。

c. 电子轰击感应电导积累。上述存储元件利用二次电子发射积累，需要较大的一次电子能量，如果采用电子轰击感应电导积累，则一次电子的能量要节省得多。因为不需要把电子打到体外，只需将其激发到导带。这种积累型式如图 4.26 所示，只需把二次电子发射靶换成该靶（电子轰击感应靶）。工作时，光电子以高速轰击靶面，使靶电导率增加，从而使得信号板上的正电荷向靶的自由面转移，在靶表面上建立起电位图像。阅读时，用慢电子束扫描，使靶面电位恢复到电子枪阴极电位，同时有信号输出。

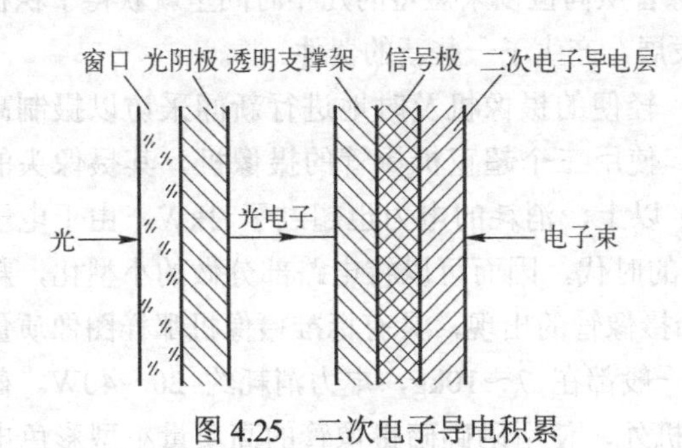

图 4.25　二次电子导电积累

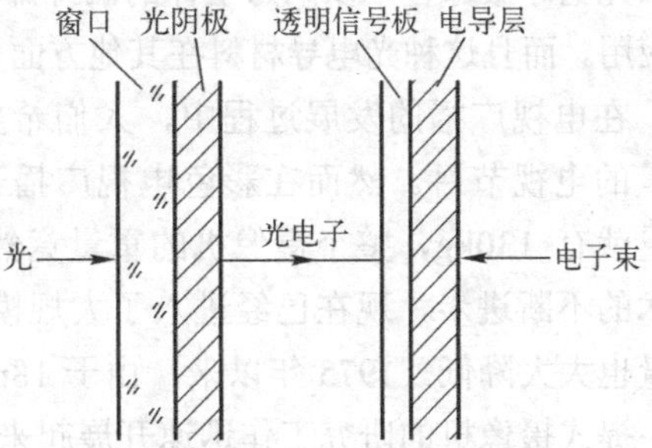

窗口　光阴极　透明信号板　电导层
光电子
光
电子束

图 4.26　电子轰击感应电导积累

d. 光电导积累。在这种积累形成中，光电导层既是光电变换元件又是电荷积累元件，其原理如图 4.27 所示。光电导靶是半导体，未接受光照时具有较高的电阻率，通常约为 $10^{12}\Omega\cdot\text{cm}$。在靶的受光表面上是导电的输出信号电极，其上接有数十伏的工作电压。但由于靶的电阻率较高，因此靶的另一表面与工作电压绝缘。当电子束扫描这一绝缘表面时，电子束的电子将到达这一表面。由于电子枪发射电子的阴极电位为零伏，所以靶的绝缘表面电位经电子束扫描后将稳定在电子枪阴极的电位上。因此靶的两个表面间产生了数十伏的电压差。

光电导摄像管工作时，靶面接受光学图像的辐照。当入射光子的能量大于光电导靶的禁带宽度时，就构成本征吸收，使价带中的电子跃迁到导带而产生光生载流子。光生载流子的密度分布与输入图像的照度分布一致。因此，由光生载流子所产生的电导率变化也与图像照度分布相一致。这一电导率的增加将导致靶的两表面间产生相应的放电电流，因此靶的绝缘面电位随之上升。电位上升的数值对应于该点的输入图像照度值。由于输入的光学图像是连续辐照在靶面上的，所以在电子束扫描一帧图像的时间间隔内靶的两个表面间的放电电荷是连续积累的，这表明光电摄像管在摄取一帧图像时，它的靶面通过光电导效应连续放电而形成了电荷图像。

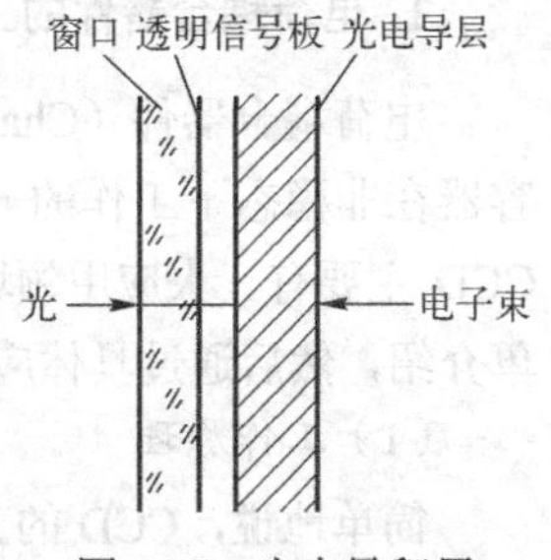

图 4.27　光电导积累

2）信号阅读部分

从靶面上取出信号的任务是由阅读部分来完成的。阅读部分是扫描电子枪系统。它由细电子束的发射源、电子束的聚焦系统和电子束的偏转系统三部分组成。

细电子束的发射源通常采用间热式氧化物阴极，并带有负偏压的控制栅极、加速电极和电子束限制膜孔。一般间热式的氧化物阴极所发射的电流密度为 0.5～1μA，阴极的电位定为零电位。当控制栅极的负电位增加时，阴极发射的电子束流将受到抑制。因此，电子束流可以通过调节控制栅极的负电位来实现控制。加速电极接正电位，以提供电子束连续发射的加速电场。电子束限制膜孔通常设置在电子束交叉点的后方，膜孔直径为 30μm 左右。膜孔限制了电子束直径，并保持电子束具有较小的发散角，以减小聚焦系统产生的像差。同时也拦截了径向初速较大的电子，以便形成一个扩展小、速度分散小的电子束。

电子束的偏转系统由两对磁偏转线圈构成，如果采用静电偏转系统则是两对偏转电极。摄像管的电子束偏转角不宜过大，一般要小于10°。

（2）应用

摄像管自 20 世纪 60 年代问世以来延续使用了 20 多年，在早期的摄像机中应用较为普遍。摄像管以氧化铅管和硒砷碲管最为普遍，最早使用的是 1.25 英寸氧化铝管，图像质量很高，但体积较大，不利于室外电子新闻采访和现场节目制作。氧化铅的出现促进了彩色摄像机的发展，为了减小体积，继而开发出了 1 英寸、2/3 英寸氧化铅管，提高了分辨力，减低了惰性。之后，又开发出硒砷碲光电导摄像管，以硒为主体的硒砷碲光电导摄像管从问世以来短短的几年时间里就获得了积极的应用。而且这种光电导材料在其他方面也得到了发展，产生了一些新的器件。

在电视广播的发展过程中，人们希望用小型、轻便的摄像机及时地进行新闻采访以摄制高质量的电视节目。然而在彩色电视广播开始阶段，使用三个超正析像管的摄像机，其摄像头的重量就有 130kg，整个摄像机的重量竟然在 500kg 以上，消耗的电力也超过了 3kW。由于电子技术的不断进步，现在已经进入了大规模集成电路的时代，因而可以将电路部分做的小型化，耗电量也大大降低。1975 年以来，由于 18mm 硒砷碲摄像管的出现，具有标准摄像机那样图像质量的手提式摄像机的研究工作迅速开展起来，其重量一般都在 7～10kg，电力消耗约 20～40W。截止到 20 世纪 90 年代，除了日立公司研制的摄像机外，使用硒砷碲摄像管的高质量小型彩色电视摄像机已超过 10 种。

虽然现在的摄像机的核心器件已被 CCD 或 CMOS 取代，但摄像管在摄像机的发展过程中占据着十分重要的地位。

4.2.3 固体成像器件的工作原理和主要特性

1. 电荷耦合器件的工作原理、特性参数和应用

电荷耦合器件（Charge-Couple Devices，简称 CCD）是基于 MOS（金属-氧化物-半导体）电容器在非稳态下工作的一种器件，是于 1970 年由美国贝尔实验室首先研制出来的新型固体器件。CCD 主要有三大应用领域：摄像、信号处理和存储。本节首先对 CCD 工作原理与特性参数进行简单介绍，然后通过具体应用讨论 CCD 的选择与使用。

（1）工作原理

简单地说，CCD 的工作原理可以比喻为“小桶”和“光雨”。CCD 的结构就像是传送带上的并排小桶，光线像雨滴般离散地射入这些小桶，每一个小桶代表一个像元。这里，小桶是指用于对光电流积分的光电二极管 PN 结反偏结电容；传送带代表 CCD 的读出电路。当对 CCD 曝光后，光电二极管首先通过其反偏结电容对光电流积分，记录光电荷；接着通过一组时钟控制，交替改变读出电路结构中相邻金属-氧化层-半导体-场效应管（MOSFET）的反偏势阱，使之前获得的光电荷包按顺序依次通过 MOSFET，最终到达输出端,依次传递相邻两次曝光产生的光电荷包。

CCD 的工作流程可概述为四个部分：①信号电荷注入（光信号转换成电信号）；②电荷的存储（储存信号电荷）；③电荷的转移（转移信号电荷：CCD 功能）；④电荷的检测（将信号电荷转换成电信号）。本节按照此顺序分别予以介绍。

1）信号电荷的注入

CCD 的电荷注入方式可归纳为光注入和电注入两种。当光（包括红外光）照射到 CCD 硅片上时，在栅极附近的半导体体内产生电子-空穴对，其多数载流子被栅极电压排开，少数载流子则被收集在势阱中形成信号电荷。光注入方式又分为正面照射式和背面照射式两种。光注入电荷

$$Q_{IP} = \eta q \Delta n_{eo} A T_C \tag{4.30}$$

式中，η为材料的量子效率；q 为电子电荷量；Δn_{eo} 为入射光的光子流速率；A 为光敏单元的受光面积；T_C为光注入时间。由式（4.30）可以看出，当 CCD 确定以后，η、q 以及 A 均为常数，注入到势阱中的信号电荷 Q_{IP}与Δn_{eo} 及 T_C成正比。T_C由 CCD 驱动器的转移脉冲的周期决定。当所设计的驱动器能够保证其注入时间稳定不变时，注入到 CCD 势阱中的信号电荷只与Δn_{eo} 成正比。在单色入射辐射时，入射光的光子流速率与入射光谱辐通量的关系为$\Delta n_{e\lambda} = \dfrac{\Phi_{e\lambda}}{h\nu}$，其中 h、ν 为常数，因此在这种情况下，光注入的电荷量与入射的光谱辐通量$\Phi_{e\lambda}$ 成线性关系。简述上述过程，电荷的注入就是通过光电效应将光信号转换成电信号的过程。

2）电荷存储

CCD 的基本构成单元是 MOS（金属-氧化物-半导体）结构。如图 4.28(a)所示，在栅极施加正偏压 U_G之前，p 型半导体中空穴多数载流子的分布是均匀的。当栅极施加正偏压 U_G（此时 U_G 小于 p 型半导体的阈值电压 U_{th}）后，空穴被排斥，产生耗尽区，如图 4.28(b)所示。偏压 U_G 继续增加，耗尽区将进一步向半导体内延伸。当 $U_G>U_{th}$ 时，半导体与绝缘体界面上的电势（常称为表面势，用 Φ_S 表示）变得如此之高，以致于将半导体内的电子（少数载流子）吸引到表面形成一层极薄的（约 10^{-2}mm）但电荷浓度很高的反型层，如图 4.28(c)所示。反型层电荷的存在表明了 MOS 结构存储电荷的功能。但是，当栅极电压由零突变到高于阈值电压 U_{th} 时，轻掺杂半导体中的少数载流子很少，不能立即建立反型层。在不存在反型层的情况下，耗尽区将进一步向体内延伸，而且栅极和衬底之间的绝大部分电压降落在耗尽区上，如果随后可以获得少数载流子，那么耗尽区将收缩，表面势下降，氧化层上的电压增加。

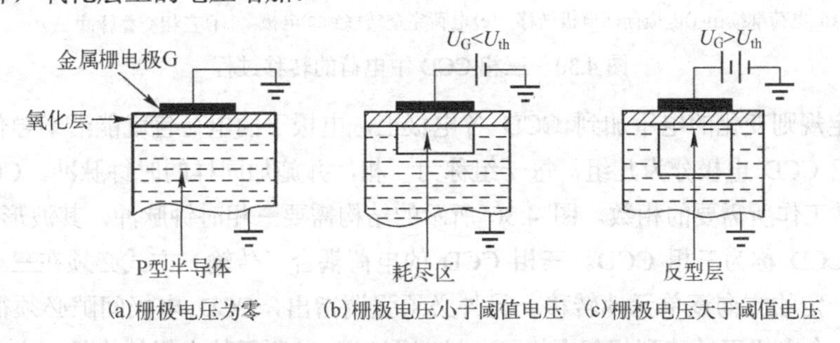

图 4.28　单个 CCD 栅极电压变化对耗尽区的影响

表面势 Φ_S 随着反型层电荷浓度 Q_{INV} 和栅极电压 U_G 的变化而变化，如果 Φ_S 与反型层电荷浓度 Q_{INV} 的对应曲线直线性好，说明这两者之间有着良好的反比例线性关系。这种线性关系很容易用半导体物理中的“势阱”概念来描述。电子被加有栅极电压 U_G 的 MOS 结构吸引到氧化层与半导体的交界面处，是因为那里的势能最低。在没有反型层电荷时，势阱的“深度”与 U_G 的关系恰如 Φ_S 与 U_G 的线性关系，如图 4.29(a)所示空势阱的情况。图 4.29(b)为反型层电荷填充 1/3 势阱时，表面势收缩。当反型层电荷足够多，使势阱被填满时，Φ_S 降到 $2\Phi_F$。此时表面势不再束缚多余的电子，电子将产生“溢出”现象，这样表面势可作为势阱深度的量度，而表面势又与 U_G、氧化层的厚度 d_{OX} 有关。势阱的横截面积取决于栅极

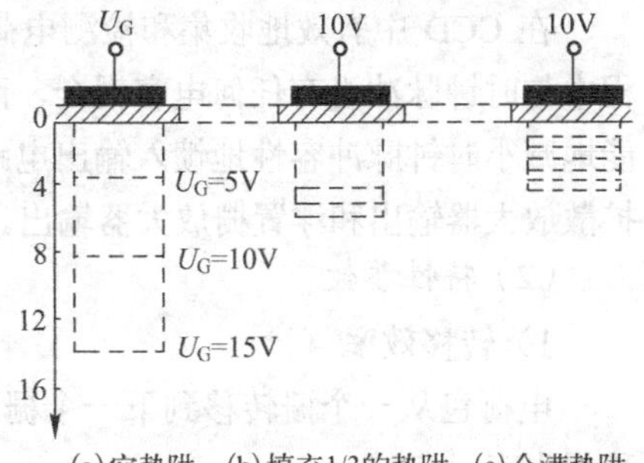

图 4.29　势阱

电极的面积 A。MOS 电容存储信号电荷的容量

$$Q = C_{\mathrm{OX}} U_{\mathrm{G}} \cdot A \tag{4.31}$$

3）电荷转移

下面讲解 CCD 中势阱及电荷如何从一个位置移到另一个位置。如图 4.30 所示为 CCD 中四个彼此靠得很近的电极。假定开始时有一些电荷存储在偏压为 10V 的第一个电极下面的深势阱里，其他电极上均加有大于阈值的较低电压（例如 2V）。设图 4.30 (a)为零时刻（初始时刻）。经过 t_1 时刻后各电极上的电压变为图 4.30 (b)所示，第一个电极仍保持为 10V，第二个电极上的电压由 2V 变为 10V，因为这两个电极靠得很近（间隔只有几微米），它们各自的对应势阱将合并在一起，原来在第一个电极下的电荷变为这两个电极下势阱所共有，如图 4.30 (b)和(c)所示。若此后电极上的电压变为图 4.30 (d)所示，第一个电极电压由 10V 变为 2V，第二个电极电压仍为 10V，则共有的电荷转移到第二个电极下面的势阱中，如图 4.30 (e)所示。由此可见，深势阱及电荷包向右移动了一个位置。

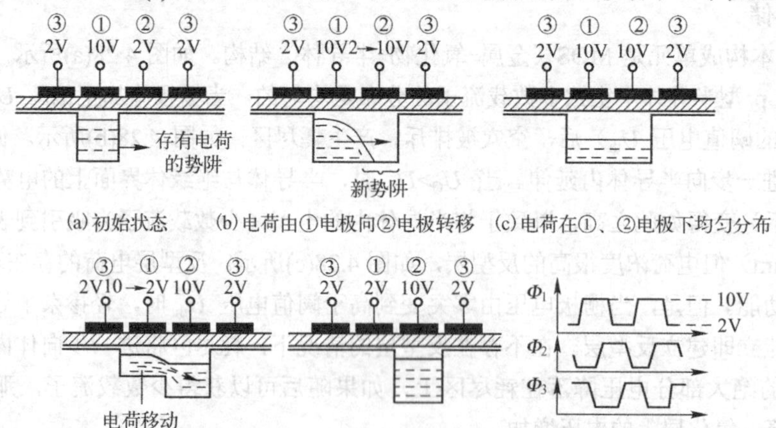

图 4.30　三相 CCD 中电荷的转移过程

通过将一定规则变化的电压加到 CCD 各电极上，电极下的电荷包就能沿半导体表面按一定方向移动。通常把 CCD 电极分为几组，每一组称为一相，并施加同样的时钟脉冲。CCD 的内部结构决定了使其正常工作所需要的相数。图 4.30 所示的结构需要三相时钟脉冲，其波形图如图 4.30 (f)所示，这样的 CCD 称为三相 CCD。三相 CCD 的电荷耦合（传输）方式必须在三相交叠脉冲的作用下，才能以一定的方向逐单元地转移。另外必须强调指出，CCD 电极间隙必须很小，电荷才能不受阻碍地从一个电极下转移到相邻电极下。这对图(a)～(c)所示的电极结构是一个关键问题。如果电极间隙比较大，两相邻电极间的势阱将被势垒隔开，不能合并，电荷也不能从一个电极向另一个电极完全转移，CCD 便不能在外部脉冲作用下正常工作。

4）电荷检测

在 CCD 中有效地收集和检测电荷是一个重要的问题。CCD 重要特征之一是信号电荷在转移过程中与时钟脉冲没有任何电容耦合，而在输出端则不可避免。因此，选择适当的输出电路可以尽可能地减小时钟脉冲容性地馈入输出电路的程度。目前 CCD 常用的输出方式主要有电流输出、浮置扩散放大器输出和浮置栅放大器输出。

（2）特性参数

1）转移效率

电荷包从一个栅转移到下一个栅时，有 η 部分的电荷转移过去，余下 ε 部分没有被转移，ε 称转移损失率。

$$\eta = 1 - \varepsilon \tag{4.32}$$

一个电荷量为 Q_0 的电荷包，经过 n 次转移后的输出电荷量应为：

$$Q_{\mathrm{n}} = Q_0 \eta^n \tag{4.33}$$

总效率为

$$\eta^n = Q_{\mathrm{n}} / Q_0 \tag{4.34}$$

2）暗电流

CCD 成像器件在既无光注入又无电注入情况下的输出信号称为暗信号，即暗电流。暗电流的根本起因在于耗尽区产生复合中心的热激发。由于工艺过程不完善及材料不均匀等因素的影响，CCD 中暗电流密度的分布是不均匀的。暗电流的危害有两个方面：限制器件的低频限、引起固定图像噪声。

3）灵敏度（响应度）

它是指在一定光谱范围内，单位曝光量的输出信号电压（电流）。

4）光谱响应

CCD 的光谱响应是指等能量相对光谱响应，最大响应值归一化为 100%所对应的波长，称为峰值波长 $\lambda_{\max}$，通常将 10%（或更低）的响应点所对应的波长称为截止波长。有长波端的截止波长与短波端的截止波长，两截止波长之间所包括的波长范围称光谱响应范围。

5）噪声

CCD 的噪声可归纳为三类：散粒噪声、转移噪声和热噪声。

6）分辨率

简单地说，分辨率就是表示可照出多细微图像的指标，一般情况下，像素数越多分辨率越高，因此，也常用像素数取代分辨率。

7）动态范围与线性度

动态范围＝光敏元满阱信号/等效噪声信号

线性度是指在动态范围内，输出信号与曝光量的关系是否成直线关系。

（3）应用

与摄像管比较，CCD 图像传感器因体积小、重量轻、分辨率高、灵敏度高、动态范围宽等优点而广泛应用在各个领域。图 4.34 为 CCD 在各行业中的应用实例，其中图 4.34(a)为工业检测方面的应用，图 4.34(b)为制药方面的应用，图 4.34(c)为半导体制造业的应用，图 4.34(d)为安防监控应用。除此之外，CCD 的应用已涉及到航空航天、交通、计算机、机器人视觉等各个领域。本节将首先介绍 CCD 选取的一般原则，然后结合具体实例说明如何根据不同的实际需求选择合适的 CCD。

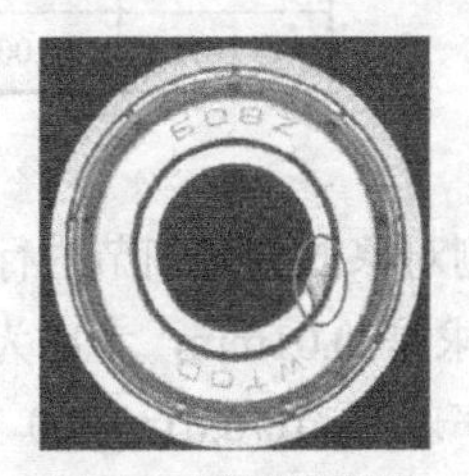

(a) 轴承外观缺陷检测

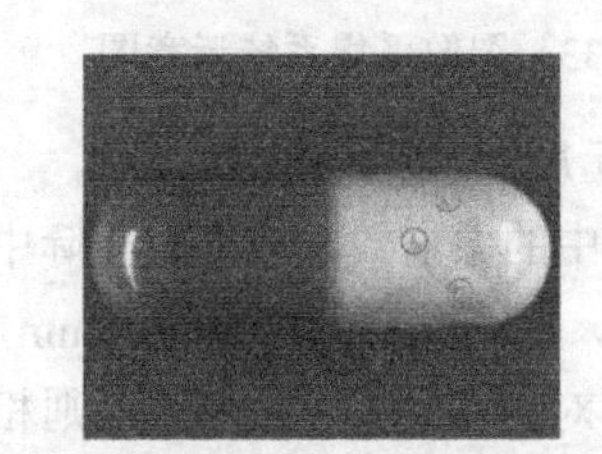

(b) 药丸的外观缺陷

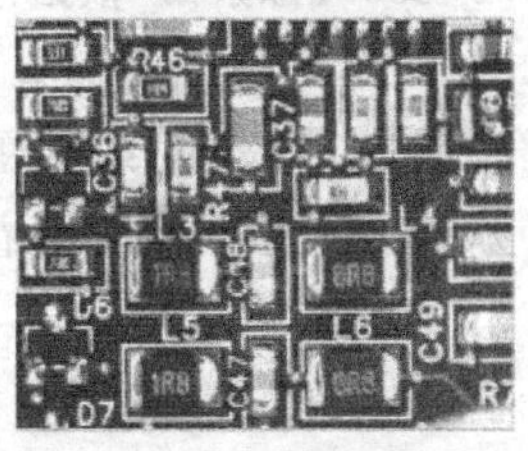

(c) PCB焊接检测

(d) 安防监控

图 4.31　CCD 在各行业中的应用

1）CCD 选择一般原则

由上述内容可知 CCD 广泛地应用于各个行业，针对具体的应用，选择 CCD 的依据也略有不同。图 4.32 给出了图像传感器的一些选择依据。

下面针对图 4.32 中的基本原则，进行展开说明：

① 靶面尺寸

CCD 靶面尺寸需根据成像物镜以及检测对象进行选择，图 4.33 为含有 CCD 的图像采集系统，设成像物镜的放大倍率为β，检测对象的长度之半为 y，像的大小之半为y'，根据物像关系可以得知$y' = y/\beta$，其中的β与y均为已知量，因此像的尺寸可以求出。需要指出的是，通常情况下，像的大小需比靶面尺寸略大，原因在于如果像小于靶面尺寸那么观察时将会出现“暗角”，这使得 CCD 靶面没有充分利用，造成浪费。根据物像关系求出像的大小后，可以通过表 4.4 进行 CCD 靶面的选择。

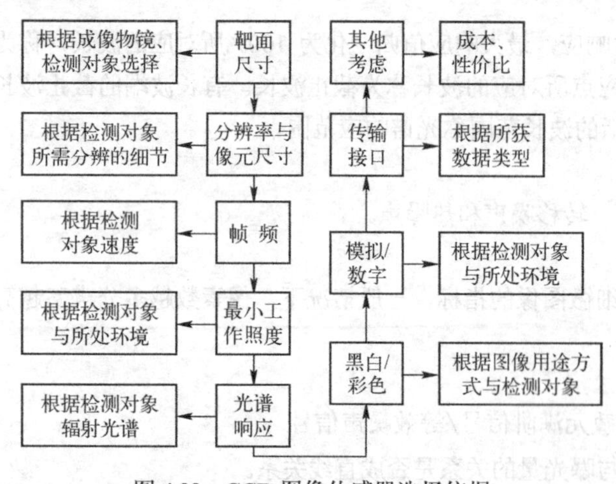

图 4.32 CCD 图像传感器选择依据

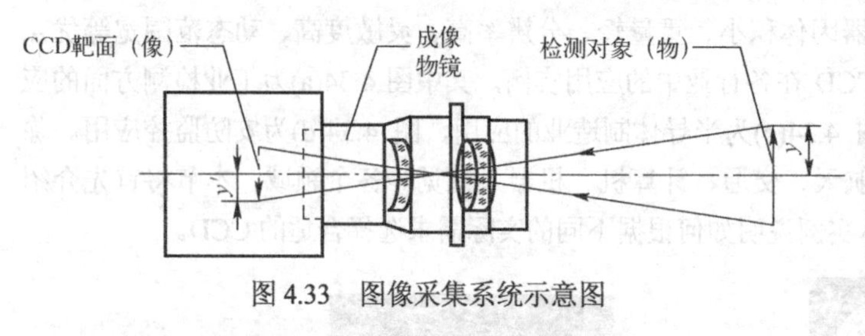

图 4.33 图像采集系统示意图

表 4.4 常用 CCD 靶面尺寸

型 号	靶面区域		
	对角线（mm）	长（mm）	宽（mm）
1/6"	3.000	2.400	1.800
1/4"	4.000	3.200	2.400
	4.500	3.600	2.700
1/3.6"	5.000	4.000	3.000
1/3.2"	5.678	4.536	3.416
1/3"	6.000	4.800	3.600
1/2.7"	6.592	5.270	3.960
	6.718	5.371	4.035
1/2.5"	7.182	5.760	4.290
1/2.3"	7.700	6.160	4.620
1/2"	8.000	6.400	4.800
1/1.8"	8.933	7.176	5.319
1/1.7"	9.500	7.600	5.700
1/1.6"	10.070	8.080	6.010
2/3"	11.000	8.800	6.600
1"	16.000	12.800	9.600

② 分辨率与像元尺寸

分辨率即为图像中的像素数，应根据实际中对于检测对象的分辨细节进行选定。例如，检测对象为物体的尺寸测量，产品大小是 10mm×6mm，精度要求是 0.01mm，考虑为理想情况（即不考虑机械定位、杂散光等对测量精度的影响），则相机分辨率就是 10/0.01=1000（像素），另一方向是 6/0.01=600（像素），也就是说相机的分辨率至少需要 1000×600（像素），根据常用分辨率，可以选择 1024×768 像素的 CCD。

在对一个同样大小的视场的景物成像时，如果分辨率越高，那么对细节展示越明显，反之亦然。相同尺寸的 CCD，像元尺寸越小，则像素数越多（分辨率越高），但是随着像元尺寸的下降，感光面积也会减小，则灵敏度也会降低。

③ 帧频

帧频的选择需要根据检测对象的速度，在很多情况下需要检测的对象是移动对象，例如工业在线检测，或者监控中行驶的汽车等，选择 CCD 帧频的原则是在分辨率能够满足要求的前提下，帧频速度一定要大于或等于检测对象的速度。例如：对工业生产中某产品进行外观检测，产品在检测速度为 10 件/s，则 CCD 的帧频至少应大于 10 帧/s。

④ 最小工作照度

此项主要是根据被检测对象所处的环境进行选取。对于本身可以发光（例如：LED、OLED、LCD）或者可以进行辅助照明检测的情况下，此项不需要过多考虑；但是对于本身不发光且受环境影响较大的对象，则需要充分考虑此项。例如：室外的安防监控，CCD 必须在照度很低的情况下也能正常工作，因此，在这种情况下，最小工作照度成为了 CCD 选择的首要条件。

⑤ 光谱响应

CCD 的光谱响应代表着对不同波长响应能力，依据检测对象自身的辐射光谱，以及背景辐射光谱进行选择。例如：图 4.34 为敏通公司生产的 MTV-1881EX，1/2″ CCD，横轴代表波长，纵轴为响应率，从图中可以看出 CCD 光谱响应范围为 400～1000nm，响应峰值在 500nm 左右，这说明了此款 CCD 只能对物体辐射波长在 400～1000nm 的范围内才有响应，小于 400nm 或者大于 1000nm 的物体均不适用于此 CCD 成像。对于安防类的应用，需要在傍晚或者光线较弱的情况下成像，应该选择近红外谱段的 CCD。

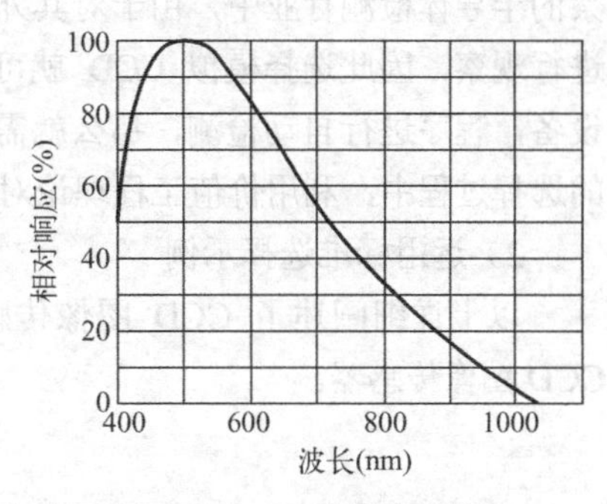

图 4.34 光谱响应曲线

⑥ 黑白/彩色图像输出

目前，市面上的 CCD 图像传感器均有黑白两种图像输出方式，一般情况下，如果采集图像与颜色相关，那么需要用彩色相机，或者输出的图像是供人工观察的，选择彩色图像输出会更合理；如果采集图像不与颜色相关，那么建议用黑白 CCD，因为同等分辨率的情况下，黑白的要比彩色的精度高，尤其是在图像边缘检测方面。

⑦ 模拟数字输出方式的选择

模拟相机比数字相机结构要简单，价格要便宜。但是它在分辨率（TV 线数）和帧速上都有很大的限制，模拟相机的噪声也比较大。标准的模拟相机分辨率不高，另外帧率也是固定的。这个要根据实际需求来选择。另外模拟相机采集到的是模拟信号，经数字采集卡转换为数字信号进行传输存储。模拟信号可能会由于工厂内其他设备（比如电动机或高压电缆）的电磁干扰而造成失真。随着噪声水平的提高，模拟相机的动态范围（原始信号与噪声之比）会降低。动态范围决定了有多少信息能够从相机中传输给计算机。数字相机采集到的是数字信号，数字信号不受电噪声影响，因此，数字相机的动态范围更大，能够向计算机传输更精确的信号。

⑧ 传输接口

工业相机输出接口类型主要由需要获得的数据类型决定。如果图像输出直接给视频监视器，那么只需要模拟输出的工业相机（对单色图像需求就是 CCIR 或 RS－170 制式输出，对彩色图像需求就是 PAL 或 NTSC 制式输出）。如果需要将工业相机获取的图像传输给电脑，则有多种输出接口选择，但必须和采集卡的接口一致，通常有如下的选择：

a. 模拟接口仍然可以适用，图像信号需要一张图像采集卡完成 A/D 转换，这样的搭配在数字工业相机流行之前是最常见的，成熟、稳定、便宜、可靠。如果 30 万像素的分辨率满足应用，而检测的物体也不是快速运动的物体，即对速度没有很高的要求，这种方式有很大的应用空间。

b. 对一些没有其他采集卡控制需求和图像传输可靠性需求的应用，采用直联的 USB2.0 接口和 IEEE1394(Fire Wire)最为方便。如果工控机没有 1394 接口，需要配一个 1394 的转换卡。这两种接口目前的带宽都差不多，在仅使用单个摄像机的情况下两种都可以，不必细分。但是如果一台电脑需要接多台工业相机，建议采用 1394 接口的工业相机。因为 1394 接口在图像传输的过程中不会占

CPU，比 USB 具有天然的优势。目前看来，1394 接口的工业相机越来越普及，1394 光纤接口直逼千兆网接口的市场。

c. Camera Link 接口是一种数字输出标准，基于这种 camera link 的相机需要专门的 camera link 的采集卡。

⑨ 其他方面考虑

除了上述提到的选择标准，CCD 的选择不仅需要满足使用要求，而且应能在满足功能的前提下，尽可能选择性价比较高的 CCD。例如：模拟相机在分辨率方面不如数字相机，但是在人工观察的半导体检测行业中，由于对其外观检测要求不高，而且可以通过 VGA 接口直接与显示器相连进行观察，因此选择模拟 CCD 就可以。但是如果是想实现工业自动化检测，通过一系列的自动化设备，程序进行自动检测，那么就需要采用分辨率更高，价格较贵的数字式 CCD。同时，在 CCD 的选择过程中，利用价值工程理论对于合理的选择也是十分有必要的。

2）运用标准选择示例

以上详细阐述了 CCD 图像传感器的选择标准，下面通过实例来说明如何运用这些标准选择 CCD 图像传感器。

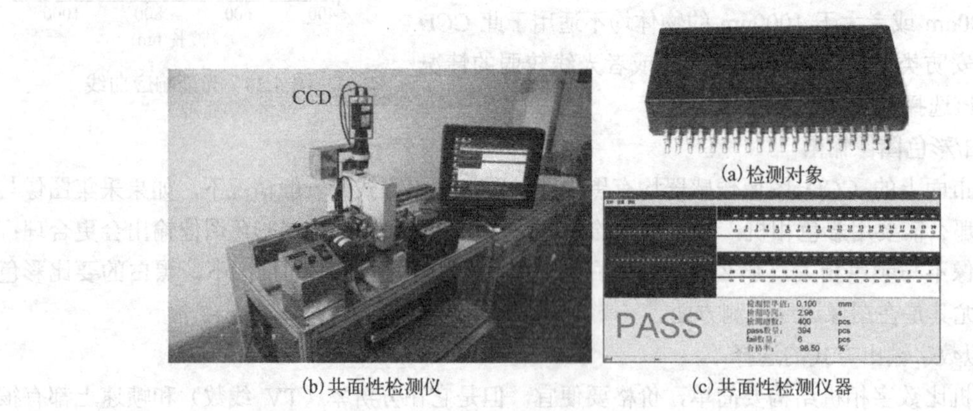

(a) 检测对象

(b) 共面性检测仪

(c) 共面性检测仪器

图 4.35　芯片引脚共面性在线光电检测仪

① 检测背景

随着电子信息工业的迅速发展，电子元器件越来越趋向于微型化，而对于 SMT（Surface Mount Technology）工艺来说，产品性能检测是一项重要的工序，因为在表面贴装中，引脚的共面性未达标将导致后续的焊接不良，从而使得产品不合格，使生产成本增大。传统的检测方式多为人工检测，但此种方式无法避免疲劳后的主观随意性。为了能够代替人工对芯片引脚采集并判断是否合格，选择了 CCD 作为系统的图像采集设备。图 4.35(a)为需要检测的芯片，针对此检测对象，通过选择合适的 CCD 设计出检测系统，如图 4.35(b)所示，图 4.35(c)为系统检测的结果界面。下面将结合上文中提到的 CCD 选用依据阐述如何进行 CCD 的选择。

② 检测对象及技术指标

检测对象的外观尺寸如图 4.36 所示，检测要求：①单边引脚 18，两侧 36；②最高与最低引脚差小于等于 0.12mm；③检测精度 0.04mm，④检测速度≤3s/片。

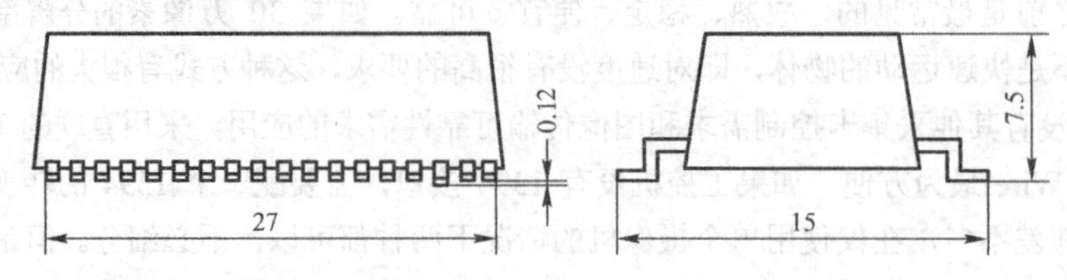

图 4.36　检测芯片示意图（单位：mm）

③ CCD 选用

根据上述检测要求，最终选择的是丹麦 JAI 公司生产的 CV-M300C 工业级 CCD，实物图如图 4.37 所示，此款 CCD 的部分参数如图 4.38 所示。具体选择依据如下：

图 4.37　JAI MV-300 CCD 实物图

Specifications for CV-M300

Specifications	CV-M300C	CV-M300E
Scanning system	625 lines 25 frames/sec.	525 lines 30 frames/sec.
CCD sensor	Monochrome 2/3" IT CCD	
Sensing area	8.8 mm (h) x 6.6 mm (v)	
Effective pixels	752 (h) x 582 (v)	768 (h) x 494 (v)
Pixels in video output	737 (h) x 575 (v)	758 (h) x 486 (v)
Cell size	11.6 (h) x 11.2 (v) μm	11.6 (h) x 13.5(v) μ
Resolution (horizontal)	560 TV lines	570 TV lines
Sensitivity on sensor	0.05 Lux, Max gain, 50% video	
S/N ratio	>59 dB (AGC off, Gamma 1)	
Video output	Composite VS signal 1.0 Vpp, 75 Ohm	
Gamma	0.45 – 1.0	

图 4.38　CV-M300 部分参数

④ CCD 靶面的选择

芯片引脚的总长为 27mm，但是考虑芯片到检测工位存在定位误差，为了能保证芯片所有引脚一定处在全视场内，则物镜视场需大于此值，取值 28mm。进一步说明如下：如图 4.39 所示，由于定位误差可能会引起芯片偏左或偏右移动，如图 4.39 中的虚线所示，为了能使芯片在最左与最右两个极限位置的时候，芯片引脚仍能在物镜视场中，就必须使物镜视场大于检测对象尺度。物方视场确定后，靶面大小还与物镜的放大倍率有关，如果已知物镜的放大倍率为 0.32×，则像方视场（靶面大小）可以求出，为 28×0.32=8.96mm，与标准 CCD 靶面对照后，可选择 2/3" (8.8×6.6mm)CCD。

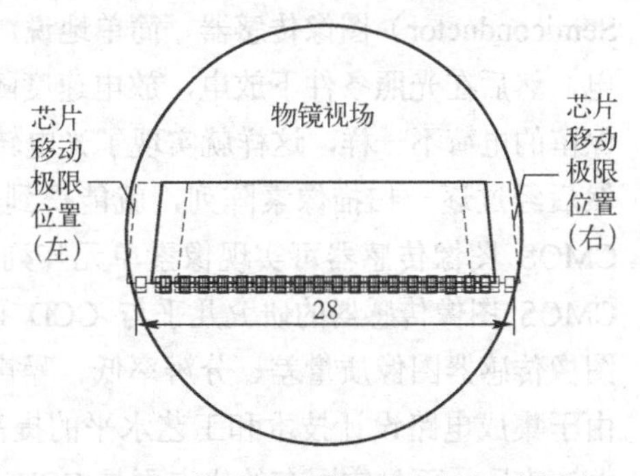

图 4.39　芯片在物镜视场中的相对位置

⑤ 分辨率与像元的选取

通过物镜视场算出 CCD 靶面所对应的物方视场，长度方向分辨率为 8.8/0.32/0.04=687.5（像素），宽度方向分辨率为 6.6/0.32/0.04=515.6，取整后，整个幅面的分辨率为 688×516=35508（像素）。此值并不是标准值，但可以选择与此对应的分辨率：752×582，与此对应的像元大小为 11.6μm×11.2μm。

⑥ 帧频

根据帧频选择的依据，可知本系统对于帧频的要求相对较低（3 秒/片），而此款 CCD 为 25 帧/秒，完全可以满足帧频需求。

⑦ 最小工作照度与光谱响应

本系统针对芯片引脚进行检测，一方面会提供相应的光源对检测对象进行照射，因此，肯定可以满足最小工作照度的条件，另一方面，光源的选择方式也比较多，可以针对本款 CCD 光谱响应曲线进行选择。

⑧ 黑白/彩色图像输出

本系统为自动检测设备，采集的图片需经过电脑进行图像处理，因此采用黑白相机较为合适，同时，检测对象的颜色也较为单一，由于芯片引脚为金属材质，且会覆盖焊锡，经过引脚反射的光与周围背景的反衬度较高，背景几乎为黑色，而引脚成白色。这也使得选择黑白相机更为合适。

⑨ 模拟/数字输出方式的选择

本系统在装调阶段，为了方便，需人工观察进行装调，一旦装调完毕后，就可以将图像送入电脑进行处理，进行自动化识别，因此，CCD 的选取应既可以与显示器进行连接，又可以很方便与电脑连接。模拟输出的方式正好可以满足这两方面需求，但需要注意的是连接 CCD 与显示器/图像采集卡的屏蔽线不易过长，否则容易使得到的图像产生噪点。虽然 USB 接口也能够满足这方面需求，但在同等品牌的情况下，考虑到本款 CCD 的性价比更具优势，因此选择此款 CCD。

⑩ 传输接口的选择

由于采用的是模拟输出，因此需要选用与 CCD 相匹配的图像采集卡进行 A/D 转换，主要根据分辨率、帧频、传输通道以及与采集卡配套的开发程序进行选择。本系统选用的是维视图像公司 MV-800 图像采集卡，实物图如图 4.40 所示，部分参数如下：MV-800 图象采集显示分辨率：768×576，提供了 25 帧/秒的 AVI 格式及静态单张 BMP 格式视频捕获，实现视频图像通过计算机 PCI 总线实时传递至计算机内存，A/D 转换功能，完善的 SDK 支持等，可以看出，该图像采集卡可以与此款 CCD 匹配。

图 4.40　MV-800 图像采集卡

2. CMOS 图像传感器的工作原理、特性参数和应用

CMOS 图像传感器的全称为互补金属氧化物场效应管（Complementary Metal Oxide Semiconductor）图像传感器。简单地说，CMOS 工作原理是基于电荷存储的原理，即 PN 结反向充电，然后在光照条件下放电，放电速度随光照强度的不同而不同。经过一定时间的放电，每个像素保留的电荷不一样，这样就实现了光电转换，把图像信号由光学系统聚焦在 PN 结像素阵列表面，然后经过逐一扫描像素阵列，就能得到一幅图像的电信号。由于与电子 CMOS 工艺完全兼容，CMOS 图像传感器可实现像素单元阵列、信号读出电路、信号处理电路和控制电路的高度集成。CMOS 图像传感器的研究几乎与 CCD 研究是同时起步的，但由于受当时工艺水平的限制，CMOS 图像传感器图像质量差、分辨率低、噪声降不下来和光照灵敏度不够，因而没有得到重视和发展。由于集成电路设计技术和工艺水平的提高，CMOS 图像传感器过去存在的缺点，现在都可以找到办法克服，而且它固有的优点更是 CCD 器件所无法比拟的，因而它再次成为研究的热点。

（1）CMOS 与 CCD 图像传感器比较

从感光产生信号的基本动作来看，CMOS 图像传感器与 CCD 图像传感器相同，但是从摄影面配置的像素取出信号的方式与构造来看，两者却有很大的差异，下面分别予以介绍。

1）构造与动作方式的差异

CCD 图像传感器，入射光产生的信号电荷不经过放大，直接利用 CCD 具有的转移功能运送到输出电路，在输出电路中首次放大信号电压输出，如图 4.41(a)所示。而 CMOS 图像传感器是通过使各像素具有放大功能而将光电转换的信号电荷进行放大，然后各像素再利用 XY 地址方式进行选择，取出信号电压或电流，如图 4.41(b)所示。

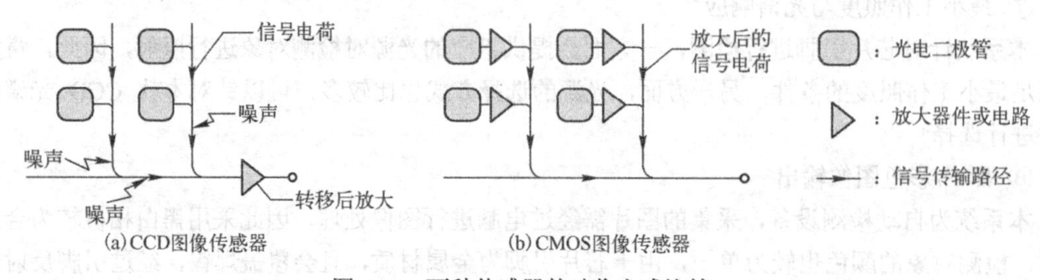

图 4.41　两种传感器的动作方式比较

因为 CCD 图像传感器直接传达信号电荷，所以更容易受到漏光噪声的影响。CMOS 图像传感器则在像素内放大信号电荷，所以不易在信号传输路径中受到噪声的影响。此外，由于各像素的信号利用选择的方式取出，取出的顺序易改变，具有较高的扫描自由度。从图 4.42 中可以看出，图 4.42(a)中 CCD 图像传感器只能将信号依照像素的排列顺序输出，在图 4.42(b)中，CMOS 图像传感器则是开关与像素的排列无关，容易控制读出顺序。

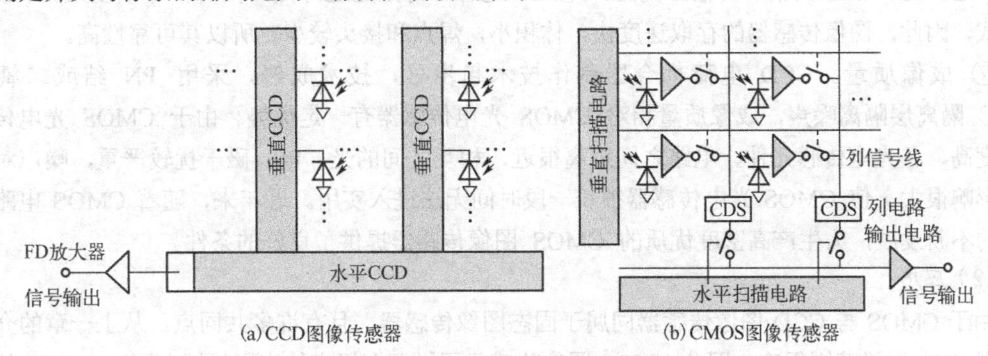

图 4.42　CCD 与 CMOS 图像传感器构成

2）CMOS 与 CCD 性能比较

CMOS 与 CCD 的特性参数比较如表 4.5 所示，与 CCD 图像传感器相比，CMOS 图像传感器具有明显的优势。虽然 CCD 在灵敏度、信噪比和成像质量等方面均优于 CMOS 图像传感器，但随着 CMOS 工艺的日趋完善，这种差距在逐渐减小，甚至部分指标持平。

表 4.5　CCD 与 CMOS 图像传感器的性能比较

性能参数	CCD	CMOS
灵敏度	优	良
噪声	优	良
光晕	有	无
电源	多电极	单一电极
集成状况	低，需外接器件	单片高度集成
系统功耗	高（1）	（1/10～1/100）
电路结构	复杂	简单
抗辐射	弱	强
动态范围	大于 70dB	大于 70 dB
模块体积	大	小
彩色编码	片外	片内
ADC 模块	片外	片内
时序及控制电路	片外	片内
自动增益控制	片外	片内

① 驱动电压。CCD 阵列驱动脉冲复杂，电荷信息转移和读取输出需要有时钟驱动电路和 3 组不同的电源相配合，不能与大规模集成电路制造工艺技术相兼容。而 CMOS 经光电转换后直接产生电流或电（电压）信号，只需要单一的工作电源，信号读取相对简单。

② 图像采集和处理速度。CCD 需要在同步时钟的控制下，以行为单位依次输出信息，不能随机读取，而随机读取对许多应用是不可缺少的，且速度较慢。CMOS 图像传感器在采集光信号的同时就可以取出电信号，还能实时处理各单元的图像信息，速度比图像传感器要快。

③ 集成度。CCD 技术很难将光敏单元阵列、驱动电路及模拟数字信号处理电路在单片上集成，比如 A/D 转换、精密放大、存储等功能，均无法在单片上实现。而 CMOS 图像传感器可将光敏元件、图像信号放大器、信号读取电路、A / D 转换器、图像信号处理器及控制器等集成到一块芯片上，还具有可对局部像素图像进行编程随机访问的优点。

④ 功耗与价格。CCD 图像传感器的功耗较大，约 300mW；而 CMOS 图像传感器的功耗较小，约 50mW，甚至更小，在节能方面具有很大的优势。 CMOS 的耗电量仅为 CCD 的 1/8～1/10。在价格方面，由于 CCD 图像传感器工艺制程复杂，且集成度等较低，所以 CMOS 图像传感器更胜一筹。

⑤ 噪点差异。由于 CMOS 每个感光二极管旁都搭配一个 ADC（模数转换放大器）放大器，如果以百万像素计，那么就需要百万个以上的 ADC 放大器，虽然是统一制造下的产品，但是每个放大器都存在差异，很难达到放大同步的效果，对比单个放大器的 CCD，CMOS 最终计算出的噪点就比较多。

⑥ 速度差异。CMOS 速度快，可靠性高。由于大部分相机电路可与 CMOS 图像传感器集成在同一芯片上，信号及驱动传输距离短，电感、电容和寄生延迟降低，同时信号读出采用 X-Y 寻址方式，因此，图像传感器的存取速度快，体积小，焊点和接头较少，所以其可靠性高。

⑦ 成像质量。CCD 电荷耦合器制作技术起步早，技术成熟，采用 PN 结或二氧化硅（SiO_2）隔离层隔离噪声，成像质量相对 CMOS 光电传感器有一定优势。由于 CMOS 光电传感器集成度高，各光电传感元件、电路之间距离很近，相互之间的光、电、磁干扰较严重，噪声对图像质量影响很大，使 CMOS 光电传感器很长一段时间无法进入实用。近年来，随着 CMOS 电路消噪技术的不断发展，为生产高密度优质的 CMOS 图像传感器提供了良好的条件。

（2）应用

由于 CMOS 与 CCD 图像传感器同属于固态图像传感器，且有许多共同点，从上一章的介绍中了解到 CCD 用途范围很广，因此 CMOS 图像传感器同样拥有极广的应用领域。同时，CCD 的选择与使用也同样适用于 CMOS 图像传感器的选择。但是由于 CMOS 较 CCD 的读取特性不同，CCD 逐行读取，而 CMOS 采用 X-Y 寻址读取，这种读取随机性更高的特点使得 CMOS 在仿生图像传感器方面有着更大的用途。

参考文献

[1] 白廷柱, 金伟其. 光电成像原理与技术 [M]. 北京：北京理工大学出版社, 2006.

[2] 邹异松. 光电成像原理 [M]. 北京：北京理工大学出版社, 1997.

[3] 徐永祥. 夜视技术与军事应用 [J]. 工科物理, 1998, 8(1): 36-38.

[4] 汝质. 家用摄像讲座——第三讲 家用摄像机的结构·原理·功用(续一) [J]. 影视技术, 1994, (05): 19-21.

[5] 孟群. 系列讲座之一: 彩色摄像机的性能 [J]. 中国有线电视, 1994, 1

[6] 牛广祥, 夏志如, 董甫南. 硒砷碲光电导器件的发展 [J]. 电视技术, 1980, (04): 61-73.

[7] 胡琳. CCD 图像传感器的现状及未来发展 [J]. 电子科技, 2010, 23(006): 82-85.

[8] 陈榕庭, 彭美桂. CCD/CMOS 图像传感器基础与应用 [M]. 北京: 科学出版社. 2007.

[9] 王有庆, 孙学珠. CCD 应用技术 [M]. 天津: 天津大学出版社. 2000.

[10] 奥普特自动化科技有限公司: http://www.optmv.com/index.asp .

[11] 梧州市澳特光电仪器有限公司: HTTP://AOTEGD.CN.ALIBABA.COM/.

[12] 寇王民, 盛宏, 金祎等. CCD 图像传感器发展与应用 [J]. 电视技术, 2008, 32(4): 38-39.

[13] 程开富. CCD 图像传感器的市场与发展 [J]. 国外电子元器件, 2000, (7): 2-7.

[14] 程开富. CCD 图像传感器在军用武器装备中的应用 [J]. 集成电路通讯, 2007, 25(1): 40-44.

[15] 陈永飞, 张忠廉. 敏通黑白摄像机 MTV—1881 [J]. 中国安防产品信息, 1997, (001): 28-29.

[16] 韩文峰, 萧泽新, 张杰. 基于价值工程提升 CCD 器件应用价值的经济性研究 [J]. 光学技术, 2008, 34(z1):

[17] 微视图像: http://www.microvision.com.cn/car/mv-800.html.

[18] 陈剑, 杨银堂. CMOS 图像传感器研究 [J]. 电子科技, 2007, (9): 17-21.

[19] 尚玉全, 曾云, 滕涛等. CMOS 图像传感器及其研究 [J]. 半导体技术, 2004, 29(008): 19-24.

[20] 王旭东，叶玉堂. CMOS 与 CCD 图像传感器的比较研究和发展趋势 [J]. 电子设计工程, 2010, (011): 178-181.

[21] 宋勇，郝群，王涌天，等. CMOS 图像传感器与 CCD 的比较及发展现状 [J]. 仪器仪表学报, 2001, 22(3): 387-389.

[22] 邹异松，刘玉风，白廷柱. 光电成像原理[M]. 北京：北京理工大学出版社, 2003

[23] 江月松. 光电技术与实验[M]. 北京：北京理工大学出版社, 2000

[24] Pardo, F., B. Dierickx, and D. Scheffer, CMOS foveated image sensor: Signal scaling and small geometry effects [J]. Ieee Transactions on Electron Devices, 1997. 44(10): p. 1731-1737.

第 5 章　光电信息的处理模块

5.1　光电检测与光电测控系统中的电路设计

5.1.1　概述

光电测控系统泛指能够进行光电检测及基于检测信号对目标对象进行控制的系统。某些电路系统可能仅包含检测功能，能够检测一维光信号，如光强、频率、相位等，也可能用于检测二维光学信号，如 CCD 摄像头、波前传感器，通过对采集的图像进行分析得出有用信息，这样的系统称为光电检测系统。而另一些电路系统在检测功能的基础上能够通过测量信号对外部目标对象，如电机系统、电热转换器、电光调制器等，进行控制，使得检测信号朝着需要的方向改变，或者使信号达到某个输出值的稳定输出。这样的系统同时包含光电检测功能与控制功能，称为光电测控系统。本章将着重介绍光电检测系统的电路设计。

如前所述，光电检测系统可分为一维光信号检测与二维图像信号检测两类。对一维光信号检测来讲，最主要的检测量是光强大小及其变化，这部分检测功能的原理方法已在 4.1.2 节中介绍。对光谱和光相位的检测需要采用特殊的光学系统，并最终体现为一维光强的检测，相关知识请参考光学专业书籍，本书不展开论述。

5.1.2　基本电路元器件介绍

1．常用电阻器

电阻是电子设备中最常用的元件之一，约占元件总数的 35%～50%。电阻的分类如下。

（1）薄膜电阻

在玻璃或陶瓷基体上沉积一层碳膜、金属膜、金属氧化膜等形成电阻薄膜，膜的厚度一般在几微米以下。

1）金属膜电阻（型号：RJ），如图 5.1(a)所示。在陶瓷骨架表面，经真空高温或烧渗工艺蒸发沉积一层金属膜或合金膜。其特点是精度高、稳定性好、噪声低、体积小、高频特性好。且允许工作环境温度范围大（−55～+125℃）、温度系数低（$(50\sim100)\times10^{-6}$/℃）。目前是组成电子电路应用最广泛的电阻之一。常用额定功率有 1/8W、1/4W、1/2W、1W、2W 等，标称阻值为 10Ω～10MΩ。

2）金属氧化膜电阻（型号：RY），如图 5.1(b)所示。在玻璃、瓷器等材料上，通过高温以化学反应形式生成以二氧化锡为主体的金属氧化层。该电阻器由于氧化膜膜层比较厚，因而具有极好的脉冲、高频和过负荷性能，且耐磨、耐腐蚀、化学性能稳定。但阻值范围窄，温度系数比金属膜电阻差。

3）碳膜电阻（型号：RT），如图 5.1(c)所示。在陶瓷骨架表面上，将碳氢化合物在真空中通过高温蒸发分解沉积成碳结晶导电膜。碳膜电阻价格低廉，阻值范围宽（10Ω～10MΩ），温度系数为负值。常用额定功率为 1/8W～10W，精度等级为±5%、±10%、±20%，在一般电子产品中大量使用。

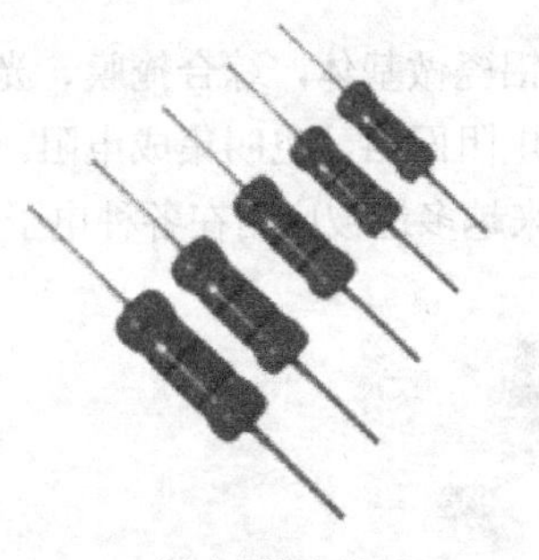

(a)金属膜电阻

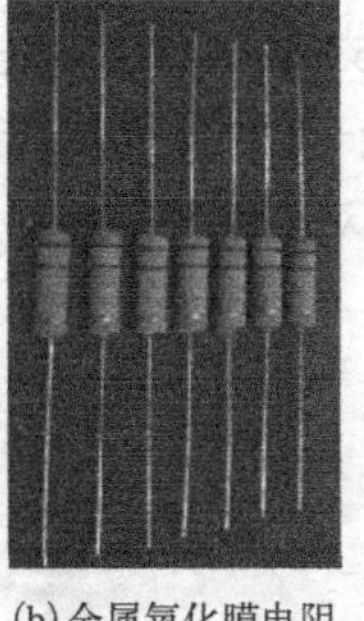

(b)金属氧化膜电阻

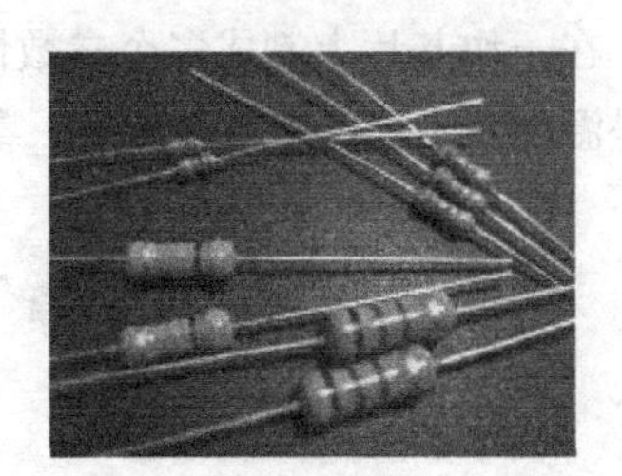

(c)碳膜电阻

图 5.1 各种薄膜电阻

（2）合金类电阻

用块状电阻合金拉制成合金线或碾压成合金箔制成电阻，主要包括：

1）线绕电阻（型号：RX），如图 5.2(a)所示。将康铜丝或镍铬合金丝绕在磁管上，并将其外层涂以珐琅或玻璃釉加以保护。线绕电阻具有高稳定性、高精度、大功率等特点。温度系数可做到小于 10^{-6}/℃，精度高于±0.01%，最大功率可达 200W。但线绕电阻的缺点是自身电感和分布电容比较大，不适合在高频电路中使用。

2）精密合金箔电阻（型号：RJ），如图 5.2(b)所示。在玻璃基片上粘合一块合金箔，用光刻法蚀出一定图形，并涂敷环氧树脂保护层，引线封装后形成。该电阻器最大特点是具有自动补偿电阻温度系数功能，故精度高、稳定性好、高频响应好。这种电阻的精度可达±0.001%,稳定性为±5×10^{-4}%/年，温度系数为±10^{-6}/℃，是一种高精度电阻。

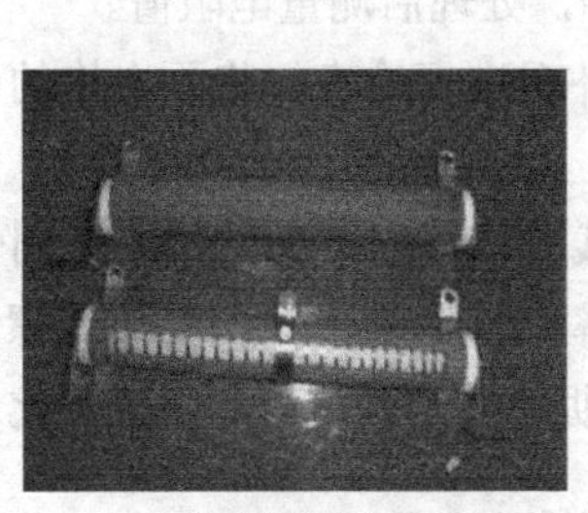

(a)线绕电阻

(b)精密合金箔电阻

图 5.2 合金电阻

（3）合成类电阻

合成类电阻指将导电材料与非导电材料按一定比例混合成不同电阻率的材料后制成的电阻。该电阻的最突出优点是可靠性高。常在某些特殊的领域内使用（如航空航天工业、海底电缆等）。合成类电阻种类比较多，按其制作工艺，主要有以下几种：

1）金属玻璃釉电阻与贴片电阻（型号：RI），如图 5.3(a)、(b)所示。以无机材料做粘合剂，用印刷烧结工艺在陶瓷基体上形成电阻膜。该电阻具有较高的耐热性和耐潮性，常用它制成小型化贴片式电阻。

2）实芯电阻（型号：RS），如图 5.3(c)所示。用有机树脂和碳粉合成电阻率不同的材料后热压而成。体积与相同功率的金属膜电阻相当，但噪声比金属膜电阻大。阻值为 4.7Ω～22MΩ，精度等级为±5%、±10%、±20%。

3）合成膜电阻（RH），如图 5.3(d)所示。合成膜电阻可制成高压型和高阻型。高阻型电阻的阻值为 10MΩ～10^6MΩ，允许误差为±5%、±10%。高压型电阻的阻值为 47MΩ～1000MΩ，耐压分 10kV 和 35kV 两档。

4）厚膜电阻网络（电阻排），如图 5.3(e)所示。它是以高铝瓷做基体，综合掩膜、光刻、烧结等工艺，在一块基片上制成多个参数性能一致的电阻，连接成电阻网络，也叫集成电阻。集成电阻的特点是温度系数小，阻值范围宽，参数对称性好，目前已越来越多地被应用在各种电子设备中。

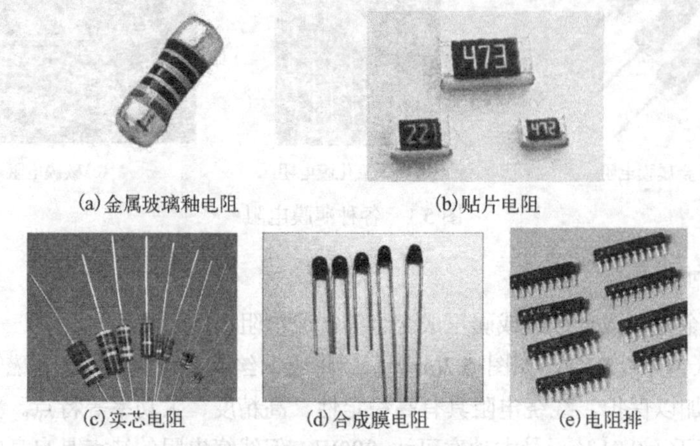

(a)金属玻璃釉电阻　(b)贴片电阻

(c)实芯电阻　(d)合成膜电阻　(e)电阻排

图 5.3　各类合成电阻

(4) 电阻使用注意事项

为提高电路设计效率，获得较好的稳定性，减少故障发生，电阻的使用应注意以下方面：

1）在电阻功率较高且电阻用于提取测量信号的情况下，为提高电阻器长期工作的稳定性，电阻器使用前应进行人工老化处理。常用的老化处理方法是给电阻器两端加一直流电压，使电阻器承受的功率为额定功率的 1.5 倍，处理时间为 5 分钟，处理后测量电阻值。

2）电阻器在使用前，应对电阻器的阻值及外观进行检查，将不合格的电阻器剔除掉，以防电路存在隐患。

3）电阻器的安装。电阻器安装前应先对引线挂锡，以确保焊接的牢固性。电阻器安装时，电阻器的引线不要从根部打弯，以防折断。较大功率的电阻器应采用支架或螺钉固定，以防松动造成短路。电阻器焊接时动作要快，不要使电阻器长期受热，以防引起阻值变化。电阻器安装时，应将标记向上或向外，以便于检查及维修。

4）电阻器的功率大于 10W 时，应保证有散热的空间。

5）存放和使用电阻器时，应保证电阻器外表漆膜的完整，以免降低它们的防潮性能。

6）当需要测量电路中的电阻器的阻值时，应在切断电源的条件下断开电阻器一端进行测量，否则，电路中其他元件的并联阻值有可能造成误判。

2．常用电位器

电位器也称为可调电阻器，同样是电子设备中的常用元件。与电阻器相比，其具有阻值可调的特点。合理的串联使用可调电阻，可通过微调旋钮提高阻值精度，对电路输出进行在线精密调节。

常用电位器的分类如下：

(1) 实芯电位器

有机合成实芯电位器（如图 5.4(a)所示），采用有机黏合剂将碳质导电物、填料均匀混合构成电阻体材料，连同引出端和绝缘的塑料粉压制后加热聚合而成。阻值连续可调，分辨力高；阻值范围宽（100Ω～ 4.7MΩ），体积小，耐磨、耐热性能好。缺点是温度稳定性较差。

无机合成实芯电位器（如图 5.4(b)所示），由含无机黏合剂（如玻璃釉）的碳质合成物和填料混合冷压在基体上制成。体积小，防潮性能好，耐热性能好，多作为电路板上的微调元件。

导电塑料电位器（如图 5.4(c)所示），由碳黑、石墨和超细金属粉、邻苯二甲酸二丙脂树脂

（DAP 树脂）和交联剂（DAP 单体）塑压而成。电阻率比一般电阻器大 3 ～ 4 个数量级。特别耐磨，寿命可达 500 万次；制作工艺简单，分辨力高，平滑性良好，接触可靠。阻值范围宽(10Ω～1MΩ)，工作温度–55～+125 ºC。其体积较大，较多用于仪表面板。

(a)有机实芯电位器

(b)无机实芯电位器

(c)导电塑料电位器

图 5.4 实芯电位器

（2）膜式电位器

碳膜（合成膜）电位器（如图 5.5 所示），用配置好的悬浮液涂抹在胶脂板或玻璃纤维板上制成的电阻体，能制成片状的半可调电位器、结构较复杂的带开关电位器和精密电位器。碳膜电位器的阻值连续可调，分辨力高；阻值范围宽（几百欧～几兆欧）；价格便宜，品种齐全。缺点是功率不能太高，一般能做到 2 W，否则体积很大；黏合剂是有机物，耐温和耐湿性能较差。

金属玻璃釉电位器，采用丝网印刷的方法，将玻璃釉浆料印在陶瓷基体上，在 700～800℃温度下烧制而成。分辨力高，阻值范围宽（几十欧～几十兆欧），耐温耐湿耐磨，分布电容和电感小，适用于射频范围工作。但接触电阻变化大，电流噪声大。

金属膜电位器，由特种合金或金属或金属氧化物等材料通过真空溅射，沉积在瓷基体上制造而成。分辨力高，耐温性能好，分布电感小，可在 100 MHz 的高频电路中工作。但耐磨性能较差，阻值范围窄（10Ω～100kΩ）。

（3）线绕电位器

将电阻丝缠绕在涂有绝缘物的金属或非金属的条板上，再用专用工具将其弯成环形，装入基座内，配上带滑动触点的转动系统，则构成线绕电位器，如图 5.6 所示。接触电阻低，精度高，温度系数小。分辨力较差（阻值呈阶梯变化），可靠性差，不适于高频电路。

图 5.5 碳膜电位器

图 5.6 线绕电位器

（4）电位器使用注意事项

电位器的使用要注意以下事项：

1）使用前应先对电位器的质量进行检查。电位器的轴柄应转动灵活、松紧适当，无机械杂声。用万用表检查标称电阻值，应符合要求。若用万用表测量电位器固定端与滑动端接线片间的电阻值，在缓慢旋转电位器旋柄轴时，表针应平稳转动、无跳跃现象。

2）由于电位器的一些零件是用聚碳酸酯等合成树脂制成的，所以不要在含有氨、胺、碱溶液和芳香族碳氢化合物、酮类、卤化碳氢化合物等化学物品浓度大的环境中使用，以延长电位器的使用寿命。

3）对于有接地焊片的电位器，其焊片必须接地，以防外界干扰。

4）电位器不要超负载使用，要在额定值内使用。当电位器用作变阻器调节电流时，允许功耗应与动触点接触电刷的行程成比例地减少，以保证流过的电流不超过电位器允许的额定值，防止电位器由于局部过载而失效。为防止电位器阻值调整接近零时的电流超过允许的最大值，最好串接一限流电阻，以避免电位器过流而损坏。

5）电流流过高阻值电位器时产生的电压降，不得超过电位器所允许的最大工作电压。

6）为防止电位器的接点、导电层变质或烧毁，小阻值电位器的工作电流不得超过接点允许的最大电流。

7）电位器在安装时必须牢固可靠，应紧固的螺母应用足够的力矩拧紧到位，以防长期使用过程中发生松动变位，与其他元件相碰而引生电路故障。

8）各种微调电位器可直接在印制电路板上安装，但应注意相邻元件的排列，以保证电位器调节方便而又不影响相邻元件。

9）非密封的电位器最容易出现噪声大的故障，这主要是由于油污及磨损造成的。此时千万不能用涂润滑油的方法来解决这一问题，涂润滑油反而会加重内部灰尘和导电微粒的聚集。正确的处理方法是，用蘸有无水酒精的棉球轻拭电阻片上的污垢，并清除接触电刷与引出簧片上的油渍。

10）电位器严重损坏时需要更换新电位器，这时最好选用型号和阻值与原电位器相同的电位器，还应注意电位器的轴长及轴端形状应与原旋钮相匹配。如果万一找不到原型号、原阻值的电位器，可用相似阻值和型号的电位器代换。代换的电位器阻值允许增值变化 20%～30%，代换电位器的额定功率一般不得小于原电位器的额定功率。除此之外，代换的电位器还应满足电路及使用中的要求。

最后，电位器的品种繁多，分类复杂，表面看来外形封装近似的电位器可能有着完全不同的内部结构原理。在实际设计使用中应尽可能放宽设计容限，采用市面上容易买到的通用型号或者尽量使用固定电阻，在有特殊要求的情况下应向厂家直接咨询订购。

3. 常用电容器

电容器是一种储能元件，在电路中用于调谐、滤波、耦合、旁路、能量转换和延时。电容器通常叫做电容。电容器按其介质材料可分为电解电容器、云母电容器、瓷介电容器、玻璃釉电容器等。

（1）铝电解电容器

用浸有糊状电解质的吸水纸夹在两条铝箔中间卷绕而成，薄氧化膜作介质的电容器，如图 5.7 所示。它的特点是容量大，但是漏电大，误差大，稳定性差，常用作交流旁路和滤波，在要求不高时也用于信号耦合。电解电容有正、负极之分，使用时不能接反。

（2）钽电解电容器

如图 5.8 所示，用烧结的钽块作正极，电解质使用固体二氧化锰。钽电容温度特性、频率特性和可靠性均优于普通电解电容器，特别是漏电流极小，储存性良好，寿命长，容量误差小，而且体积小，单位体积下能得到最大的电容电压乘积。但对脉动电流的耐受能力差，若损坏易呈短路状态，不宜用于超小型和高可靠机件中。

图 5.7　铝电解电容

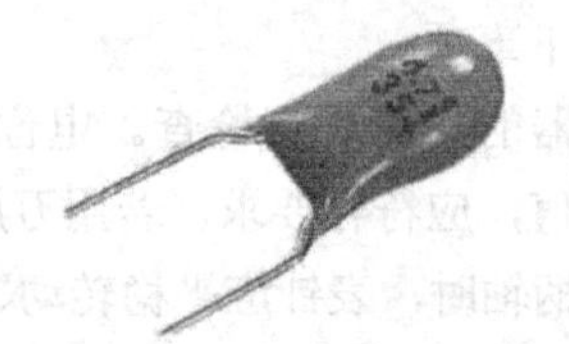

图 5.8　钽电解电容

（3）陶瓷电容器

用高介电常数的电容器陶瓷〈钛酸钡一氧化钛〉挤压成圆管、圆片或圆盘作为介质，并用烧渗法将银镀在陶瓷上作为电极制成，如图 5.9 所示。电容温度系数小，常用于高稳定振荡回路中，作为回路电容器及整流电容器。它又分高频瓷介和低频瓷介两种。高频瓷介电容器适用于高频电路。

低频瓷介电容器限于在工作频率较低的回路中作旁路或隔直流用，或对稳定性和损耗要求不高的场合（包括高频在内）。这种电容器不宜使用在脉冲电路中，因为它们易于被脉冲电压击穿。

（4）独石电容器

也称为多层陶瓷电容器，如图 5.10 所示，是在若干片陶瓷薄膜坯上被覆以电极浆材料，叠合后绕结成一块不可分割的整体，外面再用树脂包封而成，是一种小体积、大容量、高可靠和耐高温的电容器。高介电常数的低频独石电容器也具有稳定的性能，体积极小，Q 值高，但容量误差较大，常用于噪声旁路、滤波器、积分、振荡电路中。

图 5.9　陶瓷电容器

图 5.10　独石电容器

（5）云母电容器

云母电容器（如图 5.11 所示）采用云母作为介质，在云母表面喷一层金属膜作为电极，按需要的容量叠片后经浸渍压塑在胶木壳（或陶瓷、塑料外壳）内构成。云母电容具有稳定性好、分布电感小、精度高、损耗小、绝缘电阻大、温度特性及频率特性好、工作电压高（50V～7kV）等优点。一般在高频电路中用作信号耦合、旁路、调谐等。

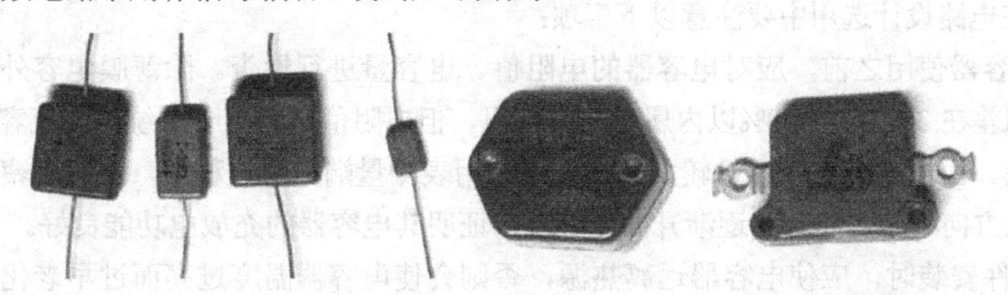

图 5.11　云母电容器

（6）纸质电容器

一般是用两条铝箔作为电极，中间以厚度为 0.008～0.012mm 的电容器纸隔开重叠卷绕而成，如图 5.12 所示。其制造工艺简单，价格便宜，能得到较大的电容量。一般用于低频电路中，通常不能在高于 3～4MHz 的频率上运用。

金属化纸介电容器采用真空蒸发技术，在涂有漆膜的纸上再蒸镀一层金属膜作为电极而制成，如图 5.13 所示。与普通纸介电容相比，其体积小，容量大，击穿后自愈能力强。

图 5.12　纸质电容器　　　　图 5.13　金属化纸质电容器

（7）薄膜电容器

如图 5.14 所示，结构与纸质电容器相似，但用聚脂、聚苯乙烯等低损耗塑材作介质，频率特性好，介电损耗小，不能做成大的容量，耐热能力差，不宜用于滤波器、积分、振荡、定时电路等要求漏电流小精度高的场合。

（8）微调电容器

如图 5.15 所示，电容量可在某一小范围内调整，并可在调整后固定于某个电容值。瓷介微调电容器电容值高，体积也小，通常可分为圆管式及圆片式两种。云母和聚苯乙烯介质的通常都采用弹簧式，结构简单，但稳定性较差。线绕瓷介微调电容器是通过拆铜丝（外电极）来变动电容量的，故容量只能变小，不适合在需反复调试的场合使用

（9）空气可变电容器

电极由两组金属片组成，如图 5.16 所示。一组为定片，一组为动片，动片与定片之间以空气作为介质。当转动动片使之全部旋进定片时，其电容量最大；反之，将动片全部旋出定片时，电容量最小。空气可变电容器有单连和双连之分，调节方便、性能稳定、不易磨损，但体积较大，可应用于收音机、电子仪器、高频信号发生器、通信电子设备中。

图 5.14 薄膜电容器

图 5.15 微调电容器

图 5.16 空气可变电容器

（10）电容器使用注意事项

电容器在电路设计选用中要注意以下事项：

1）在电容器使用之前，应对电容器的电阻值、电容量进行检查。除薄膜电容外，电容器通常精度不高，偏差在 30%甚至 50%以内属于正常情况，但电阻值必须高于系统漏电流容许值，通常电阻在兆欧以上。由于电解电容容量较大，在使用万用表测量端电阻过程中，应可观察到电阻测量值会由于充放电方向不同而随时间逐渐升高或降低，证明其电容器的充放电功能良好。

2）在元件安装时，应使电容器远离热源，否则会使电容器温度过高而过早老化。在安装小容量电容器及高频回路电容器时，应采用支架将电容器托起，以减少分布电容对电路的影响。

3）使用电解电容器时，一定要注意它的极性不可接反，否则会造成漏电流大幅度的上升，使电容器很快发热损坏，甚至爆炸。通常电解电容器在负极一侧会有相应的符号指示。系统启动有可能形成瞬间的高峰值浪涌电压，短时间内大大高于正常工作电压，因此为避免电容击穿损坏，电容的额定电压需要适当高于正常工作电压，最好大于 1.5 倍工作电压。

4）焊接电容器的时间不易太长，因为过长时间的焊接温度会通过电极引脚传到电容器的内部介质上，从而使介质的性能发生变化。

5）电解电容器经长期储存后再使用时，不可直接加上额定电压，否则会有爆炸的危险。正确的使用方法是：先加较小的工作电压，再逐渐升高电压直到额定电压并在此电压下保持一个不太长的时间，然后再投入使用。

6）在电路中安装电容器时，应使电容器的标志安装在易于观察的位置，以便核对和维修。由于电容的储能作用，即使在断电以后电压仍会保持一段时间，安装与维修过程中皮肤同时接触电容的两电极可能对操作人员造成电击，为避免此现象可在每次断电以后用金属物体同时接触电容两电极以释放多余储能。

7）电容器并联使用时，其总的电容量等于各容量的总和，但应注意电容器并联后的工作电压不能超过其中最低的额定电压。

8）电容器的串联可以增加耐压。如果两只容量相同的电容器串联，其总耐压可以增加一倍；

如果两只容量不等的电容器串联，电容量小的电容器所承受的电压要高于容量大的电容器。

9）当电解电容器在较宽频带内作滤波或旁路使用时，为了改变高频特性，可为电解电容器并联一只小容量的其他类型电容器，它可以起到旁路电解电容器的作用。

10）在 500MHz 以上的高频电路中，应采用无引线的电容器。若采用有引线的电容器，其引出线应越短越好。

11）几只大容量电容器串联作滤波或旁路使用时，电容器的漏电流会影响电压的分配，有可能会导致某个电容器击穿。此时可在每只电容器的两端并联一只阻值小于电容器绝缘电阻的电阻器，以确保每只电容器分压均匀。电阻器的阻值一般为 100kΩ～1MΩ。

12）使用微调电容器时，要注意微调机构的松紧程度，调节过松的电容器的容量不会稳定，而调节过紧的电容器极易发生调节时的损坏。

4．常用三极管

半导体三极管，也称双极型晶体管或晶体三极管，是一种控制电流的半导体器件。其作用是把微弱信号放大成幅度值较大的电信号，是半导体基本元器件之一，是电子电路的核心元件。三极管是在一块半导体基片上制作两个相距很近的 PN 结，两个 PN 结把整块半导体分成三部分，中间部分是基区，两侧部分是发射区和集电区，排列方式有 PNP 和 NPN 两种。图 5.17 给出了 NPN 和 PNP 管的结构示意图和电路符号。图 5.18 所示为几种常见三极管的外形图。

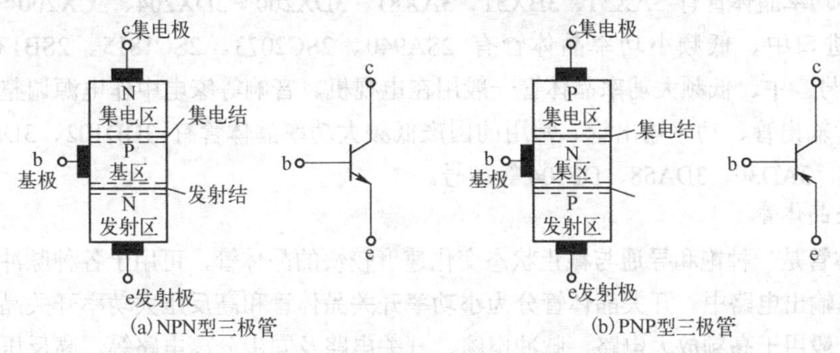

图 5.17　三极管的结构与电路符号

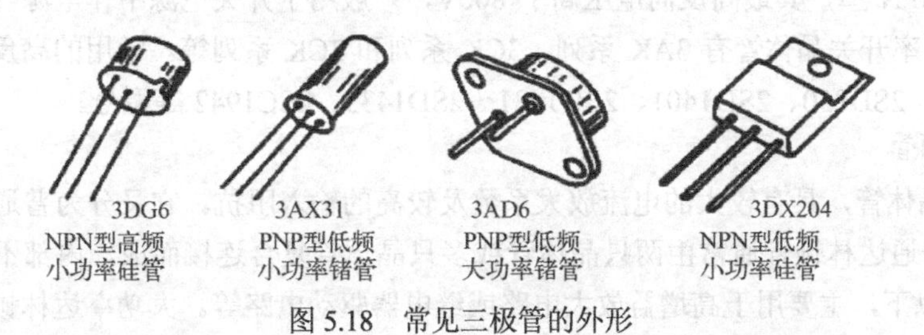

图 5.18　常见三极管的外形

利用三极管的电流放大特性可以实现三种组态的放大电路，如图 5.19 所示。

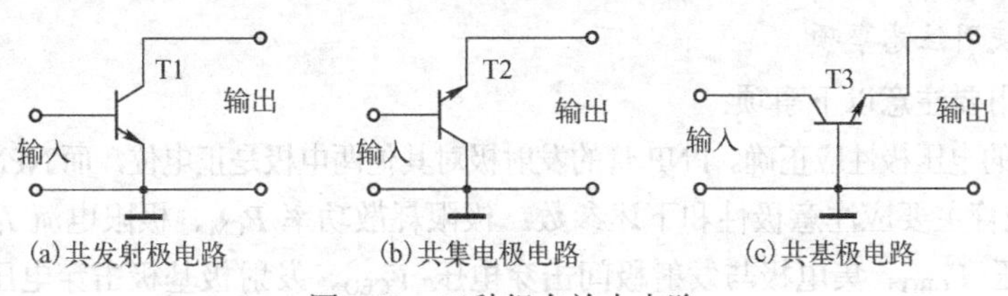

图 5.19　三种组态放大电路

半导体三极管的种类很多，按照半导体材料的不同可分为硅管、锗管；按功率分有小功率管、中功率管和大功率管；按照频率分有高频管和低频管；按照制造工艺分有合金管和平面管等。针对不同的应用领域，大致可分为以下几类：

（1）高频晶体管

高频晶体管（指特征频率大于 30MHz 的晶体管）可分为高频中、小功率晶体管和高频大功率晶体管。高频小功率晶体管一般用于工作频率较高、功率不高于 1W 的放大、振荡、混频、控制等电路中。常用的国产高频小功率晶体管有 3AG1～3AG4、3AG11～3AG14: 3CG3、3CG14、3CG21、3DG6、3DG8、3DG12、3DG130 等。常用的进口高频小功率晶体管有 2N5551、2N5401、BC148、BC158、BC328、BC548、BC558、9011～9015、S9011～S9015、2SA1015、2 SC1815、2SA673 等型号。高频中、大功率晶体管一般用于视频放大电路、前置放大电路、互补驱动电路、高压开关电路及行推动等电路。常用的国产高频中、大功率晶体管有 3DA87、3DA93、3DA151 等型号。

（2）超高频晶体管

超高频晶体管也称微波晶体管，其频率特性一般高于 500MHz，主要用于电视机的高频调谐器中处理甚高频信号与特高频信号。常用的国产超高频晶体管有 3DG56(2G210)、3DG80(2G211、2G910)等型号。

（3）中、低频晶体管

低频晶体管的频率特性一般低于或等于 3MHz，中频晶体管的频率特性一般低于 30MHz。中、低频小功率晶体管主要用于工作频率较低、功率在 1W 以下的低频放大和功率放大等电路中。常用的国产低频小功率晶体管有 3AX31、3BX31、3AX81、3DX200～3DX204、3CX200～3CX204 等型号。常用的进口中、低频小功率晶体管有 2SA940、2SC2073、2SC1815、2SB134、2N2944～2N2946 等型号。中、低频大功率晶体管一般用在电视机、音响等家电中作电源调整管、开关管、场输出管、行输出管、功率输出管。常用的国产低频大功率晶体管有 3DD102、3DD15、DD01、DD03、3AD6、3AD30、3DA58、DF104 等型号。

（4）开关晶体管

开关晶体管是一种饱和导通与截止状态变化速度较快的晶体管，可用于各种脉冲电路、开关电源电路及功率输出电路中。开关晶体管分为小功率开关晶体管和高反压大功率开关晶体管。小功率开关晶体管一般用于高频放大电路、脉冲电路、开关电路及同步分离电路等。高反压大功率开关晶体管通常为硅 NPN 型，其最高反向电压高于 800V，一般用于开关电源中作电源开关管。常用的国产小功率和大功率开关晶体管有 3AK 系列、3CK 系列和 3CK 系列等。常用的高反压大功率开关晶体管有 2SD820、2SD850、2SD1401、2SD1431～2SD1433、2SC1942 等型号。

（5）达林顿管

也称复合晶体管，具有较大的电流放大系数及较高的输入阻抗。它又分为普通达林顿管和大功率达林顿管。普通达林顿管通常由两只晶体管或多只晶体管复合连接而成，内部不带保护电路，耗散功率在 2W 以下，主要用于高增益放大电路或继电器驱动电路等。大功率达林顿管在普通达林顿管的基础上增加由泄放电阻和续流二极管组成的保护电路，主要用于音频放大、电源稳压、大电流驱动、开关控制等电路。

（6）三极管使用注意事项

三极管的使用要注意以下事项：

1）加到管上的电压极性应正确。PNP 管的发射极对其他两电极是正电位，而 NPN 管则是负电位。

2）选用三极管主要应注意极性和下述参数：极限耗散功率 P_{CM}、极限电流 I_{CM}、发射极悬空集电极基极击穿电压 V_{CBO}、集电极与发射极间击穿电压 V_{CEO}、发射极基极击穿电压 V_{EBO}、开环放大倍数 A_{VO} 或 h_{FE}，小信号带宽 f_T。功率耗散、集电极电流及各管脚间的电压均需要控制在容许范围内，一般高频工作时要求 $f_T \geqslant (5\sim10)f$，f 为工作频率。电路工作过程中，不论是静态、动态还是不稳定态（如电路开启、关闭时），均须防止电流、电压超出最大极限值，也不得有两项或两项以上多数同时达到极限值。

3）三极管的替换。只要管子的基本参数相同，就能替换，性能高的可替换性能低的。低频小功率管，任何型号的高、低频小功率管都可替换它，但 f_T 不能太高。只要 f_T 符合要求，一般就可以代替高频小功率管，但应选内反馈小的管子，h_{FE}>20 即可。对低频大功率管，一般只要 P_{CM}、I_{CM}、V_{CEO} 符合要求即可，但应考虑 h_{FE}、V_{CES} 的影响。应满足电路中有特殊要求的参数（如噪声系数、开关参数）。此外，通常锗、硅管不能互换。

4）工作于开关状态的三极管，因发射极到基极电压较低，而输入到基极的信号电压可能较高，因此应考虑是否要在基极回路加保护线路，以防止发射结击穿，通常对于 5V 逻辑信号应当串联 1kΩ 左右电阻后再接入电路，需保证基极集电极电压在容许范围内低于 V_{CEO}；若集电极负载为感性（如继电器的工作线圈），则必须加保护线路以防线圈反电动势形成集电极到发射极之间的反压，损坏三极管。

5）三极管应避免靠近热元件，减少温度变化和保证管壳散热良好。功率放大管在耗散功率较大时，应加散热板（磨光的紫铜板或铝板）。管壳与散热板应紧密贴牢。散热装置应垂直安装，以利于空气自然对流。

5. 常用运算放大器

运算放大器（简称“运放”）是具有很高放大倍数的电路单元，由于早期应用于模拟计算机中，用以实现数学运算，故得名“运算放大器”。在实际电路中，通常结合反馈网络共同组成某种功能模块。运放是一个从功能的角度命名的电路单元，可以由分立的器件实现，也可以实现在半导体芯片当中。随着半导体技术的发展，大部分的运放以单芯片的形式存在。运放的种类繁多，广泛应用于电子行业当中，选择运算放大器时，需从多个方面考虑，产品器件手册中的各种特性曲线是非常有意义的，如频率响应特性、开环增益特性、传输响应、共模抑制比等都是选择运放非常重要的参考指标，具体特性图的使用可参考相关专业书籍，因篇幅所限本书不详细讨论。

（1）通用型运算放大器

通用型运算放大器就是以通用为目的而设计的。这类器件的主要特点是价格低廉、产品量大面广，其性能指标能适合于一般性使用。例如 μA741（单运放）、LM358（双运放）、LM324（四运放）及以场效应管为输入级的 LF356 等，它们是目前应用最为广泛的集成运算放大器。下面以实验室里常用的 LM358（如图 5.20）为例来做一下介绍。

LM358 内部包括有两个独立的、高增益、内部频率补偿的双运算放大器，适合于电源电压范围很宽的单电源模式，也适用于双电源工作模式，在推荐的工作条件下，电源电流与电源电压无关。它的使用范围包括传感放大器、直流增益模块和其他所有可用单电源供电的使用运算放大器的场合。

LM358 常用性能指标如表 5-1 所示。

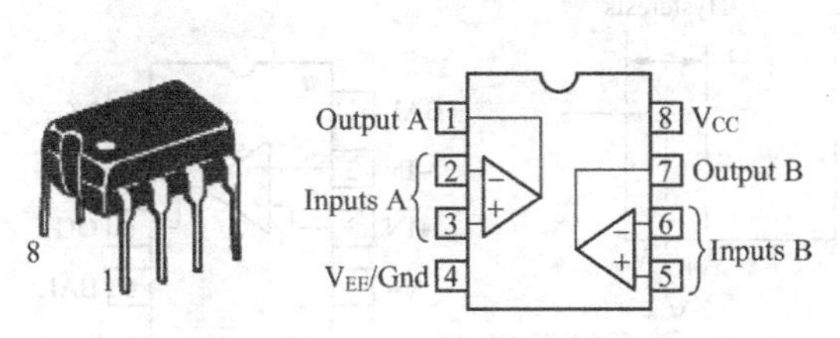

图 5.20 LM358 外观及管脚图

表 5-1 LM358 常用性能指标

性能参数	基本范围
输入失调电压	<9V
输入失调电压温度系数	7μA/℃
输入失调电流	5~50nA
输入失调电流温度系数	10μA/℃
大信号电压开环增益	25~100V/mV
共模抑制比	70dB
最高输出电压 25℃	
V_{cc}=5V，R_L=2k	3.5V
V_{cc}=30V，R_L=10k	28V
最高输出源电流	40mA

通用型放大器应用较多，其常用基本电路举例如下：

1）正向放大器

如图 5.21 所示，根据虚短路，虚开路，易知：

$$V_{\mathrm{O}} = V_{\mathrm{i}}\left(\frac{R_1}{R_2}+1\right) \tag{5.1}$$

2）高阻抗差分放大器

如图 5.22 所示，电路左半部分可以看作两个同向放大器，分别对 e_1 和 e_2 放大$(a+b+1)$倍，右半部分为一个差分放大器放大系数为 C，因此得到结果：

$$e_0 = C(e_2 - e_1)(1+a+b) \tag{5.2}$$

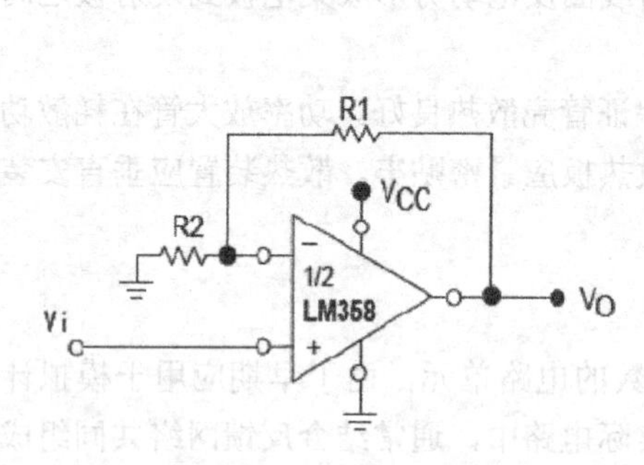

图 5.21　正向放大器

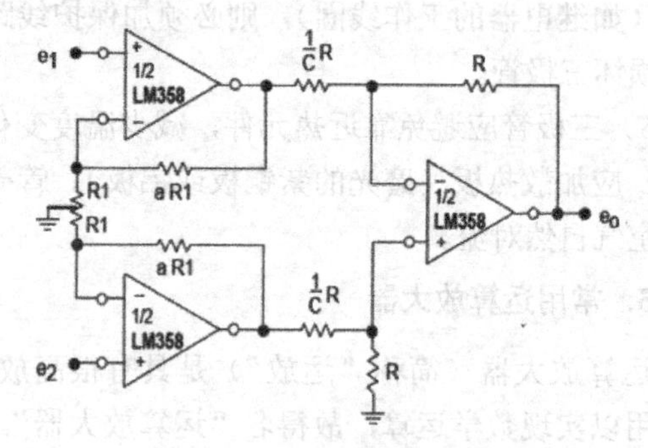

图 5.22　高阻抗差分放大器

3）迟滞比较器

如图 5.23 所示为迟滞比较器的基本电路，将输入电平与参考电平做比较，根据虚短路，虚开路有：

$$V_{\mathrm{O}} = \left(\frac{R_1+R_2}{R_1}\right)(V_{\mathrm{REF}} - V_{\mathrm{IN}}) \tag{5.3}$$

则

$$V_{\mathrm{inL}} = \left(\frac{R_1+R_2}{R_1}\right)(V_{\mathrm{REF}} - V_{\mathrm{REF}}) + V_{\mathrm{REF}} \tag{5.4}$$

$$V_{\mathrm{inH}} = \left(\frac{R_1+R_2}{R_1}\right)(V_{\mathrm{REF}} - V_{\mathrm{REF}}) + V_{\mathrm{REF}} \tag{5.5}$$

式（5.4）和式（5.5）表示的迟滞现象如图 5.24 所示。

（2）高精度运算放大器

所谓高精度运放是一类受温度影响小，即温漂小，噪声低，灵敏度高，适合微小信号放大用的运算放大器。下面介绍 OP17 精密 JFET 输入运算放大器。

OP17 管脚图如图 5.25 所示，其常用性能参数如表 5-2 所示。

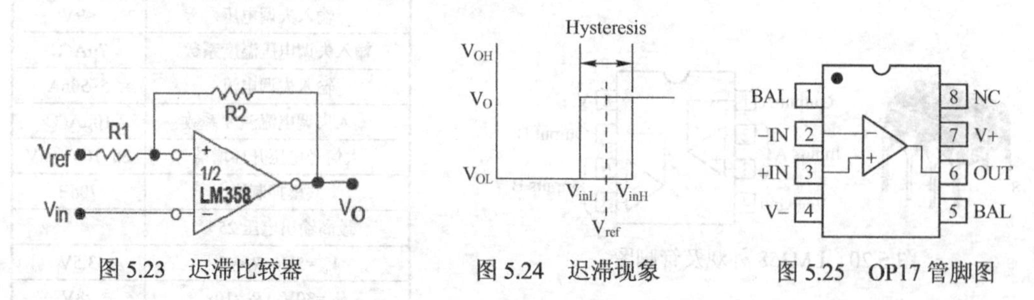

图 5.23　迟滞比较器　　图 5.24　迟滞现象　　图 5.25　OP17 管脚图

D/A 转换为其典型应用电路，如图 5.26 所示。其中 OP17 与 OP15 基本是一样的。DAC08E

是一个 8 位 D/A 转换器，2 口和 4 口为一对反向电流输出。由虚短路可知，运放 2 脚处的电压为 0V，由于是直流，可以将 C_2 略去，因此 I_0 全部流经 R_2，有 $V_0=R_2I_i$，这个器件是一个将电流转换为电压的器件，其中 C_2 对充放电起加速作用，由于 OP17 具有高精度的特性，它引入的噪声或漂移十分小，可以完成这种高精度的转换。

表 5-2　OP17 常用性能指标

性能参数	基本范围
输入失调电压	0.2~0.5mV
电流偏置	15pA
输入失调电流	3~10pA
大信号电压增益	240V/mV
输入电阻	10^{12} Ω
输出电压摆幅	± 13V
共模抑制比	100dB
电压转换速率	60V/μs
增益带宽	30MHz
闭环带宽	11MHz
建立时间（到 0.1%）	0.6μs
输入电容	3pF
输入电压噪声密度	20nV / Hz
输入电流噪声密度	0.01pA / Hz

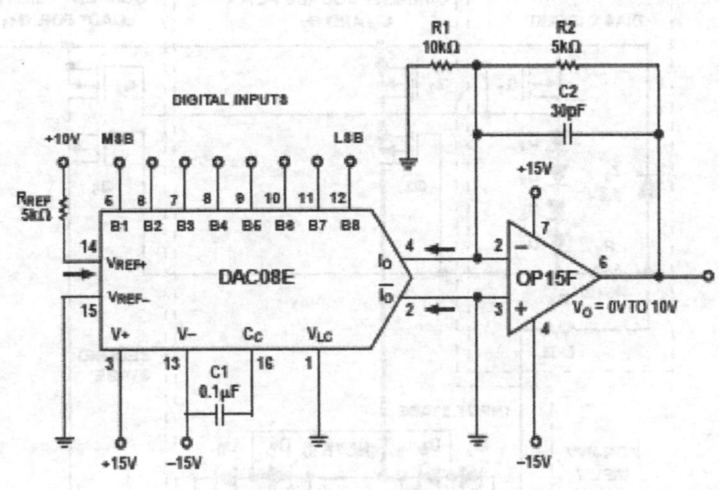

图 5.26　D/A 转换应用

（3）高阻型运算放大器

高阻型集成运算放大器的特点是差模输入阻抗非常高，输入失调电流非常小，一般差模输入阻抗 R_{id}>(10^9～10^{12}Ω)，输入偏置电流 I_{bi} 为几皮安到几十皮安。实现这些指标的主要措施是利用场效应管高输入阻抗的特点，用场效应管组成运算放大器的差分输入级。输入级经常采用将结型场效应管 JFET 与 BJT 相结合构成差动输入级，称为 BIFET。用 FET 作输入级，不仅输入阻抗高，输入失调电流低，而且具有高速、宽带和低噪声等优点，但输入失调电压较大。

这种运算放大器广泛用于无线电通信，自动控制，生物医学电信号测量的精密放大电路，有源滤波器，取样保持放大器，对数和反对数放大器，模数和数模转换器。常见的集成器件有 LF355、LF347（四运放）及更高输入阻抗的 CA3130、CA3140 等。下面以 CA3130 为例做一下介绍。

CA3130 同时集成了 CMOS 场效应管与双极型晶体管。在输入级中采用了 P 沟道的 MOS 管，使得电路带有极高的输入电阻。其管脚图如图 5.27 所示。

CA3130 常用性能指标如表 5-3 所示。

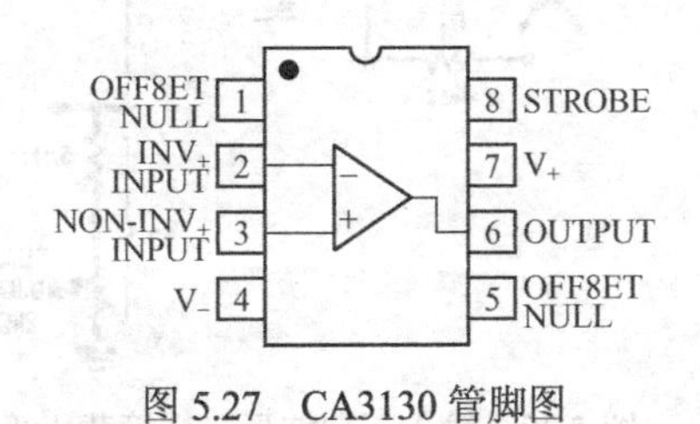

图 5.27　CA3130 管脚图

表 5-3　CA3130 常用性能指标

性能参数	基本范围
输入失调电压	8mV
电压温漂	10uV/℃
输入失调电流	0.5pA
输入电流	5pA
大信号电压开环增益	100kV/V
最大输出电压	15V
共模抑制比	90dB
最大输出电流	22mA
输入电阻	1.5TΩ
等效输入噪声电压	23μV
转换速率（开环）	30V/μS
转换速率（闭环）	10V/μS

其内部构造及引脚如图 5.28 所示。CA3130 的差分输入级采用了 PMOS 管（Q_6, Q_7），采用三极管（Q_9, Q_{10}）作为镜像负载，同时，将差分的输出结果传输到第二级放大器 Q_{11}。Q_2, Q_4 是输入级的恒流源，Q_3, Q_5 为第二级放大的恒流源。输出级的 Q_8, Q_9 工作在 A 类放大，由于是漏极接负载，最后的输出增益将与负载大小有关。

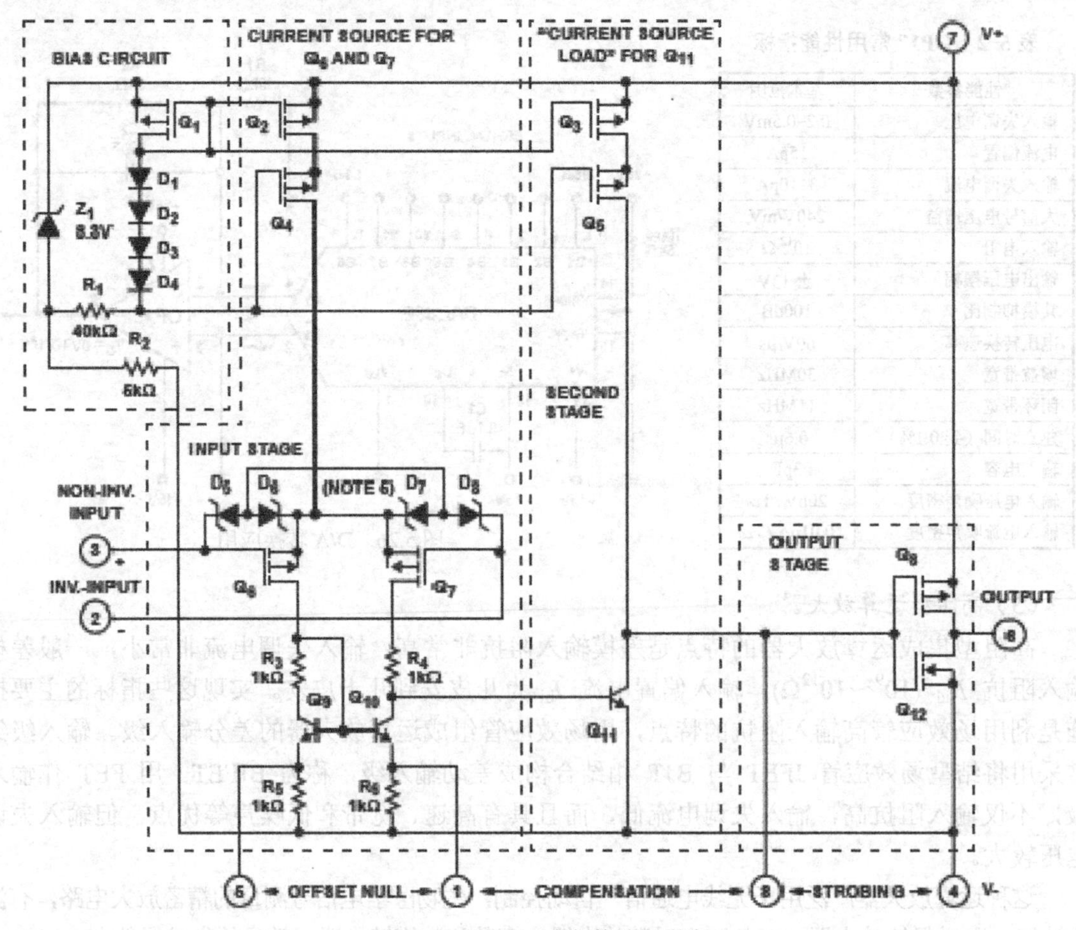

图 5.28　CA3130 内部构造及引脚

全波整流电路为其典型应用电路之一，如图 5.29 所示。

由于在运放输出加了二极管，则输入正向波与反向波形时电路结构略有不同。输入正向波形时，二极管截止，相当于运放不起作用，其等效如图 5.30 所示。此时有

$$V_O = \frac{R_3}{R_1 + R_2 + R_3} V_i \tag{5.6}$$

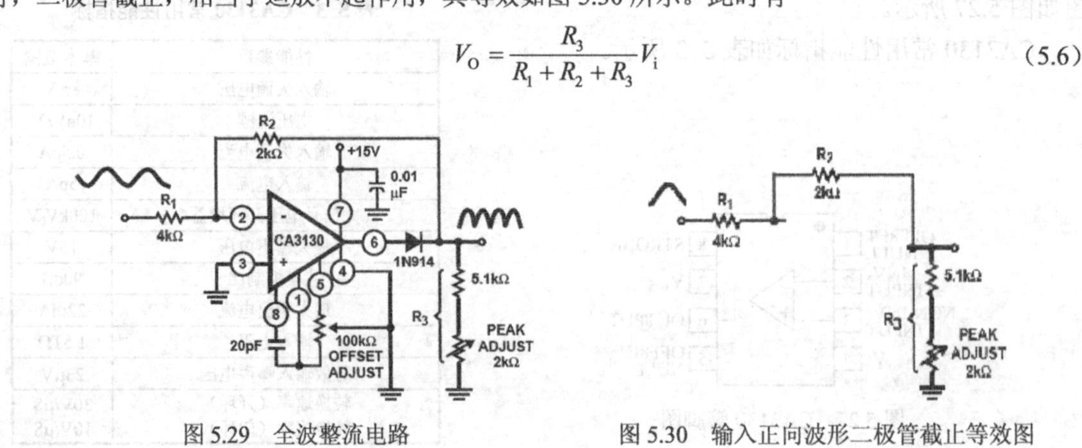

图 5.29　全波整流电路　　图 5.30　输入正向波形二极管截止等效图

输入反向波形时，二极管导通，根据虚短路，虚开路，等效如图 5.31 所示。

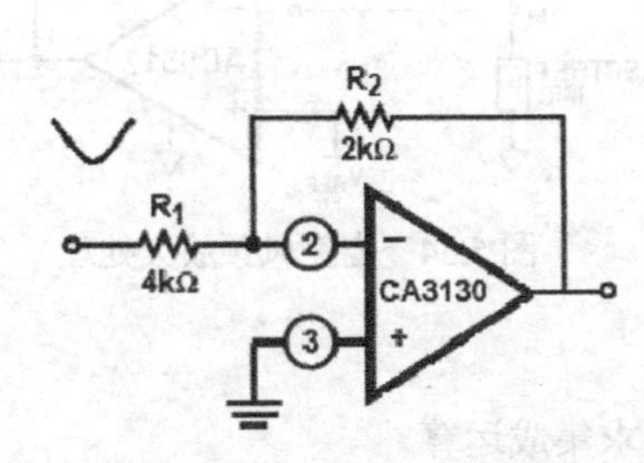

图 5.31 输入反向波形二极管导通等效图

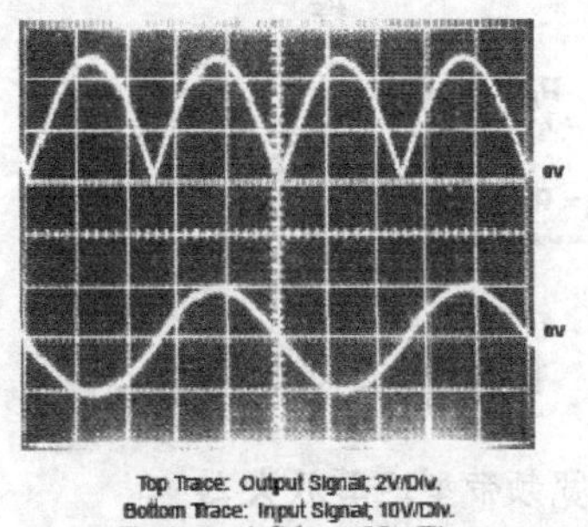

图 5.32 全波整流

此时，有

$$V_O = \frac{R_2}{R_1}V_i \tag{5.7}$$

假设正负半波的输出是相同的，则有：

$$\frac{R_2}{R_1} = \frac{R_3}{R_1 + R_2 + R_3} \tag{5.8}$$

因此对于满足上述条件的电阻 R_1，R_2，R_3，电路能做全波整流，其效果如图 5.32 所示。

（4）轨-轨（rail-to-rail）型运算放大器

普通运放的输入电位通常要求高于负电源某一数值，而低于正电源某一数值。经过特殊设计的运放可以允许输入电位在从负电源到正电源的整个区间变化，甚至稍微高于正电源或稍微低于负电源也被允许。这种运放称为轨-轨输入运算放大器。轨-轨运算放大器在低电源电压和单电源电压下可以有宽的输入共模电压范围和输出摆幅。轨-轨输入，或称满电源摆幅性能，可以获得零交越失真，适合驱动 ADC，而不会造成差动线性衰减，易于实现高精密度应用。轨-轨运放在整个共模范围内，输入级的跨导基本保持恒定。

表 5-4 AD8517 常用性能指标

性能参数	基本范围
输入失调电压	1.3~5
电压温漂	2V/℃
输入失调电流	225nA
输入偏置	400nA
输入电压范围	0~5V
大信号电压增益	100V/mV
共模抑制比	70 dB
输出电压摆幅	35mV~4.965V
电压转换速率	8V/μs
增益带宽积	7MHz
电压噪声密度 电流噪声密度	15nV / Hz 1.2pA / Hz

下面就以常用于移动通信设备和笔记本电脑的典型轨-轨运算放大器 AD8517 为例做一下介绍，其常用性能参数如表 5-4 所示。其极限使用参数如表 5-5 所示。

表 5-5 AD8517 极限使用参数

最大供电电压 V_s	1.8~6V
最大容许输入电压范围	GND~V_s
极限差分电压输入范围	±0.6V

从轨-轨输出实例可以看到，尽管供电电压仅为 ±0.9V，但当输入电压 V_{in}=1.8V 峰峰值时，输入电压与输出几乎相当，峰值也可达到 1.8V。

轨-轨放大器的应用也比较广，典型电路举例如下：

1）反向放大器

如图 5.33 所示，由虚短，虚开易知，$V_O = \frac{R_F}{R_1}V_i$

2）麦克风预放大处理

图 5.34 所示电路为一个简化了的话筒电信号预处理放大电路，左边的 R_1 和 ELECTRET MIC 代表了话筒的电磁结构，产生了 V_{in} 的输入信号，C_1 用于隔去输入中的直流成分。右边与反向放大

器有些相似，但负端接的是 V_{REF}。设此时 V_{CC} 接 1.8V，$V_{REF}=V_{CC}/2$，则放大倍数 $|A|\approx R_3/R_2$。

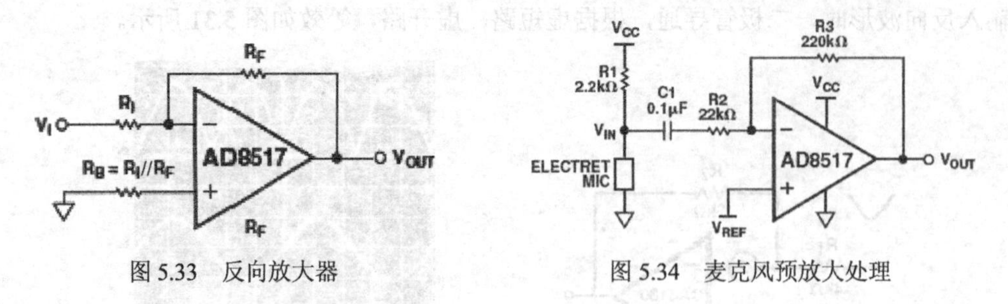

图 5.33 反向放大器　　图 5.34 麦克风预放大处理

（5）高速宽频带型运算放大器

在快速 A/D 和 D/A 转换器、视频放大器中，要求集成运算放大器的转换速率 SR 一定要高，单位增益带宽 BWG 一定要足够大，像通用型集成运放是不能适合于高速应用的场合的。高速型运算放大器主要特点是具有高的转换速率和宽的频率响应。常见的运放有 LM318、μA715 等，其 SR=50～70V/μs，增益带宽积 BWG>20MHz。下面就以 μA715 为例进行介绍。

μA715 是一个高速度高增益的运放。它具有输入电压范围宽、建立时间短、带宽大等特点，适用于需要快速采集数据和较宽带宽的地方，尤其是 A/D、D/A 转换器，锁相环，影像放大，有源滤波器，精确比较器，采样保持等电路设计。其常用性能参数如表 5-6 所示。

表 5-6 μA715 常用性能指标

性能参数	基本范围
输入失调电压	2~5mV
输入电阻	1MΩ
输入失调电流	250nA
输入电流偏置	400nA
输入电压范围	± 12V
大信号电压增益	30V/mV
共模抑制比	92dB
建立时间	800ns
输出电压摆幅	35mV~4.965V

μA715 的典型应用电路之一是视频放大器，如图 5.35 所示。

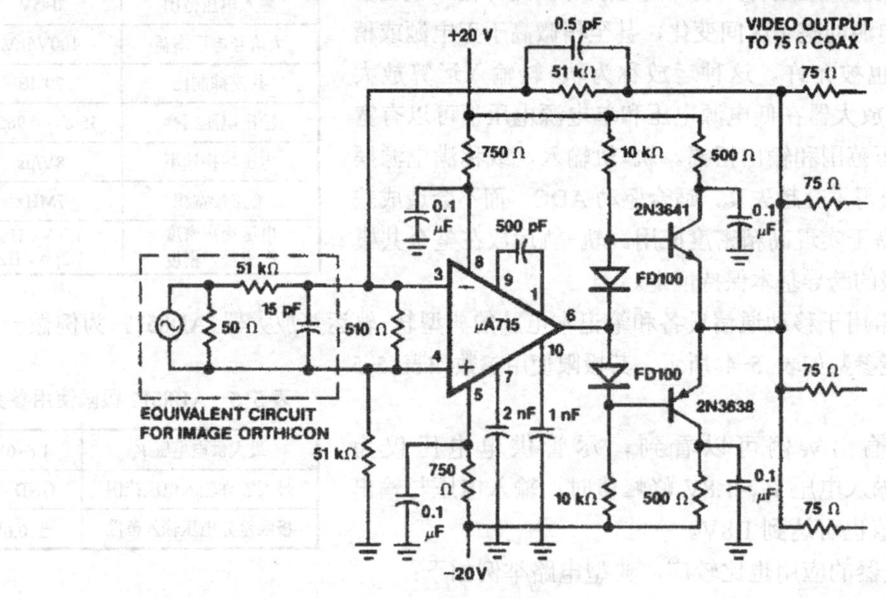

图 5.35 视频放大器

其中电路的主要部分如图 5.36 所示。放大器后带了一组推挽输出。两只三极管分别放大输入信号的正半周和负半周，即用一只三极管放大信号的正半周，用另一只三极管放大信号的负半周，两只三极管输出的半周信号在放大器负载上合并后得到一个完整周期的输出信号。这种结构可以大大减少图像的失真。相同的原理可用于其他需要保证信号传输质量的场合。

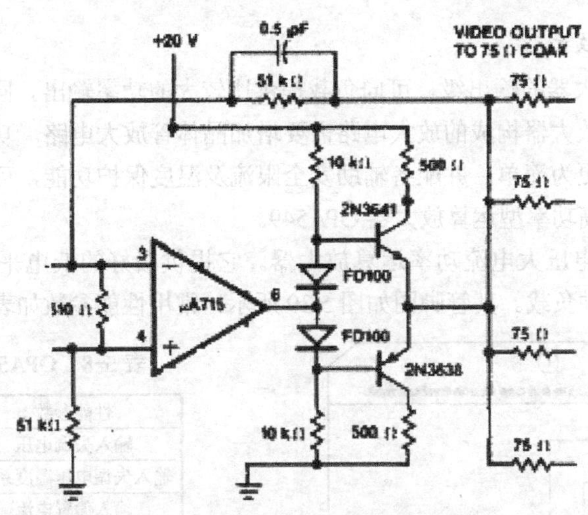

图 5.36　视频放大器电路主要部分

（6）高压型运算放大器

运算放大器的输出电压主要受供电电源的限制。在普通的运算放大器中，输出电压的最大值一般仅几十伏，输出电流仅几十毫安。若要提高输出电压或增大输出电流，集成运放外部必须要加辅助电路。高压大电流集成运算放大器外部不需附加任何电路，即可输出高电压和大电流。一般集成运算放大器的供电电压在 15V 以下，而高压型集成运算放大器的供电电压可达数十伏。其高输入电压范围不仅有利于简化电源部分的设计，同时能够处理和输出更大电压动态范围的信号。下面以 SG143 为例进行介绍。

SG143 是通用高压运算放大器，它工作电压高，具有完善的过压保护。它的高转换速率，连同较高的共模及电源抑制，为改善在较高电源电压下的性能提供了保证。此外，由于晶片上的热对称性，使增益不受高电源电压下输出负载的影响。SG143 的管脚与通用运算放大器一致，并且它具有失调调零的能力。例如，当在音频功率方面应用时，SG143 可提供覆盖整个音频频谱的功率带宽。此外，SG143 能在电源上带有大的尖峰脉冲过电压的情况下可靠工作。

其常用性能参数如表 5-7 所示。

表 5-7　SG143 常用性能参数

性能参数	基本范围
输入失调电压	2~5mV
输入失调电流	1~3nA
输入偏置电流	8~20nA
输出电压幅度	25V
输入电压范围	26V
大信号电压增益	180kV/V
共模抑制比	90dB
转换速率	2.5V/μs
功率带宽	20kHz

SG143 常用于设计测控系统信号检测中的采样保持电路和高共模范围差分放大电路。采样保持电路的典型电路如图 5.37 所示，可以看到运放正极是一个受采样命令控制的采样开关，当处于采样周期时，高频噪声通过大电容接地，剩下频率较低的信号。放大器是一个带调零的电压跟随器，将采到的信号保持至下一个周期。高共模范围差分放大电路的典型电路如图 5.38 所示。

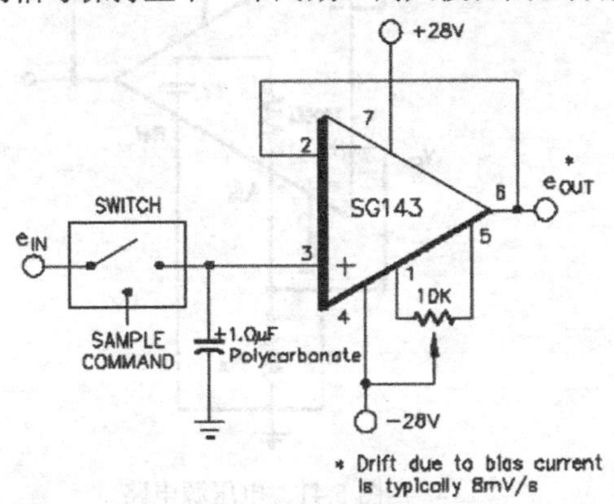

图 5.37　采样保持电路

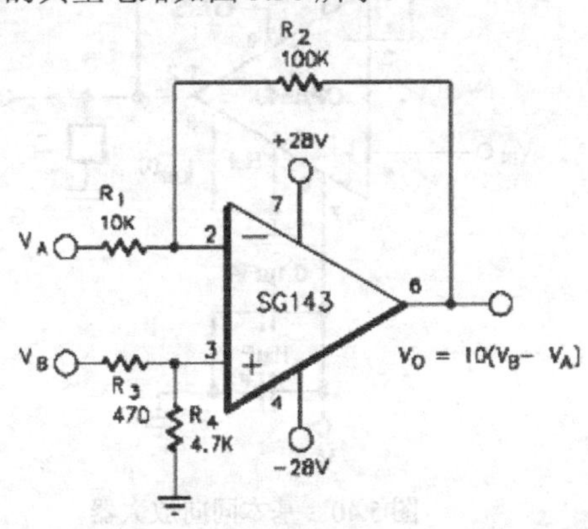

图 5.38　高共模范围差分放大电路

（7）高功率型运算放大器

功率型集成运算放大器的输出级，可向负载提供比较大的功率输出。同样情况下，为获得大的输出功率，通常由运算放大器构成的放大电路需要增加晶体管放大电路。功率型运放则经常可以省略后续放大电路，设计更为简单，并配备辅助安全限流及温度保护功能，可靠性高，缺点是价格较贵。这里介绍一下常见高功率型运算放大器 OPA549。

OPA549 是一种高电压大电流功率运算放大器。它提供极好的低电平信号精度，能输出高电压，大电流，可驱动各种负载。其管脚图如图 5.39 所示。常用性能参数如表 5-8 所示。

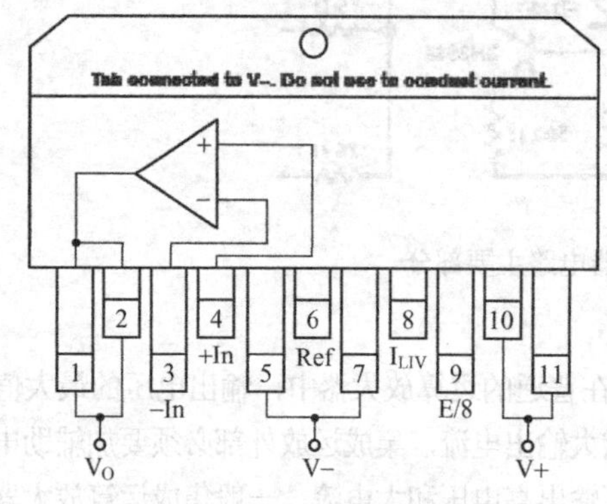

图 5.39　OPA549 管脚图

表 5-8　OPA549 性能参数

性能参数	基本范围
输入失调电压	1~5mV
输入失调电压温度系数	± 20μA/℃
输入偏置电流	100~500nA
输出电压幅度	25V
输入电压噪声密度	70nV/Hz
输入阻抗	1TΩ
开环增益	110dB
共模抑制比	95 dB
增益带宽积	0.9MHz
转换速率	9V/μs
功率带宽	20kHz

OPA549 的典型应用电路举例如下：

1）基本同向放大器

如图 5.40 所示，可以看出本运放的接法的特殊之处：首先，为了避免电源干扰要在电源端接大电容。其次，输出端必须与 2 脚相连。并且 I_{LIM} 需与 R_{ef} 脚相连，从而确定运放容许输出的最大电流，起到限流的作用。使用过程中可以根据 E/S 的电平来判断运放内部是否因为过热而关闭。

2）电压源电路

由同向放大器的变型，利用其内部参考源可以得到一个电压源电路，如图 5.41 所示。易知：

$$V_O = V_{CL}(1 + R_2 / R_1) \tag{5.9}$$

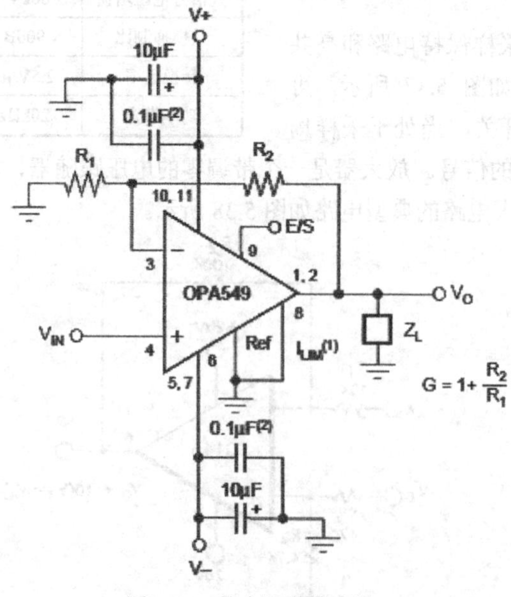

图 5.40　基本同向放大器

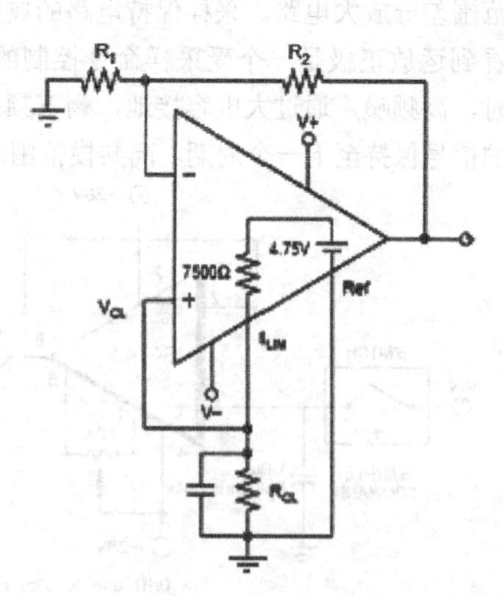

图 5.41　电压源电路

式中，V_{CL} 是由 R_{CL} 确定的在 I_{LIM} 端得到的恒定电压。此电压加到放大器的同向输入端经同向放大而输出。其中

$$I_O = \frac{15800 \times 4.75V}{7500\Omega + R_{CL}} \tag{5.10}$$

例如当 I_{LIM}=7.9A, R_{CL}=2kΩ时，有

$$V_{CL} = \frac{2k\Omega + 4.75V}{7500\Omega + 2k\Omega} = 1V \tag{5.11}$$

假设 R_1=1kΩ，R_2=9kΩ，则有 V_O=10V。

3）扩大输出电流电路

如图 5.42 所示，主放大器接成增益为 5 的同向放大器。从放大器接成电压跟随器，可以使总输出电流扩大一倍。

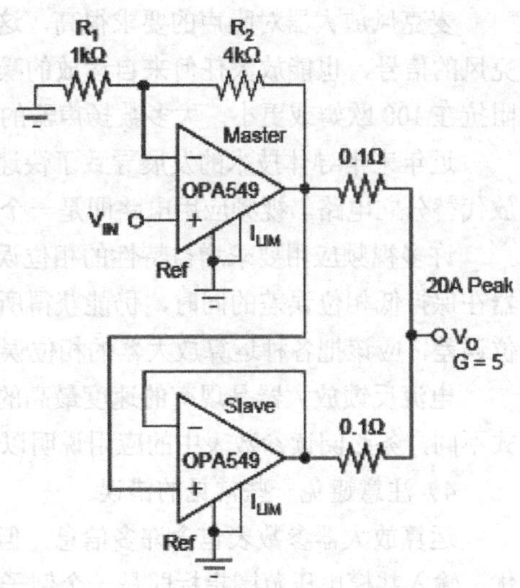

图 5.42 扩大输出电流电路

（8）通用型运算放大器选择的一般方法

要选择一个好的运算放大器，首先须了解设计对放大器的要求。知道在参数表中要查找什么，了解运算放大器的制造工艺也有助于选择适合设计要求的最佳运算放大器。

假设有一种完美的放大器，适用于任何电路设计。这种完美的运算放大器具有无限大的开环增益和带宽，其偏置电压、输入偏置电流、输入噪声和电源电流都为零，它能够在任意电源电压下工作。既然它是真正完美的，那也应该是免费的。但这种完美的运算放大器实际上根本不存在，也不可能存在。于是销售商就提供了各种各样的运算放大器，每种都有各自不同的性能、特点和价格。了解放大器的最重要的参数，就能够找到最合适的运算放大器。

1）偏置电压和输入偏置电流

在精密电路设计中，偏置电压是一个关键因素。对于那些经常被忽视的参数，诸如随温度而变化的偏置电压漂移和电压噪声等，也必须测定。精确的放大器要求偏置电压的漂移小于 200μV 和输入电压噪声低于 6nV/$\sqrt{Hz}$。随温度变化的偏置电压漂移要求小于 1μV/℃。

低偏置电压的指标在高增益电路设计中很重要，因为偏置电压经过放大可能引起大电压输出，并会占据输出摆幅的一大部分。温度感应和张力测量电路便是利用精密放大器的应用实例。

低输入偏置电流有时是必需的。光接收机中的放大器就必须具有低偏置电压和低输入偏置电流。例如，假设光电二极管的泄漏电流小于 5nA，则用于构成放大电路的运放必须具有小得多的输入偏置电流。CMOS 和 JFET 输入放大器是目前可用的具有最小输入偏置电流的运算放大器。

在所有放大器中，斩波放大器提供了最低的偏置电压和最低的随温度变化的偏置电压漂移。许多重量计量设备对增益的要求高，需要配置高质量的精密放大器，此时斩波放大器是一种很好的选择。

2）注意电源的影响

便携式系统中的放大器要求在很低的电源电压下工作，且电源电流应很小以尽量延长电池寿命。这些放大器一般还须有良好的输出驱动能力和高开环增益。

尽管许多放大器的广告号称消耗很小的电流，但在选用时仍应小心。一定要认真阅读参数表以留心低电压下工作可能引起的性能问题。有些低功耗运算放大器，当输出电压改变时其电源电流具

有较宽的变化范围。在低电源电压下，输出电流驱动能力也可能显著下降。可查阅参数表以确定在特定的电源电压下所能达到的输出电流驱动能力。

另一种选择是使用具有“关闭”特性的放大器。虽然这种放大器具有较高的电源电流，但当不工作时能被关闭从而进入超低电流状态。较高的电源电流可使放大器具有较快的速度和很大的输出驱动能力。

3）音频和视频应用中的噪声/相位误差

在音频应用中，运算放大器主要有两个作用：麦克风放大、耳机或扬声器输出。这种音频 I/O 组合在大多数蜂窝电话、计算机、电视和家庭立体声设备中应用普遍。

麦克风放大器对噪声的要求很高，这是因为放大器能提供 20dB～40dB 的增益，它既能放大麦克风的信号，也能放大任何来自运放的噪声。耳机和扬声器必须能输出大电流，因为大多数耳机的阻抗在 100 欧姆或更小，大多数扬声器的阻抗是 8 欧姆。

近年来半导体技术的发展导致了快速放大器的出现。这些新的放大器使得设计者可以用高速运放代替分立电路。视频应用电路即是一个很好的例子。

许多视频应用要求增益特性的相位误差最小。相位误差可导致色彩偏离和视觉失真。高速放大器在保持低相位误差的同时，仍能获得所要求的增益。大多数高速运算放大器的参数表都给出了相位误差，应该把各种运算放大器的相位误差做一个比较。

电流反馈放大器是现有的速度最高的放大器之一。由于这种放大器与电压反馈放大器的工作方式不同，务必阅读参数表中的应用说明以获得最佳效果。

4）注意避免一些常见的错误

运算放大器参数表包含许多信息，但有时可能很难通过比较两个参数表来确定哪种运放性能更优。输入共模电压范围指标即是一个例子。这个参数常被误用。

为确保正常工作，要注意共模抑制比（CMRR）的测试条件。给出的测试条件表示共模输入电压范围。轨-轨输入放大器的共模输入电压范围是从负电源($V-$)到正电源($V+$)。

与输入电压范围不同，运算放大器的输出电压摆幅并没有清晰的定义。大多数单电源放大器参数表都给出了针对高、低两种输出摆幅下的电压指标。它表示当放大器吸入和泵出电流时，放大器的输出摆幅接近正电源和地的能力。遗憾的是，一般无法根据不同厂商的参数表对这些数值进行直接比较，因为不同的供应商会以不同的方式定义输出负载。 关键要看负载是电阻还是电流源。如果负载是电流源，那么可测量相似的负载电流，这样就能很容易地比较不同放大器间的输出电压摆幅。若负载是电阻，则要判断该电阻是与电源电压 V_{cc} 相连，还是与参考电压 $V_{cc}/2$ 相连，或是接地。 负载连接到 $V_{cc}/2$ 将使放大器的输出级可以泵出和吸入电流，但放大器的输出电流相当于负载接地或接到正电源情况下的一半。这种输出电流的差别可使得运算放大器的摆幅接近正负电源的值。这在某种程度上可能误导，因为在大多数单电源直流应用电路设计中，负载都直接接地，放大器输出的摆幅达不到正电源的值。

电容驱动能力是一个在参数表中经常定义含糊的参数。所有的放大器对容性负载的灵敏度有不同程度的差别。一些低功耗放大器在仅仅几百个皮法的容性负载下就可能变得不稳定。因此，这些放大器的参数表可能会隐藏这个事实。

要确定放大器对于输出电容的灵敏度，可以通过相对于容性负载的过冲（overshoot）曲线图来决定。另一个较好的示意图是小信号响应图，可用来观测过冲的程度和特定容性负载的下降时间。某些参数表还提供了相对于容性负载的增益-带宽示意图。

减小过冲和阻尼振荡的一个方法就是在输出负载上并联一个串联 RC 网络。可通过实验来确定这个网络（也称阻尼电路）的最佳值。也能在器件的应用说明中找到减小过冲和阻尼振荡的其他方法。

5）放大器CMOS与双极型工艺技术的特点

近十年来，放大器工艺技术已取得了很大发展。了解不同工艺方法的优点有助于运算放大器的选择。CMOS和互补双极型是两种最为流行的放大器工艺技术。

CMOS工艺的主要优势在于价格，起初是想用于大批量生产的数字产品，这种工艺有助于降低中等性能的放大器价格。CMOS 工艺的技术优势是运算放大器的输入偏置电流特别小，在皮安培（pA）级，这对于高电源阻抗的应用特别重要，例如光接收机中的光电二极管放大器，或耗电尽可能小的电池监测器。CMOS 放大器的主要局限是其最大和最小电源电压。由于其几何形状较小，晶体管击穿电压也减小了。大多数CMOS放大器必须在6V或更低的电压下工作。CMOS放大器工艺进展较快。几年以前只有几家公司能提供采用 CMOS 工艺的低成本、低性能放大器。今天，大多数厂商都能供应参数齐全、性能优良的 CMOS 放大器。但偏置电压漂移和速度仍是两个较薄弱的环节。对于所选器件，带宽低于10MHz时，偏置电压漂移应限制在略低于1mV。

双极型工艺通常允许较高的电源电压。由于双极型晶体管的宽动态范围，其工作电压容易做到比 CMOS 放大器更低。在低功耗、低漂移、低噪声和高速度等方面，双极型工艺都很出色，所以它是一种大有发展前途的工艺，能够满足各种不同情况下的应用需求。

也有将两种工艺结合到一起的工艺技术，如双极互补 CMOS(CBCMOS)。这种“混合”工艺技术的构想是将每种技术的优点都集中到运算放大器上。例如，ADI 的 OP186 就采用了一个双极型输入级来将噪声和漂移减至最小，同时在输出级采用 CMOS 晶体管来改善输出驱动性能而无需增加器件尺寸。

在低电压下工作且具有良好性能的运算放大器，仍将主要采用双极型工艺。在主要考虑成本因素的场合，可以采用CMOS工艺。

6）Spice辅助设计

选定所需要的运算放大器以后，最好能在计算机上利用 Spice 仿真器来模拟电路的设计。这样可在电路制做出来之前验证设计的正确性。多数厂商都提供其运放产品的 Spice 宏模型，可准确反映运算放大器的参数表中几种指标的特性。这些模型也可从厂商的 Web 站点免费下载。当然，计算机仿真并不能保证电路设计的成功，但它能快速地反映出设计结果的性能优良程度。

6．常用数字逻辑电平制式与逻辑芯片

为了适应不同传输速率，噪声环境，不同距离下的芯片间数据传输需求，目前已经开发了许多种逻辑电平制式，逻辑电平制式内涵是一种逻辑电压表示协议，即电子芯片之间要相互传递信息，规定两者或多个芯片之间需要几根线互连，各线电压在何种组合情况下表示数据为 1，何种情况下表示数据为 0。目前被大量采用的逻辑制式主要包括：TTL、CMOS、LVTTL、LVCMOS、ECL、PECL、LVDS、GTL、BTL、ETL、GTLP；RS232、RS422、RS485 等。其中，最为常用也是较早被开发使用的是适合于板级尺度短距离传输信号的 TTL 和 CMOS，以及适合较长距离串行信号传输的 RS232、RS422、RS485。通常不同的逻辑制式对应着为其专门定制的数字逻辑芯片系列，并有专用芯片负责在不同的逻辑制式之间实现信号制式的转换。

以下详细介绍TTL、CMOS、RS232几种电平制式。

（1）TTL电平

TTL 电平信号被利用的最多是因为通常数据表示采用二进制规定，+5V 等价于逻辑“1”，0V等价于逻辑“0”，这被称做TTL（Transistor-Transistor Logic 晶体管-晶体管逻辑电平）信号系统，这是计算机处理器控制的设备内部各部分之间通信的标准技术。

TTL 输出高电平>2.4V，输出低电平<0.4V。在室温下，一般输出高电平是 3.5V，输出低电平是 0.2V。最小输入高电平和低电平：输入高电平≥2.0V，输入低电平≤0.8V，噪声容限是 0.4V。

TTL 电路是电流控制器件，TTL 电路的速度快，传输延迟时间短（5～10ns），但是功耗大。

TTL 电平信号对于计算机处理器控制的设备内部的数据传输是很理想的，首先，这种数据传输对于电源的要求不高，热损耗也较低；另外 TTL 电平信号直接与集成电路连接而不需要价格昂贵的线路驱动器以及接收器电路；再者，这种数据传输是在高速下进行的，而 TTL 接口的操作恰能满足这个要求。TTL 型通信大多数情况下，采用并行数据传输方式，而并行数据传输对于超过 10 英尺的距离就不适合了。这是由于可靠性和成本两面的原因。因为在并行接口中存在着偏相和不对称的问题，这些问题对可靠性均有影响。

（2）CMOS 电平

同样是数字电平，CMOS 电路是电压控制器件，输入电阻极大，对于干扰信号十分敏感，因此不用的输入端不应开路，接到地或者电源上。

输出 L：$<0.1\times V_{cc}$；H：$>0.9\times V_{cc}$。

输入 L：$<0.3\times V_{cc}$；H：$>0.7\times V_{cc}$。

由于 CMOS 电源采用 12V，则输入低于 3.6V 为低电平，噪声容限为 1.8V，高于 3.5V 为高电平，噪声容限高为 1.8V。比 TTL 有更高的噪声容限，但同时电路的速度慢，传输延迟时间长（25～50ns）。

很多器件都是兼容 TTL 和 CMOS 的，器件的手册中会有说明。如果不考虑速度和性能，一般器件可以互换。但是需要注意有时候负载效应可能引起电路工作不正常，因为有些 TTL 电路需要下一级的输入阻抗作为负载才能正常工作。

（3）RS232 标准

RS-232C 是美国电子工业协会 EIA（Electronic Industry Association）制定的一种串行物理接口标准。RS 是英文“推荐标准”的缩写，232 为标识号，C 表示修改次数。RS-232C 总线标准设有 25 条信号线，包括一个主通道和一个辅助通道。在多数情况下主要使用主通道，对于一般双工通信，仅需几条信号线就可实现，如一条发送线、一条接收线及一条地线。

RS-232C 电平的逻辑 1 电平为-3～-15V，逻辑 0 电平为+3～+15V，注意电平的定义反相了一次。

RS-232C 是用正负电压来表示逻辑状态的，与 TTL 以高低电平表示逻辑状态的规定不同。因此，为了能够同计算机接口或终端的 TTL 器件连接，必须在 EIA RS-232C 与 TTL 电路之间进行电平和逻辑关系的变换。实现这种变换的方法可用分立元件，也可用集成电路芯片。目前较为广泛地使用集成电路转换器件，如 MC1488、SN75150 芯片可完成 TTL 电平到 EIA 电平的转换，而 MC1489、SN75154 可实现 EIA 电平到 TTL 电平的转换。MAX232 芯片可完成 TTL←→EIA 双向电平转换。

7．常用微处理器芯片

目前世界上微处理器已经超过 1000 种，流行体系结构包括 MCU、MPU 等 30 多个系列。基于这些情况，本文对常用嵌入式处理器的类型、特点进行分析。

常用嵌入式处理器分类如下。

（1）嵌入式微处理器（MPU）

嵌入式微处理器的基础是通用计算机中的 CPU。在应用中，将微处理器装配在专门设计的电路板上，只保留和嵌入式应用有关的母板功能，这样可以大大减小系统体积和功耗。为满足嵌入式应用的特殊要求，嵌入式微处理器虽然在功能上和标准微处理器基本是一样的，但是在工作温度、抗电磁干扰、可靠性等方面一般都做了各种增强。嵌入式处理器目前主要有 Power PC、68000、MIPS、ARM 系列等，MPU 编程需要具有丰富的嵌入式系统编程知识，熟悉 Linux 一类的可实现嵌入式的操作系统，对使用者的编程能力要求较高。

（2）嵌入式微控制器（MCU）

嵌入式微控制器又称单片机，就是将整个计算机系统集成到一块芯片中。嵌入式微控制器一般以某一种微处理器内核为核心，芯片内部集成 ROM/EPROM、RAM、总线、总线逻辑、定时/计数器、看门狗、I/O、串行口、脉宽调制输出、A/D、D/A、Flash RAM、EEPROM 等各种必要功能和外设。和嵌入式微处理器相比，微控制器的最大特点是单片化，体积大大减小，从而使功耗和成本下降、可靠性提高。微控制器是目前嵌入式系统工业的主流。微控制器的片上外设资源一般比较丰富，适合于控制，因此称微控制器。目前 MCU 占嵌入式系统约 70%的市场份额。近来 Atmel 出产的 AVR 单片机由于其集成了 FPGA 等器件，所以具有很高的性价比，且编程软件具有自动的程序框架生成功能，并可对程序的运行进行仿真，十分适合初学者使用。

（3）嵌入式 DSP 处理器

DSP（Digital Signal Process）即数字信号处理技术，DSP 芯片即指能够实现数字信号处理技术的芯片。DSP 芯片的内部采用程序和数据分开的哈佛结构，具有专门的硬件乘法器，广泛采用流水线操作，提供特殊的 DSP 指令，可以用来快速地实现各种数字信号处理算法。DSP 的编程对使用者的编程能力有较高的要求，通常为了实现程序的并行高效率需要对程序进行深入优化，否则不能发挥出其应有的高速性。

（4）嵌入式片上系统

嵌入式片上系统追求产品系统最大包容的集成器件，是目前嵌入式应用领域的热门话题之一。SOC 最大的特点是成功实现了软硬件无缝结合，直接在处理器片内嵌入操作系统的代码模块。而且 SOC 具有极高的综合性，在一个硅片内部运用 VHDL 等硬件描述语言，实现一个复杂的系统。考虑到 SOC 系统比较复杂，不适合初学者使用。

市场上单片机的种类非常多，每个企业都有自己的特点，实践中需要结合自身编程能力、所能花费的时间精力，根据系统需要选择单片机，在完全实现功能的前提下追求高可靠性和低价位，一般情况下，尽可能选择采用集成外设丰富而编程简单易学的单片机系列。

5.1.3 常见光电元器件检测方法

1. 发光二极管

正、负极的判别方法：将发光二极管放在一个光源下，观察两个金属片的大小，通常金属片大的一端为负极，金属片小的一端为正极。

发光二极管测量方法：发光二极管除测量正、反向电阻外，还应进一步检查其是否发光。发光二极管的工作电压一般在 1.6V 左右，工作电流在 1mA 以上时才发光。用 R×10kΩ 挡测量正向电阻时，有些发光二极管能发光即可说明其正常。对于工作电流较大的发光二极管，亦可用图 5.43 所示电路进行检测。

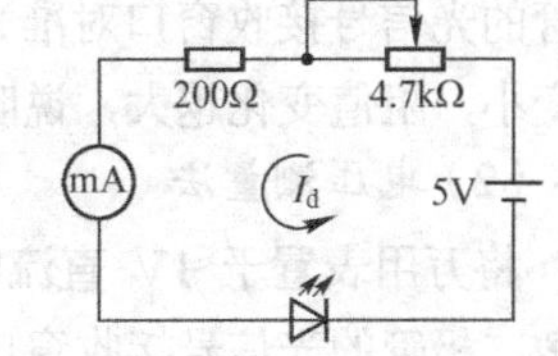

图 5.43 发光二极管测量电路

性能好坏的判断：用万用表 R×10k 挡，测量发光二极管的正、反向电阻值。正常时，正向电阻值（黑表笔接正极时）约为 10～20kΩ，反向电阻值>250kΩ。较高灵敏度的发光二极管，在测量正向电阻值时，管内会发微光。若用万用表 R×1k 挡测量发光二极管的正、反向电阻值，则会发现其正、反向电阻值均接近∞（无穷大），这是因为发光二极管的正向压降大于 1.6V（高于万用表 R×1k 挡内电池的电压值 1.5V）的缘故。用万用表的 R×10k 挡对一只 220μF/25V 电解电容器充电（黑表笔接电容器正极，红表笔接电容器负极），再将充电后的电容器正极接发光二极管正极、电容器负极接发光二极管负极，若发光二极管有很亮的闪光，则说明该发光二极管完好。也可用 3V 直流电源，在电源的正极串接 1 只 33Ω 电阻后接发光二极管的正极，将电源的负极接发光二极管的负极（见图 5.43），正常的发光二极管应发光。或将 1 节 1.5V 电池串接在万用表的黑表笔（将万用表置于 R×10 或 R×100 挡，黑表笔接电池负极，等于与表内的 1.5V 电池串联），将电池的正极接发光二极管的正极，红表笔接发光二极管的负极，正常的发光二极管应发光。

2．红外发光二极管

正、负极性的判别：红外发光二极管多采用透明树脂封装，管心下部有一个浅盘，管内电极宽大的为负极，而电极窄小的为正极。也可从管身形状和引脚的长短来判断。通常，靠近管身侧向小平面的电极为负极，另一端引脚为正极。长引脚为正极，短引脚为负极。

性能好坏的测量：用万用表 R×10k 挡测量红外发光管的正、反向电阻。正常时，正向电阻值为 15～40kΩ（此值越小越好）；反向电阻大于 500kΩ（用 R×10k 挡测量，反向电阻大于 200kΩ）。若测得正、反向电阻值均接近零，则说明该红外发光二极管内部已击穿损坏。若测得正、反向电阻值均为无穷大，则说明该二极管已开路损坏。若测得的反向电阻值远远小于 500kΩ，则说明该二极管已漏电损坏。

3．红外光敏二极管

将万用表置于 R×1k 挡，测量红外光敏二极管的正、反向电阻值。正常时，正向电阻值（黑表笔所接引脚为正极）为 3～10kΩ，反向电阻值为 500kΩ 以上。若测得其正、反向电阻值均为 0 或均为无穷大，则说明该光敏二极管已击穿或开路损坏。在测量红外光敏二极管反向电阻值的同时，用电视机遥控器对着被测红外光敏二极管的接收窗口（见图 5.44）。正常的红外光敏二极管，在按动遥控器上按键时，其反向电阻值会由 500kΩ 以上减小至 50～100kΩ。阻值下降越多，说明红外光敏二极管的灵敏度越高。

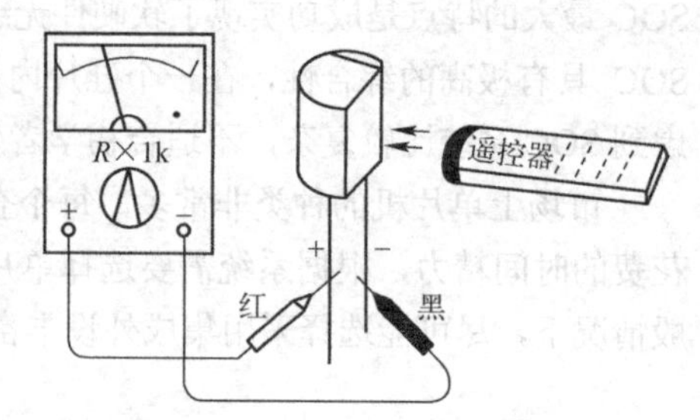

图 5.44　红外光敏二极管的检测

4．其他光敏二极管

（1）电阻测量法

用黑纸或黑布遮住光敏二极管的光信号接收窗口，然后用万用表 R×1k 挡测量光敏二极管的正、反向电阻值。正常时，正向电阻值为 10Ω～20kΩ，反向电阻值为∞（无穷大）。若测得正、反向电阻值均很小或均为无穷大，则是该光敏二极管漏电或开路损坏。再去掉黑纸或黑布，使光敏二极管的光信号接收窗口对准光源，然后观察其正、反向电阻值的变化。正常时，正、反向电阻值均应变小，阻值变化越大，说明该光敏二极管的灵敏度越高。

（2）电压测量法

将万用表置于 1V 直流电压挡，黑表笔接光敏二极管的负极，红表笔接光敏二极管的正极、将光敏二极管的光信号接收窗口对准光源。正常时应有 0.2～0.4V 电压（其电压与光照强度成正比）。

（3）电流测量法

将万用表置于 50μA 或 500μA 电流挡，红表笔接正极，黑表笔接负极，正常的光敏二极管在白炽灯光下，随着光照强度的增加，其电流从几微安增大至几百微安。

5．光电二极管

光电二极管（4.1.2 节有详细介绍）的反向电阻随着从窗口射入光线的强弱而发生显著变化。在没有光照时，光电二极管的正、反向电阻测量以及极性判别与普通二极管一样。

光电二极管光电特性的测量方法：用万用表 R×100kΩ 挡或 R×1kΩ 挡测它的反向电阻时，用手电筒照射光电二极管顶端的窗口，万用表指示的电阻值应明显减小。光线越强，光电二极管的反向电阻越小，甚至只有几百欧姆。关掉手电筒，电阻读数应立即恢复到原来的阻值。这表明被测光电二极管是良好的。

6．光敏电阻

图 5.45 为光敏电阻的原理图与光敏电阻的符号，在均匀的具有光电导效应的半导体材料的两端加上电极便构成光敏电阻。

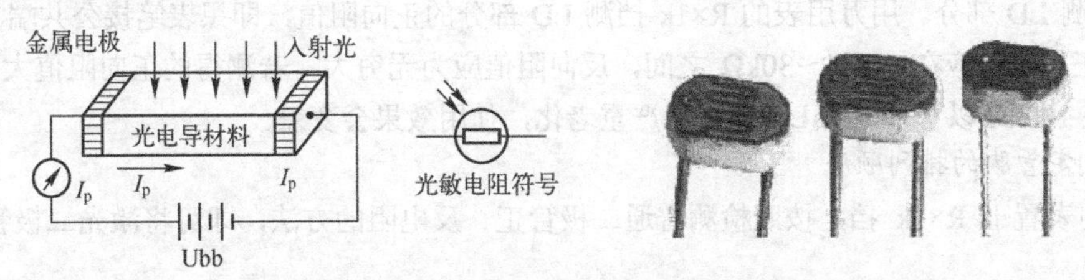

图 5.45　光敏电阻的原理图与光敏电阻的符号

1）用一黑纸片将光敏电阻的透光窗口遮住，此时万用表的指针基本保持不动，阻值接近无穷大。此值越大说明光敏电阻性能越好。若此值很小或接近为零，说明光敏电阻已烧穿损坏，不能再继续使用。

2）将一光源对准光敏电阻的透光窗口，此时万用表的指针应有较大幅度的摆动，阻值明显减小，此值越小说明光敏电阻性能越好。若此值很大甚至无穷大，表明光敏电阻内部电路损坏，也不能再继续使用。

3）将光敏电阻透光窗口对准入射光线，用小黑纸片在光敏电阻的遮光窗上部晃动，使其间断受光，此时万用表指针应随黑纸片的晃动而左右摆动。如果万用表指针始终停在某一位置不随纸片晃动而摆动，说明光敏电阻的光敏材料已经损坏。

7．激光二极管

激光二极管封装有两种形式：共阳极与共阴极型。不同的封装类型如图 5.46(a)～(c)所示。激光二极管的符号如图 5.46(d)所示，从图中可知，激光二极管由两部分构成，一部分是激光发射部分 LD；另一部分为激光接收部分 PD，用来监测激光器背向输出光功率。LD 和 PD 两部分又有公共端点 b，公共端一般同管子的金属外壳相连，所以激光二极管实际上只有三个脚 a、b、c。

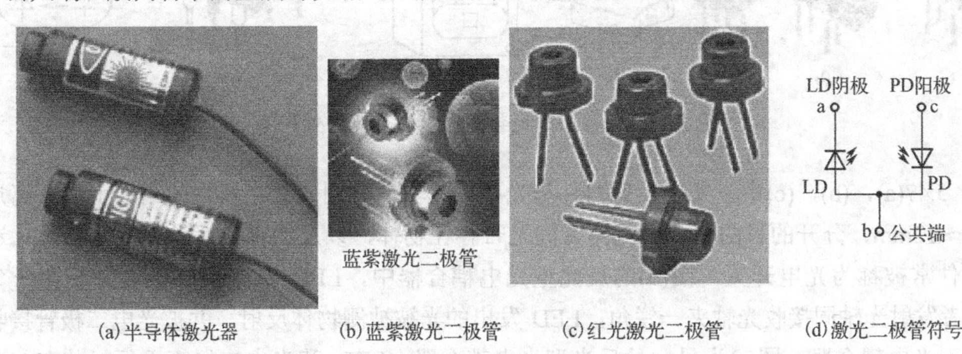

(a) 半导体激光器　(b) 蓝紫激光二极管　(c) 红光激光二极管　(d) 激光二极管符号

图 5.46　激光二极管

（1）激光二极管的简单检测

检测和判断激光二极管可按如下三个步骤进行：

1）区分 LD 和 PD。用万表的 R×1k 挡分别测出激光二极管三个引脚两两之间的阻值，总有一次两脚间的阻值在几千欧姆左右，这时黑表笔所接的一端是 PD 阳极端，红表笔所接的引脚为公共端，剩下的一个引脚为 LD 阴极端，这样就区分出了 PD 部分（图中的 bc 部分）和 LD 部分（图中的 ab 部分）。

2）检测 PD 部分。激光二极管的 PD 部分实质上是一个光敏二极管，用万用表检测方法如下：用 R×1k 挡测其阻值，若正向电阻为几千欧姆，反向电阻为无穷大，初步表明 PD 部分是好的；若正向电阻为 0 或为无穷大，则表明 PD 部分已坏。若反向电阻不是无穷大，而有几百千欧或上千千欧的电阻，说明 PD 部分已反向漏电，管子质量变差。

3）检测 LD 部分。用万用表的 R×1k 挡测 LD 部分的正向阻值，即黑表笔接公共端 b，红表笔接 a 脚，正向阻值应在 10kΩ～30kΩ 之间，反向阻值应为无穷大。若测得的正向阻值大于 55kΩ，反向阻值在 100kΩ 以下，表明 LD 部分已严重老化，使用效果会变差。

（2）判定管脚的排列顺序

将万用表置于 R×1k 挡，按照检测普通二极管正、反电阻的方法，即可将激光二极管的管脚排列顺序确定。

但检测时要注意，由于激光二极管的正向压降比普通二极管要大，所以当检测正向电阻时，万用表指针仅略微向右偏转而已，而反向电阻则为无穷大。

（3）激光二极管好坏的检测

一般在激光二极管供电回路中设置了一只负载电阻。检测时，可用万用表直流电压挡测量一下此负载电阻上的电压降，然后用欧姆定律 $I = U / R$ 来估算激光二极管中流过的电流，据此电流的大小，判断激光二极管的工作状态。一般当电流大于 100mA，且调节电路中相应的电位器，电流无任何变化时，即可断定激光二极管已经损坏。因为目前小功率激光二极管的额定工作电流均在 100mA 以下，只有在谐振腔发生损坏性故障时，才会出现电流剧增且不可控制的现象。顺便一提的是，波长为 780nm 的激光二极管在工作时，从侧面观看出光窗口时呈暗红色，从侧面看透镜时略见辉光。这些均可作为判断激光二极管是否正常工作的基本特征

8. 光电耦合器件

光电耦合器件的结构与电路符号如图 5.47 所示，图中的发光二极管泛指一切发光器件，图中的光电二极管也泛指一切光电接收器件。

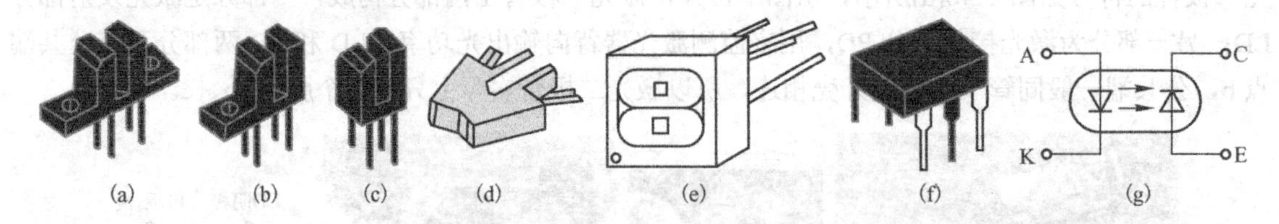

图 5.47 几种不同封装的光电耦合器的外形图

图 5.47(a)，(b)，(c)中，光电发射器件与光电接收器件分别安装在器件的两臂上，分离尺寸一般在 4～12mm，分开的目的是要检测两臂间是否存在物体，以及物体的运动速度等参数。这种封装的器件常被称为光电开关。图(d)的反光型光电耦合器中，LED 和光电二极管封装在一个壳体内，两者发射光轴同接收光轴夹一锐角，LED 发出的光被被测物体反射，并被光电二极管接收，构成反光型光电耦合器。图(e)为另一种反光型光电耦合器，LED 和光电二极管平行封装在一个壳体内，LED 发出的光可以在较远的位置上放置的器件反射到光电二极管的光敏面上。显然，这种反光型光电耦合器要比成锐角的耦合器作用距离远。图(f)为 DIP 封装形式的光电耦合器件，这种封装形式的器件有多种，可将几组光电耦合器封装在一片 DIP 中，用作多路信号隔离传输。光电耦合器件的检测分别按发光二极管和光电二极管的方法检测，如图 5.47(g)所示。

5.2 电子电路设计制作的一般方法

5.2.1 电子电路的设计过程

通过本书学习电子线路的设计需要具有以下的基础：首先，课堂上所学习的电子技术书本知识是设计的主要基础，其中主要是指数字电子技术和模拟电子技术两门课程。其次，需要对实际使用的电子电路元件有一定的了解，也就是学习本章第一部分的知识。在此基础上，针对一个具体的设计任务目标，可按照 3 个步骤进行：明确系统的设计任务，根据任务进行方案选择；对方案中的各个部分进行单元的设计，参数计算和器件选择；将各个部分连接在一起，画出一个符合设计要求的完整的系统电路图。

1. 明确系统的设计任务要求

对系统的设计任务进行具体分析，充分了解系统的性能，指标，内容及要求，以明确系统应完成的任务。

2. 方案选择

这一步的工作要求是把系统要完成的任务分配给若干个单元电路，并画出一个能表示各单元功能的整机原理框图。

方案选择的重要任务是根据掌握的知识和资料，针对系统提出的任务、要求和条件，完成系统的功能设计。在这个过程中要敢于探索，勇于创新，力争做到设计方案合理、可靠、经济，功能齐全，技术先进。并且对方案要不断进行可行性和优缺点的分析，最后设计出一个完整框图。框图必须正确反映应完成的任务和各组成部分的功能，清楚表示系统的基本组成和相互关系。

3. 单元电路的设计，参数计算和器件选择

根据系统的指标和功能框图，明确各部分任务，进行各单元电路的设计、参数计算和器件选择。

（1）单元电路设计

单元电路是整机的一部分，只有把各单元电路设计好才能提高整机设计水平。

单元电路设计前需明确各单元电路的任务，详细拟定出单元电路的性能指标，与前后级之间的关系，分析电路的组成形式。具体设计时，可以模仿传统的成熟电路，也可以进行创新或改进，但都必须保证性能要求。而且，不仅单元电路本身要设计合理，各单元电路间也要互相配合，注意各部分的输入信号、输出信号和控制信号的关系。

（2）参数计算

为保证单元电路达到功能指标要求，就需要用电子技术知识对参数进行计算。例如，放大电路中各电阻值、放大倍数的计算；振荡器中电阻、电容、振荡频率等参数的计算。只有很好地理解电路的工作原理，正确利用计算公式，计算的参数才能满足设计要求。

参数计算时，同一个电路可能有几组数据，注意选择一组能完成电路设计要求的功能，在实践中能真正可行的参数。

计算电路参数时应注意下列问题：

1）元器件的工作电流、电压、频率和功耗等参数应能满足电路指标的要求；

2）元器件的极限参数必须留有足够的裕量，一般应大于额定值的 1.5 倍；

3）电阻和电容的参数应选计算值附近的标称值。

（3）器件选择

1）元件的选择

电阻和电容种类很多，正确选择电阻和电容是很重要的。不同的电路对电阻和电容性能要求也不同，有些电路对电容的漏电要求很严，还有些电路对电阻、电容的性能和容量要求很高。例如滤波电路中常用大容量（100μF～3000μF）铝电解电容，为滤掉高频通常还需并联小容量（0.01μF～0.1μF）瓷片电容。设计时要根据电路的要求选择性能和参数合适的阻容元件，并要注意功耗、容量、频率和耐压范围是否满足要求。

2）分立元件的选择

分立元件包括二极管、晶体三极管、场效应管、光电二（三）极管、晶闸管等。根据其用途分别进行选择。

选择的器件种类不同，注意事项也不同。例如选择晶体三极管时，首先注意是选择 NPN 型还是 PNP 型管，是高频管还是低频管，是大功率管还是小功率管，并注意管子的参数是否满足电路设计指标的要求。

3）集成电路的选择

由于集成电路可以实现很多单元电路甚至整机电路的功能，所以选用集成电路来设计单元电路和总体电路既方便又灵活，它不仅使系统体积缩小，而且性能可靠，便于调试及运用，在设计电路时颇受欢迎。

集成电路有模拟集成电路和数字集成电路。国内外已生成出大量集成电路，其器件的型号、原理、功能、特征可查阅有关手册。

选择的集成电路不仅要在功能和特性上实现设计方案，而且要满足功耗、电压、速度、价格等多方面的要求。

4. 电路图的绘制

为详细表示设计的整机电路及各单元电路的连接关系，设计时需绘制完整电路图。

电路图通常是在系统框图、单元电路设计、参数计算和器件选择的基础上绘制的，它是组装、调试和维修的依据。绘制电路图时要注意以下几点：

（1）布局合理，排列均匀，图片清晰，便于看图，有利于对图的理解和阅读。

有时一个总电路由几部分组成，绘图时应尽量把总电路图画在一张图纸上。如果电路比较复杂，需绘制几张图，则应把主电路画在同一张图纸上，再把一些比较独立和次要的部分画在另一张图纸上，并在图的断口两端做上标记，标出信号从一张图到另一张图的引出点和引入点，以此说明各图纸电路连线之间的关系。

有时为了强调并便于看清各单元电路的功能关系，每一个功能单元电路的元件应集中布置在一起，并尽可能按工作顺序排列。

（2）注意信号的流向，一般从输入端和信号源画起，由左至右或由上至下按信号的流向依次画出各单元电路，而反馈通路的信号流向则与此相反。

（3）图形符号要标准，图中应加适当的标注。图形符号表示器件的项目或概念。电路图中的中、大规模集成电路器件，一般用方框表示，在方框中标出它的型号，在方框的两侧标出每根线的功能名称和管脚号。除了大规模器件外，其余元器件符号应当标准化。

（4）连接线应为直线，并且交叉和折弯应最少。通常连接可以水平或垂直布置，一般不画斜线，互相连同的交叉用圆点表示，根据需要，可以在连接线上加注信号名或其他标记，表示其功能或其去向。有的连线可用符号表示，例如器件的电源一般标电源电压的数值，地线用符号（⊥）表示。

5.2.2 印制电路板的设计方法和技巧

随着电子技术的快速发展，印制电路板广泛应用于各个领域，目前几乎所有的电子设备中都包含相应的印制电路板。为保证电子设备正常工作，减少相互间的电磁干扰，降低电磁污染对人类及生态环境的不利影响，电磁兼容设计不容忽视。

在印制电路板的设计中，元器件布局和电路连接的布线是关键的两个环节。

1．布局

布局，是把电路器件放在印制电路板布线区内。布局是否合理不仅影响后面的布线工作，而且对整个电路板的性能也有重要影响。在保证电路功能和性能指标后，要满足工艺性、检测和维修方面的要求，元件应均匀、整齐、紧凑布放在 PCB 上，尽量减少和缩短各元器件之间的引线和连接，以得到均匀的组装密度。

（1）电气性能

1）信号通畅。按电路流程安排各个功能电路单元的位置，使布局便于信号流通、输入和输出信号、高电平和低电平部分尽可能不交叉，信号传输路线最短。

2）功能区分。元器件的位置应按电源电压、数字及模拟电路、速度快慢、电流大小等进行分组，以免相互干扰。

电路板上同时安装数字电路和模拟电路时，两种电路的地线和供电系统完全分开，有条件时将数字电路和模拟电路安排在不同层内。电路板上需要布置快速、中速和低速逻辑电路时，应紧靠连接器安放；而低速逻辑和存储器，应安放在远离连接器范围内。这样，有利于减小共阻抗耦合、辐射和交扰。时钟电路和高频电路是主要的干扰辐射源，一定要单独安排，远离敏感电路。

3）热磁兼顾。发热元件与热敏元件尽可能远离，要考虑电磁兼容的影响。

（2）工艺性

1）层面。贴装元件尽可能在一面，简化组装工艺。

2）距离。元器件之间距离的最小限制根据元件外形和其他相关性能确定，目前元器件之间的距离一般不小于 0.2 mm～0.3mm，元器件距印制板边缘的距离应大于 2mm。

3）方向。元件排列的方向和疏密程度应有利于空气的对流。考虑组装工艺，元件方向尽可能一致。

2．布线

（1）导线

1）宽度。印制导线的最小宽度，主要由导线和绝缘基板间的粘附强度和流过它们的电流值决定。印制导线可尽量宽一些，尤其是电源线和地线，在版面允许的条件下尽量宽一些，即使面积紧张的条件下一般也不应小于 1mm。特别是地线，即使局部不允许加宽，也应在允许的地方加宽，以降低整个地线系统的电阻。对长度超过 80mm 的导线，即使工作电流不大，也应加宽以减小导线压降对电路的影响。

2）长度。要极小化布线的长度，布线越短，干扰和串扰越少，并且它的寄生电抗也越低，辐射更少。特别是场效应管的栅极、三极管的基极和高频回路更应注意布线要短。

3）间距。相邻导线之间的距离应满足电气安全的要求，串扰和电压击穿是影响布线间距的主要电气特性。为了便于操作和生产，间距应尽量宽些，选择最小间距至少应该适合所施加的电压。这个电压包括工作电压、附加的波动电压、过电压和因其他原因产生的峰值电压。当电路中存在有市电电压时，出于安全的需要间距应该更宽些，而一般情况下导线间距应当不小于线宽。

4）路径。信号路径的宽度，从驱动到负载应该是常数。改变路径宽度对路径阻抗（电阻、电感和电容）产生改变，会产生反射和造成线路阻抗不平衡。所以，最好保持路径的宽度不变。在布线中，最好避免使用直角和锐角，一般拐角应该大于 90°。直角的路径内部的边缘能产生集中的电场，该电场产生耦合到相邻路径的噪声，45°路径优于直角和锐角路径。当两条导线以锐角相遇连接时，应将锐角改成圆形。

（2）孔径和焊盘尺寸

元件安装孔的直径应该与元件的引线直径较好地匹配，使安装孔的直径略大于元件引线直径的0.15～0.3mm。通常 DIL 封装的管脚和绝大多数的小型元件使用 0.8mm 的孔径，焊盘直径约2mm。对于大孔径焊盘为了获得较好的附着能力，焊盘的直径与孔径之比，对于环氧玻璃板基大约为 2，而对于苯酚纸板基应为 2.5～3。

过孔，一般被使用在多层 PCB 中，它的最小可用直径与板基的厚度相关，通常板基的厚度与过孔直径比是 6:1。高速信号时，过孔产生 1～4nH 的电感和 0.3～0.8pF 的电容的路径。因此，当铺设高速信号通道时，过孔应该被保持到绝对的最小。对于高速的并行线（例如地址和数据线），如果层的改变不可避免，应该确保每根信号线的过孔数一样。并且应尽量减少过孔数量，必要时需设置印制导线保护环或保护线，以防止振荡和改善电路性能。

（3）地线设计

不合理的地线设计会使印制电路板产生干扰，达不到设计指标，甚至无法工作。地线是电路中电位的参考点，又是电流公共通道。地电位理论上是零电位，但实际上由于导线阻抗的存在，地线各处电位不都是零。因为地线只要有一定长度就不是一个处处为零的等电位点，地线不仅是必不可少的电路公共通道，又是产生干扰的一个渠道。

一点接地（图 5.48）是消除地线干扰的基本原则。所有电路、设备的地线都必须接到统一的接地点上，以该点作为电路、设备的零电位参考点（面）。一点接地分公用地线串联一点接地和独立地线并联一点接地。

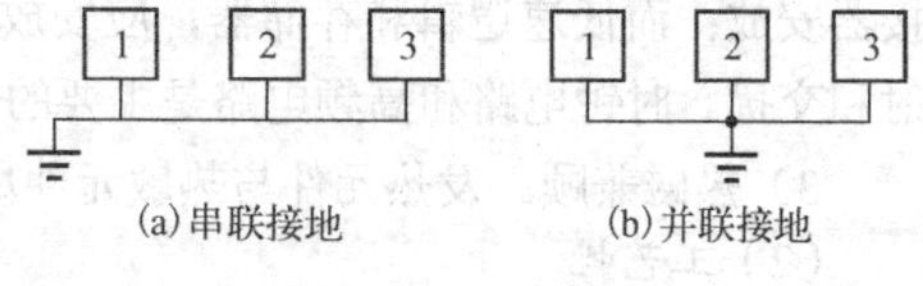

图 5.48　一点接地

公用地线串联一点接地方式比较简单，各个电路接地引线比较短，其电阻相对较小，这种接地方式常用于设备机柜中的接地。独立地线并联一点接地，只有一个物理点被定义为接地参考点，其他各个需要接地的点都直接接到这一点上，各电路的地电位只与本电路的地电流及地阻抗有关，不受其他电路的影响。

具体布线时应注意以下几点：

1）走线长度尽量短，以便使引线电感极小化。在低频电路中，因为所有电路的地电流流经公共的接地阻抗或接地平面，所以避免采用多点接地。

2）公共地线应尽量布置在印制电路板边缘部分。电路板上应尽可能多保留铜箔做地线，可以增强屏蔽能力。

3）双层板可以使用地线面，地线面的目的是提供一个低阻抗的地线，地线面能够使辐射的环路最小。

4）多层印制电路板中，可设置接地层，接地层设计成网状。地线网格的间距不能太大，因为地线的一个主要作用是提供信号回流路径，若网格的间距过大，会形成较大的信号环路面积。大环路面积会引起辐射和敏感度问题。另外，信号回流实际走环路面积小的路径，其他地线并不起作用。

5.3　软硬件开发环境

光电测控系统通常是一个光、机、电、计算机等相结合的综合体，光电测控系统的设计和实施离不开必要的计算机软硬件开发环境。本书所指的软硬件开发环境，既包括系统上位终端 PC 端光电信息（光电信号或图像）处理方法设计、验证和实施的编程环境，也包括信息处理系统前端下位机设计单片机开发所需要的软件。随着电子技术和计算机技术的发展，可供使用的编程语言和可用软件都越来越多，本书仅就常用的几种做简单介绍，供初学者入门查询。

编程语言方面，MATLAB 和 C 语言是很多高校列入教学计划的两种基本工具类课程，在各个学科专业中应用都非常广泛。MATLAB 是一种分析工具，提供了很多工具箱，有很多应用例程可供参考，能做很多专业的分析处理，在应用过程中，很容易对工程分析建立数学模型，得到仿真结果，能够快速进行工程分析。得到正确的处理过程后，可以用其他的语言实现这个过程。而 C 语言是一种计算机程序设计语言，它既具有高级语言的特点，又具有汇编语言的特点。可以作为工作系统设计语言，编写系统应用程序，也可以作为应用程序设计语言，编写不依赖计算机硬件的应用程序。它的应用范围广泛，具备很强的数据处理能力。C++是一种支持多重编程范式的通用程序设计语言。它支持过程化程序设计、数据抽象、面向对象程序设计、泛型程序设计等多种程序设计风格。因此本书以这 MATLAB 和 C 语言的开发环境为例，介绍其使用和入门基础。

而在测控系统前端设计方面，针对上一节的电路设计和实现方法，本书以一种单片机开发软件为例，介绍单片机开发环境的入门和使用。

5.3.1 MATLAB

1. MATLAB 的安装和启动

当计算机的软硬件均达到 MATLAB 的安装要求后，只需将 MATLAB 的安装光盘放入光驱，安装程序将会自动提示安装步骤，按所给提示做出选择，便能顺利完成安装。

MATLAB 对计算机软硬件的大致安装要求是：

（1）Windows 2000、Windows XP、Windows 7、Windows 8 或更高版本的操作系统；

（2）Pentium III、Pentium IV 或更高的 CPU；

（3）128MB 左右的内存；

（4）10GB 左右的硬盘；

（5）最好支持 16 位颜色，分辨率在 800×600 以上的显示卡和显示器；

（6）光驱。

成功安装后，MATLAB 将在桌面放置一图标，双击该图标即可启动 MATLAB 并显示 MATLAB 的工作窗口界面。

2. MATLAB 操作界面

安装后首次启动 MATLAB 所得的操作界面如图 5.49 所示，这是系统默认的、未曾被用户依据自身需要和喜好设置过的界面。

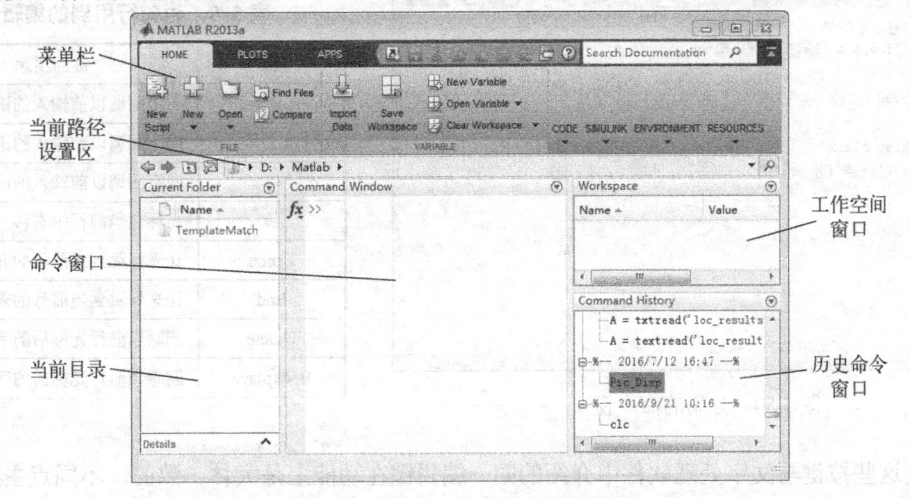

图 5.49 MATLAB 默认的主界面

MATLAB 的主界面是一个高度集成的工作环境，有 4 个不同职责分工的窗口，分别是命令窗口(Command Window)、历史命令(Command History)窗口、当前目录(Current Folder)窗口和工作空间(Workspace)窗口。除此之外，MATLAB 6.5 之后的版本还添加了开始按钮(Start)。

菜单栏和工具栏在组成方式和内容上与一般应用软件基本相同或相似。下面重点介绍 MATLAB 的 5 个窗口。

（1）命令窗口(Command Window)

在 MATLAB 默认主界面的右边是命令窗口。因为 MATLAB 至今未被汉化，所有窗口名都用英文表示，所以“Command Window”即指命令窗口。

命令窗口顾名思义就是接收命令输入的窗口，但实际上，可输入的对象除 MATLAB 命令之外，还包括函数、表达式、语句以及 M 文件名或 MEX 文件名等，为叙述方便，这些可输入的对象以下通称语句。

MATLAB 的工作方式之一是，在命令窗口中输入语句，然后由 MATLAB 逐句解释执行并在命令窗口中给出结果。命令窗口可显示除图形以外的所有运算结果。

命令窗口可从 MATLAB 主界面中分离出来，以便单独显示和操作，当然也可重新返回主界面中，其他窗口也有相同的行为。分离命令窗口可执行 Desktop 菜单中的 Undock Command Window 命令，也可单击窗口右上角的↗按钮，另外还可以直接用鼠标将命令窗口拖离主界面，其结果如图 5.50 所示。若将命令窗口返回到主界面中，可单击窗口右上角的↘按钮，或执行 Desktop 菜单中的 Dock Command Window 命令。下面对使用命令窗口的一些相关问题加以说明。

1）命令提示符和语句颜色

在图 5.50 中，每行语句前都有一个符号“>>”，此即命令提示符。在此符号后（也只能在此符号后）输入各种语句并按 Enter 键，方可被 MATLAB 接收和执行。执行的结果通常直接显示在语句下方。

不同类型语句用不同颜色区分。在默认情况下，输入的命令、函数、表达式以及计算结果等采用黑色字体，字符串采用赭红色，if、for 等关键词采用蓝色，注释语句用绿色。

2）语句的重复调用、编辑和重运行

命令窗口不仅能编辑和运行当前输入的语句，而且对曾经输入的语句也有快捷的方法进行重复调用、编辑和运行。成功实施重复调用的前提是已输入的语句仍然保存在命令历史窗口中（未对该窗口执行清除操作）。而重复调用和编辑的快捷方法就是利用表 5-9 所列的键盘按键。

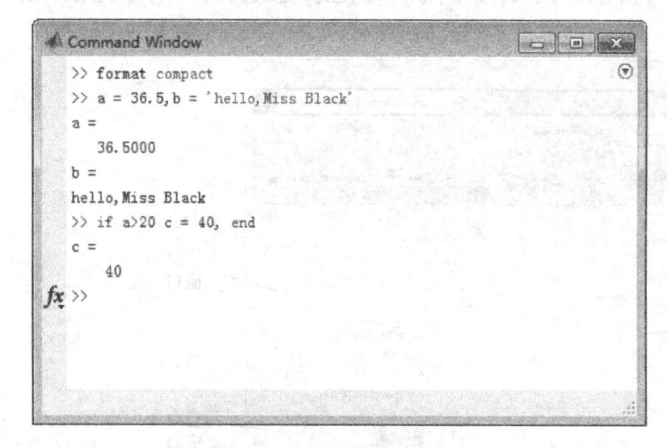

图 5.50　分离的命令窗口

表 5-9　语句行用到的编辑键

按键	键的用途
↑	向上回调以前输入的语句行
↓	向下回调以前输入的语句行
←	向下回调以前输入的语句行
→	光标在当前行中右移一字符
Home	让光标跳到当前行的开头
End	让光标跳到当前行的末尾
Delete	删除当前行光标后的字符
Backplace	删除当前行光标前的字符

其实这些按键与文字处理软件中介绍的同一编辑键在功能上是大体一致的，不同点主要是：在文字处理软件中是针对整个文档使用这些按键的，而 MATLAB 命令窗口是以行为单位使用这些编

辑键的，类似于编辑 DOS 命令的使用手法。提到后一点是有用意的，实际上，MATLAB 有很多命令就是从 DOS 命令中借来的。

3）语句行中使用的标点符号

MATLAB 在输入语句时，可能要用到表 5-10 所列的各种符号。提醒一下，在向命令窗口输入语句时，一定要在英文输入状态下输入，尤其在刚刚输完汉字后初学者很容易忽视中英文输入状态的切换。

表 5-10　MATLAB 语句中常用标点符号的作用

名　称	符　号	作　用
空格		变量分隔符；矩阵一行中各元素间的分隔符；程序语句关键词分隔符
逗号	,	分隔欲显示计算结果的各语句；变量分隔符；矩阵一行中各元素间的分隔符
点号	.	数值中的小数点；结构数组的域访问符
分号	;	分隔不想显示计算结果的各语句；矩阵行与行的分隔符
冒号	:	用于生成一维数值数组；表示一维数组的全部元素或多维数组某一维的全部元素
百分号	%	注释语句说明符，凡在其后的字符视为注释性内容而不被执行
单引号	''	字符串标识符
圆括号	()	用于矩阵元素引用；用于函数输入变量列表；确定运算的先后次序
方括号	[]	向量和矩阵标识符；用于函数输出列表
花括号	{}	标识细胞数组
续行号	…	长命令行需分行时连接下行用
赋值号	=	将表达式赋值给一个变量

语句行中使用标点符号示例。

```
>> a=24.5,b='Hi,Miss Black' %">>"为命令行提示符;逗号用来分隔显示计算结果的各语
                                句；单引号标识字符串；"%"为注释语句说明符
a=
24.5000
b=
Hi,Miss Black
>> c=[1 2;3 4]     %方括号标识矩阵，分号用来分隔行，空格用来分隔元素
c=
1 2
3 4
```

4）命令窗口中数值的显示格式

为了适应用户以不同格式显示计算结果的需要，MATLAB 设计了多种数值显示格式以供用户选用，如表 5-11 所示。其中默认的显示格式是：数值为整数时，以整数显示；数值为实数时，以 short 格式显示；如果数值的有效数字超出了这一范围，则以科学计数法显示结果。

表 5-11　命令窗口中数据 e 的显示格式

格　式	命令窗口中的显示形式	格式效果说明
short(默认)	2.7183	保留4 位小数，整数部分超过3 位的小数用short e 格式
short e	2.7183e+000	用 1 位整数和 4 位小数表示，倍数关系用科学计数法表示成十进制指数形式
short g	2.7183	保证 5 位有效数字，数字大小在 10 的正负 5 次幂之间时，自动调整数位，超出幂次范围时用 short e 格式
long	2.71828182845905	14 位小数，最多2 位整数，共16 位十进制数，否则 用long e 格式表示

续表

格　式	命令窗口中的显示形式	格式效果说明
long e	2.718281828459046e+000	15 位小数的科学计数法表示
long g	2.71828182845905	保证 15 位有效数字，数字大小在 10 的+15 和–5 次幂之间时，自动调整数位，超出幂次范围时用 long e 格式
rational	1457/536	用分数有理数近似表示
hex	4005bf0a8b14576a	十六进制表示
+	+	正、负数和零分别用＋、－、空格表示
bank	2.72	限两位小数，用于表示元、角、分
compact	不留空行显示	在显示结果之间没有空行的压缩格式
loose	留空行显示	在显示结果之间有空行的稀疏格式

需要说明的是，表中最后两个是用于控制屏幕显示格式的，而非数值显示格式。

必须指出，MATLAB 所有数值均按 IEEE 浮点标准所规定的长型格式存储，显示的精度并不代表数值实际的存储精度，或者说数值参与运算的精度，认清这点是非常必要的。

5）数值显示格式的设定方法

格式设定的方法有两种：一是执行 MATLAB 窗口中 File 菜单的 Preferences 命令，用弹出的对话框（图 5.51）去设定；二是执行 format 命令，例如要用 long 格式，在命令窗口中输入 format long 语句即可。两种方法均可独立完成设定，但使用命令是方便在程序设计时进行格式设定。

不仅数值显示格式可由用户自行设置，数字和文字的字体显示风格、大小、颜色也可由用户自行挑选。其方法还是执行 File | Preferences 命令，弹出如图 5.58 所示对话框。利用该对话框左侧的格式对象树，从中选择要设定的对象再配合相应的选项，便可对所选对象的风格、大小、颜色等进行设定。

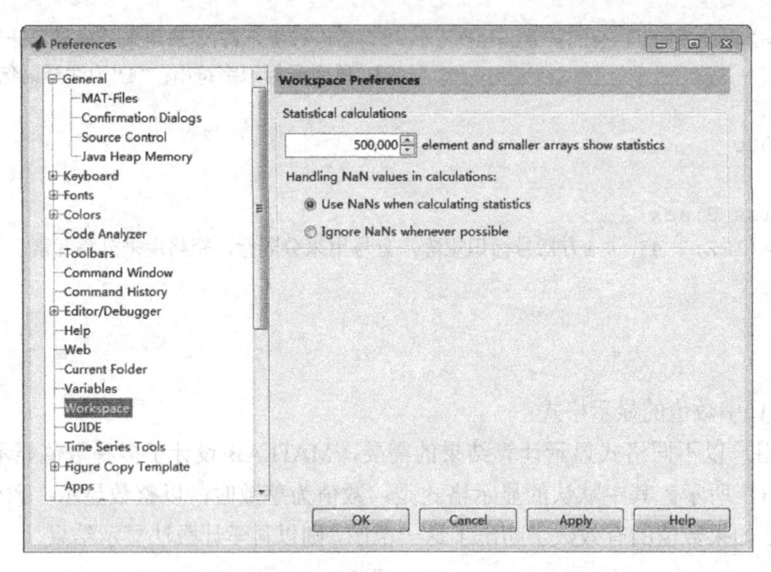

图 5.51　Preferences 设置对话框

6）命令窗口清屏

当命令窗口中执行过许多命令后，窗口会被占满，为方便阅读，清除屏幕显示是经常采用的操作。清除命令窗口显示通常有两种方法：一是执行 MATLAB 窗口的 Edit | Clear Command Window 命令；二是在提示符后直接输入 clc 语句。两种方法都能清除命令窗口中的显示内容，也仅仅是命令窗口的显示内容而已，并不能清除工作空间和历史命令窗口的显示内容。

（2）历史命令(Command History)窗口

历史命令窗口是 MATLAB 用来存放曾在命令窗口中使用过的语句。它借用计算机的存储器来保存信息。其主要目的是为了便于用户追溯、查找曾经用过的语句，利用这些既有的资源节省编程时间。

单击历史命令窗口右上角的 ↗ 按钮，便可将其从 MATLAB 主界面分离出来，如图 5.52 所示。从窗口中记录的时间来看，其中存放的正是曾经使用过的语句。对历史命令窗口中的内容，可在选中的前提下，将它们复制到当前正在工作的命令窗口中，以供进一步修改或直接运行。其优势在如下两种情况下体现得尤为明显：一是需要重复处理长语句；二是在选择多行曾经用过的语句形成 M 文件时。

1）复制、执行历史命令窗口中的命令

历史命令窗口的主要应用体现在表 5-12 中。表中操作方法一栏中提到的“选中”操作，与 Windows 选中文件时方法相同，同样可以结合 Ctrl 键和 Shift 键使用。

表 5-12　历史命令窗口的主要应用

功　能	操作方法
复制单行或多行语句	选中单行或多行语句，执行Edit 菜单的Copy 命令，回到命令窗口，执行粘贴操作，即可实现复制
执行单行或多行语句	选中单行或多行语句，右击，弹出快捷菜单，执行该菜单中的 Evaluate Selection 命令，则选中语句将在命令窗口中运行，并给出相应结果。或者双击选择的语句行也可运行
把多行语句写成M 文件	选中单行或多行语句，右击，弹出快捷菜单，执行该菜单的 Create M-File 命令，利用随之打开的M 文件编辑/调试器窗口，可将选中语句保存为M 文件

用历史命令窗口完成所选语句的复制操作。

① 用鼠标选中所需第一行；

② 再按 Shift 键和鼠标选择所需最后一行，于是连续多行即被选中；

③ 执行 Edit | Copy 菜单命令，或在选中区域单击鼠标右键，执行快捷菜单的 Copy 命令；

④ 回到命令窗口，在该窗口用快捷菜单中的 Paste 命令，所选内容即被复制到命令窗口。其操作如图 5.53 所示。

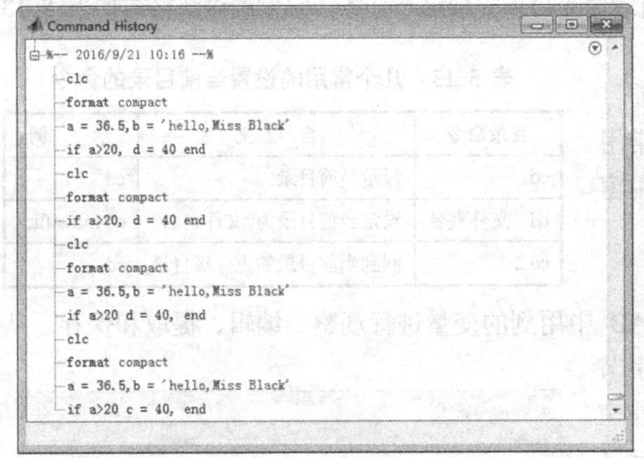

图 5.52　分离的历史命令窗口

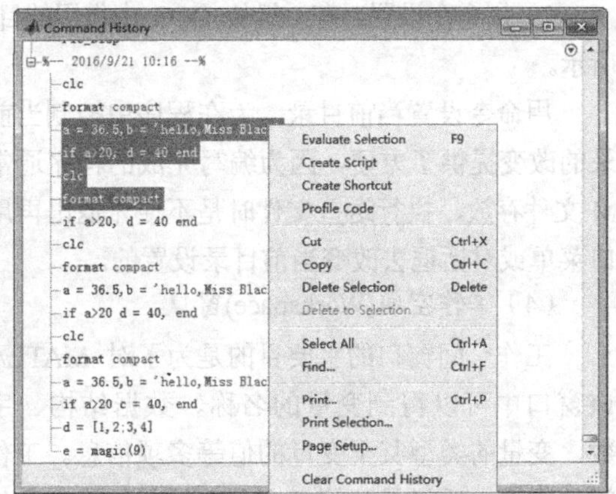

图 5.53　历史命令窗口选中与复制操作

用历史命令窗口完成所选语句的运行操作。

① 用鼠标选中所需第一行；

② 再按 Ctrl 键结合鼠标点选所需的行，于是不连续多行即被选中；

③ 在选中的区域右击弹出快捷菜单，选用 Evaluate Selection 命令，计算结果就会出现在命令窗口中。

2）清除历史命令窗口中的内容

清除历史命令窗口中的内容，其方法就是执行 Edit 菜单中的 Clear Command History 命令，则历史命令窗口当前的内容就被完全清除了，以前的命令再不能被追溯和利用，这一点必须清楚。

（3）当前目录(Current Folder)窗口

MATLAB 借鉴 Windows 资源管理器管理磁盘、文件夹和文件的思想，设计了当前目录窗口。利用该窗口可组织、管理和使用所有 MATLAB 文件和非 MATLAB 文件，例如新建、复制、删除和重命名文件夹和文件。甚至还可用此窗口打开、编辑和运行 M 程序文件以及载入 MAT 数据文件等。当然，其核心功能还是设置当前目录。

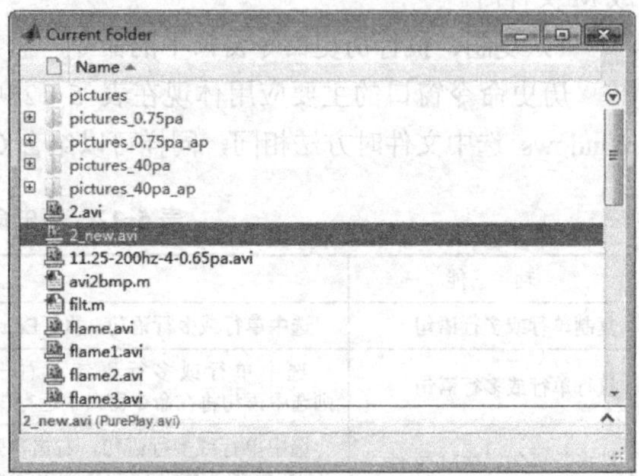

图 5.54　分离的当前目录窗口

当前目录窗口如图 5.54 所示。下面主要介绍当前目录的概念及如何完成对当前目录的设置，并不准备在此讨论程序文件的运行。

MATLAB 的当前目录即是系统默认的实施打开、装载、编辑和保存文件等操作时的文件夹。用桌面图标启动 MATLAB 后，系统默认的当前目录是 ...\MATLAB\work。设置当前目录就是将此默认文件夹改变成用户希望使用的文件夹，它应是用户准备用来存放文件和数据的文件夹，可能正是用户自己有意提前创建好的。

具体的设置方法有两种：

1）在当前目录设置区设置。在图 5.49 所示 MATLAB 主界面工具栏的右边以及图 5.54 所示分离的当前目录设置窗口都有当前目录设置区，可以在设置区的下拉列表文本框中直接填写待设置的文件夹名或选择下拉列表中已有的文件夹名；或单击 ... 按钮，从弹出的当前目录设置对话框的目录树中选取欲设为当前目录的文件夹即可。欲弹出分离的当前目录设置窗口，执行 MATLAB 窗口的 Desktop | Current Directory 菜单命令即可。

2）用命令设置。有一组从 DOS 中借用的目录命令可以完成这一任务，它们的语法格式如表 5-13 所示。

表 5-13　几个常用的设置当前目录的命令

目录命令	含　义	示　例
cd	显示当前目录	cd
cd　文件夹名	设定当前目录为“文件夹名”	cd f:\matfiles
cd ..	回到当前目录的上一级目录	cd

用命令设置当前目录，为在程序中控制当前目录的改变提供了方便，因为编写完成的程序通常用 M 文件存放，执行这些文件时是不便先退出再用窗口菜单或对话框去改变当前目录设置的。

（4）工作空间(Workspace)窗口

工作空间窗口的主要目的是为了对 MATLAB 中用到的变量进行观察、编辑、提取和保存。从该窗口中可以得到变量的名称、数据结构、字节数、变量的类型甚至变量的值等多项信息。工作空间的物理本质就是计算机内存中的某一特定存储区域，因而工作空间的存储表现亦如内存的表现。工作空间窗口如图 5.55 所示。

图 5.55　分离的工作空间窗口

因为工作空间的内存性质，存放其中的 MATLAB 变量（或称数据）在退出 MATLAB 程序后会自动丢失。若想在以后利用这些数据，可在退出前用数据文件（.MAT 文件）将其保存在外存上。具体操作方法有两种：

1）用工作空间结合快捷菜单保存数据。在工作空间窗口中结合快捷菜单来保存变量或删除变量的操作方法列在表 5-14 中。

表 5-14　工作空间中保存和删除变量的操作方法

功　能	操 作 方 法
全部工作空间变量保存为 MAT 文件	右击，在弹出的快捷菜单中执行 Save Workspace As...命令，则可把当前工作空间中的全部变量保存为外存中的数据文件。
部分工作空间变量保存为 MAT 文件	选中若干变量右击，在弹出的快捷菜单中执行 Save Selection As...命令，则可把所选变量保存为数据文件。
删除部分工作空间变量	选中一个或多个变量按鼠标右键弹出快捷菜单，选用 Delete 命令，或执行 MATLAB 窗口的Edit|Delete 菜单命令；在弹出的Confirm Delete 对话框中单击“确定”按钮。
删除全部工作空间变量	右击，弹出快捷菜单，执行 Clear Workspace 命令，或执行 MATLAB 窗口的 Edit|Clear Workspace 菜单命令。

2）用命令建立数据文件以保存数据。MATLAB 提供了一组命令来处理工作空间中的变量，在此只介绍3 个命令。

① save 命令，其功能是把工作空间的部分或全部变量保存为以.mat 为扩展名的文件。它的通用格式是：

save 文件名 变量名1 变量名2 变量名3…参数

将工作空间中的全部或部分变量保存为数据文件。

```
>>save dataf              %将工作空间中所有变量保存在dataf.mat文件中
>>save var_ab A B         %将工作空间中变量A、B保存在var_ab.mat文件中
>>save var_ab C-append    %将工作空间中变量C添加到var_ab.mat文件中
```

② load 命令，其功能是把外存中的.mat 文件调入工作空间，与 save 命令相对。它的通用格式是：

```
load  文件名 变量名1  变量名2  变量名3…
```

将外存中.mat 文件的全部或部分变量调入工作空间。

```
>>load dataf          %将dataf.mat文件中全部变量调入工作空间
>>load var_ab A B     %将var_ab.mat文件中的变量A、B调入工作空间
```

③ clear 命令，其功能是把工作空间的部分或全部变量删除，但它不清除命令窗口。它的通用格式是：

```
clear  变量名1  变量名2  变量名3…
>>clear          %删除工作空间中的全部变量
>>clear A B      %删除工作空间中的变量A、B
```

与用菜单方式删除工作空间变量不同，用 clear 命令删除工作空间变量时不会弹出确认对话框，且删除后是不可恢复的，因此在使用前要想清楚。

（5）帮助（Help）窗口

图 5.56 所示是 MATLAB 的帮助窗口。该窗口包含上下两个部分，上面的对话框内可以输入需要搜索的函数名称，下面的窗口中列举了 MATLAB 提供的工具箱，单击可查看具体的使用说明。

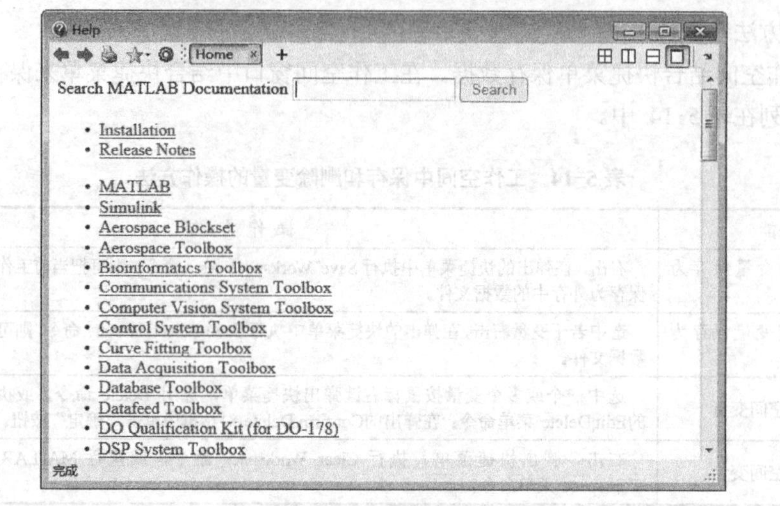

图 5.56　帮助窗口

帮助导航器的功能是向用户提供各种不同的帮助手段，以选项卡的方式组织，分为 Contents、Index、Search 和Demos 等，其功能如下：

Contents 选项卡向用户提供全方位帮助的向导图，单击左边的目录条时，会在窗口右边的帮助浏览器中显示相应的HTML 帮助文本。

Index 选项卡是MATLAB 提供的术语索引表，用以查找命令、函数和专用术语等。

Search 选项卡通过关键词来查找全文中与之匹配的章节条目。

Demos 选项卡用来运行MATLAB 提供的Demo。

3．MATLAB 的各种文件

因为 MATLAB 是一个多功能集成软件，不同的功能需要使用不同的文件格式去表现，所以MATLAB 的文件也有多种格式。最基本的是M 文件、数据文件和图形文件，除此之外，还有MEX 文件、模型文件和仿真文件等。下面分别予以说明。

（1）M 文件，以.m 为扩展名，所以称为 M 文件。M 文件是由一系列 MATLAB 语句组成的文件，包括命令文件和函数文件两类，命令文件类似于其他高级语言中的主程序或主函数，而函数文件则类似于子程序或被调函数。

MATLAB 众多工具箱中的（函数）文件基本上都是 M 函数文件，因为它们是由 ASCII 码表示的文件，所以可由任一文字处理软件编辑后以文本格式存放。

（2）数据文件，以.mat 为扩展名，所以又称MAT 文件。在讨论工作空间窗口时已经涉及到MAT 文件。显然，数据文件保存了MATLAB 工作空间窗口中变量的数据。

（3）图形文件，以.fig 为扩展名。主要由MATLAB 的绘图命令产生，当然也可用File 菜单中的New 命令建立。

（4）MEX 文件，以.mex 或.dll 为扩展名，所以称 MEX 文件。MEX 实际是由 MATLAB Executable 缩写而成的，由此可见，MEX 文件是MATLAB 的可执行文件。

（5）模型和仿真文件，模型文件以.mdl 为扩展名，由 Simulink 仿真工具箱在建立各种仿真模型时产生。仿真文件以.s 为扩展名。

4．MATLAB 的搜索路径

MATLAB 中大量的函数和工具箱文件是组织在硬盘的不同文件夹中的。用户建立的数据文件、命令和函数文件也是由用户存放在指定的文件夹中的。当需要调用这些函数或文件时，找到这些函数或文件所存放的文件夹就成为首要问题，路径的概念也就因此而产生了。

（1）搜索路径机制和搜索顺序

路径其实就是给出存放某个待查函数和文件的文件夹名称。当然，这个文件夹名称应包括盘符和一级级嵌套的子文件夹名。例如，现有一文件 lx04_01.m 存放在 D 盘“ MATLAB 文件”文件夹下的“M文件”子文件夹下的“测控”子文件夹中，那么，描述它的路径是：D:\MATLAB 文件\M 文件\测控。若要调用这个 M 文件，可在命令窗口或程序中将其表达为：D:\MATLAB 文件\M 文件\测控\lx04_01.m。在实用时，这种书写因为过长而很不方便，MATLAB 为克服这一问题，引入了搜索路径机制。

设置搜索路径机制就是将一些可能被用到的函数或文件的存放路径提前通知系统，而无须在执行和调用这些函数和文件时输入一长串的路径。

必须指出，不是说有了搜索路径，MATLAB 对程序中出现的符号就只能从搜索路径中去查找。在 MATLAB 中，一个符号出现在程序语句里或命令窗口的语句中可能有多种解读，它也许是一个变量、特殊常量、函数名、M 文件或 MEX 文件等，到底将其识别成什么，这里涉及一个搜索顺序的问题。

如果在命令提示符“>>”后输入符号 xt，或程序语句中有一个符号 xt，那么，MATLAB 将试图按下列次序去搜索和识别：

1）在 MATLAB 内存中进行检查搜索，看 xt 是否为工作空间窗口的变量或特殊常量，如果是，则将其当成变量或特殊常量来处理，不再往下展开搜索识别；

2）上一步否定后，检查 xt 是否为 MATLAB 的内部函数，若肯定，则调用 xt 这个内部函数；

3）上一步否定后，继续在当前目录中搜索是否有名为“xt.m”或“xt.mex”的文件存在，若肯定，则将 xt 作为文件调用；

4）上一步否定后，继续在 MATLAB 搜索路径的所有目录中搜索是否有名为“xt.m”或“xt.mex”的文件存在，若肯定，则将 xt 作为文件调用；

5）上述 4 步全走完后，若仍未发现 xt 这一符号的出处，则 MATLAB 发出错误信息。必须指出的是，这种搜索是以花费更多执行时间为代价的。

（2）设置搜索路径的方法

MATLAB 设置搜索路径的方法有两种：一种是用菜单对话框；另一种是用命令。现将两方案分述如下。

1）用菜单和对话框设置搜索路径

在MATLAB 主界面的菜单栏中有Set Path 命令，执行这一命令将打开设置搜索路径的对话框，如图5.57 所示。

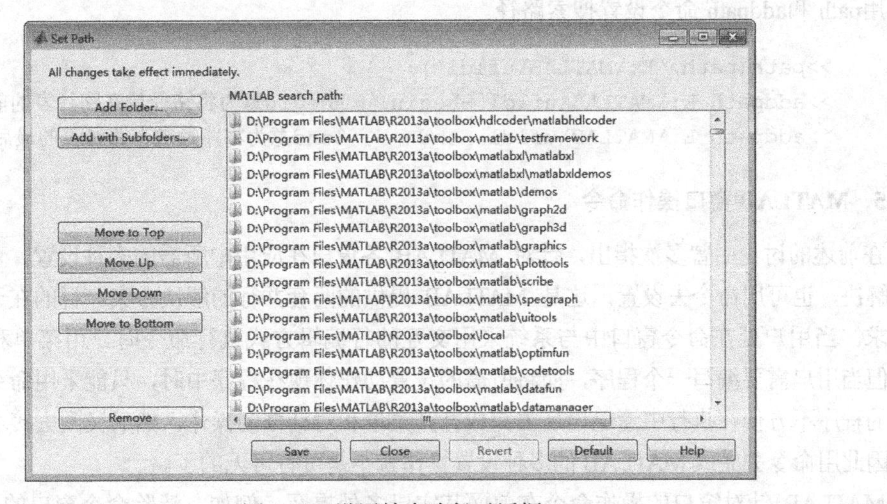

图 5.57　设置搜索路径对话框

对话框左边设计了多个按钮，其中最上面的两个按钮分别是：Add Folder…和 Add with Subfolders…，单击任何一个按钮都会弹出一个名为浏览文件夹的对话框，如图 5.58 所示。利用该对话框可以从树形目录结构中选择欲指定为搜索路径的文件夹。

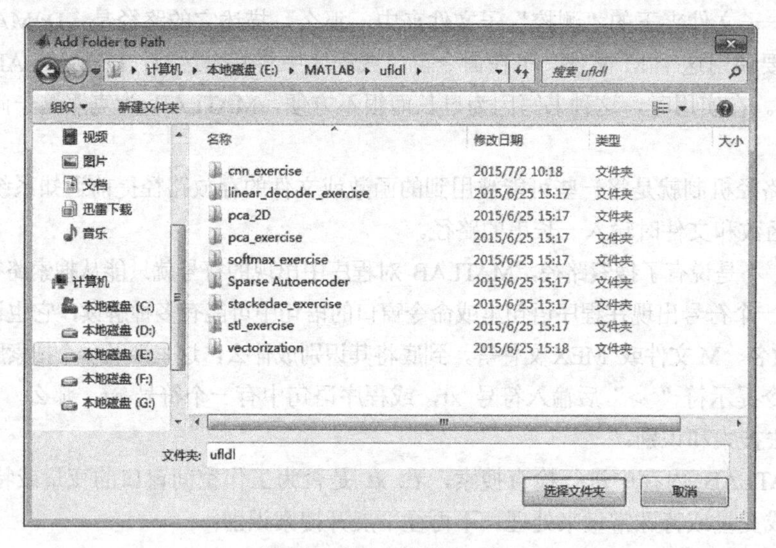

图 5.58 浏览文件夹对话框

Add Folder…和 Add with Subfolders…这两个按钮的不同处在于后者设置某个文件夹成为可搜索的路径后，其下级子文件夹将自动被加入到搜索路径中。

从图 5.57 和图 5.58 中可看出将路径“E:\MATLAB\ufldl”下的所有子文件夹都设置成可搜索路径的效果和过程。

图 5.57 所示对话框下面有两个按钮 Save 和 Close 在使用时值得注意。Save 按钮是用来保存对当前搜索路径所做修改的，通常先执行 Save 命令后，再执行 Close。Close 按钮是用来关闭对话框的，但是如果只想将修改过的路径为本次打开 MATLAB 所使用，无意供 MATLAB 永久搜索，那么直接单击Close 按钮，再在弹出的对话框中做否定回答即可。

2）用命令设置搜索路径

MATLAB 能够将某一路径设置成可搜索路径的命令有两个：一个是 path；另一个是 addpath。下面以将路径“E:\MATLAB\ufldl”设置成可搜索路径为例，分别予以说明。

用path 和addpath 命令设置搜索路径。

```
>>path(path,'E:\MATLAB\ufldl');
>>addpath E:\MATLAB\ufldl -begin    %begin意为将路径放在路径表的前面
>>addpath E:\MATLAB\ufldl -end      %end意为将路径放在路径表的最后
```

5. MATLAB 窗口操作命令

在前述的讨论中曾多次指出，针对 MATLAB 各窗口在应用中所需的多种设置，可用菜单、对话框去解决，也可用命令去设置，这是 MATLAB 提供的两套并行的解决方案，目的在于适应不同的应用需求。当用户处在命令窗口中与系统采用交互的行编辑方式执行命令时，用菜单和对话框是方便的，但当用户需要编写一个程序，而将所需的设置动作体现在程序中时，只能采用命令去设置，因为编好的程序不方便在执行中途退出后去完成打开菜单和对话框的操作，然后又回去接着执行后续的程序。因此用命令去完成 MATLAB 的多种设置操作就不是可有可无的了。

MATLAB 针对窗口的操作命令在前面其实已多处提及，例如，清除命令窗口的命令 clc，清除工作空间窗口的命令 clear，设置当前目录的命令 cd，等等。限于篇幅，本节仅将与 MATLAB 基本操作有关的命令以列表形式给出，不做详细讲解。这些命令被分成 4 组，分别列在表 5-15 至表 5-18 中。

表 5-15　工作空间管理命令

命　令	示　例	说　明
save	save lx01 或save lx02 A B	将工作空间中的变量以数据文件格式保存在外存中
load	load lx01	从外存中将某数据文件调入内存
who	who	查询当前工作空间中的变量名
whos	whos	查询当前工作空间中的变量名、大小、类型和字节数
clear	clear A	删除工作空间中的全部或部分变量

表 5-16　与命令窗口相关的操作命令

命　令	示　例	说　明
format	format bank format compact	对命令窗口显示内容的格式进行设定，与表1-3 所列格式结合使用
echo	echo on,echo off	用来控制是否显示正在执行的MATLAB语句，on 表示肯定，off 表示否定
more	more(10)	规定命令窗口中每个页面的显示行数
clc	clc	清除命令窗口的显示内容
clf	clf	清除图形窗口中的图形内容
cla	cla	清除当前坐标内容
close	close all	关闭当前图形窗口，加参数all 则关闭所有图形窗口

表 5-17　目录文件管理命令

命　令	示　例	说　明
pwd	pwd	显示当前目录的名称
cd	cd d:\xt_mat\04	把cd 命令后所跟的目录变成当前目录
mkdir	mkdir xt_mat	在当前文件夹下建立一子文件夹
dir	dir	显示当前或指定目录下的文件或子目录清单
what	what	显示当前目录下M、MAT、MEX 这3 类文件清单
which	which inv.m	寻求某个文件所在的文件夹

表 5-18　帮助命令

命　令	示　例	说　明
help	help mkdir	提供MATLAB 命令、函数和M 文件的使用和帮助信息
lookfor	lookfor Z	根据用户提供的关键字去查找相关函数的信息，常用来查找具有某种功能而不知道准确名字的命令
helpwin	helpwin graphics	打开帮助窗口显示指定的主题信息

6. MATLAB 系统及工具箱

概括地讲，整个 MATLAB 系统由两部分组成，一是 MATLAB 基本部分，二是各种功能性和学科性的工具箱，系统的强大功能由它们表现出来。基本部分包括数组、矩阵运算，代数和超越方程的求解，数据处理和傅里叶变换，数值积分等。

工具箱实际是用 MATLAB 语句编成的、可供调用的函数文件集，用于解决某一方面的专门问题或实现某一类新算法。MATLAB 工具箱中的函数文件可以修改、增加或删除，用户也可根据自己研究领域的需要自行开发工具箱并外挂到 MATLAB 中。Internet 上有大量的由用户开发的工具箱资源。到目前为止，MATLAB 本身提供的工具箱有 70 多个，其中主要的有：

（1）生物信息科学工具箱(Bioinformatics Toolbox)；

（2）通信工具箱(Communication Toolbox)；

（3）控制系统工具箱(Control System Toolbox)；

（4）曲线拟合工具箱(Curve Fitting Toolbox)；

（5）数据采集工具箱(Data Acquisition Toolbox)；

（6）滤波器设计工具箱(Filter Design Toolbox)；

（7）财政金融工具箱(Financial Toolbox)；

（8）频域系统辨识工具箱(Frequency System Identification Toolbox)；

（9）模糊逻辑工具箱(Fuzzy Logic Toolbox)；

（10）遗传算法和直接搜索工具箱(Genetic Algorithm and Direct Search Toolbox)；

（11）图像处理工具箱(Image Processing Toolbox)；

（12）地图工具箱(Mapping Toolbox)；

（13）模型预测控制工具箱(Model Predictive Control Toolbox)；

（14）神经网络工具箱(Neural Network Toolbox)；

（15）优化工具箱(Optimization Toolbox)；

（16）偏微分方程工具箱(Partial Differential Equation Toolbox)；

（17）信号处理工具箱(Signal Processing Toolbox)；

（18）仿真工具箱(Simulink Toolbox)；

（19）统计工具箱(Statistics Toolbox)；

（20）符号运算工具箱(Symbolic Math Toolbox)；

（21）系统辨识工具箱(System Identification Toolbox)；

（22）小波工具箱(Wavelet Toolbox)。

7. 小结

MATLAB 是一个功能多样的、高度集成的、适合科学和工程计算的软件，但同时它又是一种高级程序设计语言。

MATLAB 的主界面集成了命令窗口、历史命令窗口、当前目录窗口、工作空间窗口和帮助窗口等 5 个窗口。它们既可单独使用，又可相互配合，为用户提供了十分灵活方便的操作环境。

对 MATLAB 各窗口的某项设置操作通常有两条途径：一条是用 MATLAB 相关窗口的对话框或菜单（包括快捷菜单）；另一条是在命令窗口执行某一命令。前者的优点是方便用户与 MATLAB 的交互，而后者主要是考虑到程序设计的需要和方便。

5.3.2 Visual C++

C 语言是一门通用计算机编程语言，应用广泛。C 语言的设计目标是提供一种能以简易的方式编译、处理低级存储器、产生少量的机器码以及不需要任何运行环境支持便能运行的编程语言。C++是在 C 语言的基础上开发的一种面向对象编程语言，属于编译型语言，其编程领域广，常用于系统开发，引擎开发等应用领域。这两种语言的编译和运行，少不了集成开发环境的支持。

集成开发环境（IDE，Integrated Development Environment ）是用于提供程序开发环境的应用程序，一般包括代码编辑器、编译器、调试器和图形用户界面工具。集成了代码编写功能、分析功能、编译功能、调试功能等一体化的开发软件服务套（组）。所有具备这一特性的软件或者软件套（组）

都可以叫集成开发环境。如微软的 Visual Studio 系列，Borland 的 C++ Builder、Delphi 系列等。Windows 环境下使用最广泛最稳定的 IDE 是微软的 Visual Studio，其功能比较全面，调试做的比较好。这里将介绍 Visual C++ 2010 的安装配置方法，以及如何使用它来编写简单的 HelloWord 程序。

1．安装

Visual C++ 2010 是属于 Visual Studio 2010 的一部分，其试用版本可通过 www.visualstudio.com 下载得到。在下载完成以后运行 Setup.exe 即可开始安装，如图 5.59 所示。需要注意的是当弹出 VS2010 安装程序之后单击下一步，然后会有完全最小自定义这样的选项，推荐大家选择自定义，这样可以自定安装目录，默认情况下程序将安装到 C 盘。接下来会选择安装的组件，可以选择是否安装 Basic 或 C#等，在安装初始界面，选择安装 VS2010。

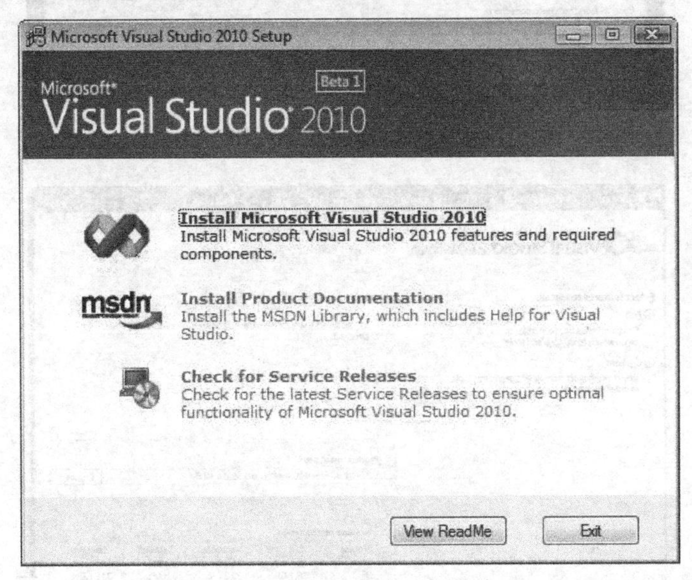

图 5.59　安装初始界面

在询问是否同意授权协议时选择同意（见图 5.60），安装包开始搜集信息，如图 5.61 所示。

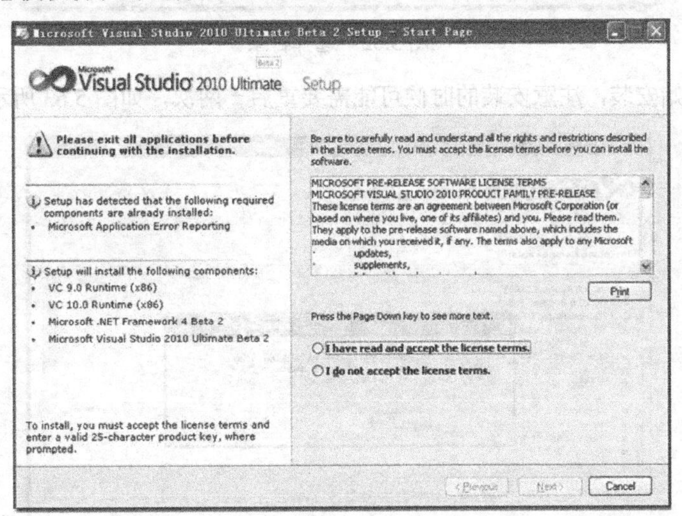

图 5.60　许可条款对话框

选择目录，如图 5.62 所示。

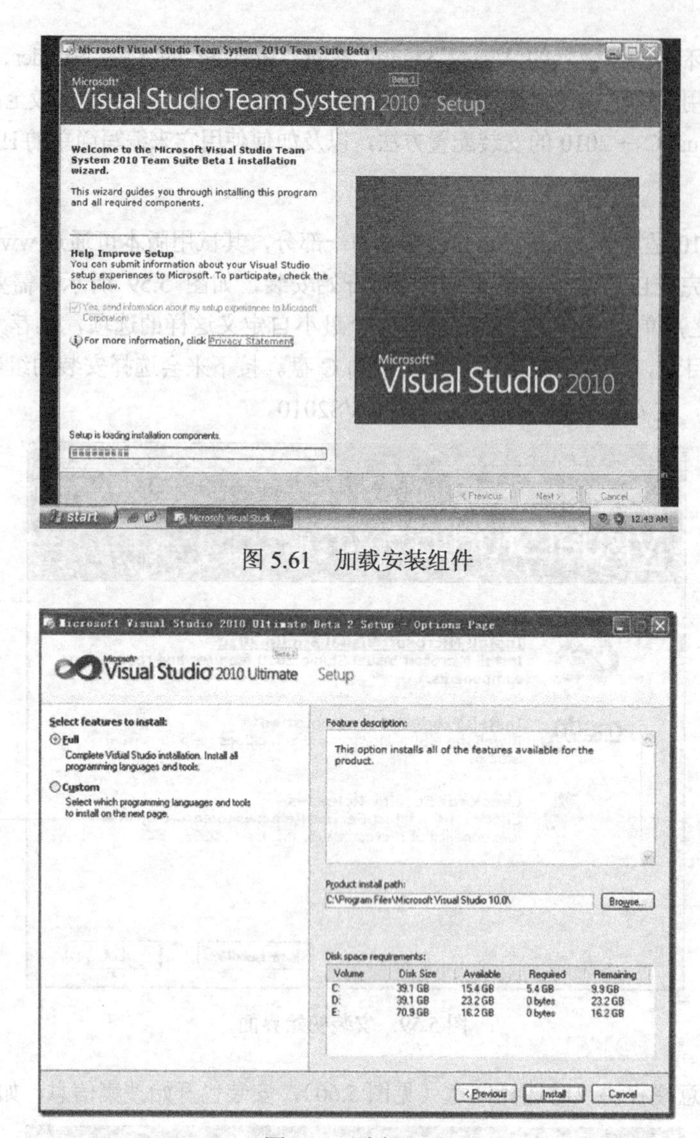

图 5.61　加载安装组件

图 5.62　选择目录

单击 Install 开始安装，注意安装的时候可能需要重启一两次，如图 5.63 所示。

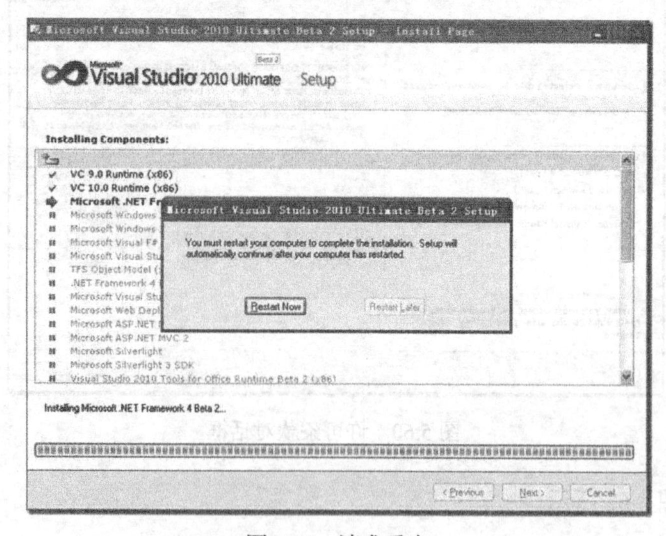

图 5.63　请求重启

安装成功，如图 5.64 所示。

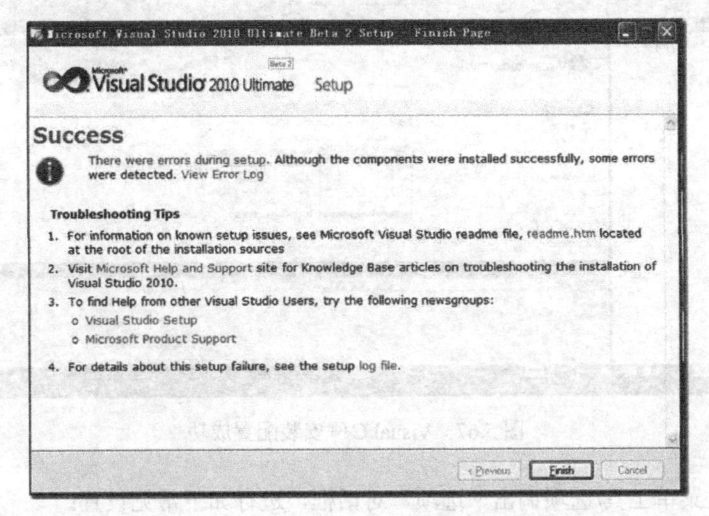

图 5.64　安装成功

2．配置

当安装成功之后，我们就可以开始使用了。这里介绍一些常见的配置，当然也可以直接用默认的设置，这样配置主要是为了使用方便。

通过开始菜单来启动 VS2010，如图 5.65 所示。

如果是第一次开始，那么需要选择默认的环境设置，要使用 VC 当然选择采用“Visual C++ 开发设置”选项，如图 5.66 所示。

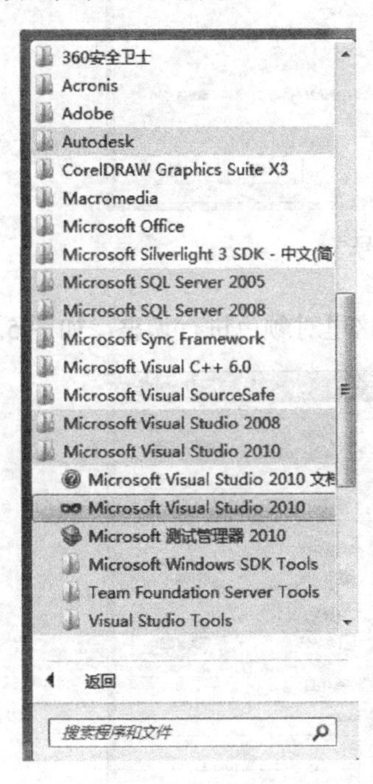

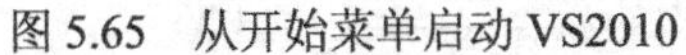
图 5.65　从开始菜单启动 VS2010

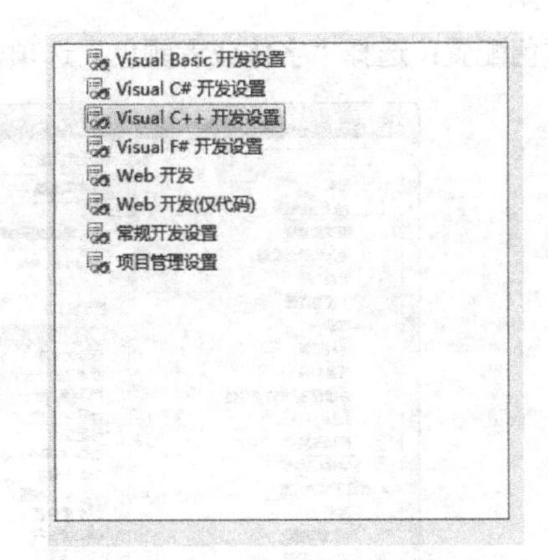

图 5.66　配置 Visual C++

出现如图 5.67 所示的启动界面，表示已经成功安装和运行了。

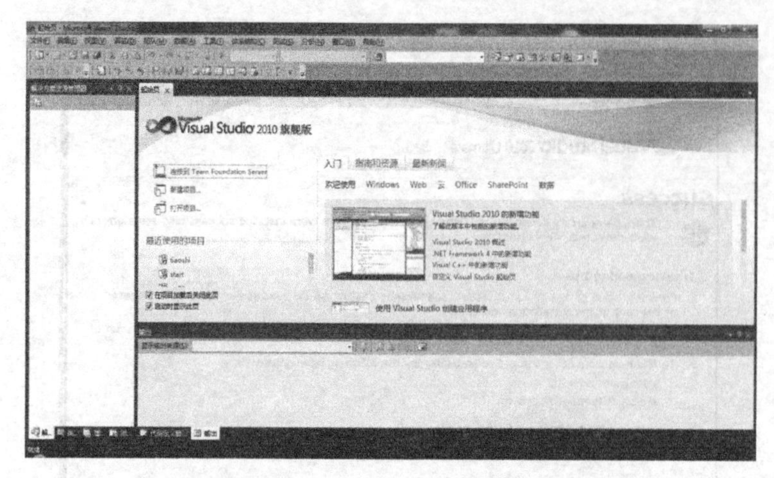

图 5.67　Visual C++安装配置成功

接下来，通过菜单工具/选项调出“选项”对话框，进行如下常见设置：

（1）调出行号：选择“文本编辑器”选项，所有语言，把行号打成勾，如图 5.68 所示。

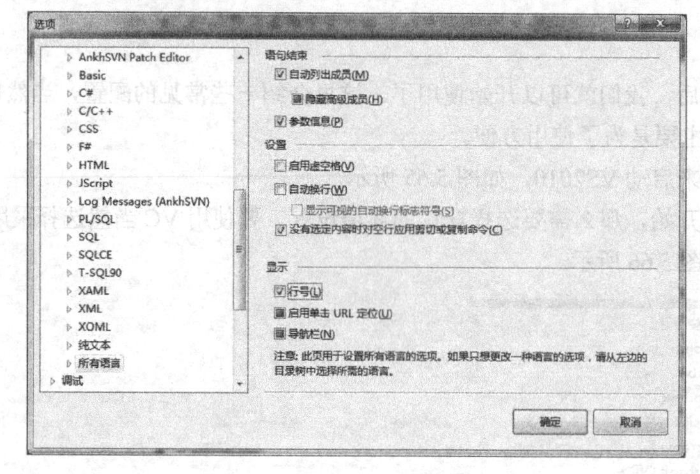

图 5.68　设置显示行号

（2）颜色配置：选择“字体或者颜色”选项，可以在这里对颜色进行调整，如图 5.69 所示。

图 5.69　设置字体和颜色

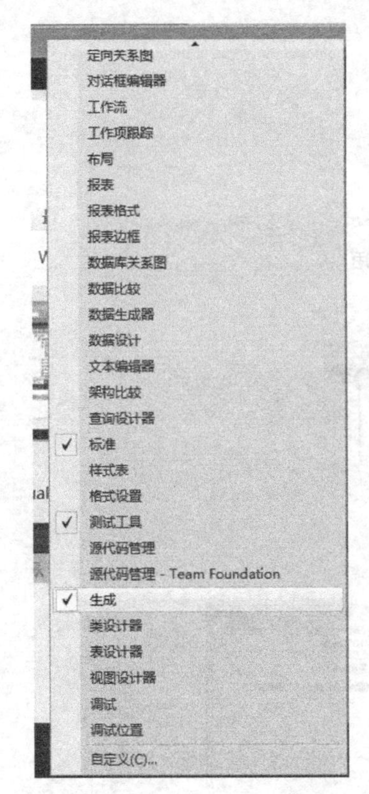

图 5.70　设置生成工具栏

（3）显示“生成”工具栏：右键单击工具栏的空白区域，在下拉列表中选择“生成”即可将“生成”工具栏显示在界面当中，如图 5.70 所示。

然后就可以直接通过工具栏按钮选择“编译项目”、“编译整个解决方案”、“运行程序”和“调试程序”等功能。此外，通过生成工具栏旁边的小三角形可以对工具栏命令自行定义，以及添加新的功能按钮，如图 5.71 所示。

单击自定义界面下面的“添加命令”按钮，进入添加命令状态，选择“开始执行（不调试）”命令，将其添加到工具栏中，如图 5.72 所示。

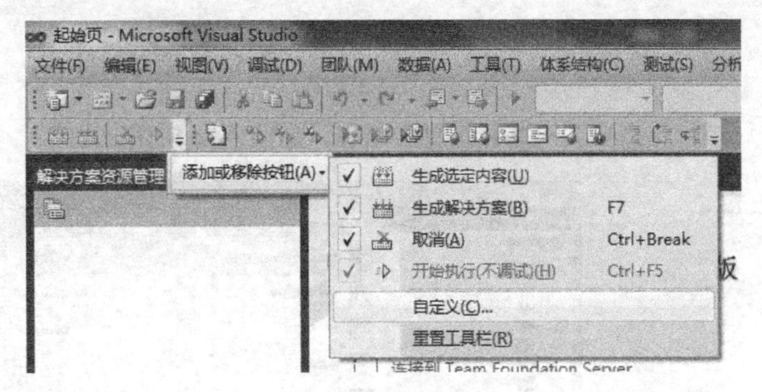

图 5.71　添加按钮

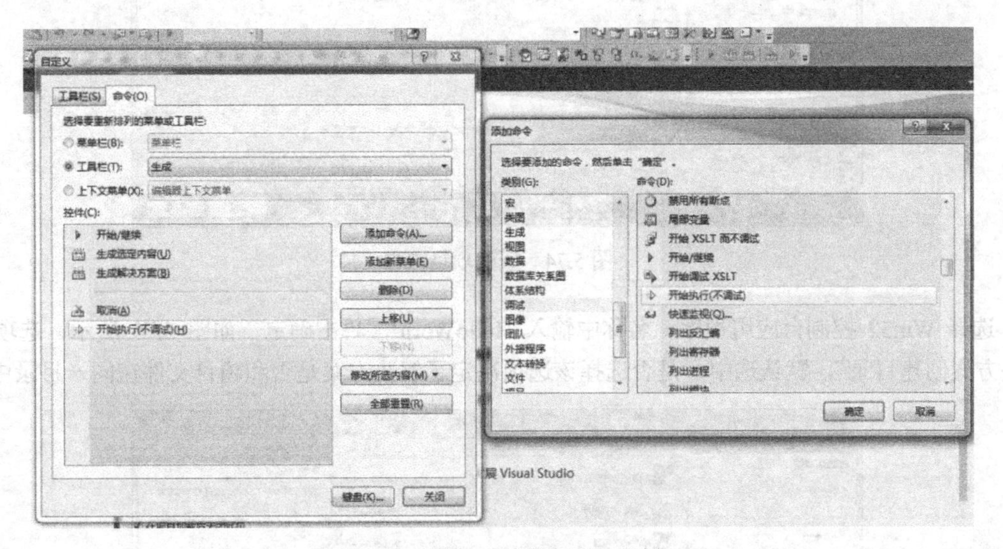

图 5.72　添加开始执行到工具栏

注：程序调试中如果遇到程序运行后闪一下就消失的情况，一般是因为把调试命令（快捷键 F5，那个实心的三角形）当成了运行命令（不调试直接运行，快捷键 Ctrl+F5，空心带尾巴的三角形），这样有可能出现一闪而过的现象。关于调试后文具体描述。

3．HelloWorld.

下面让我们用 VC++ 2010 来做一个控制台的 HelloWorld 程序。

VC2010 中不能单独编译一个.cpp 或者一个.c 文件，这些文件必须依赖于某一个项目 project。有很多种方法都可以创建项目，可以通过菜单→文件→新建→项目；也可以通过工具栏单击新建项目进行创建。这里单击起始页面上面的新建项目，如图 5.73 所示。

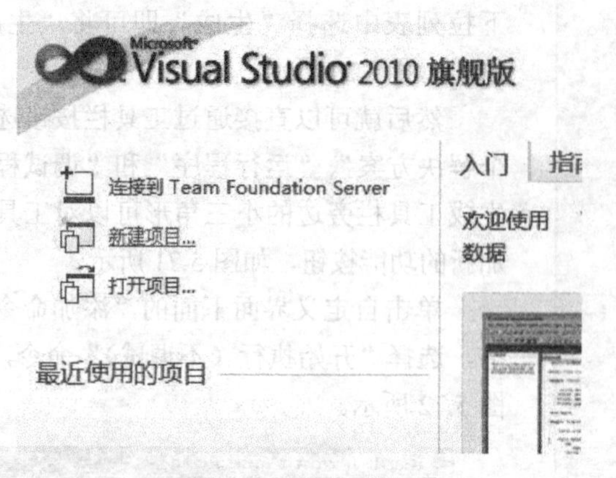

图 5.73　新建项目

单击之后进入“新建项目”向导，如图 5.74 所示。

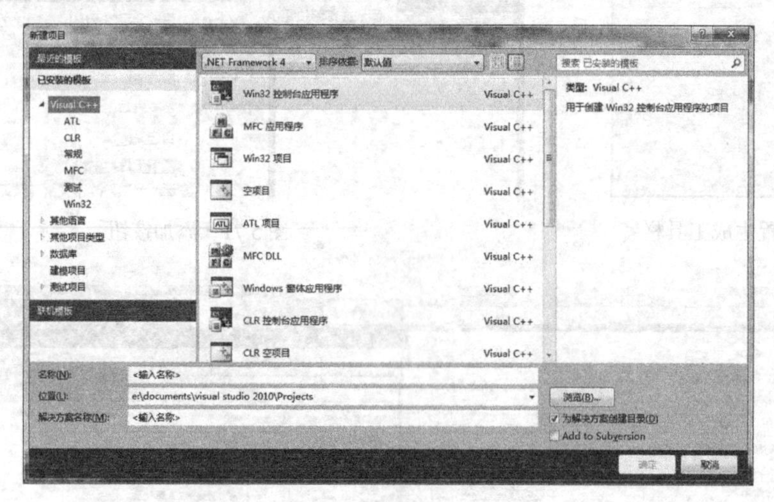

图 5.74　新建项目向导

选择 Win32 控制台应用程序，名称中输入 HelloWorld，单击确定，如图 5.75 所示，选项“为解决方案创建目录”，默认选中，是否选择该选项决定了解决方案是否和项目文件在同一目录中。

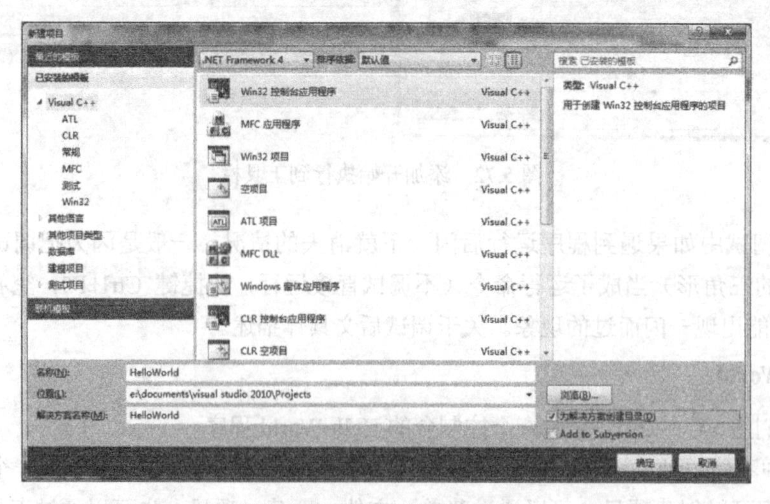

图 5.75　输入名称点击确定

接下来进入创建页面，如图 5.76 所示，在 Win32 应用程序向导的第一个页面直接单击“下一步”即可。注意是下一步，而不是直接完成。

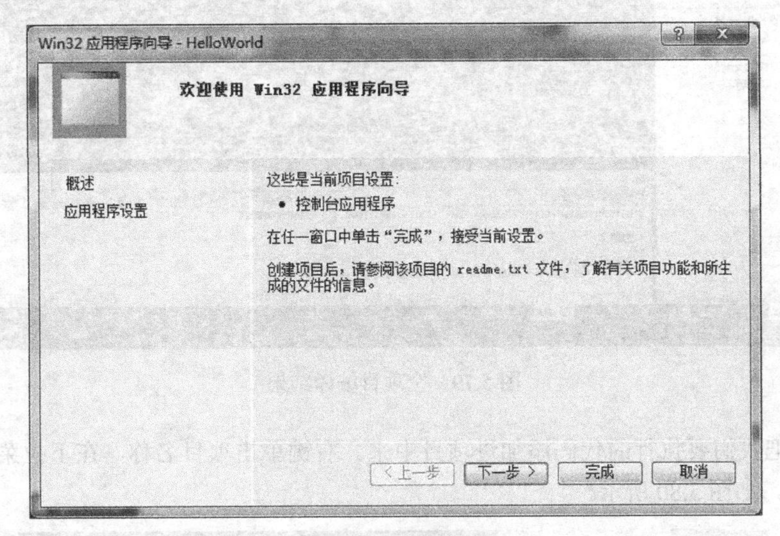

图 5.76　创建界面

下个页面如图 5.77 所示，选择空项目，不需要预编译头。最后单击完成。

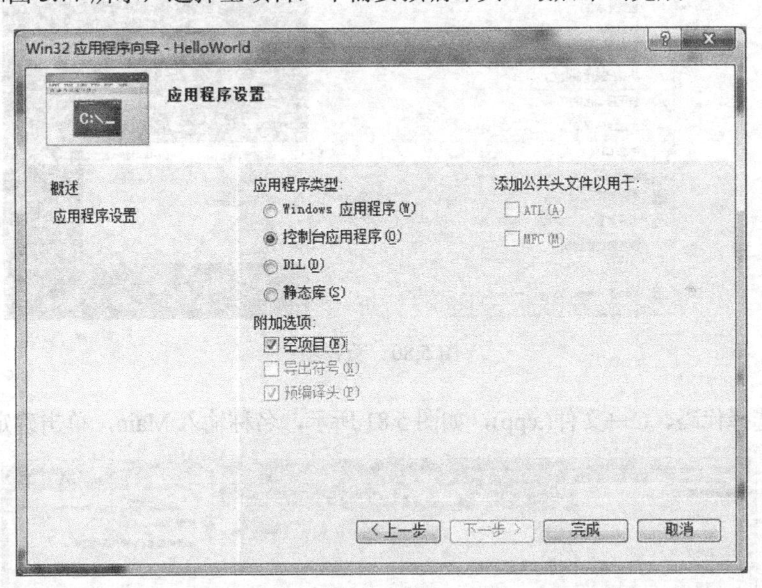

图 5.77　勾选空项目

这时候一个空的项目新建成功了，下面进行编译。单击刚才添加的“生成”工具栏的“生成”按钮，如图 5.78 所示。

图 5.78　单击生成按钮

这时候我们会遇到编译错误，如图 5.79 所示，原因是工程中还没有包含 Main 函数，对于一个 C++项目来说，一定要有一个且仅有一个 main 函数，或者对 win32 程序来说必须有一个 winmain 函数。注意这时候即使打开有 Main 函数的文件到 VC10 中进行编译也是没有意义的，因为那个文件并不是我们项目的一部分。

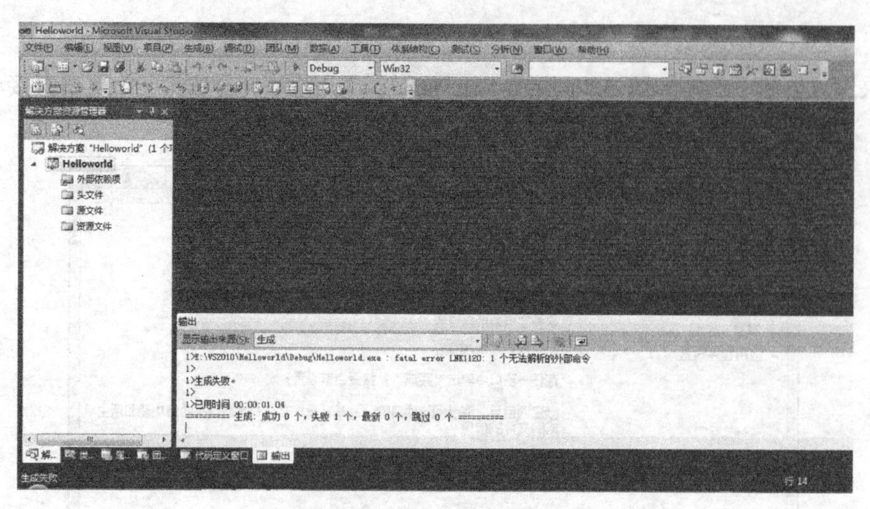

图 5.79　空项目编译结果

下面需要把我们要执行的代码添加进项目中来。右键单击项目名称，在下拉菜单中选择“添加”，“新建项”，如图 5.80 所示。

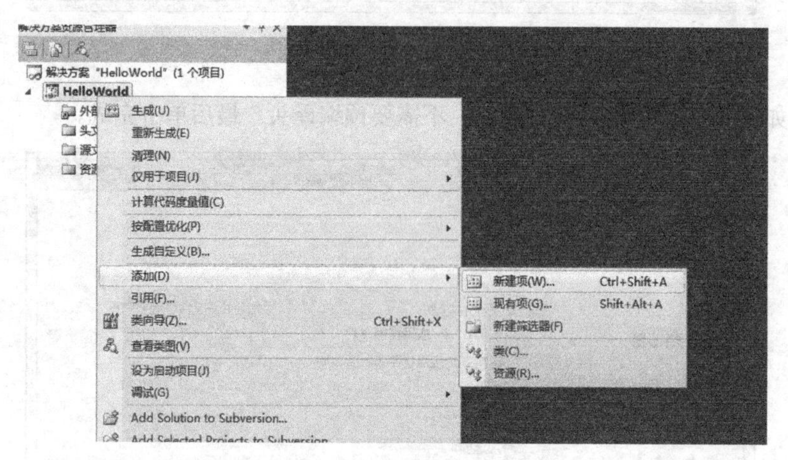

图 5.80　新建项

在向导中选择代码、C++文件(.cpp)，如图 5.81 所示，名称输入 Main，单击确定。

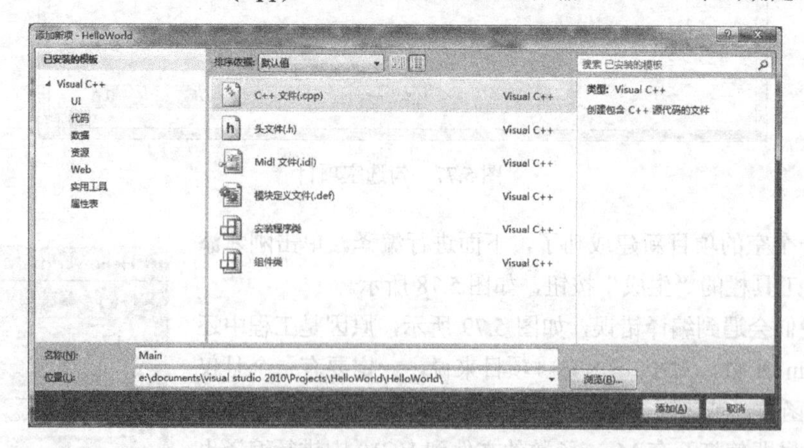

图 5.81　选择 C++文件（.cpp）并输入名称

这时候已经成功添加了一个 Main 文件，注意添加新文件的时候要防止重名。

然后可以在这个空文件中输入简单的几行代码，例如图 5.82 所示的“printf(“Helloword\n”);”。然后编译它，编译方法和上面一样。

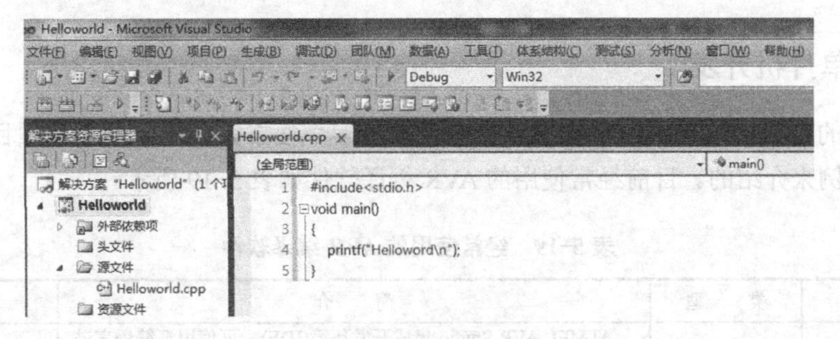

图 5.82　输入代码

如果编译成功你会看到图 5.83 所示的画面，如果失败会有错误提示，可以根据提示去修改项目配置或者代码。然后用 Ctrl+F5 或者点空心三角形运行一下，如图 5.84 所示。

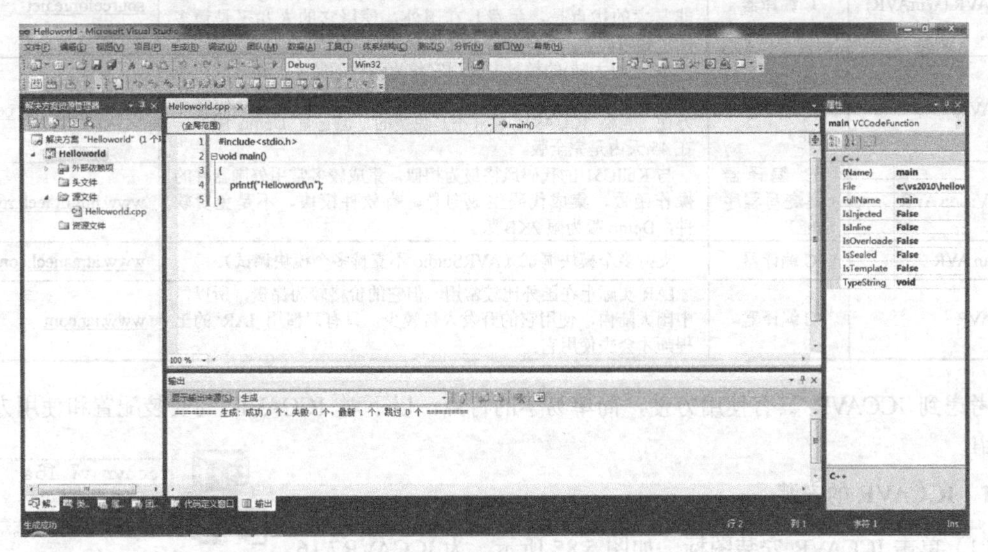

图 5.83　编译结果

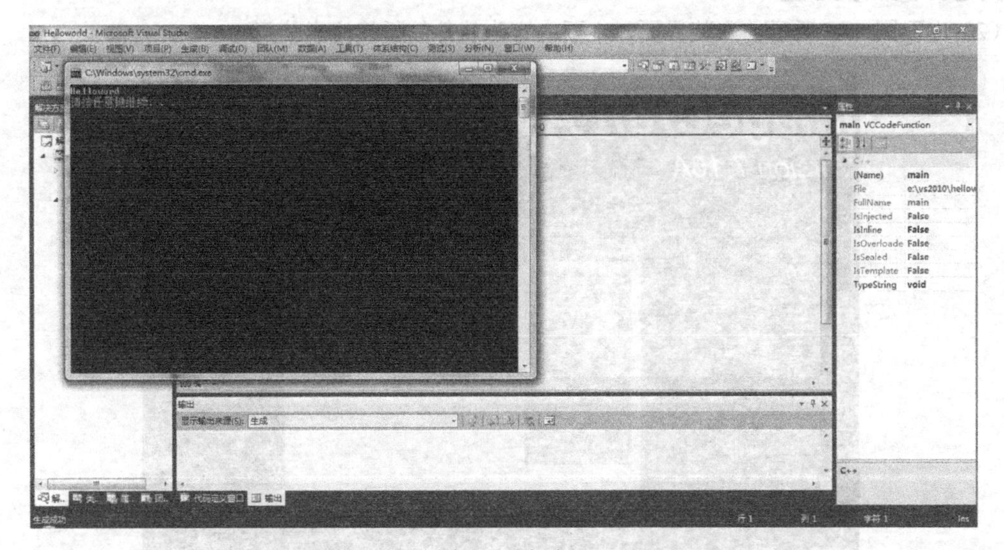

图 5.84　运行

至此已经完成一个具有基本框架的 Visual C++例程，在此基础上能够进行复杂程序的设计编写。

5.3.3 单片机开发

本节的目的是帮助读者快速掌握单片机的开发步骤，独立完成简单的工程项目。本节的是以 AVR 单片机为例来介绍的。目前经常使用的 AVR 编译软件如表 5-19 所示。

表 5-19 经常使用的 AVR 编译软件

软件名称	类　型	简　介	相关网址
AVR Studio	IDE、汇编编译器	ATMEL AVR Studio 集成开发环境(IDE)，可使用汇编语言进行开发（使用其他语言需第三方软件协助），集软硬件仿真、调试、下载编程于一体。ATMEL 官方及市面上通用的 AVR 开发工具都支持 AVRStudio。	www.atmel.com
GCCAVR (WinAVR)	C 编译器	GCC 是 Linux 的唯一开发语言。GCC 的编译器优化程度可以说是目前世界上民用软件中做的最好的，另外，它有一个非常大的优点是，免费！在国外，使用它的人几乎是最多的。相对而言，它的缺点是使用操作较为麻烦。	sourceforge.net
ICC AVR	C 编译器（集烧写程序功能）	市面上(大陆)的教科书使用它作为例程的较多，集成代码生成向导，虽然它的各方面性能均不是特别突出，但使用较为方便。虽然 ICCAVR 软件不是免费的，但它有 Demo 版本，在 45 天内是完全版。	www.imagecraft.com
CodeVision AVR	C 编译器（集烧写程序功能）	与 KeilC51 的代码风格最为相似，集成较多常用外围器件的操作函数，集成代码生成向导，有软件模块，不是免费软件，Demo 版为限 2KB 版。	www.hpinfotech.ro
ATman AVR	C 编译器	支持多个模块调试（AVRStudio 不支持多个模块调试）。	www.atmanecl.com
IAR AVR	C 编译器	IAR 实际上在国外比较常用，但它的价格较为昂贵，所以，中国大陆内，使用它的开发人员较少，只有习惯用 IAR 的工程师才会去使用它。	www.iar.com

考虑到 ICCAVR 具有使用方便，简单易学的特点，以下对 ICCAVR 的安装配置和使用方法进行介绍。

1. ICCAVR 的安装

（1）单击 ICCAVR 安装图标，如图 5.85 所示，为 ICCAVR7.16 版，其他版本安装方法基本一致。

iccavr v7.16a
Setup Factory se...
Indigo Rose Corp...

图 5.85 点击安装包文件

（2）出现图 5.86 所示的安装界面，主要内容为软件的版权注意信息。

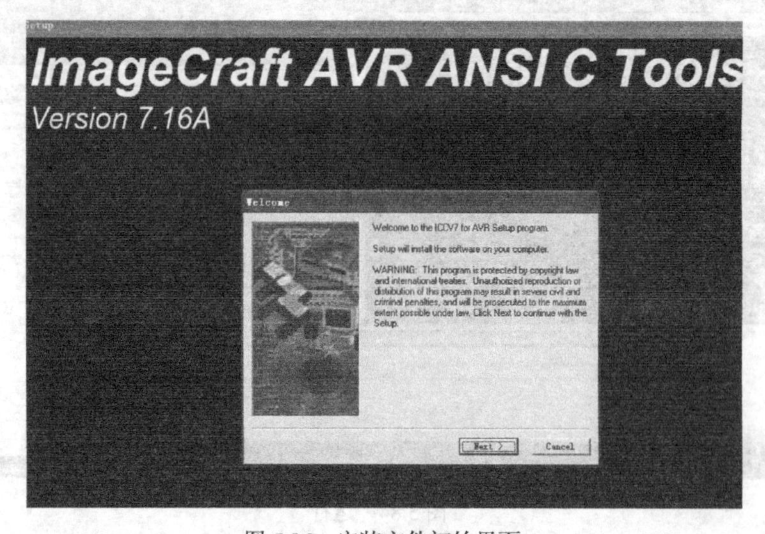

图 5.86 安装文件初始界面

（3）单击“next”按钮后，弹出界面如图 5.87 所示，主要内容为软件注意事项。从文字提示注意到该版本为完整演示版本，在未激活情况下可无限制地使用 45 天，45 天后对编译生成的代码的大小有上限限制。

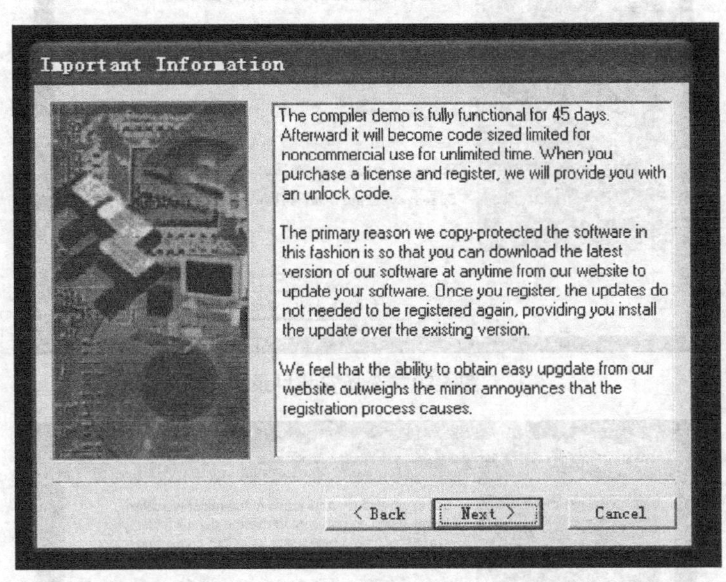

图 5.87　点击 Next

（4）再次单击“next”按钮后，界面如图 5.88 所示，询问是否接受版权协议。

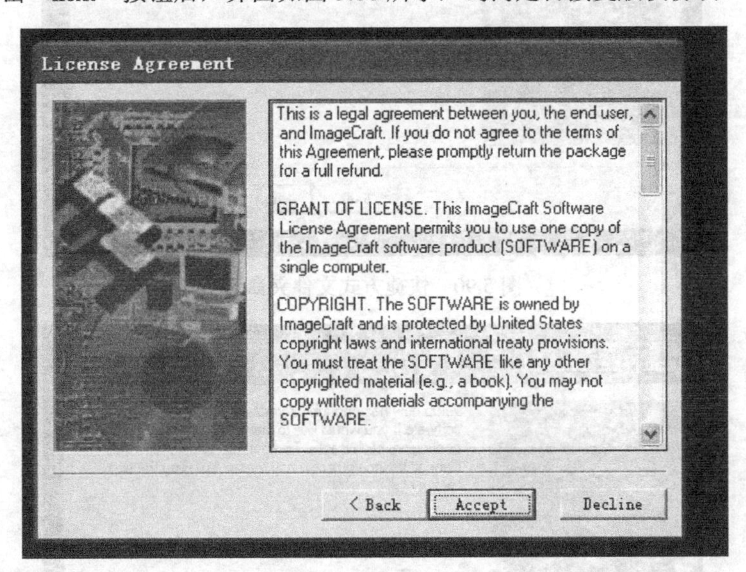

图 5.88　点击 Accept

（5）单击“Accept”按钮选择接受协议后，界面如图 5.89 所示，设置安装目录，通常建议保持默认安装，即安装目录为“c:\iccv7avr”。

（6）单击“next”按钮，界面如图 5.90 所示，提示输入快捷方式的名称，可以选择默认。

（7）再次单击“next”按钮，界面如 5.91 所示，提示下一步将要正式进行安装，如果对之前的配置还需要调整，可以选择“Back”按钮回到之前的界面后进行修改，否则直接选择“Install”按钮，开始安装。

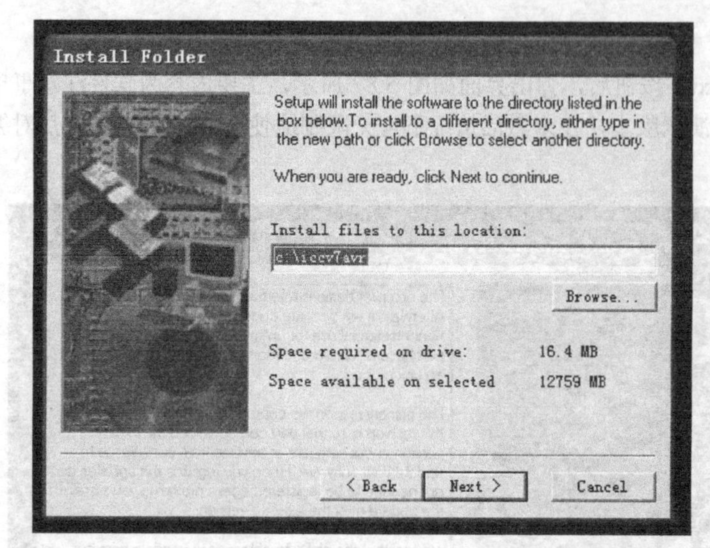

图 5.89　选择安装目录

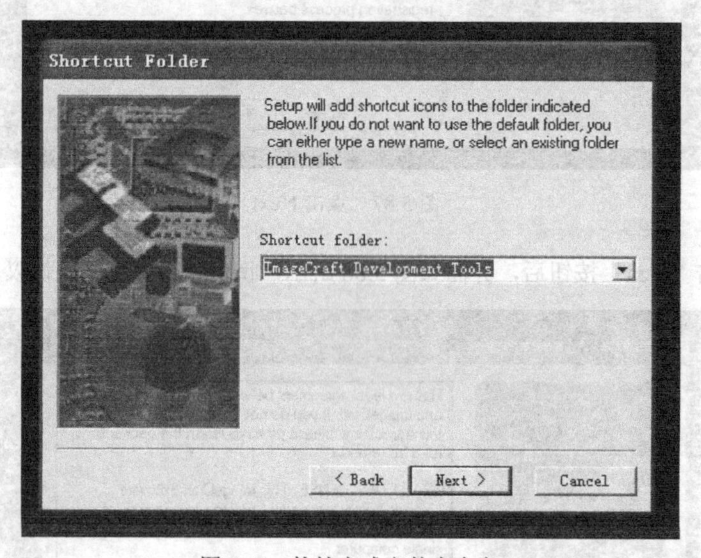

图 5.90　快捷方式文件夹命名

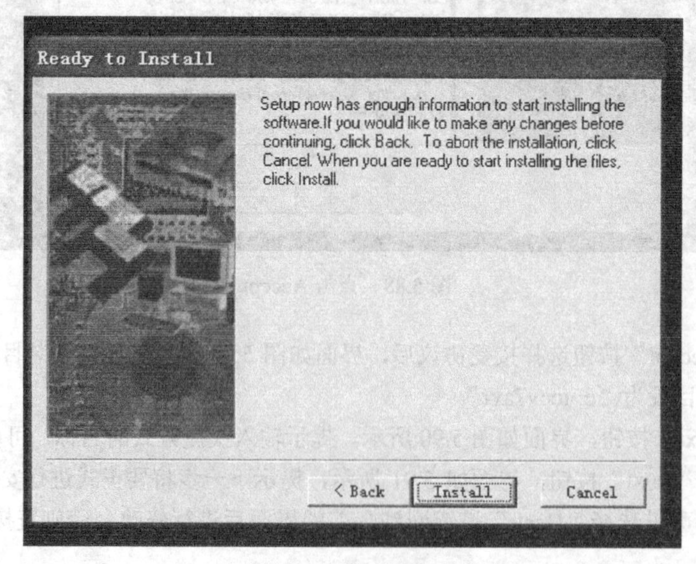

图 5.91　单击 Install

（8）安装结束，单击“Finish”按钮结束整个安装过程。

2．ICCAVR 的使用

以下介绍通过 ICCAVR 编译单片机程序的简单步骤。

（1）运行 iccavr 软件，出现如图 5.92 所示的界面。

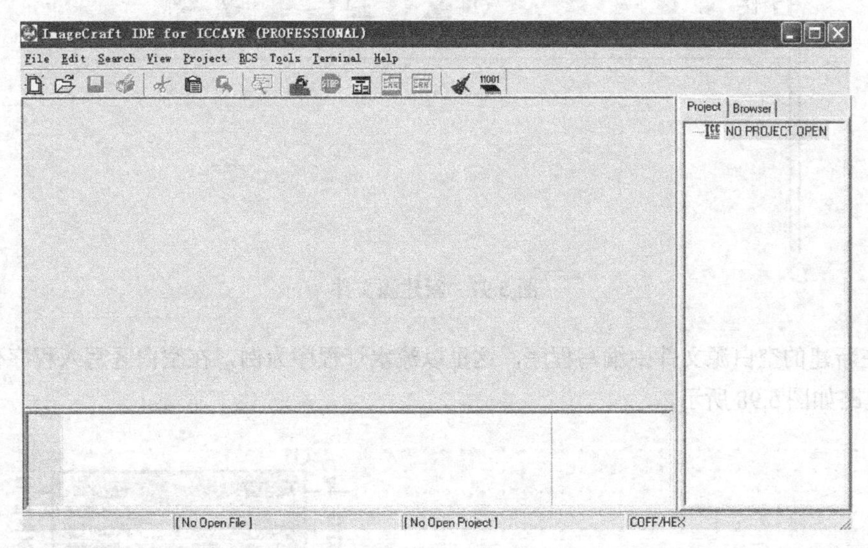

图 5.92　运行 iccavr

（2）单击菜单中的“project”里的“new”选项，如图 5.93 所示。

（3）出现如图 5.94 所示的对话框，询问所需建立的工程的名称。

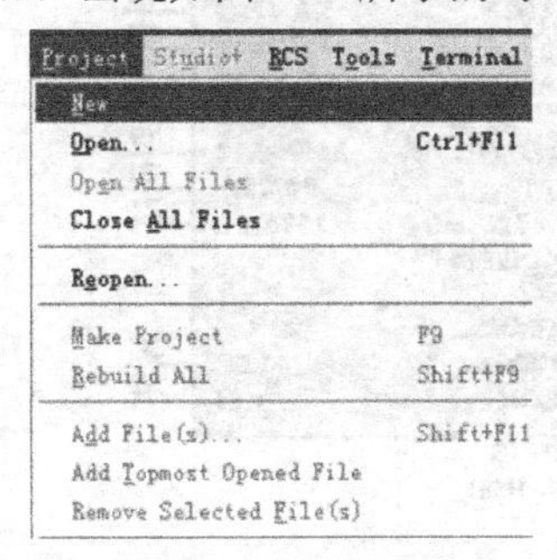

图 5.93　新建项目

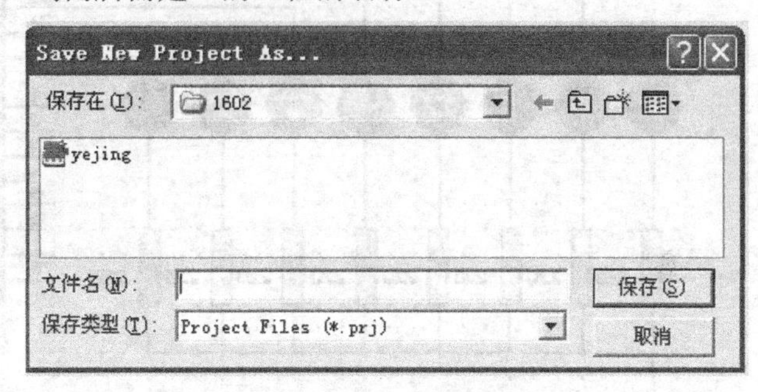

图 5.94　命名对话框

（4）建立一个名为“TEST”的新工程如图 5.95 所示。注意建立工程的文件夹下必须无同名的工程存在。

（5）单击保存，即新建一个名为“TEST”的工程，在软件界面的右上角 Project 列表中会出现工程名“TEST”，如图 5.96 所示。以上即完成了工程创建的过程，但工程建立后其中还没有程序文件。

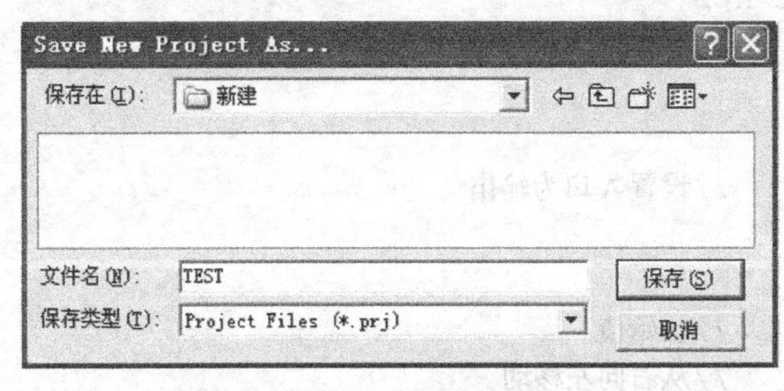

图 5.95　命名工程

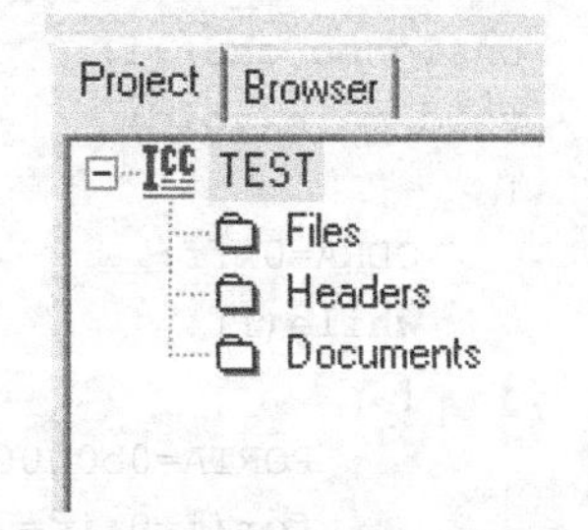

图 5.96　新建工程后软件界面

（6）下面要在工程中新建一个源程序文件。单击左上角的“ ”的图标，或者通过菜单File/New可创建一个源文件，单击后出现对空白文件的编辑界面，如图5.97所示。

图5.97　新建源文件

（7）在新建的空白源文件中编写程序，这里以流水灯程序为例，在空白区写入程序代码，所对应的外围电路如图5.98所示。

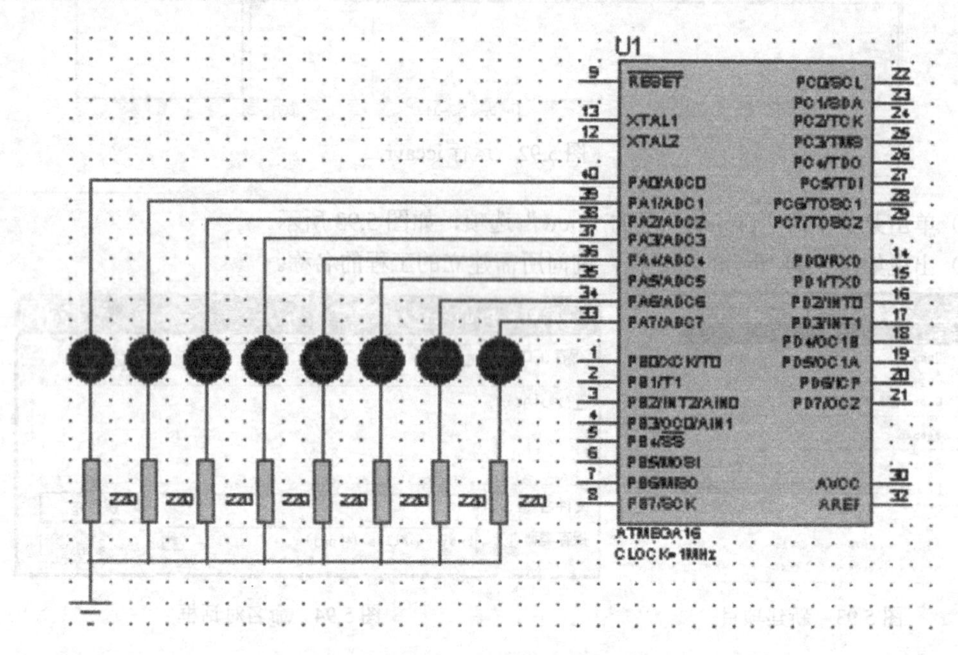

图5.98　单片机外围电路

所添加的代码如下

```
#include<iom16v.h>
void delay_s(unsigned int n);
unsigned char i;
void main(void)
{
    DDRA=0xff;                  //设置A口为输出
    while(1)
    {
        PORTA=0b00000001;       //初始值
        for(i=0;i<=7;i++)       //从右向左移动
        {
```

```
            PORTA=PORTA<<1;
            delay_s(2);
        }
        PORTA=0b10000000;          //初始值
        for(i=0;i<=7;i++)          //从左向右移动
        {
            PORTA=PORTA>>1;
            delay_s(2);
        }
    }
}
void delay_s(unsigned int n)       //时间延迟 n 秒（晶振 1MHz）
{
    unsigned int a,b,c;
    for(a=1;a<n;a++)
    {
        for(b=1;b<100;b++)
        {
            for(c=1;c<100;c++) { }
        }
    }
}
```

上述代码的作用是控制单片机 A 口的输出由 0x01 开始，从低到高循环再由高到低循环往复，实现对 8 个 LED 的循环点亮走马灯功能。详细代码原理可结合程序注释，参考 C 语言的相关书籍，这里不再赘述。

（8）编写完毕之后单击左上角的保存按钮“💾”，会出现如图 5.99 所示对话框，写入所需生成的源文件名，例如“test”，需要注意的是这里编写的是程序源文件，因此后面必须跟着“.c”后缀，表示该文件属性为 C 语言源文件。上述步骤也可以用于编写头文件，而 C 语言头文件的扩展名通常为“.h”。

（9）单击“保存”按钮将文件保存到硬盘。但文件保存不会自动将其添加到工程中，需要人工进行添加，方法如下：用鼠标右击右上角“Project”列表的“files”文件夹，会出现“Add file(s)”选项，如图 5.100 所示。

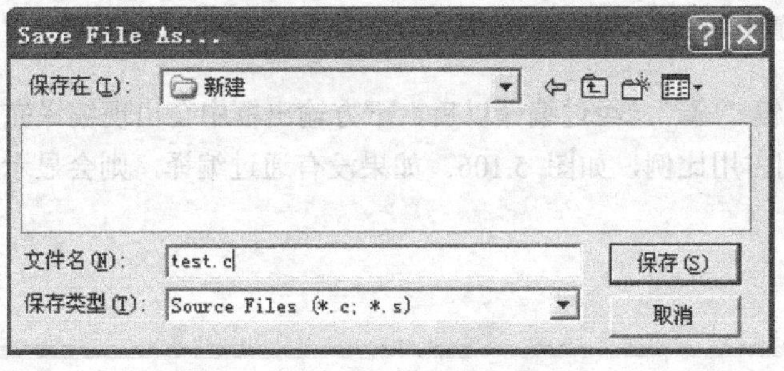

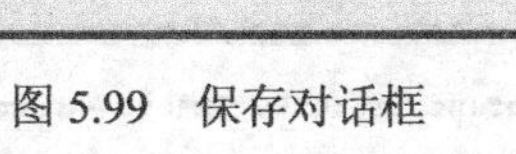

图 5.99　保存对话框

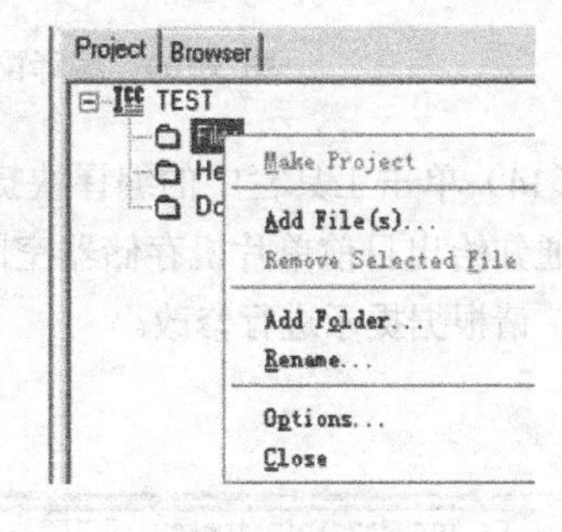

图 5.100　添加文件

（10）单击“Add File(s)”后，出现如图 5.101 所示对话框。

（11）选中“test”文件，单击“打开”按钮，这时右上角 Project 下的“Files”文件夹列表下就会出现“test.c”文件名，表示该文件已被添加到工程当中，如图 5.102 所示。

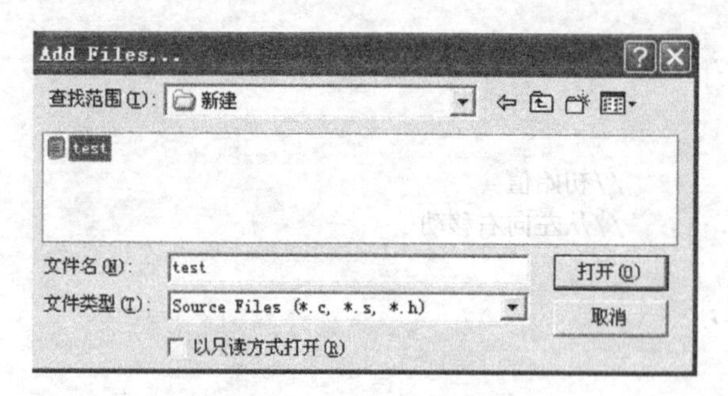

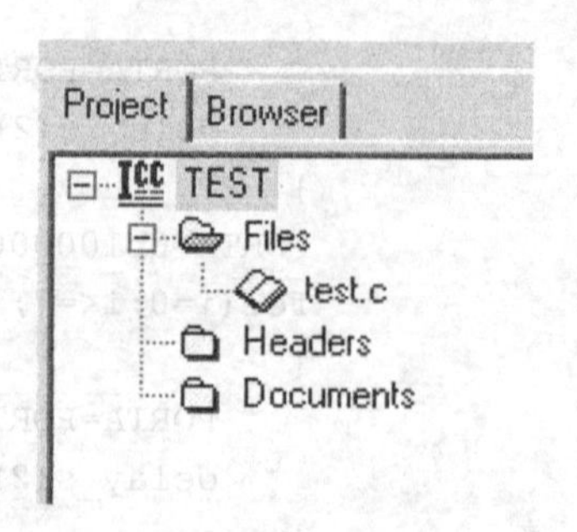

图 5.101　添加文件对话框　　　　图 5.102　源文件已添加到工程中

（12）在添加文件结束以后，需要进一步对编译属性进行配置，右键单击右上角“Project”列表中的 TEST 工程，选择“options”选项，出现如图 5.103 所示编译属性对话框。

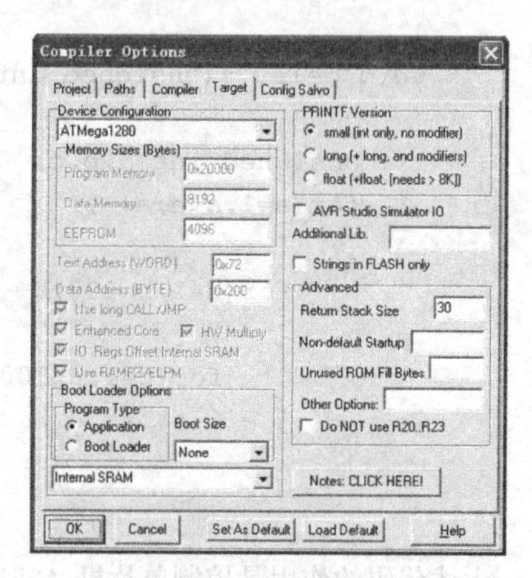

图 5.103　项目设置对话框

（13）这是选择单片机类型和配置信息的对话框，其中“Device Configuration”列表表示所编译程序将要加载使用的单片机型号，需要根据所使用的实际单片机型号系列选择，这里仅仅以其中一种类型为例说明。在下拉列表中选择 ATMega16，如图 5.104 所示。

在“AVR Studio Simulator(0)”前面打钩，如图 5.105 所示。然后单击左下角的“OK”按钮，完成编译配置。

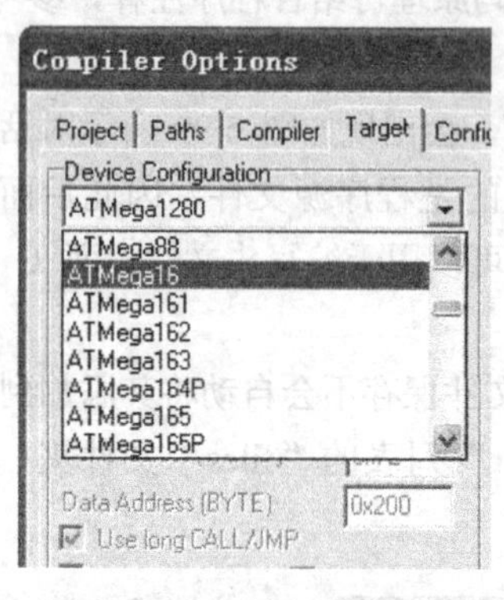

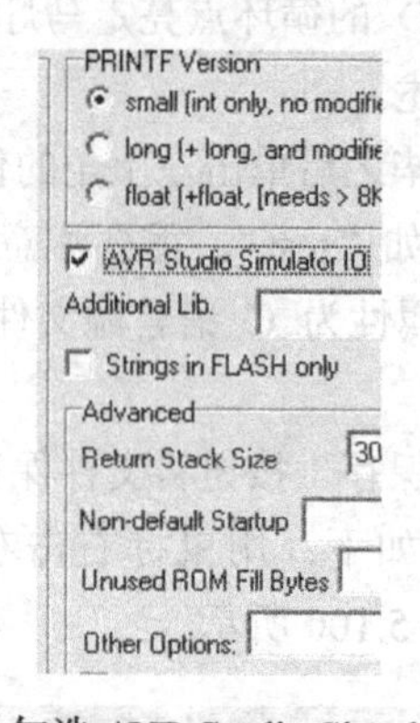

图 5.104　编译配置对话框　　图 5.105　勾选 AVR Studio Simulator IO

（14）单击工具栏中的编译快捷键“ ”，经过编译以后，下方输出框中会出现编译完成的提示，通知给出目前单片机存储器空间占用比例，如图 5.106。如果没有通过编译，则会显示错误的原因，请根据提示进行修改。

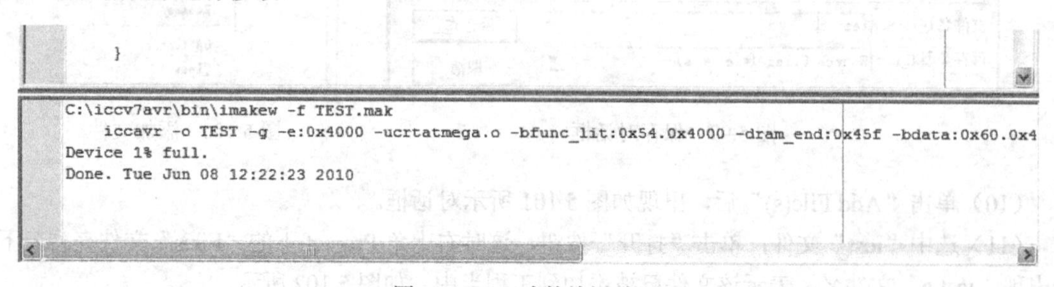

图 5.106　正确的编译结果

（15）编译完成以后，在保存文件目录中会找到扩展名为“.hex”的文件，这是用于烧写到单片机的二进制程序文件。

在工程编译成功以后，需要进一步将 hex 文件下载到单片机运行来实现既定功能。

3．程序的下载

运行该软件下载程序前要先安装 ISP 驱动，篇幅所限请参阅下载线安装配置的相关材料。以下仅以 AVR_fighter 下载器为例子介绍程序下载方法，其他下载程序的下载过程基本一致。

（1）下载软件安装完成以后，用下载线连接电脑和单片机下载口，下载线的连接方法见下载线说明书，双击 AVR_fighter.exe 弹出如图 5.107 所示对话框。

图 5.107　AVR_fighter 界面

单击左上角“装入 FLASH”图标，弹出如图 5.108 所示对话框，询问所需下载的 hex 文件名及路径。

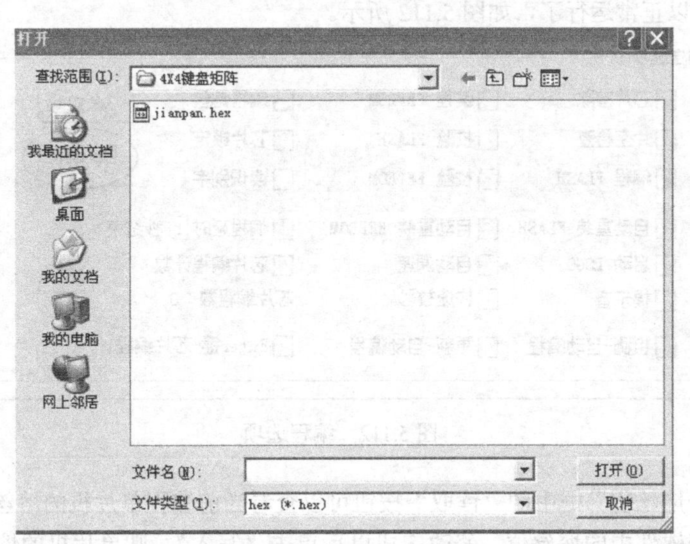

图 5.108　FLASH 选择对话框

找到先前所建的工程文件目录中的 hex 文件“Test.hex”，选择打开后将二进制文件装入 FLASH 中。

（2）进行芯片选择。单击“编程选项”中的“芯片选择”下拉列表，出现一系列单片机芯片类型，通过这个列表确认需要下载程序的单片机类型。与前面对应，找到并选择“Atmega16”，如图 5.109 所示。

（3）连接测试。单击读取按钮，测试单片机是否连上电脑，如图 5.110 所示，在连接正常情况下，显示读取过程“完成”。

如果没有连上则弹出对话框，提示未发现 USB 设备，如图 5.111 所示，此时需检查 ISP 驱动安装情况及线缆连接情况，排除接线故障及单片机供电异常等的硬件问题。在连接正常的情况下，才可以进行后续的程序下载任务。

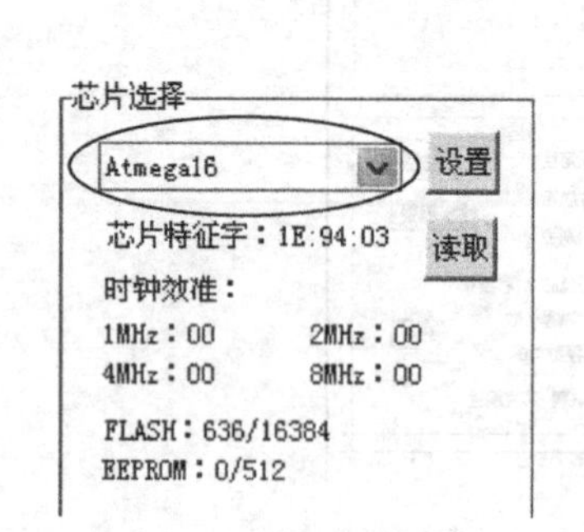

图 5.109　芯片选择

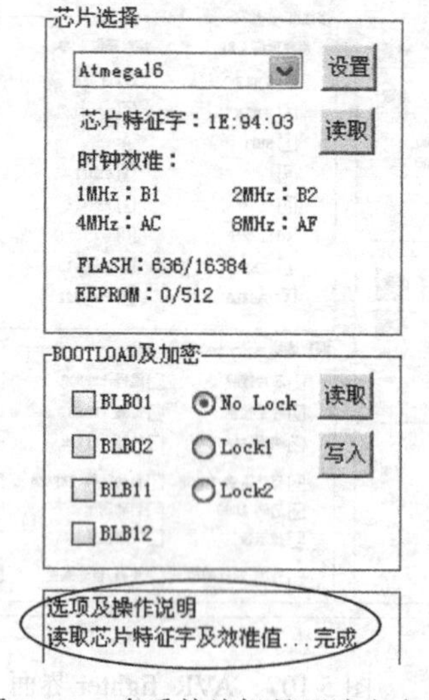

图 5.110　查看单片机是否连上电脑

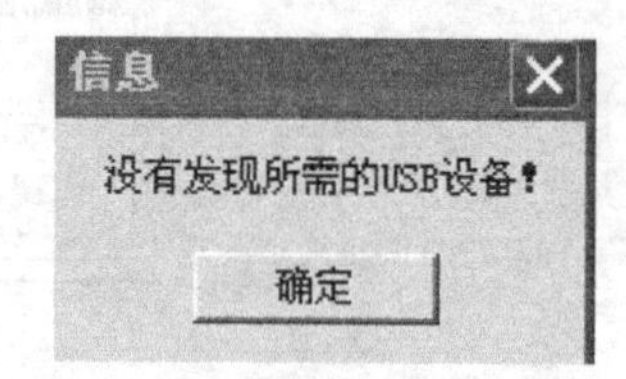

图 5.111　未连接成功提示

（4）下载。连接测试完成之后，单击“编程选项”中的编程按钮，则可进行程序下载，下载完成以后单片机就可以正常运行了，如图 5.112 所示。

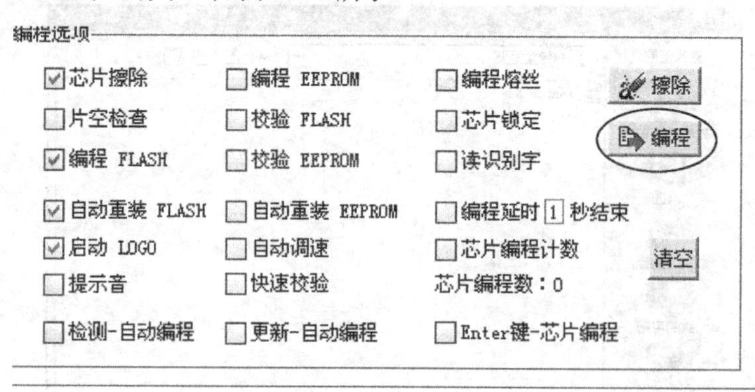

图 5.112　编程选项

此外，单击“熔丝位”框中的“读取”按钮可以查看当前编程单片机的熔丝位设置，单击“设置”按钮可以改变软件中的熔丝位，修改完成以后单击“写入”，则单片机的熔丝位就按照软件设置所改变，如图 5.113 所示。

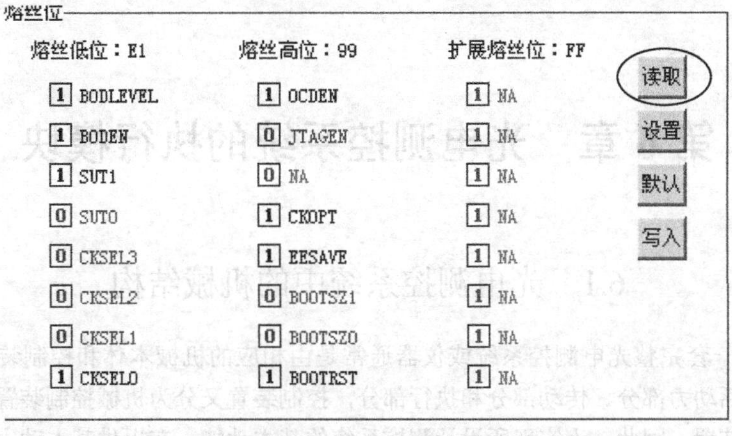

熔丝位

熔丝低位：E1	熔丝高位：99	扩展熔丝位：FF
1 BODLEVEL	1 OCDEN	1 NA
1 BODEN	0 JTAGEN	1 NA
1 SUT1	0 NA	1 NA
0 SUT0	1 CKOPT	1 NA
0 CKSEL3	1 EESAVE	1 NA
0 CKSEL2	0 BOOTSZ1	1 NA
0 CKSEL1	0 BOOTSZ0	1 NA
1 CKSEL0	1 BOOTRST	1 NA

读取

设置

默认

写入

图 5.113　熔丝位设置界面

作为初学者不要轻易改变熔丝位的设置，一旦修改不好单片机就不能正常工作，即通常所说的锁死，一旦锁死通常需要更换另外的编程方式以后才能重新启用芯片，处理起来非常麻烦。另一方面，如果熔丝位设置的不合适可能导致单片机的一些引脚输入输出功能不正常，例如，在使用 ISP 编程时应当将 JTAG 熔丝位设置为 0，关闭 JTAG 调试功能，而在使用 JTAG 模式进行在线编程时，也最好关闭 ISP 编程功能。上述设置最好查阅相关资料，搞清楚每个熔丝位的具体含义再进行修改。

光电测控系统是一个综合性的大系统，涉及的信息处理方法和技术不胜枚举。即使只是其中的电路设计和软硬件设计，可供选择的方法、技术和应用环境也是浩如烟海。本章只是对这几个模块常见且较易掌握的几种基本方法进行简单介绍，供初学者参考。

参 考 文 献

[1] 童诗白，华成英. 模拟电子技术基础(第四版)[M]. 北京：高等教育出版社，2007.

[2] 杨素行. 模拟电子技术基础简明教程(第三版)[M]. 北京：高等教育出版社，2006.

[3] 阎石. 数字电子技术基础(第五版)[M]. 北京：高等教育出版社，2006.

[4] 文武松，杨贵恒，王璐，曹龙汉. 单片机实战宝典——从入门到精通[M]. 北京：机械工业出版社，2014.

[5] 王建，魏福江，宋永昌. 单片机入门与典型应用实例[M]. 北京：中国电力出版社，2010.

[6] 沈文，Eagle lee，詹卫前. AVR 单片机 C 语言开发入门指导[M]. 北京：清华大学出版社，2003.

[7] 李江全，张荣华，李伟，龙霞飞. Visual Studio 串口通信与测控应用编程实践[M]. 北京：电子工业出版社，2013.

[8] Donis Marshall，梁春艳. Visualstudio2010 并行编程从入门到精通[M]. 北京：清华大学出版社，2013.

[9] 王长青，韩海玲. C 语言开发从入门到精通[M]. 北京：人民邮电出版社，2016.

[10] 周开利，邓春晖. MATLAB 基础及其应用教程[M]. 北京：北京大学出版社，2015.

第6章 光电测控系统的执行模块

6.1 光电测控系统中的机械结构

设计完成的一套完整光电测控系统或仪器通常是由相应的机械本体和控制装置所组成的。其中，机械本体包括动力部分、传动部分和执行部分，控制装置又分为机械控制装置、电子控制装置和机电混合控制装置。因此，为实现所设计测控系统的基本功能，在提供基本动力的基础上，还需要进行必要的机械结构设计，将各功能部件或构件组成一个机械本体，通过动力的传递和有序执行，来达到信息获取和测量的目的。

光电测控系统中的机械结构部件主要有基座和支架、固紧装置、导轨与工作台、轴系以及其他部件，如微调和锁紧、限位和保护等机构。它们都是系统中不可或缺的部件，其精度有时对整个系统精度的影响起决定性作用。针对具体的每一套测控系统，应该包括上述哪些部件，应根据需要，在总体设计时统一考虑和确定。

6.1.1 测控系统中机械结构设计的要求、方法和基本准则

1．精密机械设计的基本要求

（1）功能要求。功能是使用者提出的需要满足的使用上的特性和能力，是机械设计的基本出发点。在设计过程中，设计者一定要使所设计的仪器设备或系统实现预定的功能，满足运动和动力性能的要求。

（2）精度要求。精度是精密机械的一项重要技术指标，应根据实际需要来定，一般分为中等精度、高精度、超高精度三类。设计时，必须保证所组成的精密机械系统机构在加工、安装和使用过程中所要求的精度，精密机械设备的工作精度应当是稳定的，并在一定期限内保持不变，要求设备本身具有一定的几何精度、传动精度和动态精度。

（3）可靠性和安全性要求。要使精密机械在规定的使用条件下和规定的时间内有效地实现预期功能，要求其工作安全可靠、操作方便。为此，零部件应具有一定的强度、刚度、耐磨性和振动稳定性等工作能力。

（4）经济性要求。经济性好体现在三个方面：生产成本低、使用消耗小、维护费用低。成本的高低主要取决于结构设计的好坏，所以设计时，要求机械零部件结构简单、材料选择合理、工艺性好，在可能的情况下，尽量采用标准设计尺寸和标准零件。

（5）其他特殊要求。根据使用条件的不同，对精密机械提出的附加设计要求：产品外观要求造型美观大方、色泽柔和；航空航天仪表要求体积小、重量轻；恶劣环境中使用的设备要求耐高温、耐腐蚀等。

2．精密机械设计方法

当前精密机械零部件常规设计的方法主要有以下几种：

（1）理论设计。根据长期总结出来的设计理论和实验数据所进行的设计称为理论设计，在材料力学中根据强度理论来进行设计，在精度分析和误差计算中根据精度理论来进行设计。结构设计的

基本原则也要根据理论设计进行研究。

（2）经验设计。根据某类零部件已有的设计与使用实践而归纳出来的经验关系式，或根据设计者本人的工作实践经验用类比的办法所进行的设计称为经验设计。这对那些使用要求变动不大而结构形状已典型化的零件是很有效的设计方法，如壳体、基座、传动零件的各结构要素等。

（3）模型实验设计。在理论设计和经验设计都难以解决问题时，可采用模型实验设计，即根据使用要求，将所需要设计的零部件，初步定出形状和尺寸并做出模型，通过实验手段对模型进行实验，根据实验结果判断初步定出的形状和尺寸是否正确，然后进行修正，逐步完善。这种设计方法实验费用较高，而且费时，一般只用在特别重要的设计中。

3．精密机械设计的一般步骤

精密机械与普通机械产品一样，都必须经过设计过程。产品设计大体上有三种类型：开发性设计，即利用新原理、新技术设计新产品；适应性设计，即保留原有产品的原理与方案不变，为适应市场需求，只对某些零件或部件进行重新设计；变参数设计，即保留原有产品的功能、原理方案和结构，仅改变零部件的尺寸或结构布局形成系列产品。

新产品开发设计一般要经过以下四个阶段：

（1）调查决策阶段。在设计精密机械时，需进行必要的调查研究，了解使用者的要求和意见，市场供销情况和前景，收集有关的技术资料及新技术、新工艺、新材料的应用情况。在此基础上，拟定新产品开发计划书。在设计开始阶段，应充分发挥创造性，构思方案应多样化，以便经过反复分析比较后做出决策，从中选择最佳方案。决策是非常关键的一步，直接影响设计工作和产品的成败。

（2）研究设计阶段。此阶段应在决策后开始，一般分两步进行。第一步主要是功能设计研究，称为前期开发，任务是解决技术中的关键问题。为此，需要对新产品进行试验研究和技术分析，验证原理的可行性和发现存在的问题。第一步完成后，应写出总结报告、画出总布局图和外形图等。第二步为新产品的技术设计，称为后期开发。第二步完成后，应绘出总装配图、部件装配图、零件工作图、各种系统图（传动系统、液压系统、电路系统、光路系统等），以及详细的计算说明书、使用说明书和验收规程等技术文件。以上各部分内容常需互相配合，设计工作也常需多次修改，逐步逼近，以便设计出技术先进可靠、经济合理、造型美观的新产品。在技术设计中，需进行大量的结构设计工作。为保证设计质量，分阶段进行设计的检查是十分必要的。

（3）试制阶段。样机试制完成后，应进行验机试验，并做出全面的技术经济评价，以决定设计方案是否可用或需要修改。即使可用的方案，一般也需做适当修改，以便使设计达到最佳化。需要修改的方案，应检查数学、物理模型是否符合实际，必要时，改进模型后再进行试验，甚至重新设计。

（4）投产销售阶段。样机试验成功后，对于批量生产的产品，尚需进行工艺、工装方面的生产设计。经小批试制、用户试用、改进和鉴定后，即可投入正式生产和销售。开展销售服务工作（如传授正确使用方法、规定能够免费保修期限、定期跟踪检查等），不但有利于保证产品质量、提高产品信誉、开拓市场销路，而且可从市场反馈信息中，发现产品的薄弱环节，这对于进一步完善产品设计，提高产品可靠度，萌生新的设计构思，开发新产品都有积极的意义。

4．机械结构设计的工程材料选择

（1）概述

在机械结构的设计中，如何正确选择所需材料是至关重要的。通常在机械结构中应用的材料，按用途的不同，可分为结构材料和功能材料两大类。结构材料通常是指工程上要求强度、韧性、塑性、硬度、耐磨性等力学性能的材料，功能材料是指具有电、光、声、热、磁等功能和效应的材料。按材料结合键的特点及性质，一般可分为金属材料、无机非金属材料和有机材料三大类。

金属材料是机械结构中最常用的材料，可分为黑色金属材料和有色金属材料。黑色金属材料是铁基金属合金，包括碳钢、铸铁和各种合金钢。其余的金属材料都属于有色金属材料。

无机非金属材料是指金属和有机物之外的几乎所有材料，作为结构材料，陶瓷是目前发展最快的无机非金属材料，陶瓷包括硅酸盐材料（玻璃、水泥、耐火材料、陶器和瓷器）及氧化物类材料，按其性能可分为高强度陶瓷、高温陶瓷、高韧性陶瓷、光学陶瓷和耐酸陶瓷等。

有机材料包括塑料、橡胶和合成纤维等。这类材料具有较高的强度，良好的塑性，耐腐蚀性，绝缘性和密度小等优良性能，是发展很快的新型材料。

无机非金属材料和有机材料，又可统称为非金属材料。

（2）常用的工程材料

机械结构中常用的工程材料有黑色金属、有色金属、非金属材料和复合材料等。

1）黑色金属

碳钢与合金钢　碳钢按其含碳量不同，分为低碳钢、中碳钢和高碳钢。合金钢是冶炼时人为地在钢中加入一些合金元素，如锰、硅、铬、镍、钼、钨等，以提高钢的力学性能、工艺性能或物理性能、化学性能。根据加入合金元素总量的不同，合金钢可分为低合金钢、中合金钢和高合金钢。对于受力不大，基本上承受静载荷的零件，均可选用碳素结构钢；当零件受力较大，承受变应力或冲击载荷时，可选用优质碳素结构钢；当零件受力较大，承受变应力，工作情况复杂，热处理要求较高时，可选用合金钢。

铸钢　铸钢与锻钢的力学性能大体相近，与灰铸铁相比，其减振性能差，弹性模量、伸长率、熔点均较高，铸造性能差（铸造收缩率大，容易形成气孔）。铸钢主要用于制造承受重载、形状复杂的大型零件。

灰铸铁　灰铸铁中的碳大部分或全部以自由状态的片状石墨形式存在，断口呈灰色，故称灰铸铁。灰铸铁成本低，铸造性好，可制成形状复杂的零件，且具有良好的减振性能。灰铸铁本身的抗压强度高于抗拉强度，故适用于制造在受压状态下工作的零件。但灰铸铁的脆性较大，不宜承受冲击载荷。

球墨铸铁　球墨铸铁中的碳以球状石墨形式存在，具有较高的延展性和耐磨性。球墨铸铁的强度比灰铸铁高，接近于碳素结构钢，而减振性优于钢，因此多用于制造受冲击载荷的零件。

2）有色金属

有色金属及其合金有着许多可贵的特性，如减摩性、耐蚀性、耐热性、导电性等。在机械设计中多作为耐磨、减摩、耐蚀或装饰材料来使用。

铜合金　铜具有良好的导电性、导热性、耐蚀性和延展性。常用的铜合金有黄铜、青铜等。黄铜可铸造也可锻造，有良好的机械加工性能。铝青铜常用来制造承受重载、耐磨的零件；铍青铜是制造某些弹性元件的极好材料。

铝合金　铝的密度小（约为钢的 1/3），熔点低，导热、导电性良好，塑性高，纯铝的强度低。铝合金不耐磨，可用镀铬的方法提高其耐磨能力。铝合金的切削性能好，但铸造性能差。铝合金不产生电火花，故可用作储存易燃、易爆物料的理想容器。

钛合金　钛和钛合金的密度小，高、低温性能好，并具有良好的耐蚀性，故在航空、造船、化工等工业中得到广泛应用。

3）非金属材料

工程塑料　工程塑料是以天然树脂或人造树脂为基础，加入填充剂、增塑剂、润滑剂等制成的高分子有机物。其突出的优点是密度小、质量轻，耐腐蚀性好，容易加工，可用注塑、挤压成型的方法制成各种形状复杂、尺寸精确的零件。为提高塑料零件的机械强度和耐磨、耐油性能，防止老化和静电聚集，还可在塑料表面电镀及涂覆。

橡胶　橡胶除具有较大的弹性和良好的绝缘性之外，尚有耐磨损、耐化学腐蚀、耐放射性等性能。

人工合成矿物　使用较多的人工合成矿物有刚玉和石英。刚玉俗称宝石，硬度仅次于钻石，一般多用来制造微型轴承。石英是一种透明晶体，有天然和人工合成两种。石英晶体是一个各向异性体，具有压电效应，是多种新型压力、力传感器的优良材料。石英晶片具有固定的振动频率，常用来制作晶振。

4）复合材料

复合材料是由两种或两种以上性质不同的金属材料或非金属材料，按设计要求进行定向处理或复合而得到的一种新型材料。复合材料有纤维复合材料、层迭复合材料、颗粒复合材料、骨架复合材料等。工业中用得较多的是纤维复合材料，主要用于制造薄壁压力容器。再如，在碳素结构钢板表面贴覆塑料或不锈钢，可以得到强度高而耐蚀性能好的塑料复合钢板或金属复合钢板。

（3）材料的选用原则

同一零件如采用不同的材料来制造，则零件的尺寸、结构、加工方法等都会有所不同，因此，正确选用零件的材料，对保证和提高产品的性能和质量，降低成本，有着十分重要意义。

1）使用要求

使用要求一般包括：零件所受载荷和应力的大小、性质和分布情况；对零件尺寸和质量的限制；工作状况（如零件所处的环境介质、工作温度、摩擦性质等）。

按使用要求选用材料的一般原则是：

① 若零件的尺寸取决于强度，且尺寸和质量又受到某些限制时，应选用强度较高的材料。

② 若零件的尺寸取决于刚度，则应选用弹性模量较大的材料。当截面积相同时，改变零件形状能得到较大的刚度，如某些空心轴结构的应用。

③ 若零件的尺寸取决于接触强度，应选用可以进行表面强化处理的材料，如调质钢、渗碳钢、渗氮钢等。

④ 滑动摩擦下工作的零件，为减小阻力应选用减摩性能好的材料。在高温下工作的零件，应选用耐热材料。在腐蚀介质中工作的零件应选用耐腐蚀性材料等。

由于通过热处理可以有效地提高和改善金属材料的性能，因此，在选用材料时，应同时考虑采用何种热处理工艺，以充分发挥材料的潜力。

2）工艺要求

各种材料具有不同的加工性能，选用材料时必须要考虑零件加工的工艺方法、生产条件和毛坯的智取方法等。形状复杂、尺寸较大的零件难以锻造。如果采用锻造，也必须考虑材料的铸造性能，在结构上也必须要符合铸造要求。对于锻件，也要视批量大小而决定采用模锻或自由锻。

对于尺寸较小的齿轮坯、蜗杆、轴类等旋转体零件，可采用钢、铜合金、铝合金棒料，直接进行机械加工。对于形状简单、薄壁、高度或深度小的零件，如生产批量较大时，可考虑采用低碳钢、铜、铝等塑性好的材料，由压力加工成型。

在自动机床上进行大批量生产的零件，应考虑材料的切削性能要好（易断屑、刀具磨损小、表面光滑等）。

选择材料时，还必须考虑材料的热处理工艺性能（淬透性、淬硬性、变形开裂倾向性、回火脆性等）。

3）经济要求

选择材料时，必须考虑到生产的经济性和材料的相对价格，不应片面选用优质材料。在满足使用要求和工艺要求前提下，应尽可能选用普通材料和价格低廉的材料，以降低生产成本。

对于加工批量大的小型零件，加工费用在总成本中占有很大比重，影响经济效益的主要是零件的加工费。此时，应考虑材料的加工性和零件的结构工艺性。

零件的不同部位有时对材料有不同的要求，要想使用一种材料来满足不同的要求，往往难于实现。设计者可根据局部品质的原则，在不同的部位上采用不同的材料或采用不同的热处理工艺，使各部位的要求得到满足。

5. 常用机械加工工艺

机械结构设计是产品设计的基础。加工工艺性决定了零件最基本的性能和品质，从而决定了设备或系统的最终质量。机器零件的设计，不仅要满足使用性能的要求，而且要考虑到它们的结构工艺性，要注意到在制造过程中可能产生的问题。

零件的结构工艺性就是指所设计的零件，在保证使用性能的前提下，能否用生产率高、劳动量小、材料消耗少、成本低的方法制造出来。结构工艺性好的零件，制造是方便而经济的。因此，研究和改善零件的结构工艺性，对机器制造生产有着很大的意义。

常见的一般机械切削加工方法有：

1）车削加工

车削主要是在车床上，利用刀具对旋转的工件进行切削加工。车床上还可用钻头、扩孔钻、铰刀、丝锥、板牙和滚花工具等进行相应的加工。车削的加工原理为：工件旋转（主运动），车刀在平面内做直线或曲线运动（进给运动），可用以加工内外圆柱面、端面、圆锥面、成型面和螺纹等。车削圆柱面时，车刀沿平行于工件旋转轴线的方向运动；车削端面或切断工件时，车刀沿垂直于工件旋转轴线的方向水平运动。若车刀的运动方向与工件的旋转轴线成一个斜角，那么可加工成圆锥面。

2）铣削加工

铣削和车削运动方式相反，它利用旋转的多个刀具做旋转运动来切削工件，是高效率的加工方法。铣削时，刀具旋转（主运动），工件移动（进给运动），工件也可固定，但此时旋转的刀具必须移动，即刀具同时完成主运动和进给运动。铣削一般在铣床或镗床上进行，适用于加工平面、沟槽、各种成型面如花键、齿轮、螺纹和模具的特殊型面等。

3）刨（插）削加工

刨削是刨刀与工件做相对直线往复运动的切削加工，是加工平面的主要方法之一，适用于单件小批量生产平面、垂直面和斜面。刨削可在牛头刨床或龙门刨床上进行，其主运动是变速往复直线运动，因为在变速时有惯性，限制了切削速度的提高，并在回程时不切削，故而效率低，不适合大批量生产。刨削也可广泛应用于加工直槽、燕尾槽、T 形槽、齿条、齿轮、花键，和母线为直线的成型面等。其特点是通用性好、效率低、精度不高。

4）磨削加工

磨具磨削是以较高的线速度旋转的磨料、对工件的表面进行加工。磨削加工在机械上属于精加工，加工量少，精度高。磨削用于加工工件的内外圆柱面、圆锥面、平面、螺纹、花键、齿轮等特殊、复杂的成型表面。由于磨粒硬度高，磨具具有自锐性，因此磨削可用于加工各种材料，包括淬硬钢、各种合金钢、硬质合金、玻璃、陶瓷和大理石等高硬度金属和非金属材料。

磨削分为外圆磨削、内圆磨削、平面磨削和无心磨削。外圆磨削主要在外圆磨床上进行，用以磨削轴类工件的外圆柱，磨削时，工件低速旋转，若工件同时做纵向往复移动并在纵向移动的每次单行程或双行程后砂轮相对工件做横向进给，称为纵向磨削法；若砂轮宽度大于被磨削的表面长度，则工件不需做纵向往复移动，称为切入磨削法。切入磨削法的效率高于纵向磨削法。内圆磨削主要在内圆磨床、万能外圆磨床或坐标磨床上进行，主要磨削工件的圆柱孔、圆锥孔和孔端面，一般采用纵向磨削法，而磨削成型内表面时可采用切入磨削法。在坐标磨床上磨削内孔时，工件固定在工作台上，砂轮除做高速旋转外，还绕所磨孔的中心线做行星运动。平面磨削主要是在平面磨床上磨削平面、沟槽等，其分为两种：用砂轮外圆表面磨削的称为周边磨削，用砂轮端面磨削的称为端面磨削。无心磨削在无心磨床上进行，用以磨削工件外圆，磨削时，工件不用顶尖定心和支承，而是放在砂轮与导轮之间，由其下方的托板支承，并由导轮带动旋转。当导轮轴线与砂轮轴线调整成斜 1°～6°时，工件能边旋转边自动沿轴向做进给运动，称为贯穿磨削，其只适用于磨削外圆柱面。

磨削速度高，温度也高，磨削加工可获得较高的精度和很小的表面粗糙度，其不但可以加工软材料，如未淬火钢、铸铁和有色金属，还可加工淬火钢及其他道具不能加工的硬质材料，如瓷件、硬质合金等。磨削时的切削深度很小，在一次行程中所能切除的金属层很薄，当磨削加工时，从砂轮上飞出大量细的磨削，从工件上飞出大量金属屑，易对人造成伤害。

5）钻削加工

钻削是加工孔的基本方法，通常在钻床或车床上进行，也可在镗床或铣床上进行。钻削时，钻削刀具与工件做相对转动（主运动）并做轴向进给运动。由于钻削的精度较低，故钻削主要用于粗加工或精加工之前的预加工。

6）镗削加工

一种用刀具扩大孔或其他圆形轮廓的内径车削工艺，其镗刀旋转做主运动，镗刀或工件做进给运动。镗削一般在镗床、加工中心或组合机床上进行，主要用于加工箱体支架和机座等工件上的圆柱孔、螺纹孔孔内沟槽或端面。当采用特殊附件时，也可加工内外球面、锥孔等。镗削时，工件安装在机床工作台或机床夹具上，镗刀装夹在镗杆上（也可与镗杆制成整体），由主轴驱动旋转。镗削的应用范围一般从半粗加工到精加工，其镗刀类型分为单刃镗刀、双刃镗刀和多刃镗刀，一般采用的是单刃镗刀。

7）拉削加工

拉削是使用拉床（拉刀）加工工件内外表面的一种切削工艺，是拉刀在拉力作用下做轴向运动，加工工件的内、外表面。拉削与其他切削作业不同，主要考虑的是刀具的磨损及刀具的使用寿命，在拉削作用下，数个齿同时啮合，而且切削宽度经常很大，移除切削比较困难，故常需要低粘度油。

拉削分为内拉削和外拉削。内拉削用来加工各种形状的通孔或孔内通槽，如圆孔、方孔、多边形孔、花键孔、键槽孔、内齿轮等，拉削前要有已加工孔，让拉刀能够插入，一般情况下，拉削的孔直径范围为 8～125 毫米，深度不能超过孔径范围的非封闭性表面，如平面、成型面、沟槽、榫槽、叶片榫头和外齿轮等，特别适合于在大量生产中加工比较大的平面和复合型面，如汽缸体、轴承座、连杆等。

拉削具有效率高、精度高、范围广、结构操作简便等优点，同时也有刀具结构复杂，成本高的缺点。

8）锯切加工

利用具有许多锯齿的刀具锯条、圆锯片、锯带或薄片砂轮等将工件或材料切出狭槽或进行分割的切削加工。锯切可按所用刀具形式分为弓锯切、圆锯切、带锯切和砂轮锯切等。各种锯切方法的精度都不高，除窄带锯切外，一般用于在备料车间切断各种棒料、管料等型材。锯切设备一般采用硬质合金圆锯片作为锯切刀具，大大提高了锯片的耐磨性，设备采用气压传动实现对型材的夹紧和工进，采用电动机与锯片同轴或带增速的高速切割，使得切割面光滑，切削质量高。

9）铸造

压力铸造　压力铸造（简称压铸）是熔融金属在高压下高速充满型腔，并在压力下凝固成型而获得铸件的铸造方法。其显著特点是高压和高速、精度高、产品质量好（强度、硬度、表面光洁度好）、效率高、经济效果优良（大批量生产）。

重力铸造　重力铸造是指金属液在地球重力作用下注入铸型的工艺，也称重力浇铸。广义的重力铸造包括砂型浇铸、金属型浇铸、熔模铸造、消失模铸造，泥模铸造等；窄义的重力铸造主要指金属型浇铸。

10）冲压

冲压是靠压力机和模具对板材、带材、管材和型材等施加外力，使之产生塑性变形或分离，从而获得所需形状和尺寸的工件（冲压件）的成形加工方法。其坯料主要是热轧和冷轧的钢板和钢带。冲压加工是借助于常规或专用冲压设备的动力，使板料在模具里直接受到变形力并进行变形，从而获得一定形状尺寸和性能的产品零件的生产技术。材料、模具和冲压设备压力机等是冲压加工的三要素。按冲压加工温度分为热冲压和冷冲压。前者适合变形抗力高，塑性较差的板料加工；后者则在室温下进行，是薄板常用的冲压方法。它是金属塑性加工（或压力加工）的主要方法之一，也隶属于材料成型工程技术。冲压件与铸件、锻件相比，具有薄、匀、轻、强的特点。冲压可制出其他方法难于制造的带有加强筋、肋、起伏或翻边的工件，以提高其刚性。由于采用精密模具，工件精度可达微米级，且重复精度高、规格一致，可以冲压出孔窝、凸台等。冷冲压件一般不再经切削加工，或仅需要少量的切削加工。热冲压件精度和表面状态低于冷冲压件，但仍优于铸件、锻件，切削加工量少。

结合常用的机械加工方法，通常零件结构设计应坚持的基本原则是：

① 零件的结构形状应尽可能简单，尽量采用平面、圆柱面，以节省材料和工时，简化加工工艺。

② 零件的结构应与其加工方法的工艺特点相适应。

③ 零件的结构形状应有利于提高质量，防止废品。

④ 零件尺寸应尽量采用标准化，同一零件上相同性质的尺寸最好一致，以简化制造过程。

6.1.2　测控系统中光学零件的固紧结构设计

任何光学仪器都是由一些光学零件和机械零件组成的。而光学零件组成的光学系统不能离开机械结构而独立成为一个实用的光学仪器，必须用机械零件把光学零件连接固紧起来。在光学仪器设计中，影响光学仪器工作性能的因素有光学零件的几何形状、表面状态、内应力分布、光学零件在系统中的相互位置及连接固紧的可靠性等。为了确保光学系统的成像质量，在光学零件的连接结构设计中应满足下列要求。

（1）连接要牢固可靠，并在保证光学零件在系统中相对位置的同时，又不致引起光学零件的变形和内应力。

（2）便于装配、调整，并保证装调前后光学零件可彻底清洗。

（3）保证有效通光孔径不受镜框切割。

（4）应能减小或清除当温度变化时，由于光学零件与机械零件连接材料线膨胀系数不同而产生的附加内应力。

（5）尽可能不用软木、纸片等有机材料与光学零件相接触，以防止光学零件生霉。必须采用时，应采取防霉处理。

在光学仪器中光学元件的固紧方法很多，按光学元件的形状不同，可分为圆形光学零件固紧和非圆形光学零件固紧两大类。

1．圆形光学零件的固紧结构

圆形光学零件包括透镜、分划板、滤光镜、圆形保护玻璃和圆形反射镜等。常用的固紧方法有以下几种。

1）滚边法

滚边法是将光学零件装入金属镜框中，在专用机床上用专用工具把镜框上预先制出的凸边滚压弯折包在光学零件的倒角上，使光学零件与镜框固紧的方法，如图 6.1 所示。

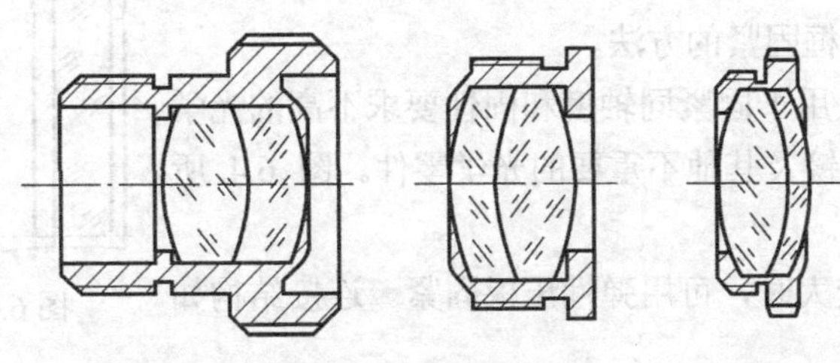

图 6.1　滚边固紧结构

镜座材料必须是可延展性材料，而不是脆性材料。为此，任何一种黄铜或者软铝合金都适合。通常透镜外径和镜座内径之间的径向间隔是 0.125mm。常用的滚边安装方法是用卡盘将镜座夹持在一台车床上，装上透镜，缓慢地旋转镜座，使用 3 个或更多一些的淬过火的圆形刀具，使它们相对于被滚边的边缘成某一角度，用力将镜座边缘压在透镜上。

另一种具有类似结果的滚边安装技术是使用一种机械压力机将镜座凸缘压弯，镜座轴垂直放置在机械压力机的基板上，将一种具有内锥面的刀具或者压模向下放，压在镜座的边缘上。其优点是无需旋转镜座和透镜。

滚边法的主要优点是结构简单紧凑，几乎不需要增加轴向尺寸，也无需附加零件就可以完成光学零件固紧，对通光孔径影响不大。但滚边时不易保证质量，特别是对于孔径大而薄的零件，容易出现倾斜及镜面受力不均匀的现象。因此，滚边法一般只适用于直径小于 40mm 的光学零件的固紧。

2）压圈法

压圈法是把光学零件装入带有螺纹的镜框中，然后用制有螺纹的压圈拧入镜框，将光学零件压紧的方法，如图 6.2 所示。

螺纹压圈有外螺纹压圈（图 6.2(a)）和内螺纹压圈（图 6.2(b)）两种。如镜筒的径向尺寸受到限制，应选用外螺纹压圈固紧；如轴向尺寸受到限制，则选用内螺纹压圈固紧。由于外螺纹压圈加工容易，故使用较多。

压圈法固紧的优点是结构可拆、装调方便；还可以装入其他隔圈和弹性压圈，用以调整光学零件与镜框的相对位置，并适用于多透镜组的装配固紧，如图 6.3 所示。其缺点是固紧为刚性连接，因此在压紧透镜时，在镜面上的压力可能不均匀（当压圈端面不垂直于轴线时），且对温度变化的适应能力也较差。

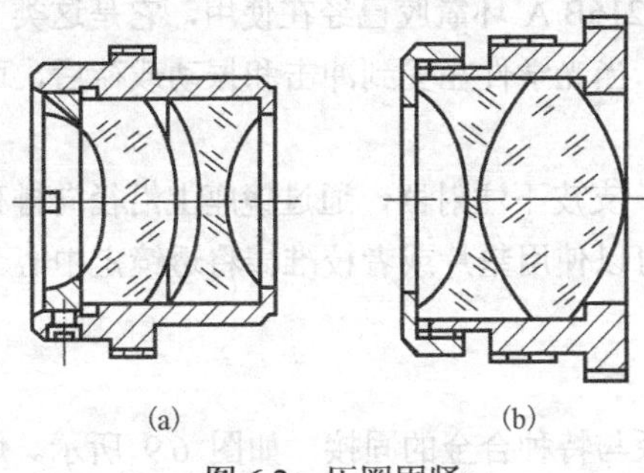

图 6.2　压圈固紧

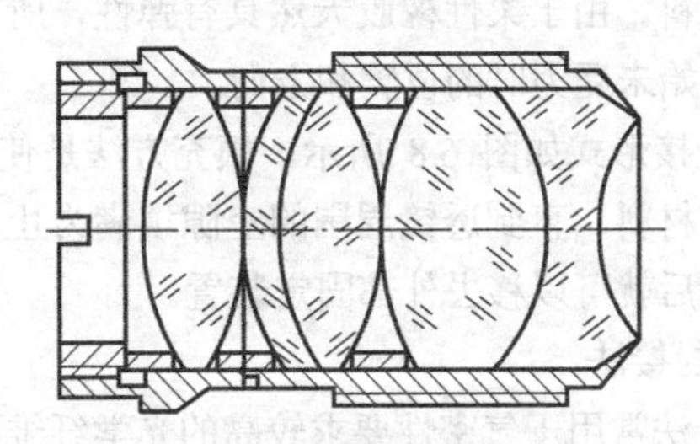

图 6.3　多透镜组装配结构

压圈固紧多用于透镜的直径和厚度均较大情况，透镜直径在 80mm 以上时，一般采用压圈固紧，直径在 40～80mm 时，优先采用，透镜直径在 10mm 以下一般不采用。

3）弹性元件法

弹性元件法是利用开口的弹性卡圈或弹性压板、弹簧片等弹性零件，使光学零件与镜框固紧的方法。

开口弹簧卡圈一般只用于固紧同轴度和固性要求不高的光学零件，如保护玻璃、滤光镜及其他不重要的光学零件。图 6.4 所示为弹性卡圈固紧的结构。

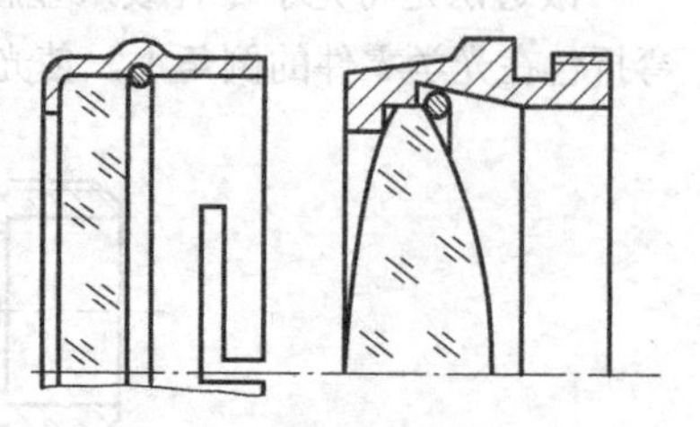

图 6.4 弹性卡圈固紧结构

当光学零件的直径较大时，可用弹性压板固紧。连接结构如图 6.5 所示。

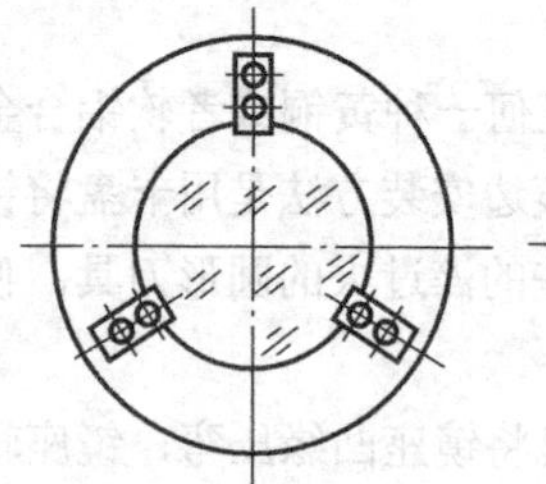

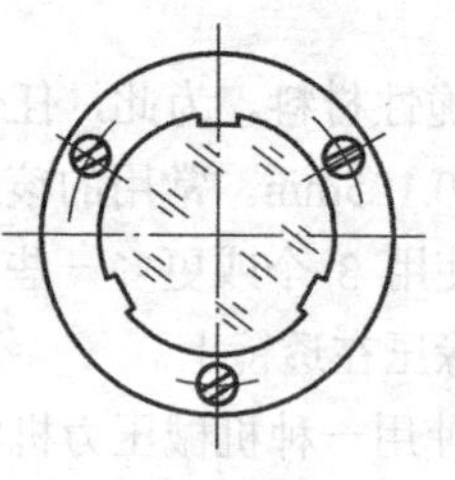

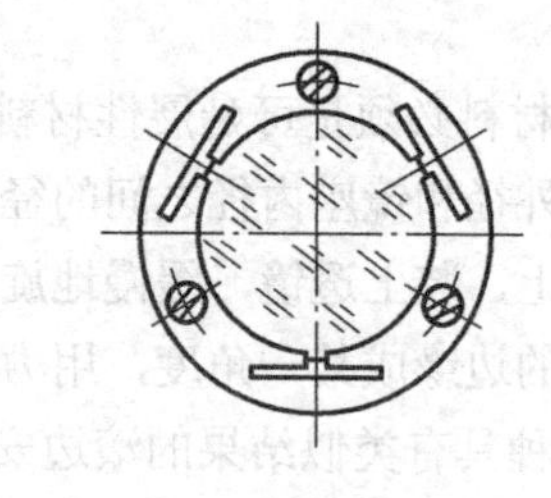

图 6.5 弹性压板固紧结构

4）电镀法

电镀固紧是先把透镜放入镜框中，然后在镜框的端部镀上一层金属（如铜）将透镜固紧，如图 6.6 中的 C 处为电镀层。使用该方法除镜框外，不需另加其他零件，但为实现固紧应有相应电镀设备。此方法在生产实际中一般用以固紧显微镜的前透镜片。

5）胶接法

胶接法是用胶粘剂把光学零件与镜框固紧的方法，如图 6.7 所示。

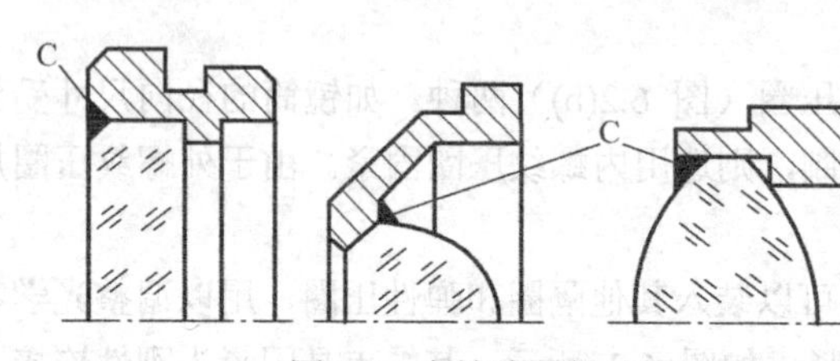

图 6.6 电镀法固紧结构

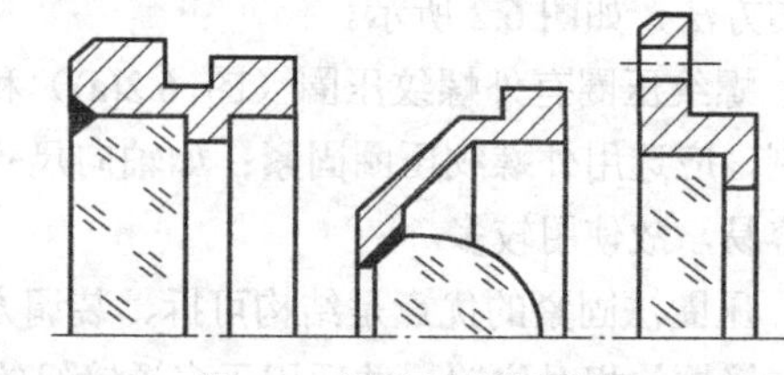

图 6.7 胶接法固紧结构

其中有一种类似于弹性元件法的胶接法，是一种很有代表性的设计，在镜座中放置一个有回弹力的圆环约束透镜，圆环的材料是人造橡胶，EC2216B/A 环氧胶已经在使用，它是这类人造橡胶的代表性材料。由于柔性橡胶天然具有弹性，所以，当光学件在受到冲击和振动载荷后，可将透镜恢复到其初始未受力时的位置和方向。

其胶接形式如图 6.8 所示。填充方法是使用一支皮下注射器，通过镜座上沿径向排列的孔注入人造橡胶材料，直到透镜周围的空隙填满为止。可以使用垫片或者校准棒将透镜定中心。在固化和空隙填满后就可以移去外部固定装置。

6）封接法

封接法常用于气密性要求较高的光学纤维面板与特种合金的固接，如图 6.9 所示。熔封时需加封接材料，且需特殊加热设备。

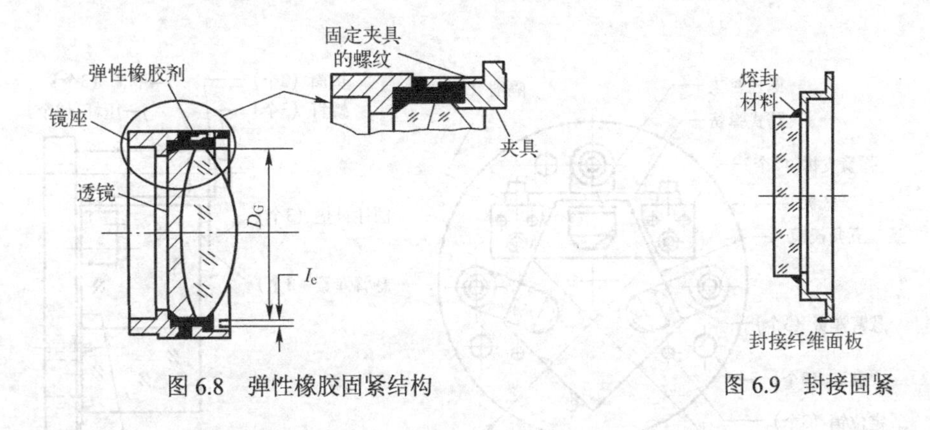

图 6.8　弹性橡胶固紧结构　　　　图 6.9　封接固紧

2．非圆形光学零件的固紧结构

非圆形光学零件有各种棱镜、反射镜、保护玻璃及玻璃刻尺等。由于形状各异，用途不一，因而固紧结构的形式也各有不同，但常见的固紧方法有夹板固紧、平板和角铁固紧、弹簧固紧和胶接固紧等。

夹板固紧多用于固紧非工作面相平行的任何棱镜。图 6.10 为夹板固紧直角棱镜的例子。为了防止棱镜在座板上移动，用了 3 个定位板。压紧棱镜的夹板固紧在 2 根圆杆上。为了使棱镜上的压力分布均匀，在夹板下垫有软木垫片。

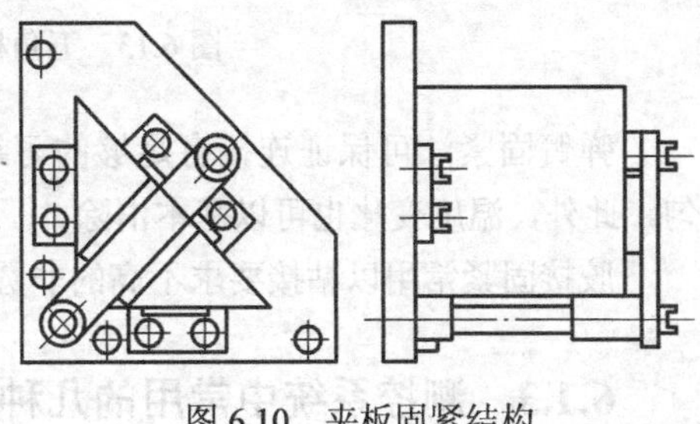

图 6.10　夹板固紧结构

图 6.11 为平板和角铁固紧直角棱镜的例子。图 6.11(a)的结构用于高度不超过 20～25mm 的棱镜，为了使压紧力分布均匀，角铁下面常垫以厚度为 0.5～1mm 的弹性片。当棱镜尺寸较大时，应采用图 6.11(b)的固紧结构。

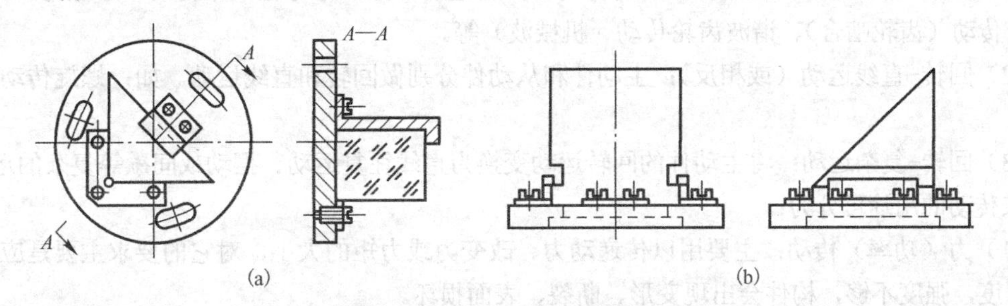

图 6.11　平板和角铁固紧结构

图 6.12 是用弯片弹簧固紧玻璃标尺的例子。图 6.13 是使用悬臂和跨式弹簧约束方式对五角棱镜进行固紧的例子。

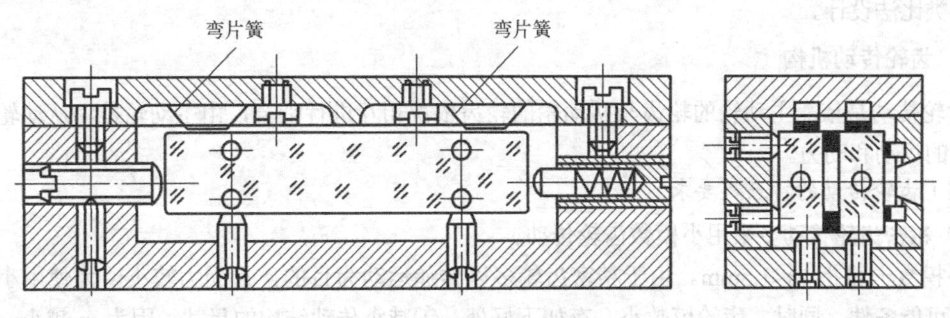

图 6.12　玻璃标尺的弹簧固紧

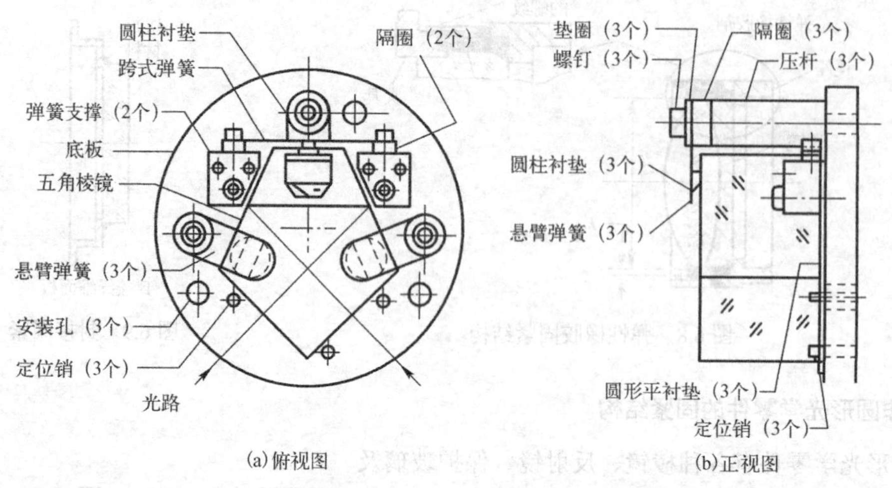

图 6.13　五角棱镜的悬臂和跨式弹簧约束式固紧

弹簧固紧法可保证连接有足够的可靠性，弹簧加到光学零件上的压力较易控制，压力分布均匀，此外，温度变化也可以基本消除。

胶接固紧常用以粘接要求不高的非圆平板玻璃，结构与圆形平板玻璃相似。

6.1.3　测控系统中常用的几种传动机构

机械传动是指采用机械的方式来实现运动的变换（改变运动的方向、速度和性质）和动力（力或力矩）的传递。

机械传动机构按传递的运动性质分为：

（1）回转-回转运动：主动件和从动件均做回转运动。如：摩擦轮、带传动（摩擦力）、齿轮、齿形带传动（齿轮啮合）、谐波齿轮传动（机械波）等。

（2）回转-直线运动（或相反）：主动件和从动件分别做回转和直线运动。如：螺旋传动、杠杆传动。

（3）回转-复杂运动：将主动件的回转运动变换为直线往复运动、摆动或间歇等复杂的运动。

按传动的用途可分为：

（1）力（功率）传动：主要用以传递动力、改变力或力矩的大小，对它的要求主要是应保证足够的强度，强度不够，构件会出现变形、断裂、表面损坏。

（2）示数（测量）传动：主要用以传递运动，包括传递数据或进行读数，对它的要求主要是保证必要的精度。

（3）一般传动：只做一般传动和驱动作用，对精度和强度均无严格要求，对这类传动可按结构条件或类比法设计。

1．齿轮传动机构

齿轮传动是依靠主动轮的轮齿与从动轮的轮齿依次相互进行啮合，由主动轮推动从动轮来传递两轴间的运动和动力。

（1）齿轮传动的特点及要求

1）精密齿轮传动多采用小模数齿轮传动。

小模数一般指 m<1.5mm。由于精密齿轮多以传递运动为目的，且受力较小，为使用小模数齿轮提供可能条件。同时，齿轮模数小，有如下好处：①减小传动结构的尺寸。因为 m 越小，分度圆

直径 d 和中心距 a 越小，则传动副结构的尺寸越小。②在分度圆直径一定的情况下，m 越小，齿数越多，则 Δs 和 Δe 均减小，从而提高传动精度。

2）对传递运动的准确程度要求较高。

表征传动准确程度的主要指标有：

传动精度：指齿轮传动在单向回转时，其瞬时传动比保证理论值的准确程度。通常用传动误差来衡量。

传动误差：指在工作状态下，当输入轴单向回转时，输出轴的实际转角与理论转角之差。传动误差减小，传动精度提高。

空回误差，简称回差：指在工作状态下，当输入轴由正向改为反向回转时，输出轴在转角上的滞后量。齿轮传动产生回差的原因是齿侧间隙。要保证传递运动的准确度，应保证传动精度高，空回误差小。

3）传动效率高。由于精密仪器采用齿轮传动所传递的功率很小，抗外界干扰的能力较差，振动、冲击、灰尘、磁力以及油渍等都可能影响其正常工作。所以精密齿轮传动不仅要求平均传动效率高，而且主要是要求瞬时传动效率高。

4）转动惯量小。在功率较小的情况下，惯性过大势必影响整个系统的快速性、稳定性和准确性。因此，精密齿轮传动的惯量应尽量减小。

5）结构简单紧凑。尺寸小、重量轻，力求小巧、轻便。

（2）精密齿轮传动设计要点

齿轮传动的设计时，要求有一些已知数据，包括：传动的用途、工作条件、传递的功率、输入轴或输出轴的转速、总传动比、传动精度和回差、传动效率、转动惯量、大致的空间尺寸、体积和重量。根据已知数据，明确主要设计要求，如精度、强度或其他如转动惯量、尺寸等。

设计应解决的几个问题：

① 齿轮传动类型的选择。由于齿轮传动类型很多，应根据传动的主要要求、工作特点，正确合理地选定。

② 齿轮传动总传动比、传动级数和各级传动比的确定和分配。每级的传动比要合理确定：过大，体积增大，结构不紧凑，转动惯量增大，而且两个啮合的齿数尺寸相差太大，小齿轮易磨损；过小，增加齿轮传动级数，结构复杂，零件数目增多。

③ 齿轮齿数和模数的确定。因为 $d=mz$，应根据空间尺寸的要求合理确定 m 和 z。

④ 齿轮传动的材料强度计算。根据强度的要求进行材料强度的校核，以确定合适的材料。

⑤ 进行齿轮传动的精度分析，以保证齿轮传动的精度要求。

⑥ 计算齿轮传动过程中的驱动力矩和功率，以便选择合适的驱动源（电动机）。

⑦ 齿轮传动的结构设计。包括齿轮的结构，齿轮与轴的连接方式，齿轮的支撑方式，齿轮的作用图和技术条件，减小或消除回差的措施。

2．螺旋传动机构

螺旋传动机构是利用螺杆和螺母的相对运动传递动力和运动的一种传动机构。

（1）螺旋传动的特点

① 降速传动比大。螺母和螺杆的相对移动量 l 和转角 φ 的关系为：

$$l=\frac{s}{2\pi}\varphi \tag{6.1}$$

则螺旋传动的传动系数为

$$i=\mathrm{d}\varphi/\mathrm{d}l=2\pi/s \tag{6.2}$$

即对于螺杆转动螺母移动的机构，螺杆转动一周，螺母相对移动一个导程 s。设螺旋线数

n=1，螺距 P=0.5，D 为驱动螺杆转动的手轮直径，则手轮上的（外圆圆周）移动与螺母（直线）移动的传动系数为：

$$i = \pi D / s \tag{6.3}$$

取 D=160，i=1005。由于降速比大，从而大大缩小了传动链。

② 传动精度高。由于螺旋传动的传动比大，环节少，结构紧凑，因而有较高的传动精度，且运动灵活、平稳。

③ 牵引力大。根据功率一定的条件下降速增矩的原则，给螺杆一个很小的扭矩，可以在螺母上得到一个很大的轴向牵引力。

④ 能自锁。当螺旋角（在中径圆柱面上螺旋线的切线与垂直于轴线的平面间的夹角）小于当量摩擦角（*arctanf*，*f* 为当量摩擦系数）时，螺旋传动具有自锁能力。

⑤ 效率低，易磨损，适用于低速。由于螺纹副表面为滑动摩擦，所以传动效率低，一般 $\eta = 20\% \sim 60\%$，不适于高速大功率传动。

（2）螺旋传动设计

目前螺旋传动副已标准化，在设计时根据需要进行选用，包括：

① 传动形式的选择。

② 螺纹主要参数的选择。

③ 耐磨性、刚度、稳定性、强度的计算和校核。

④ 传动误差的计算，校核传动的精度，并设计结构以减少或消除传动误差（包括轴向间隙）。

3. 连杆机构

连杆机构包括三种构件：

机架：用于固定的构件。

连杆：用来联系机构的原动件和从动件，不直接与机架相连的中间机构。

连架杆：直接与机架相连的构件，如主、从动件。有曲柄和摇杆两种形式，其中做整周回转运动的连杆架为曲柄，在一定角度范围内摆动的连架杆为摇杆。

（1）连杆机构的特点

① 运动副为面接触，元素间压强小，便于润滑。所以磨损轻，承载大，用于重型机械。结构简单，制造简单。

② 主动件等速连续运动时，各构件相对长度关系不同，可使从动件做等速或不等速、连续或不连续的运动。

③ 连杆上不同点的轨迹为不同的曲线，而且随着各构件相对长度关系不同，曲线的形状也随之变化，可利用这些曲线来满足各种不同的轨迹要求。

④ 增力，扩大行程。将运动传递到较远的地方。

⑤ 设计比较繁难。多数情况下只能近似满足运动规律和轨迹的设计要求。

⑥ 运动链长，累积误差大，效率低。

⑦ 不宜做高速传动。各构件重心一般都做变速运动，其惯性力很难用平衡方法加以消除。

（2）连杆机构的基本形式

① 曲柄摇杆机构，主、从动件中一个是做整周回转运动的曲柄，另一个是在一定角度范围内摆动的摇杆，如搅拌机、锁式粉碎机。

② 双曲柄机构，主、从动件均做整周回转运动，且长度相同，为平行四边形机构。如机车车轮，使联动的车轮与主动轮具有完全相同的运动；天平，使天平盘始终处于水平位置。

③ 双摇杆机构，主、从动件均为摇杆。如鹤式起重机、飞机起落架。

（3）连杆机构有曲柄的条件

曲柄做整周回转运动，通常在连杆机构中作为主动件，便于电动机驱动。因此，连杆机构在设计时要考虑如何保证曲柄的存在。

连杆机构中是否存在曲柄，取决于机构各杆的相对长度和机架的选择。

① 在曲柄摇杆机构中，曲柄是最短杆；

② 最短杆与最长杆长度之和小于或等于其余两杆长度之和。

以上两条件是曲柄存在的必要条件。

当各杆长度不变而取不同杆为机架时，可以得到不同类型的四杆机构。如果四杆机构中的最短杆与最长杆长度之和大于其余两杆长度之和，则该机构中不可能存在曲柄，无论取哪个构件作为机架，都只能得到双摇杆机构。

（4）从动件的行程速比系数

从动件的行程速比系数是从动件空回行程的平均速度与从动件工作行程的平均速度的比值。

$$K=\frac{180^{\circ}+Q}{180^{\circ}-Q}，Q=\frac{k-1}{k+1}\times180^{\circ}$$

（5）压力角和传动角

驱动力与运动方向的夹角为压力角，驱动力与径向方向的夹角为传动角，二者之和是 90°。

压力角小，传动角大机构传力性能好。

（6）机构的死点位置

驱动力对从动件的有效回转力矩为零，这个位置是机构的死点位置。机构的死点位置会使机构从动件的运动出现不确定，可以对从动件加外力或利用构件自身的惯性作用使机构通过死点位置。

（7）连杆机构的设计

平面连杆机构设计的基本任务有两个，第一是根据给定的设计要求选定机构型式；第二是确定各构件尺寸，并要满足结构条件、动力条件和运动连续条件等。

1）平面连杆机构设计的三大类基本命题

① 满足预定运动的规律要求，即满足两连架杆预定的对应位置要求（又称实现函数的问题），满足给定行程速比系数 K 的要求等。

② 满足预定的连杆位置要求，即要求连杆能依次占据一系列的预定位置（又称刚体导引问题）。如图 6.15 所示的铸造翻箱机构。

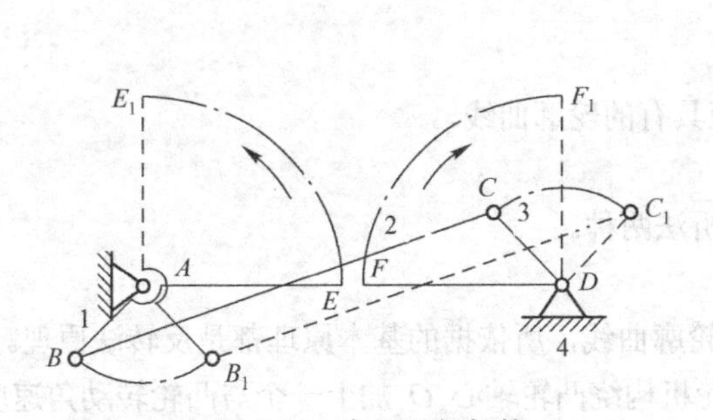

图 6.14 车门开闭机构

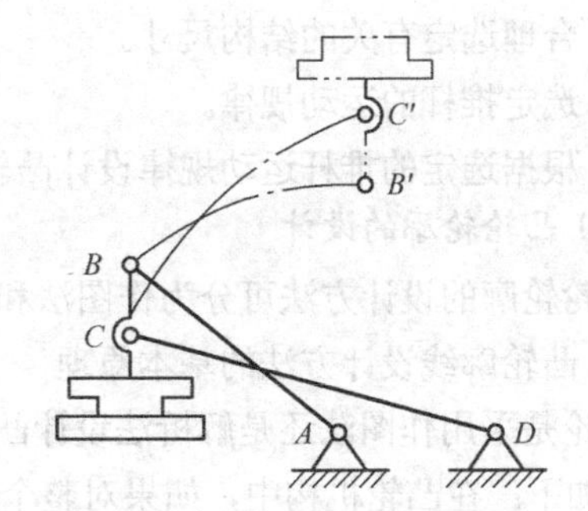

图 6.15 铸造用翻箱机构

③ 满足预定的轨迹要求，即要求机构运动过程中，连杆上某些点能实现预定的轨迹要求（又称轨迹生成问题）。如图 6.16 所示的鹤式起重机。

2）图解法设计四杆机构

① 按给定的行程速比系数设计曲柄摇杆机构，如图 6.17(a)所示。

② 按给定的连杆位置设计曲柄摇杆机构，如图 6.17(b)所示。

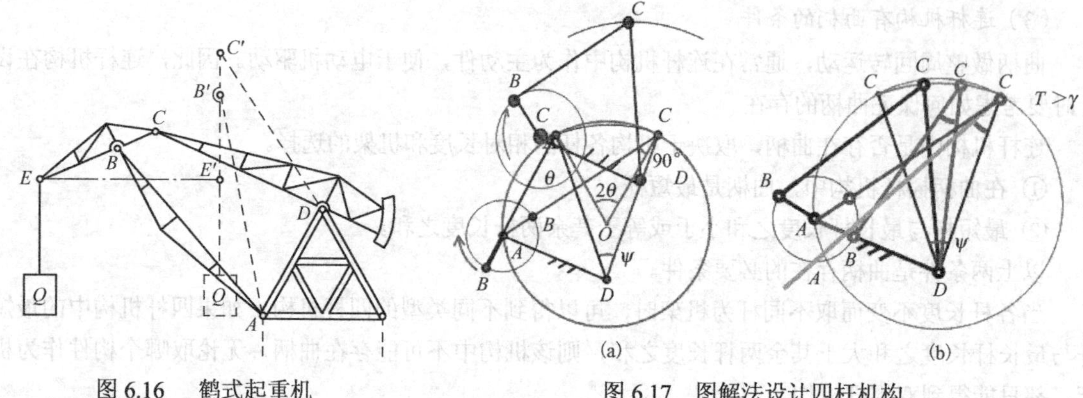

图 6.16　鹤式起重机　　　图 6.17　图解法设计四杆机构

3）解析法设计四杆机构

解析法设计四杆机构是通过建立机构的运动要求与机构尺寸参数之间的解析方程式，代入已知运动的条件，求解出连杆机构的尺度参数的，应借助计算机求解。所能解决以下几类问题：

① 按预定的运动规律设计，包括：按预定的两连架杆对应的位置设计和按期望函数设计。

② 按预定的连杆位置设计。

③ 按预定的运动轨迹设计。

4．凸轮机构

凸轮机构由凸轮、推杆和机架组成。

凸轮：具有曲线轮廓或凹槽的构件，常做等速转动，也有做直线运动或往复摆动的。

推杆：被凸轮直接推动的构件，可做往复直线运动或摆动。

（1）凸轮机构的特点

优点：结构简单、紧凑、设计方便，因此在机床、纺织机械、轻工机械、印刷机械、机电一体化装配中大量应用。只要做出适当的凸轮轮廓，就能使从动杆得到任意预定的运动规律。

缺点：凸轮为高副接触（点或线）压力较大，点、线接触易磨损，传动力小；凸轮轮廓加工困难，费用较高；行程不大。

（2）凸轮机构设计的基本任务

① 根据工作要求选定合适的凸轮机构形式。

② 合理选定有关的结构尺寸。

③ 选定推杆的运动规律。

④ 根据选定的推杆运动规律设计凸轮应具有的轮廓曲线。

（3）凸轮轮廓的设计

凸轮轮廓的设计方法可分为作图法和解析法两种。

1）凸轮廓线设计方法的基本原理

无论是采用作图法还是解析法设计凸轮轮廓曲线，所依据的基本原理都是反转法原理。该原理可归纳如下：在凸轮机构中，如果对整个凸轮机构绕凸轮轴心 O 加上一个与凸轮转动角速度 ω_1 大小相等、方向相反的公共角速度（$-\omega_1$），这时凸轮与从动件之间的相对运动关系并不改变，但此时凸轮将固定不动，而移动从动件将一方面随导路一起以等角速度（$-\omega_1$）绕 O 点转动，同时又按已知的运动规律在导路中做往复移动；摆动从动件将一方面随其摆动中心一起以等角速度（$-\omega_1$）绕 O 点转动，同时又按已知的运动规律绕其摆动中心摆动。由于从动件尖端应始终与凸轮廓线相接触，故反转后从动件尖端相对于凸轮的运动轨迹，就是凸轮的轮廓曲线。根据这一原理求作出从动件尖顶在从动件作这种复合运动中所占据的一系列位置点，并将它们连接成光滑曲线，即得所求的凸轮轮廓曲线。这种设计方法称为反转法。

2）用作图法设计凸轮廓线

① 直动尖顶从动件盘形凸轮机构的作图法设计步骤：

（a）选取尺寸比例尺，根据已知条件做出基圆和偏距圆以及从动件的初始位置。

（b）利用作图法画出从动件的位移线图，并沿横轴按选定的分度值等分位移线图。

（c）沿（$-\omega_1$）方向按选定的分度值等分基圆，过等分点作偏距圆的切线。这些切线即为从动件在反转运动中占据的各个位置。此步务必要注意过等分点作的偏距圆的切线与基圆相切的方式和从动件初始位置线与基圆相切的方式完全相同。

（d）将位移线图上各分点的位移值直接在偏距圆切线上由基圆开始向外量取，此即为从动件尖顶在复合运动中依次占据的位置。

（e）将从动件尖顶的各位置点连成一条光滑曲线，即为凸轮廓线。

对于对心直动尖顶从动件盘形凸轮机构，可以认为是 e=0 时的偏置凸轮机构，其设计方法与上述方法基本相同，只需将过基圆上各分点作偏距圆的切线改为过基圆上各分点作过凸轮回转中心的径向线即可。

② 直动滚子从动件盘形凸轮机构的作图法设计步骤：

对于直动滚子从动件盘形凸轮机构，可将滚子中心视为尖顶从动件的尖顶，按前述方法定出滚子中心在从动件复合运动中的轨迹，该轨迹线称为凸轮的理论轮廓；然后以理论轮廓上的一系列点为圆心作滚子圆，再作此圆族的包络线，即得凸轮的实际轮廓。注意，此时凸轮的基圆半径系指理论轮廓的最小半径。

③ 直动平底从动件盘形凸轮机构的作图法设计步骤：

对于此类凸轮机构，可将从动件导路的中心线与从动件平底的交点视为尖顶从动件的尖顶，按前述作图步骤确定出理论轮廓，然后再过理论轮廓上的点作一系列代表从动件平底的直线，这些直线的包络线即为凸轮的工作轮廓线。

④ 摆动尖顶从动件盘形凸轮机构的作图法设计步骤：

这种凸轮机构从动件的运动规律要用角位移来表达。即需将相应直动从动件的位移方程中位移 s 改为角位移，行程 h 改为角行程 Φ。其从动件在反转运动中占据的各位置应使从动件轴心点 A 和其尖顶点 B 分别位于 A 的反转圆上与基圆上对应的反转位置点处。作图时，先以凸轮轴心 O 为圆心，以 OA 为半径作圆，然后在此圆上从起始位置开始沿（$-\omega_1$）方向等分，所得的各点即为轴心 A 在反转运动中依次占据的位置。再以这些点为圆心，以摆动从动件的长度 AB 为半径作圆弧，与基圆的交点即为摆动从动件在反转运动中依次占据的各最低位置点。从动件的角位移则是以从动件轴心各反转位置点为圆心顶点，以从动件相应反转位置为起始边向外转量取。

3）用解析法设计凸轮的轮廓曲线

用解析法设计凸轮的轮廓线的关键是根据反转法原理建立凸轮理论轮廓和实际轮廓的方程式。解析法的特点是从凸轮机构的一般情况入手来建立其廓线方程的。如：对心直动从动件可看作是偏置直动从动件偏距 e=0 的情况；尖顶从动件可看作是滚子从动件其滚子半径为零的情况。对于偏置直动滚子盘形凸轮机构，建立凸轮廓线直角坐标方程的一般步骤为：

① 画出基圆及从动件起始位置，即可标出滚子从动件滚子中心 B 的起始位置点 B_0。

② 根据反转法原理，求出从动件反转 δ_1 角时其滚子中心 B 点的坐标方程式，即为凸轮理论轮廓方程式。

③ 作理论轮廓在 B 点处的法线 n-n，标出凸轮实际轮廓上与 B 对应的点 T 的位置。

④ 求出凸轮实际轮廓上 T 点的坐标方程式，即为凸轮实际轮廓方程式。

其他类型的凸轮机构的解析法设计过程与上述的过程类似，其关键是根据几何关系建立凸轮理论轮廓和实际轮廓的方程。

6.2 光电测控系统中的控制执行机构

在光电测控系统中，把输出量能够以一定准确度跟随输入量的变化而变化的系统称为伺服系统或随动系统。通常测控系统或精密仪器中的控制系统将控制指令通过伺服系统转化为机械执行元件的准确运动，用来控制被控对象的位移（或转角）、速度和加速度，使其能自动、连续、稳定、快速和精确地实现控制指令。

而执行机构是指用来完成某些预定动作的机构。在光电测控系统中，对执行机构的要求通常是：响应速度快、动态特性好、动静态精度高、动作灵敏度高，以及效率高、体积小、重量轻、可靠性高等。

6.2.1 机械伺服系统设计

伺服系统是指利用某一部件（如控制杆）的作用能使系统所处的状态到达或接近某一预定值，并能将所需状态（所需值）和实际状态加以比较，依照它们的差别（有时是这一差别的变化率）来调节控制部件的自动控制系统。

伺服系统使物体的位置、方位、状态等输出被控量能够跟随输入目标（或给定值）的任意变化的自动控制系统。它的主要任务是按控制命令的要求，对功率进行放大、变换与调控等处理，使驱动装置输出的力矩、速度和位置控制非常灵活方便。在很多情况下，伺服系统专指被控制量（系统的输出量）是机械位移或位移速度、加速度的反馈控制系统，其作用是使输出的机械位移（或转角）准确地跟踪输入的位移（或转角），其结构组成和其他形式的反馈控制系统没有原则上的区别。伺服系统最初用于国防军工，如火炮的控制，船舰、飞机的自动驾驶，导弹发射等，后来逐渐推广到国民经济的许多部门，如自动机床、无线跟踪控制等。

1．机械伺服系统的分类

伺服系统的种类很多，组成和工作状况多种多样，设计中通常按系统结构形式分类方法进行研究。

（1）开环伺服系统

典型的开环伺服系统是采用步进电机的伺服系统。步进电机每接收一个指令脉冲，电机轴就转动相应的角度，驱动工作台移动。工作台移动的位移和指令脉冲的数量成正比，移动速度和指令脉冲的频率成正比。

这种开环伺服系统的精度完全依赖于步进电机的步距精度和机械系统的传动精度，比闭环系统低，但其结构简单，调试容易，造价低，因此常用于中等以下精度的精密机械系统。

（2）闭环伺服系统

在开环伺服系统的输出端和输入端之间加入反馈测量回路（环节）就构成了闭环伺服系统。这种系统在工作台上装有位置检测装置，可以随时测量工作台的实际位移，进而将测定值反馈到比较器中与指令信号进行比较，并用比较后的差值进行控制。因此能校正传动链内由于电器、刚度、间隙、惯性、摩擦及制造精度所形成的各种误差，从而提高系统的运动精度。

闭环控制系统的优点是控制精度高，抗干扰能力强。缺点在于，这类系统是靠偏差进行控制的，因此在整个控制过程中始终存在偏差；由于原件存在惯性（如负载的惯性），若参数配置不当，易引起振荡，使系统不稳定，甚至无法工作。

（3）半闭环系统

半闭环系统与闭环伺服的区别在于检测装置不是安放在工作台上，而是装在滚珠丝杠或电机轴的端部。由于半闭环伺服系统比闭环伺服系统的环路短，因此较易获得稳定控制。半闭环系统的精度介于闭环系统和开环系统之间，用于要求不太高的情况下。

（4）复合控制系统

复合控制系统是在闭环控制系统上附加一个对输入量或对干扰作用进行补偿的前馈通路（分别称为按输入量补偿和按干扰作用补偿的复合控制系统）。复合控制系统中的前馈通路相当于开环控制，因此对补偿装置的参数稳定性要求较高，否则会由于补偿装置的参数漂移而减弱其补偿效果。此外，前馈通路的引入，对闭环系统的性能影响不大，但却可以大大提高系统的控制精度。因此，当要求实现复杂且精度较高的运动时，可采用复合控制系统。

2. 伺服系统的基本结构

伺服系统主要包括三个基本功能结构：

（1）数字控制驱动装置

数字控制驱动装置将输入的控制信号进行处理，转化为执行元件输出的速度、位移、力等。此部分装置除了用于信号处理的控制器外，还包括如下功能元件：

① 驱动线路：将指令信号转换为执行元件的驱动信号。

② 执行元件：是一种能量转换装置，在驱动信号的驱动下，输出机械执行机构所需的机械能，使之完成特定任务。

伺服系统中常用的执行元件主要有如下几类：

电气式：主要有步进电动机、直交流伺服电动机，将电能转换为机械能。它是现代精密仪器中最常用的类型。

液压式：主要有液压缸和液压马达等。其优点是输出功率大，动作平稳。但需要相应的液压源，占地面积大，容易漏油而污染环境，控制性能不如伺服电动机。

气压式：主要有气缸和气马达等。其优点是气源方便，成本低，动作快，但输出功率小，体积大，工作噪声大，且难于伺服控制。

伺服系统对执行元件的要求：

① 惯性小，动力大。较小的惯性和较大的输出功率使伺服系统具有良好的快速响应能力和足够的负载能力。

② 体积小，重量轻，便于安装及与机械系统连接，使伺服系统结构紧凑。

③ 易于计算机控制。

④ 成本低，可靠性好，便于安装和维护。

目前大多数执行元件都已形成系列产品，有专门厂家生产，设计时需根据要求合理选用。对于不同的执行元件因为其工作原理、所需的驱动信号不同，因此其对应的驱动线路是不同的。

（2）机械执行装置

机械执行装置是伺服系统的控制对象，是直接实现系统功能的主体，其质量影响系统的性能，它包括：传动机构、导向机构和（或）执行机构。

（3）检测装置

检测装置包括传感器及其信号转换线路。它提取执行装置的运动状态信号，将其转换为控制装置的接收信号，使控制装置将其与指令信号相比较，以控制机械执行装置的运动。直至满足指令要求：检测信号与指令信号相等，控制装置输出为零。

由此可见，伺服系统是机械和电子技术的综合运用。其功能是机电结合的产物，所以也可将其分为两大部分，电气装置和机械装置，并以执行元件和传感器作为二者的接口。

3．伺服系统的基本要求

（1）稳定性

稳定性是指在外界信号（指令或干扰信号）的作用下，系统能够稳定地达到预期运行状态的能力。

伺服系统的稳定性取决于系统结构参数，如惯性、刚度、阻尼和增益等，与外界信号的性质或形式无关。系统稳定性分析可根据系统的传递函数，采用自动控制理论所提供的各种方法来判断。

不稳定的表现：外界干扰信号作用下，输出信号不稳定、过渡过程或随时间增加而增长，或表现为等幅振荡、低速下爬行。

（2）精度

伺服系统的精度指输出量与输入指令的精确程度。可以用输出量与输入量的偏差来衡量。影响系统精度的因素很多，包括：

① 系统的组成元件本身的误差，如传感器的灵敏度和精度，伺服放大器的零点漂移和死区误差，机械装置中的反向间隙和传动误差，各元器件的非线性因素等。

② 输入信号的形式，如脉冲信号、方波、三角波和正（余）弦波等不同形式的输入信号所引起输出量的误差大小不同。

③ 系统的结构形式，如各元器件的连接形式、采用不同的线路和机械结构所产生的输出量误差也不同。

（3）快速响应性

伺服系统的快速响应性反映了系统的动态性能。其有两方面含义：

一是在动态响应过程中，输出量随输入指令信号变化的迅速程度，其衡量参数为系统上升时间。

二是在动态响应过程中，系统响应过程结束的迅速程度，其衡量参数为系统的调整时间。

系统的上升时间是指系统在阶跃信号作用下，输出响应从零上升到稳态值所需的时间。它主要取决于系统的阻尼比。阻尼比越小，上升时间越短。但阻尼比太小将导致最大超调量（系统输出响应的最大值与稳态值的偏差）和调整时间加大，而影响系统的稳定性。

系统的调整时间是指系统的输出响应达到其稳态值并保持在一个允许的误差范围内所需要的时间。它取决于系统的阻尼比 ζ 和固有频率 ω。ζ 减小，则调整时间增大；ζ 一定，ω 增大，则调整时间减少。

系统的稳定性、精度、快速响应性的要求是相互关联的，在进行伺服系统设计时，要首先考虑系统的稳定性，然后在满足精度要求的前提下尽量提高系统的快速响应性。

除以上三项基本要求外，对伺服系统还有如调速范围、负载能力、可靠性、寿命、体积、质量以及成本等方面的需求，这些都需在设计时进行综合考虑。

4．伺服系统设计方法及步骤

伺服系统要求各异、类型繁多，从而决定了其结构的复杂性；不同的设计方法，决定了其设计过程的复杂性。往往伺服系统的设计要经过反复修改和调试才能获得较满意的结果，很难一次成功。下面简单介绍伺服系统设计的一般步骤和方法。

（1）设计要求分析，系统方案设计

首先分析伺服系统的设计要求，明确其应用目的、使用场合和性能指标，然后根据现有技术条件提出几种可行的技术方案，经过评价对比，选择其中比较合理的一种作为系统的设计方案。

系统方案设计应包括：控制方式选择、执行元件选择、传感器及其检测装置选择、机械传动及执行机构选择等。这些环节的选择只是初步的，是否合适，还要在详细设计阶段进一步修改确定。

（2）系统性能分析

系统方案设计完成后，根据方案确定的基本结构形式画出系统框图，近似地列出系统传递函数，并对传递函数及框图进行化简，一般应简化成二阶以下系统。然后进行系统稳定性、精度及快速响应性的初步分析，其中最主要的是稳定性分析，如不能满足设计要求，应考虑修改方案或增加校正环节。

（3）执行元件及传感器的选择

对方案设计中初步选型的执行元件及传感器，进一步明确。根据系统要求的具体速度、负载及精度数值，确定执行元件及传感器的具体参数和型号。

（4）机械系统设计

机械系统包括机械传动机构、导向机构和执行机构，设计时要确定它们的具体结构及参数。此外还应考虑采取适当的结构和措施，以消除各种传动间隙、提高系统刚度、减小惯量及摩擦、防止导轨“爬行”现象的产生。

（5）控制系统设计

控制系统包括信号处理及放大电路、校正装置、伺服电动机驱动电路等环节，此时要对这些环节进行详细设计，包括各环节结构、参数的选择及各参数与机械系统参数的匹配。如果采用计算机数字控制，还应考虑接口电路及控制器算法软件的设计。控制系统设计中应注意保证系统满足精度要求，并具有足够的稳定裕度和快速响应性。

（6）系统性能复查

根据上述详细设计确定所有系统结构参数，重新列出系统精确的传递函数。如果实际的伺服系统为高阶系统，还应进行适当化简。根据系统的传递函数对系统的性能进行复查。在复查中如发现性能不够理想，则需调整系统的结构参数或修改算法，甚至重新设计，直至性能理想。

（7）系统测试实验

上述设计与分析仅仅是在理论上进行的，不能全面地反映实际系统。因此还需要进行测试实验来确定实际系统的性能。测试实验可在模型实验系统上进行，也可在试制的样机上进行。通过测试实验发现的问题，要采取必要的措施加以解决。

（8）系统设计定案

若经过上述 7 个步骤及其中某些环节的多次反复得到了满意的结果，便可以确定设计方案，然后整理设计图样及设计说明书等技术文件，准备投入正式生产。否则继续或终止设计。

6.2.2 导向机构设计

1. 精密仪器导向机构（导轨）的作用和构成

导向机构，又称导轨，其作用是保证精密仪器中各运动部件的相对位置和相对运动精度，以及承受负载。主要构件：

运动件：需做直线运动的构件，又称动导轨或滑座。

承导件：用来支持并限制运动件，使其只能按给定的要求和规定的方向做直线运动，又称支承导轨或静导轨。

运动件和承导件直接接触的表面称为工作面。其中运动件的工作面称为承导面，它是导轨工作的心脏，其精度和质量基本上决定了整个导轨的精度和质量。

2. 精密仪器导轨的类型

（1）按结构分

① 开式导轨（力封式导轨）。必须借助外力（如自重、弹簧、力等）才能保证运动件按给定要

求做直线运动。

② 闭式导轨（自封式导轨）。依靠承导面本身的几何形状即可保证运动件和承导件工作表面接触，从而保证运动件按给定要求做直线运动。即使载荷方向或导轨的空间位置改变，运动件和承导件的相对关系一般也不会被破坏。其缺点是对温度比较敏感。

（2）按摩擦性质分

1）滑动摩擦导轨

工作面之间为滑动摩擦。按承导面的形状滑动导轨可分为：

① 圆柱面导轨。其优点是结构简单，承导面加工和检验方便，易达到较高的精度；缺点是间隙不能调节，特别是磨损后的间隙不能调整和补偿，同时要限制运动件的转动，而且对温度变化比较敏感。

② 棱柱面导轨。承导面为由几个平面构成的棱柱面，常见棱柱面的剖面截线形式有：三角形、矩形、燕尾形。因此棱柱面导轨可分为三角形导轨、矩形导轨和燕尾导轨。实际应用中，常采用组合形式，如：

三角形-矩形组合：以三角形导向，矩形限制自由度。这种导轨的特点是加工工艺简单，易达到高精度，适用于高精度仪器。

三角形-圆柱形组合：制造容易，但导向精度低，磨损后不能弥补，因此这种导轨适用于中等精度的机构。

三角形-燕尾形组合：加工困难，应用较少。

为保证导轨的正常运动，滑动导轨的动静导轨间的间隙需要调整。间隙过小，则不灵活；间隙过大，则精度低。通常采用磨、刮结合面或加垫层、镶条调整。

2）滚动摩擦导轨

滚动导轨在运动件和承导体之间加入滚动体（如滚珠、滚柱或滚动轴承）而形成的直线导轨，工作面间为滚动摩擦。与滑动导轨相比，其优点为摩擦阻力小，运动灵活轻便，耐磨损，对温度不敏感；缺点是结构复杂，成本高，而且构件之间为点线接触，对承导面的几何形状误差及脏物比较敏感，抗振性能较差。

3）弹性导轨

主要用于精密仪器中的微小位移机构中，常用的类型有：片簧型，膜片（膜盒）型，柔性铰链型。特点是：①摩擦力极小或没有摩擦，工作稳定可靠，结构简单。②运动灵敏度高，无间隙，精度高。③移动范围小。

4）静压导轨

有液体、气体静压导轨两种类型，具有如下特点：

① 可实现高速、高精度。由于运动件与承导件之间被一层油膜和气膜完全隔开，所以摩擦系数极小，且静、动摩擦系数差值、起动摩擦系数极小，低速条件下无爬行现象。此外，油膜、气膜对导轨的制造精度有均化作用，故易实现高速、高精度。目前速度为几十 mm/s～100mm/s，直线度 $<0.1''/100$mm。

② 寿命长，工作稳定可靠。由于工作面不直接接触，所以无磨损，无发热问题，可长期保持原有的设计精度，且长期工作稳定可靠。

③ 结构复杂，需一套供液、气装置，调整麻烦，成本高。

（3）按材料分

金属导轨：金属导轨的材料为铸铁、钢或铜合金。

塑料导轨：塑料导轨的材料多为聚四氟乙烯与金属的混合物，可以降低生产成本，提高导轨的抗振性、耐磨性、低速运动平稳性。常用于大型机械，精密仪器中少用。常用的塑料导轨有塑料导轨软带和塑料涂层两种。

塑料导轨软带：以聚四氟乙烯为基体，加入青铜粉、二氧化钼和石墨等填充剂混合烧结，制成软带。使用时粘贴在导轨移动部件的承导面上。

金属塑料复合导轨板，分为三层，内层的钢板保证导轨板的机械强度和承载能力。钢板上镀铜烧结球形的青铜粉或钢丝网，形成多孔的中间层，以提高导轨板的导热性，然后用真空浸渍的方法使塑料进入孔或网中。当青铜与配合面摩擦发热时，由于塑料的热膨胀系数远大于金属，因此塑料从多孔层的空隙中挤出，向表面转移补充，形成厚约 0.01～0.05mm 的表面自润滑塑料层——外层。使用时采用粘贴的方法将导轨板安装在动导轨表面上。

塑料涂层：在仪器设备导轨的承导面间设计一定间隙的注塑结构（如注塑孔、挡圈等），装配时调好精度后，注入塑料涂层材料，固化后，此涂层作为动导轨的承导面。

3. 表征精密仪器导轨的主要质量指标

（1）导向精度

导向精度指运动件按规定方向做直线运动的准确程度。它主要取决于导轨承导面的几何形状精度和导轨间的配合间隙。

（2）运动的灵活性和平稳性

运动的灵活性是精密仪器动态精度的保证条件。它主要取决于导轨的类型、承导面的几何形状误差，以及导轨的动态特性（即与导轨的质量、刚度、阻尼有关）。

导轨运动的不平稳主要表现为爬行：低速运动时，在连续驱动下，运动件运行不连续，表现为时快时慢，时走时停。爬行现象不仅影响运动的稳定性，还影响运动件的定位精度，应采取措施予以消除。造成爬行的主要原因是导轨间的静动摩擦系数的差值较大、动摩擦系数随速度变化，以及系统刚度差。

（3）刚度及其稳定性

刚度及其稳定性指导轨在外载荷或自重的作用下产生的变形以及其长期保持不变的稳定性。导轨的变形不能超过设计的允许值。导轨的刚度及其稳定性与导轨的类型、结构形式、材料、热处理等因素有关。

（4）耐磨性

导轨的耐磨性关系到导轨在长期使用过程中能否保持原设计精度。它与导轨的形式、材料、表面粗糙度、硬度、润滑、导轨表面压强有关。

（5）对温度变化的不敏感性

对温度变化的不敏感性是保证导轨在温度变化较大的外界环境下，能否正常工作的重要指标。它与导轨类型、材料、间隙的设计有关。

（6）结构工艺性

结构工艺性是指在满足精度要求的条件下，结构应尽量简单，它包括加工工艺性和装调工艺性两方面含义。

4. 导轨的设计方法及步骤

根据导轨的要求，如导向精度、运动灵活性、承载大小、结构尺寸、运动范围、工艺条件、经济性等，完成下列步骤：

（1）选取导轨类型。

（2）计算导轨的结构参数。

（3）校核导轨质量指标，如导向精度，运动的平稳性，耐磨性等。同时确定导轨有关结构参数的加工工艺、加工精度以及装配精度和工艺等。

（4）设计导轨的结构，同时考虑保证质量指标应采取的相关措施。

6.2.3 微位移机构设计

由于纳米技术的广泛应用，无论是制造还是测量都要求保证微小位移的高精度，因此微位移技术已成为现代工业的共同基础。微位移机构行程小（毫米级以下）、精度高（亚微米、纳米级）、灵敏度高，在精密仪器中与精密检测和控制装置一起，用于实现微进给、微调、精密定位，以及系统误差静态和动态补偿。

1．精密仪器微位移机构的组成及常用部件

微位移机构通常由四个部分构成：

（1）驱动控制装置：包括驱动元件及其控制电路。常用的驱动元件有步进电动机、压电陶瓷、电磁驱动器等。

（2）导向装置：常用的有精密导轨、平行片簧、空气轴承等。

（3）传动装置：常用的有杠杆、楔块、弹簧等。

（4）工作台：由导向装置支撑，是微位移机构的输出和执行件。

2．微位移机构分类

微位移机构按其执行件的驱动及运动转换原理的不同，分为：

机械式：常用精密丝杆或差动丝杆螺母传动副，杠杆机构、楔块戒凸轮机构、齿轮机构等构成机械式微动机构。

弹性机构：常用扭簧、弯曲弹簧、横向压缩弹簧、弹簧减压伸缩筒、弹簧膜片、膜盒等构成弹性微动机构。

机电式：利用电磁驱动及转换原理的驱动元件直接驱动工作台。常用的驱动元件包括电热式的电热伸缩棒/筒、电磁式的磁致伸缩机构、压电式的压电陶瓷、电致伸缩式的电致伸缩器件等。

3．应用

（1）精度补偿

精密工作台是高精度精密仪器的核心，其精度直接影响整机的精度。现在精密仪器中精密工作台的特点是高速度、高精度：速度为 20～50mm/s，甚至 100mm/s 以上，精度为 0.1μm 以下。由于速度高，则惯性大，运动精度就低。为解决高速与高精度的矛盾，通常采用粗精相结合的两个工作台来完成。粗工作台完成高速度大行程，而高精度由精（或微动）工作台来实现，通过微动工作台对粗工作台的误差进行补偿，以达到预定精度。

（2）微进给

主要用于精密机械加工中的微进给机构以及精密仪器中的对准微动机构。

（3）微调

精密仪器中的微调是经常遇到的问题。如：间隙的调整，照相物镜与被照物之间焦距的调整等，均可以用微位移机构完成。

4．精密微位移机构设计要点

（1）设计要求

理想的精密微位移机构应满足如下要求：

1）高的位移分辨率、定位精度和重复性精度，同时满足工作行程。

2）高的几何精度，工作台移动时直线度误差小，运动稳定性好。

3）系统固有频率高，以确保工作台具有良好的动态特性和抗干扰能力；响应速度快，便于控制。

（2）精密微位移机构设计中的几个问题

1）导轨形式的选择

微位移机构要求工作台有较高的位移分辨率，而且响应特性好。因此要求导轨的导向精度高、间隙小、动静导轨间的摩擦力及摩擦力变化小。常见的导向机构的对比如下。

滑动摩擦导轨的摩擦力不是常数，其摩擦力随相对静止持续时间的增加而增加、随相对运动速度的增加而减小，所以其动、静摩擦系数差较大，有爬行现象，运动均匀性不好。不适合用于微位移机构。

滚动摩擦导轨虽然摩擦力较小、运动灵活性好于滑动导轨，但由于滚动体和导轨面的制造误差导致滚动体与导轨面间产生相对滑动，其动、静摩擦力也有差别，也存在爬行现象。而且滚动导轨结构复杂、制造困难、抗振性能差、对脏物非常敏感，因此也不适用于微位移机构。

弹性导轨，包括柔性支承导轨和平行片簧导轨，它们无机械摩擦，无磨损，动、静摩擦系数差很小，几乎无爬行，又无间隙，不发热，可达到很高的分辨率。因此弹性导轨是高精度微位移机构常用的导轨形式，但它们行程小，只适合用于微位移。

空气静压导轨的导向精度高，无机械摩擦、无磨损、无爬行，抗振性好，但成本较高。在移动需要大行程，分辨率达到亚微米的情况下，可采用这种导轨。

在要求大行程且高精度位移的情况下，可采用粗、细位移结合的方法。大行程时，用步进电动机和机械减速机构推动工作台在滚动导轨或空气静压导轨上运动，微位移时，用压电器件推动工作台以弹性导轨导向运动。

2）微动工作台的驱动

微动工作台的驱动最好采用直接驱动、无传动环节，这样不仅刚性好、固有频率高，而且减少误差环节。此外还要考虑行程的要求，可采用如下方法：

① 电动机驱动与机械位移缩小装置相结合。这是一种常规方法。机械位移缩小装置可采用杠杆传动、齿轮传动、丝杠传动、楔块传动、摩擦传动等机构，但这种方法结构复杂、体积大、定位精度较高（通常小于 0.1μm）。适于大行程、中等精度微位移场合。

② 电热式和电磁式驱动。这种方法结构较简单，行程较大，可达数百微米。但易发热、易受电磁干扰，难以达到高精度（一般为 0.1μm 左右）。

③ 压电式和电致伸缩器驱动。这种驱动不存在发热和干扰问题，稳定性和重复性都很好，分辨力可达纳米级，精度可达 0.01μm。但行程小，一般为几十微米。

3）微位移机构的控制

微位移机构的控制有开环控制和闭环控制，并配有适当的误差校正和速度校正系统。采用闭环控制要设计精密检测装置，设计时要考虑测量范围、精度、分辨率、可靠性和稳定性等方面的要求，通常采用激光测长或光栅测长，可达到 0.1μm 以上的测量精度。微位移机构的控制通常采用微机控制系统，不仅速度快、准确、灵活，而且便于实现工作台与精密仪器整机的统一控制。

参考文献

[1] 赵跃进, 何献忠. 精密机械设计基础 [M]. 北京：北京理工大学出版社, 2003.

[2] 田明, 冯进良, 白素平. 精密机械设计 [M]. 北京：北京大学出版社, 2010.

[3] 许贤泽, 戴书华. 精密机械设计基础（第 3 版） [M]. 北京：电子工业出版社, 2015.

[4] 王中宇, 许东, 韩邦成, 赵建辉. 精密仪器设计原理 [M]. 北京：北京航空航天大学出版社, 2013.

[5] 李玉和, 郭阳宽. 现代精密仪器设计（第 2 版） [M]. 北京：清华大学出版社, 2010.

[6] 王智宏, 刘杰, 千承辉. 精密仪器设计 [M]. 北京：机械工业出版社, 2016.

第三篇　实　例　篇

研究型教学的目的，是从创设问题情境出发，激发学生兴趣和探究激情，引导学生自主探究和体验知识发生过程，培养大学生的创新思维和创新能力。这是研究型教学设计的精髓。工科研究型课程的设计，依托项目或课题的选择非常重要。按照研究型教学的特征设计依托项目课题，项目选题应该同时具有挑战性和趣味性；既有科学问题，又有工程设计；既具有涵盖了光机电算基础知识的综合性，又有短期内可实现性；既具备项目整体的系统性完整性特征，又需要考虑实现成本的经济性，尤其在有限的教学经费预算下。

在我们近年的实践中，先后选择了近 20 个不同的课题，既有经典的光电检测系统设计实现，也有较前沿的机器视觉、生物特征检测等课题；既有来源于教师科研实际的项目课题，也有全国性大学生专业竞赛中的竞赛课题。在本书中，我们主要选择了几个比较有代表性课题的学生作品作为设计实例。

在我们的课程中，按照本书 2.3 节的讨论设计了相应的开题报告表格和结题报告表格。由于篇幅所限，也为了避免重复性和排版方便，本章的实例中，省略了表格形式，而是按照层次编辑，并对部分重复内容进行了删减省略。

本书中的所有报告，均为本科学生实际参与研究型课程过程中的真实作业，在编辑入书过程中只是整理修改了部分错别字，而未做改动，并做了简单点评。文中必然存在一些不太合理不太完善的内容。我们的目的不是为了给大家提供一个完美的范文（科学研究和科技写作本来也很难说存在这样的范文），而是希望通过这样一个环节，先旁观再实践，帮助读者逐步整理自己的研究思路和科技文献撰写思路，总结出适合自身的有用研究方法。

第 7 章　测控系统设计举例

7.1　压电陶瓷移相干涉法测量光学元件微面形

移相干涉仪是 20 世纪 70 年代开始发展并日渐成熟的一种波面位相检测装置，它综合应用激光技术、光电技术、计算机技术和光学干涉检验技术，通过移相对条纹强度引入时间调制，然后通过光电探测、数据采集和计算机信号处理，实现波面位相的实时检测和显示。移相干涉由于其非接触、测量精度高等特点，广泛应用在光学元件微面形测量等领域。光学或者测量相关专业的学生，都在不只一本书中看到过移相干涉原理和应用的介绍。一个完整的移相干涉系统设计中包括了光学光路设计、仪器结构设计、电路系统设计控制、光学成像系统设计应用、数字图像和信号处理技术应用等多方面的内容，对于光学仪器相关专业的学生来说具有相当的综合性。

本课题的设计任务是：利用移相干涉方法，设计并完成包含一个 100nm 左右台阶的平面镜微观面形的测量。

7.1.1 开题报告

1. 简表

表 7.1.1 《压电陶瓷移相干涉法测量光学元件微面形》开题报告基本信息表

<table>
<tr><td rowspan="9">研究项目</td><td rowspan="2">名称</td><td>中文</td><td colspan="3">压电陶瓷移相干涉法测量光学元件微面形</td></tr>
<tr><td>英文</td><td colspan="3">Optical element surface morphology measurement with phase-shifting interferometry using piezoelectric ceramic</td></tr>
<tr><td colspan="2" rowspan="7">项目组成员</td><td>姓名</td><td>项目中的分工</td><td>签字</td></tr>
<tr><td>冯*</td><td>压电陶瓷闭环控制与调试</td><td></td></tr>
<tr><td>任*</td><td>软件及图像处理</td><td></td></tr>
<tr><td>黄*</td><td>软件及图像处理</td><td></td></tr>
<tr><td>杨*</td><td>压电陶瓷闭环控制与调试</td><td></td></tr>
<tr><td>代*</td><td>实验平台搭建</td><td></td></tr>
<tr><td>秦*</td><td>软件及图像处理</td><td></td></tr>
<tr><td rowspan="2">研究内容和意义</td><td colspan="2">摘要</td><td colspan="3">自从 1974 年提出移相干涉术以来，从干涉图中高精度提取相位信息已成为可能。在传统干涉仪基础上，引入移相干涉技术，把传统光机型的目视干涉仪改造成数字自动化的测量仪，大大提高了干涉仪的测量精度，扩展了干涉仪的测量功能，为光学元件的高精度加工提供了有效的测量装置。移相干涉测量利用阵列探测器采集数字化的干涉图，通过不同的波面求解算法准确计算出干涉图中所包含的波面信息，排除了人为的因素，测量精度可达到 1/ 50 波长。同时，通过数字波面还可计算各种像差和波面评价指标。
本项目通过压电陶瓷来精确改变光程差，进行精确移相。搭建常用的斐索型或泰曼型等双光束干涉仪，使参考平面和待测光学表面反射波相干涉，形成多幅干涉图形。利用成像系统采集干涉图，并基于 MATLAB 等软件对干涉图进行处理，得到精确的光学表面微面形。</td></tr>
<tr><td colspan="2">主题词</td><td colspan="3">压电陶瓷移相干涉测微面形</td></tr>
</table>

2. 选题依据

表面加工质量的保证，通常由精密制造设备和合适的制造工艺来实现，其前提是制造系统必须具有良好的稳定性和可靠性。然而，高精密加工时，表面加工质量极易受到制造系统及单元的静力学、动力学和热力学方面运行状态的影响。一般精密表面测量方法由于原理限制无法达到很高精度。微电子、微机电系统、光电子信息技术和航空航天技术等的快速发展，对表面质量的要求正在稳步提高，表面精密测量及控制问题因而变得更为突出，需开发表面精密测量和有效质量控制的方法。随着激光技术、光电探测技术、计算机技术、图像处理技术和精密机械等技术的发展，近代光干涉测量技术已得到长足发展。

激光技术的发展，解决了干涉的光源问题，从紫外到红外的不同波段都有相应的激光光源，可研制出适应不同波段测量的干涉仪。光电探测技术的发展，提高了干涉仪测量的空间分辨率和相位分辨率，为干涉仪的数字化提供了手段。自从 Buring 等人 1974 年提出移相干涉术以来，从干涉图中高精度提取相位信息已成为可能。在传统干涉仪基础上，引入移相干涉技术，把传统光机型的目视干涉仪改造成数字自动化的测量仪，大大提高了干涉仪的测量精度，扩展了干涉仪的测量功能，为光学元件的高精度加工提供了有效的测量装置。因此，本文以移相干涉测量技术为基础，重点研究压电陶瓷移相干涉测量过程中的硬件控制及软件算法问题。

[1] 郑伟智, 辛洪兵. 压电驱动器在精密机械中的应用[J], 机械工程师, 2003, 3

[2] 陈大任. 压电陶瓷微位移驱动器概述[J], 电子元件与材料, 1994, 2

[3] 苏大图. 光学测试技术[M], 北京: 北京理工大学出版社, 1996

[4] 吴震. 光干涉测量技术[M], 北京: 中国计量出版社, 1993

[5] 朱煜, 陈进榜, 朱日宏. 压电陶瓷微位移特性的电脑接触式干涉测量法[J], 1998
[6] 何勇, 吴栋, 吴子明, 姬会东. 压电陶瓷微位移机械装置的研究[J], 机械设计与制造, 2004
[7] 朱日宏, 王青, 陈磊, 陈进榜. 移相干涉技术中移相器的自校正方法[J], 光学学报, 1998
[8] 孙慷, 张福学. 压电学[M], 北京: 国防工业出版社, 1984
[9] 李庆祥. 精密仪器设计[M], 北京: 清华大学出版社, 1991
[10] 徐永利, 李尚平. 陶瓷驱动器的发展与展望[J]. 功能材料, 2000

3. 研究内容

本实验的主要内容是搭建干涉仪，通过压电陶瓷改变被测面位置实现移相，采集干涉图并进行图像处理来测量所给光学元件的微面形。具体的研究内容如下。

（1）干涉图的产生和采集

通过单色光源发出的平行光进入双光束干涉系统来形成干涉图样，并利用 CCD 图像探测器收集图像，利用图像采集卡将 CCD 信号接入计算机进行图像采集。

（2）移相的实现

利用 D/A 驱动使移相器（层叠式压电陶瓷）工作，改变双光束干涉系统的光程差。为了提高压电陶瓷的控制精度，我们利用采集到的图像求出实际相移量，与理想相移量对比进行调整，从而形成反馈，实现压电陶瓷的闭环控制。

（3）系统整体控制

选择用计算机作为控制平台，协调压电陶瓷的驱动和干涉图的采集。由于实验室现有的位移传感器精度无法达到要求，我们否定了位移传感器直接检测压电陶瓷位移完成闭环控制这种方案。研究用干涉图图像处理分析的方法来完成闭环。

（4）移相干涉测量

利用 MATLAB 进行图像处理及编程，通过五步移相法得到光学元件微面形。

4. 研究方案

设计实验系统包括三个模块：压电陶瓷的控制、实验光路的搭建及干涉图像的采集、干涉图像的后期处理及微面形求解。

压电陶瓷的控制精度很大程度上影响了测量微面形的精确度。为此，我们采用闭环反馈控制压电陶瓷。起初有两方面的考虑，用位移传感器或图像法进行反馈。后来经过查阅资料，浏览各个网站，发现一般的位移传感器的精度远远达不到我们的要求，而且价格昂贵，于是，选择了图像法反馈。利用 VC++进行编程，来控制 USB7322D/A 驱动模块，为层叠式压电陶瓷块提供可控电源，从而通过改变压电陶瓷的厚度来产生位移；利用图像处理算法从一系列图像中选取所需的相移图像。

实验光路采用泰曼格林干涉光路。由于激光的直径很小，待测面相比很大，我们把激光器出射的光束进行扩束处理，扩束系统的两块平凸透镜应共焦排列分布，以保证出射的激光也是平行光。在图像采集的时候，我们也会根据实际图像的光强情况酌情增加光强衰减器，提高对比度。若得到的干涉图像过于密集，这是由于经过反射面和待测面反射的光线角度不严格垂直所致，实验中可通过调节反射面和待测面的前后左右角度来矫正。

干涉图像的采集方面，当在光屏上得到合适的干涉图像后，我们将会选择合适的角度对图像进行采集，主要使用的是配有合适镜头的 CMOS 摄像头进行图像的拍摄。将图像采集卡接入计算机内部，摄像头与图像采集卡通过视频线连接，利用合适的驱动程序来使计算机得到图像，以便后期进行 MATLAB 图像处理。

干涉图像的后期处理，运用 MATLAB 软件进行分点处理。为了保证一定的精度，我们采用了五步移相法，对面上的每个点，我们都能得到五个不同相位的光强，用公式 $\phi(x,y)=\arctan\left(\frac{\sum I_i \sin\delta_i}{\sum I_i \cos\delta_i}\right)$（其中 $\delta_1=0$，$\delta_2=2\pi/5$，$\delta_3=4\pi/5$，$\delta_4=6\pi/5$，$\delta_5=8\pi/5$）得到各点的相位，进而得到相对高度，即待测面的面形。实际上，我们会采取 6 幅图像，最后一幅图像用来跟第一幅图像对比来闭环控制压电陶瓷。

目前各个方面都有了一定程度的进展，从压电陶瓷的控制，到搭建光路过程中如何减小噪声等误差，再到图像的采集、后期处理，都没有大的障碍。

5. 研究工作进度安排

3 月——基础工作

了解压电陶瓷工作特性，并选择合适种类和工作方式，在精度要求不高情况下实现特定长度的改变；选择设计并初步搭建干涉平台；学习并能够进行基本图像处理。

4 月——搭建原理实验系统

对压电陶瓷厚度实现较高精度的开环控制和基本的闭环控制；能够使干涉平台正常稳定工作；能根据良好的干涉图形得到较低精度的光学元件微面形。

5 月——完善原理实验系统并调试

能够精确地闭环控制压电陶瓷厚度；使干涉平台稳定工作并能得到准确干涉图形；能根据干涉仪形成的干涉图形得到较高精度的光学元件微面形。

6. 预期研究成果

搭建泰曼格林移相干涉仪实验系统，对包含阶梯的被测面形进行高精度干涉测量，并实现自动测量。

7. 本课题创新之处

在压电陶瓷的位移精确控制方面，通过程序处理干涉图像求得光学元件的位移量，并进行反馈。与直接测量位移量相比，精度相当，同时也节省了传感器，降低了成本。通过对最终图像的直接分析来进行全局反馈，减少了由于压电陶瓷与光学元件位移量不等所带来的误差。

光路中用单色性好、波长相对比较长的 He-Ne 激光器，在原理方面提高了精确度。

在算法上，我们采用五步移相法，配合 MATLAB 进行数据处理提高精度。

8. 研究基础

（1）与本项目有关的研究工作积累和已取得的研究工作成绩。

学习了光的干涉原理；做过光的干涉实验；了解光路搭建的一般注意事项；利用 MATLAB 软件对图像进行了初步处理。

（2）已具备的实验条件，尚缺少的实验条件和解决的途径。

已具备：开放实验室、D/A 驱动模块、图像采集卡、基本光路的光学元件、光学平台、电源等。

尚缺少：部分光学元件等。

解决途径：在老师指导下自行购买。

（3）研究经费预算计划和落实情况。（从略）

7.1.2 结题报告

表 7.1.2 《压电陶瓷移相干涉法测量光学元件微面形》结题报告基本信息表

<table>
<tr><td rowspan="2">名称</td><td>中文</td><td colspan="3">压电陶瓷移相干涉法测量光学元件微面形</td></tr>
<tr><td>英文</td><td colspan="3">Optical element surface morphology measurement with phase-shifting interferometry using piezoelectric ceramic</td></tr>
<tr><td colspan="2" rowspan="7">项目组成员</td><td>姓名</td><td>项目中的分工</td><td>签字</td></tr>
<tr><td>冯*</td><td>压电陶瓷闭环控制与调试，图像采集</td><td></td></tr>
<tr><td>任*</td><td>软件及图像处理</td><td></td></tr>
<tr><td>杨*</td><td>压电陶瓷闭环控制与调试</td><td></td></tr>
<tr><td>黄*</td><td>软件及图像处理</td><td></td></tr>
<tr><td>代*</td><td>实验平台搭建</td><td></td></tr>
<tr><td>秦*</td><td>软件及图像处理</td><td></td></tr>
<tr><td colspan="2">项目背景</td><td colspan="3">项目的选题背景、目的与意义。
自从 1974 年提出移相干涉术以来，从干涉图中高精度提取相位信息已成为可能。在传统干涉仪基础上，引入移相干涉技术，把传统光机型的目视干涉仪改造成数字自动化的测量仪，大大提高了干涉仪的测量精度，扩展了干涉仪的测量功能，为光学元件的高精度加工提供了有效的测量装置。移相干涉测量利用阵列探测器采集数字化的干涉图，通过不同的波面求解算法准确计算出干涉图中所包含的波面信息，排除了人为的因素，测量精度可达到 1/ 50 波长。同时，通过数字波面还可计算各种像差和波面评价指标。
本项目通过压电陶瓷来精确改变光程差，进行精确移相。搭建泰曼型双光束干涉仪，使参考平面和待测光学表面反射波相干涉，形成多幅干涉图形。利用成像系统采集干涉图，并基于 MATLAB 等软件对干涉图进行处理，得到精确的光学表面微面形。</td></tr>
<tr><td colspan="2">项目创新点</td><td colspan="3">项目的创新点与特色，包括使用了什么样的创新方法、技术。
在压电陶瓷的位移精确控制方面，利用程序处理干涉图像求得光学元件的位移量。与直接测量位移量相比精度更高，能够达到纳米级别，同时也节省了传感器，降低了成本。利用压电陶瓷位移与图像采集交替进行，以 1/1000 波长为步长移动光学平面，从而在一个波长内采集数百张图片；由图像处理算法测定其精确步长并从中选取合适的五张图片。这样可以在无反馈的条件下保证测量精度，并简化了系统结构。
光路利用单色性较好的 He-Ne 激光器，在原理方面提高了精确度，为实践提供了良好的理论基础。
同时我们采用五步移相法，配合 MATLAB 进行数据处理提高精度。</td></tr>
<tr><td colspan="2">项目研究情况</td><td colspan="3">简要阐述研究项目研究的整体情况，包括进展程度，是否完成预期目标，项目成员的分工、协作情况等。
实验分为光路的搭建、压电陶瓷的控制及干涉图像的采集、干涉图像的处理恢复出微面形三部分。
第一部分实验光路的搭建。干涉光路为泰曼格林干涉光路。它的光源采用光束口径小于 1mm 的 He-Ne 激光发射器，通过一个由两面平凸透镜组成的共焦扩束系统变为光束口径更大的等径光束。扩束后激光经过一个分光镜，一半反射到已知的一面反射镜，另一部分透射到待测面上。两束光分别通过反射镜和待测面反射回分光镜，最后在光屏上干涉成像。
第二部分是压电陶瓷的控制及干涉图像的采集，我们采用 VC++编程来进行压电陶瓷的 D/A 驱动和干涉图像采集。最终实现 D/A 驱动与图像采集程序的合并，循环按键实现压电陶瓷驱动和采集的自动化。核心功能包括 D/A 驱动、图像采集、自动步进采集。
第三部分是干涉图像的处理恢复出微面形，它的步骤如下：首先是在实验系统搭建完成前，我们模拟设计了一个微面形，仿真得到它的干涉图像，并还原成微面形；然后是实验图像采集部分，我们的实验目的是为了观测微面形，对实验环境的要求比较高，我们选择在晚上 10 点左右对图像进行采集，采集了 100×4，200×2，100×5×2，500×2 四组干涉图像，用程序进行处理，发现其中一组 100 张的干涉图像效果较好；最后是图像处理部分，进行了图像分析、格式选取、滤波处理、最后还原微面形。
最终测得光学台阶高度为 123nm。由于外界环境原因导致实验台有一定的抖动，对图像的干扰接近 1/5 个波长位移，经夜间做实验、将台式电脑进行简单减振处理、多次测量取平均值后仍有一定误差，由于实验条件限制已无法进一步消除，因此其对精度有一定影响。测量出此结果已完成预期要求的目标。</td></tr>
<tr><td colspan="2">收获与体会</td><td colspan="3">通过参与项目研究，有哪些收获和体会，可分别就整个团队和个人进行表述。
在本次实验中，我们进行了实验平台搭建（光路搭建）、干涉图的形成与采集、图像处理的 MATLAB 编程、及嘉恒中自公司 OK 牌图像卡的编程等多项工作。期间，我们小组举行了多次的讨论与实践，最终圆满地完成了实验任务。
通过这次试验，我们都感觉受益匪浅。首先，我们小组的成员互帮互助，共同进步，组员之间增进了了解，为此次实验打下基础。其次，通过亲自操作，结合书本知识，很好地做到了理论结合实际，加深了对基础知识的理解。再次，通过器件的购买接触了社会，为今后的工作与生活做铺垫。最后，通过团队合作取得了成功，增强了我们的团队意识与团队协作能力。
最后，我们小组衷心的希望这门课越来越好。</td></tr>
</table>

7.1.3 项目研究报告

1. 课题背景与现状

自从 1974 年提出移相干涉术（Phase-Shifting Interferometry，PSI）以来，从干涉图中高精度提取相位信息已成为可能。在传统干涉仪基础上，引入移相干涉技术，把传统光机型的目视干涉仪，改造成数字自动化的测量仪，大大提高了干涉仪的测量精度，扩展了干涉仪的测量功能，为光学元件的高精度加工提供了有效的测量装置。

移相干涉测量利用阵列探测器可采集到数字化的干涉图，通过不同的波面求解算法准确计算出干涉图中所包含的波面信息，排除了人为的因素，测量精度可达到 1/50 波长。同时，通过数字波面还可计算各种像差和波面评价指标。

基于移相干涉技术的发展，通过压电陶瓷对干涉相位的改变，即移相，来测量所给光学元件的微面形，以期减小以往传统干涉测量的不确定度。

2. 研究的目标和意义

传统的干涉测量方法都是通过直接判读干涉条纹或其序号来测定被检量的。由于多种因素，特别是条纹判读准确度的限制，传统的干涉测量不确定度只能做到 1/20～1/10 波长。20 世纪 70 年代以来，出现了一种高精度的移相干涉测量技术，它采用精密的移相器件，综合应用激光、电子和计算机技术，实时、快速地测得多幅相位变化了的干涉图，从中处理出被测波面的相位分布，其测量的不确定度不大于 1/50 波长。我们以此为目标，预期达到 1/50 波长。

同时，我们也希望在实验中展现我们的创新之处。在压电陶瓷的位移精确控制方面，采用了通过最终的干涉图像来利用程序求得光学元件的位移量，并进行反馈。与直接测量位移量相比精度更高，能够达到纳米级别，远高于千分尺等位移传感器的微米级，同时也节省了购买传感器等成本。通过对最终图像的直接分析来进行全局反馈，减少了由于压电陶瓷与光学元件位移量不等所带来的误差。并且光路中用单色性好的 He-Ne 激光器，在原理方面提高了精确度，为实践提供了良好的理论基础。同时我们将在图像处理中使用五步移相法，配合 MATLAB 进行数据处理以提高精度。

3. 研究的主要内容

本实验的主要内容是通过压电陶瓷对干涉相位的改变即移相来测量所给光学元件的微面形。具体的研究内容包括：双光束干涉仪系统的设计和搭建，干涉图像的收集、采集和保存，压电陶瓷的控制，图像处理和光学微面形的求解等。

4. 项目进展与研究过程

本实验针对压电陶瓷移相干涉来检测微面形。实验分三个模块：实验光路的搭建、压电陶瓷的控制及干涉图像的采集、干涉图像的后期处理恢复出微面形。

（1）实验光路的搭建

1）系统设计

实验光路如图 7.1.1 所示，光源由光束口径为 0.7mm 的 He-Ne 激光发射器发出（图 7.1.2），通过一个共焦扩束系统变为光束口径更大的准直光束。

扩束系统由两片平凸透镜组成，分别是：①型号 GCL-010131，f=10mm，D=10mm；②型号 GCL-010120，f=250mm，D=50.8mm。0.7mm 的激光经过扩束系统之后直径放大 25 倍，增大到 17.5mm。

被扩束的激光经过一个分光镜，一半反射到已知的一面反射镜，另一部分透射到位于压电陶瓷上的待测面上。两束光分别通过反射镜和待测面反射回分光镜，最后在光屏上成干涉条纹。

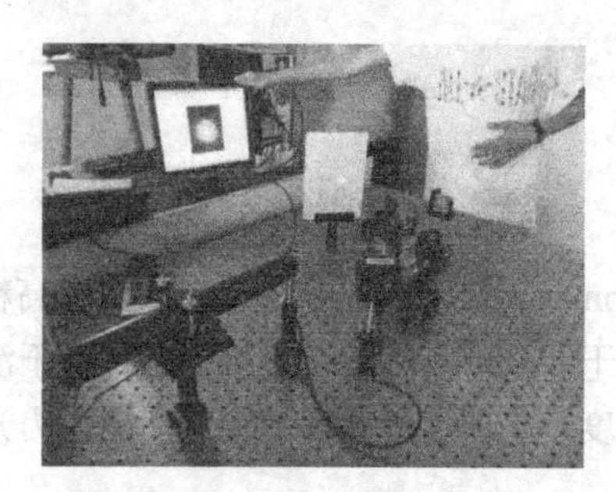
图 7.1.1　干涉光路

图 7.1.2　实验所用 He-Ne 激光发射器作为单色光源

2）误差及误差消除

① 激光发射器发出的光不水平引起的误差

激光器发出的光是否水平对整个实验是否能得到预期的干涉图像起着决定性的作用，因此实验中首先要保证激光器发出的光是水平的。要检测激光器发出的光线是否和实验台相互平行，其本质是检测一条直线上的两点连线是否平行于一个平面。具体措施示意图如图 7.1.3 所示，寻找一个具有一定高度的器件如小孔光阑放置于实验台 A 处，让激光照射到器件上一点并标记；再将该器件沿着激光出射方向移动一段距离到 B 处，保持激光照射到器件上，若照射到标记点上则说明激光水平，若没有照射到标记点上，则需继续调试。具体操作如图 7.1.4 所示。

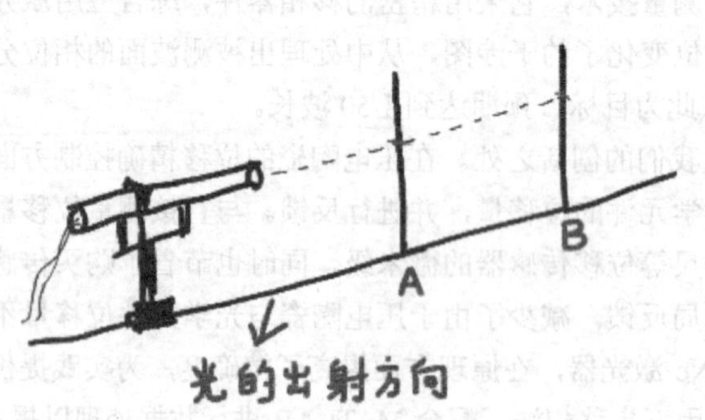

图 7.1.3　验证平行度

图 7.1.4　进行光路的调整

在本实验中，我们物尽其用，巧妙地将光阑用于激光的水平检测中来。具体做法是：首先将光阑的孔径调到最小，并调节光阑的高度，使得激光发出的光线刚好完全能透过光阑（He-Ne 激光发射器发出的光的直径小于 1mm，刚好能完全穿过实验中所用光阑的最小孔径）。然后将光阑沿着激光出射的方向平移一段距离，观察激光是否仍然完全穿过光阑。如果还能完全穿过光阑，则表示激光和实验平台水平；反之，则需要继续调节激光发射器，直至发出的光水平为止。

② 水平激光通过扩束系统之后不准直所引起的误差

在保证激光发射器发出的激光是水平的前提下，水平激光依次透过光阑、扩束系统之后得到的大孔径波面不一定准直，这时候就要对这束光进行准直检测。

实验中我们用剪切干涉仪来对扩束后得到的波面进行准直检测。剪切干涉仪是把通过被测件的波面用适当的光学系统通过划分振幅分成两个，并使两波面彼此相互错开（剪切），在两波面重叠部分产生干涉图形的仪器。检测时，将剪切干涉仪水平放置于扩束后的激光面后，激光透过干涉仪前后表面的反射，形成两个彼此横向错开的波面，在两波面重叠处形成干涉图形，如果得到的条纹沿着光轴方向上直线度较好，则说明扩束后的激光面准直性（经过扩束系统之后仍为平行光或平面波）较好；反之，则需继续轴向移动扩束透镜直到剪切干涉仪上的条纹有沿着光轴较好的直线度为止。

③ 其他误差

由于 He-Ne 激光发射器发出的激光干涉性较强，相应的干涉噪声也较大，因此各透镜上的污点所引起的干涉噪声对干涉图像的成像质量有一定的影响，实验中应尽量保持透镜及相关实验器件干净以减小误差。

3）注意事项

a. 由于搭建的是光学平台，因此搭建过程中一定要保持光路光轴的共线性，光轴的共线性是保证得到较好干涉图像的前提。

b. 平台搭建所用元器件大多是玻璃的，因此在取放时一定要注意不要用手指触碰到透镜表面，注意轻拿轻放，不使用时应将其放回干燥柜保存。

c. He-Ne 激光发射器是比较贵重的光学器件，平台搭建过程中应将其放置于实验台的靠里的位置，以避免不小心碰触，损坏；另外，激光发射器不要时开时关，搭建过程中一直让其保持亮着。

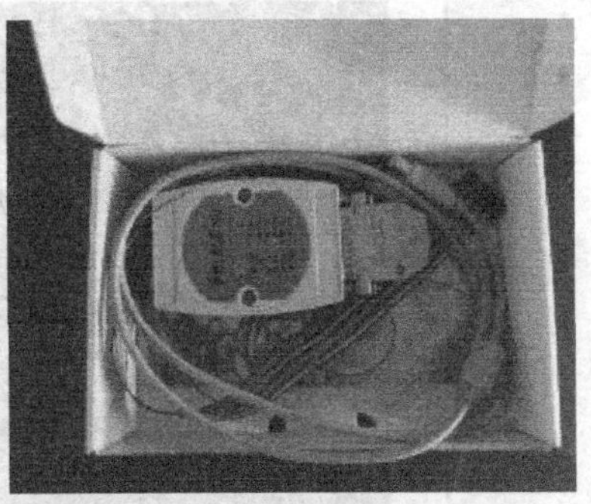

图 7.1.5　USB7000 系列 D/A 模块

d. 扩束系统的两块平凸透镜应共焦排列分布，以保证出射的激光扩束平面也是平行的。

e. 平台搭建完成之后，若得到的干涉图像过于密集，这是由于经过反射面和待测面的反射的光线角度不严格垂直所致，实验中可通过调节反射面和待测面的前后左右角度来矫正。

（2）压电陶瓷的控制及干涉图像的采集

采用 VC++编程来进行压电陶瓷的 D/A 驱动和干涉图像采集。使用的 D/A 模块如图 7.1.5 所示，流程图如图 7.1.6 所示。

1）D/A 驱动

首先编辑用户界面和设计按键功能。主要功能有步进、输入、显示、复位等。考虑到 D/A 驱动输出电压限制，应在向 D/A 发送指令前判断输出是否合理。如不合理则不发送并显示为–1。功能实现函数参考 USB7322 使用说明书。完成后程序并不能工作，再根据说明书的介绍从实例程序中截取引用函数的代码和引用 D/A 驱动函数。

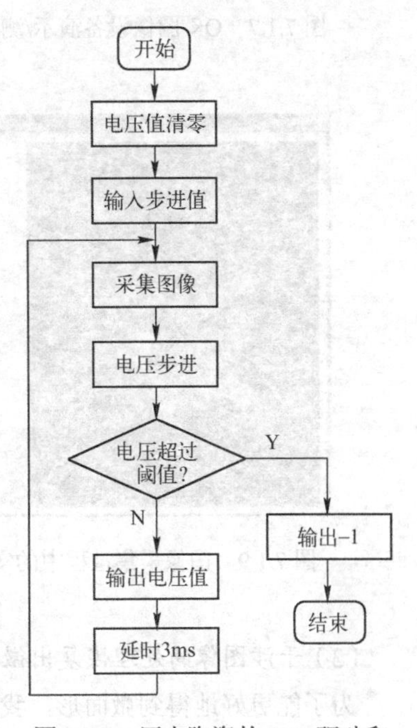

图 7.1.6　压电陶瓷的 D/A 驱动和干涉图像采集流程图

2）图像采集

与 D/A 驱动相比，图像采集卡相关函数和头文件更多并且更复杂。考虑到图像采集卡资料中厂家提供的图像采集程序更多并且更加完善，我们便直接对图像采集卡内程序进行修改。修改主要是将原程序的视频拍摄功能改编成图像采集功能。在阅读图像采集卡使用说明书基础上修改了相关函数，实现一次按键采集多张图片的功能。

3）D/A 驱动与图像采集的合并

为实现采集的自动化，需要将 D/A 驱动与图像采集程序合二为一。考虑到图像采集是对原有程序的修改，为进一步理解其程序，以 D/A 驱动为模版，加入图像采集功能。首先加入对应功能的按键及界面。再加入图像采集相关的函数和子函数。最后可以在同一程序中同时实现 D/A 驱动和图像采集两个功能。

4）循环按键实现陶瓷驱动和采集的自动化

合并本身并不能实现程序的运行自动化，需加入循环采集按键。为此加入按键循环交替执行 D/A 驱动和图像采集功能。最终能够令 D/A 驱动每次输出电压值的步进量相同并立即采集一定张数图片，直到 D/A 驱动输出电压到达限制。

5）实验中我们设计实现的人机交互操作界面，见图 7.1.7～图 7.1.10。

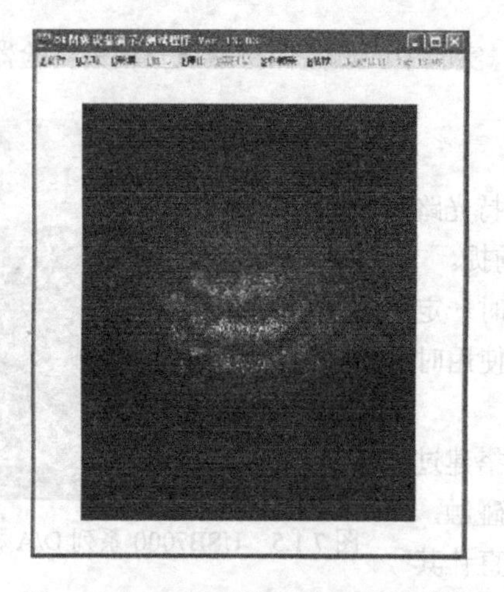

图 7.1.7　OK 图像设备演示/测试程序

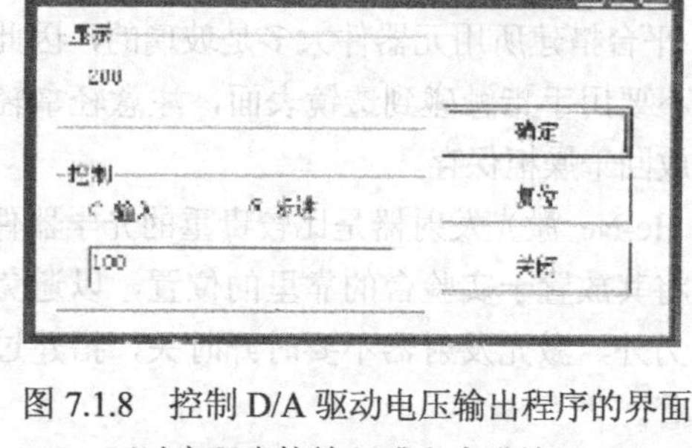

图 7.1.8　控制 D/A 驱动电压输出程序的界面，可以实现直接输入或者步进输入

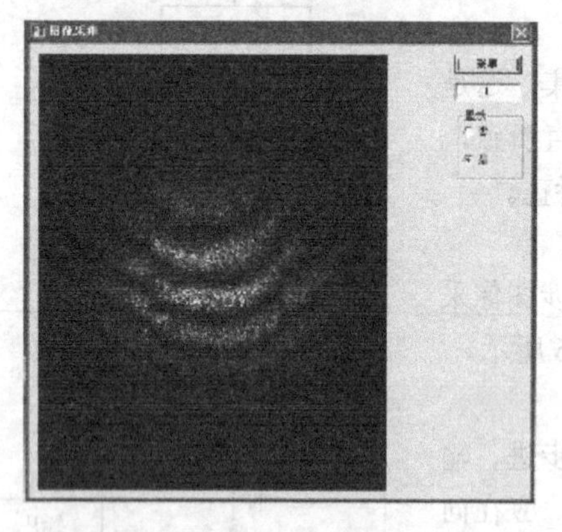

图 7.1.9　图像采集过程中的实时显示

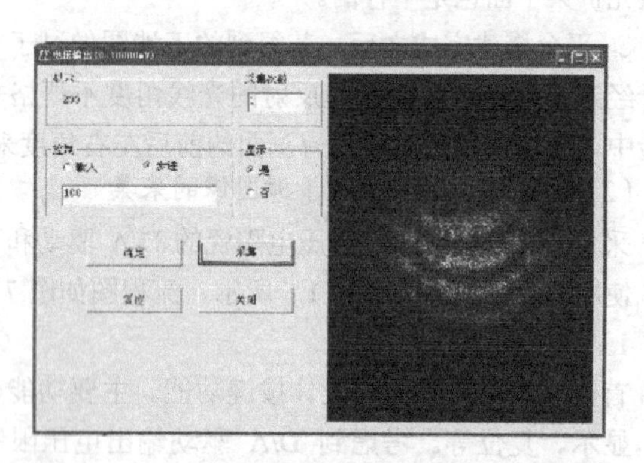

图 7.1.10　D/A 驱动与图像采集的合并，并实现循环按键实现陶瓷驱动和采集自动化的界面

（3）干涉图像的处理恢复出微面形

为了能更好地得到微面形，我们先进行了相关模拟实验，然后再对实际干涉图像进行处理，从而得到微面形，大致流程见图 7.1.11。

1）模拟微面形

在采集图像前，我们模拟设计了一个微面形（图 7.1.12），得到干涉图像（图 7.1.13），并还原成微面形（图 7.1.14）；

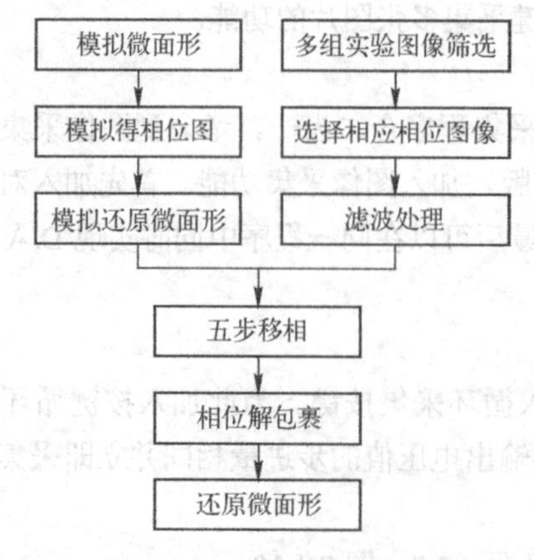

图 7.1.11　干涉图处理过程

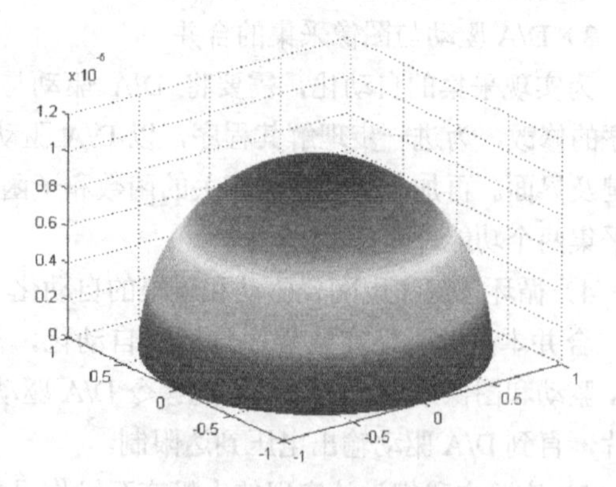

图 7.1.12　模拟的微面形

我们在处理实际干涉图形时，先进行读图操作，再对图像的相关矩阵进行处理。

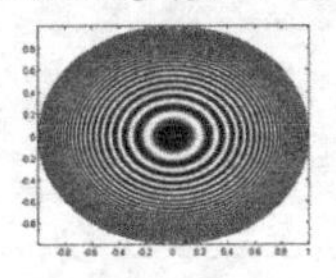
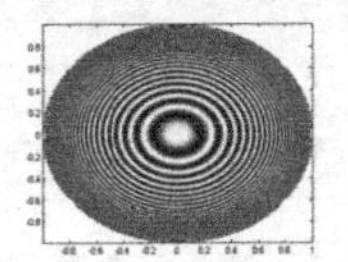
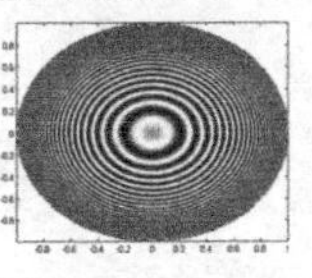
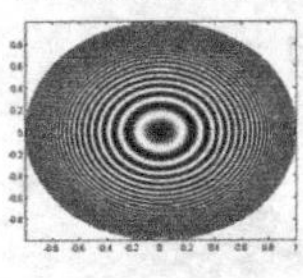
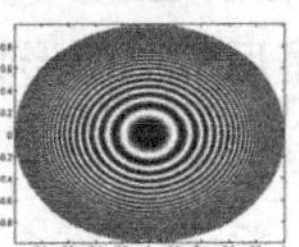

图 7.1.13　模拟的五步干涉图像

2）实验图像处理部分

① 图像筛选

本实验目的是为了观测微面形，对实验环境的要求比较高，我们选择在晚上 10 点左右对图像进行采集，采集了 100×4 组，200×2 组，100×5×2 组，500×2 组干涉图像，用相关程序进行处理发现其中一组 100 张的干涉图像效果较好。图 7.1.15 为采集图像某特征点的光强变化图。

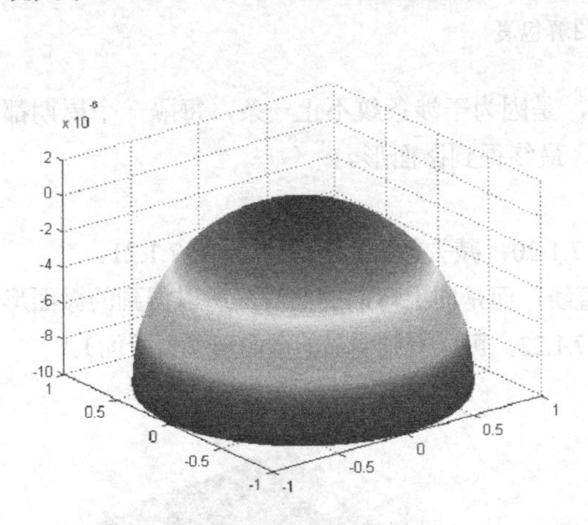

图 7.1.14　最终还原的微面形

图 7.1.15　光强变化曲线

接下来我们要对图像进行分析，找到所需的图像，即相位变化为 0, 2π/5, 4π/5，6π/5，8π/5 时的图像。

② 滤波处理

接下来对图像进行滤波处理。滤波前的图像见图 7.1.16，滤波后的图像为见图 7.1.17。

由于四周暗处比较多，属于对图像处理的干扰因素，所以要取中间部分进行处理。具体做法是根据图像上点的坐标范围截取中间部分的图像，使得干涉图充满整个图面。

③ 五步移相

接下来就是还原微面形，处理后得到的相位图见图 7.1.18。

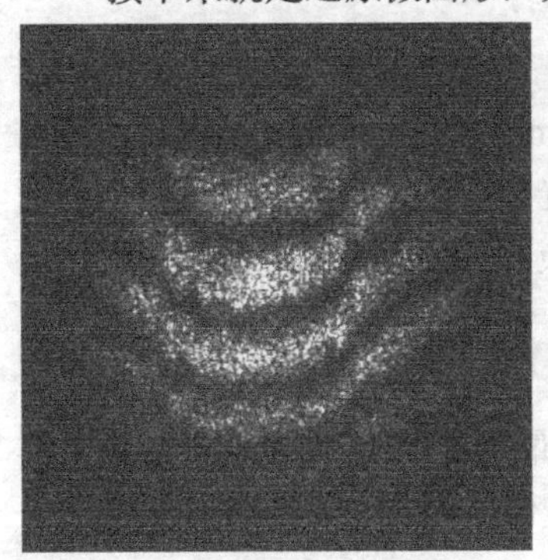

图 7.1.16　滤波前的图像

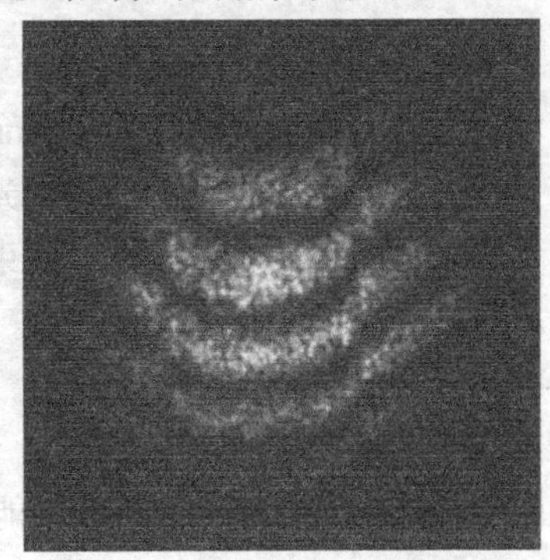

图 7.1.17　滤波后的图像

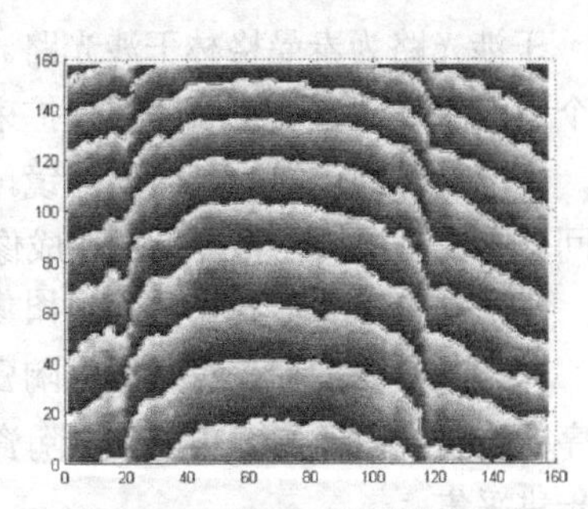

图 7.1.18　处理后得到的相位图

得到相位图后，需要对相位图进行解包裹处理，才能得到微面形。

④ 相位解包裹

解包裹后的微面形见图 7.1.19。

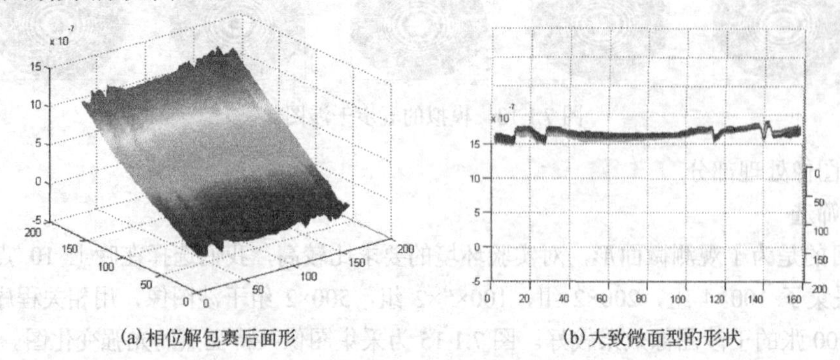
(a) 相位解包裹后面形　　(b) 大致微面型的形状

图 7.1.19　相位图解包裹

可见大致微面形已经得到。图中之所以呈斜坡状，是因为干涉条纹不止一条，每隔一个周期都会有 1 个波长的差，故需要将测得的面形高度去倾斜，最终得到微面形。

⑤ 最终微面形

对其中一些关键点进行分析，得到倾斜曲线如图 7.1.20，减去倾斜后的图像为图 7.1.21。

之所以图像中间存在凹陷，是因为干涉条纹不是直线，而是向上弯曲的曲线，所以得到的微面形为上图。通过改变一些特征点的选取，得到微面形见图 7.1.22，可以看到明显的微面形（台阶面）。

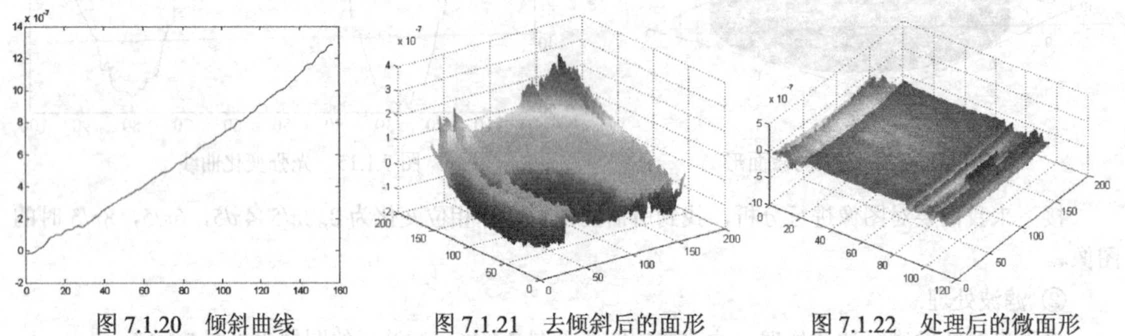
图 7.1.20　倾斜曲线　　图 7.1.21　去倾斜后的面形　　图 7.1.22　处理后的微面形

⑥ 台阶面高度

取一些特征点比较得到，台阶高度为 123nm。

5. 研究的主要成果

实验分以下三部分。

（1）实验光路的搭建

干涉光路为泰曼格林干涉光路。它的光源采用光束口径为 0.7mm 的 He-Ne 激光发射器，通过一个由两面平凸透镜组成的共焦扩束系统变为光束口径更大的等径光束。扩束后激光经过一个分光镜，一半反射到已知的一面反射镜，另一部分折射到待测面上。两束光分别通过反射镜和待测面反射回分光镜，最后在光屏上干涉成像。

（2）压电陶瓷的控制及干涉图像的采集

采用 VC++编程来进行压电陶瓷的 D/A 驱动和干涉图像采集。最终实现 D/A 驱动与图像采集程序的合并，循环按键实现压电陶瓷驱动和采集的自动化。核心功能包括 D/A 驱动、图像采集、自动步进采集。

（3）干涉图像的处理恢复出微面形

采集了 100×4，200×2，100×5×2，500×2 四组干涉图像，用图像处理程序挑选一组 100 张图像效果较好的干涉图，进行了图像分析、格式选取、滤波处理、最后还原微面形。最终测得光学台阶高度为 123nm。

6. 创新点和结论

在压电陶瓷的位移精确控制方面，采用了通过最终的干涉图像来利用程序求得光学元件的位移量，并对采集到的图片进行选择。与直接测量位移量相比精度更高，能够达到纳米级别，同时也节省了传感器，降低了成本。通过对最终图像的直接分析来进行全局反馈，减少了由于压电陶瓷与光学元件位移量不等所带来的误差。

光路中用单色性好的 He-Ne 激光器，在原理方面提高了精确度，为实践提供了良好的理论基础。

同时我们采用五步移相法，配合 MATLAB 进行数据处理以提高精度。

通过以上一系列过程，我们测得了台阶面微面形的高度，为 123nm。

7. 成果的应用前景

表面加工质量的保证，通常由精密制造设备和合适的制造工艺来实现，其前提是制造系统必须具有良好的稳定性和可靠性。然而，高精密加工时，表面加工质量极易受到制造系统及其单元静力学、动力学和热力学方面运行状态的影响。一般精密表面测量方法由于原理限制无法达到很高的精度。随着激光技术、光电探测技术、计算机技术、图像处理技术和精密机械等技术的发展，近代光干涉测量技术已得到长足发展。光电探测技术的发展，提高了干涉仪测量的空间分辨率和相位分辨率，为干涉仪的数字化提供了手段。在传统干涉仪上，引入移相干涉技术，把传统光机型的目视干涉仪，改造成数字自动化的测量仪，大大提高了干涉仪的测量精度，扩展了干涉仪的测量功能，为光学元件的高精度加工提供了有效的测量装置。该系统在传统泰曼格林激光波面干涉仪基础上，利用偏振干涉，采用偏振的同步相移技术，从而实现精密加工平面的表面形状测量。

8. 存在的问题与建议

我们在实验过程中遇到的困难主要是对于 VC++实现用户交互界面和硬件控制。之前我们只使用 C 语言解决一些较简单的数学问题。对于制作界面和硬件控制只得从头学起。难点在于 MFC 程序会根据用户制作的界面生成许多函数。相比于 D/A 驱动和图像采集函数，这些函数没有专门的说明书以供参考。所以对这些函数只能一知半解，现用现查。因此许多时候当程序出现问题时不能准确有效地找到问题的所在。经常找了好久找不到错误，最后只能请教老师。

同时，希望老师可以更系统地教授一些文献检索方面的基本方法。

参 考 文 献

[1] 朱日宏, 陈磊, 王青, 高志山, 何勇. 移相干涉测量术及其应用[J], 应用光学, 27(2): 85-88, 2006.

[2] 左芬. 同步移相干涉术的相位测量原理[D]. 淮阴师范学院学报, 2008.

[3] 苏大图. 光学测试技术[M] . 北京: 北京理工大学出版社, 1996.

[4] 吴震. 光干涉测量技术[M] . 北京: 中国计量出版社, 1993

[5] 朱煜，陈进榜，朱日宏. 压电陶瓷微位移特性的电脑接触式干涉测量法[J].压电与声光, 1998(4):283-286, 1998.

7.1.4 教师点评

现阶段干涉法是测量微结构和微位移最精确、最常用的方法之一。移相技术是干涉测量面形中的关键技术之一，但因为测量精度高，容易受到环境的影响，振动、温度、湍流都会影响最后的精度，对于常用的位移元件压电陶瓷来说，本身也会存在迟滞和蠕动，这些都是误差来源。本课题选择了一种常用的高精度微面形测量方法，涉及光路的搭建和调节、移相器件的开环控制、误差的来源分析和消除，对于初步接触光学测量的同学来讲，可以快速而且较为全面地了解光学测量的优势和问题，也有利于消化吸收课堂上的知识。

该组同学在接受课题之后，充分地发挥了自己的主观能动性，积极地调研文献查找资料，结合课堂课本所学，能够较为快速全面地了解课题所需要的背景知识，对于原理也有了比较深入的认知。因为没有接触过实际的科研实验，也没有足够的光学实验背景，开始时对结果的估计过于乐观，对实验的难度估计不足，但开始实验后的结果却和理想偏差甚远，这也是科学研究中的必经之路。经过几次实际实验，同学有了初步的科学研究的概念和思路，及时调整方案，明确分工，能够积极和老师进行沟通，逐步排除问题。之后确立的项目计划和个人分工基本合理，最后的结果基本达到了预期要求，撰写的结题报告格式规范，虽然内容相较正式的科技论文还有不少差距，但可以看出具有了初步的科研能力。

7.2　激光反射法音频声源定位与语音内容解析

本课题为 2012 年第三届全国大学生光电设计竞赛赛题，竞赛要求场地如图 7.2.1 所示。题目任务如下：利用光电检测原理设计并制作一套音频声源定位与监听系统，放置于室外，利用激光束反射来检测确定室内声源的位置及声源播放内容。根据声源定位准确度、播放分贝数和复原播放内容准确度确定各参赛队成绩。

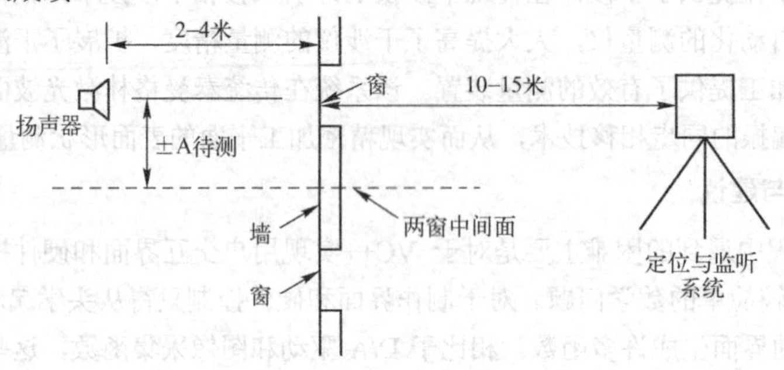

图 7.2.1　竞赛要求场地示意图

7.2.1　开题报告

1. 简表

表 7.2.1 《激光反射法音频声源定位与语音内容解析》开题报告基本信息表

<table>
<tr><td rowspan="8">研究项目</td><td rowspan="2">名称</td><td>中文</td><td colspan="3">激光反射法音频声源定位与语音内容解析</td></tr>
<tr><td>英文</td><td colspan="3">Laser reflection method for audio source localization and speech content analysis</td></tr>
<tr><td colspan="2" rowspan="6">项目组成员</td><td>姓名</td><td>项目中的分工</td><td>签字</td></tr>
<tr><td>唐*</td><td>光路调整</td><td></td></tr>
<tr><td>郭*</td><td>光路调整，软件编写</td><td></td></tr>
<tr><td>徐*</td><td>电路调试</td><td></td></tr>
<tr><td>陆*</td><td>电路调试</td><td></td></tr>
<tr><td>王*</td><td>软件编写</td><td></td></tr>
<tr><td rowspan="2">研究内容和意义</td><td colspan="2">摘要</td><td colspan="3">激光侦听技术具有非接触、隐秘、抗干扰能力强等优点，作为一种新型的窃听手段在军事领域具有良好的应用前景。目前，国外的成品激光侦听装置售价昂贵，而国内只停留在实验阶段。本实验拟基于激光反射法设计并制作一套声源定位和监听系统。具体工作包括搭建反射光路，设计并制作语音解析和声源定位预处理电路，编制计算机与电路通信、语音解析和声源定位软件等。最终将进行语音解析和声源定位的实验。</td></tr>
<tr><td colspan="2">主题词</td><td colspan="3">激光侦听，反射法，放大滤波，A/D 采集，串口编程</td></tr>
</table>

2. 选题依据

（1）激光侦听技术的应用场合

恐怖主义时时威胁着人类和平安宁的生活，并有愈演愈烈之势。恐怖主义者往往使用原始的联系方式，聚会次数很少，地点飘忽不定，行动隐秘，难以接近。缉毒、刑侦及国家安全领域，重要的会议或重要人员的谈话是重点警戒的区域，一般人员无法靠近。因此，对这些谈话内容进行侦听，能极大地获取有力信息，消灭邪恶力量。

传统的电子窃听方法受限于技术以及法律伦理道德，难以胜任以上窃听任务。

（2）激光侦听技术特点

① 非接触性：可以在距离被监听对象几十米甚至几百米之外进行有效监听，这一点在城市里是非常有价值的；

② 隐秘性：如果用不可见光作辐照源，被监测对象用常规手段根本无法觉察；

③ 不留痕迹：从上述分析可知，激光设备撤走后不会留下任何痕迹，从法理和伦理上不会引起不必要的纠纷；

④ 抗干扰性强：激光不会受外界干扰，在特定的电磁环境下仍可以正常工作。

因此，激光侦听可以很好地完成上述场合的窃听工作。

（3）发展现状与发展趋势

激光侦听是随着激光技术的兴起而发展起来的，作为一种新型的窃听手段，有着许多诱人的优势。美军更是在伊拉克战争中使用该类型的侦听器成功侦听伊拉克高级军官谈话。目前，国外的一些成品激光侦听装置售价昂贵，而国内只停留在实验室阶段。

激光侦听装置通过激光得到的信号非常微小且极易受大气扰动，天气因素等影响，所以，今后的发展趋势是用易于穿透玻璃的某种频率的激光，瞄准房间里的任一件物品照射，用其反射的激光来达到窃听的目的。因为这些物体只随室内的声波振动，而不受外界噪声的干扰及玻璃是否振动的影响，窃听到的谈话声可能就比较清晰了，从而提高激光侦听的效能。

3. 研究内容

用光电检测原理设计并制作一套音频声源定位与监听系统，放置于室外，利用激光束反射来检测确定室内声源的位置及声源播放内容。

评判标准由三部分构成。

（1）声源定位的准确度：即图 7.2.1 中对 A 的测量，误差越小，得分越高；

（2）播放分贝数：即在扬声器的分贝数越低的情况下依然能完成窃听，则得分越高；

（3）复原播放内容的准确度：复原出的声音越准确，得分越高。

针对上述评判标准，本实验研究内容包括光路搭建，电路设计及实现，信号采集及软件处理，系统调试实验等。

4. 研究方案

（1）基本原理

1）语音还原原理

若用一束激光对准窗玻璃进行照射，其中的一部分将会穿过玻璃而另一部分则会被反射回来。如果这时的玻璃因受到室内人讲话声波的作用而有微小的振动，那被反射的激光也必定会受到这种振动的调制。只要将其接收并进行解调，就可以得到与室内人说话声音相同的波形，从而窃听到室内的讲话内容。这就是激光窃听器的工作原理（图 7.2.2）。

2）声源定位原理

如图 7.2.3 所示，其中 M_i，M_j分别代表图 7.2.1 中的两个窗户。可以看出，单一声源发出的声波到达两玻璃的时间不同，且强度不同。故声源定位的方法有两种：测相位差法；测振动强度差法。

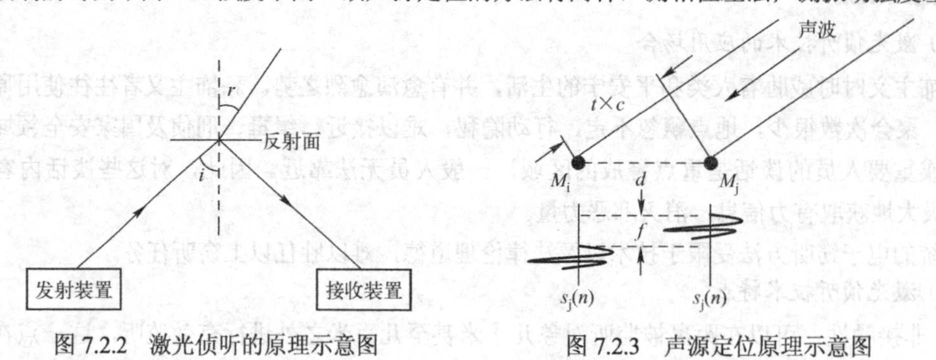

图 7.2.2 激光侦听的原理示意图　　图 7.2.3 声源定位原理示意图

（2）模块划分

基于以上基本原理，我们将系统分模块划分如图 7.2.4 所示。

（3）分模块概述与可行性分析

1）光路部分

获取反射回来的激光有两种设计思路。第一种是利用迈克耳孙干涉仪原理，接收反射回来的激光，我们称之为干涉法。第二种是直接接收反射回来的光斑，我们称之为反射法。

干涉法原理如图 7.2.5 所示，激光器打出一束激光经扩束后通过半透半反镜，一束打到反射镜 M_1 上，另一束打到反射镜 M_2 上，M_2 的振动引起接收屏上干涉条纹的变化，解析图像变化规律，还原声音信号。

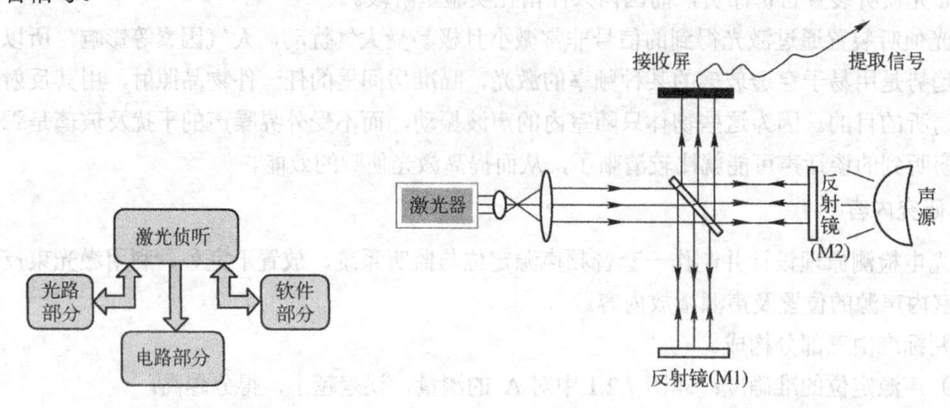

图 7.2.4 模块划分　　图 7.2.5 迈克耳孙干涉法光路示意图

反射法原理如图 7.2.6、图 7.2.7 所示。将一束激光打在玻璃上，玻璃的垂直振动使得在入射角不变的情况下反射光发生偏移，通过硅光电池接收反射光斑面积的变化，计算玻璃振动频率，还原出声音信号。

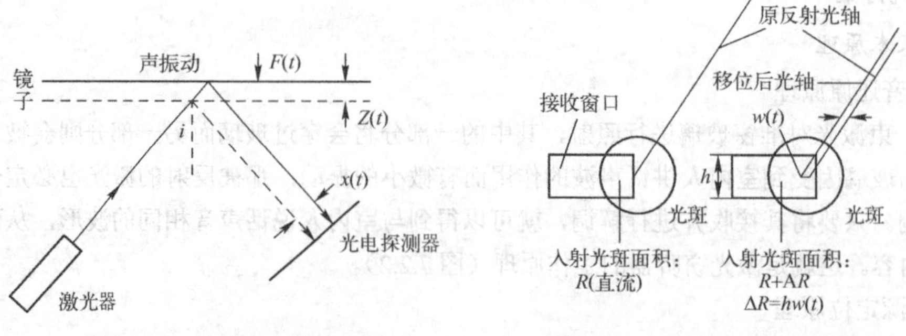

图 7.2.6 反射法光路示意图　　图 7.2.7 反射光斑与光电探测器

为了便于后期信号的提取以及声源定位光路的搭建，我们选择反射法。针对声源定位的需求，我们设计出了系统的实际光路见图 7.2.8。

表 7.2.2　两个光路设计方案的对比

	优　点	缺　点
干涉法	● 可查阅到的文献多，理论依据可靠	● 对整个装置的平稳性要求很高 ● 系统搭建与调试复杂 ● 后期处理电路系统复杂
反射法	● 装置构造简单 ● 原理清晰易懂 ● 材料器件价格便宜	● 接收装置受反射区域的限制 ● 受自然光的影响较大

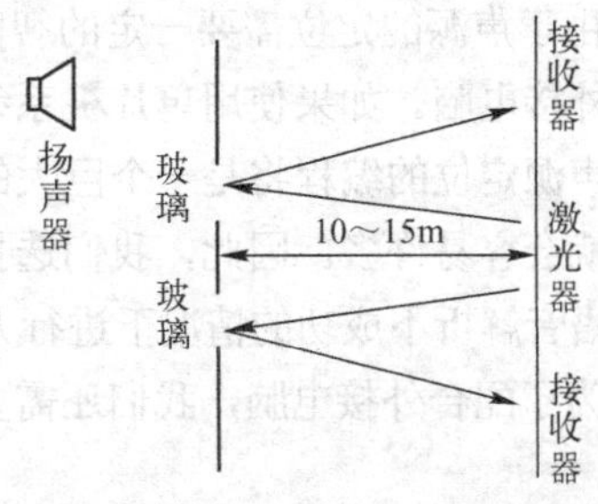

图 7.2.8　系统的实际光路图

如图 7.2.8 所示，两个激光器以固定的角度放在正中间，进行语音解析时，我们只需要使用其中的一套光路；进行声源定位时则同时使用两套光路。本方案使用起来灵活方便，且可两边同时搭建，节省时间。但有一个需要解决的问题就是保证两个接收模块的同步性，不然，将会大大影响相位差的测量。

2）电路部分

电路部分可分为两个模块，分别是语音解析模块与声源定位模块。

① 语音解析模块

我们采用硅光电池作为接收器件，因为硅光电池的频率响应特性、响应速率及表面积的大小都符合要求，且价格便宜，无需偏置电路。

人正常说话所发出声音的频率一般在 60Hz-3000Hz 左右。所以在接收反射信号之后，就需要对这个小信号进行滤波与放大。提取出有用信息，再传入下一个模块进行语音的解析与声源的定位。这部分由一个高频小信号滤波放大电路完成。滤波电路由一个高通加一个低通滤波电路组成，如图 7.2.9 所示。

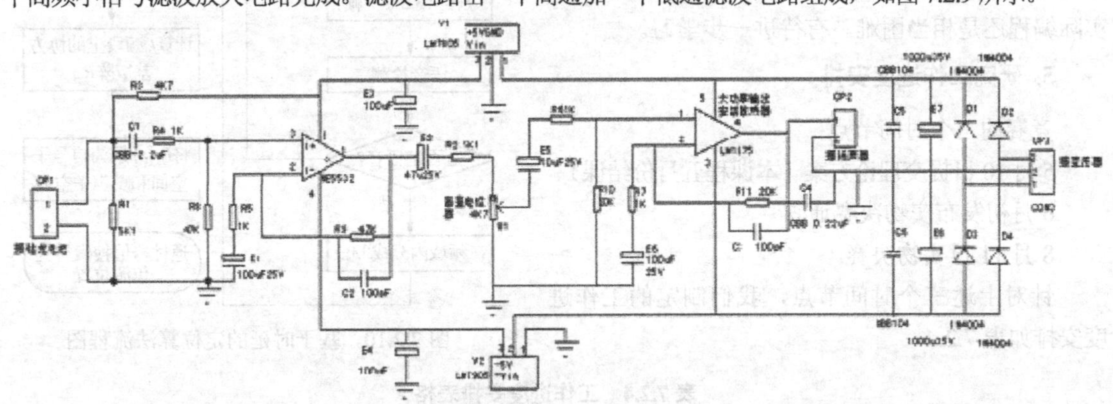

图 7.2.9　高频小信号滤波放大电路

实际上，硅光电池输出的信息即电信号的变化，已经就是声音信号了。所以，在这个高频小信号滤波放大电路的输出端接上喇叭即可还原出声音。如果解析出来的声音效果不理想，还可以将该输出信号经 A/D 转换，输入电脑，进行软件处理。

② 声源定位模块

前面已经提到过声源定位可由两种方法实现，即测量相位差法与测量振动强度差法。它们的对比如下表格所示。

表 7.2.3　声源定位方法的方案对比

声源定位方法	优点	缺点（难点）
测量相位差	● 原理较简单 ● 可行性高	● 两套接收系统 ● 保证同步性
测量振动幅度差	只需一套接收系统	● 理论算法比较困难 ● 该微小振动差能否被测量出来还有待实验考证

因为测量相位差方法原理简单，且相位差不易受外界干扰的影响，可行性高，故这里采用该方法。

由于声源的定位需要一定的智能计算，因此需要一个有计算能力的模块。可以使用单片机系统或者外接电脑。如果使用单片机系统，则需要做很多电路设计方面的工作，并且，使用单片机语言进行声源定位的编程将是一个巨大的挑战。如果使用如 MATLAB 软件进行语音解析及声源定位的编程就会容易许多。因此，我们选择采用外接电脑的方法进行声源定位。同时，外接电脑，也可在程序语音解析不成功的情况下进行人工语音解析。

为了配合外接电脑，我们还需要用到 A/D 采集卡。我们采用串口 A/D，用 Visual C++进行串口编程。

3）软件部分

如上所说，计算机接口由串口 A/D 实现，用 Visual C++进行串口编程，用 MATLAB 进行声源定位的编程。

Visual C++为我们提供了一种好用的 ActiveX 控件 Microsoft Communications Control（即 MSComm）来支持应用程序对串口的访问，在应用程序中插入 MSComm 控件后就可以较为方便地实现对计算机串口收发数据。

声源定位有两种算法：基于强度差异（IID）的方位估计和基于时延（ITD）的方位估计。相对而言，基于时延的定位方法运算量较大，但是在时延估计有一定误差时，也能比较精确地定位。基于声压差异的定位方法运算量相对小，模型简单，但是受传声器的精确度和环境因素的影响大，不适合实际应用。

因此，我们采用基于时延的方位估计，流程图见图 7.2.10。

虽然算法流程比较清晰，原理易于理解，但实际编程还是相当困难。有待进一步学习。

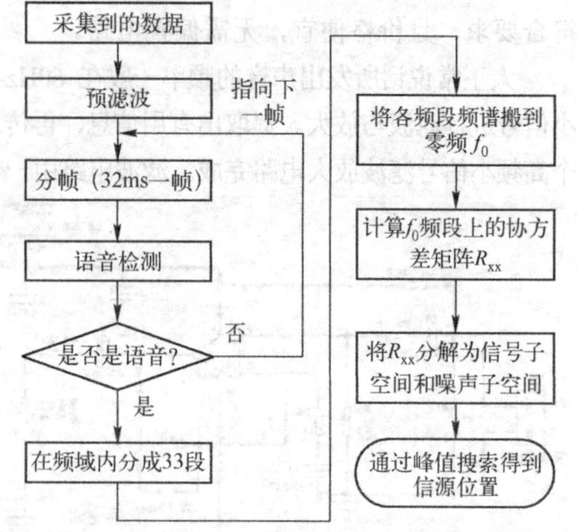

图 7.2.10　基于时延的定位算法流程图

5. 研究工作进度安排

竞赛的三个时间节点：

5 月 10 日提交理论方案（本课程五月份结课）

6 月初发布实物决赛通知

8 月 11 日实物决赛

针对上述三个时间节点，我们制定的工作进度安排如表 7.2.4。

表 7.2.4　工作进度安排表格

现在～4.17	所有成员按各自分工完善自己的部分，在实验室进行原理小实验的论证。
4.18～4.30	完成上一阶段可能还未完成的工作，在原有工作基础上搭建好我们的窃听系统。完成课程所需要的相应报告。此外，参加竞赛的人员应着手准备理论方案。
4.30～5.10	进行系统联调，争取在实验室取得最好效果。准备课程答辩。 参加竞赛的人员开始准备将系统移植到室外，如果理论方案审批通过，我们能从容应对。
6,7,8 月	期末考试，室外联调

6. 研究基础

(1）与本项目有关的研究工作积累和已取得的研究工作成绩。

在基础课中我们已经学习过放大滤波电路的设计实现，C 语言基础编程，MATLAB 软件的使用方法，光路调节基本方法。在前期准备中我们学习了串口编程的基本方法以及 MATLAB 软件对音频处理的小程序，为项目的开展奠定了基础。

（2）已具备的实验条件，尚缺少的实验条件和解决的途径。

已具备：开放实验室、基本的光学元件、光学平台、电源等；

尚缺少：支撑件，固定装置，电路板等；

解决途径：在老师指导下自行购买。

（3）研究经费预算（表 7.2.5）计划和落实情况。

上述所缺器材均计划通过课程经费采购得到。

表 7.2.5　经费预算表

器　材	预　算
半导体激光器（两个）	500 元
三脚架（三个）	200 元
相关的夹持固定装置	100 元
参考资料	100 元
电路板及相关电路器件（包括硅光电池及扬声器）	100 元
A/D 采集卡	2000 元
	合计：3000 元

7.2.2　结题报告

表 7.2.6 《激光反射法音频声源定位与语音内容解析》结题报告基本信息表

名称		内容		
名称	中文	激光反射法音频声源定位与语音内容解析		
	英文	Laser reflection method for audio source localization and speech content analysis		
项目组成员	姓名		项目中的分工	签字
	唐*		光路调整	
	郭*		光路调整，软件编写	
	徐*		电路调试	
	陆*		电路调试	
	王*		软件编写	
项目背景	项目的选题背景、目的与意义。 激光侦听技术具有非接触、隐秘、抗干扰能力强等优点，作为一种新型的窃听手段在军事领域具有良好的应用前景。目前，国外的成品激光侦听装置售价昂贵，而国内只停留在实验阶段。本项目以光电竞赛赛题为最终目标，旨在利用光电检测原理设计并制作一套音频声源定位与监听系统放置于室外，利用激光束反射来检测确定室内声源的位置及声源播放内容。根据声源定位准确度、播放分贝数和复原播放内容准确度确定各参赛队成绩。			
项目创新点	项目的创新点与特色，包括使用了什么样的创新方法、技术。 1. 利用激光反射法完成了声音振动信号向光斑位移信号的转化，进而利用光电探测器转化为交流电信号，实现了窃听模拟信号的采集。 2. 利用放大电路和计算机声卡完成了窃听模拟信号的放大、滤波和 A/D 转换。 3. 利用 MATLAB 软件完成了窃听信号的采样和滤波。			
项目研究情况	简要阐述项目研究的整体情况，包括进展程度，是否完成预期目标，项目成员的分工、协作情况等。 项目主要完成了以下三方面的工作： 1. 搭建了基于激光反射法的光路，包括激光器、反射镜（模拟玻璃）、滤光片（滤除杂散光）和硅光电池（探测器）。通过不断的尝试和实验，解决了外界干扰强、信噪比低的问题，最终得到较为完整、清晰的原始信号。 2. 设计完成了信号放大、滤波电路，具体工作包括光电传感器的选择、两级放大电路的设计和实现、通带滤波电路的设计和实现等，实现了语音信号的放大和去噪。 3. 基于 MATLAB 软件完成了语音信号的采样和滤波，最终还原出清晰的语音信号，为语音内容解析奠定了基础。 本项目分为光路、电路和软件三个模块，人员分工也按照这三个模块进行，最终圆满完成了项目任务。			
收获与体会	通过参与项目研究，有哪些收获和体会，可分别就整个团队和个人进行表述。 ● 光学组： 经过小组成员的通力合作，在贯彻王*组长一切从简的原则下，我们激光侦听的语音还原部分达到理想要求。由于时间原因，在本课程上我们原定只做好语音还原部分，也就是说，我们圆满完成了预定任务。回想过去的这些日子里，我们付出了辛勤的汗水，播下种子，最终收获了胜利的果实。在实验过程中，我们既积累了知识，又培养了动手操作能力，同时了解了科学研究的基本流程，培养了团队合作意识，为专业知识与现实生活的融会贯通提供了一个难得的平台。总之，本门课上我们收获良多。 ● 软件组： 在一学期的课程实践中，我们查阅了大量的文献资料，遇到了各种超出预期的困难，在调试算法和排查系统故障的过程中，锻炼了工程实践能力和团队合作能力，为以后的学习和研究提供了宝贵经验。最后，感谢一学期以来，各位老师的指导，以及其他组员的相互理解与配合，我们会继续保持不懈的探索精神与求知热情，不断提高学术能力，努力成为一名优秀的工程师。 虽然最后编出的应用程序能跟串口调试助手互发数据，但最后硬件连接出现大问题，迟迟连接不上，三番五次查找问题也没能很好解决，最后得出结论，我们使用的采集卡坏了。但是通过串口编程的学习，我们还是学习到了不少知识，尤其是以前自己想学 VC++，光看书特无聊，现在有一个实际问题摆在眼前，就是最好的教材。不管结果如何，我们去做了，去探索了。也就是因为这条路行不通，才促使我们另外再想法子，最后的解决方案出奇的简单，仅用一根简单的耳机线就解决了问题。也算是秉承了我们小组的一切从简的原则了。写下这个串口开发的过程作为附录，算是对本学期上半学期我在这门课上所做工作的纪念吧，下半学期主要工作是在光路方面和系统联调，最终我们的实验获得了成功。另外，在汇总这篇总结报告的时候，确实能感受到小组成员都非常认真用心地在写报告，非常感谢各位成员的大力支持，没有大家的共同付出，最后实验肯定难以进行。也非常感谢三位老师的辛勤指导，让我们少走弯路，给我们正确的前行方向！			

7.2.3 项目研究报告

1. 课题背景与现状

恐怖主义时时威胁着人类和平安宁的生活，并有愈演愈烈之势。恐怖主义者往往使用原始的联系方式，聚会次数很少，地点飘忽不定，行动隐秘，难以接近。缉毒、刑侦及国家安全领域，重要的会议或重要人员的谈话是重点警戒的区域，一般人员无法靠近。因此，对这些谈话内容进行侦听，能极大地获取有力信息，消灭邪恶力量。传统的电子窃听方法受限于技术以及法律伦理道德，难以胜任以上窃听任务。

激光侦听是随着激光技术的兴起而发展起来的，作为一种新型的窃听手段，有着许多诱人的优势。美军更是在伊拉克战争中使用该类型的侦听器成功侦听伊拉克高级军官谈话。目前，国外的一些成品激光侦听装置售价昂贵，而国内只停留在实验室阶段。

激光侦听装置通过激光得到的信号非常微小且极易受大气扰动、天气因素等影响，所以，今后的发展趋势是用易于穿透玻璃的某种频率的激光，瞄准房间里的任一件物品照射，用其反射的激光来达到窃听的目的。因为这些物体只随室内的声波振动，而不受外界噪声的干扰及玻璃是否振动的影响，窃听到的谈话声可能就比较清晰了，从而提高激光侦听的效能。

2. 研究的目标和意义

本项目的最终目标是完成光电竞赛的赛题。如图 7.2.11 所示，利用光电检测原理设计并制作一套音频声源定位与监听系统（以下简称“定位与监听系统”），放置于室外，利用激光束反射来检测确定室内声源的位置及声源播放内容。根据声源定位准确度、播放分贝数和复原播放内容准确度确定各参赛队成绩。

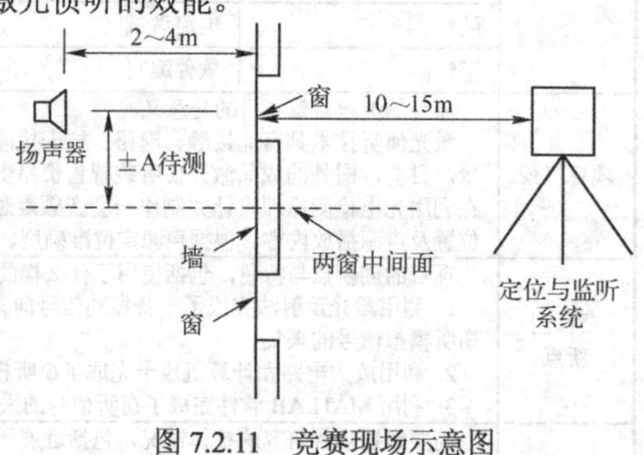

图 7.2.11 竞赛现场示意图

3. 研究的主要内容

分析竞赛题目要求，设计整套系统的结构图（图 7.2.12）。

硅光电池摆放在两个窗户的中垂线上，左右两边各一个激光器，调整激光器的入射位置，使得反射光斑尽量靠近中垂线，分别由两个硅光电池接收，硅光电池的输出信号经由放大电路放大之后，由两路高速 A/D 采集卡采集数据并存入电脑中，最后在电脑中进行滤波等信号处理，还原出声音以及声源定位。

最终，受时间所限，在本课程中只搭建上述系统结构图的一支光路，完成语音还原即可。图 7.2.13 为最终在实验室搭建的光路结构示意图。

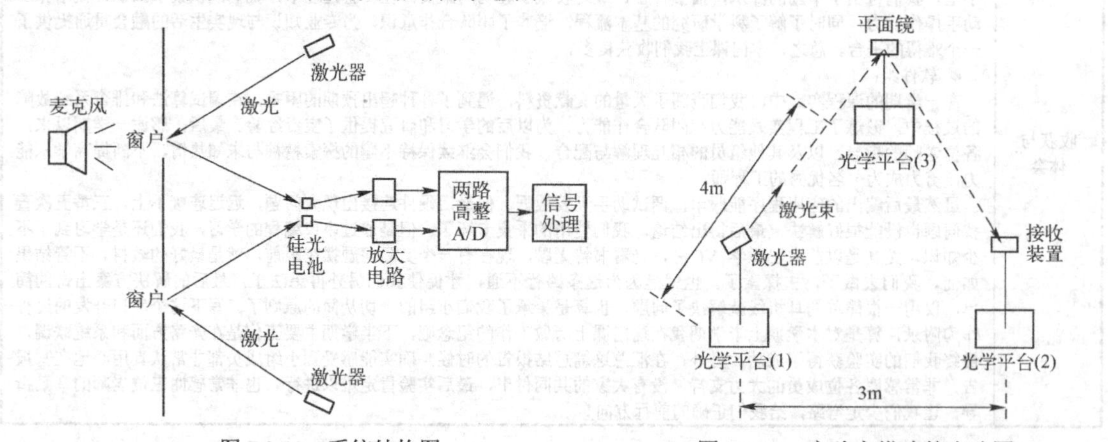

图 7.2.12 系统结构图　　图 7.2.13 实验室搭建的光路图

激光器发出的激光经平面镜反射回接收装置。本实验中用平面镜代替玻璃，同学在平面镜后面说话模拟房间里人的说话。声音是纵波，打在平面镜上会使得平面镜发生纵向的振动而产生位移，这个位移的变化是受声波调制的，反射回来的光斑打在接收器的位置也发生变化，调整好接收器与光斑的相对位置，使光斑与接收器的重叠面积改变，从而使输出带有声源振动信息的电信号。

接收装置输出的信号直接接入放大电路。而放大电路的输出，本应该是经由 A/D 采集卡，再进入电脑中处理的。但是，由于实际的特殊情况等各种原因，未能实现此方案。经小组讨论，决定利用耳机线直接将放大电路的输出接入电脑的麦克风输入口，相当于利用电脑的声卡对信号进行采样。电脑声卡的采样频率达到 40 多千赫兹，满足我们的需求。最后，电脑编程部分，利用 MATLAB 的 wavrecord 函数从麦克风输入口录制信号，然后做滤波处理，最终得到还原出来的语音信号。具体原理及实现过程，将在后续的各模块中详解解释。

从上述分析不难看出，系统可以分为三个模块，人员分工也是以此为依据的。示意图如图 7.2.14 所示。

4. 项目进展与研究过程

（1）光路部分

1）工作原理概述

激光侦听，就是利用激光具有极好的相干性、方向性等特性，用一束激光射到被窃听房间的物体表面，只要该物体自身具有极微弱的振动，它就会对被反射的激光产生出足以能进行探测的变化。利用反射法进行语音解析的原理，就是将一束激光打在玻璃上，玻璃的垂直振动使得在入射角不变的情况下反射光发生偏移，通过硅光电池接收反射光斑面积的变化，记录玻璃振动频率，还原出声音信号，如图 7.2.15 所示。光路部分的工作就是根据实验原理，搭建实验光路，协调电路组和软件组调制出语音内容。

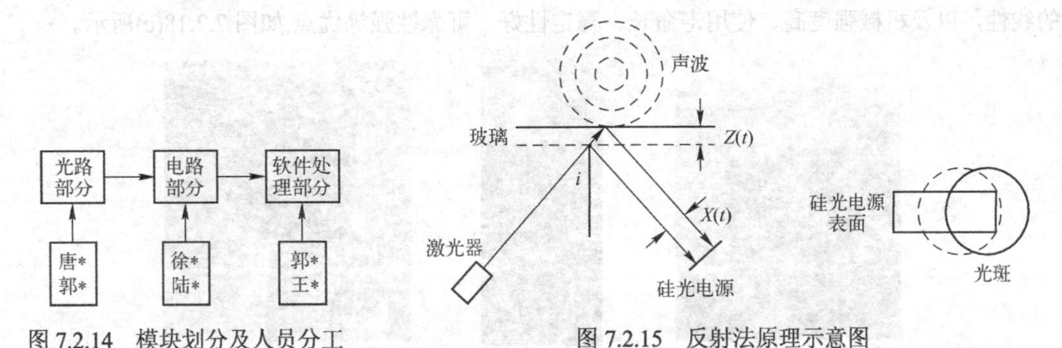

图 7.2.14　模块划分及人员分工　　图 7.2.15　反射法原理示意图

从上图还可以得到位移与入射角度的关系，如式（7.2.1）所示

$$\Delta x = \Delta z / \cos i \tag{7.2.1}$$

该公式指导我们可以适当增加入射角让位移变化明显。

2）光路设计

本实验利用 532nm 的绿光半导体激光器照射平面镜，利用硅光电池来接收反射光斑，在硅光电池前置 532nm 的滤光片，以减少杂散光对实验的影响，提高信噪比。将激光器、平面镜、硅光电池夹持在光具座上，光具座固定在光学平台上，平面镜置于激光器与硅光电池连线垂直距离 3～5m 处，激光器与硅光电池和平面镜的连线分开约 50°～90°，即实验光路如图 7.2.16 和 7.2.17 所示。

3）遇到的问题与解决方案

本实验光路部分最根本的问题就是减少外界干扰，提高信噪比，以解析出完整、清晰、背景噪声较小的语音内容。

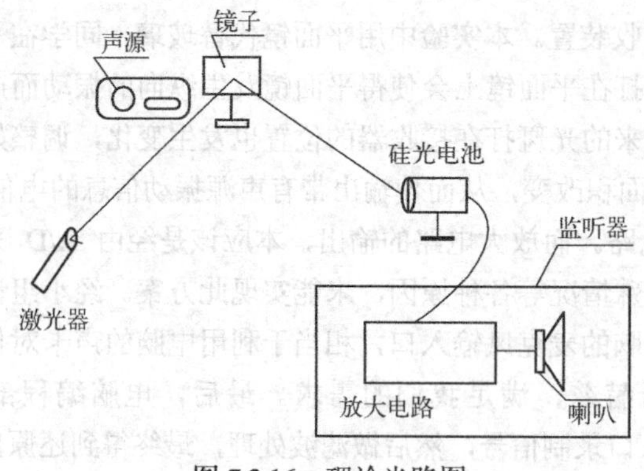

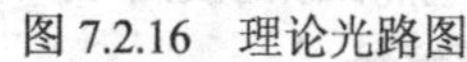

图 7.2.16　理论光路图

图 7.2.17　实际光路图

围绕这一根本问题，我们分别从激光器（发射装置）、平面镜、硅光电池（接收装置）、外界环境四个方面着手。

① 装置选取

激光器分为固体激光器、半导体激光器、液体激光器和气体激光器。本实验采用半导体激光器，因为它体积小，质量轻，价格便宜，寿命长，结构简单而坚固，波长与功率范围广，光能转换效率高。为了直观清晰地调试光斑位置，我们最终选取 532nm 的绿光半导体激光器，如图 7.2.18(a)所示。

平面镜不宜太厚，这样当人在平面镜后说话时，就能得到较为理想的振动幅度。因为激光器发射的激光具有发散角，经平面镜反射后光斑的发散会扩大，所以应选取较好面形的平面镜，这样光斑的扩大发散会受到抑制，从而得到较为理想的光斑面积，如图 7.2.18(b)所示。

硅光电池选取光敏有效面积为 1mm×2mm 的 LXD12CE 型号，它具有宽广的光谱响应范围、良好的线性，以及机械强度高、使用寿命长、稳定性好、可靠性强等优点,如图 7.2.18(c)所示。

(a)激光器

(b)平面镜

(c)接收装置

图 7.2.18　激光器、平面镜、接收装置实物图

② 减小干扰

实验初始，我们在老师的带领下，用 CCD 摄像头代替硅光电池查看激光在没有遮挡物时的通光量。结果发现外界的光太强，已经足够使硅光电池饱和了，所以必须想办法尽可能的排除外界光的干扰。具体方法包括如下几个方面：

滤光片：在硅光电池前置 532nm 的滤光片，仅使有效波长的光通过滤光片，减小杂散光的干扰，提高信噪比。

黑色背景：我们将硅光电池固定在绿色塑料板上，将塑料板用胶带固定在滤光片之后，隔绝外界光。经实验验证，绿色背景会使激光通过滤光片后在绿塑料板上发生多次漫反射，这增加了背景噪声，于是我们在绿色塑料板上缠上一层黑色塑料袋以降低背景噪声。

安稳的实验环境：在实验过程中，由于我们是根据玻璃振动会使光斑在硅光电池上的面积发生变化的原理来还原语音的，所以当外界振动引起实验平台振动或者触碰到实验装置时，会影响光斑面积的变化，对实验结果产生非常恶劣的影响，故而要保持一个安稳的实验环境。

③ 调节光斑位置

由于反射法要根据光斑面积变化来解析语音，所以我们要让光斑的一半照射在硅光电池上，调节光斑位置就成了实验成败的关键因素之一。

基于黑色背景下光斑在硅光电池上的位置不好找，我们试验过用涂改液在硅光电池附近做上白色标记，但结果并不理想，于是我们回归原始思路，直接在黑色背景下调光斑位置，经过多次试验，当人站在与入射光束呈 30～50° 角时，光斑位置较为清晰。

（2）电路部分

1）原理分析

本实验中电路模块的任务就是将由硅光电池所采集到的载有所测声源信号的电流传递给下一模块进行解析，并完成实验目标——音频声源定位与语音内容解析。

由于硅光电池所采集到的信号异常微小，在实验中测得其数值大小在毫伏数量级，通常为几毫伏到十几毫伏，而且噪声很大。而后续的模块又无法处理这种微小并且带有大噪声的信号。因此就需要电路部分对此信号进行一定的处理，满足下一模块输入要求，从而完成音频声源定位与语音内容解析。要实现这一目标，我们所需要的电路是一个能将微小信号放大并且进行滤波处理的电路。

2）电路设计

① 光电传感器

光电传感器在实验中的作用即为接收反射回的载有声音信号的光信号，并通过光电效应转换为电信号。

这里采用 LXDE2CE 硅光电池，该型号的硅光电池广泛应用于测量仪器、光学仪器、医疗仪器、纺织机械中。光敏面有效面积 1mm×2mm，具有线性良好、机械强度高、稳定性好、可靠性强等优点，同时价格不贵，方便购买。

由于我们所选用的是硅光电池，无需外接偏压或偏流电路，信号可以直接输入放大电路中。因此，在实验中我们也只是在其管脚上焊接了两个信号输出线，如图 7.2.19 和图 7.2.20 所示。

图 7.2.19　实验中的硅光电池

图 7.2.20　硅光电池及其连线

在实验中，我们对硅光电池的信号输出强度进行了一定的测试，测试结果表明，实验中硅光电池的信号输出为毫伏级，在几毫伏到十几毫伏左右波动。

② 两级放大电路

a. 芯片选择

由于我们所做的是有关语音信号的放大，因此需要选用对语音信号放大相适宜的芯片。两级放大电路所选用的芯片分别为 NE5532 和 LM1875。

NE5532 是高性能低噪声双运算放大器集成电路。与很多标准运放相比，它具有更好的噪声性能，优良的输出驱动能力及相当高的小信号带宽，电源电压范围大等特点。因此很适合应用在高品质和专业音响设备、仪器、控制电路及电话通道放大器。用作音频放大时音色好，保真度高，在 20 世纪 90 年代初的音响界被发烧友们誉为“运放之皇”，至今仍是很多音响发烧友手中必备的运放之一。管脚封装图如图 7.2.21 所示。

LM1875 是一款功率放大集成块，是美国国家半导体公司研发的一款功放集成块，其外形图如图 7.2.22 所示。它在使用中外围电路少，而且有完善的过载保护功能。它为五针脚形状，一针脚为信号正极输入，二针脚为信号负极输入，三针脚接地，四针脚电源正极输入，五针脚为信号输出。该集成电路内部设有过载过热及感性负载反向电势安全工作保护。

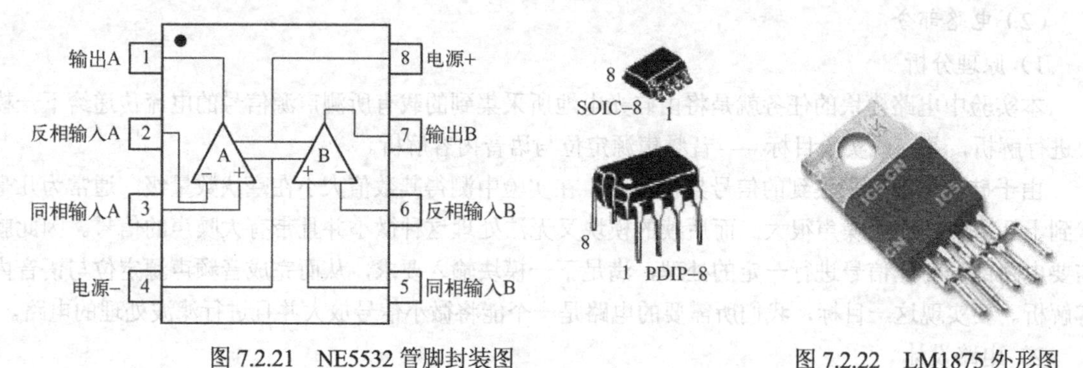

图 7.2.21　NE5532 管脚封装图　　　　图 7.2.22　LM1875 外形图

NE5532 为前级放大，LM1875 为后级放大。

b. 参数计算

我们所设计的两级放大电路前级放大为 48 倍，后级放大为 21 倍。因此，电路设计的总放大倍数为 1008 倍。

在两级放大电路中的信号输入端全是正向输入端，因此由式（7.2.2）

$$P = \frac{R_1 + R_f}{R_1} \tag{7.2.2}$$

其中 P 为电路放大倍数，R_1 为反相输入端接地电阻，R_f 为反馈电阻）。令 R_1=1kΩ，则 R_f=47kΩ。同理可以求得 LM1875 后级放大电路的 R_1 和 R_f 分别为 1kΩ 和 20kΩ。电路如图 7.2.23 所示。

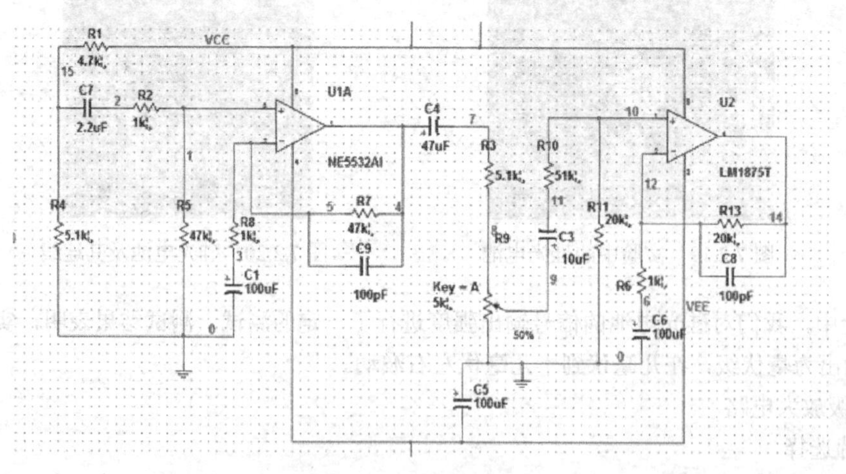

图 7.2.23　两级放大电路

其中滑动变阻器能实现两级放大电路的放大倍数可调。电路中 R_{10} 和 R_{11} 为 LM1875 的外围电路。因此，电路的实际放大倍数约为 0～140 倍。

c. 电路实现

对设计好的电路进行焊接，焊接后的实物图如图 7.2.24 所示。

在焊接电路板的过程中需要注意各个芯片的摆放，电容的焊接方向性，以及电源、信号输入端以及放大后信号的输出端的焊制。

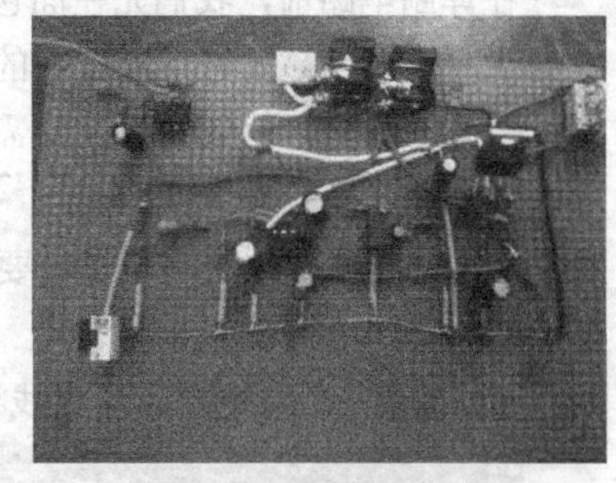

图 7.2.24　两级放大电路

焊接完成后，对两级放大电路进行测试。测试结果表明，两级放大电路的测试放大倍数仅为 0～100 倍。原因分析可能是电阻阻值的不准确，以及直流电源电压幅值的限制，使电路的实际放大倍数与计算值相比偏小。不过在后续的实验中，数据显示，放大倍数只有 0～100 倍也能很好的满足后续模块中程序处理对信号强度的要求。

③ 带通滤波电路

a. 芯片选择

实验中我们选择的是 OP07 芯片。它是一种低噪声，非斩波稳零的双极性运算放大器。由于 OP07 具有非常低的输入失调电压（对于 OP07A 最大为 25μV），所以 OP07 在很多应用场合不需要额外的调零措施。OP07 同时具有输入偏置电流低（OP07A 为 ±2nA）和开环增益高（对于 OP07A 为 300V/mV）的特点，这种低失调、高开环增益的特性使得 OP07 特别适用于高增益的测量设备和放大传感器的微弱信号等方面。图 7.2.25 所示为 OP07 的管脚图。

由于人正常说话所发出声音的频率一般在 60Hz～2000Hz 左右。而经过玻璃反射后的激光所包含的所有信号的频谱范围很宽，有很多是我们不需要的，甚至会干扰后续实验对声源定位与语音内容解析。因此，就需要设计一个带通滤波电路对接收并且放大后的信号进行一次选频处理，过滤出我们需要的有用频率的信号。图 7.2.26 所示为实验中所用到的带通滤波电路。

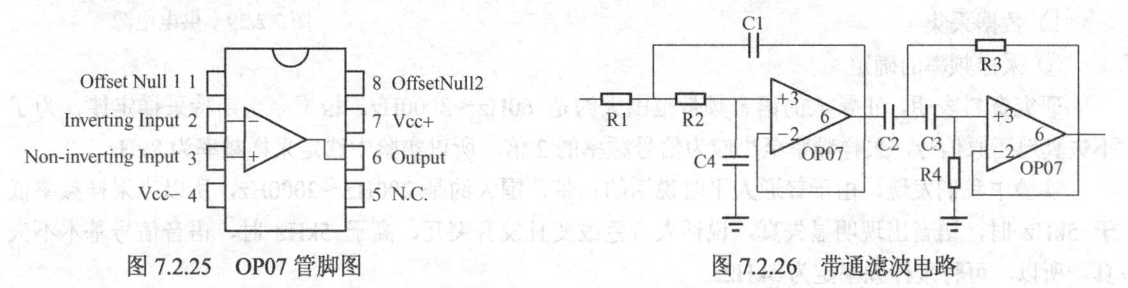

图 7.2.25　OP07 管脚图

图 7.2.26　带通滤波电路

b. 参数计算

我们在实验中所需要的频率在 60Hz～3000Hz 左右，又由于滤波有一定的边际效应，即在这一频段附近的很长一段频率都能通过。因此，为了保证所需的有效频率能够通过，实验中所设计的带通滤波电路的滤波频率为 200～2000Hz。

又式 $f=\frac{1}{2\pi RC}$，可以计算出带通滤波器的 R、C 的取值。因而有 $f_1=\frac{1}{2\pi R_1C_1}=200$，$f_2=\frac{1}{2\pi R_2C_2}=2000$；$R_1C_1=7.95\times10^{-4}$，$R_2C_2=7.95\times10^{-5}$。

结合实际，在实验室中我们拥有最多的电容为 103，且为了方便起见，我们取滤波电路中的四个电容全为 103。即：$C_1=C_2=C_3=C_4=10^{-2}\mu F$，$R_1=8k\Omega$，$R_2=800\Omega$。

c. 电路焊接及测试

对照电路图将此通带滤波电路在 PCB 板上焊接完成。焊接过程中注意电阻的连接，OP07 各个功能管腿的焊接，焊接完成后检查是否焊接正确。

在焊制电路前，我们先在面包板上搭建此电路进行测试。在测试中，滤波电路在所设计的通带中的滤波效果不是太好。测试中的数据表明按照上面设计要求所搭建的带通滤波电路中的高频段的滤波效果不明显，而低频段又将需要的波段给滤掉了。因此对此带通滤波电路进行改进。改变电容值，电容C_1,C_2选用容值更大的 224，C_3,C_4选用 104，R_1,R_2,R_3,R_4全部选用820Ω电阻。之后再对电路进行测试，结果满足设计要求。图 7.2.27 所示即为将通带滤波电路与两级放大电路重新焊接在一起的实物电路板。

放大电路之后，直接由耳机线将放大电路的输出信号连接到电脑的麦克风输入口（见图 7.2.28）。

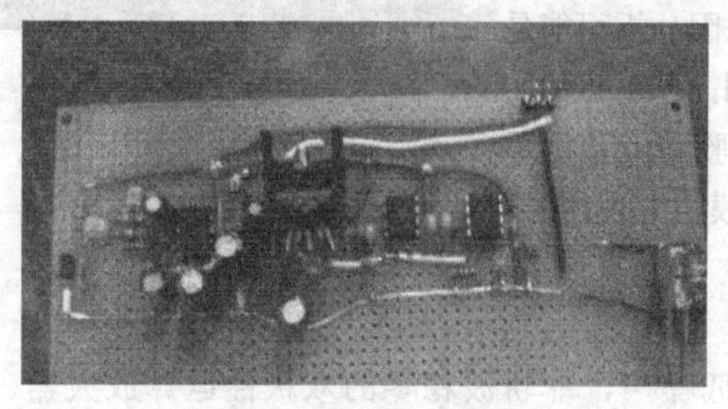
图 7.2.27　小信号放大滤波电路

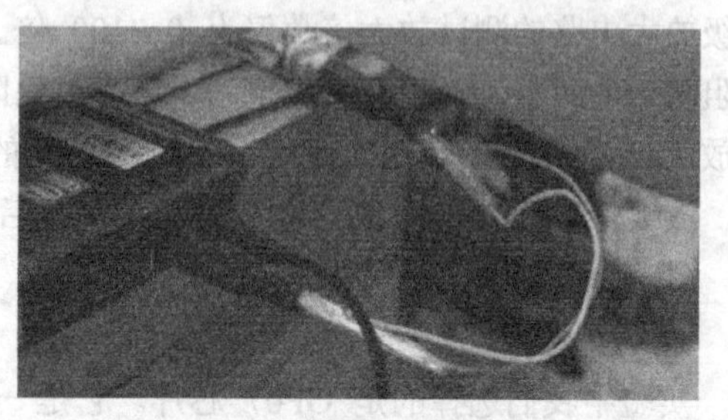
图 7.2.28　实验中使用的耳机线

最后，发现实验室的直流电源不稳定且总是带有固定的噪声，所以，电路板的供电电源采用干电池供电（如图 7.2.29）。

图 7.2.29　供电电源

（3）软件处理部分

硅光电池的振动信号通过放大电路后需经过数据采样、滤波放大，才能还原出声音信号。这里详细介绍基于 MATLAB 的采样与滤波环节，并从实验结果中对可能出现的系统故障进行简要分析。

1）数据采集

① 采样频率的确定

研究资料表明，正常人的语音频带范围大约是 60Hz～3000Hz。根据奈奎斯特采样定律，为了不失真地还原信号，采样频率至少应为信号频率的 2 倍。所以实验中选定采样频率为 8kHz。

实验中我们发现，由于普通人平时说话的频带范围大约是 200Hz～2000Hz，所以当采样频率低于 5kHz 时，语音出现明显失真，说话人音色改变且发音突兀，高于 5kHz 时，语音信号基本不失真。所以，可将采样频率定为 5kHz。

② 采样设备

由于硬件条件的限制，在没有合适的 A/D 采集卡的情况下，我们将信号输出端直接连入电脑的麦克风，通过声卡进行采样。电脑声卡的采样频率为 48kHz，完全符合信号采样的要求。实验中规定的采样频率为 8kHz。

③ 量化位数的确定

取样之后的语音信号需要进行量化。量化过程是将语音信号的幅度值分割为有限个区间，将落入同一区间的样本都赋予相同的幅度值。

量化后的信号值与原始信号之间的差值称为量化噪声。可以证明，量化器中的每位字长对量化信噪比的贡献为 6dB。研究表明，语音波形的动态范围一般为 55dB，因此采用 10 位以上量化较为合适。

实验中采用 16 位量化，这是由声卡决定的。

④ MATLAB 数据采集的实现

利用 MATLAB 中的“wavrecord”命令来控制声卡录音，并读入采集到的语音信号，将它赋值给某一向量。再对其进行采样，记住采样频率和采样点数。

具体调用格式为：

```
y=wavrecord(tl*sf,sf,nbits)
```

其中 tl 为录音时长（单位为秒），sf 为采样频率（单位为赫兹）、nbits 为量化位数。本实验中设定的参数为 tl=5，sf=8000，nbits=int16。

2）信号处理

实验中采集到的数据是信噪比较低的语音信号。噪声按来源分类主要有光电系统噪声（包括半导体激光发射器噪声、探测器噪声和放大电路噪声等），环境噪声（包括周期性噪声、脉冲噪声和宽带噪声、窄带噪声等），大气噪声等。其中，光电系统噪声属于随机变化的白噪声，频带范围从几赫兹到几千赫兹，环境噪声和大气噪声基本属于低频噪声，频率在 100Hz 以内。语音信号的频带范围为 200～2000Hz。

因此，实验中我们分别试验了 FIR 带通滤波、IIR 带通滤波、频减法去噪。

① FIR 滤波和语音增强

FIR（Finite Impulse Response）数字滤波器，又名有限冲激响应滤波器，是基于离散信号傅里叶变换的滤波方法。

② IIR 滤波和语音增强

IIR（Infinite Impulse Response）数字滤波器，又名无限脉冲响应数字滤波器或递归滤波器，是基于离散信号的 Z 变换滤波方法。

③ 频减法去噪

频减法基本原理是将语音信号的离散傅里叶变换与噪声的离散傅里叶变换相减，即可得到语音信号的离散傅里叶变换，再进行离散傅里叶反变换即可得到去噪后的语音信号。

由于电路噪声是随机变化的白噪声，不同时采样的数据幅频特性不一致，所以在用频减法去噪时也引入了其他噪声，导致声音失真，所以在最终处理时没有采用。IIR 滤波器与 FIR 滤波相比较，幅频精度高，但有非线性相位。考虑到之后声源定位需要严格的线性相位关系，所以本实验中采用 FIR 滤波器。

下面是部分实验结果：

采样频率 8kHz，16 位量化，录音时长 5s 下的实验数据，见图 7.2.30。成功还原出声音“大家好！”

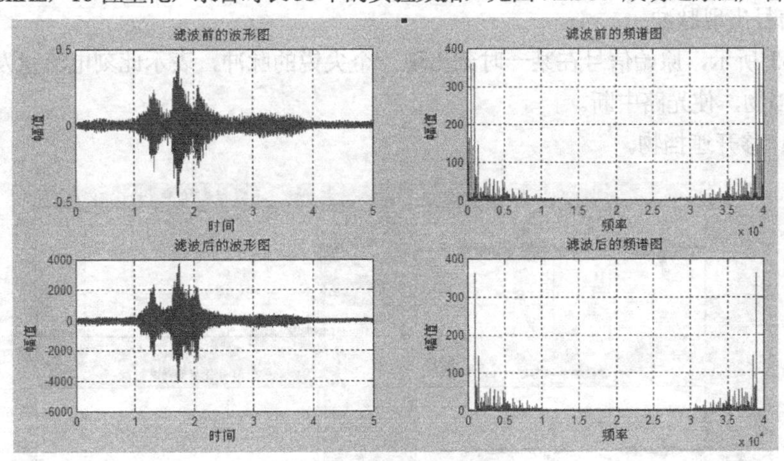

图 7.2.30 滤波结果 1

采样频率 8kHz，16 位量化，录音时长 5s 下的实验数据，见图 7.2.31。成功还原出声音“我们成功了！”

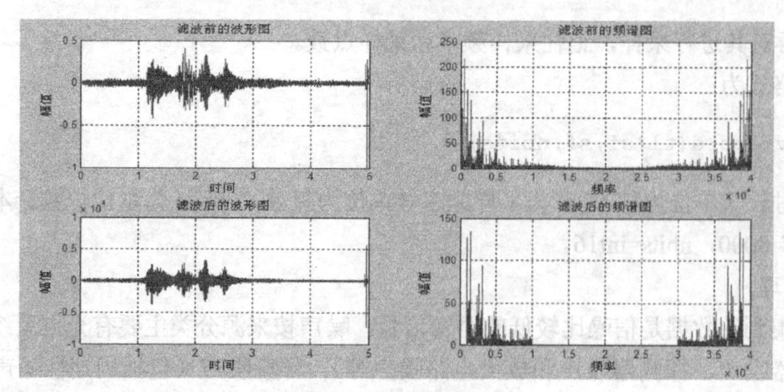

图 7.2.31　滤波结果 2

3）故障分析

用 MATLAB 的绘图功能绘制出原始信号的波形图，可快速直观地发现系统的故障原因，下面具体说明。

① 原始信号消顶与消底

如图 7.2.32 所示，采集到的原始信号波形出现部分消顶与消底，表示在一段时间内所有采样点的数据相等，说明此时光斑在硅光电池内部振动，没有引起电流变化。

解决方法：调整光斑位置，减小光斑与硅光电池的重叠面积。

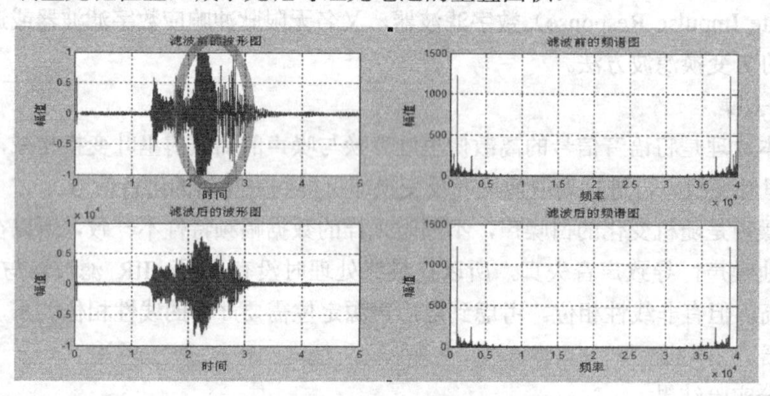

图 7.2.32　原始信号消顶与消底

② 原始信号出现脉冲

如图 7.2.33 所示，原始信号在某一时刻出现一个尖锐的脉冲，表示此刻电流量发生突变，原因是突然出现遮挡物，使光路中断。

解决方法：移开遮挡物。

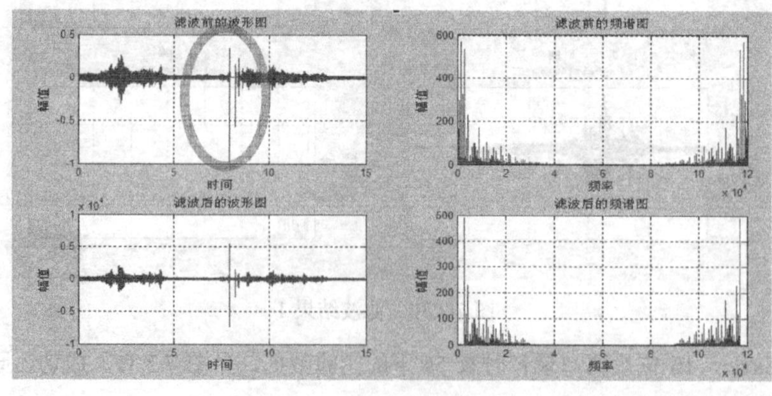

图 7.2.33　原始信号出现脉冲

③ 滤波信号没有出现明显的声音特征

如图 7.2.34 所示，信号始终在某个小范围内振动，没有出现声音信号特有的谐振峰，表示信号没有收到声音的调制，原因可能是光斑没有在硅光电池边缘振动，或者器件损坏。

解决原因：检查光斑位置，如没有问题，需检修电路。

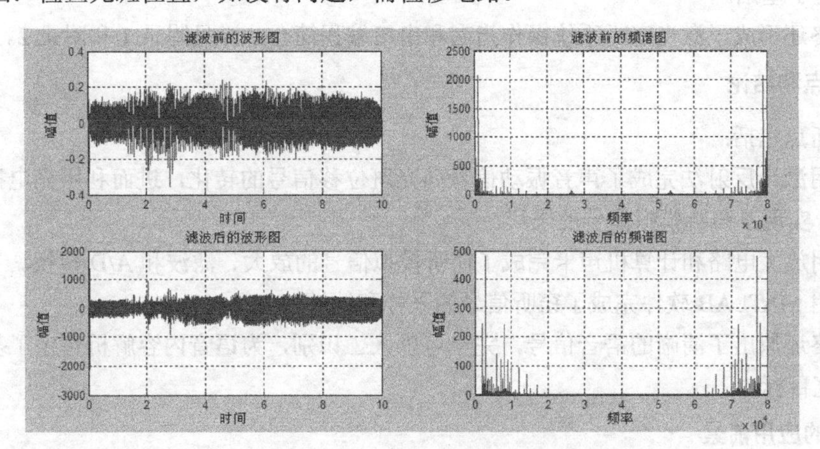

图 7.2.34　滤波信号没有出现明显的声音特征

④ 滤波后的信号出现消顶与消底

如图 7.2.35 所示，采集到的原始信号波形正常，而滤波后的信号出现部分消顶与消底，表示程序段设置的语音增强放大倍数过大，超过了数据容量。

解决方法：修改程序段放大倍数。

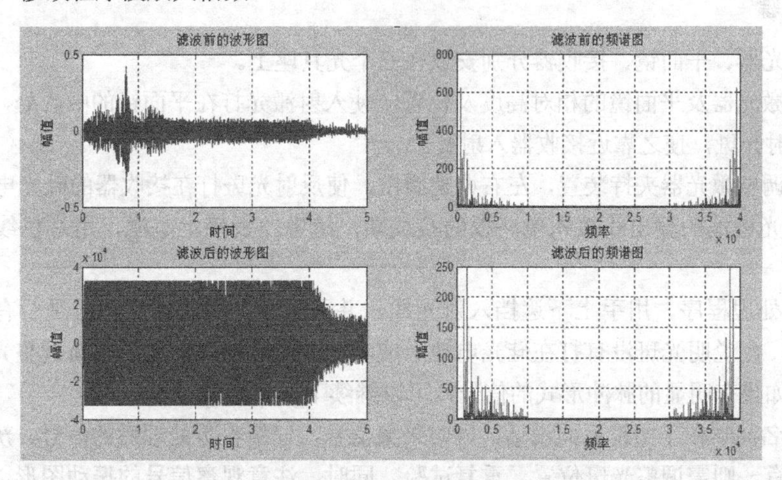

图 7.2.35　滤波后的信号出现消顶与消底

（4）小结

实验中，我们取得了较好的成果，可以较为清晰地解调出声音信号，但是滤波效果依然不理想，算法方面仍需改进。

5. 研究的主要成果

项目主要完成了以下三方面的工作：

（1）搭建了基于激光反射法的光路，包括激光器、反射镜（模拟玻璃）、滤光片（滤除杂散光）和硅光电池（探测器）。通过不断的尝试和实验，解决了外界干扰强、信噪比低的问题，最终得到较为完整、清晰的原始信号。

（2）设计完成了信号放大、滤波电路，具体工作包括光电传感器的选择、两级放大电路的设计和实现、带通滤波电路的设计和实现等，实现了语音信号的放大和去噪。

（3）基于 MATLAB 软件完成了语音信号的采样和滤波，最终还原出清晰的语音信号，为语音内容解析奠定了基础。

项目最终还形成了激光窃听系统操作指南和串口编程简介，详见附录 1 和附录 2。

6. 创新点和结论

项目创新点包括：

（1）利用激光反射法完成了声音振动信号向光斑位移信号的转化，进而利用光电探测器转化为交流电信号，实现了窃听模拟信号的采集。

（2）利用放大电路和计算机声卡完成了窃听模拟信号的放大、滤波和 A/D 转换。

（3）利用 MATLAB 软件完成了窃听信号的采样和滤波。

项目最终还原出了清晰的语音信号，完全可以人工识别，为语音内容解析奠定了基础，完成了课程内的研究目标。

7. 成果的应用前景

上述成果可以应用于各种需要隐秘窃听的场合，解决现有电子窃听手段的各种技术问题，如需要预先放置窃听装置、易被发现及清除、易暴露等，为消除恐怖势力贡献力量。

附录 1　激光窃听系统操作指南

1. 操作步骤

（1）将激光器、平面镜、接收器分别安放在三个光具座上。

（2）调整激光器及平面镜的相对高度及位置，使入射激光打在平面镜的中心处，然后，转动平面镜，粗调反射光斑，使之靠近接收器入射孔。

（3）上下调整激光器夹持装置，左右调整旋钮，使反射光斑打在接收器的硅光电池上。

（4）将硅光电池的输出线接入电路板的接线端，给电路板接上电源，用耳机线连接电路板及电脑。

（5）打开处理程序，用手上下遮挡入射光线，并采集信号，看输出信号是否有明显的脉冲形成。如果没有，则说明光斑没有打在硅光电池上或者硅光电池损坏，需要重新调整光斑位置或者更换硅光电池。如果有明显的脉冲形式的信号，可以继续下一步操作。

（6）让一名同学在平面镜后面说话，同时采集信号，仔细收听处理后的信号，辨别是否有语音信号。如果没有，则需调整光斑位置，重复试验。同时，注意观察信号的振动图形，利于分析实验中可能出现的问题。

2. 注意事项

（1）激光器点亮以后，最好让其一直亮着，尽量不要经常开关电源，不要让激光打到人眼，注意安全。

（2）实验中所用滤光片，平面镜严禁用手触碰其工作表面。

（3）给电路板接通电源时，要仔细分清正负电源，切勿接反。

（4）由于本系统对光斑位置要求比较苛刻，一下子难以得到理想窃听效果，需要多次调整光斑位置，注意每次调整的方向以及调整后输出的信号与前一次的对比，多次对比，利于分析出正确的调整方向。

附录 2 串口编程简介

放大电路输出的信号如何进入电脑？我们考虑的是使用 A/D 采集卡。实验室恰好有北京科瑞兴业科技有限公司 K-7512 隔离型模拟量采集模块，其端子如图 7.2.36 所示，各部分具体接线如图 7.2.37～图 7.2.39 所示。它的性能指标如下：

（1）输入信号： 8 路差分输入

（2）输入范围： 0～5V、0～10V、±5V、±10V

（3）A/D 分辨率：12 位（K7512L）/16 位（K7512H）

（4）转换速率： 100 次/秒

（5）响应时间：上位机 8 通道巡检周期≥100 毫秒

（6）数据格式：十六进制

（7）转换精度：12 位，0.1%FSR；16 位，0.02%

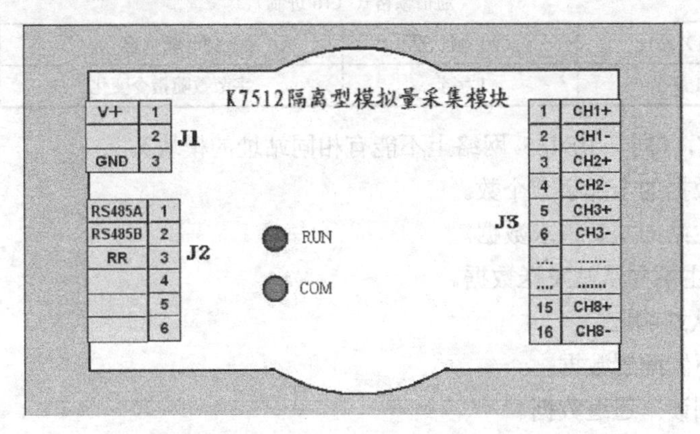

图 7.2.36 模块端子图

从上述性能指标可以看出，该采集模块的采集速度远远达不到系统的要求。但是，本着先把这个模块调通，期间再购买其他性能满足我们系统要求的 A/D 采集卡，以便新卡到来，能更容易上手的原则，还是做了这个模块的串口编程的工作。

1. 熟读该模块的硬件说明书及软件说明书，获取有用信息。

硬件部分：

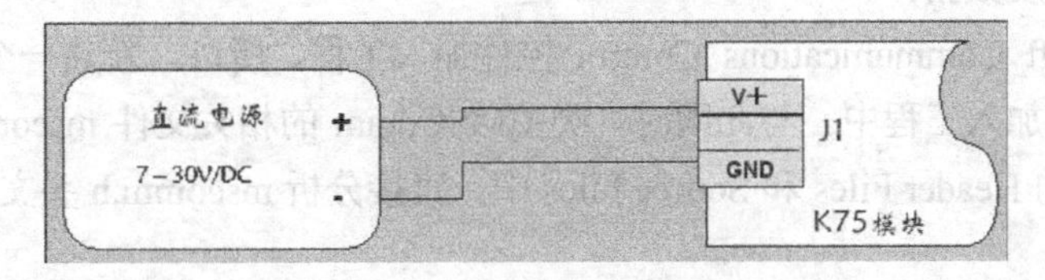

图 7.2.37 供电接线示意图

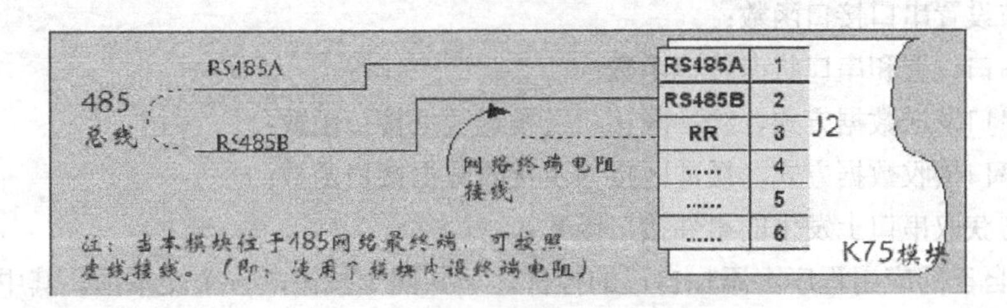

图 7.2.38 通讯接线示意图

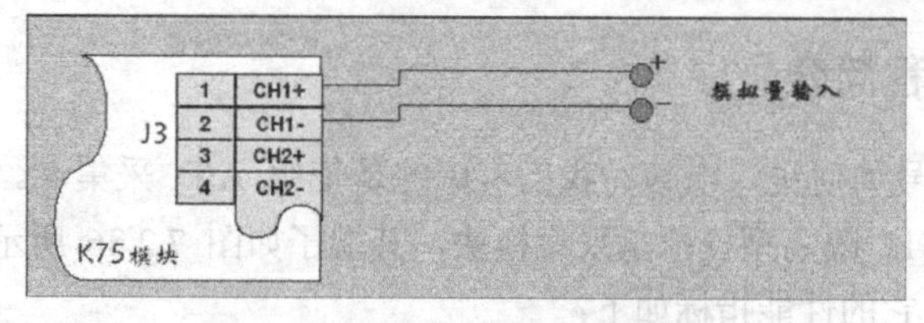

图 7.2.39　模拟量输入接线示意图

软件部分：

用户应用程序中涉及与模块交换数据时，会用到下述的模块通信协议内容。应用程序与模块间以通信帧的方式通信，每个通信帧由下列内容及固定的顺序组成：站址、帧长度、功能码、类型码、数据、校验和。

表 7.2.7　通信帧格式

通信帧格式（16 进制）				
帧内容	（1）站址	（2）帧长度	（3）帧内容	（4）校验和
长度	1 字节	1 字节	字节数随指令变化	1 字节

站址：1～0X1F，（同一 RS485 网络上不能有相同站址的模块）。

帧长度：本帧数据的全部字节个数。

功能码：55，主站向从站请求数据。

AA，主站向从站发送数据。

FF，从站响应。

类型码：01，下置配置数据。

02，回读单通道数据。

03，回读所有通道数据。

04，回读所有通道继电器输出状态数据（只适用于 K7513）。

校验和：求出本帧中的站址+帧长度+功能码+类型码+数据的累加和，然后取低 8 位。

2. 基于 Visual C++的串口编程

Visual C++为我们提供了一种好用的 ActiveX 控件 Microsoft Communications Control（即 MSComm）来支持应用程序串口的访问，在应用程序中插入 MSComm 控件后就可以较为方便地实现通过计算机串口收发数据。

（1）将 Microsoft Communications Control 控件加入工程，所以，新建一个基于对话框的 MFC 应用程序，将该控件加入工程中。与此同时，类 CMSComm 的相关文件 mscomm.h 和 mscomm.cpp 也一并加入 Project 的 Header Files 和 Source Files 中。直接分析 mscomm.h 头文件就可以完备地获取这个控件的使用方法

分析上述源代码可知，基本上，MSComm 的诸多接口可以分为如下几类：

1）打开与设置串口接口函数；

2）获得串口设置和串口状态接口函数；

3）设置串口发送数据方式、缓冲区接口及发送数据接口函数；

4）设置串口接收数据方式、缓冲区接口及接收数据接口函数；

5）设置与获取串口上发生的事件接口函数。

（2）构建自己的应用程序。添加自己的控件，一共四个按钮，一个文本框。其中，四个按钮要实现的功能分别是连接串口，断开串口，开始采集，复位。文本框用来实时显示当前状态及调试时显示相关信息，方便调试。最终，完成的交互界面如图 7.2.40 所示。

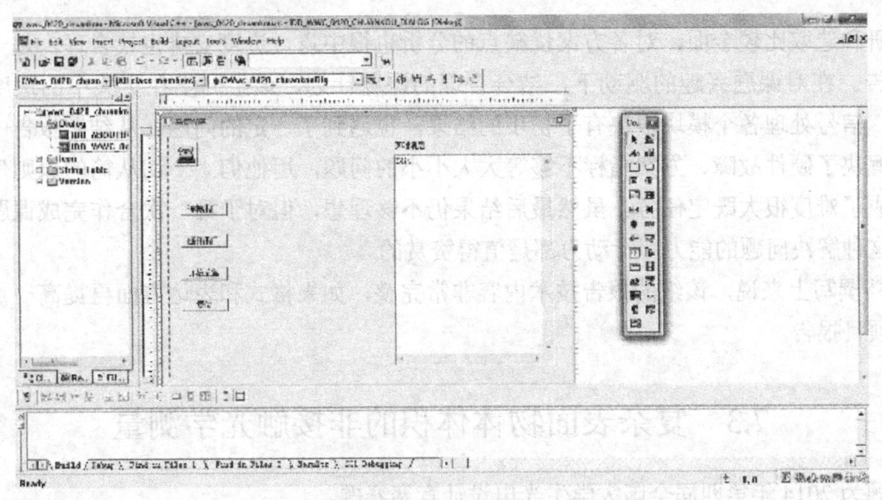

图 7.2.40　软件界面设计

（3）串口调试。用虚拟串口软件在电脑里虚拟出两个串口，一个用于本程序，另一个用于串口调试助手。让它们互发数据以验证程序的正确性。

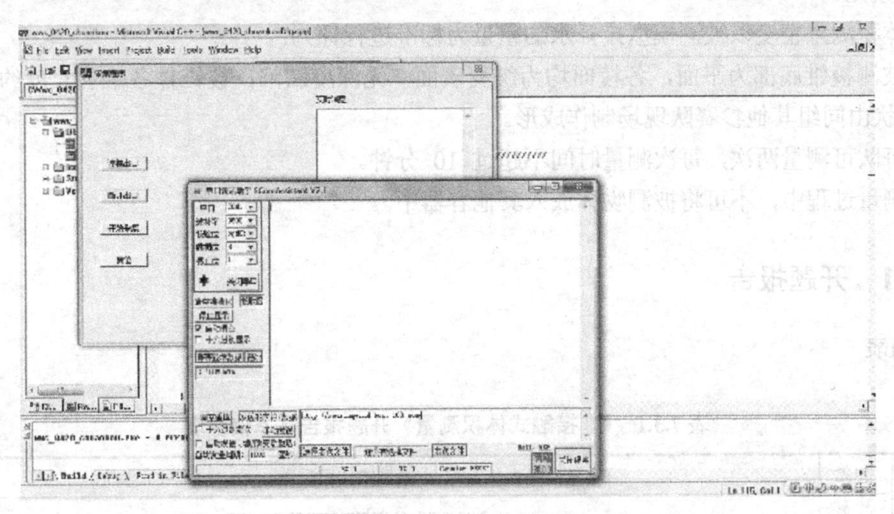

图 7.2.41　串口调试界面

7.2.4　教师点评

激光反射法音频声源定位与语音内容解析是第三届全国光电设计大赛的赛题之一。该题目的首要任务是进行振动的测量，该任务除了在军事领域有较大的需求之外，在工业、航空航天等诸多领域也受到极大的关注。与其他领域常见的小振幅、高频率振动测量不一样的是，侦听的难点在于工作距离长、环境复杂所带来的信噪比极低问题。另外，在成功测得和分离语音所对应的振动信号后，还需要对其进行分析，判断其内容。再次，声源定位也需要基于声音在空气及其他介质中传播的规律。因此，本题是一道包含光、机、电、信号处理等技术的，综合性很强也很有趣味性的测量题目。

该组同学对该赛题投入了大量的精力，实验过程中几经实验方案的更换和修改，并利用课外时间做了大量调试实验。可见一道对同学来说有意思、又在同学能力范围之内的题目能极大激发大家的潜能，并提高团队的合作能力。

从技术上来说，开题报告部分体现出该组同学对课题目标理解准确，研究内容划分合理，研究方案的调研和选取比较全面，对各方案优缺点的分析也很中肯，进度安排也较合理，是一份比较好的开题报告。在对课题兴趣的驱动下，结合合理的课题计划，该组同学在实验中的进度很快，光路、电路、信号处理各个模块很快有了初步的结果，也遇到了一定的问题。从结题报告中能看出，组员协力解决了硬件故障、方案指标不够等大大小小的问题，用他们“一切从简的原则”在有限的课时内完成了难度很大既定任务。虽然最后结果仍不够理想，但对于第一次合作完成课题的新人团队来说，这种解决问题的能力和行动力都是值得赞赏的。

从文档撰写上来说，该组的报告技术内容非常完整，如果格式和表达方面再提高一点则是一份相当好的项目报告。

7.3 复杂表面物体体积的非接触光学测量

本课题为2014年第四届全国大学生光电设计竞赛赛题。

设计任务：本赛题要求参赛队利用光电法构建测量装置，非接触测量一个橡皮泥制作的棱锥的体积。测量速度快、精度高者获胜。

竞赛规则：

1）体积测量精度以被测模型排开水的重量为标准进行评判。

2）被测棱锥底部为平面，各棱面均为缓变表面，无深度凹陷；棱锥体各维的尺度约 5cm，被测棱锥形状由同组其他参赛队现场制作成形。

3）每队可测量两次，每次测量时间不超过 10 分钟。

4）测量过程中，不可将被测物体放入其他容器中。

7.3.1 开题报告

1. 简表

表 7.3.1 《非接触式体积测量》开题报告基本信息表

<table>
<tr><td rowspan="8">研究项目</td><td rowspan="2">名称</td><td>中文</td><td colspan="3">非接触式体积测量</td></tr>
<tr><td>英文</td><td colspan="3">Non-contact volume measurement</td></tr>
<tr><td colspan="2" rowspan="6">项目组成员</td><td>姓名</td><td>项目中的分工</td><td>签字</td></tr>
<tr><td>邱*</td><td>硬件搭建</td><td></td></tr>
<tr><td>翟*</td><td>硬件搭建</td><td></td></tr>
<tr><td>姚*</td><td>单片机控制</td><td></td></tr>
<tr><td>项*</td><td>数据处理</td><td></td></tr>
<tr><td>周*</td><td>数据处理</td><td></td></tr>
<tr><td rowspan="2">研究内容和意义</td><td colspan="2">摘要</td><td colspan="3">随着计算机科学技术的不断发展，测量手段越来越多样化，三维测量技术迎来了快速发展阶段。相对于传统的二维测量，三维测量能获取更多的物体信息，具有更好的视觉效果，越来越得到人们的关注和应用。三维测量又可分为接触式测量和非接触式测量，相对于接触式测量，非接触式测量能更好地对物体面形进行保护，具有更广阔的发展前景。
在国内外科学研究及生活生产实践中，激光测距技术在宏观领域有着极其广泛的应用，但是在微观测量领域的应用并没有被完全开发利用。随着科学技术的发展，激光测距技术水平越来越高，测量速度越来越快，测量结果的精度越来越高，势必会在微观测量领域得到越来越广泛的应用。本项目提出一种用激光测距与机械扫描相结合的方式对被测物体表面进行非接触式光学测量的新方法，研究的主要内容分为三个部分，第一部分是设计机械系统，运用合理高效的机械结构，实现机械转台与激光测距仪的精准移位，将各个部分有机地结合起来；第二部分，自行设计单片机电子电路，实现单片机分时控制激光测距仪测量、机械转台转动与丝杆导轨滑动；第三部分，利用 MATLAB 软件自行设计程序，以获得的物体表面三维深度信息坐标为依据建立物体的三维模型，计算物体体积。</td></tr>
<tr><td colspan="2">主题词</td><td colspan="3">激光测距；单片机控制技术；MATLAB 图像数据处理</td></tr>
</table>

2. 选题依据

随着科学技术的发展，人们已经不仅仅满足于对三维物体的二维信息的获取。传统的测量技术，大多以二维测量为主，将一个三维立体的物体通过二维图像的方式记录下来，这导致物体的大量三维信息的丢失，而使用三维测量技术获得的三维物体模型，明显保留了更多的物体信息，也更为直观。经测量重建得到的三维模型，可以广泛应用于多种领域，如测绘工程、工业测量、虚拟现实、三维展示等，与人们生产生活的联系十分密切，受到了人们越来越多的关注。虽然较二维测量而言，三维测量需要更多的数据，处理的算法也更为复杂，但随着计算机软硬件水平的不断高速发展，现已可以实现较大数据存储，算法处理速度也越来越快，三维测量技术迎来了快速发展阶段。

传统的接触式测量方式主要利用连接在机械臂、光栅尺等测量装置上的探头直接接触被测物体表面，通过测量机械臂、光栅尺等测量装置的位置，经空间几何结构变换得到探头的坐标，从而得到物体表面各点的三维坐标信息。这种测量方式的精度非常高，但是，它测量的局限性也非常大。首先，由于测量时探头与被测物体直接接触，不可避免地会产生测量力，势必会对探头和被测物体产生磨损，所以不能测量较软质材料，也不适用于高价值对象，如古文物、遗迹等。另外，测量时需要对探头半径进行补偿，计算较为麻烦，并且测量时间较为长久，所以非接触式测量方法应运而生，并且得到了快速发展。

随着科学技术和工业生产的发展，对表面轮廓、几何尺寸、粗糙度、各种模具及自由曲面的测量工作越来越多，精度要求越来越高。传统的探针式的接触测量方法存在测量力、测量时间长、需进行测头半径的补偿、不能测量较软质材料等局限性。光学非接触测量技术比较成功地解决了上述问题，以其高响应、高分辨率而倍受重视，该方法具有受环境电磁场影响小、工作距离大、测量精度高及可测量非金属面等特点。

非接触式测量技术又可分为光学法和非光学法。光学法包括结构光法、三角法、时差法、干涉法、立体视觉法等。

结构光法主要是利用投影仪将光栅投影在物体表面，由于物体表面有一定的形状，所以经过调制后，光栅投影的形状会发生改变，然后用 CCD 摄像机拍摄其变形后的光栅形状，利用标定的摄像机系统的参数对其进行处理，即可得到物体的三维信息。按照分类方式的不同，常见的结构光测量系统可分为单 CCD 相机系统、双 CCD 相机系统。结构光法测量速度快、精度适中，但是由于其原理和测量条件的限制，该方法不适于测量表面结构复杂的物体。

三角法主要是将一束激光光线照射在待测物体表面上，由于物体位置的不同，激光光线的反射点位置会发生变化，在检测器上所成的像的位置也会发生相应变化，通过标定获得物体所成的像与其实际位置的相应关系，即可通过检测到的像的位置来确定其所在的实际位置。三角法原理简单，标定方便，使用灵活，适合复杂表面物体的测量，但是，由于激光发射光路与检测器接收光路不在同一直线上，所以可能会产生遮挡问题。

时差法主要利用激光单色性好、方向性好、亮度高的特点，从发射器发射激光信号，照射到被测物体表面后激光发生反射，沿着与出射光路基本相同的路线打在接收器上，通过测量激光信号从发射到接收的时间差或者相位差，就可以计算出激光发射位置到被测物体的距离。时差法根据其检测参数的不同可以分为两大类：一类通过直接计数来测量激光脉冲的往返时间，该方法称为脉冲法，该系统结构简单、计数方便，但是测量精度比较低；另一类通过测量激光相位的变化来计算距离，该方法称为相位法，原理相对复杂但是精度较高。利用时差法进行测量，在测量过程中不会产生遮挡问题，但是，由于激光在不同介质中的波长和传播速率不同，所以该方法受到环境因素的影响较大。

干涉法主要利用激光的相干性，通过观察干涉条纹的明暗条纹变化情况，可以获得相关距离信息，典型设备有迈克耳孙干涉仪、牛顿环等。干涉法的测量精度非常高，但是由于受到光波波长的限制，只能用于测量微小的位移变化量，比如表面平整度等。

立体视觉法主要利用视差原理，通过测量同一点在两幅图像中的位置差（即视差），结合两幅图像分别的拍摄位置关系，可以计算得到该点实际的空间三维位置信息，此处需要对摄像机进行标定。根据摄像机的个数，立体视觉法又可分为单目视觉法、双目视觉法、多目视觉法。立体视觉法属于被动三维测量方法，不用主动发出测量光线，系统所用结构较为简单，广泛应用于机器人视觉系统。但是，由于没有特征光线，在立体视觉系统中，如何进行特征点的提取以及匹配是一个难点。

从以上对现有的各种物体面形测量方法的分析来看，非接触测量方法能更好地对物体面形进行保护，光学测量方法对被测物体的要求较少，普适性强，且不受外界电磁干扰。经对比研究，三角法原理简单，容易实现自动化处理，并且能够提供密集的距离信息，从而恢复得到密集的物体表面三维点云，拟合其表面网格模型。在国内外科学研究及生活生产实践中，激光测距技术在宏观领域有着极其广泛的应用，但是在微观测量领域的应用并没有被完全开发利用。随着科学技术的发展，激光测距技术水平越来越高，测量速度越来越快，测量结果的精度越来越高，势必会在微观测量领域得到越来越广泛的应用。在一些特定的条件和要求下，利用激光测距技术来获得物体的深度信息，较之其他方法有着独特的优势。因此，本文以激光三角测距技术为基础，重点研究对物体表面进行非接触式光学测量过程中存在的软硬件问题。

[1] 黄获. 反求工程的一大利器——三维扫描仪[J]. 机械工程师, 2010, 10:5-11.

[2] 徐常胜. 三维面像数据采集和重建系统[J]. 中国图象图形学报, 1998, 3(2):146-150.

[3] 杜颖. 三维曲面的光学非接触测量技术[J]. 光学精密工程, 1999, 7(3).

[4] 高璃舍. 三维面形精密测量技术[J]. 红外与激光工程, 2011, 40(11).

[5] 田爱玲. 三维面形的绝对测量[J]. 西安工业大学学报, 2012, 32(6).

[6] 周富强. 基于三维测量扫描线点云的表面重建[J]. 仪器仪表学报, 2006, 27(6) :619-623.

[7] 王宝超. 便携式关节型三坐标测量仪的研制[D]. 机械科学研究总院,2007.

[8] 孙延博. 三坐标位移台装配测试方法研究[D]. 哈尔滨工业大学,2013.

[9] 熊汉伟. 手持式线激光源 3D 扫描系统[J]. 应用激光, 2001, 21(6).

[10] 蔡银桥. 基于线状阵列扫描的激光雷达快速三维成像[J]. 同济大学学报, 2011, 39(7).

[11] 陆祖康. 激光雷达三维成像系统的研究[J]. 浙江大学学报, 1999, 33(4).

[12] 章秀华. 多目立体视觉三维重建系统的设计[J]. 武汉工程大学学报, 2013, 35(3).

[13] 吴禄慎. 基于相位法的三维面形测量及曲面重建技术[J]. 工程图学学报, 2004, 4.

[14] 牟元英. 基于结构光和单 CCD 相机的物体表面三维测量[J]. 测绘科学, 2001, 26(2)3.

[15] 王少敏. 基于格雷编码光栅的双目立体扫描仪关键技术研究[D]. 首都师范大学, 2008.

[16] 龙玺，钟约先，李仁举，由志福. 结构光三维扫描测量的三维拼接技术[J]. 清华大学学报(自然科学版), 2002,04:477-480.

[17] 魏振忠，张广军，徐园. 一种线结构光视觉传感器标定方法[J]. 机械工程学报，2005，02:210-214.

[18] 岳亮，李自田，李长乐，段小锋. 空间目标的单目视觉测量技术研究[J]. 微计算机信息，2007, 06: 273-275.

[19] 王晓华. 基于双目视觉的三维重建技术研究[D]. 山东科技大学,2004.

[20] 章秀华，白浩玉，李毅. 多目立体视觉三维重建系统的设计[J]. 武汉工程大学学报，2013，03: 70-74.

[21] 严惠民. 无扫描三维激光雷达的研究[J]. 中国激光, 2000, 27(9).

[22] 汤强晋. 激光三角法在物体三维轮廓测量中的应用[D]. 东南大学,2006.

[23] 胡庆英, 尤政, 罗维国. 激光三角法及其在几何量测量中的应用[J]. 宇航计测技术, 1996, 02: 10-14.

[24] 黄震, 刘彬. 并行计数法脉冲激光测距的研究[J]. 激光与红外, 2006, 06: 431-432.

[25] 汪涛. 相位激光测距技术的研究[J]. 激光与红外, 2007, 01: 29-31.

3. 研究内容

本课题的设计任务是利用光电法构建测量装置，非接触测量一个橡皮泥制作的棱锥的体积。本项目提出一种用激光测距与机械扫描相结合的方式对被测物体表面进行非接触式光学测量的新方法。我们的研究内容是基于激光测距的三维重建测量体积。其中激光测距是一种手段，通过激光测距，再进行坐标的变换，来间接获得物体的外形结构。通过 MATLAB 导入数据，然后进行坐标的输入，从而获得三维结构图。最后通过 C++或其他手段来对三维图进行体积的测量。

在整个项目过程中，需要自行设计系统硬件结构。涉及的工作包括硬件平台的搭建、系统控制电路和程序的设计、三维数据处理等多方面的内容。机械结构的设计需要我们学习机械的知识来不断完善。单片机也是我们研究的一个重要内容，它对于我们实验的成功起着关键性的作用，因此也是需要同学们深入了解的一部分。最后就是数据处理部分，需要软件的支撑，更是需要我们好好学习的部分。

4. 研究方案

（1）研究方法和技术路线

本项目提出的用激光测距与机械扫描相结合的非接触式光学测量方法，是一种基于时差测距的方法，总体原理如图 7.3.1 所示。将被测物体固定在能上下平移并可回转扫描的圆台上，使得回转轴线与上下平移轨道所在直线相平行，固定激光测距模块，使得其测量光线垂直打在回转轴线上。通过单片机控制物体的旋转和上下平移，使用测距仪对物体表面上各点进行测量。由此，可以通过数据处理得到小物体的三维造型以及体积。

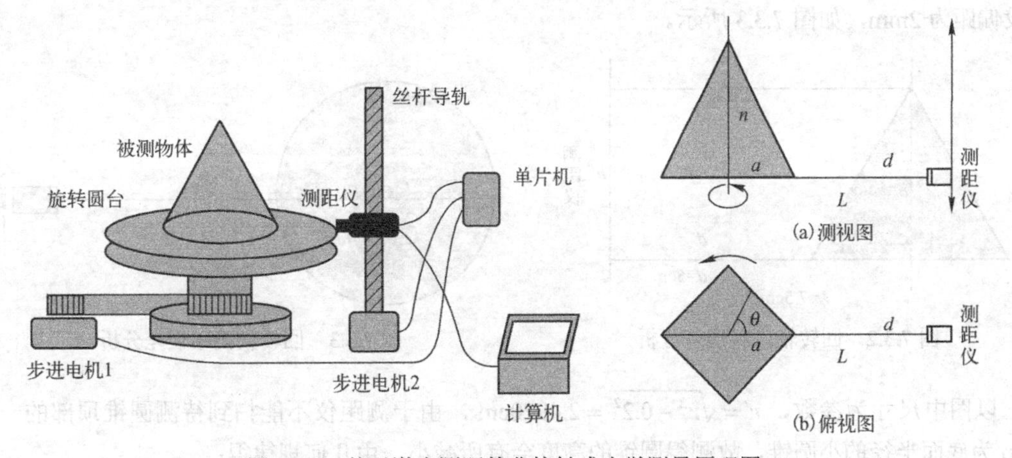

图 7.3.1　基于激光测距的非接触式光学测量原理图

为了得到其表面造型，首先需要将该距离深度信息进行转换，以得到其表面点的三维坐标信息。在实际测量时，相关距离深度信息是由激光测距传感器获得的，原理图如图 7.3.1 所示。

（2）研究方法和实验方案

项目采用基于时差测距的方法，通过单片机控制，使用测距仪测量，数据处理得到小物体的三维造型以及体积。

我们通过硬件平台的搭建，单片机的控制，有规律地获得物体上各点的距离信息，并将信息输入到计算机中，然后再通过换算得到各点的三维坐标，通过 MATLAB 和其他软件的使用，建立三维模型，最终计算出物体的体积。

（3）可行性分析

我们所选择的这个实验，有精确的测距仪的支持（误差在毫米级），还有成熟的单片机精准控制硬件的运动，更有 MATLAB 强大的点云三维重建功能，相信在我们的反复测量，调试之后，会有一个满意的“输出结果”。这些技术都是相当的成熟而且成功的，所以我们有强大的理论支撑和足够多的资料以供我们解决实际过程中遇到的问题。当然不可否认，我们肯定会遇到各种各样意料之中和意料之外的问题，相信我们通过老师的帮助，学长的指导，自己的努力，最终获得比较成功的结果。

（4）误差分析

本项目选择的测量方案原理虽然简单，但是容易受到安装误差等影响而引入测量误差。若被测物体为底面半径为 2.5cm，高为 5cm 的圆锥，测距仪到圆台回转中心的距离为 7.5cm，不妨设圆台平面水平，则装配误差可能有以下三种情况：

1）测距仪上下平移的轨道与圆台回转轴在同一竖直平面内，但有一夹角，假设夹角为 2º，如图 7.3.2 所示。假设以图中尺寸为参数，可以计算出：

$$h' = (h + r\tan 2^\circ)\cos 2^\circ = 5.0842\text{cm}，\ d' = d\cos 2^\circ = 4.9970\text{cm}$$

$$r' = L - d' = 2.5030\text{cm}$$

$$V' = \frac{1}{3}\pi r'^2 h' = 33.3559\ \text{cm}^3\ \ V = \frac{1}{3}\pi r^2 h = \frac{125}{12}\pi = 32.7249\ \text{cm}^3$$

$$\left|\frac{V'-V}{V}\right| \times 100\% = 1.9\%$$

可以认为误差足够小，测量结果可以接受。

2）测距仪上下平移的轨道与圆台回转轴平行，但激光测距仪测距平面与回转轴有一偏距，假设偏距为 2mm，如图 7.3.3 所示。

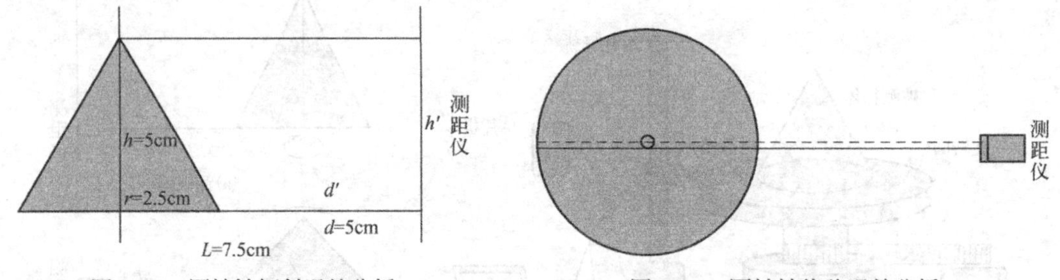

图 7.3.2　回转轴倾斜误差分析　　　　图 7.3.3　回转轴偏移误差分析

以图中尺寸为参数，$r' = \sqrt{r^2 - 0.2^2} = 2.4920\text{cm}$，由于测距仪不能扫到待测圆锥顶部的一个以 2mm 为底面半径的小圆锥，故测得圆锥的高度会有所减小，由几何规律得：

$$h_{未测得} = 2 \times \frac{h}{r} = 4\text{mm}，\ h' = h - h_{未测得} = 4.6\text{cm}$$

$$V'' = \frac{1}{3}\pi r'^2 h' = 29.9146\text{cm}^3\ \left|\frac{V''-V}{V}\right| \times 100\% = 8.59\%$$

可以看出误差也不是很大，另外可以对系统进行标定提高精度，可以测量一个已知体积的物体，得出实际体积与测得的比值。

3）测距仪上下平移的轨道与竖直面有一倾角，轨道下端与圆台回转轴在同一平面内，不妨设倾角为 2°，如图 7.3.4 所示。假设以图中尺寸为参数，可以计算出：

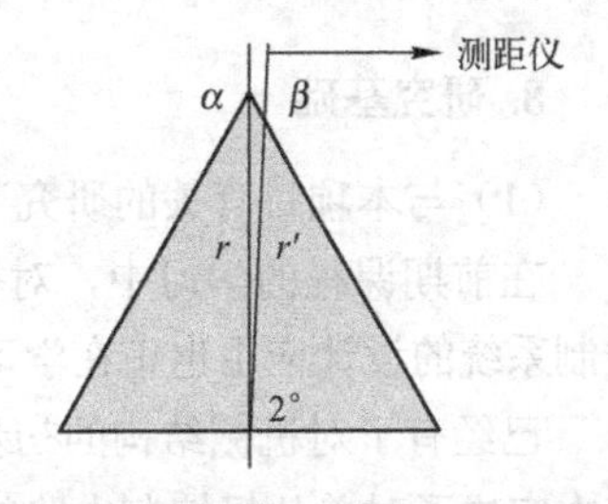

图 7.3.4　平移轨道倾斜误差分析图

由于测距仪轨道下端与圆台回转轴在一同平面内，故测得的底面无误差：$r' = r = 2.5\text{cm}$ 。由于测距仪与竖直面有一倾角，故不能扫到待测圆锥顶部的一个小圆锥，测得圆锥的高度会有所减小，由几何规律得：

$$\alpha = \arctan\frac{r}{h} = 26.565^\circ，\ \beta = 180^\circ - 2^\circ - \alpha = 151.435^\circ$$

$$\frac{h}{\sin\beta} = \frac{h'}{\sin\alpha}，\ h' = 4.6764\ \text{cm}$$

$$V'' = \frac{1}{3}\pi r'^2 h' = 30.6070\text{cm}^3，\ \left|\frac{V''-V}{V}\right| \times 100\% = 6.47\%$$

可以看出误差也不是很大，同样可以对系统进行标定提高精度，通过测量一个已知体积的物体，得出实际体积与测得的比值。

5. 研究工作进度安排

根据整个项目的人数、时间和难度，在经过全组队员的同意后，具体研究工作的进度安排如下：

第 1～3 周：全体成员各自查阅相关模块文献，了解理论基础及技术路线，确定选题，撰写开题报告。

第 4 周：基于开题报告，进行更为详细的实验分析设计，误差分析，选择相应的仪器设备。

第 5～6 周：搭建较为简单的机械结构，粗测出一些实验数据，进行相关数据处理，并且同时进行单片机应用的学习。

第 7～8 周：机械硬件的选择与搭配，进行硬件及机械结构的搭建，同时进行单片机电路及组件的搭建以及软件设计，数据分析重建完毕并得到体积。

第 9～10 周：机械结构的优化调试，并且同时进行单片机软件的优化调试，同步进行数据分析，对处理程序进行改进。

第 11～12 周：完成终期报告。

6. 预期研究成果

本项目选题为 2014 年第四届全国大学生光电设计竞赛赛题。根据设计任务要求，使用非接触方法测量一个橡皮泥制作的棱锥的体积。本项目采用基于时差测距的方法，自主搭建机械结构，预期搭建完成光电法非接触测量装置，实现非规则棱锥的快速准确测量。

7. 本课题创新之处

本实验采用了创新的激光测距进行体积测量的方法。利用激光测距仪测出起始点到圆锥上的点的距离，从而得到圆锥上的点到圆台回转中心的距离，人为控制每次圆台旋转的角度，测完一周数据后测距仪上升一定高度，可以获得圆锥表面上各个点的三维坐标，从而进行三维重建、体积测量。圆台的转动和测距仪的上升通过步进电机实现，步进电机的动作以及测距仪的测量通过单片机控制。我们采用的方法测量原理非常简单，测量准确度误差也在可控范围内，并且测量用时也有望减少。综合对比了激光测距法和结构光法的优劣之后，我们决定选用创新的激光测距的研究方法进行课题研究。

8. 研究基础

（1）与本项目有关的研究工作积累和已取得的研究工作成绩。

在前期课程的学习中，对机械设计的相关知识有较好的掌握，会基本运用 MATLAB，单片机控制系统的设计应用也正在学习中。

已经有了对机械结构的初步设想，并且对其可能的机械误差进行了误差分析，确定其可行性，基本完成了对单片机控制电路的设计，对三维重建体积测量的具体步骤有了清晰的思路。

（2）已具备的实验条件，尚缺少的实验条件和解决的途径。

目前项目开展所需要的设备已经具备了无输出接口的激光测距仪以及手动控制的旋转圆台和升降系统，可以完成初步的物体表面点云测量实验和初步的三维重建的工作。

按照方案设计，项目的进一步开展还需要有输出接口的激光测距仪、可以用步进电机驱动的圆台、可控制测距仪升降的带丝杆导轨的步进电机、触发测距仪工作的凸轮系统，以及可以对其进行控制的单片机系统及配套电路。我们决定购买测距仪和电机，自行设计制作圆台和凸轮系统，并搭建单片机配套的电路系统，搭建单片机电路所需的器件可从实验室器件库中获取。

单片机的驱动控制和三维重建体积测量工作是通过程序的编写来完成的，所需电脑和软件已经具备，安装工作已经完成。

（3）研究经费预算计划和落实情况。

带输出接口的测距仪　1050 元　（需购买）
步进电机　35 元左右　（需购买）
带导轨的步进电机　200 元左右　（需购买）
橡皮泥　27 元　（已具备）

7.3.2 结题报告

表 7.3.2 《非接触式体积测量》结题报告基本信息表

<table>
<tr><td rowspan="2">名称</td><td>中文</td><td colspan="3">非接触式体积测量</td></tr>
<tr><td>英文</td><td colspan="3">Non-contact volume measurement</td></tr>
<tr><td colspan="2" rowspan="6">项目组成员</td><td>姓名</td><td>项目中的分工</td><td>签字</td></tr>
<tr><td>邱*</td><td>硬件设计、搭建、电路焊接</td><td></td></tr>
<tr><td>翟*</td><td>硬件设计、搭建、电路焊接</td><td></td></tr>
<tr><td>姚*</td><td>电机电路设计、单片机控制</td><td></td></tr>
<tr><td>项*</td><td>系统标定、三维造型、体积计算</td><td></td></tr>
<tr><td>周*</td><td>三维造型、体积计算、电路焊接</td><td></td></tr>
<tr><td colspan="2">项目背景</td><td colspan="3">项目的选题背景、目的与意义。
工程中，有一些表面形状不规则的小物体，为计算其体积，往往将该物体放入盛满水的容器中，然后测量溢出水的体积以得到小物体的体积。这种方法不便操作，且受限于物体材质和表面材料性质等影响。
传统的探针式的接触测量方法存在测量力、测量时间长、需进行测头半径的补偿、不能测量较软质材料等局限性。光学非接触测量技术比较成功地解决了上述问题，以其高响应、高分辨率而倍受重视，该方法具有受环境电磁场影响小、工作距离大、测量精度高及可测量非金属面等特点。
非接触式测量又可分为干涉法、光学三角形法和时差法。
干涉法包括从光栅相位调制获得深度的莫尔干涉技术和从光相位调制获得深度的全息干涉技术，主要是用来测微小量，如工件表面平整度测量或微纳结构分析等。
三角法是将结构光（点光、线光或光栅）连续投射到物体表面，摄像头同步采集图像，然后对图像进行计算，根据相机，结构光，物体之间的几何关系，来确定物体的三维信息，从而实现对物体表面三维轮廓的测量。基于结构光的三维传感技术具有大量程、非接触、速度快、系统柔性好、精度适中等优点，已经广泛应用于三维模型重建，物体表面轮廓三维测量以及工业环境中的尺寸和形貌参数的检测等领域。</td></tr>
</table>

续表

名称	中文	非接触式体积测量
	英文	Non-contact volume measurement
项目背景		时差法是由激光器对被测目标发射一个光信号，然后接受目标反射回来的光信号，通过测量光信号往返经过的时间，计算出目标的距离。利用激光测距值，通过几何坐标旋转原理以及平移原理可以计算出该激光采样点的三维位置信息，从而实现对物体表面三维轮廓的测量。它是一种十分准确、快速且操作简单的仪器。 由于我们旨在测量一个小物体的体积，若采用三角法，对摄像头的要求会非常高，而且图像处理过程较为复杂，本文提出一种用激光测距方式扫描小物体的密集三维点云，然后利用 MATLAB 软件对扫描的密集三维点云进行分析处理，拟合其表面网格模型，以此计算小物体体积的新方法。 研究的主要内容分为三个部分，第一部分是设计机械系统。运用合理高效的机械结构，实现机械转台与激光测距仪的精准移位，将各个部分有机地结合起来。第二部分是电路控制系统设计。自行设计单片机电子电路，实现单片机分时控制激光测距仪测量、机械转台转动与丝杆导轨滑动。第三部分是三维信息分析。利用 MATLAB 软件自行设计程序，以获得的物体表面三维深度信息坐标为依据建立物体的三维模型，计算物体体积。
项目创新点		**项目的创新点与特色，包括使用了什么样的创新方法、技术。** 1. 本系统采用激光测距与机械扫描相结合的方式对被测物体表面点三维坐标进行测量，测量原理简单直观，后期数据处理量小，激光测距精度达到 1.5 mm，机械定位精度高于 1 mm，满足测量精度要求。 2. 本系统采用被测物回转扫描与激光竖直扫描相结合的方式，即使被测圆锥或棱锥表面出现凹陷也不会出现结构光等方法常见的遮挡问题；激光测距利用的是物体表面的散射光，精度稳定，被测物表面倾斜引起的被测光斑变形对测量精度影响较小。 3. 手工制作各结构，系统成本较低；单片机控制圆台、丝杆导轨、测距仪按压测量，良好地实现了三者的配合运动；MATLAB 平台进行数据处理获得三维模型和体积。
项目研究情况		**简要阐述研究项目研究的整体情况，包括进展程度，是否完成预期目标，项目成员的分工、协作情况等。** 项目的研究虽然经历了很多的坎坷，但是经过组内成员的团结努力，最终完成了所有部分的工作。 现在所取得的成果较为丰硕，项目研究分为三个主要部分： 1. 在总体方案设计与机械结构设计制作方面，我们经过数次讨论得到了合理的设计方案，对总体和各零部件都完成了设计，部分从市场采购，部分通过制作完成。经过悉心的设计制作，在一个硬塑平台上搭建包括圆台转动、激光测距仪测距以及测距仪升降结合的系统。实现圆台保持平行且按照一定角度规律和时间规律带动圆台上的被测锥体转动，舵机的凸轮机构能够按一定的时间规律有效的循环按压在激光测距仪的触发按键上，丝杆导轨可以精确带动激光测距仪按一定的时间规律一定的距离上升，并且为尽量提升测量精度而调整各部件之间的精确配合，如激光测距仪的光线能够保持水平且垂直打在圆台回转轴线等基本要求，使各个机械部分与电子电路部分集成在一块大的平台上，形成一个完整的系统。 2. 在电子电路设计制作部分，主要是要解决如何驱动电机使各个部分有效配合运转。经过研究，我们决定采用单片机驱动步进电机的方法来实现机械结构的驱动。通过讨论，单片机的 P1 口连接两驱动器分别控制步进电机 1 和舵机，通过编程控制圆台的旋转与暂停与舵机上凸轮的旋转，使在圆台暂停时，凸轮按压测距仪测量按键，进行测量，由此来实现对物体一个圆周上点的采集；单片机的 P2 口通过驱动连接到带丝杆导轨的步进电机，通过编程使圆台每转一周丝杆导轨上升一定距离，从而实现对物体上各个不同高度的圆周上点的采集，由此就实现了单片机控制下对物体表面上各个点的采集。 3. 数据处理的目标是根据测得的数据获得物体的三维模型和体积。经讨论研究，决定在 MATLAB 平台上对其进行处理：首先将测距仪测得的数据导入 excel 中，然后导入 MATLAB，根据上文所述测量原理，将得到的一维距离信息换算为三维坐标信息，并且通过设定阈值的方法去除杂点，通过插值法、积分法获得物体体积。现在已经获得能够完成既定目标的程序，获得了较为理想的结果。 总体来说，我们顺利完成了预期的目标。 项目组的分工十分明确，这样才能够发挥每一位成员的最大作用。 邱*、翟*主要负责硬件设计、搭建、电路焊接的工作，姚*主要负责电机电路控制和单片机控制部分，项*主要负责系统标定、三维建模、体积计算，周*主要负责三维建模、体积计算、电路焊接的工作。 大家相互协作，在完成自身工作的基础上帮助其他组员完成较为困难的工作，例如项*同学帮助姚*同学进行单片机控制程序的调试工作，周*同学帮助邱*同学进行零部件的粘接工作，翟*同学帮助姚*同学进行舵机的驱动调试工作等。充分体现了大家的团结与无私，真诚地为课题做出自己的贡献。每个人为课题的完成注入一分汗水，每个人都能够享受到课题的成功所带来的喜悦，分享课题项目带来的荣誉。
收获与体会		**通过参与项目研究，有哪些收获和体会，可分别就整个团队和个人进行表述。** 项*： 这是第一次接触这样的研究类课程，这一学期系统地学习了项目从开题到结题整个过程的研究方法，学会了各类报告的书写，更加熟悉了 MATLAB 软件编程操作。实验过程中大家都积极的讨论，发表自己的看法，有碰撞出火花，思想在交流中变得更加发散、更有创造力。 当然，收获更多的是一种学习技能、实验技能。我们没有老师一步步地指导、带领，要自己查找文献、确定方案、购买仪器设备、系统搭建、数据处理，不得不说，刚开始的时候是有些迷惘有些不知所措的，但当真正一步一步往下走，最后得到了好的结果的时候，成就感也是满满的。这充分锻炼了我们的动手能力，增强了工程能力、分析解决问题的能力。

续表

<table>
<tr><td rowspan="2">名称</td><td>中文</td><td>非接触式体积测量</td></tr>
<tr><td>英文</td><td>Non-contact volume measurement</td></tr>
<tr><td colspan="2">收获与体会</td><td>这也是相互学习的好机会。就我而言，首先，接触了许多以前未曾使用过的器件，比如舵机，也从组内其他成员那儿学会了一些制造技术，共同研究了电路障碍的排除。
小组合作充分锻炼了团队合作能力，同时，作为组长，也获得了很多团队管理和项目进度安排的方法和经验。
邱*：
我主要负责机械设计部分。实验之初对于机械设计有了一些构想，但在设计与实验过程中，逐渐发现机械设计思路并不成熟，对于仪器仪表的接口电路设计以及器件参数都不够清楚。所以查阅了机械设计相关的资料，并与老师、学长以及同学探讨了相关的机械设计方案，最终定下了初步方案。
在实验进行期间不断完善优化机械结构的过程中，对于机械结构的设计思路变得成熟、清晰。在实现所需功能的基础上，选择合适并且价廉的零部件工作十分繁琐。在不断从网上查找相关零部件型号，以及去实地购买的过程中，我们在器件选型方面的经验得到了有效的提高，并且对一些相关零部件领域的市场价格有了大体的了解。而且在与商家交流沟通的过程中，对于器件的工程参数和实际应用的理解也清楚深入了很多。最后的工作是开始自行搭建机械框架，由于实验时间和经费有限，我们的不少机械结构都是手工打造的。所以这一过程也比较漫长，但在打磨，粘合机械框架的过程中，我们的动手能力得到了很大的提高，并且亲手搭建也对于后续机械结构的完善与进一步的优化有帮助。
总之，通过这次实验，我对于机械设计、电路搭建都有了很大程度上的提高，也为以后其他的实验与研究打下了坚实的基础。
姚*：
通过这次专项实验，锻炼了自主学习的能力，学会了自己发现问题，解决问题，提高了自己研究的能力。提高了自己对电路的认知，在实践中掌握了对以前学到知识的实际应用。在不断调试电路的过程中，加深了对示波器，函数信号发生器等实验仪器的了解，学到了各种电机、舵机的基本原理和工作模式，对电机的选择有了一定的了解。
这次的实验过程中主要还是全面地接触参与完成了一个产品的全部过程。这次我们实验选题是激光测距法测体积，产品充分体现了光机电算一体化和自动化。系统利用光学测距仪测距离，计算机做三维重建还原测体积，用电路控制机械结构精确自动运行，这次的实验使我对光机电算一体化有了更直观的了解，对程控机械自动运动有了更加深刻的认识。总的来说，这次的实验课锻炼了我们的实践能力，让我们能直接完成一件产品，对我们很有帮助。
翟*：
完成这一课程专项实验，最大的感受就是收获特别多，感受了完成一项课题的不易，感受了完成一项课题的喜悦。
在这一课题中，我主要负责总体方案的设计以及机械结构的设计与制作。从方案最初的设计、优化，到大家一起讨论最终选定方案，需要多种论证，不能是一拍脑门就能定出来的；方案设计完成，就要到网络上、市场上去调研，看一看自己需要的东西能不能真正找得到，通过不断的比较、发现，使得结构和方案能够更为完善；在实际制作的过程中也会遇到各种各样的困难，输入的信号不能得到正确的输出，问题出现的环节可能各种各样，需要耐心细致的分析，再去寻找解决的方法；机械结构上，也会遇到一些问题，一种方案无法实现，需要寻找新的方案，设计制作新的构件，分析各部件的受力，使得各个机械结构之间的有效配合，最终完成整体的设计与制作。
周*：
这门功课，为我们提供了实际操作和综合实践的机会，让我学会了很多东西，同时也让我意识到自己缺乏很多东西。总之，一学期下来，学会知识了，我认为这是最重要的。通过一个学期的学习，让我认识到自己有很多方面的知识还不够，需要多多完善。在平常的学习中应该多注意理论和实践的结合，这样在实际操作的时候才能应用理论，指导实践，完成所要求的任务。
这门课程，让我认识了好多东西，让我学到了很多知识，开阔了我的视野，让我对“工科”这个身份有了更清晰的认识。机械是一个很有意思的东西，单片机是一个很有用的硬件，MATLAB 是一个很强大的工具。同时，队友们强大的分析能力和动手能力也是需要我好好学习的，他们机智的大脑总能化解我们实验中的很多困难。</td></tr>
</table>

7.3.3 项目研究报告

1. 课题背景与现状

三维测量正处于高速发展时期，近年来，大量的专家学者对其进行了广泛而又深入的研究，各种新型的测量设备也不断涌现。

传统的接触式测量方式主要利用连接在机械臂、光栅尺等测量装置上的探头直接接触被测物体表面，通过测量机械臂、光栅尺等测量装置的位置，经空间几何结构变换得到探头的坐标，从而得到物体表面各点的三维坐标信息。这种测量方式的精度非常高，但是，它测量的局限性也非常大。首先，由于测量时探头与被测物体直接接触，不可避免地会产生测量力，势必会对探头和被测物体产生磨损，所以不能测量较软质材料，也不适用于高价值对象，如古文物、遗迹等。另外，测量时需要对探头半径进行补偿，计算较为麻烦，并且测量时间较为长久，所以非接触式测量方法应运而生，并且得到了快速发展。

非接触式测量技术又可分为光学法和非光学法。

非光学法主要包括声学测量法、磁学测量法、X 射线扫描法等。

声学测量法主要以超声波为检测手段，利用超声波的发射和接收的时间差，以及超声波在该介质中的传播速度，从而计算得到仪器到被测物的距离。该方法检测速度快，灵敏度高，但是受环境温度、湿度以及传播介质等的影响较大，所以一般测量精度不高。

磁学测量法主要是利用不同物体的磁特性不同，通过测试物体的磁场分布情况来获得物体的形状参数。其中最为典型的是核磁共振法，由于不同原子核的磁旋比不同，产生共振的条件不同，可通过固定磁场强度、改变射频频率或者固定射频频率、改变磁场强度的方法，使得不同的原子核分次产生共振，从而得知不同原子核的物体的各自的位置，构建出物体的立体图像。该方法广泛应用于医学领域，可以对物体内部的结构进行扫描，但是测量速度较慢，精度较低，受金属的影响较大。

X 射线扫描法主要是一端发射 X 射线照向被测物体，另一端用探测器检测 X 光的透过情况，然后重构出被测物体的断层成像，最后拼接为三维立体图像。这个系统就叫做工业 CT 系统，主要用于工业器件的无损检测，它的分辨率高，不受遮挡的影响，为无损检测，但是成本较高，测量时间较长，对不同的目标所需要的检测配置不同，分辨能力亦可能不同，且 X 射线对人体存在一定危害。

光学法包括结构光法、三角法、时差法、干涉法、立体视觉法等。

结构光法主要是利用投影仪将光栅投影在物体表面，由于物体表面有一定的形状，所以经过调制后，光栅投影的形状会发生改变，然后用 CCD 摄像机拍摄其变形后的光栅形状，利用标定的摄像机系统的参数对其进行处理，即可得到物体的三维信息。按照分类方式的不同，常见的结构光测量系统可分为单 CCD 相机系统、双 CCD 相机系统。结构光法测量速度快、精度适中，但是由于其原理和测量条件的限制，该方法不适于测量表面结构复杂的物体。

三角法主要是将一束激光光线照射在待测物体表面上，由于物体位置的不同，激光光线的反射点位置会发生变化，在检测器上所成的像的位置也会发生相应变化，通过标定获得物体所成的像与其实际位置的相应关系，即可通过检测到的像的位置来确定其所在的实际位置。三角法原理简单，标定方便，使用灵活，适合复杂表面物体的测量，但是，由于激光发射光路与检测器接收光路不在同一直线上，所以可能会产生遮挡问题。

时差法主要利用激光单色性好、方向性好、亮度高的特点，从发射器发射激光信号，照射到被测物体表面后激光发生反射，沿着与出射光路基本相同的路线打在接收器上，通过测量激光信号从发射到接收的时间差或者相位差，就可以计算出激光发射位置到被测物体的距离。时差法根据其检测参数的不同可以分为两大类：一类通过直接计数来测量激光脉冲的往返时间，该方法称为脉冲法，该系统结构简单、计数方便，但是测量精度比较低；另一类通过测量激光相位的变化来计算距离，该方法称为相位法，原理相对复杂但是精度较高。利用时差法进行测量，在测量过程中不会产生遮挡问题，但是，由于激光在不同介质中的波长和传播速率不同，所以该方法受到环境因素的影响较大。

干涉法主要利用激光的相干性，通过观察干涉条纹的明暗条纹变化情况，可以获得相关距离信息。干涉法的测量精度非常高，但是由于受到光波波长的限制，只能用于测量微小的位移变化量，比如表面平整度等。

立体视觉法主要利用视差原理，通过测量同一点在两幅图像中的位置差（即视差），结合两幅图像的拍摄位置关系，可以计算得到该点实际的空间三维位置信息，此处需要对摄像机进行标定。根据摄像机的个数，立体视觉法又可分为单目视觉法、双目视觉法、多目视觉法。立体视觉法属于被动三维测量方法，不用主动发出测量光线，系统所用结构较为简单，广泛应用于机器人视觉系统。但是，由于没有特征光线，在立体视觉系统中，如何进行特征点的提取以及匹配是一个难点。

从以上对现有的各种物体面形测量方法的分析来看，非接触测量方法能更好地对物体面形进行保护，光学测量方法对被测物体的要求较少，普适性强，且不受外界电磁干扰。经对比研究，三角法原理简单，容易实现自动化处理，并且能够提供密集的距离信息，从而恢复得到密集的物体表面三维点云，拟合其表面网格模型。因此，本项目以激光三角测距技术为基础，重点研究了对物体表面进行非接触式光学测量过程中存在的软硬件问题。

2. 研究的目的和意义

随着科学技术的发展，人们已经不仅仅满足于对三维物体的二维信息的获取。传统的测量技术，大多以二维测量为主，将一个三维立体的物体通过二维图像的方式记录下来，这导致物体的大量三维信息的丢失，而使用三维测量技术获得的三维物体模型，明显保留了更多的物体信息，也更为直观。经测量重建得到的三维模型，可以广泛应用于多种领域，如测绘工程、工业测量、虚拟现实、三维展示等，与人们生产生活的联系十分密切，受到了人们越来越多的关注。虽然较二维测量而言，三维测量需要更多的数据，处理的算法也更为复杂，但随着计算机软硬件水平的不断提高，现已可以实现较大数据存储，算法处理速度也越来越快，三维测量技术迎来了快速发展阶段。

本文提出一种用激光测距与机械扫描相结合的方式对被测物体表面进行非接触式光学测量的新方法，自行设计整个系统硬件结构，实践和丰富了相关电路知识和机械设计知识在实际工程系统中的应用；系统采用 Visual Studio 2013 软件开发平台，利用 MFC 应用程序框架，实现对测量的控制，获得物体表面的距离深度信息，然后利用 MATLAB 数据处理平台，对获得的距离信息进行处理，得到密集三维点云并拟合其表面网格模型，最终得到物体面形的三维数据。

本文为了实现对不规则小物体三维表面重建的目标，利用激光测距与机械扫描相结合的方式构建了三维点云重建系统，主要研究了系统硬件的设计以及软件数据处理，利用 PC 在 MFC 和 MATLAB 平台上，通过两个步进电机控制被测物体的旋转和升降，用激光测距传感器获得物体表面上点的距离信息，通过坐标转换得到各点的三维坐标信息，从而拟合其表面网格模型。本文的主要研究工作包括以下三个部分：第一部分，设计机械系统，运用合理高效的机械结构，实现机械转台的精准旋转和移位，将各个部分有机地结合起来；第二部分，自行设计电机驱动及测距模块测量控制电气模块，实现控制激光测距模块测量、机械转台转动与丝杆导轨滑动，令其相互配合有序运动；第三部分，利用 MATLAB 软件自行设计程序，根据获得的距离信息，生成物体表面点云的三维坐标，并据此建立物体的三维模型。

3. 方案设计和实施

（1）总体方案及基本原理

本扫描测量系统的基本工作原理是利用旋转扫描法，基于激光测距传感器所得到的距离信息以及电机控制的角度和高度信息，从而获得所测点的三维点云数据，基本测量原理示意图如图 7.3.5 所示。

将被测物体固定在能上下平移回转扫描的圆台上，使得回转轴线与上下平移轨道所在直线相平行，固定激光测距模块，使得其测量光线垂直打在回转轴线上，控制物体进行旋转，测距仪进行上下平移，由此，可以对物体表面上各点进行测量。

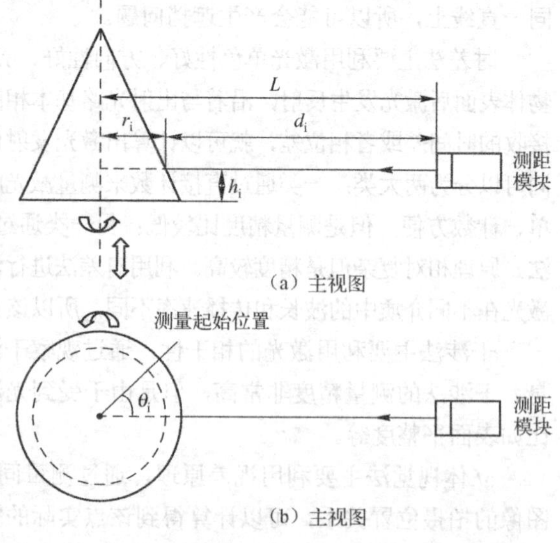

图 7.3.5　基于激光测距和机械扫描的复杂表面物体体积测量原理示意图

在实际测量时，由激光测距传感器获得相关距离深度信息，为了得到其表面面形，首先需要将该距离深度信息转换成其表面点的三维坐标信息。测距仪到圆台回转中心的距离为L，测得测距仪到激光采样点的距离为d_{i}，则激光采样点到圆台回转中心的距离为$a_{\mathrm{i}}=L-d_{\mathrm{i}}$，人为控制圆台的旋转扫描角度和测距仪的扫描高度，以圆台回转中心为原点建立直角坐标系，根据式（7.3.1）可得该采样点的三维坐标：

$$x_{\mathrm{i}}=a_{\mathrm{i}}\cos\theta_{\mathrm{i}},\ y_{\mathrm{i}}=a_{\mathrm{i}}\sin\theta_{\mathrm{i}},\ z_{\mathrm{i}}=h_{\mathrm{j}} \tag{7.3.1}$$

然后依据点云数据，进行三维面形重构，计算体积。

具体步骤如下：

① 测距：用测距仪测得测距仪到采样点的距离；

② 圆台旋转：控制圆台的旋转，使其间隔相同的时间转过相同的角度且保证一定静止时间；

③ 测距仪测量：控制测距仪测量时间间隔，使其与圆台的转动频率一致，在圆台静止时进行测量；

④ 测距仪平移：控制测距仪上下平移，使圆台每转完一周，测距仪上升某一确定的高度；

⑤ 生成坐标：将数据导入电脑，并生成各点的三维坐标；

⑥ 去除杂点：去除测量过程中没有打到被测物体上的点云数据；

⑦ 建立模型：根据有效的点云数据建立物体的三维轮廓。

（2）系统整体结构及测量流程

本项目的系统整体结构如图 7.3.6 所示。

根据其工作目标和任务，系统主要分为三个模块：

① 扫描及测距仪按压机械结构模块：制作圆台旋转结构、测距仪按压测量结构以及测距仪上下平移结构；

② 电机驱动及测量控制电气模块：搭建机械结构各部分控制电路，编写程序使三部分有序运动；

③ 数据采集及处理软件模块：标定系统，处理测量所得的数据，生成三维造型计算体积。

系统由扫描模块、MFC 测量控制模块以及 MATLAB 数据处理模块构成，其中扫描模块又包括激光测距模块、电机驱动控制模块、圆台旋转机构、测距仪升降机构。系统框图与各模块关系如图 7.3.7 所示。

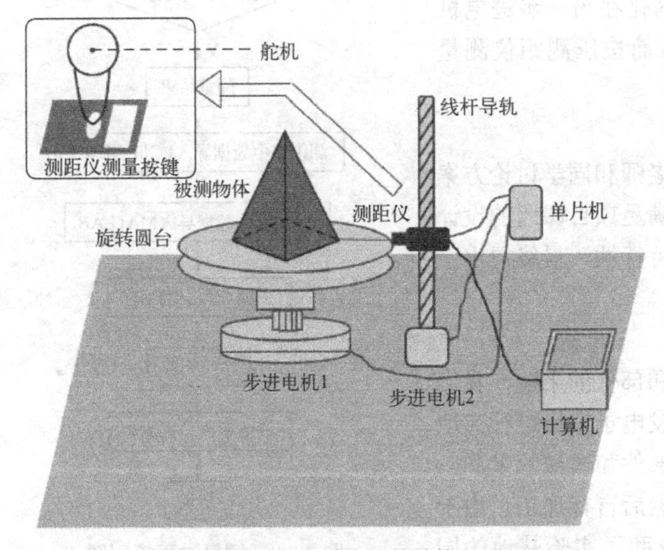

图 7.3.6　系统整体结构

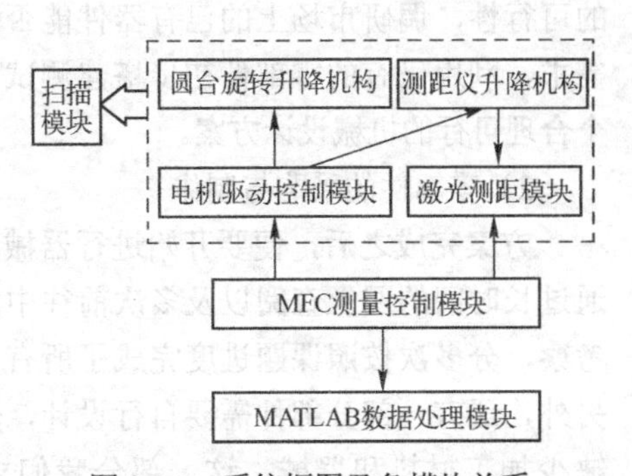

图 7.3.7　系统框图及各模块关系

激光测距模块旨在控制激光测距传感器的测量，以获得物体表面各点距离深度信息；电机驱动控制模块旨在控制圆台的旋转和测距仪升降，控制物体转过的角度和移动的高度；以上测量控制在MFC平台上实现。

数据处理模块旨在将获得的距离信息以及角度高度信息转换为物体表面的密集点云数据，通过设定阈值，删除杂点、错点，从而获得物体造型。

这里涉及以下几个关键问题：

① 采样过程的控制。即在测量过程中，如何使得距离信息的采集和圆台的旋转升降过程相匹配，使每个采样点有确定的距离、角度以及高度信息，能还原为实际的三维坐标信息。

② 对所得数据的筛选。如何删除并未打在物体上的或者测量出错的杂点、错点，以保留正确的数据来进行表面造型。

综上所述，测量流程图如图 7.3.8 所示。

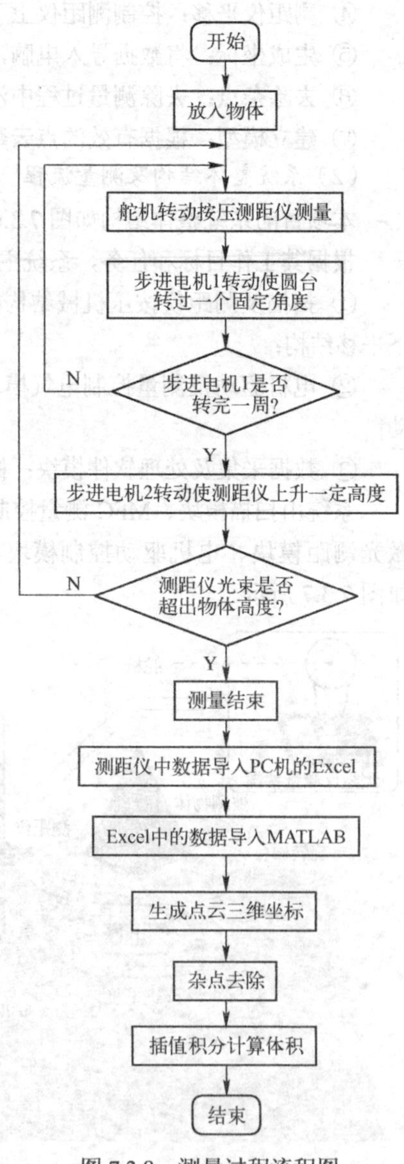

图 7.3.8　测量过程流程图

4. 研究的主要内容、进展和取得的主要成果

我们的研究内容是基于激光测距的三维重建测量体积。为了获得高精度的表面测量结果，系统的硬件选取和结构设计应很好地满足测量的要求。具体过程可划分为几部分，以下按照模块划分情况具体讨论。

（1）扫描及测距仪按压机械结构模块

本部分主要包括圆台-步进电机旋转扫描结构、测距仪-丝杆导轨步进电机竖直扫描结构以及控制测距仪按压测量的凸轮结构。经小组讨论研究，决定在步进电机的转轴上放置中心打孔的小圆盘，并以 AB 胶固连，使圆盘与步进电机转轴垂直；用螺丝将测距仪与丝杆导轨上的竖直扫描模块固连，使测距仪发出的测距光束与丝杆导轨垂直；用螺丝将圆盘步进电机与丝杆导轨步进电机固定在底盘上，使圆盘与底盘平行，丝杆导轨与底盘垂直（即测距仪测距光束与圆盘平行）；制作凸轮，并将其固化在另一步进电机转轴上，通过单片机控制凸轮转动，从而按压测距仪测量按键，进行测量。

1）总体方案的设计

首先进行总体方案的初步设计，与老师和同学讨论方案的可行性，调研市场上的已有器件能否满足项目课题的设计需求，利用已有的零部件初步搭建测试可行性，最终得出一个合理可行的机械设计方案。

2）零部件的采购与制作

方案完成之后，便要开始进行器械和部件的采购，我们通过长时间的网上查阅以及多次前往中发电子市场进行实地考察，分多次按照课题进度完成了所有部件和器械的采购。另外，还有一部分部件需要自行设计，然后自行加工，由于缺少加工材料和器械，这一部分我们求助了实验基地的同学，帮助我们加工了一部分零部件。

3）实物搭建

完成零部件准备部分，接下来开始实物搭建，分为局部搭建和总体搭建。

① 圆台的设计制作

圆台由步进电机和加工的不同尺寸圆盘构成，将一打孔的圆盘与大圆盘用胶水固连，然后安装到步进电机的转轴上，使步进电机转动带动大圆盘转动。其中的难点是保证电机转轴竖直底盘，同时保证圆台转动平面水平。

a. 电机转轴竖直控制。由于电机转轴的背面有小部分突出，不能直接摆放在平板上，因此采用一带孔的小圆盘，使背面突出对准圆盘小孔，并用胶水固定，粘结时需注意不要粘住电机转轴。

b. 圆台转动平面水平控制。由于机械加工的问题，极易出现圆台平面与水平面出现角度偏差的现象，数次加工仍旧存在一定的问题，于是我们在驱动圆台的步进电机上加装了两片散热片，其作用是可以为步进电机进行散热，二是可以起到承托圆台的作用，可以矫正一定的偏差。

c. 圆台结构。圆台结构如图 7.3.9 所示，由于测距仪上下移动位置的下限较高，故在圆台下方加了垫高装置。

② 激光测距仪上下平移模块

本部分主要是为了将激光测距仪稳定地固定在丝杆导轨上，使丝杠导轨上下移动的同时带动激光测距仪移动。但是由于购买的手持式激光测距仪产品无外接固定接口，不能直接运用螺钉固定在丝杆导轨上，所以我们采用了绑带将其两端绑在丝杆导轨上，为了使其更为牢固稳定，在激光测距仪与丝杆导轨间加装海绵垫。具体结构如图 7.3.10 所示。

图 7.3.9　圆台结构实物图

图 7.3.10　上下平移模块实物图

③ 激光测距仪测量触发模块

因为市场上购买的低价位激光测距仪基本都是按键触发工作模式的，而无其他触发信号接口。在本课题中使用时，需要设计机械式触发模块模拟按键动作触发信号。

项目最初设计的方案是在步进电机上固连一凸轮结构，用步进电机带动凸轮机构去按压测量按键，实现扫描过程中的逐点自动触发测量。但在实际的测量过程中，发现普通步进电机提供的力矩过小，不能带动凸轮对按键进行按压。

第二版设计方案中，我们尝试用步进电机带动的凸轮按压带有突起的弹片，可以达到步进电机提供较小力矩便能完成对按键的按压。但是实验的结果仍然不理想，提供的力矩仍然不够。

在最终版的设计中，我们又一次更改了方案。经过市场调研和文献查找，我们选择了舵机作为按键触发机构的驱动。舵机提供的力矩非常大，可以达到十几公斤，买回之后经过调试，成功实现了有规律按压按键的目的。

最终该模块的结构如图 7.3.11 所示。

④ 各模块固连

各部分模块功能成功实现后需要将其位置相对固定，由于我们选用的工作平板的材质比较硬，很难在平板内挖出相应的位置来固定零部件，所以我们运用一些条状塑料块，在设计好相应零部件位置的基础上，用AB胶将条状塑料块粘在零部件的边缘达到固定的目的。实物图如图7.3.12所示。

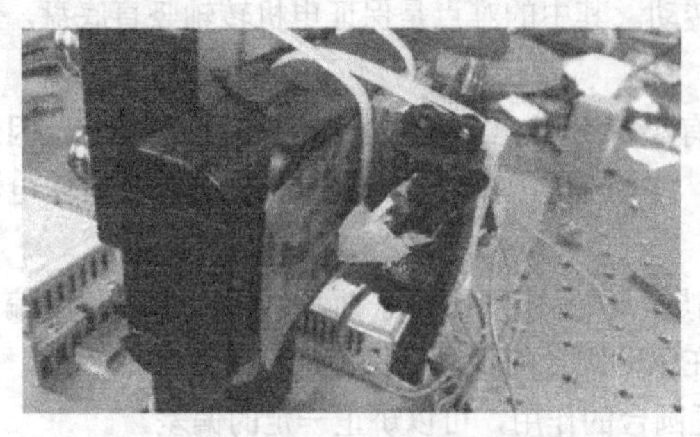

图7.3.11　激光测距仪测量触发模块实物图

图7.3.12　整体结构实物图

（2）电机驱动及测量控制电气模块

机械结构搭建完成后，下一个要解决的问题就是如何让机械结构相互配合并有规律地运动起来。经过研究，我们决定采用单片机驱动步进电机的方法来实现机械结构的驱动。具体来说，单片机的P1口连接两驱动器分别控制步进电机1和舵机，通过编程控制圆台的旋转与暂停以及舵机上凸轮的旋转。在圆台暂停时，凸轮按压测距仪测量按键，进行测量，由此来实现对物体一个圆周上点的采集；单片机的P2口通过驱动连接到带丝杆导轨的步进电机，通过编程使圆台每转一周丝杆导轨上升一定距离，从而实现对物体上各个不同高度的圆周上点的采集，由此就实现了单片机控制下对物体表面上各个点的采集。

1）单片机选型

首先要确定单片机的型号，制作完成单片机最小系统。此处选用学习过的AT89S52单片机来完成对系统的控制。单片机最小系统原理图如图7.3.13所示。

2）圆台步进电机驱动模块

步进电机四相控制要求输入电压为5V，我们的初始想法是单片机直接驱动，但在之后的实验中发现单片机提供的功率过小，不足以驱动电机。之后我们采用了光耦驱动的方法，结果光耦所能承受的电流仍然过小，也带不动电机，最后采用了芯片驱动的方法进行圆台步进电机的驱动。

根据所选用步进电机相关参数的要求（四相双四拍，步距角7.5°，相电流0.3A，驱动电压24V，最小脉冲频率668pps/min），选择芯片UCN5804成功驱动了圆台电机。在程序的控制下完成了圆台的绕轴旋转，使测距仪完成了对圆锥一个横截面上的所有点的测量。

圆台步进电机驱动电路如图7.3.14所示。

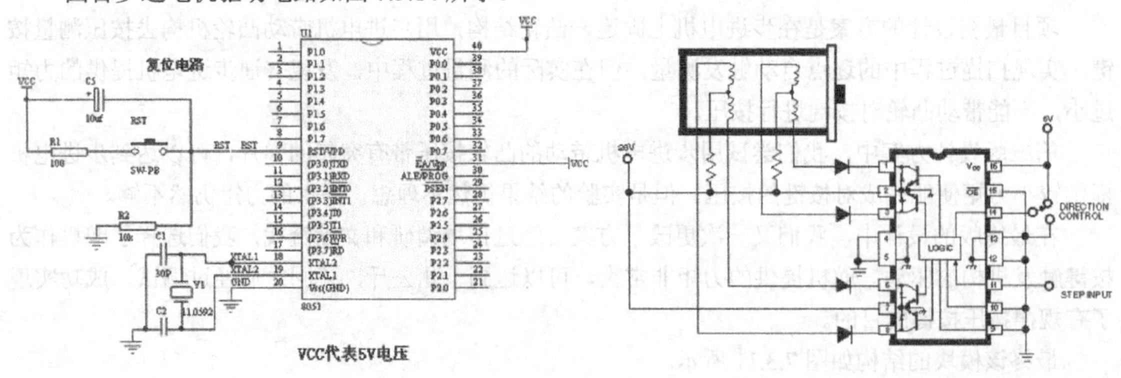

图7.3.13　单片机最小系统原理图

图7.3.14　圆台步进电机驱动电路

3）丝杆导轨步进电机驱动模块

因为带丝杆导轨的步进电机要带着测距仪运动，负载较大，所需功率较大，所以采用了驱动器驱动的方法。根据采用的两相电机参数，步距角 1.8 度，购买了相应的驱动器，但是因为电机没有说明书，脉冲频率只能实验获得，通过函数信号发生器提供脉冲，测得所需脉冲约为 10kHz，但切换到程控模式后电机不动，经测量发现脉冲口给的电压不够，为提供足够的电压采用 9012 三极管搭建稳压电路，测得电压正常，电机正常工作。

丝杆导轨步进电机驱动电路如图 7.3.15 所示。

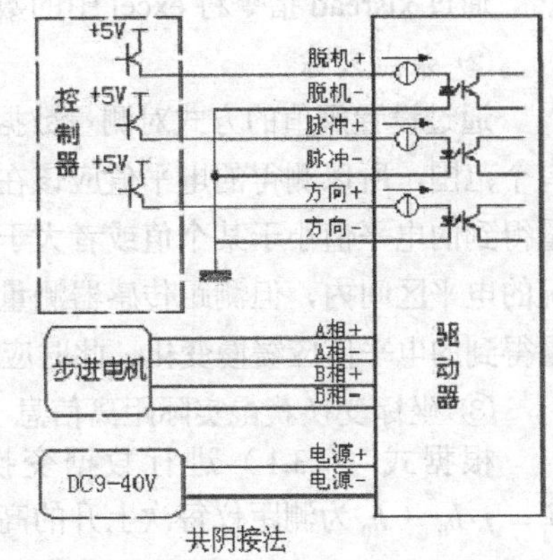

图 7.3.15　丝杆导轨步进电机驱动电路

本系统要求实现对两个两相四线步进电机的控制，因此，采用一个 USBC9100 智能 CAN 转换器拖挂两台 UIM242 步进电机运动控制器的控制方式。在本系统中，CAN 网络采用直线拓扑结构，在一个转换器上挂接两个 UIM242 步进电机控制器设备。系统连接时最好采用双绞线，以避免产生电磁感应对系统控制电机运动产生影响。

4）测距仪测量触发模块

初期设计采用的是步进电机控制凸轮触发按键让测距仪工作，但实验中发现扭矩不够不能触发按键。为获得更大的扭矩，后期设计我们采用了舵机控制，舵机可由单片机直接控制，根据占空比改变舵机的位置，转动凸轮，触发按键，最后成功完成测量。

5）电路集成

最后需要对电路进行集成。考虑到方便，简洁的因素，可以把电路都集中在一块板子上，根据现有的元件，合理选择器材，搭配电路，购买变压器，最后成功地把电路都集成在了一块板子上。

（3）数据采集及处理软件模块

数据处理的目标是根据测得的数据获得物体的体积。经讨论研究，决定在 MATLAB 平台上对其进行处理：首先将测距仪测得的数据导入 excel，然后导入 MATLAB，根据上文所述测量原理，将得到的一维距离信息换算为三维坐标信息，并且通过设定阈值的方法去除杂点，通过插值法、积分法获得物体体积。

1）系统标定

因为系统必然有装配误差，所以要对系统进行标定。标定主要分两部分，一是对硬件系统进行标定，尽可能减少系统误差对于测量结果的影响；二是由于三维扫描得到的点云结果在电脑中表示时，使用的单位可能与实际物体单位不完全一致，需要经过标定，对比测量得到的体积和实际的体积之间的关系，找到大致的比例关系。

① 对硬件系统进行标定

系统搭建时要注意器件间的相互配合，调整各部分的位置，尽量使得圆台转动平面与圆台转轴垂直、圆台升降平移所在直线与圆台转轴平行、激光测距传感器测量光线打在圆台转轴上，然后对系统进行标定。

首先，测量测距传感器到圆台中心的距离，可在圆台放置一个侧面平行的物体（如长方体），使物体其中一面通过找到的大致的圆台回转中心，然后用测距仪测量不同高度时测距仪到它的距离，获得不同高度上激光测距传感器到圆台转轴的距离函数，即可在一定程度上消除因圆台平移路径与圆台转轴不完全平行的误差。然后，实测一个已知半径的圆柱体，比较测量结果和实际物体的差异，对系统旋转中心轴进行进一步标定。

② 计算比例系数

采用已知体积的物体，通过多次测量比较，获得多组测量得到的体积和实际的体积之间的比例系数，即可在一定程度上消除各种系统误差。

2）数据处理流程

本模块目标是实现将测量过程中接收存储的测距仪输出信息进行处理，从而获得物体表面点云坐标信息。

① 数据导入

通过 xlsread 指令将 excel 中的数据导入 MATLAB，形成以数组形式表示的数据。

② 杂点去除

通过设置阈值的方式对测量数据进行筛选，主要分为两类情况：一类是被测物体所摆放的区域有个范围，所以测得的电平值应该在一定区间内，此时需设立一个数据直接与之比较的阈值，当测量得到的电平值小于某个值或者大于某个值时，则该点应该被删除；另一类是测量结果在第一种情况的电平区间内，但测距传感器测量时可能出错，导致传回错误的电平值，由于测量点较密集，测量得到的电平值应缓慢变化，此时应设立一个差值阈值，去除错误测量点。

③ 坐标变换获得实际距离信息

根据式（7.3.1）进行数据变换，其中 $\theta_{\mathrm{i}} = 2\pi \times i/N$（$N$ 为圆台转动一周测量的点数），$h_{\mathrm{j}} = j \cdot h_0$（$h_0$ 为测距仪每次上升的高度），从而获得各采样点的三维坐标。

④ 三维重建

获得物体的坐标点云之后，需要对三维物体进行重建。最初使用 GridD/Ata 插值从而获得三维造型，经实验发现 GridD/Ata 插值方式能良好地展现上小下大，一定 xy 只对应一个 z 值的图形，若物体表面有向内凹陷就不能很好地体现。故寻找了新的重建方法——三角法。

在平面域上，实现点集三角划分的方法有很多种，其中最常用的是由俄国数学家 Delaunay 提出并证明的 Delaunay 三角剖分，他认为必定存在而且只存在一种剖分算法，能够使得所有三角形的最小内角和最大，并且，此时任意三角形的外接圆中不包含其他三角形的顶点。

空间三角网格曲面重建方法的指导思想也是如此，只需在平面域的基础上再扩展一个维度。首先，对上文处理得到的点云数据进行邻域扩展，以避免出现可能的数据丢失。然后，利用 Delaunay 函数对点云数据进行三角剖分，创建四面体，对所有四面体的所有三角形面进行对比，删除重复的三角形面。之后，对三角形面进行四面体内外部的判断，删除内部的面，最终获得具有正确拓扑关系的三角网格。

⑤ 体积计算

运用积分法进行体积计算。最初采用先进行三维造型后根据造型结果进行体积计算的方法，后来发现这样过于浪费时间，最终采用逐层向上积分的方法，先计算出同一高度上各点围成的面积，然后利用台体的体积计算方法 $V_{\mathrm{i}} = \frac{1}{3}(S_{\mathrm{i}} + S_{\mathrm{i+1}} + \sqrt{S_{\mathrm{i}} \cdot S_{\mathrm{i+1}}})$，获得各层体积，然后求和获得总体积。

3）数据处理结果

① 手动测量结果

因系统搭建与数据处理同步进行，故最初我们先手动测量获得了一些数据，经处理后结果如图 7.3.16 所示。由图可见，重建结果顶端出现交叉，说明系统测距仪上下移动路径与圆台回转轴不完全平行，顶端实际 L 值要比底端大，说明系统需要标定。

② 机测结果

系统搭建完毕经过标定后进行了再次测量，测量结果如图 7.3.17 所示。

测得体积 V=32.9207。

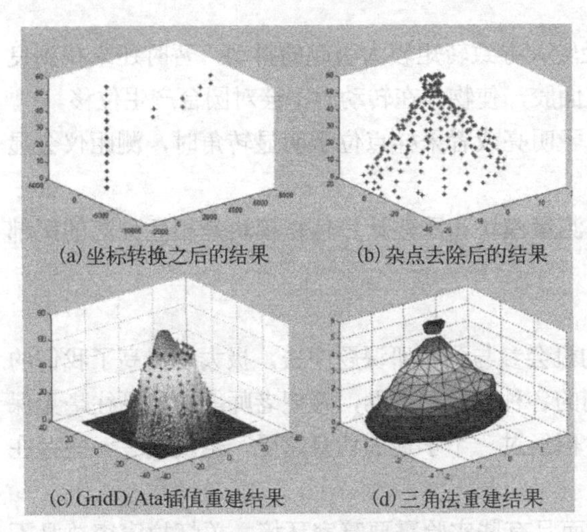

(a)坐标转换之后的结果　(b)杂点去除后的结果

(c) GridD/Ata插值重建结果　(d)三角法重建结果

图 7.3.16　手动测量结果

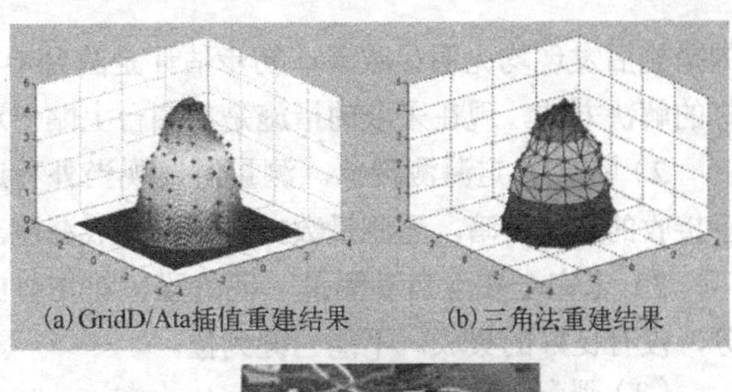

(a) GridD/Ata插值重建结果　(b)三角法重建结果

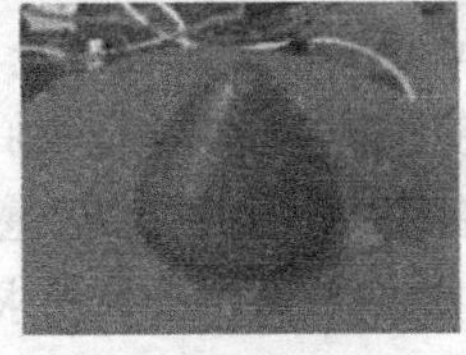

(c)被测目标实物图

图 7.3.17　机测结果

5. 创新点和结论

（1）创新点

1）本系统采用激光测距与机械扫描相结合的方式对被测物体表面点三维坐标进行测量，测量原理简单直观，后期数据处理量小，激光测距精度达到 1.5mm，机械定位精度高于 1mm，满足测量精度要求。

2）本系统采用被测物回转扫描与激光竖直扫描相结合的方式，即使被测圆锥或棱锥表面出现凹陷也不会出现结构光等方法常见的遮挡问题；激光测距利用的是物体表面的散射光，精度稳定，被测物表面倾斜引起的被测光斑变形对测量精度影响较小。

3）手工制作各结构，系统成本较低；单片机控制圆台、丝杆导轨、测距仪按压测量，良好地实现了三者的配合运动；MATLAB 平台进行数据处理获得三维造型和体积。

（2）结论

在深入研究激光测距三维扫描原理的基础上，掌握了系统各个环节的关键技术，其中包括：

1）机械结构的设计和制作。

2）电机电路的设计和搭建。

3）圆台、丝杠导轨、测距仪按压测量三者的程序控制。

4）系统的标定。

5）三维点云数据的生成与重建。

6）体积计算。

最终成功搭建了系统，重建出物体的三维造型，获得体积，基本完成预期目标。

6. 成果的应用前景

这项技术可以应用于小零件体积外形的测量与检验。我们的实验过程包含了物体外形的三维重建以及物体的体积计算，这项技术可以广泛应用于工厂小零件的加工生产过程中，可以通过实物之间的比对，来检验零件是否合格，是否满足需要。另外，在工厂设计制造零件时，需要对材料的用量有一个初步的评估，这样对于生产的预算和风险都有一个基本的定位，本系统可以满足这种需要，且方法简单易于实现。

7. 存在的问题与建议

（1）存在的问题

1）圆台转动不平稳。测量时发现圆台转动时一步一抖，经改变步进电机脉冲频率与供电电流的措施后发现均无明显改善，初步估计是圆台半径较大导致转矩较大引起的抖动，暂时还未找到良好的解决方法，现在采取的措施是在圆台上贴一双面胶，使物体在转动时不会对圆台产生位移。

2）存在一定漏测现象。测量时发现当外界过于明亮或者采样点位于明显转角时，测距仪会显示接收的光线过暗，无测量数据输出，造成漏测。

3）未完全实现自动测量。现阶段，对物体的测量模块和重建计算体积模块是相互分离的两部分，没有良好的集成，不能一键到位。

（2）课程建议

课程设置非常棒，能够让我们大学生有更多的机会参与到科研课题中去，极大地提高了我们的科研水平。老师们真的很用心，感谢老师对于我们的各种支持和帮助，希望老师能一如既往毫无保留地培育我们这群孜孜不倦、渴求真知的大学生。但经过一个学期的切身感受，也发现了一些存在的问题，主要有以下几点：

1）场地不足，对于这么多组来讲略显拥挤；而且有些实验需要暗室环境，关灯拉窗帘总是不方便的，建议增加一个暗室。

2）机械加工器械的不足，很多想要用到的机械部件不能够得到加工，虽然有资金支持，可以出去加工，但是就我们所需部件的难易程度来讲，完全可以购置机械加工器械，让学生自己来动手完成，这样也算是对学生的一种历练。

3）课时的不足，通过这学期的课题研究发现，一周两次的实验时间还是略显不足，后期作业时间比较紧张，建议增加课时保证有充分的作业时间。

7.3.4 教师点评

目前，对于无法移动或不规则的物体进行体积测量的方法还停留在手工测量上。自动测量方法不稳定因素很多，存在计算精度不高，计算速度缓慢等问题。对于要求非接触的体积测量，通常是将固体体积参数变化为压力进行测量，有一定局限性。光学测量方法的引入是该领域的一个新视点，2014 年的全国光电设计竞赛选用此题目也是这个领域研究的一个缩影。

这组同学在接到题目后，充分分析了题目的要求和自身的知识水平基础，结合已有知识，独立提出了自己的设计思路，并进行了必要的计算。从开题报告中可以看到，他们对课题投入了足够的热情，并认真进行了调研和分析。虽然方案中有些参数的计算比较理想化，对实际进度估计略显乐观，项目组分工设计也不是特别合理，但基本已经具备了项目初步设计的基础。从开题报告的撰写来看，选题依据略显空泛，研究内容中要解决的问题讨论虽然不是很完善，但研究方案的细节已经充分考虑了。项目进度表格中的模块划分和分模块方案设计也基本可行。结题报告的撰写基本结构完整，研究目标、任务内容、各模块分析也比较详细，并且对课题研究存在的问题进行了思考和分析。虽然科技写作的条理性和层次还有提升空间，但作为一门本科实验课程的课内作品来说，基本已经完成了课程内的要求，初步达到了完整训练的目标。

7.4 基于光电导航的智能移动测量小车

本课题为 2014 年第四届全国大学生光电设计竞赛赛题。

设计任务：设计一辆具有光电导航功能的智能车，要求从线路的指定点出发，沿轨道上铺设的“8”字形导航条走完全程。在行走过程中，利用光电技术测量、记录沿途所通过隧道的数目、各段隧道的长度及沿途路边树木的棵数。

竞赛规则：

1）智能车平台：自选，横向宽度不大于赛道宽度。

2）比赛场地：室内体育场，地面颜色为深绿色，赛场面积：15m×11m。

3）赛道：宽 0.5m，整体为“8”字形；沿途随机设置一定数量硬质薄板制作的隧道和红色中华铅笔代表的树木，隧道内表面为黑色。隧道净高 50cm，内表面与赛道内缘等宽；沿整个赛道的总树木数不超过 20 棵。

4）赛道中间贴有 3cm 宽的白色导航胶带。如图 7.4.1 所示：

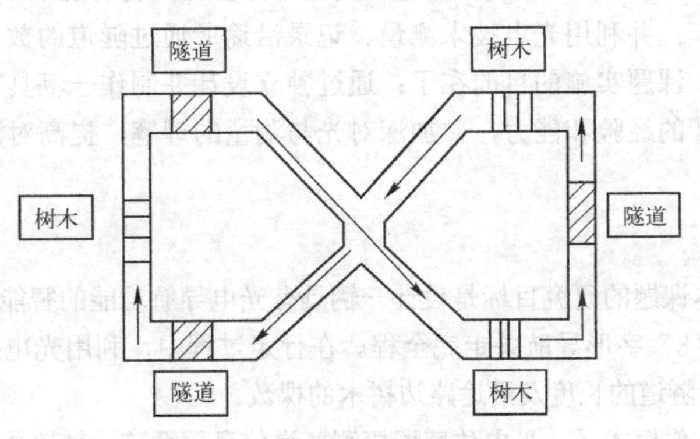

图 7.4.1　比赛场地示意图

5）竞赛分组采用分区抽签方式确定，同一高校参赛队分配在不同分区。

6）导航和测量要采用光电技术，禁用遥控方式或在赛场内自行设置智能车行驶路线导航标记。

7）参赛队小车在赛道中的起、终点由裁判随机指定，参赛队可自带起、终点判断标识物。

8）要利用智能车自带的显示器显示出测得的树木数、隧道数和各段隧道的长度。

7.4.1　开题报告

1. 简表

表 7.4.1 《非接触式体积测量》开题报告基本信息表

<table>
<tr><td rowspan="8">研究项目</td><td rowspan="2">名称</td><td>中文</td><td colspan="3">基于光电导航的智能移动小车</td></tr>
<tr><td>英文</td><td colspan="3">Intelligent Mobile Car Based on Electro-optical Navigation</td></tr>
<tr><td colspan="2" rowspan="6">项目组成员</td><td>姓名</td><td>项目中的分工</td><td>签字</td></tr>
<tr><td>王*</td><td>电机模块，程序</td><td></td></tr>
<tr><td>李*</td><td>循迹模块，小车组装</td><td></td></tr>
<tr><td>佘*</td><td>测速模块和光敏模块，小车组装</td><td></td></tr>
<tr><td>杜*</td><td>红外测距模块，小车组装</td><td></td></tr>
<tr><td></td><td></td><td></td></tr>
<tr><td rowspan="2">研究内容和意义</td><td colspan="2">摘要</td><td colspan="3">本设计是一种基于单片机控制的简易自动循迹小车系统，其研究意义涵盖了工业、生活、勘探以及人类关注的探月工程。本课题旨在设计出一款可以自主按照人类预设的轨迹行走并完成测量任务的小车。从设计的功能要求出发，设计包括小车机械结构和控制系统软硬件。为了适应复杂的地形，采用稳定性比较高的四轮构架式，用后轮驱动前轮换向的控制模式；控制系统以 STC89C52 为控制核心，用单片机产生 PWM 波，控制小车速度；利用红外光电传感器对路面白色轨迹进行检测，并确定小车当前的位置状态，再将路面检测信号反馈给单片机；单片机对采集到的信号予以分析判断，及时控制驱动电机以调整小车转向，从而使小车能够沿着白色轨迹自动行驶，实现小车自动循迹的目的；并同时进行道路旁边树木的测量和隧道长度的测量，用红外测距模块来测量路旁的树木数量，同时用光电码盘测量隧道长度。</td></tr>
<tr><td colspan="2">主题词</td><td colspan="3">循迹小车；单片机；红外传感器；测量</td></tr>
</table>

2. 选题依据

当今世界，传感器技术和自动控制技术正在飞速发展，自动控制在工业领域中的地位已经越来越重要，“智能”这个词也已经成为了热门词汇。智能化作为现代社会的新产物，是以后的发展方向。智能车与遥控小车不同，遥控小车需要人为控制转向、启停和进退，而智能小车，则可以综合光机电算各项技术，通过计算机编程来实现其对行驶方向、启停以及速度的控制，无需人工干预，是一个集环境感知、规划决策，自动行驶等功能于一体的综合系统，它集中地运用了计算机、光电传感、信息、通信及自动控制等技术，是典型的高新技术综合体。本设计就是在这样的背景下提出的，针对 2014 年第四届全国大学生光电设计竞赛赛题，提出简易智能小车的构想，设计一辆具有光电导航功能的智能车；并利用光电技术测量、记录沿途所通过隧道的数目、各段隧道的长度及沿途路边树木的棵数。课题实施的目的在于：通过独立设计并制作一辆具有简单智能化的简易小车，获得项目整体设计的经验和能力，并加深对光与测量的理解，提高对测控技术与仪器专业方向的认识。

3. 研究内容

根据题目要求，本课题的研究目标是设计一辆具有光电导航功能的智能车，从线路的指定点出发，沿轨道上铺设的“8”字形导航条走完全程。在行走过程中，利用光电技术测量、记录沿途所通过隧道的数目、各段隧道的长度及沿途路边树木的棵数。

设计的智能车的工作模式是：光电传感器探测赛道信息并循迹，转速传感器检测当前车速，红外光敏器件探测周围环境，包括沿途树木和隧道长度；这些信息全部由主控系统集中处理，通过控制算法发出控制命令，通过转向舵机和驱动电机对智能车的运动轨迹和速度进行实时控制。根据此工作模式，可以从功能上将设计系统划分为如图 7.4.2 所示的几个功能模块。本课题的研究内容，就是针对图中的各个功能模块，分别展开设计，最终完成具有光电导航和光电测量功能的智能车。

4. 研究方案

根据图 7.4.2 的系统功能模块，可以将要完成的工作分解为主控系统、电机驱动、光电传感红外循迹、车速传感和树木、隧道测量几个具体设计模块。本节对各个模块分别展开设计。

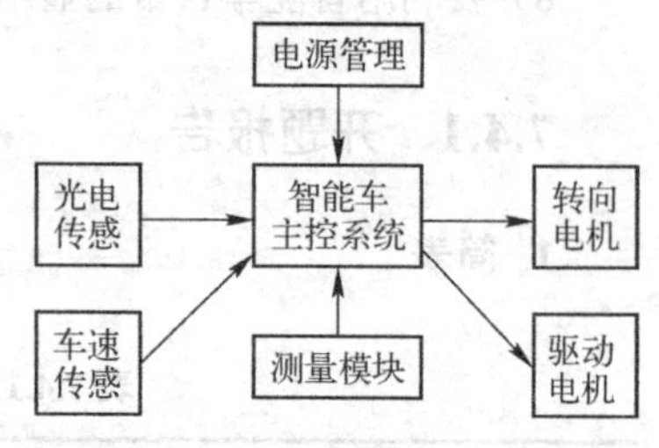

图 7.4.2 系统总体功能模块图

（1）智能车主控系统

根据设计要求，我们认为此设计属于多输入量的复杂程序控制问题。据此，拟定了以下两种方案并进行了综合的比较论证。

1）方案一：CPLD 作为主控系统

选用一片 CPLD 作为系统的核心部件，实现控制与处理的功能。CPLD 具有速度快、编程容易、资源丰富、开发周期短等优点，可利用 VHDL 语言进行编写开发。但 CPLD 的开发语言和方法对我们来说难度较大，需要学习的东西还比较多，开发周期会比较长。同时，小车的行进速度不可能太快，那么对系统处理信息的要求也就不会太高，MCU 就已经可以胜任了，以高速见长的 CPLD 优势不明显。为此，我们不采用该种方案，进而提出了第二种方案。

2）方案二：单片机作为主控

采用单片机作为整个系统的核心，用其控制行进中的小车，以实现其既定的性能指标。充分分析我们的系统，其关键在于实现小车的自动控制，而在这一点上，单片机就显现出来它的优势——控制简单、方便、快捷。这样一来，单片机就可以充分发挥其资源丰富、有较为强大的控制功能及可位寻址操作功能、价格低廉等优点。因此，这种方案是一种较为理想的方案。

针对本设计特点——多开关量输入的复杂程序控制系统，需要擅长处理多开关量的标准单片机，而不能用精简 I/O 口和程序存储器的小体积单片机，D/A、A/D 功能也不必选用。根据这些分析，我们选定了 STC89C52RA 单片机作为本设计的主控装置，51 单片机具有功能强大的位操作指令，I/O 口均可按位寻址，程序空间多达 8K，对于本设计也绰绰有余，更可贵的是 51 单片机价格非常低廉。

在综合考虑了传感器、两部电机的驱动等诸多因素后，我们决定采用一片单片机，充分利用STC89C52单片机的资源。

（2）电机驱动模块

1）方案一：继电器控制电机驱动

采用继电器对电动机的开或关进行控制，通过开关的切换对小车的方向进行调整。此方案的优点是电路较为简单，缺点是继电器的响应时间慢，易损坏，寿命较短，可靠性不高。

2）方案二：电阻网络分压驱动

采用电阻网络或数字电位器调节电动机的分压，从而达到分压的目的。但电阻网络只能实现分级调速，而数字电阻的元器件价格比较昂贵。更主要的问题在于一般的电动机电阻很小，但电流很大，分压不仅会降低效率，而且实现很困难。

3）方案三：脉宽调制（Pulse Width Modulation，PWM）驱动电机

采用功率三极管作为功率放大器的输出控制直流电机。线性驱动的电路结构和原理简单，加速能力强，采用由达林顿管组成的H型桥式电路。用单片机控制达林顿管使之工作在占空比可调的开关状态下，精确调整电动机转速。这种电路由于工作在管子的饱和截止模式下，效率非常高，H型桥式电路保证了简单的实现转速和方向的控制，电子管的开关速度很快，稳定性也极强，是一种广泛采用的PWM调速技术。

最终我们选用了方案三，因为方案三十分成熟，而且有集成的芯片。

（3）红外光电传感循迹模块

本课题赛道为画有白色导航带的深绿色地面，针对赛道材质反射特性的区别，我们计划采用红外循迹实现小车自动运行。

1）红外探头工作原理

当小车在画有白色导航带的绿色地面行驶时，装在车下的红外发射管发射红外信号，经白色反射后，被接收管接收，一旦接收管接收到信号，那么光敏三极管就将导通，比较器输出为低电平；当小车行驶到绿色跑道面时，红外线信号被绿色吸收后，光敏三极管截止，比较器输出高电平，从而实现了通过红外线检测信号的功能。将检测到的信号送到单片机的I/O口，当I/O口检测到的信号为高电平时，表明红外光被地上的绿色跑道面吸收了；同理，当I/O口检测到的信号为低电平时，表明小车行驶在白色导航上。

2）传感器的安装

从简单、方便、可靠等角度出发，同时在底盘装设8个红外探测头，进行两级方向纠正控制，可提高其循迹的可靠性。如图7.4.3所示，循迹传感器全部在一条直线上。其中X_1与Y_1为第一级方向控制传感器，X_2与Y_2为第二级方向控制传感器，依次类推，并且同一边的两个传感器之间的宽度不得大于白线的宽度。小车行驶时白色导航带应该在X_1和Y_1这两个第一级传感器之间，当小车偏离白线时，第一级传感器就能检测到白线，把检测的信号送给小车处理，控制系统发出信号对小车轨迹予以纠正。若小车回到了轨道上，即8个探测器都只检测到绿色跑道面，则小车会继续行走；后几级方向探测器实际是第一级的后备保护，它的存在是考虑到小车由于惯性过大会依旧偏离轨道，再次对小车的运动进行纠正，从而提高了小车循迹的可靠性。

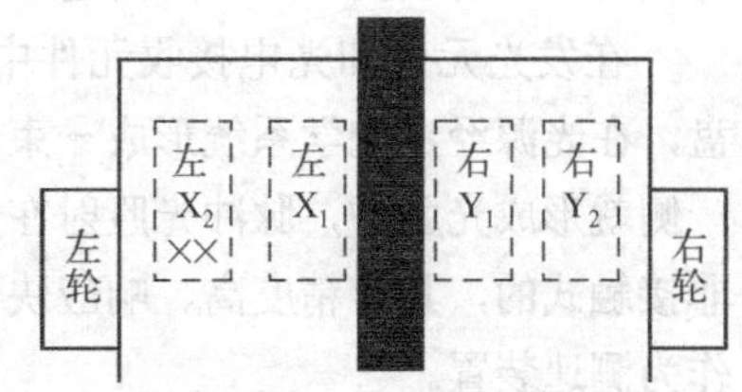

图7.4.3 循迹控制方向原理图

3）红外探头的选择

市场上用于红外探测法的器件较多，可以利用反射式传感器外接简单电路自制探头或直接采用集成式红外探头。

自制红外探头通常采用红外对管实现，其内部结构和外接电路均较为简单，实现起来比较容易，且价格便宜，灵敏度可调，但是容易受到周围环境的影响，特别是在较强的日光灯下，对检测到的信号有一定的影响。

也可以采用集成断续式光电开关探测器，它具有简单、可靠的工作性能，只要调节探头上的一个旋钮就可以控制探头的灵敏度。该探头输出端只有三根线（电源线、地线、信号线），只要信号线接在单片机的 I/O 口，然后不停地对该 I/O 口进行扫描检测，当为低电平时则检测到黑线。此种探头还能有效防止普通光源（如日光灯等）的干扰。其缺点是体积比较大，占用了小车有限的空间。

本课题中，经过充分调研和比较，并综合考虑实现周期和实际比赛赛道情况，我们选用了集成式的红外探头作为红外循迹传感器。

（4）车速传感模块

为了使得智能车能够平稳地沿着赛道运行，除了控制前轮转向舵机以外，还需要控制车速。通过对速度的检测，可以对车模速度进行闭环反馈控制。测速方案也有多项可选。

1）方案一：采用红外反射式光电传感器

测速传感器安装在紧靠车轮的两侧，发光二极管发出的光经过地面发射被光敏二极管接收，主动测出两个轮子的速度。这种方法反应迅速，但受到外界的影响大，不稳定。

2）方案二：采用霍尔传感器

霍尔传感器的基础是霍尔效应。金属或半导体薄片置于磁场中，当有电流流过时，在垂直与电流和磁场的方向上将产生感应电动势，这种现象称为霍尔效应。输入轴与电机的输出轴相连，当电机转动时，转盘随之转动，固定在转盘附近的霍尔传感器便可以在每一个小磁铁通过时产生一个相应的脉冲，检测出单位时间的脉冲数，便可知被测的转速。

根据磁铁转盘上的小磁铁数目多少，就可以确定传感器测量转速的分辨率。霍尔传感器技术成熟，价格便宜。由于是直接测量电机的转速，所以不易受到外界环境的干扰，相对稳定。但由于受到转盘大小的限制，分辨率、精确度较低。

3）方案三：采用光电脉冲编码器

光电脉冲编码器采用光电方法，将转角和位移转换为各种代码形式的数次脉冲，其测速工作原理如图 7.4.4 所示。

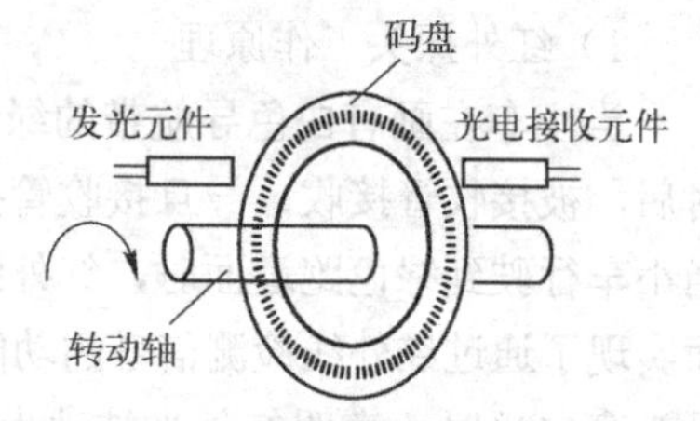

图 7.4.4　光电脉冲编码测速工作原理

在发光元件和光电接收元件中间，有一个直接接在旋转轴上具有相当数量的透光扇形区编码盘，在光源经过光学系统形成一束平行光投在透光和不透光区的码盘上时，转动码盘，在码盘和另一侧就形成光脉冲，脉冲光照射在光电元件上就产生与之对应的电脉冲信号。光电编码器的特点是非接触式的，具有精度高、响应快、可靠性高等优点。综合考虑，本课题决定使用光电脉冲编码器作为测速装置。

光电编码器按其结构的转动方式可分为直线型的线性编码器和转角型的轴角编码器两种类型，按脉冲信号的性质可分为有增量式和绝对式两种类型。

增量式编码器码盘图案和光脉冲信号均匀，可将任意位置定为基准点，从该点开始按一定量化单位检测。该方案无确定的对应测量点，一旦停电则失掉当前位置，且速度不可超越计数器极限相应速度，此外由于噪声影响可能造成计数积累误差。该方案的优点是其零点可任意预置，且测量速度仅受计数器容量限制。

绝对式编码器的码盘图案不均匀，编码器的码盘与码道位数相等，在相应位置可输出对应的数字码。其优点是坐标固定，与测量以前状态无关，抗干扰能力强，无累积误差，具有断电位置保持，不读数时移动速度可超越极限相应速度，不需方向判别和可逆计数，信号并行传送等；其缺点是结构复杂、价格高。要想提高光电编码器的分辨率，需要提高码道数目或者使用减速齿轮机构组成双码盘机构，将任意位置取作零位时需进行一定的运算。综合成本预算，本组最终选择增量式光电脉冲编码器。

（5）树木和隧道测量模块

本赛题中，宽 0.5m 的赛道沿途随机设置一定数量硬质薄板制作的隧道和红色中华铅笔代表的树木，根据赛题要求，在小车沿赛道循迹运行的过程中，还需要对旁边的树木和经过的隧道进行计数测量。

1）测距方法实现树木计数

本赛题中，我们选择测距方法测量用红色中华铅笔模拟的树木。安装在小车两侧的测距模块在行进过程中测量平板物体的距离，满足一定距离的物体认为是树木，启动计数。

测距根据原理不同可分为超声波测距，激光测距以及红外测距。

超声波测距原理：通过超声波发射装置发出超声波，根据接收器接到超声波时的时间差就可以知道距离了。这与雷达测距原理相似。测距实现的功能之一是要测量道路两旁树木的棵数，但是超声波测距当两者小于 10cm 时，不能区分，因此这种方案不适合本课题要求。

激光测距虽然精度较高，但是由于成本太高，我们放弃使用这种方式，最后选择使用红外测距。

2）光敏模块实现隧道测量

由于智能车赛道上有隧道存在，为了使智能车能够正常循迹与避障，需要对隧道进行判断。隧道判断也有采用红外光电传感器和采用光敏传感器两个方案可选。

采用红外光电传感器的方案，其原理为：发光二极管发出的光经过隧道反射被光敏二极管接收，从而判断出隧道。由于赛道中不仅有隧道，两侧还有树木并要对其计数。所以使用红外光电传感器可能会将二者混淆。

采用光敏传感器的工作原理为：当小车进入隧道时，光强会有明显变化，而经过树木时则不会，光敏传感器可以检测周围环境的亮度和光强，所以可以准确判断出隧道并不会与树木发生混淆，所以我们决定选择采用光敏传感器。

光敏传感器可以分为光敏电阻传感器和光敏二极管传感器。光敏二极管模块对环境光强最敏感，且光敏二极管模块方向性较好，所以本组决定使用光敏二极管传感器。

5. 研究工作进度安排

根据整个项目的人数、时间和难度，在经过全组队员的协商后，具体实施进度计划如表 7.4.2 所示。

表 7.4.2《基于光电导航的智能移动测量小车》开题进度计划表

项目进度	时间
文献检索及开题	第 3～4 周
循迹模块调试	第 6 周
测速，光敏模块，人机交互模块（无线传输）调试	第 7 周
红外测距模块调试	第 8 周
组装小车，整车调试	第 9～10 周
小车定型	第 11 周

6. 预期研究成果

研制出的智能小车能够自动循迹，能够准确地数出铅笔的个数而且稳定性好，不受环境的影响，小车能够准确测量隧道的长度，完成赛题要求的工作。如果时间允许，进一步优化系统，在保证测量稳定性的前提下，尽可能提高速度。

7. 本课题创新之处

本课题的创新之处也是本课题的难点，主要集中于沿途铅笔（模拟树木）的测量计数。因为两铅笔之间的距离是随机的，意味着它们之间距离可能很短，这就要求很精确测量才能够精准读数。

针对隧道里红外测距可能无法发挥作用的问题，我们使用了两个红外测距模块，将两个模块对称安装在小车两侧，通过测量到隧道两端的距离来控制小车的转向。

8. 研究基础

（1）与本项目有关的研究工作积累和已取得的研究工作成绩

智能车项目的知识积累分为硬件和软件两部分。

硬件方面主要是电路知识，在开题之前，本组成员已经学习过了电路分析、数字电路、模拟电路三门课，有一定的基础能力。在确定了题目之后，组员又分别学习了电机驱动及转向、红外传感器、测速传感器、光敏传感器、超声波传感器等方面的知识。通过资料查询，价格调研，动手实践，现已充分了解智能车各个模块的作用，以及模块之间的相互联系，有能力将各个独立的模块拼成一个完整的智能车。

软件方面主要是与单片机编程有关的知识。在开题之前，组员学习过微机原理和C语言基础两门课，初步了解了汇编语言与C语言。确定题目之后，组员先学习了如何将程序写入单片机，然后主要研究了各类控制算法，特别是对“PID 控制算法”有了较深入的研究。可以独立编写测试程序检测购买硬件是否符合要求。进一步研究后，组员将有能力写出智能车单片机所需的控制程序。

（2）已具备的实验条件，尚缺少的实验条件和解决的途径

本实验所需实验器材大多需要购买，实验室无法提供，通过上网调研，以及中发电子市场实地考察得以解决。

本实验所需的实验环境要求不高，实验室可以提供场地、螺丝刀等工具、网络环境，满足实验要求。

（3）研究经费预算计划和落实情况

根据课题目标和现有设备情况，本课题所需项目经费如表7.4.3所示，目前经费已落实。

表 7.4.3 课题经费预算表

项目	数量	总价/元
RP5 履带车配测速模块驱动	1	228
红外测距模块	2	90
7.2V 锂电池	1	20
51 单片机开发板	1	58
光敏传感器模块	1	10
四路循迹模块	2	60
其他不可预见开支		100
总计		566

7.4.2 结题报告

表 7.4.4 《基于光电导航的智能移动测量小车》结题报告基本信息表

<table>
<tr><td rowspan="2">名称</td><td>中文</td><td colspan="3">基于光电导航的智能移动小车</td></tr>
<tr><td>英文</td><td colspan="3">Intelligent mobile car Based on Electro-optical navigation</td></tr>
<tr><td colspan="2" rowspan="6">项目组成员</td><td>姓名</td><td>项目中的分工</td><td>签字</td></tr>
<tr><td>王*</td><td>电机模块，程序，液晶显示</td><td></td></tr>
<tr><td>杜*</td><td>红外测距模块，小车组装，元器件购买</td><td></td></tr>
<tr><td>李*</td><td>循迹模块，小车组装，跑道搭建</td><td></td></tr>
<tr><td>佘*</td><td>测速模块和光敏模块，小车组装</td><td></td></tr>
<tr><td>佟*</td><td>小车组装，焊接电路板</td><td></td></tr>
<tr><td colspan="2">项目背景</td><td colspan="3">项目的选题背景、目的与意义。
在现代社会中，智能化、数字化越来越多地融入了人们的生活，我们总是希望用机器来代替人力进行劳动或者从事一些特定的工作，从而达到高效率和高精度，进而造福人类，服务社会。智能化作为现代社会的新产物，是以后的发展方向。智能小车综合光机电算各项技术，通过计算机编程来实现其对行驶方向、启停以及速度的控制，无需人工干预，是一个集环境感知、规划决策、自动行驶等功能于一体的综合系统，它集中地运用了计算机、光电传感、信息、通信及自动控制等技术，是典型的高新技术综合体。本设计就是在这样的背景下提出的，针对 2014 年第四届全国大学生光电设计竞赛赛题，提出简易智能小车的构想，设计一辆具有光电导航功能的智能车；并利用光电技术测量、记录沿途所通过隧道的数目、各段隧道的长度及沿途路边树木的棵数。
根据题目要求，本课题的研究目标是设计一辆具有光电导航功能的智能车，从线路的指定点出发，沿轨道上铺设的“8”字形导航条走完全程。在行走过程中，利用光电技术测量、记录沿途所通过隧道的数目、各段隧道的长度及沿途路边树木的棵数。</td></tr>
</table>

续表

名称	中文	基于光电导航的智能移动小车
	英文	Intelligent mobile car Based on Electro-optical navigation
项目创新点		**项目的创新点与特色，包括使用了什么样的创新方法、技术。** 本设计是一种基于单片机控制的简易自动循迹小车系统，课题旨在设计出一款可以自主按照人类预设的轨迹行走并完成测量任务的小车。经过几周的工作，从设计的功能要求出发，小组完成了包括小车机械结构和控制系统软硬件。 1．本车在传统 4 路循迹的基础上创新使用六路循迹，在中间伸出两路位于车前，用以判断交叉路口，可以判断不同角度的交叉路口； 2．本车在结构上使用了双层扩展板，解决了空间不足的问题； 3．测量树木和隧道时使用红外测距模块，根据固定的距离来判断树木和隧道，免去了图像处理的过程； 4．采用两块 51 单片机最小系统，一块负责循迹，一块负责测量，二者互不干扰； 5．采用履带式底盘，转弯非常精确，易于控制。
项目研究情况		**简要阐述研究项目研究的整体情况，包括进展程度，是否完成预期目标，项目成员的分工、协作情况等。** 进展程度：小车循迹可以很好的实现，测量树木时在树木距离太近时会出现测量不准现象，起点终点检测功能可以实现，隧道长度测量可以实现，但不是很稳定，有时测量模块会出现问题。 功能已全部实现，完成了预期目标，但是测量模块还是不太稳定，需要继续调整一下，同时，电路接线比较乱，需要重新梳理一下。 成员分工：在原来分工的基础上，增加了液晶显示模块、元器件购买和跑道搭建。其中杜**、李**还主要负责元器件的购买，杜**、佟**负责跑道搭建，王*负责液晶显示模块。 原来任务分工如下：王*主要负责代码，余**主要负责小车搭建，李**主要负责循迹，杜**主要负责测量，佟**主要负责电路焊接。 小车只有一个，所以每个人不可能同时进行其负责的模块，如小车搭建和小车测试不能同时进行，因此，我们会在课前尽量将某一部分都准备好，如课前将需要测试的小车代码写好，课上只需安装小车就好。 课上大家都会互相帮忙，课下时也尽力多做一些工作，使课上多做一些课下无法做的工作，如只有在实验室才有赛道，才能进行小车调试。
收获与体会		**通过参与项目研究，有哪些收获和体会，可分别就整个团队和个人进行表述。** 由单片机控制的智能循迹小车按模块划分后，看起来实现并不困难。然而在实际制作过程中却发现很多问题，比如探测器的探测距离以及对光线环境的敏感程度、赛道中心交叉路口的轨迹判断、探测器的触发时间对于循迹代码的限制、还有跑道的制作。除此之外，硬件的组装和制作过程也算是一大挑战。特别是从市场上买回来的元器件并不一定都是能用的，这导致我们用了很长时间测试一个坏的芯片。 尽管存在如此多的问题，我们还是坚持下来并制作成功了，这源于我们团队的合作与努力，以及组长的尽心尽力。当循迹小车顺利的按照我们制作出来的跑道前进的时候，我们的一切努力都没有白费。 单片机小车的制作过程就是一个小的工作项目，但是麻雀虽小五脏具全。在项目实施过程中，我们分别进行了资料收集、器件购买、理论验证、实际制作等过程，同时也对团队的合作方式、合作中需要注意的问题、团队的积极性调动、团队内沟通和与老师的沟通方式方法有了一定的实践。这个过程对于我们每一个人都有很大的改变。

7.4.3 项目研究报告

1．课题背景与现状

当今世界，传感器技术和自动控制技术正在飞速发展，机械、电气和电子信息已经不再明显分家，自动控制在工业领域中的地位已经越来越重要，“智能”这个词也已经成为了热门词汇。智能化作为现代社会的新产物，是以后的发展方向。智能小车综合了光机电算各项技术，通过计算机编程来实现其对行驶方向、启停以及速度的控制，无需人工干预，是一个集环境感知、规划决策、自动行驶等功能于一体的综合系统，它集中地运用了计算机、光电传感、信息、通信及自动控制等技术，是典型的高新技术综合体。本设计就是在这样的背景下提出的，针对 2014 年第四届全国大学生光电设计竞赛赛题，提出简易智能小车的构想，设计一辆具有光电导航功能的智能车；并利用光电技术测量、记录沿途所通过隧道的数目、各段隧道的长度及沿途路边树木的棵数。通过独立设计并制作一辆智能化的简易小车，获得项目整体设计的经验和能力，并加深对光与测量的理解，提高对测控技术与仪器专业方向的认识。

2. 研究的目的和意义

本设计是一种基于单片机控制的简易自动循迹小车系统，其研究意义涵盖了工业、生活、勘探以及人类关注的探月工程。设计旨在设计出一款可以自主按照人类预设的轨迹行走（或者完全自主行走）并完成指定任务的小车。从设计的功能要求出发，设计包括小车机械结构和控制系统的软硬件设计。

从应用背景而言，目前智能车导航定位还没有大范围地应用至民用领域，其应用领域发展大可用于物流量巨大的码头，小可用至仓库，图书馆等地方。从设计理念而言，不仅大大节省了人力资源，实现管理智能化，高效化，而且在一些人力难以企及的地方也可以发挥效用进行智能管理。

3. 方案设计和实施计划

根据题目要求和开题报告中的功能模块分析，我们的智能小车系统工作任务可以分解为如图 7.4.5 的设计模块。

（1）智能车主控系统

针对本设计特点分析，我们选定了 STC89C52RA 单片机作为本设计的主控装置。在综合考虑了传感器、两部电机的驱动等诸多因素后，我们决定采用 STC89C52 单片机。购买了单片机最小系统的集成模块，如图 7.4.6 所示。

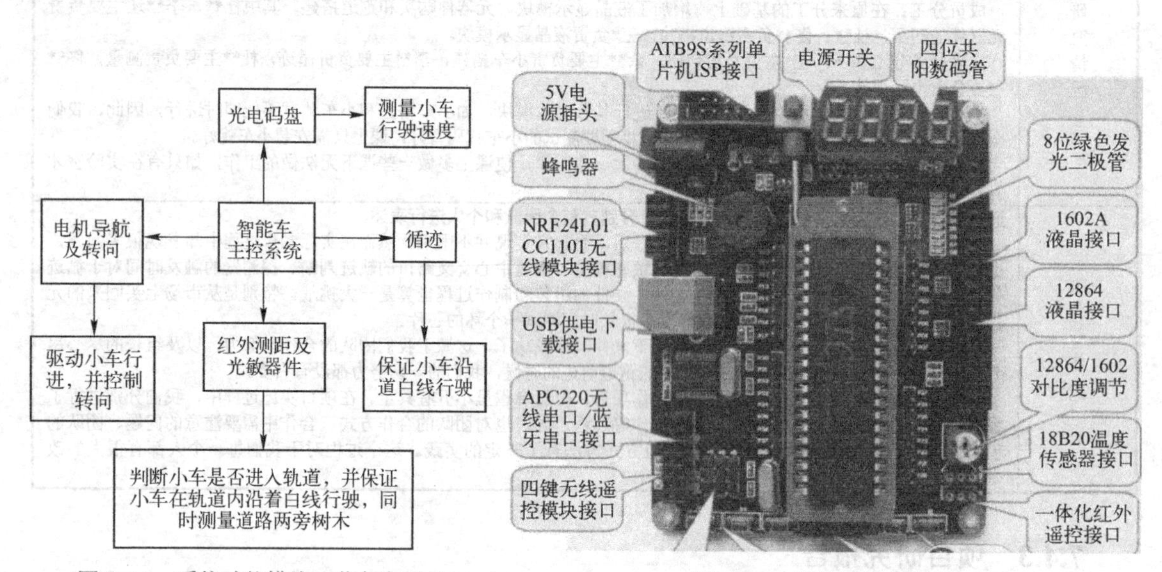

图 7.4.5　系统功能模块工作任务设计　　　　图 7.4.6　单片机最小系统

智能车控制系统采用两个 STC89C52 单片机最小系统。一个用于循迹（MCU1），另一个用于测量和显示（MCU2）。其相互交互如下：MCU2 检测到起点信号后，发送一个低电平给 MCU1，MCU1 开始根据六路循迹灯的检测结果进行循迹，在发送低电平前，MCU1 静止。MCU1 工作的同时，MCU2 也在进行测量树木和隧道。当 MCU2 检测到终点信号后，向 MCU1 发送一高电平，MCU1 检测到高电平后，控制小车停止。

采用两块 STC89C52 最小系统原因如下：

1）STC89C52 单片机最小系统速度较慢，测量模块和循迹模块相互冲突。在测量时无法循迹，在循迹时无法测量。

2）MCU1 和 MCU2 相互间的联系，只有起点终点检测需要两者之间的配合完成，除此之外，循迹可以由 MCU1 单独完成，测量树木和隧道长度可以由 MCU2 单独完成。因此采用两块单片机最小系统是可行的。

（2）电机驱动模块

课题采用功率三极管作为功率放大器的输出控制直流电机。用单片机控制达林顿管使之工作在占空比可调的开关状态下，精确调整电动机转速。H 型桥式电路调速方式有调速特性优良、调整平滑、调速范围广、过载能力大，能承受频繁的负载冲激，还可以实现频繁的无级快速启动、制动和反转等优点。现市面上有很多H桥芯片，这里选用了L298N。

L298是ST公司生产的一种高电压、大电流电机驱动芯片。该芯片的主要特点是：工作电压高；输出电流大；内含两个H桥的高电压大电流全桥式驱动器，可以用来驱动直流电动机和步进电动机、继电器、线圈等感性负载；采用标准TTL逻辑电平信号控制；具有两个使能控制端，在不受输入信号影响的情况下允许或禁止器件工作；有一个逻辑电源输入端，使内部逻辑电路部分在低电压下工作；可以外接检测电阻，将变化量反馈给控制电路。

电机驱动模块的功能是驱动两路电机，控制两路电机正转、反转、停止和电机转速的调节。配合六路灯完成循迹功能。为了设计方便，我们采用了市面上已有的L298N电机驱动模块，其特点是便宜、稳定性高。实物图如图7.4.7所示。该电机驱动模块采用ST公司原装全新L298N芯片，可以直接驱动两路3～30V直流电机，并提供了5V输出接口，可以给5V单片机电路系统供电,支持3.3VMCU控制，可以方便地控制直流电机速度和方向，也可以控制2相步进电机。

该模块不仅可以驱动两路电机，而且还有+5V电压输出接口，可以直接给单片机供电，不需要另加转换成+5V的电压转换模块。功能强大，而且体积较小，质量较轻。经实际实验，该模块运行良好，实现了其驱动电机和电压转换的功能。

（3）红外光电传感循迹模块

本课题针对赛道为画有白色导航带的深绿色地面，针对赛道材质反射特性的区别，我们计划采用红外循迹实现小车自动运行。市场上用于红外探测法的器件较多，本课题中，经过充分调研和比较，并综合考虑实现周期和实际比赛赛道情况，我们选用了集成式的红外探头作为红外循迹传感器。

当小车在画有白色导航带的绿色地面行驶时，装在车下的红外发射管发射红外信号，经白色反射后，被接收管接收，一旦接收管接收到信号，那么光敏三极管就将导通，比较器输出为低电平；当小车行驶到绿色跑道面时，红外线信号被绿色吸收后，光敏三极管截止，比较器输出高电平，从而实现了通过红外线检测信号的功能。将检测到的信号送到单片机的I/O口，当I/O口检测到的信号为高电平时，表明红外光被地上的绿色跑道面吸收了；同理，当I/O口检测到的信号为低电平时，表明小车行驶在白色导航带上。

我们购买的4路循迹模块如图7.4.8所示。使用红外线发射和接收管等分立元器件组成探头，并使用LM339电压比较器（加入了迟滞电路更加稳定）做为核心器件构成中控电路。此系统具有的多种探测功能能极大地满足各种自动化、智能化小型系统的应用。

图7.4.7　L298N驱动模块

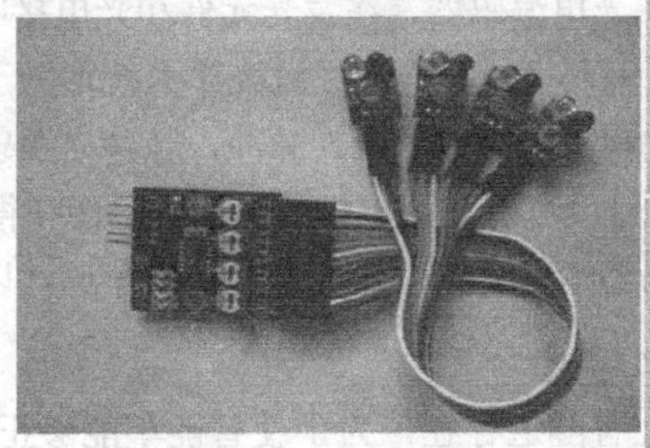

图7.4.8　4路循迹模块

正确选择检测方法和传感器件是决定循迹效果的重要因素，而且正确的器件安装方法也是循迹电路好坏的一个重要因素。从简单、方便、可靠等角度出发，我们首先使用了开题报告中的方法，在底盘装设4个红外探测头，进行两级方向纠正控制。循迹传感器全部在一条直线上。其中X_1与Y_1为第一级方向控制传感器，X_2与Y_2为第二级方向控制传感器，依次类推，并且同一边的两个传感器之间的宽度不得大于白线的宽度。小车行驶时白色导航带应该在 X_1 和 Y_1 这两个第一级传感器之间，当小车偏离白线时，第一级传感器就能检测到白线，把检测的信号送给小车的控制系统，控制系统发出信号对小车轨迹予以纠正。若小车回到了轨道上，即 4 个探测器都只检测到绿面，则小车会继续行走；后几级方向探测器实际是第一级的后备保护，它的存在是考虑到小车由于惯性过大会依旧偏离轨道，再次对小车的运动进行纠正，从而提高了小车循迹的可靠性。

随着实验的不断进行，其弊端也越来越明显，遇到较大角度，或者车速较快时转弯有困难。经过认真分析，我们把四路红外探测器分为两排，空间分布，前后错位，给车子转弯带来足够的缓冲区域，效果显著。

之后我们所遇到的难题是跑道中间的交叉路的循迹，为解决该问题，我们在车前延伸出来两个探头，靠这两个探头进行辅助判别，当两个探头检测到白色导航带时，直走，未检测到则靠其余四路检测。

最后六路红外探头空间分布如图 7.4.9 所示。

（4）车速传感模块

为了使得智能车能够平稳地沿着赛道运行，除了控制前轮转向舵机以外，还需要控制车速。通过对速度的检测，可以对车模速度进行闭环反馈控制。光电编码器的特点是非接触式的，具有精度高、响应快、可靠性高等优点。综合考虑，本课题使用增量式光电脉冲编码器作为测速装置。

根据其脉冲数测量车速，计算隧道长度。20 栅的编码器可以满足测量要求，价格合适。通过上网调研，我们所购买的 ST-20 测速模块实物如图 7.4.10 所示。模块参数：①工作电压：3～5.5V；②输出电压：0V 或 V_{CC}；③连接方式：模块 OUT 输出端可以接单片机外部中断，也可以接单片机普通 IO 口。

图 7.4.9　六路探头空间分布

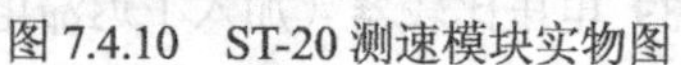

图 7.4.10　ST-20 测速模块实物图

图 7.4.10 为 ST-20 光电编码器，在发光元件和光电接收元件中间，有一个直接接在旋转轴上具有 20 栅的透光扇形区编码盘，在光源经过光学系统形成一束平行光投在透光和不透光区的码盘上时，转动码盘，在码盘和另一侧就形成光脉冲，脉冲光照射在光电元件上就产生与之对应的电脉冲信号。通过计算脉冲信号就可以获得电机的转速，进而获得车速。

实验证明，该编码器运行良好，能准确测量出车速，以及隧道长度。

（5）隧道测量模块

由于智能车赛道上有隧道存在，为了使智能车能够正常循迹与避障，需要对隧道进行判断和测量。在开题报告中，我们考虑光敏传感器可以检测周围环境的亮度和光强，可以准确判断出隧道并不会与树木发生混淆，所以我们选择采用光敏传感器。

图 7.4.11　光敏二极管模块

通过网上调研，综合价格考虑，我们最终选择了光敏二极管传感器，实物图如图 7.4.11 所示。图中可见蓝色数字电位器，可

以改变传感器的灵敏度（既改变阈值），PCB 板大小为 3cm×1.6cm。

然而在实际实验中我们发现，隧道内外的光强改变不明显，光敏传感器跃变时会有抖动，不稳定，需要一定的延时来实现。所以在项目最终设计中，改为使用置于顶端的红外传感器测量隧道，同时该红外测距传感器还可以实现起点终点检测。

（6）树木和隧道测量模块

在开题的测量模块分析中，我们计划选择测距方法测量用红色中华铅笔模拟的树木，而计划选择光敏二极管传感器进行隧道测量。在实际实验中我们发现，在模拟室内比赛场地情况下，隧道内外光强变化不明显，光敏传感器跃变时会不稳定，所以在项目最终设计中，树木和隧道都用红外测距传感器进行测量。用置于顶端的红外传感器测量隧道，同时该红外测距传感器还可以实现起点终点检测。安装在小车两侧的测距模块在行进过程中测量平板物体的距离，满足一定距离的物体认为是树木，启动计数。

项目中我们使用的是 GP2Y0A41SK0F 红外测距传感器来进行测量，它是一种光电传感器，有效测量范围为 4～30cm。传感器由红外线发射电路、PSD 位置传感器及信号处理电路、电压校正电路、晶振电路和信号输出电路构成。使用红外发射电路按照一定时间发射红外线，当遇到障碍物后反射回来并由 PSD 位置传感器接收。PSD 的输出信号经过处理之后以模拟信号的形式输出。其内部结构图如图 7.4.12 所示。

红外测距的原理是利用三角测量法，通过距离与电平信号的关系，确定检测的距离。红外发射器按照一定的角度发射红外光束，当遇到物体以后，光束会反射回来，如图 7.4.13 所示。反射回来的红外光线被 CCD 检测器检测到以后，会获得一个偏移值 L，利用三角关系，在知道了发射角度 a，偏移距 L，中心矩 X，以及滤镜的焦距 f 以后，传感器到物体的距离 D 就可以通过几何关系计算出。

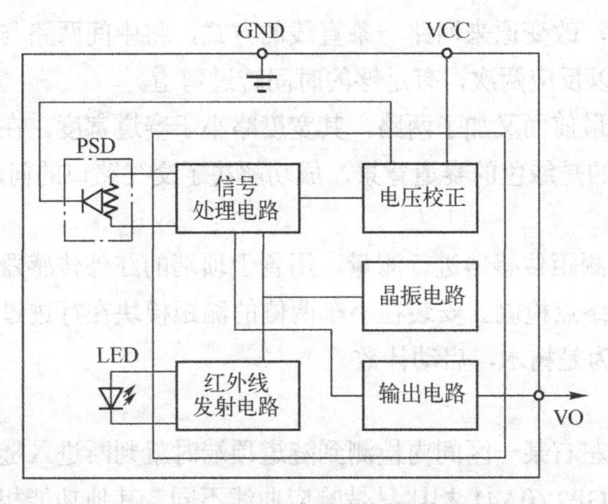

图 7.4.12 传感器内部结构图

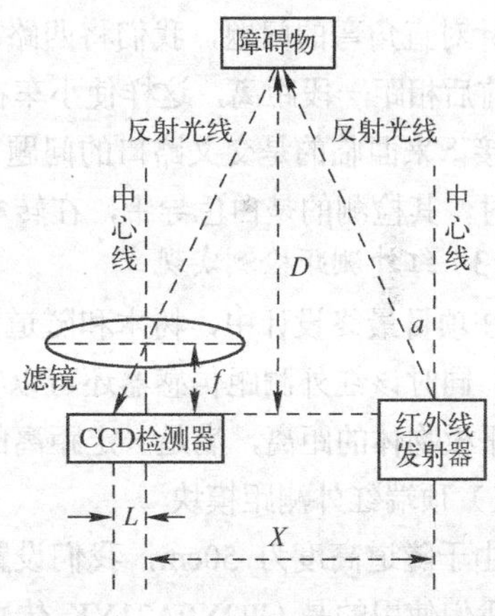

图 7.4.13 传感器三角测量法原理

红外测距模块主要分为两部分：一部分装在小车顶端，通过检测与上方的距离，由于隧道与起点、终点（我们在测距模块上方设置某一特定高度的障碍物作为起点、终点的标志）的高度不同，通过距离的检测实现对于是否进入或离开隧道与起点、终点的判断；一部分装在小车两侧，检测赛道两旁树木的棵数，并进行计数，计数功能在完成检测之后通过 A/D 转换器（MCP3001）将传感器输出的模拟量转化为数字量，通过单片机的计数器，将树木的棵数显示在 LCD 上。

4. 研究的主要内容、进展和取得的主要成果

（1）小车整机的组装和实现

按照设计方案和计划，课题组购买了相应的元器件，清单如下：RP5 履带车底盘（带 20 栅光电码盘）、GP2Y0A41SK0F 红外测距模块、10 位逐次逼近型 A/D 转换器 MCP3001、2.5V 基准电源 MC1403、四路循迹模块、光敏模块、锂电池、电机驱动模块。采用上述元器件，本课题完成了图 7.4.5 中各功能的设计和实现。最后组装出的小车如图 7.4.14 所示。

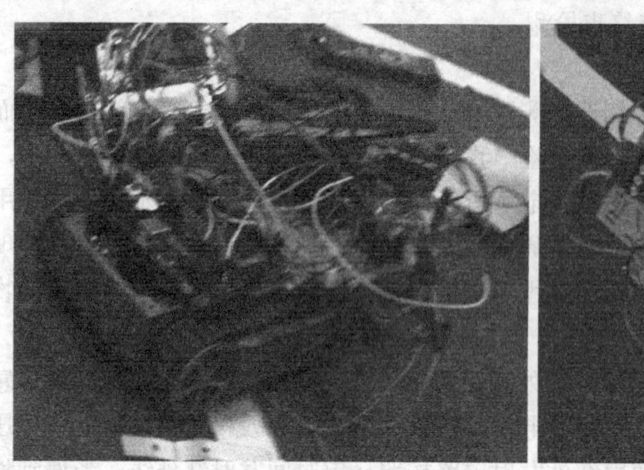

图 7.4.14　组装出的智能小车

系统电路由单片机模块电路、红外测距及 A/D 转换模块、基准电源模块和显示模块构成。单片机模块以 AT89S52 为核心构成，晶振选取 12MHz，采用上电和手动两种复位方式。红外测距与 A/D 转换模块，由 GP2Y0A41 和 MCP3001 组成，其中 A/D 转换的参考电源由基准电源模块提供。

（2）小车循迹实现

首先采用四路循迹方式，在较低速的情况下能够完成循迹，但是稳定性不高，有很大几率无法正常跑完赛道。其中，最显著的问题是直角弯不容易转过来。

针对直角弯的问题，我们将四路重新排布，改变原来四路一条直线的方式，将中间两路与边缘两路前后相距一段距离，这样使小车在弯道可以反应两次，有足够的时间转过弯道。

接下来面临的是交叉路口的问题。我们在最前面又加了两路，其宽度略小于赛道宽度。在交叉路口时，其检测的是白色导带，在转弯时检测的是绿色的赛道背景，成功解决了交叉路口的问题。

（3）红外测距检测实现

在项目最终设计中，树木和隧道都用红外测距传感器进行测量。用置于顶端的红外传感器测量隧道，同时该红外测距传感器还可以实现起点终点检测。安装在小车两侧的测距模块在行进过程中测量平板物体的距离，满足一定距离的物体认为是树木，启动计数。

1）顶端红外测距模块

由于隧道高度为 50cm，我们设置 50cm 左右某一区间内检测到隧道顶端时就判断进入隧道，此时我们使用的是 GP2Y0A21YK 传感器，与 GP2Y0A41 相比只是响应曲线不同，其他功能相同。经测试，可以较好地完成测距功能。

2）两端红外测距模块

由于树木设置在赛道两侧某个区间的距离范围内，系统程序设置在某个区间范围如果有障碍物就判断出有树木，我们能够精确检测树木的数目。

尽管 GP2Y0A41SK0F 标注的有效测量距离是 4～30cm，但是当距离大于 25cm 时测量结果就不是特别精确，尽管我们只是为了检测是否有树木，不是为了测量小车与树木的距离是否满足测量要求，但是仍旧需要改进。

（4）隧道距离测量

隧道距离测量需要使用外部中断，当小车进入隧道后，外部中断开启，光电码盘每来一脉冲，计数一次，当小车跑出隧道后，外部中断关闭。由于小车码盘每来一脉冲，小车行驶距离是固定以单脉冲小车行驶距离就是当前测量的隧道的宽度。

我们测量单脉冲小车行驶距离。我们让小车行驶多次，测量脉冲数和行驶距离，多次测平均值，最后得到单脉冲小车行驶距离。

接着就可以进行隧道测量了。因为隧道的高度是固定的，红外测距模块根据测量的距离判断是否进入和跑出隧道，进入隧道，开外部中断，跑出隧道后，关闭外部中断。根据计数数乘以单位距离即隧道长度。

（5）树木测量

树木测量使用红外测距模块，因为树木摆在离跑道固定距离处，所以可以使用红外测距模块根据测量的距离来判断树木。我们在小车左右两侧均安装了红外测距，分别测量两侧树木，如图 7.4.15 所示。

首先我们焊接了红外测距模块，焊接完毕后，测试模块，发现其距离同输出电压并不是标准的线性关系，因此其距离测量不是很精准，但是对于检测隧道和树木，其检测距离在一定阈值内即可，所以已足够。

测试完模块后，我们将其安装在小车上，但是发现其测量较细的物体时，会有一个从不稳定到稳定的过程。我们采用下降沿触发，即直到其测量距离小于一定距离时才计数。

（6）结果显示模块

对于测量结果的显示，一开始我们打算采用无线传输模块，当小车在终点停止时向电脑发送测量数据，同时在测试时可以实时将数据发送出来，使我们知道测量过程中哪出了问题，但是后来赛题中禁止使用无线模块，我们改用普通的液晶显示模块 LCD1602 来显示结果。使用效果还可以。但是液晶显示速率太慢，无法实时显示树木数量，只能在终点时显示结果。最终实现的液晶显示模块输出如图 7.4.16 所示。该模块用于测量结果的显示，使用 LCD1602 液晶显示屏，上面一排显示隧道长度，第二排最后两个数分别代表左边和右边测量的树木数量。

图 7.4.15　红外测距模块实现树木测量

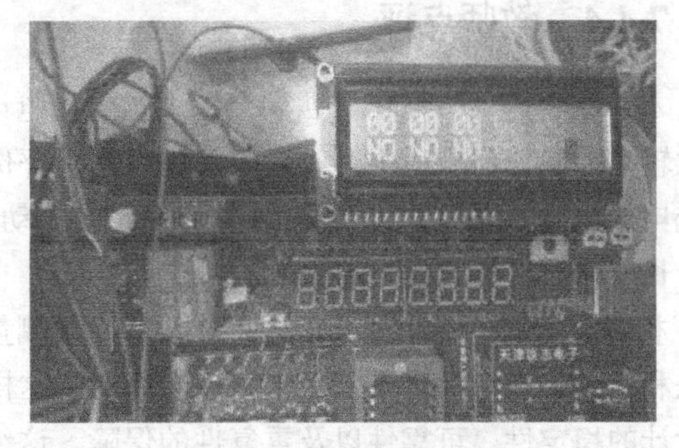

图 7.4.16　液晶显示模块

5. 创新点和结论

本设计是一种基于单片机控制的简易自动循迹小车系统，课题旨在设计出一款可以自主按照人类预设的轨迹行走并完成测量任务的小车。经过几周的工作，从设计的功能要求出发，小组完成了包括小车机械结构和控制系统软硬件。

（1）本车在传统 4 路循迹的基础上创新使用六路循迹，在中间伸出两路位于车前，用以判断交叉路口，可以判断不同角度的交叉路口；

（2）本车在结构上使用了双层扩展板，较好地解决了空间不足的问题；

（3）测量树木和隧道时使用红外测距模块，根据固定的距离来判断树木和隧道，免去了图像处理的过程；

（4）采用两块 51 单片机最小系统，一块负责循迹，一块负责测量，二者互不干扰；

（5）采用履带式底盘，转弯非常精确，易于控制。

6. 成果的应用前景

近年来，智能车在野外、道路、现代物流及柔性制造系统中都有广[illegible]领域研究和发展的热点。

智能汽车技术按功能应用分为三层，即智能感知/预警系统、车辆驾驶[illegible]统。上一层技术是下一层技术的基础。三个层次具体如下：

（1）智能感知系统，利用各种传感器来获得车辆自身、车辆行驶的周围环境及驾[illegible]员本身的状态信息，必要时发出预警信息。主要包括碰撞预警系统和驾驶员状态监控系统。碰撞预警系统可以给出前方碰撞警告、盲点警告、车道偏离警告、换道/并道警告、十字路口警告、行人检测与警告、后方碰撞警告等。驾驶员状态监控系统包括驾驶员打吨警告系统、驾驶员位置占有状态监测系统等。

（2）辅助驾驶系统，利用智能感知系统的信息进行决策规划，给驾驶员提出驾驶建议或部分地代替驾驶员进行车辆控制操作。主要包括：巡航控制、车辆跟踪系统、准确泊车系统及精确机动系统。

（3）车辆自动驾驶系统，这是智能车辆技术的最高层次，它由车载计算机全部自动地实现车辆操作功能。目前，主要发展用于拥挤交通时低速自动驾驶系统、近距离车辆排队驾驶系统等。

7. 存在的问题与建议

（1）测量树木时，树木距离太近时，单片机因速率问题无法测量；

（2）红外测距模块测量时一开始示数不稳定，经过一段时间后才会稳定下来；

（3）电路接线太多，容易发生短路、断路现象；

（4）各模块安装还不牢固，整体结构还需加固；

（5）六路数目太少，且中间两路之间距离必须略微大于赛道宽度，对赛道要求较高。

7.4.4　教师点评

本课题也是 2014 年第四届全国大学生光电设计竞赛赛题。智能小车因其集成度高，涉及学科专业较多，参与门槛适中，成果显效快且易于评价等特点，成为各项大学生竞赛的常见选题。2014年光电设计竞赛的主题是光与测量，因此在自动循迹智能小车的设计中增加了行进过程中隧道树木、长度和沿途树木棵数的测量。

相对于本次竞赛的另一个题目非接触光学测量来说，这个题目没有很高的理论深度要求，实现方法和思路的发散性也不那么丰富。然而对于这样一个工程实现度要求较高的题目来说，难点在于对设计的稳定性、可靠性以及重复性的保障。这组同学充分分析了自身基础，选择的是在相关课程中学过的 C51 系列单片机和红外光电传感器，并结合自动控制课程中的控制理论，在尽可能采用已有模块集成的基础上，完成了系统的总体设计和模块划分。在开题报告阶段，基本已经完成了系统的大部分设计工作，包括模块选型和基本控制方案的初步实验及可行性验证，这也是工程实现类课题保证完成质量和完成进度所必需的。项目进度表格中的模块划分和分模块方案设计也基本可行。在开题后的两个多月具体项目运行过程中，这组同学碰到过循迹信号不稳定，小车负重失衡，跑道交叉口和急拐弯处循迹失误冲出跑道等问题，他们在实验完善过程中一一解决了。结题报告的撰写基本结构完整，研究目标、任务内容、各模块分析也比较详细。虽然科技写作的条理性和层次还有提升空间，但作为一门本科实验课程的课内作品来说，基本已经完成了课程内的要求，初步达到了完整训练的目标。

的，因此脉冲数乘以单脉冲小车行驶距离就是当前测量的隧道的宽度。

首先，我们测量单脉冲小车行驶距离。我们让小车行驶多次，测量脉冲数和行驶距离，多次测量取平均值，最后得到单脉冲小车行驶距离。

接着就可以进行隧道测量了。因为隧道的高度是固定的，红外测距模块根据测量的距离判断是否进入和跑出隧道，进入隧道，开外部中断，跑出隧道后，关闭外部中断。根据计数数乘以单位距离即隧道长度。

（5）树木测量

树木测量使用红外测距模块，因为树木摆在离跑道固定距离处，所以可以使用红外测距模块根据测量的距离来判断树木。我们在小车左右两侧均安装了红外测距，分别测量两侧树木，如图7.4.15所示。

首先我们焊接了红外测距模块，焊接完毕后，测试模块，发现其距离同输出电压并不是标准的线性关系，因此其距离测量不是很精准，但是对于检测隧道和树木，其检测距离在一定阈值内即可，所以已足够。

测试完模块后，我们将其安装在小车上，但是发现其测量较细的物体时，会有一个从不稳定到稳定的过程。我们采用下降沿触发，即直到其测量距离小于一定距离时才计数。

（6）结果显示模块

对于测量结果的显示，一开始我们打算采用无线传输模块，当小车在终点停止时向电脑发送测量数据，同时在测试时可以实时将数据发送出来，使我们知道测量过程中哪出了问题，但是后来赛题中禁止使用无线模块，我们改用普通的液晶显示模块 LCD1602 来显示结果。使用效果还可以。但是液晶显示速率太慢，无法实时显示树木数量，只能在终点时显示结果。最终实现的液晶显示模块输出如图 7.4.16 所示。该模块用于测量结果的显示，使用 LCD1602 液晶显示屏，上面一排显示隧道长度，第二排最后两个数分别代表左边和右边测量的树木数量。

图 7.4.15　红外测距模块实现树木测量

图 7.4.16　液晶显示模块

5. 创新点和结论

本设计是一种基于单片机控制的简易自动循迹小车系统，课题旨在设计出一款可以自主按照人类预设的轨迹行走并完成测量任务的小车。经过几周的工作，从设计的功能要求出发，小组完成了包括小车机械结构和控制系统软硬件。

（1）本车在传统 4 路循迹的基础上创新使用六路循迹，在中间伸出两路位于车前，用以判断交叉路口，可以判断不同角度的交叉路口；

（2）本车在结构上使用了双层扩展板，较好地解决了空间不足的问题；

（3）测量树木和隧道时使用红外测距模块，根据固定的距离来判断树木和隧道，免去了图像处理的过程；

（4）采用两块 51 单片机最小系统，一块负责循迹，一块负责测量，二者互不干扰；

（5）采用履带式底盘，转弯非常精确，易于控制。

6. 成果的应用前景

近年来，智能车在野外、道路、现代物流及柔性制造系统中都有广泛运用，已成为人工智能领域研究和发展的热点。

智能汽车技术按功能应用分为三层，即智能感知/预警系统、车辆驾驶系统和全自动操作系统。上一层技术是下一层技术的基础。三个层次具体如下：

（1）智能感知系统，利用各种传感器来获得车辆自身、车辆行驶的周围环境及驾驶员本身的状态信息，必要时发出预警信息。主要包括碰撞预警系统和驾驶员状态监控系统。碰撞预警系统可以给出前方碰撞警告、盲点警告、车道偏离警告、换道/并道警告、十字路口警告、行人检测与警告、后方碰撞警告等。驾驶员状态监控系统包括驾驶员打盹警告系统、驾驶员位置占有状态监测系统等。

（2）辅助驾驶系统，利用智能感知系统的信息进行决策规划，给驾驶员提出驾驶建议或部分地代替驾驶员进行车辆控制操作。主要包括：巡航控制、车辆跟踪系统、准确泊车系统及精确机动系统。

（3）车辆自动驾驶系统，这是智能车辆技术的最高层次，它由车载计算机全部自动地实现车辆操作功能。目前，主要发展用于拥挤交通时低速自动驾驶系统、近距离车辆排队驾驶系统等。

7. 存在的问题与建议

（1）测量树木时，树木距离太近时，单片机因速率问题无法测量；

（2）红外测距模块测量时一开始示数不稳定，经过一段时间后才会稳定下来；

（3）电路接线太多，容易发生短路、断路现象；

（4）各模块安装还不牢固，整体结构还需加固；

（5）六路数目太少，且中间两路之间距离必须略微大于赛道宽度，对赛道要求较高。

7.4.4 教师点评

本课题也是 2014 年第四届全国大学生光电设计竞赛赛题。智能小车因其集成度高，涉及学科专业较多，参与门槛适中，成果显效快且易于评价等特点，成为各项大学生竞赛的常见选题。2014 年光电设计竞赛的主题是光与测量，因此在自动循迹智能小车的设计中增加了行进过程中隧道树木、长度和沿途树木棵数的测量。

相对于本次竞赛的另一个题目非接触光学测量来说，这个题目没有很高的理论深度要求，实现方法和思路的发散性也不那么丰富。然而对于这样一个工程实现度要求较高的题目来说，难点在于对设计的稳定性、可靠性以及重复性的保障。这组同学充分分析了自身基础，选择的是在相关课程中学过的 C51 系列单片机和红外光电传感器，并结合自动控制课程中的控制理论，在尽可能采用已有模块集成的基础上，完成了系统的总体设计和模块划分。在开题报告阶段，基本已经完成了系统的大部分设计工作，包括模块选型和基本控制方案的初步实验及可行性验证，这也是工程实现类课题保证完成质量和完成进度所必需的。项目进度表格中的模块划分和分模块方案设计也基本可行。在开题后的两个多月具体项目运行过程中，这组同学碰到过循迹信号不稳定，小车负重失衡，跑道交叉口和急拐弯处循迹失误冲出跑道等问题，他们在实验完善过程中一一解决了。结题报告的撰写基本结构完整，研究目标、任务内容、各模块分析也比较详细。虽然科技写作的条理性和层次还有提升空间，但作为一门本科实验课程的课内作品来说，基本已经完成了课程内的要求，初步达到了完整训练的目标。